物 理 化 学
解题思路和方法

北京大学　李支敏　王保怀　高盘良　编写

图书在版编目(CIP)数据

物理化学解题思路和方法/李支敏,王保怀,高盘良编著.—北京:北京大学出版社,2002.10
ISBN 7-301-05890-X

Ⅰ.物... Ⅱ.①李...②王...③高... Ⅲ.物理化学—高等学校—解题 Ⅳ.O64-44

中国版本图书馆 CIP 数据核字(2002)第 074626 号

书　　　名:**物理化学解题思路和方法**
著作责任者:李支敏　王保怀　高盘良
责 任 编 辑:赵学范
标 准 书 号:ISBN 7-301-05890-X/O·0552
出　版　者:北京大学出版社
地　　　址:北京市海淀区成府路 205 号　100871
网　　　址:http://cbs.pku.edu.cn
电　　　话:出版部 62752015　发行部 62754140　编辑部 62752038
电 子 信 箱:zpup@pup.pku.edu.cn
排　版　者:兴盛达打字服务社 62549189
印　刷　者:世界知识印刷厂
发　行　者:北京大学出版社
经　销　者:新华书店
　　　　　　787 毫米×1092 毫米　16 开本　23.625 印张　600 千字
　　　　　　2002 年 11 月第 1 版　2005 年 10 月第 2 次印刷
印　　　数:3001~6000 册
定　　　价:35.00 元

内 容 简 介

本书是为大学生学习物理化学课程而编写的参考书,同时,也适合自学物理化学的读者及准备研究生应试的同学。对于从事物理化学教学工作的教师,本书也有一定的参考价值。

本书不是一般的物理化学习题解,它侧重于例题的"解析"。本书着重介绍解题思路、解题方法和技巧,从而达到提高读者应用物理化学基本概念、基本原理、基本方法去分析问题和解决问题的能力。

本书共分15章,内容涉及化学热力学,统计热力学,化学动力学,电化学,表面及胶体化学等方面。每章有若干小节,每小节均包括内容纲要、例题解析和习题三部分。

编者是北京大学化学与分子工程学院从事物理化学教学工作多年的教师,本书也是他们多年从事物理化学习题课教学经验的归纳和总结。

前　言

物理化学是一门重要的化学基础课,掌握物理化学的基本原理、基本概念和基本方法,是对学生最重要的要求。学生在学习物理化学这门课程的过程中,通过解适量的习题,从而加深对物理化学中基本原理、基本概念和基本方法的理解与应用,是十分必要的。然而对于许多学生,解物理化学习题是一件十分枯燥和头痛的事:面对习题,他们常常不知如何下手,或者在繁多的公式里,不知该用哪一个。出于帮助同学能尽快摆脱困难,学习好这门重要课程的目的,我们编写了这本书。

本书共15章,着重介绍了化学热力学,统计热力学,化学动力学,电化学,表面及胶体化学等最基本的内容。每一章分成若干节,每一节均包括内容纲要、例题解析及习题三部分。本书并不是一本习题解答,它更侧重于物理化学解题思路、解题方法与技巧,从而可提高运用物理化学基本原理、基本概念及基本方法去分析问题、解决问题的能力。

本书主要面向在校大学生及自修的学生,对准备研究生应试的同学和从事物理化学教学工作的读者,也有一定的帮助。

全书第1～6章由李支敏完成,第7～10章及14～15章由高盘良完成,第11～13章由王保怀完成。全书由高盘良和李支敏审阅。本书的编写与出版得到了北京大学出版社赵学范编审的大力支持和帮助,得到了许多物理化学老师的指正,成书前高宏成教授审校了全稿。在此谨向他们表示最诚挚的谢意。

由于学识有限,书中出现的错误及不当之处,欢迎批评指正,在此我们表示衷心的感谢。

编　者

2001年11月

于北京大学

目录

第1章 热力学基本定律 (1)
1.1 热力学第一定律和内能 (1)
1.2 热力学第二定律和熵 (20)
1.3 热力学第三定律及标准摩尔熵 (41)

第2章 热力学函数及其关系 (46)
2.1 自由能与热力学函数间的关系 (46)
2.2 偏摩尔量及化学势 (74)
2.3 平衡条件与平衡稳定条件 (82)

第3章 相平衡热力学及相图 (87)
3.1 相律 (87)
3.2 相平衡热力学 (91)
3.3 相图 (103)

第4章 化学反应热力学及平衡常数 (121)
4.1 相变及化学反应的热效应 (121)
4.2 化学反应热力学及平衡常数 (130)

第5章 气体热力学及逸度 (149)

第6章 溶液热力学及活度 (158)

第7章 统计热力学概论 (180)
7.1 统计热力学基本原理和方法 (180)
7.2 统计热力学基础 (191)

第8章 化学动力学的唯象规律 (206)
8.1 化学反应速率方程 (206)
8.2 反应速率方程的确立 (209)
8.3 平行反应 (217)
8.4 对峙反应 (223)
8.5 连续反应及稳态近似 (226)
8.6 反应历程的推测 (232)

第9章 化学反应速率理论 (238)
9.1 简单碰撞理论 (238)
9.2 过渡态理论 (240)
9.3 单分子反应速率理论 (245)
9.4 有关活化能的若干问题 (247)

第 10 章 化学动力学理论应用与研究方法 …………………………………… (252)
10.1 溶液反应动力学 ……………………………………………………… (252)
10.2 链反应动力学 ………………………………………………………… (257)
10.3 光化学反应 …………………………………………………………… (264)
10.4 催化反应动力学 ……………………………………………………… (269)
10.5 放射性衰变动力学 …………………………………………………… (275)
10.6 弛豫动力学方法 ……………………………………………………… (276)

第 11 章 电解质溶液 …………………………………………………………… (280)
11.1 离子的活度及活度系数 ……………………………………………… (280)
11.2 电迁移 ………………………………………………………………… (285)
11.3 电导 …………………………………………………………………… (289)
11.4 电导测定的应用 ……………………………………………………… (294)

第 12 章 电池的电动势 ………………………………………………………… (299)
12.1 电极电势 ……………………………………………………………… (299)
12.2 电池的电动势 ………………………………………………………… (303)
12.3 浓差电池与液接电势 ………………………………………………… (308)
12.4 可逆电池的热力学 …………………………………………………… (312)
12.5 电动势测定的应用 …………………………………………………… (316)

第 13 章 极化和超电势 ………………………………………………………… (327)
13.1 极化作用 ……………………………………………………………… (327)
13.2 分解电压 ……………………………………………………………… (330)
13.3 金属的腐蚀与防腐 …………………………………………………… (334)

第 14 章 表面现象 ……………………………………………………………… (337)
14.1 表面能和表面热力学基本方程 ……………………………………… (337)
14.2 弯曲液面 ……………………………………………………………… (340)
14.3 二元体系的表面张力 ………………………………………………… (342)
14.4 固体表面吸附 ………………………………………………………… (345)
14.5 复相催化反应动力学 ………………………………………………… (349)

第 15 章 胶体体系及大分子溶液 ……………………………………………… (355)
15.1 胶体的动力性质 ……………………………………………………… (355)
15.2 胶体的光学性质 ……………………………………………………… (358)
15.3 胶体的流变性质 ……………………………………………………… (360)
15.4 胶体的电动性质 ……………………………………………………… (362)
15.5 大分子溶液及大分子溶液的性质 …………………………………… (364)

第1章 热力学基本定律

1.1 热力学第一定律和内能

(一) 内容纲要

能量守恒与转化原理在热力学系统上的应用——热力学第一定律.

封闭体系热力学第一定律

任何一个不作整体运动的封闭体系,在平衡态都存在一个称为内能的单值状态函数,符号记为 U,它是广度量. 当体系从平衡态 A 经任一过程变到平衡态 B 时,体系内能的增量 $\Delta U = U(B) - U(A)$,就等于在该过程中体系从环境吸的热量 Q 与环境对体系所做功 W 之和.

内能 是体系内部贮存的能量总和. 在一定条件下,内能可以与其他形式的能量相互转化,转化中总能量守恒,但内能未必守恒.

功与热 是能量交换的两种本质上不同方式,它们都是传递着的能量,而且是与过程相联系的物理量.

1. 热力学第一定律数学表达式

$$\Delta U = Q + W \quad (\text{封闭体系任何过程})$$
$$dU = \delta Q + \delta W \quad (\text{封闭体系微小过程})$$

注意,上述功 W 包括了体积功 $W_{体}$ 和非体积功 $W_{其}$,且规定环境对体系做功为正. 体系从环境吸热为正,反之为负. 而

$$dW_{体} = -pdV, \quad W_{体} = -\int_{V_1}^{V_2} pdV \tag{1-1}$$

为在可逆过程中环境对体系做的功. 符号 W' 为体系对环境做的功. 热力学第一定律的其他形式请见本节第一定律小结.

焓 H $H = U + pV$. 对任何平衡态均匀系:

$$\Delta H = \Delta U + \Delta(pV) = (U_2 - U_1) + (p_2V_2 - p_1V_1)$$

H 是状态函数,是广度量. 在 $W_{其} = 0$ 的封闭体系等压过程中:

$$\Delta H = H_2 - H_1 = (U_2 + pV_2) - (U_1 + pV_1) = Q_p \tag{1-2}$$

注意:焓是平衡态体系的一个性质,只有在上述条件下,ΔH 才与 Q_p 相关联.

热容 对于无限小的过程 pr,封闭系统热容 C_{pr} 定义为:

$$C_{pr} = \frac{\delta Q_{pr}}{dT} \tag{1-3}$$

式中 δQ_{pr} 及 dT 分别为体系吸的热量及过程中体系温度的变化,C 的角标表示热容和过程的性质有关.

- 等压热容

$$C_p = \frac{\delta Q_p}{dT} = \left(\frac{\partial H}{\partial T}\right)_p \tag{1-4}$$

- 等容热容 $$C_V = \frac{\delta Q_V}{dT} = \left(\frac{\partial U}{\partial T}\right)_V \tag{1-5}$$

- 摩尔等压及等容热容 $$C_{p,m} = \frac{C_p}{n}, C_{V,m} = \frac{C_V}{n} \tag{1-6}$$

(n：物质的量)

在标准压力下($p^{\ominus}$)$C_{p,m}$与T关系式大都写成如下形式

$$C_{p,m} = a + bT + CT^2 + dT^3 + \cdots \tag{1-7}$$

$$C_{p,m} = a' + b'T + \frac{C'}{T^2} + \cdots$$

其中$a, b, c \cdots$及a', b', c'等是经验常数，不同物质有不同数值，可查表获得．

在假定$C_{p,m}$与T无关时，对理想气体①：

- 单原子分子 $C_{V,m} = \frac{3}{2}R, C_{p,m} = \frac{5}{2}R$

- 双原子分子 $C_{V,m} = \frac{5}{2}R, C_{p,m} = \frac{7}{2}R$

2. 热力学第一定律应用于一定量理想气体

$$U = U(T) \quad \text{(Joule 定律)}$$

$$H = H(T), C_p = C_p(T), C_V = C_V(T) \tag{1-8}$$

或

$$\left(\frac{\partial U}{\partial V}\right)_T = 0, \left(\frac{\partial U}{\partial p}\right)_T = 0, \left(\frac{\partial H}{\partial V}\right)_T = 0, \left(\frac{\partial H}{\partial p}\right)_T = 0$$

$$\left(\frac{\partial C_p}{\partial V}\right)_T = 0, \left(\frac{\partial C_p}{\partial p}\right)_T = 0, \left(\frac{\partial C_V}{\partial V}\right)_T = 0, \left(\frac{\partial C_V}{\partial p}\right)_T = 0$$

$$C_p - C_V = nR \quad \text{或} \quad C_{p,m} - C_{V,m} = R$$

$$dU = C_V dT, dH = C_p dT \quad \text{（任何微小过程）} \tag{1-9}$$

$$\Delta H = \int_{T_i}^{T_f} C_p dT, \Delta U = \int_{T_i}^{T_f} C_V dT \quad \text{（任何过程）}$$

理想气体绝热可逆过程方程

$$pV^{\gamma} = \text{常数}, TV^{\gamma-1} = \text{常数}, p^{1-\gamma}T = \text{常数} \tag{1-10}$$

($\gamma = C_p/C_V$ 为常数)

(二) 例题解析

【例 1.1-1】 在一个带有理想绝热活塞(无摩擦无质量)的绝热气缸内装有氮气，气缸内壁绕有电阻丝，但导线是绝热的，当通电时，气体将对抗$p = p^{\ominus}$而膨胀．请分别讨论下列推论是否正确？并阐述理由．

(1) 若将气体作为体系；

(2) 若将气体与电阻丝作为体系．

由于是等压过程，故体系的$\Delta H = Q_p$，又由于是绝热过程$Q_p = 0$，从而得体系焓不变．

解析 在学习热力学过程中要牢牢记住以下几点：

- 当研究某一具体问题时，研究的对象(即体系)是什么？与体系相关的其他部分(即

---

① 即指符合状态方程 $pV = nRT$ 的气体．

环境)又是什么?

- 体系在经历某一变化(即过程)后,体系的状态发生了哪些变化? 环境又发生了哪些变化? 这些变化主要的体现是热的得失及功的得失.因此明确体系在经过一过程后,体系始态和终态是非常重要的.
- 在应用某一公式或结论解决问题时,必须首先明确它们的适用范围,超过这些范围必将得出错误的结论,因而不要去死记硬背那些繁多的公式,而要抓住基本原理、基本公式、基本方法去灵活应用.

(1) 体系为氮气,其他部分(电阻丝等)为环境.通电后电阻丝将放热(I^2Rt),电阻丝与气体(N_2)有热传导,所以 $Q \neq 0$,虽然电源对电阻丝作电功,但它们均属环境,因此 $W_{其} = 0$,此时 $\Delta H = Q_p$.

(2) 气体与电阻丝为体系,$Q = 0$,$W_{其} \neq 0$,$\Delta U = W_{体} + W_{其}$,$\Delta H = \Delta U + p\Delta V = W_{其}$,$W_{其}$ 即为电功.

【例 1.1-2】 图 1-1 中(以电阻丝为体系),水流经管道以维持电阻丝的状态不变,试讨论下列问题(导线电阻和电池内阻可不予考虑):

(1) 此体系是开放体系、封闭体系、还是孤立体系?
(2) 体系与环境间有无能量交换?
(3) 热力学第一定律对此过程如何应用?
(4) Q、W'、ΔU 的值是大于 0,小于 0,还是等于 0?

若将电阻丝和电池合起来作为体系,重复讨论上述问题.

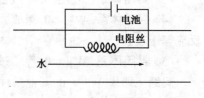

图 1-1

解析 以电阻丝为体系,此时和体系有关的其他部分为环境,因此环境应为电池、水等.判断一个体系属于什么体系,主要应从有无物质及能量交换这两条来看.此题中电池和电阻丝有电子的交换(电子流动是恒定的),因而属开放体系.另外电池对电阻丝做电功,功又变为热放到环境(水)中,以图保持电阻丝温度不变.第一定律对开放体系是不适用的,但由于电子流恒定,因此体系 $\Delta U = Q + W$ 仍可用,其中 $Q < 0$,$W > 0$,$W' < 0$,$\Delta U = 0$(电阻丝状态未变).

如果以电阻丝和电池为体系,此时体系为封闭体系,体系向环境(水)放热,但无物质交换,也没有做功,因此 $\Delta U = Q < 0$,$W = 0$.

从以上分析可知,体系的选择取决于所研究的对象,因此研究热力学具体问题应首先确定体系和环境,否则结论可能完全不同.

思考 若(1) 以电池为体系,(2) 电阻丝和水为体系,(3) 水为体系,(4) 水、电阻丝及电池为体系.分别对上述情况进行同样的讨论.

【例 1.1-3】 注明下列公式成立(或应用)的条件.

编 号	公 式	成立(应用)条件
(1)	$dU = \delta Q - pdV$	
(2)	$\Delta U = -W' = -p(V_2 - V_1)$	
(3)	$W' = nRT\ln\dfrac{V_2}{V_1}$	
(4)	$dH = C_p dT$	
(5)	$\Delta H = Q_p$	
(6)	$H = U + pV$	

编号	公　式	成立(应用)条件
(7)	$pV^\gamma = $ 常数	
(8)	$\left(\dfrac{\partial U}{\partial V}\right)_T = 0$	
(9)	$\Delta U = 0, \mathrm{d}U = 0$	
(10)	$\Delta U = Q + W_{体}, \mathrm{d}U = \delta Q + \delta W_{体}$	
(11)	$\Delta U = W_{体}, \mathrm{d}U = \delta W_{体}$	
(12)	$\Delta U = Q_V, \mathrm{d}U = \delta Q_V$	
(13)	$\Delta U = Q_p - p\Delta V, \mathrm{d}(U + pV) = \delta Q$	

解析　热力学公式的应用自有其适用范围.因此,千万不能死背公式,更不能乱套公式,否则往往得出错误的结论.欲解决此类问题,方法之一是熟悉每一公式是在什么条件下得出的,这些条件当然就是公式的应用条件.

(1) 封闭体系,$W_{其} = 0$,微变过程.

(2) 封闭体系,$W_{其} = 0$,绝热对抗恒外压过程.

(3) 封闭体系,$W_{其} = 0$,物质量为 n 的理想气体恒温可逆过程.

(4) 封闭体系,$W_{其} = 0$,组成固定的理想气体的任何过程,或者实际体系,无相变无化学反应等压过程.

(5) 封闭体系,$W_{其} = 0$,等压过程.

问题　如果 $W_{其} \neq 0$,其他条件相同时,ΔH 表达式如何?

(6) 平衡态均相体系.

(7) 封闭体系,组成一定的理想气体,$W_{其} = 0$ 绝热可逆过程,其中 $\gamma = C_p/C_V$.

(8) 组成固定的理想气体.

(9) 封闭体系无功无热的任何过程.

(10) 封闭体系无其他功的任何过程.

(11) 封闭体系无其他功的绝热过程.

(12) 封闭体系无其他功的等容过程.

(13) 封闭体系无其他功的等压过程.

从上述练习可知,热力学公式的应用条件大致包括体系、过程及过程的限制条件等几方面.

【例 1.1-4】　在一个绝热恒容箱内,中间有一绝热板用销钉固定.隔板两边各装有 1 mol 氮气,其状态分别为 298 K,$10\,p^{\ominus}$ 和 298 K,$p^{\ominus}$.(1) 试求拔掉销钉后隔板两边平衡压力(隔板为无重量无摩擦滑动隔板);(2) 若将隔板两边的 N_2 气合起来作为体系(N_2 气可视为理想气体),求算 W、Q、ΔU、ΔH.

解析　体系始、终态[①] 如图 1-2 所示:

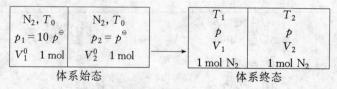

图 1-2

[①] 本书中热力学状态函数以下角 i,f 标记始(initiate)、终(finish)态。

因为绝热恒容,所以 $W=0, Q=0$.据第一定律 $\Delta U=0$,而
$$\Delta U = \Delta_1 U + \Delta_2 U = 0$$
$$\therefore \Delta_1 U = -\Delta_2 U$$

即
$$C_{V,m}(T_1 - T_0) = -C_{V,m}(T_2 - T_0)$$
$$T_1 + T_2 = 2T_0$$

且
$$V_1^0 + V_2^0 = V_1 + V_2$$
$$\frac{RT_0}{10\,p^\ominus} + \frac{RT_0}{p^\ominus} = \frac{RT_1}{p} + \frac{RT_2}{p} = \frac{R}{p}(T_1+T_2) = \frac{2RT_0}{p}$$
$$\therefore p = 1.82\,p^\ominus$$
$$\Delta H = \Delta U + \Delta(pV)$$
$$= p(V_1+V_2) - (p_1V_1^0 + p_2V_2^0)$$
$$= R(T_1+T_2-2T_0)$$
$$= 0$$

解此题时应注意,体系内部一部分对另一部分做"功"并不是第一定律表达式中功,因此 $W=0$.

【例 1.1-5】 将 373 K、$0.5\,p^\ominus$ 的水蒸气 100 dm³ 恒温可逆压缩到 $p^\ominus$,继续在 $p^\ominus$ 下压缩到体积为 10 dm³ 为止,试计算此过程的 Q, W' 及水的 $\Delta U, \Delta H$.假设液态水的体积可忽略不计,水蒸气为理想气体,水的气化热为 2259 J·g⁻¹.

解析 解决热力学问题首先明确体系、状态及过程.本题如不分清水在过程中相态变化及水蒸气量的变化,而直接用理想气体等温可逆方程 $W' = nRT\ln(10/100)$ 就错了.整个过程可分解为下列两个过程(1)和(2),如图 1-3 所示:

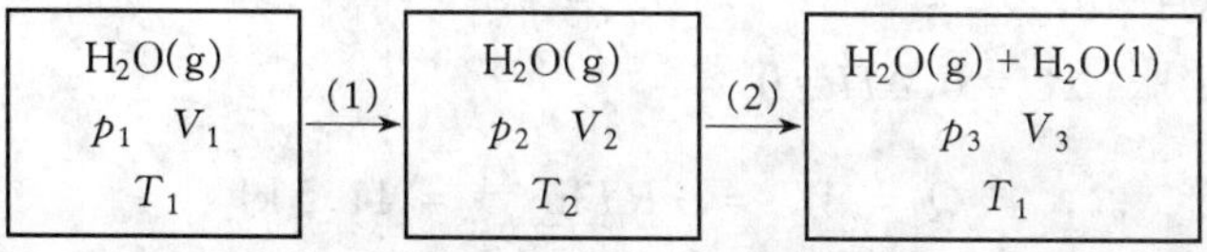

```
┌─────────┐      ┌─────────┐      ┌──────────────────┐
│ H₂O(g)  │ (1)  │ H₂O(g)  │ (2)  │ H₂O(g) + H₂O(l)  │
│ p₁  V₁  │─────▶│ p₂  V₂  │─────▶│   p₃    V₃       │
│   T₁    │      │   T₂    │      │       T₁         │
└─────────┘      └─────────┘      └──────────────────┘
```

图 1-3

其中 $p_1 = 0.5\,p^\ominus$, $V_1 = 100$ dm³, $T_1 = 373$ K, $p_2 = p^\ominus$, $T_2 = 373$ K, $V_2 = ?$, $p_3 = p^\ominus$, $V_3 = 10$ dm³, $T_3 = 373$ K.

过程(1)为恒温可逆压缩过程,可直接用理想气体求 W 的公式.另外,由 $p_1V_1 = p_2V_2$,得 $V_2 = 50$ dm³.

过程(2)为恒温恒压下相变过程,显然有 40 dm³ 的水蒸气凝结了,为放热过程.注意水蒸气量的变化.

始态 $n_{g,i} = \dfrac{p_1V_1}{RT_1} = \dfrac{0.5 \times 100\,000 \times 100 \times 10^{-3}}{8.314 \times 373}$ mol $= 1.634$ mol

终态 $n_{g,f} = \dfrac{p_3V_3}{RT_3} = \dfrac{100\,000 \times 10 \times 10^{-3}}{8.314 \times 373}$ mol $= 0.327$ mol

凝结成水的量 $n_1' = (1.634 - 0.327)$ mol $= 1.307$ mol

(1) 为理想气体恒温可逆过程
$$\Delta_1 U = 0, \Delta_1 H = 0$$
$$\begin{aligned}Q_1 = W'_1 &= nRT\ln(V_2/V_1)\\&= [1.634 \times 8.314 \times 373 \times \ln(50/100)]\text{J}\\&= -3513\text{ J}\end{aligned}$$

(2) 为恒温恒压相变过程
$$W'_2 = p(V_3 - V_2) = 101325 \times (10-50) \times 10^{-3}\text{ J} = -4052\text{ J}$$
$$Q_2 = Q_p = -2259 \times 18.0 \times 1.307\text{ J} = -53145\text{ J}$$
$$\Delta_2 H = Q_p = -53145\text{ J}$$
$$\Delta_2 U = Q_2 - W'_2 = -49093\text{ J}$$

总的过程:
$$Q = Q_1 + Q_2 = -56.7\text{ kJ}$$
$$W' = W'_1 + W'_2 = -7.57\text{ kJ}$$
$$\Delta U = \Delta_1 U + \Delta_2 U = -49.1\text{ kJ}$$
$$\Delta H = \Delta_2 H + \Delta_1 H = -53.1\text{ kJ}$$

问题 本题上述解法中做了哪些近似?

【例 1.1-6】 2 mol 理想气体 O_2,由 300 K、$10\ p^\ominus$ 经下列途径膨胀到 $p^\ominus$。求下述各过程的 Q, W' 及 O_2 的 $\Delta U, \Delta H$。

(1) 绝热向真空膨胀。(2) 等温可逆膨胀。(3) 绝热可逆膨胀。(4) 迅速将压力减为 $p^\ominus$ 膨胀。

解析 此题关键是弄清过程性质,然后再确定用相应公式。如(4)由于压力骤减,可以看做由于快速膨胀从而体系与外界没有热交换,是一个绝热不可逆过程。

解 (1) 绝热向真空膨胀: $Q = 0, W' = 0$。根据热力学第一定律 $\Delta U = 0$,由于内能不变,因而温度也不变,故 $\Delta H = 0$。

(2) 等温可逆膨胀: $\Delta U = 0, \Delta H = 0$
$$Q = W' = nRT\ln\frac{p_1}{p_2} = 11.5\text{ kJ}$$

(3) 绝热可逆过程: $Q = 0$
$$T_1^\gamma p_1^{1-\gamma} = T_2^\gamma p_2^{1-\gamma}$$

对于双原子理想气体 $\gamma = \dfrac{C_{p,m}}{C_{V,m}} = \dfrac{7R/2}{5R/2} = 1.4$

$$\therefore T_2 = T_1\left(\frac{p_1}{p_2}\right)^{(1-\gamma)/\gamma} = 155.4\text{ K}$$

$$\Delta U = nC_{V,m}(T_2 - T_1) = 2 \times (5/2) \times 8.314(155.4 - 300)\text{ J} = -6.02\text{ kJ}$$
$$W' = -\Delta U = 6.02\text{ kJ}$$
$$\Delta H = nC_{p,m}(T_2 - T_1) = 2 \times (7/2) \times 8.314(155.4 - 300)\text{ J} = -8.42\text{ kJ}$$

W' 也可由公式 $W' = \dfrac{p_2 V_2 - p_1 V_1}{1 - \gamma}$ 求算。

(4) 绝热不可逆过程无现成公式可用,此时必须知道始终态,这里关键是求出 T_2,需要解联立方程。根据理想气体及绝热过程特点,得

$$Q = 0, W' = -\Delta U = -nC_{V,m}(T_2 - T_1)$$
$$W' = p_2(V_2 - V_1)$$

故
$$-nC_{V,m}(T_2 - T_1) = p_2(V_2 - V_1) = p_2\left(\frac{nRT_2}{p_2} - \frac{nRT_1}{p_1}\right)$$

求得
$$T_2 = 222.9 \text{ K}$$
$$\Delta U = nC_{V,m}(T_2 - T_1) = -3.20 \text{ kJ}$$
$$W' = -\Delta U = 3.20 \text{ kJ}$$
$$\Delta H = nC_{p,m}(T_2 - T_1) = -4.49 \text{ kJ}$$

通过解本题,要学会准确运用理想气体的状态方程和过程方程.由同一始态出发,经绝热可逆过程和绝热不可逆过程,不可能达到同一终态,当二个过程的终态压力相等时绝热可逆过程做的功大于绝热不可逆过程做的功.

【例 1.1-7】 1 mol 单原子理想气体(如图 1-4)经 A、B、C 可逆过程完成一个循环回到状态 1.已知:(1) 状态 1: $p_1 = 4\ p^\ominus$, $T_1 = 546$ K;(2) 状态 2: $p_2 = 2\ p^\ominus$, $V_2 = 11.2\text{ dm}^3$;(3) 状态 3: $p_3 = 2\ p^\ominus$, $T_3 = 546$ K.试计算各过程 Q、W' 及体系的 ΔU、ΔH.

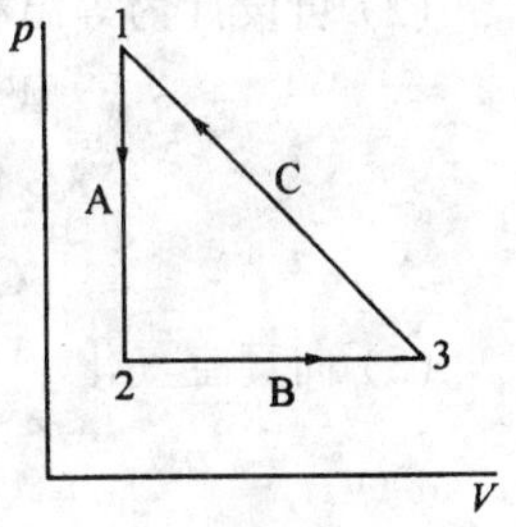

解析 (1) A 为等容过程,则
$$\frac{p_1}{p_2} = \frac{T_1}{T_2}, \quad T_2 = 273 \text{ K}$$
$$\Delta_A U = nC_{V,m}(T_2 - T_1)$$
$$= 1 \text{ mol} \times \frac{3}{2}R(273 \text{ K} - 546 \text{ K})\text{J} = -3.40 \text{ kJ}$$
$$W'_A = 0, \quad Q_A = \Delta U_A = -3.40 \text{ kJ}$$
$$\Delta_A H = nC_{p,m}(T_2 - T_1)$$
$$= 1 \text{ mol} \times \frac{5}{2}R(273 \text{ K} - 546 \text{ K}) = -5.67 \text{ kJ}$$

图 1-4

(2) B 为等压过程,则
$$\Delta_B U = 3.40 \text{ kJ}, \quad \Delta_B H = 5.67 \text{ kJ}$$
$$W'_B = p_3(V_3 - V_2) = 2 \times 100 \times 10^3 \times (22.4 - 11.2) \times 10^{-3} \text{ J} = 2.27 \text{ kJ}$$
$$Q_B = \Delta_B U + W'_B = 5.67 \text{ kJ}$$

(3) C 过程只是 $T_1 = T_3$,并不是恒温过程,所以 W' 的求算无现成公式.利用直线上两点坐标求出直线方程:
$$\frac{p_1 - p_3}{V_1 - V_3} = \frac{p - p_1}{V - V_1}$$

得 $V = -5.6 \times 10^{-3} \text{ m}^3\ p \cdot (\text{Pa})^{-1}$
$$W'_C = \int_{p_3}^{p_1} p\,dV = \int_{p_3}^{p_1} -5.6 \times 10^{-3} \text{ m}^3(\text{Pa})^{-1} p\,dp = -3.40 \text{ kJ}$$

整个过程为循环过程,所以
$$\Delta U = 0, \Delta H = 0, Q = Q_A + Q_B + Q_C = -1.13 \text{ kJ}$$
$$W' = W'_A + W'_B + W'_C = -1.13 \text{ kJ}$$

【例 1.1-8】 (1) 1 g 水在 373 K、$p^\ominus$ 下蒸发为理想气体,吸热 2259 J·g^{-1},问此过程体系吸

热 Q, 体系对环境作功 W' 及水的 ΔU、ΔH 为多少?

(2) 始态同(1),当外界压力恒为 $0.5\,p^{\ominus}$ 时,将水等温蒸发,然后将此 $0.5\,p^{\ominus}$、373 K 的 1 g 水气恒温可逆压缩变为 373 K、$p^{\ominus}$ 水气.

(3) 将 1 g 水突然放到 373 K 的真空箱中,水气立即充满整个真空箱(水全部气化)测其压力为 $p^{\ominus}$.求此过程体系吸热 Q,体系对环境作功 W' 及水的 ΔU、ΔH,试比较三种结果.

解析 这是较典型相变题,即在 373 K、$p^{\ominus}$ 下水变为水气可采用不同过程进行:(1) 为可逆相变过程,(2) 和(3) 为不可逆相变过程.由于三种过程始、终态相同,因此一切状态函数改变量如 ΔU、ΔH 等都是一样的,不必重复计算.

(1) $Q_1 = Q_p = 2259\,\text{J}$

$\Delta_1 H = Q_p = 2259\,\text{J}$

$$W'_1 = p_{外}(V^g - V^l) = pV^g = nRT$$

$$= \frac{1}{18.0} \times 8.314 \times 373\,\text{J} = 172.3\,\text{J}$$

$$\Delta_1 U = Q_1 - W'_1 = 2259\,\text{J} - 172.3\,\text{J} = 2086.7\,\text{J}$$

(2) 可设计为等温相变及等温可逆压缩过程

$$W'_2 = p'_{外}\Delta V + nRT\ln 0.5 = 52.9\,\text{J}$$

$$\Delta_2 U = \Delta U_1 = 2086.7\,\text{J},\ \Delta_2 H = \Delta H_1 = 2259\,\text{J}$$

$$Q_2 = \Delta U_2 + W'_2 = 2086.7\,\text{J} + 52.9\,\text{J} = 2139.6\,\text{J}$$

(3) 向真空气化

$$W'_3 = 0,\ Q_2 = \Delta_3 U = \Delta_1 U = 2086.7\,\text{J}$$

$$\Delta_3 H = \Delta_1 H = 2259\,\text{J}$$

比较上述结果,列入下表.

过程	(1)	(2)	(3)
W'/J	172.3	52.9	0
Q/J	2259	2139.6	2086.7

由上述比较可知,可逆过程做的功大,吸的热也大.不可逆程度越大,Q、W' 值愈小.

【例 1.1-9】 证明:在 p-V 平面上的绝热线往往比同一点的等温线具有比较大的斜率.

解析 本题实际上是证明 $\left(\dfrac{\partial p}{\partial V}\right)_{绝热} > \left(\dfrac{\partial p}{\partial V}\right)_T$.证明此题只限于第一定律的范围,以后可用其他方法证明.

内能 U 是 p、V 的函数,则

$$dU = \left(\frac{\partial U}{\partial p}\right)_V dp + \left(\frac{\partial U}{\partial V}\right)_p dV \qquad ①$$

对于绝热可逆过程 $\qquad dU = -\delta W' = -p\,dV \qquad ②$

将②式代入①式,整理,得 $\left(\dfrac{\partial U}{\partial p}\right)_V dp + \left[\left(\dfrac{\partial U}{\partial V}\right)_p + p\right] dV = 0$

绝热线的斜率 $\qquad \left(\dfrac{\partial p}{\partial V}\right)_{绝热} = \dfrac{\left(\dfrac{\partial U}{\partial V}\right)_p + p}{\left(\dfrac{\partial U}{\partial p}\right)_V} \qquad ③$

式中
$$\left(\frac{\partial U}{\partial p}\right)_V = \left(\frac{\partial U}{\partial T}\right)_V \left(\frac{\partial T}{\partial p}\right)_V = C_V \left(\frac{\partial T}{\partial p}\right)_V \qquad ④$$

$$\left(\frac{\partial U}{\partial V}\right)_p = \left(\frac{\partial U}{\partial T}\right)_p \left(\frac{\partial T}{\partial V}\right)_p = \left[C_p - p\left(\frac{\partial V}{\partial T}\right)_p\right]\left(\frac{\partial T}{\partial V}\right)_p = C_p\left(\frac{\partial T}{\partial V}\right)_p - p \qquad ⑤$$

所以 $\left(\dfrac{\partial p}{\partial V}\right)_{\text{绝热}} = \dfrac{-C_p\left(\dfrac{\partial T}{\partial V}\right)_p}{C_V\left(\dfrac{\partial T}{\partial p}\right)_V}$. 利用循环关系,则有

$$\left(\frac{\partial p}{\partial V}\right)_{\text{绝热}} = \frac{C_p}{C_V}\left(\frac{\partial p}{\partial V}\right)_T$$

根据平衡稳定条件 $\left(\dfrac{\partial p}{\partial V}\right)_T > 0$,及 $C_p > C_V > 0$,故

$$\left(\frac{\partial p}{\partial V}\right)_{\text{绝热}} > \left(\frac{\partial p}{\partial V}\right)_T$$

对于证明题:一是要抓住基本定义式、基本公式;二是要透彻地了解所要证明的有关物理量的物理意义,选择适当的变量,运用学过的数学及化学知识进行推理. 另外,热力学证明题可以有多种方法选择,在以后的章节中将会谈到.

【例 1.1-10】 在一管道中装一固定的多孔塞(示意图 1-5). 最初多孔塞左边为 1 dm³、5 $p^{\ominus}$、298 K 的 $N_2(g)$,缓慢推动活塞 A 使气体通过多孔塞并将紧靠多孔塞的活塞 B 缓慢地向右移动. 活塞 B 受的外压为 $p^{\ominus}$,整个过程中多孔塞左右两边的气体始终分别保持为 5 $p^{\ominus}$ 与 $p^{\ominus}$. 设气体为:(1) 理想气体,(2) 范德华气体. 请分别求算等温下将气体完全压到多孔塞右边后,外界对气体做的功.

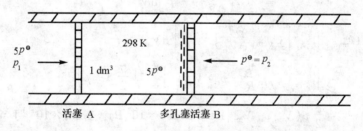

图 1-5

解析 过程中环境对体系做的功为两部分之和,即以多孔塞为界的左右两部分. 令终态时右边气体体积为 V_2,则

$$W = -p_1(0 - V_1) + [-p_2(V_2 - 0)] = p_1 V_1 - p_2 V_2$$

(1) 对理想气体,因为是等温过程且体系量 n 未变,则有

$$p_1 V_1 = p_2 V_2, \quad W = 0$$

问此过程 Q 为多少? 体系 $\Delta U, \Delta H$ 又为多少?

(2) 对范德华气体,有

$$\frac{n^3 ab}{V^2} - \frac{n^2 a}{V} + (pb + RT)n + pV = 0$$

(n, V 为未知数)

解上述方程可有多种方法,运用尝试法,得到

$$n = 0.2052 \text{ mol}, V_2 = 5.014 \times 10^{-3} \text{ m}^3$$
$$\begin{aligned}W &= p_1V_1 - p_2V_2 \\ &= 5 \times 100 \text{ kPa} \times 1 \times 10^{-3} \text{ m}^3 - 100 \times 5.014 \times 10^{-3} \text{ kPa} \cdot \text{m}^3 \\ &= 1.418 \text{ J}.\end{aligned}$$

【例 1.1-11】 1 mol N_2 气(设为理想气)，在 $p^{\ominus}$ 下使其体积增大 1 dm^3，求 N_2 气内能改变多少？

解析 解这类问题一般可有两种思路：(i) 从定义式出发；(ii) 选择合适的独立变量，通过全微分方程求算.

方法 1 令 $U = U(p, V)$，其全微分为
$$dU = \left(\frac{\partial U}{\partial p}\right)_V dp + \left(\frac{\partial U}{\partial V}\right)_p dV$$

等压下，则有
$$\begin{aligned}dU &= \left(\frac{\partial U}{\partial V}\right)_p dV \\ &= \left[\frac{\partial (H-pV)}{\partial T}\right]_p \left(\frac{\partial T}{\partial V}\right)_p dV \\ &= \left[\left(\frac{\partial H}{\partial T}\right)_p - p\left(\frac{\partial V}{\partial T}\right)_p\right]\left(\frac{\partial T}{\partial V}\right)_p dV \\ &= \left[C_p - p\left(\frac{\partial V}{\partial T}\right)_p\right]\left(\frac{\partial T}{\partial V}\right)_p dV \\ &= \left[C_p\left(\frac{\partial T}{\partial V}\right)_p - p\right]dV\end{aligned}$$

所以
$$\begin{aligned}\Delta U_m &= \int_{V_{m,i}}^{V_{m,f}} \left[C_{p,m}\left(\frac{\partial T}{\partial V_m}\right)_p - p\right]dV_m \\ &= \int_{V_{m,i}}^{V_{m,f}} \left(C_{p,m}\frac{p}{R} - p\right)dV_m = \int_{V_{m,i}}^{V_{m,f}} \left(\frac{7}{2}p - p\right)dV_m \\ &= \frac{5}{2}p(V_{m,f} - V_{m,i}) = \frac{5}{2} \times 100 \times 10^3 \text{ Pa} \times 1 \text{ dm}^3 \times 10^{-3} \text{ J} \cdot \text{mol}^{-1} \\ &= 253.3 \text{ J} \cdot \text{mol}^{-1}\end{aligned}$$

方法 2 因为等压，则
$$\Delta H_m = \int_{T_1}^{T_2} C_{p,m} dT \quad (pV_m = RT, dT = \frac{p}{R}dV_m)$$
$$= \int_{V_{m,i}}^{V_{m,f}} C_{p,m} \frac{p}{R} dV_m = C_{p,m}\frac{p}{R}(V_{m,f} - V_{m,i})$$
$$W = -p(V_{m,f} - V_{m,i})$$
$$\begin{aligned}\Delta U_m &= Q + W \quad (\Delta H = Q) \\ &= C_{p,m}\frac{p}{R}(V_{m,f} - V_{m,i}) - p(V_{m,f} - V_{m,i}) \\ &= \frac{5}{2}p(V_{m,f} - V_{m,i}) = 253.3 \text{ J} \cdot \text{mol}^{-1}\end{aligned}$$

【例 1.1-12】 2 mol $NH_3(g)$ 理想气体，由 300 K、2 $p^{\ominus}$ 分别经下列两种过程膨胀到 $p^{\ominus}$，请求算下述两过程中 $NH_3(g)$ 做的功 W'，$NH_3(g)$ 的 ΔU、ΔH.

(1) 绝热可逆；

(2) 对抗恒定的 $p^\ominus$ 做绝热快速膨胀.

已知 $NH_3(g)$ $C_{p,m}=35.606$ $J\cdot K^{-1}\cdot mol^{-1}$，并为常数.

解析 绝热过程体系从同一始态出发是不可能通过可逆和不可逆(均在绝热条件下)达到相同的终态的. 因此(1)和(2)终态 p 虽然相同，但 T 是不同的.

(1) $Q=0$，$\Delta U=W$，$C_{V,m}=C_{p,m}-R=27.292$ $J\cdot K^{-1}\cdot mol^{-1}$，$\gamma=C_p/C_V=1.305$，$p_1^{1-\gamma}T_1^\gamma=p_2^{1-\gamma}T_2^\gamma$，$T_2=255$ K

$$\Delta U=nC_{V,m}(T_2-T_1)=2\times 27.292(255-300)\text{J}=-2.456\text{ kJ}$$

$$W'=-\Delta U=2.456\text{ kJ}$$

$$\Delta H=\Delta U+\Delta(pV)=\Delta U+nR(T_2-T_1)$$

$$=\left\{-2.456+\frac{2\times 8.314(255-300)}{1000}\right\}\text{kJ}=-3.02\text{ kJ}$$

或由 $\Delta H=\int_{T_1}^{T_2}nC_{p,m}dT$ 求算.

(2) $Q=0$，$\Delta U=W$，即

$$nC_{V,m}(T_2-T_1)=-p_{外}(V_2-V_1)=-p_{外}\left(\frac{nRT_2}{p_2}-\frac{nRT_1}{p_1}\right)$$

$$2\times 27.292\left(\frac{T_2}{\text{K}}-300\right)=-100\times 10^3\left[\frac{2\times 8.314\frac{T_2}{\text{K}}}{100\times 10^3}-\frac{2\times 8.314\times 300}{2\times 100\times 10^3}\right]$$

$$T_2=265\text{ K}$$

$$\Delta U=\int_{T_1}^{T_2}nC_{V,m}dT=[2\times 27.292(265-300)]\text{ J}=-1.91\text{ kJ}$$

$$\Delta H=\int_{T_1}^{T_2}nC_{p,m}dT=[2\times 35.606(265-300)]\text{ J}=-2.49\text{ kJ}$$

$$W'=1.91\text{ kJ}$$

【例 1.1-13】 一个有绝热壁的真空室，体积为 V_0，通过活塞可与大气(压力 p_0，温度 T_0)相通. 慢慢旋开活塞空气流入真空室直到其压力为 p_0，如果空气可以看做理想气体. 证明：

(1) $U_0+nRT_0=U_f$(式中 n 为进入真空室空气量，U_0、U_f 分别为该空气在真空室外及室内的内能).

(2) 真空室内最终温度为 γT_0(γ 为热容比).

(3) 若原真空室内已有 n_0 的空气，温度也为 T_0，压力 $p_1<p_0$，证明当室内外压力相等时，室内温度为

$$T=\frac{n_0+n'\gamma}{n_0+n'}T_0$$

n' 为流入室中空气的物质的量，并导出计算 n' 的公式.

解析 关键在于知道终态温度发生了改变，并不等于 T_0. 因此物质的量为 n 的空气在真空室外占有的体积不等于 V_0.

(1) 因为绝热，则

$$Q=0,\Delta U=W=U_f-U$$

设物质的量为 n 的空气在真空室外占有体积为 V，则
$$W = -p_0(0 - V) = p_0 V = nRT$$
$$U_f - U_0 = \Delta U = W = nRT$$
即
$$U_0 + nRT_0 = U_f$$

(2) 设终态温度为 T，则
$$\Delta U = W = nRT_0, \Delta U = C_V(T - T_0)$$
所以
$$C_V(T - T_0) = nRT_0, \quad T = \frac{C_V + nR}{C_V} T_0 = \frac{C_p}{C_V} T_0 = \gamma T_0$$

(3) 以进入室中的空气 n' 及室中原有空气 n_0 为体系
- 始态：室中空气为 T_0, p_1, V_0，且 $p_1 V_0 = n_0 R T_0$
  进入室中空气为 T_0, p_0, V，且 $p_0 V = n' R T_0$
- 终态：$(n_0 + n'), T, p_0, V_0$，且 $p_0 V_0 = (n' + n_0) RT$

$$Q = 0, \Delta U = W$$
$$\Delta U = (n_0 + n') C_{V,m}(T - T_0)$$
$$W = p_0 V = n' R T_0$$
$$\therefore (n_0 + n') C_{V,m}(T - T_0) = n' R T_0$$

得
$$T = \frac{n_0 + n'\gamma}{n_0 + n'} T_0, \quad n' = \frac{1}{\gamma}\left(\frac{p_0 V_0}{RT_0} - n_0\right)$$

【例 1.1-14】 试证明封闭体系经任一过程，从始态 i 变到终态 f 后，其内能改变量 ΔU 及焓变 ΔH 可由下列二公式求算：

(1) $\Delta U = \int_{p_i}^{p_f} C_V \left(\frac{\partial T}{\partial p}\right)_V dp + \int_{V_i}^{V_f} \left[C_p \left(\frac{\partial T}{\partial V}\right)_p - p\right] dV$

(2) $\Delta H = \int_{p_i}^{p_f} \left[C_V \left(\frac{\partial T}{\partial p}\right)_V + V\right] dp + \int_{V_i}^{V_f} C_p \left(\frac{\partial T}{\partial V}\right)_p dV$

解析 令 $U = U(p, V), H = H(p, V)$，其全微分为：
$$dU = \left(\frac{\partial U}{\partial p}\right)_V dp + \left(\frac{\partial U}{\partial V}\right)_p dV$$

$$dH = \left(\frac{\partial H}{\partial p}\right)_V dp + \left(\frac{\partial H}{\partial V}\right)_p dV$$

体系从态 i 变到态 f 后，ΔU、ΔH 可由上述二式积分得到，即
$$\Delta U = \int_{p_i}^{p_f} \left(\frac{\partial U}{\partial p}\right)_V dp + \int_{V_i}^{V_f} \left(\frac{\partial U}{\partial V}\right)_p dV$$

$$\Delta H = \int_{p_i}^{p_f} \left(\frac{\partial H}{\partial p}\right)_V dp + \int_{V_i}^{V_f} \left(\frac{\partial H}{\partial V}\right)_p dV$$

其中
$$\left(\frac{\partial U}{\partial p}\right)_V = \left(\frac{\partial U}{\partial T}\right)_V \left(\frac{\partial T}{\partial p}\right)_V = C_V \left(\frac{\partial T}{\partial p}\right)_V$$

$$\left(\frac{\partial U}{\partial V}\right)_p = \left(\frac{\partial U}{\partial T}\right)_p \left(\frac{\partial T}{\partial V}\right)_p$$

$$= \left[\left(\frac{\partial H}{\partial T}\right)_p - p \left(\frac{\partial V}{\partial T}\right)_p\right] \left(\frac{\partial T}{\partial V}\right)_p$$

$$= \left[C_p - p\left(\frac{\partial V}{\partial T}\right)_p\right]\left(\frac{\partial T}{\partial V}\right)_p$$

$$= C_p\left(\frac{\partial T}{\partial V}\right)_p - p$$

$$\left(\frac{\partial H}{\partial p}\right)_V = \left[\frac{\partial(U + pV)}{\partial p}\right]_V$$

$$= \left(\frac{\partial U}{\partial p}\right)_V + V$$

$$= \left(\frac{\partial U}{\partial T}\right)_V\left(\frac{\partial T}{\partial p}\right)_V + V$$

$$= C_V\left(\frac{\partial T}{\partial p}\right)_V + V$$

$$\left(\frac{\partial H}{\partial V}\right)_p = \left(\frac{\partial H}{\partial T}\right)_p\left(\frac{\partial T}{\partial V}\right)_p = C_p\left(\frac{\partial T}{\partial V}\right)_p$$

将上述四组结果分别代入 ΔU、ΔH 积分式,即得

$$\Delta U = \int_{p_i}^{p_f} C_V\left(\frac{\partial T}{\partial p}\right)_V \mathrm{d}p + \int_{V_i}^{V_f}\left[C_p\left(\frac{\partial T}{\partial V}\right)_p - p\right]\mathrm{d}V$$

$$\Delta H = \int_{p_i}^{p_f}\left[C_V\left(\frac{\partial T}{\partial p}\right)_V + V\right]\mathrm{d}p + \int_{V_i}^{V_f} C_p\left(\frac{\partial T}{\partial V}\right)_p \mathrm{d}V$$

上述二公式在推导中未加任何限制,因此它是普遍适用的公式. 在推导过程中我们主要用了定义式、循环关系、链关系等.

【例 1.1-15】 令理想气体在任一实际过程中的热容为 C(假设 $W_{其} = 0$),请根据热力学第一定律导出多方可逆过程方程

$$pV^m = 常数 \quad \left(令多方指数 \ m = \frac{C - C_p}{C - C_V}\right)$$

解析 考虑到热容的定义式,选择 $\mathrm{d}U = \delta Q + \delta W$ 作为第一定律的表达式

$$C_V \mathrm{d}T = C\mathrm{d}T - p\mathrm{d}V$$

$$(C_V - C)\mathrm{d}T = -p\mathrm{d}V = -\frac{nRT}{V}\mathrm{d}V$$

$$(C_V - C)\ln\frac{T_2}{T_1} = nR\ln\frac{V_1}{V_2}$$

$$\left(\frac{T_2}{T_1}\right)^{C_V - C} = \left(\frac{V_1}{V_2}\right)^{nR}$$

$$C_p - C_V = nR, \quad T = \frac{pV}{nR}$$

$$\left(\frac{p_2 V_2}{p_1 V_1}\right)^{(C_V - C)} = \left(\frac{V_1}{V_2}\right)^{C_p - C_V}$$

$$\left(\frac{p_2}{p_1}\right)^{(C_V - C)} = \left(\frac{V_1}{V_2}\right)^{C_p - C}$$

$$\therefore p_1 V_1^{(C - C_p)/(C - C_V)} = p_2 V_2^{(C - C_p)/(C - C_V)}$$

$$pV^{(C - C_p)/(C - C_V)} = 常数$$

即

令 $m = \dfrac{C - C_p}{C - C_V}$,则有

$$pV^m = 常数$$

【例 1.1-16】 对于组成固定的双变量体系,请证明

(1) Joule 系数 $\lambda \equiv \left(\dfrac{\partial T}{\partial V}\right)_U = -\dfrac{\left(\dfrac{\partial U}{\partial V}\right)_T}{C_V}$.

(2) Joule-Thomson 系数 $\mu \equiv \left(\dfrac{\partial T}{\partial p}\right)_H = -\dfrac{\left(\dfrac{\partial H}{\partial p}\right)_T}{C_p}$.

(3) $\left(\dfrac{\partial p}{\partial V}\right)_U = -\dfrac{1}{C_V}\left(\dfrac{\partial p}{\partial T}\right)_V \left(\dfrac{\partial U}{\partial V}\right)_T + \left(\dfrac{\partial p}{\partial V}\right)_T$.

(4) $\left(\dfrac{\partial p}{\partial V}\right)_H = \left(\dfrac{\partial p}{\partial T}\right)_V \left(\dfrac{\partial T}{\partial V}\right)_H + \left(\dfrac{\partial p}{\partial C}\right)_T$.

并写出理想气体的具体结果.

解析 热力学第一定律中,我们知道了 5 个热力学量——p、V、T、U、H. 对于均相系来说,5 个量之间存在着确定的关系,因而它们彼此不是完全独立的. 而对于组成不变的均相系而言,只有 2 个是独立的,如 $U = U(p,V)$,$H = H(p,V)$ 等来描述即可. p、V、T 都是实验上可测量,U、H 实验上不能测定其绝对值,但它们随 T、V、p 的改变都可以用可测量表示. 这是我们掌握热力学量之间关系的主要目的. 其次,在推导这些关系时,我们主要应用的数学方法是:选择合适的变量,利用状态函数的特征,写出相应的全微分式来推导,或者利用循环关系、链关系等方法推导.

(1) $\lambda \equiv \left(\dfrac{\partial T}{\partial V}\right)_U = -\dfrac{1}{\left(\dfrac{\partial V}{\partial U}\right)_T \left(\dfrac{\partial U}{\partial T}\right)_V} = -\dfrac{\left(\dfrac{\partial U}{\partial V}\right)_T}{\left(\dfrac{\partial U}{\partial T}\right)_V} = -\dfrac{\left(\dfrac{\partial U}{\partial V}\right)_T}{C_V}$

(循环关系)

对理想气体,$\left(\dfrac{\partial U}{\partial V}\right)_T = 0$,$\therefore \lambda = 0$

(2) $\mu \equiv \left(\dfrac{\partial T}{\partial p}\right)_H = -\dfrac{\left(\dfrac{\partial H}{\partial p}\right)_T}{\left(\dfrac{\partial H}{\partial T}\right)_p} = -\dfrac{\left(\dfrac{\partial H}{\partial p}\right)_T}{C_p}$ (方法同上)

(3) 选择 T、V 作为 p 的两个独立变量,$p = p(T,V)$,写出其全微分:

$$dp = \left(\dfrac{\partial p}{\partial T}\right)_V dT + \left(\dfrac{\partial p}{\partial V}\right)_T dV$$

$$\therefore \left(\dfrac{\partial p}{\partial V}\right)_U = \left(\dfrac{\partial p}{\partial T}\right)_V \left(\dfrac{\partial T}{\partial V}\right)_U + \left(\dfrac{\partial p}{\partial V}\right)_T$$

利用循环关系,得

$$\left(\dfrac{\partial T}{\partial V}\right)_U = \dfrac{-\left(\dfrac{\partial U}{\partial V}\right)_T}{C_V}$$

进而得

$$\left(\dfrac{\partial p}{\partial V}\right)_U = -\dfrac{1}{C_V}\left(\dfrac{\partial p}{\partial T}\right)_V \left(\dfrac{\partial U}{\partial V}\right)_T + \left(\dfrac{\partial p}{\partial V}\right)_T$$

(4) 方法同(3),请读者证明.

【例 1.1-17】 有一个气瓶,其中不是 $N_2(g)$ 就是 $Ar(g)$. 今取一定量样品,在绝热下无摩擦准静态压缩至原来体积一半,温度从 298 K 升至 473 K,请判断瓶中到底是哪种气体.

解析 假设将瓶中气体近似视为理想气体,则理想气体的

(1) 单原子气体　　$C_{V,m} = \dfrac{3}{2}R$, $C_{p,m} = \dfrac{5}{2}R$

(2) 双原子气体　　$C_{V,m} = \dfrac{5}{2}R$, $C_{p,m} = \dfrac{7}{2}R$

而 $N_2(g)$ 为双原子气体,$Ar(g)$ 为单原子气体. 又因为上述过程为绝热可逆过程,据过程方程 $TV^{\gamma-1} =$ 常数,可求 γ 值(其中 $\gamma = C_{p,m}/C_{V,m}$),以此确定瓶中气体是 $Ar(g)$ 还是 $N_2(g)$. 结论请读者做.

【例 1.1-18】 对理想气体,请得出无摩擦准静态过程中吸热为:

$$\delta Q = C_V dT + \frac{nRT}{V} dV$$

其中 C_V 只是 T 的函数.(1) 请论证 δQ 不是全微分;(2) $\delta Q/T$ 则是全微分.

解析

(1) 在无其他功时,上述过程为

$$dU = \delta Q - p dV = C_V dT, \quad p = \frac{nRT}{V}$$

$$\therefore \delta Q = C_V dT + \frac{nRT}{V} dV \tag{1-11}$$

若 δQ 为全微分,则应满足

$$\left(\frac{\partial C_V}{\partial V}\right)_T = \left[\frac{\partial \left(\dfrac{nRT}{V}\right)}{\partial T}\right]_V$$

但 $\left(\dfrac{\partial C_V}{\partial V}\right)_T = 0$ （为什么?）,而 $\left[\dfrac{\partial \left(\dfrac{nRT}{V}\right)}{\partial T}\right]_V = \dfrac{nR}{V} \neq 0$

$$\therefore \left(\frac{\partial C_V}{\partial V}\right)_T \neq \left[\frac{\partial \left(\dfrac{nRT}{V}\right)}{\partial T}\right]_V, \text{故 } \delta Q \text{ 不是全微分}$$

(2) 据(1-11)式　　$\dfrac{\delta Q}{T} = \dfrac{C_V}{T} dT + \dfrac{nR}{V} dV$

$$\left[\frac{\partial \left(\dfrac{C_V}{T}\right)}{\partial V}\right]_T = \frac{1}{T}\left(\frac{\partial C_V}{\partial V}\right)_T = 0$$

$$\left[\frac{\partial \left(\dfrac{nR}{V}\right)}{\partial T}\right]_V = 0$$

$$\therefore \left[\frac{\partial \left(\dfrac{C_V}{T}\right)}{\partial V}\right]_T = \left[\frac{\partial \left(\dfrac{nR}{V}\right)}{\partial T}\right]_V, \text{故 } \dfrac{\delta Q}{T} \text{ 是全微分}$$

【例 1.1-19】 某气体服从下列物态方程:

$$pV_m = RT + \alpha p$$

其中 α 是正的常数.请据关系式

$$\left(\frac{\partial U}{\partial V}\right)_T = T\left(\frac{\partial p}{\partial T}\right)_V - p$$

证明:(1) 该气体的内能只是温度的函数;(2) 焓不仅与温度有关,还与体积或压力有关.

解析 问题(1) 实际上是证明 $\left(\frac{\partial U}{\partial V}\right)_T$, $\left(\frac{\partial U}{\partial p}\right)_T$ 分别为零;问题(2) 则是证明 $\left(\frac{\partial U}{\partial V}\right)_T \neq 0$, $\left(\frac{\partial H}{\partial p}\right)_T \neq 0$.

解 (1) $p(V_m - \alpha) = RT, p = \dfrac{RT}{V_m - \alpha}$, $\therefore \left(\dfrac{\partial p}{\partial T}\right)_V = \dfrac{R}{V_m - \alpha}$

$$\left(\frac{\partial U}{\partial V}\right)_T = T\left(\frac{\partial p}{\partial T}\right)_V - p = T\frac{R}{V_m - \alpha} - \frac{RT}{V_m - \alpha} = 0$$

$$\left(\frac{\partial U}{\partial p}\right)_T = \left(\frac{\partial U}{\partial V}\right)_T \left(\frac{\partial V}{\partial p}\right)_T = 0$$

$\therefore$ 内能只是温度的函数.

(2) $\left(\dfrac{\partial H}{\partial V}\right)_T = \left[\dfrac{\partial (pV + U)}{\partial V}\right]_T = \left(\dfrac{\partial U}{\partial V}\right)_T + p + V\left(\dfrac{\partial p}{\partial V}\right)_T$

$$= 0 + p - \frac{pV_m}{V_m - \alpha} = \frac{\alpha p}{\alpha - V_m} \neq 0$$

$\left(\dfrac{\partial U}{\partial p}\right)_T = \left(\dfrac{\partial U}{\partial p}\right)_T + \left[\dfrac{\partial (pV)}{\partial p}\right]_T = 0 + V + p\left(\dfrac{\partial V}{\partial p}\right)_T = \alpha \neq 0$

$\therefore$ 焓与体积、压力均有关.

【例 1.1-20】 请证明纯物质理想气体,在 p/V 恒定的可逆过程($W_{其} = 0$)中的摩尔热容为 $C_{V,m} + \dfrac{R}{2}$.

解析 令 p/V 恒定可逆过程中摩尔热容为 C,据热容定义式 $C = \dfrac{\delta Q}{dT}$. 又据第一定律: $dU = \delta Q + W$,则 $dU_m = \delta Q - pdV_m$. 由此导出:

$$\frac{dU_m}{dT} = \frac{\delta Q}{dT} - p\frac{dV_m}{dT}$$

$$C_{V,m} = C - p\frac{dV_m}{dT}$$

又因为 $pV_m = RT$, $\dfrac{p}{V_m} = C'$(C' 为常数),$C'V_m^2 = RT$

$$\therefore C_{V,m} = C - C'V_m \frac{R}{2C'V_m} = C - \frac{R}{2}$$

即 $$C = C_{V,m} + \frac{R}{2}$$

第一定律小结 通过以上例题解析,我们不难看出,有关第一定律的计算应首先抓住两点:(i) 不同类型过程的特征;(ii) 不能简单地套用公式,而必须明了公式的应用条件、适用范围.下面择其主要内容做如下小结(封闭体系,$W_{其} = 0$).

(1) 等温膨胀过程($\Delta T = 0$)
- 向真空膨胀　　　　$W = 0, \Delta U = Q$
- 对抗恒外压膨胀　　$W = -p\Delta V, \Delta U = Q - p\Delta V$

- 可逆膨胀 $\quad W = -\int_{V_i}^{V_f} p\mathrm{d}V, \Delta U = Q + W$
- 若体系为理想气(始终态 T 相等) $\quad \Delta U = 0, \Delta H = 0, Q = W'$

(2) 等容过程($\Delta V = 0, W = 0$)

- 理想气体或实际体系 $\quad \Delta U = Q_V = \int_{T_i}^{T_f} C_V \mathrm{d}T$
- 理想气体或实际体系 $\quad \Delta H = \Delta U + \Delta(pV)$
- 理想气体 $\quad \Delta H = \int_{T_i}^{T_f} C_p \mathrm{d}T$

(3) 等压过程($\Delta p = 0, \delta W = -p\mathrm{d}V, W = -p\Delta V$)

- 理想气体或实际体系 $\quad \Delta H = Q_p = \int_{T_i}^{T_f} C_p \mathrm{d}T$
- 理想气体及实际体系 $\quad \Delta U = \Delta H + \Delta(pV)$
- 理想气体 $\quad \Delta U = \int_{T_i}^{T_f} C_V \mathrm{d}T$

(4) 相变过程

- 可逆相变(等温等压过程),如 1 mol 水在 373 K、$p^{\ominus}$下蒸发为1 mol、373 K、$p^{\ominus}$的水气

$$\Delta H = Q_p \quad W = -\int_{V_i}^{V_f} p\mathrm{d}V = -p(V_f - V_i)$$
$$\Delta U = Q + W \quad = -pV_f \quad (\text{忽略液体体积 } V_i)$$
$$= -nRT \quad (\text{气体为理想气})$$

- 不可逆相变(如 1 mol 水在 373 K、$p^{\ominus}$下向真空蒸发为1 mol、373 K、$p^{\ominus}$的蒸气)

$$W = 0$$
$$\Delta U = \Delta H - \Delta(pV) = \Delta H - (p_f V_f - p_i V_i) = Q$$

(5) 绝热过程(理想气体)

$$Q = 0, \Delta U = \int_{T_i}^{T_f} C_V \mathrm{d}T, \Delta H = \int_{T_i}^{T_f} C_p \mathrm{d}T$$

- 可逆绝热过程

$$W = \Delta U = \int_{T_i}^{T_f} C_V \mathrm{d}T = \frac{p_f V_f - p_i V_i}{\gamma - 1}$$
$$\gamma = C_p / C_V$$

- 不可逆绝热过程 $\quad W = \Delta U = C_V(T_f - T_i)$ (若 C_V 为常数)

(三) 习题

1.1-1 判断正误(在题后的括号内标记"√"或"×"):

(1) 孤立体系必为封闭体系. 绝热恒容的封闭体系必为孤立体系. ( )
(2) 温度是状态函数,而热不是状态函数,故热量大的物体温度必然高. ( )
(3) 任何气体进行等温过程后,$Q = W'$. ( )
(4) 理想气体的内能仅是温度的函数. 在 373 K,水在等温下变为水气,设水气为理想气体,则 $\Delta U = 0$. ( )

(5) $dU = C_V dT$ 仅适用于理想气体等容过程. （　　）
(6) 任何不作体积功的封闭体系, 其 $\Delta U = Q_V$. （　　）
(7) 孤立体系进行的任何过程 $\Delta U = 0, \Delta H = 0$. （　　）
(8) 1 mol 乙醇经不可逆循环后回到始态, 尽管 Q、W' 不为 0, 但 ΔU、ΔH 一定都为 0.
（　　）

1.1-2 1 mol 单原子理想气体, 从 $p_1 = 2p^\ominus$, $T_1 = 273$ K 在 $p/T = $ 常数的条件下加热到压力 $p_2 = 4p^\ominus$, 求过程 Q、W' 及气体的 ΔU、ΔH.

答案 $W' = 0, Q = \Delta U = 3.40$ kJ, $\Delta H = 5.67$ kJ.

1.1-3 一绝热恒容箱(图1-6), 中间有一隔板. 如以箱中全部空气为体系, 请讨论:
(1) 将隔板抽去后, 过程 Q、W' 及体系的 ΔU 是大于 0, 小于 0, 还是等于 0.
(2) 若右方小室也有空气, 且 $p_左 > p_右$, 将隔板抽去后, 则过程 Q、W' 及体系 ΔU 是大于 0, 小于 0, 还是等于 0.

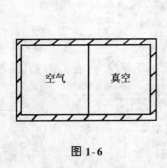

图 1-6　　　　　　　　　　图 1-7

1.1-4 设一气体经如图1-7中的循环过程, 如何用图上面积表示以下各量?
(1) 体系做的总功.
(2) B→C 过程中体系的 ΔU.
(3) B→C 过程的 Q.

1.1-5 设某气体状态方程为 $pV = RT + ap$(a 为常数), 求等温可逆过程中的 W'、Q 和气体 ΔH 的表达式.

1.1-6 1 mol 单原子理想气体, 始态为 273 K、$p^\ominus$, 沿 pT 为常数的途径可逆压缩到 $2p^\ominus$. 已知 $C_{V,m} = 3R/2$.
(1) 求体系终态温度和体积.
(2) 在 p-V 图上画出示意图.
(3) 求过程 Q、W' 及体系 ΔU、ΔH.

答案 $T_2 = 136$ K, $V_2 = 5.58$ dm^3, $\Delta U = -1.71$ kJ, $\Delta H = -2.85$ kJ.

1.1-7 理想气体的多方过程方程为 $pV^m = C$, 式中 C、m 均为常数, 且 $m > 1$.
(1) 若 $m = 2$, 1 mol 气体从 V_1 膨胀到 V_2, $T_1 = 573$ K, $T_2 = 473$ K, 求过程的 W'.
(2) 若 $C_{V,m} = 20.9$ J·K^{-1}·mol^{-1}, 求过程 Q 及体系 ΔU、ΔH.

答案 $W' = 831.4$ J, $\Delta U = -2090$ J, $Q = -1258.6$ J, $\Delta H = -2921.4$ J.

1.1-8 证明:
(1) $\left(\dfrac{\partial U}{\partial V}\right)_p = C_p \left(\dfrac{\partial T}{\partial V}\right)_p - p$.

(2) $C_p - C_V = \left[V - \left(\dfrac{\partial H}{\partial p}\right)_T\right]\left(\dfrac{\partial p}{\partial T}\right)_V$.

(3) $\left(\dfrac{\partial p}{\partial V}\right)_H = \left(\dfrac{\partial p}{\partial T}\right)_V \left(\dfrac{\partial T}{\partial V}\right)_H + \left(\dfrac{\partial p}{\partial V}\right)_T$.

1.1-9 1 mol 单原子理想气体,沿着 nRT/V^2 为常数的可逆途径变到终态.试计算沿着该途径变化时气体的热容.

答案 $C_{V,\mathrm{m}} + \dfrac{R}{2}$.

1.1-10 下列各例中排粗体者为体系,请写出相应过程 Q 及 W.

(1) 用一根橡皮管将打气筒与自行车轮胎相连,按下柱塞,将**空气**打入轮胎(设气筒、轮胎、橡皮管不导热).

(2) 将**水和水蒸气**放于一恒容金属箱中,将箱放在炉火上,箱中温度压力皆增加.

(3) 上题中箱子破了.

(4) 一恒容绝热箱中有**氢气和氧气混合气**,通电火花使其化合(电火花能量不计).

(5) **氢气和氧气混合气**在大量水中形成一气泡,通电火花使其化合.

1.1-11 1 mol 理想气体,从 300 K、$p^\ominus$ 进行绝热准静态无摩擦压缩,消耗了 600 J 的功,求气体终态温度及压力.已知该气体的 $C_{V,\mathrm{m}} = 20.92\ \mathrm{J\cdot K^{-1}\cdot mol^{-1}}$.

1.1-12 在 373 K、$p^\ominus$ 下,1 mol 水经等温等压变为水蒸气,吸热 40.6 kJ.

(1) 求体系做的功 W' 及 ΔU、ΔH.

(2) 若水向真空气化,终态同上,求此过程 Q 及体系 $\Delta U, \Delta H$.

提示 (1) 求出水气的 V_m,再求 $W, \Delta U = Q + W, \Delta H = Q$;(2) $W = 0$,U、H 是状态函数,ΔU、ΔH 与(1)相同.

1.1-13 298 K,1.0×10^6 Pa,1 dm³ $N_2(g)$ 经绝热可逆膨胀到最终压力为 1.0×10^5 Pa.

(1) 求终态温度及体积.

(2) 画出这一过程的 p-V 曲线(绝热线),再与一定温度(298 K)下膨胀时的 p-V 曲线(等温线)相比较.

(3) 求气体做的功[已知 $N_2(g)$ 的 $\gamma = 1.10$].

1.1-14 (1) 请指出温度与热的区别.

(2) 请证明范德华气体的 $C_{V,\mathrm{m}}$ 只是温度的函数.

(3) 请论证焦尔-汤姆逊实验中,体系(如气体)始终态的焓相等.

1.1-15 请据绝热可逆过程方程得出理想气体在该过程中所做功的公式.在 548 K 时,1 mol $NH_3(g)$ 在不同压力下实验测量体积如下:

p/MPa	12.71	18.34	23.12	31.81	38.50
V/cm³	310.0	200.0	150.0	100.0	80.0

试用下列三种不同的方法计算等温(548 K)下从 12.71 MPa 无摩擦准静态压缩到 38.50 MPa 时外界对 $NH_3(g)$ 做的功.

(1) 图解法.

(2) $NH_3(g)$ 服从理想气体状态方程.

(3) $NH_3(g)$ 服从范德华方程.

答案 (1) $W = 4.8$ kJ,(2) 5.05 kJ,(3) 4.60 kJ

1.2 热力学第二定律和熵

(一) 内容纲要

1. 可逆过程与不可逆过程

可逆过程就是当过程进行后所产生的后果(体系与环境的后果),在不引起其他变化的条件下能够完全消除的过程.即一个体系经某过程后体系与环境均发生了变化,若能使体系与环境都完全复原而不引起其他变化,则称原来的过程为可逆过程.显然,若过程进行后所产生的后果在不引起其他变化的条件下不能消除,则为不可逆过程.上面讲到的后果能否消除,实质上就是孤立体系的熵变($\Delta S_环 + \Delta S_体$)是否为零.后果能消除则熵变为零,过程可逆;后果不能消除则熵变大于零,则过程不可逆.

2. 热力学第二定律

Clausius 说法 不可能以热的形式将低温物体的能量传到高温物体而不引起其他变化.

Kelvin 说法 不可能以热的形式将单一热源的能量转变为功而不引起其他变化.

功转变为单一热源的热,在不产生其他变化的条件下是完全可以的.而单一热源的热在不产生其他变化的条件下变为功却是不可能的.这也就是说,热和功不是完全等价的,功可以百分之百无条件地转化为热,而热则不能百分之百地无条件转化为功,否则就要有其他变化作为代价.

熵的定义 任何体系的平衡态都有一个单值状态函数熵存在;对于封闭体系,从平衡态 A 经任一过程变到平衡态 B,体系熵的增量 $\Delta S = S_B - S_A$ 就等于从态 A 到态 B 的可逆过程中热温商的代数和.热温商是体系在温度 T 时吸收的热 δQ_R 与 T 之比值.

$$\Delta S = S_B - S_A = \sum_i \frac{(\delta Q_R)_i}{T_i} \quad \text{(封闭体系可逆过程)},$$

$$dS = \frac{\delta Q_R}{T} \quad \text{(封闭体系无限小可逆过程)}. \tag{1-12}$$

这既是熵的定义式也是熵变的求算式.对于可逆过程,熵变可以直接求算;对于不可逆过程,必须在相同始终态的情况下设计可逆过程来求算.只有可逆过程的热温商才能求算熵变.

熵是状态函数,是广度量,熵又是宏观量.个别粒子没有熵的概念.绝热封闭体系或孤立体系的可逆过程中熵是守恒量,不可逆过程的熵总是单向增加,不是守恒量.

熵增加原理 封闭体系熵在绝热可逆过程中不变,在绝热不可逆过程中增加.

$$\Delta S = S_B - S_A \geqslant 0 \quad \begin{pmatrix} > \text{绝热不可逆过程} \\ = \text{绝热可逆过程} \end{pmatrix}. \tag{1-13}$$

推论 孤立体系的熵永不减少.

$$\Delta S_孤 = S_B - S_A \geqslant 0 \quad \begin{pmatrix} > \text{不可逆过程} \\ = \text{可逆过程} \end{pmatrix}.$$

● 若体系不孤立,为了判断过程方向性,可将体系与环境合起来组成孤立体系,此时熵增加原理可表示为

$$\Delta S_孤 = \Delta S_体 + \Delta S_环 \geqslant 0 \quad \begin{pmatrix} > \text{不可逆过程} \\ = \text{可逆过程} \end{pmatrix}.$$

● 若环境为热源,则 $\Delta S_环 = -Q/T$,其中 Q 是体系吸的热.

Boltzmann 表达式
$$S = k\ln\Omega, \Delta S = k\ln(\Omega_2/\Omega_1) \tag{1-14}$$

上式是联系宏观量 S 与微观量 Ω 的桥梁. Ω 为热力学概率, k 为 Boltzmann 常数.

热力学第二定律的统计表述 任何一个热力学体系的宏观态都有相应的微观状态数 Ω, 它是体系宏观态的单值函数. 对于绝热封闭体系(或孤立体系), 它在可逆过程中不变, 在不可逆过程中增大, 直到增至最大, 过程停止, 体系达到平衡态. 即 $d\Omega \geqslant 0$, ">" 表示对绝热封闭体系或孤立体系的不可逆过程, "=" 则为可逆过程.

3. 熵增加原理在循环过程中的应用

等温循环原理 任何等温循环都不能把热转化为功, 不可逆等温循环一定耗功, 可逆等温循环既不能把热转化为功, 也不能把功转化为热.

非等温循环原理(热机的卡诺定理) 任何进行于 T_1 和 T_2 两个热源间的循环 ($T_1 > T_2$), 如果循环体系从 T_1 热源吸热 Q_1 时, 则其中转化为功 W' (体系对外做的功) 的部分必为

$$W' \leqslant \frac{T_1 - T_2}{T_1} Q_1 \quad \begin{pmatrix} < \text{不可逆循环} \\ = \text{可逆循环} \end{pmatrix} \tag{1-15}$$

而交给 T_2 热源的热量 $Q_2 = Q_1 - W'$ (即 T_2 热源吸的热)

$$\text{热机效率} \ \eta = \frac{W'}{Q_1} = \frac{Q_1 + Q_2}{Q_1} \leqslant \frac{T_1 - T_2}{T_1} \quad \begin{pmatrix} < \text{不可逆热机} \\ = \text{可逆热机} \end{pmatrix} \tag{1-16}$$

$\frac{T_1 - T_2}{T_1}$ 是热机转换系数, 它只与两个热源的温度有关, 而与热机工作物质无关.

若将热机反转就成了一部致冷机, 体系从低温 T_2 热源吸热 $q_2 = -Q_2$, 再放热 $q_1 = -Q_1$ 给高温 T_1 热源, 其工作系数 ε 为:

$$\varepsilon = \frac{q_2}{W} = \frac{T_2}{T_1 - T_2} \tag{1-17}$$

Clausius 不等式 体系在循环中与 n 个热源依次接触进行热相互作用, 则

$$\sum_i \frac{Q_i}{T_i} \leqslant 0 \quad \begin{pmatrix} > \text{不可逆循环} \\ = \text{可逆循环} \end{pmatrix}$$

或

$$\oint \frac{\delta Q}{T} \leqslant 0 \quad \begin{pmatrix} > \text{不可逆循环} \\ = \text{可逆循环} \end{pmatrix} \tag{1-18}$$

推论 1 体系由平衡态 A 到平衡态 B, 可逆过程热温商之和必大于不可逆过程热温商之和.

推论 2 体系由平衡态 A 到平衡态 B, 等温可逆过程中体系吸的热必大于等温不可逆过程中体系吸的热, 而且体系在等温可逆过程中作最大功.

(二) 例题解析

【例 1.2-1】 请根据熵增加原理证明第二定律 Clausius 说法的正确性.

解析 这类证明题往往要用反证法.

假设 Clausius 说法不正确, 即可以以热的形式将低温物质的能量传到高温物质而不引起其他变化. 今设高温物质温度为 T_1, 低温物质温度为 T_2, 高温物质吸热 Q, 低温物质吸热 $-Q$, 则

$$\Delta S_{\text{环}} = \frac{Q}{T_1} - \frac{Q}{T_2} < 0$$

又因为是循环过程体系熵变为 0,即
$$\Delta S_{体} = 0$$
所以
$$\Delta S_{孤} = \Delta S_{体} + \Delta S_{环} < 0$$
这一结果显然违背了熵增加原理,因此是假设不能成立,故 Clausius 说法是正确的.

【例 1.2-2】 今有 0.1 mol 液体乙醚和 0.397 mol $N_2(g)$,在 308 K、$p^{\ominus}$,它们占有体积为 10 dm^3. 现经一等温过程后,乙醚液体全部气化,气体混合物可视为理想混合气体,其体积仍为 10 dm^3. 求始态和终态体系熵差及过程的性质(已知 $p^{\ominus}$、308 K 乙醚气化热为 25.104 kJ·mol^{-1},乙醚的正常沸点为 308 K).

解析 308 K 是乙醚正常沸点,但在本题条件下上述过程并不是平衡相变,因为终态压力显然不会是 $p^{\ominus}$. 但我们可以利用状态函数特点,将原过程分为三个可逆过程(见图 1-8).

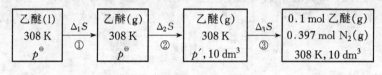

图 1-8

过程①为等温等压平衡相变
$$\Delta_1 S = \frac{\Delta_l^g H}{T}, \quad \Delta_1 S = \frac{0.1 \times 25.104}{308} J \cdot K^{-1} = 8.149 \ J \cdot K^{-1}$$
过程②为理想气体等温可逆膨胀
$$p' = \frac{nRT}{V} = \frac{0.1 \times 8.314 \times 308}{10 \times 10^{-3}} = 25\ 607\ Pa$$
$$\Delta_2 S = nR \ln \frac{100 \times 10^3\ Pa}{25607\ Pa} = 1.143\ J \cdot K^{-1}$$
过程③为 308 K、10 dm^3 的乙醚(g)和 308 K、10 dm^3 的 N_2(g)混合. 根据理想气体等温等容混合公式,$\Delta_3 S = 0$.

总的过程
$$\Delta S_{体} = \Delta_1 S + \Delta_2 S + \Delta_3 S = 9.29\ J \cdot K^{-1}$$

$\Delta S_{环}$ 的求算关键在于求实际过程中体系吸的热量. 这时就不能用所设计的三个过程的方法来求(为什么?). 因为实际过程为等容过程,所以
$$\Delta S_{环} = -\frac{Q}{T} = -\frac{\Delta U}{T} = -\frac{\Delta H - \Delta(pV)}{T}$$
$$= -\frac{\Delta H}{T} + \frac{p_g V_g - p_1 V_1}{T}$$
$$\approx -\frac{\Delta H}{T} + \frac{nRT}{T}$$
$$= (-8.149 + 0.83)\ J \cdot K^{-1}$$
$$= -7.32\ J \cdot K^{-1}$$
计算中忽略了液体体积,所以
$$\Delta S_{孤} = \Delta S_{体} + \Delta S_{环} = 1.97\ J \cdot K^{-1} > 0$$
根据熵增加原理,判定该过程为不可逆过程.

问题 (1) 为何在计算 $\Delta S_{环}$ 中,ΔH 等于设计过程中 $\Delta_1 H$?(2) 此题可否用 ΔF 判断过程方向性?

【**例 1.2-3**】 计算图 1-9 所示各过程中理想气体的熵变,其中(5)图是抽去中间隔板,(6)图是等温下抽去中间隔板.

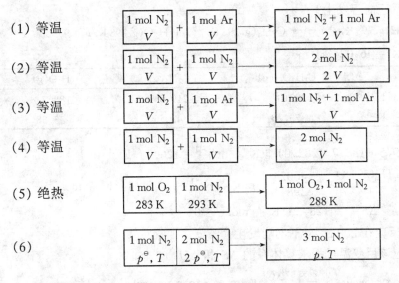

图 1-9

解析 (1) 该过程为等温等压混合过程,则

$$\Delta S = -nR\left(\ln\frac{1}{2} + \ln\frac{1}{2}\right) = 2nR\ln 2 = 11.53 \text{ J}\cdot\text{K}^{-1}$$

(2) 该过程为同种气体等温等压混合,$\Delta S = 0$,混合前后气体状态未变.

(3) 过程为等温等容混合,$\Delta S = 0$.

(4) 过程可看做理想气体等温压缩过程,混合前后气体状态发生了改变. 压力由 $p \to 2p$,体积由 $2V \to V$.

$$\Delta S = nR\ln(p_i/p_f) = 2\times 8.314 \times \ln\frac{1}{2} \text{ J}\cdot\text{K}^{-1} = -11.53 \text{ J}\cdot\text{K}^{-1}$$

(5) 过程可设想为:(i) 通过透热壁传热,终态温度为 288 K,其熵变为 $\Delta_1 S$;(ii) 然后再抽去透热壁,进行等温等压混合 $\Delta_2 S$.

$$\Delta S = \Delta_1 S + \Delta_2 S$$

$$= \int_{283\text{ K}}^{288\text{ K}} \frac{C_V(\text{O}_2)}{T}\mathrm{d}T + \int_{293\text{ K}}^{288\text{ K}} \frac{C_V(\text{N}_2)}{T}\mathrm{d}T + 2nR\ln 2$$

$$= (6.27\times 10^{-3} + 11.53) \text{ J}\cdot\text{K}^{-1}$$

$$= 11.54 \text{ J}\cdot\text{K}^{-1}$$

$$C_{V,\text{m}}(\text{O}_2) = C_{V,\text{m}}(\text{N}_2) = 5R/2$$

(6) 过程是等温不等压混合,无现成公式. 可设想中间隔板可左右滑动,因此过程首先达到两边压力平衡,平衡时压力为 $1.5 p^{\ominus}$,然后再抽去隔板,此时为同种气体等温等压混合,所以

$$\Delta S = \Delta S_{左} + \Delta S_{右}$$

$$= n(\text{N}_2)R\ln\frac{1}{1.5} + n'(\text{N}_2)R\ln\frac{2}{1.5}$$

$$= 1.41 \text{ J} \cdot \text{K}^{-1}$$

由本题求算可知,计算的关键在于分析混合前后体系的状态是否改变,如改变又是如何变的等.因此混合熵是由各气体混合而产生的说法是不全面的.

【例 1.2-4】 求下列化学反应的熵变,并用熵增加原理判断该反应在298 K、$p^{\ominus}$下能否发生? 若升温到633 K,反应能否发生?

$$C_2H_5OH(g, 298\text{ K}, p^{\ominus}) \longrightarrow C_2H_4(g, 298\text{ K}, p^{\ominus}) + H_2O(g, 298\text{ K}, p^{\ominus})$$

已知反应的 $\Delta_r H_m^{\ominus}(298\text{ K}) = 46.024 \text{ kJ} \cdot \text{mol}^{-1}$.

	$C_2H_5OH(g)$	$C_2H_4(g)$	$H_2O(g)$
$S_m^{\ominus}(298\text{ K})/(\text{J} \cdot \text{K}^{-1} \cdot \text{mol}^{-1})$	282.0	219.5	188.7
$C_{p,m}^{\ominus}(298\text{ K})/(\text{J} \cdot \text{mol}^{-1} \cdot \text{K}^{-1})$	73.26	43.56	33.58

解析 $\Delta S_{体} = (219.5 + 188.7 - 282.0) \text{ J} \cdot \text{K}^{-1} \cdot \text{mol}^{-1} = 126.2 \text{ J} \cdot \text{K}^{-1} \cdot \text{mol}^{-1}$

$$\Delta S_{环} = -\frac{\Delta_r H_m^{\ominus}(298\text{ K})}{T} = \frac{-46024}{298} \text{ J} \cdot \text{mol}^{-1} \cdot \text{K}^{-1} = -154.4 \text{ J} \cdot \text{K}^{-1} \cdot \text{mol}^{-1}$$

$$\Delta S_{孤} = \Delta S_{体} + \Delta S_{环} = -28.2 \text{ J} \cdot \text{K}^{-1} \cdot \text{mol}^{-1} < 0$$

所以据熵增加原理,该反应在 298 K、$p^{\ominus}$下不能发生.

若升温到633 K,应该用变温过程求算体系的 ΔS 和 ΔH.

$$\Delta_r S_m^{\ominus}(633\text{ K}) = \Delta_r S_m^{\ominus}(298\text{ K}) + \int_{298\text{ K}}^{633\text{ K}} \frac{\Delta C_{p,m}}{T} dT = 128.7 \text{ J} \cdot \text{K}^{-1} \cdot \text{mol}^{-1}$$

$$\Delta_r H_m^{\ominus}(633\text{ K}) = \Delta_r H_m^{\ominus}(298\text{ K}) + \int_{298\text{ K}}^{633\text{ K}} \Delta C_{p,m} dT = 44.7 \text{ kJ} \cdot \text{mol}^{-1}$$

$$\Delta S_{环} = -\frac{\Delta_r H_m^{\ominus}}{T} = -\frac{44.7 \times 10^{-3}}{633} \text{ J} \cdot \text{K}^{-1} \cdot \text{mol}^{-1} = -70.61 \text{ J} \cdot \text{K}^{-1} \cdot \text{mol}^{-1}$$

$$\Delta S_{孤} = (128.7 - 70.61) \text{ J} \cdot \text{K}^{-1} \cdot \text{mol}^{-1} = 58.1 \text{ J} \cdot \text{K}^{-1} \cdot \text{mol}^{-1} > 0$$

据熵增加原理,反应在 633 K、$p^{\ominus}$下能发生.

【例 1.2-5】 将351 K、$p^{\ominus}$的 1 mol 液体乙醇,在等温下始终对抗 $0.5p^{\ominus}$的恒外压蒸发为同温的 $0.5p^{\ominus}$乙醇蒸气.请根据计算判断该过程是否为可逆过程.已知乙醇正常沸点为 351 K,其 $\Delta_l^g H_m = 39.53 \text{ kJ} \cdot \text{mol}^{-1}$,液态密度 $\rho = 0.7600 \text{ g} \cdot \text{cm}^{-3}$,并假设蒸气为理想气体.

解析 判断过程是否可逆,可用熵函数,但必须是绝热封闭体系或孤立体系,本题不是绝热,因此只能用孤立体系来判断,但此时特别注意不能仅仅以体系的熵变($\Delta S_{体}$)来判断,而应用 $\Delta S_{体} + \Delta S_{环}$ 作为孤立体系熵变来判断是否为可逆过程.该方法是一个普遍适用的方法.另外特别注意,该体系在始终态压力发生了改变且有相变.而正常沸点是指压力为 $p^{\ominus}$下的液气间相变.据以上分析,先写出始、终状态,再设计可逆过程就可求算 $\Delta S_{体}$. $\Delta S_{环}$ 的求算关键在于把实际过程(不是设计的过程)热效应 Q 求得,由于环境是一大热源,因此它失、得有限量的热并不影响其温度值,可视过程为可逆,$\Delta S_{环} = -Q/T$(T为热源温度,即环境温度),示意图 1-10 中:①为正常沸点下的可逆相变 $\Delta_1 S$,②为可逆等温膨胀 $\Delta_2 S$.①和②为设计的可逆过程.

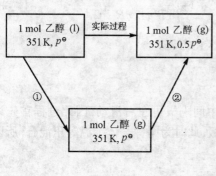

图 1-10

$$\Delta S_{\text{体}} = \frac{\Delta_l^g H_m}{T} + R\ln\frac{p^{\ominus}}{0.5\,p^{\ominus}} = \Delta_1 S + \Delta_2 S = 118.4\,\text{J}\cdot\text{K}^{-1}$$

$$\Delta U = Q + W = \Delta_1 U + \Delta_2 U = \Delta_1 U = \Delta_1 H - \Delta(pV)$$

$$\therefore Q = \Delta_l^g H_m - p^{\ominus}(0.5\,V^g - V^l) + 0.5\,p^{\ominus}(V^g - V^l) = 3.95\times 10^3\,\text{J}$$

$$\Delta S_{\text{环}} = -\frac{Q}{T} = -112.6\,\text{J}\cdot\text{K}^{-1}$$

$$\Delta S_{\text{孤}} = \Delta S_{\text{体}} + \Delta S_{\text{环}} = 5.8\,\text{J}\cdot\text{K}^{-1} > 0$$

故该过程为不可逆过程.

【例 1.2-6】 (1) 请据卡诺循环导出卡诺热机效率及一个反卡诺机的冷冻机工作系数：

$$\eta = \frac{T_1 - T_2}{T_1},\ \varepsilon = \frac{T_2}{T_1 - T_2} \quad (T_1 > T_2,\ T_1、T_2\text{ 为二热源温度})$$

(2) 现有一 200 W 电冰箱，箱内、外温度分别为 273 K、293 K，将冰箱内的 1 kg 水由 293 K 变为 273 K 的冰需多少时间？冰的熔化热为 334.7 kJ·kg^{-1}，水的比热为 4.184 J·K·g^{-1}.

解析 (1) 卡诺循环是非等温循环，它是理想纯气体经两个等温可逆过程与两个绝热可逆过程交替组成,示意于图 1-11 中 ($T_1 > T_2$).

循环一次，则有

$$\Delta_1 U = 0,\ W'_1 = nRT_1\ln\frac{V_2}{V_1} = Q_1$$

$$Q_2 = 0,\ \Delta_2 U = \int_{T_1}^{T_2} C_V dT = -W'_2$$

$$\Delta_3 U = 0,\ W'_3 = nRT_2\ln\frac{V_4}{V_3} = Q_3$$

$$Q_4 = 0,\ \Delta_4 U = \int_{T_2}^{T_1} C_V dT = -W'_4$$

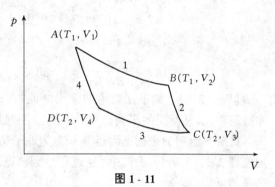

图 1-11

∴ 气体对外界做的功为

$$W' = W'_1 + W'_3 = Q_1 + Q_3$$

热机效率

$$\eta = \frac{W'}{Q_1} = \frac{Q_1 + Q_3}{Q_1} = \frac{nRT_1\ln\dfrac{V_2}{V_1} + nRT_2\ln\dfrac{V_4}{V_3}}{nRT_1\ln\dfrac{V_2}{V_1}}$$

同时，可通过体系熵变 $\Delta S = \Delta_1 S + \Delta_2 S + \Delta_3 S + \Delta_4 S$ 得到

$$\Delta S = nR\ln\frac{V_2}{V_1} + nR\ln\frac{V_4}{V_3} = 0$$

亦可通过绝热可逆过程方程（理想气体）得到

$$\frac{V_2}{V_1} = \frac{V_3}{V_4} \quad (\text{请读者自己练习})$$

$$\therefore \eta = \frac{W'}{Q_1} = \frac{Q_1 + Q_3}{Q_1} = \frac{T_1 - T_2}{T_1}$$

若为一反卡诺机，即对上述循环的反循环，则外界对气体做功为

$$W = nRT_1\ln\frac{V_2}{V_1} + nRT_2\ln\frac{V_4}{V_3}$$

● 气体从低温热源吸热

$$q_3 = -Q_3 = nRT_2\ln\frac{V_3}{V_4}$$

● 气体从高温热源吸热

$$q_1 = -Q_1 = nRT_1\ln\frac{V_1}{V_2}$$

(该值为负,实际上为放热).在此循环中消耗外界功将热从低温热源传到了高温热源.

$$\therefore \varepsilon = \frac{q_3}{W} = \frac{T_2}{T_1 - T_2}$$

(2) 由 ε 表达式

$$\begin{aligned}W &= \frac{T_1 - T_2}{T_2}q_3 \\ &= \frac{293\,\text{K} - 273\,\text{K}}{273\,\text{K}}[1000\,\text{g} \times (293\,\text{K} - 273\,\text{K}) \times 4.184\,\text{J}\cdot\text{K}^{-1}\cdot\text{g}^{-1} \\ &\quad + 1\,\text{kg} \times (334.7 \times 10^3\,\text{J}\cdot\text{kg}^{-1})] \\ &= 6.15 \times 10^3\,\text{J}\end{aligned}$$

$$\therefore 需时\ t = \frac{6.15 \times 10^3\,\text{J}}{200\,\text{J}\cdot\text{s}^{-1}} = 30.8\,\text{s}$$

【例 1.2-7】 请根据熵增加原理论证"在一个封闭体系的任一给定的平衡态附近总有这样的态存在,从给定的平衡态出发不可能经绝热可逆过程到达此态".

解析 给定的平衡态附近某一态为非平衡态,从平衡态到非平衡态为不可逆过程,据熵增加原理 $\Delta S > 0$,若可用绝热可逆过程达到该态,则 $\Delta S = 0$ 二者矛盾,故用绝热可逆过程达到该态是不可能的.

【例 1.2-8】 某一密闭容器中隔板两边各盛 $\frac{2}{3}$ mol $O_2(g)$ 和 $\frac{1}{3}$ mol $N_2(g)$,它们都是理想气且温度压力都为 T、p.抽出中间隔板,两气体则混合.

(1) 求混合熵变及混合前后微观状态数之比.
(2) 若将混合后体系微观状态数作为 1,问 N_2、O_2 同时集中回到始态时的概率有多大?

解析 (1) 过程为等温等压混合过程

$$\Delta_{\text{mix}}S = -R\left[n(O_2)\ln\frac{n(O_2)}{n(O_2)+n(N_2)} + n(N_2)\ln\frac{n(N_2)}{n(N_2)+n(O_2)}\right] = 5.29\,\text{J}\cdot\text{K}^{-1}$$

据 Boltzmann 关系式

$$\Delta S = k\ln\frac{\Omega_2}{\Omega_1},\quad \frac{\Omega_2}{\Omega_1} = e^{\Delta S/k} = e^{3.83\times 10^{23}}$$

问题 若容器中隔板两边皆为 $O_2(g)$ 或 $N_2(g)$,请问 $\Delta_{\text{mix}}S$ 又如何?

(2) $\Omega_1 = e^{-3.83\times 10^{23}}$,概率非常之小,可视为根本不可能发生.

【例 1.2-9】 在一绝热箱中有两块用绝热板隔开的各为 1 mol 的银,温度分别为 273 K 与 323 K,在 273~323 K 间银的等压摩尔热容为 $C_{p,m} = 24.48\,\text{J}\cdot\text{K}^{-1}\cdot\text{mol}^{-1}$.求:

(1) 抽去隔板后两块银达热平衡的熵变;

(2) 将热平衡后的微观状态数当做 1,问一块银的温度回到273 K、另一块银回到 323 K 的概率有多大?

解析 (1) 关键是求出平衡后的终态温度 T,可由下式求算:
$$C_{p,m}(T - 273 \text{ K}) = C_{p,m}(323 \text{ K} - T)$$
$$\therefore T = (T_1 + T_2)/2 = 298 \text{ K}$$

可设过程为等压可逆变温过程,则
$$\Delta S = \int_{T_1}^{T} \frac{C_{p,m}dT}{T} + \int_{T_2}^{T} \frac{C_{p,m}dT}{T} = C_{p,m}\ln\frac{T}{T_1} + C_{p,m}\ln\frac{T}{T_2} = 0.1729 \text{ J} \cdot \text{K}^{-1}$$

(2) 参考上题,可得
$$\Omega_1 = e^{-1.25 \times 10^{22}}$$

【例 1.2-10】 判断经下列过程后,体系熵变的情况:(1) 水蒸气冷凝成水.(2) $CaCO_3(s)$ ⟶ $CaO(s) + CO_2(g)$.(3) 乙烯聚合成聚乙烯.(4) 气体由体积 V 绝热可逆膨胀到 $2V$.(5) 气体在催化剂上的吸附.(6) 金属的氧化反应.

解析 根据 $\Delta S = k\ln\frac{\Omega_2}{\Omega_1}$,所以影响体系微观状态数的因素就是影响熵的因素.据这一原则,可将上述各问的结论列于下表.

过程	(1)	(2)	(3)	(4)	(5)	(6)
ΔS	<0	>0	<0	=0	<0	<0

【例 1.2-11】 1 mol 理想气体,在 300 K 时通过下列三种途径作等温膨胀,其压力由 $6p^\ominus$ 到 $p^\ominus$.请分别求算下述三个过程后体系和环境的熵变,并判断过程的方向性.
(1) 无摩擦准静态膨胀.(2) 向真空自由膨胀.(3) 对抗恒定 $p^\ominus$ 的外压膨胀.

解析 三过程的始终态相同,所以体系的熵变在三过程后应是一样的;但环境的熵变则不一样,因此过程的方向性可能不同.

(1) $\Delta U = 0$,$Q = -W = nRT\ln 6$
$$= (1 \text{ mol}) \times (8.314 \text{ J} \cdot \text{K}^{-1} \cdot \text{mol}^{-1}) \times 300 \text{ K} \times \ln 6$$
$$= 4469.0 \text{ J}$$
$$\Delta S_{体} = Q/T = nR\ln 6 = 14.90 \text{ J} \cdot \text{K}^{-1}$$
$$\Delta S_{环} = -Q/T = -14.90 \text{ J} \cdot \text{K}^{-1}$$
$$\Delta S_{孤} = \Delta S_{体} + \Delta S_{环} = 0$$

据熵增加原理,该过程为可逆过程.

(2) $\Delta S_{体} = 14.90 \text{ J} \cdot \text{K}^{-1}$,$\Delta S_{环} = 0$,$\Delta S_{总} = 14.90 \text{ J} \cdot \text{K}^{-1} > 0$
故原过程为不可逆过程.

(3) $\Delta S_{体} = 14.90 \text{ J} \cdot \text{K}^{-1}$,此过程中体系吸的热为
$$Q = -W = p\Delta V = p(V_2 - V_1)$$
$$p_1 = p = 100 \text{ kPa}, p_1 = 6 \times 100 \text{ kPa}$$
$$\Delta S_{环} = -\frac{Q}{T} = -\frac{p\Delta V}{T} = -\frac{1}{T} \times \left(\frac{nRT}{p_2} - \frac{nRT}{p_1}\right)p = -6.93 \text{ J} \cdot \text{K}^{-1}$$
$$\Delta S_{孤} = \Delta S_{体} + \Delta S_{环} = 7.97 \text{ J} \cdot \text{K}^{-1} > 0$$

根据熵增加原理,该过程为不可逆过程.

【例 1.2-12】 标准压力 $p^\ominus$ 下,把 25 g、273 K 的冰加到 200 g、323 K 的水中,假设体系与外界无能量交换,求体系熵的增加.已知冰的比热为 4.184 kJ·kg^{-1}·K^{-1},冰的熔化焓 $\Delta_s^l H^\ominus$ = 333 kJ·kg^{-1},二者都为常数.

解析 关键是先求出终态温度,又因为过程为等压过程而且有相变.可设计过程如图 1-12 所示,并令终态温度为 T.

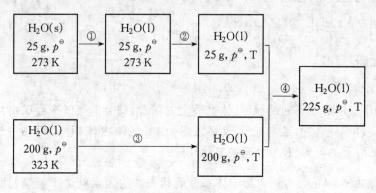

图 1-12

解析 因为体系与外界无能量交换,故 25 g 冰吸的热应等于 200 g 水放的热,即

$$(25\ \text{g}) \times (333\ \text{J·g}^{-1}) + (25\ \text{g}) \times (4.184\ \text{J·K}^{-1}\text{·g}^{-1})(T - 273\ \text{K})$$
$$= (200\ \text{g}) \times (4.184\ \text{J·g}^{-1}\text{K}^{-1})(323\ \text{K} - T)$$
$$T = 308.8\ \text{K}$$

$$\Delta_1 S = (25\ \text{g}) \times \frac{\Delta_s^l H^\ominus}{273\ \text{K}} = \frac{25 \times 333}{273}\ \text{J·K}^{-1} = 30.48\ \text{J·K}^{-1}$$

$$\Delta_2 S = \int_{273\ \text{K}}^{308.8\ \text{K}} \frac{C_p \mathrm{d}T}{T} = C_p \ln \frac{308.8}{273} = 12.83\ \text{J·K}^{-1}$$

$$\Delta_3 S = \int_{323\ \text{K}}^{308.8} \frac{C_p \mathrm{d}T}{T} = -38.16\ \text{J·K}^{-1}$$

$$\Delta_4 S = 0$$

所以
$$\Delta S = \Delta_1 S + \Delta_2 S + \Delta_3 S + \Delta_4 S = 5.14\ \text{J·K}^{-1}$$

【例 1.2-13】 一定量的理想气体在 273.15 K 及 $2p^\ominus$ 下,分别按下列三种方式膨胀到 $p^\ominus$.请判断 $\Delta T, Q, W, \Delta U, \Delta H, \Delta S$ 在下述三个过程中是大于 0,小于 0,还是等于 0?

(1) 可逆绝热膨胀.(2) 可逆恒温膨胀.(3) 向真空膨胀.

解析 (1) 可逆绝热膨胀,据其特点:
$$Q = 0, \Delta S = 0, W < 0$$
$$[-p(V_2 - V_1), V_2 > V_1, 故 -p(V_2 - p_1) < 0]$$
$$\Delta U = W < 0, \Delta H = \Delta U + \Delta(pV) = \Delta U + nR(T_2 - T_1) < 0$$

(2)~(3)请读者自己分析.

现将结果列于下表:

	ΔT	Q	W	ΔU	ΔS	ΔH
(1)	<0	0	<0	<0	0	<0
(2)	0	>0	<0	0	>0	0
(3)	0	0	0	0	>0	0

【例 1.2-14】 将 290 K、$p^\ominus$下，将 2 mol $N_2(g)$（理想气体），用恒定 6 $p^\ominus$绝热压缩到体积变为原来的一半，设 $N_2(g)$的摩尔等压热容 $C_{p,m}=\frac{7}{2}R$ 为常数，求此过程 Q 及体系做的功 W'、$\Delta S_\text{体}$ 及 $\Delta S_\text{环}$.

解析 此为绝热不可逆过程，体系温度发生了改变，压力也发生了变化.因此求热力学状态函数的改变应设法先知道始终态.解此题时，应先求终态温度 T_2

$$Q=0,\Delta U=W$$

所以

$$n\times\frac{5}{2}R(T_2-T_1)=-(6\times100\text{ kPa})(V_2-V_1)$$

由于

$$V_2=\frac{1}{2}V_1,V_1=\frac{nRT_1}{100\text{ kPa}}\quad\therefore\ T_2=638\text{ K}$$

$$W=\Delta U=2\text{ mol}\times\frac{5}{2}\times8.314\text{ J}\cdot\text{K}^{-1}\cdot\text{mol}^{-1}(638\text{ K}-290\text{ K})=14.466\text{ kJ}$$

$$W'=-14.466\text{ kJ}$$

求 $\Delta S_\text{体}$ 需设下列可逆过程，如图 1-13 所示：

$$\Delta S_\text{体}=\Delta_1 S+\Delta_2 S$$

$$=nR\ln\frac{V_2}{V_1}+\int_{290\text{ K}}^{638\text{ K}}\frac{n\times\left(\frac{5}{2}R\right)}{T}\text{d}T$$

$$=\left(2\times8.314\ln\frac{1}{2}+2\times\frac{5}{2}\right.$$

$$\left.\times 8.314\ln\frac{638}{290}\right)\text{J}\cdot\text{K}^{-1}$$

$$=21.24\text{ J}\cdot\text{K}^{-1}$$

$\Delta S_\text{环}=0$

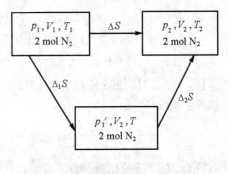

图 1-13

【例 1.2-15】 1 mol 水由 373 K、$p^\ominus$分别经(1) 等温等压无摩擦准静态及(2) 等温向真空自由蒸发两途径，变为同温、同压下的水蒸气.已知 $\Delta_l^g H_m^\ominus(H_2O,373\text{ K})=40.627\text{ kJ}\cdot\text{mol}^{-1}$.在可作合理假设条件下，计算上述过程熵变，并判断过程的方向性.

解析 （1） $\Delta_1 S=\dfrac{n\Delta_l^g H_m^\ominus(H_2O,373\text{ K})}{T}$

$$=\frac{1\times46.627\times1000}{373}\text{ J}\cdot\text{K}^{-1}=108.9\text{ J}\cdot\text{K}^{-1}$$

$\Delta S_\text{环}=-108.9\text{ J}\cdot\text{K}^{-1}$，$\Delta S_\text{孤}=0$,过程为可逆过程

（2） $\Delta_2 S=108.9\text{ J}\cdot\text{K}^{-1}$.设气相为理想气体，则

$$Q=\Delta U$$

$$\Delta_l^g U_m^\ominus=\Delta_l^g H_m^\ominus-p\Delta V=\Delta_l^g H_m^\ominus-p(V_m^g-V_m^l)\approx\Delta_l^g H_m^\ominus-RT$$

$$\Delta S_{环} = \frac{-Q}{T} = -\frac{n\Delta_l^g H_m^\ominus}{T} + nR$$

$$\Delta S_{孤} = \Delta_2 S + \Delta S_{环} = nR = 8.314 \, \text{J} \cdot \text{K}^{-1} > 0$$

所以过程为不可逆过程.

问题 上题如果气体仍为理想气体,但液体体积不可忽略,且水在373 K的密度 ρ 为 $0.9584 \, \text{g} \cdot \text{cm}^{-3}$,求 $\Delta S_{体}$、$\Delta S_{环}$.

又,如气体符合范德华气体且液体不可忽略,再求 $\Delta S_{体}$、$\Delta S_{环}$.

试比较上述三种计算结果.

【例 1.2-16】 求 300 K,1 mol $N_2(g)$(视为理想气体)经下列不同过程体系的熵变和环境的熵变:(1) 等温自由膨胀 $V \rightarrow 2V$.(2) 等温可逆膨胀 $V \rightarrow 2V$.(3) 绝热自由膨胀 $V \rightarrow 2V$.(4) 绝热可逆膨胀 $V \rightarrow 2V$.

解析 体系的熵变一定要与可逆过程相联系,环境的熵变要与实际过程相联系.

(1) $\Delta S_{体} = nR\ln\dfrac{V_f}{V_i} = 5.76 \, \text{J} \cdot \text{K}^{-1}$.

实际过程 $W = 0, \Delta U = 0$ (为什么?), $Q = 0, \therefore \Delta S_{环} = -\dfrac{Q}{T} = 0$

(2) 体系始终态与(1)相同,S 是状态函数,故

$$\Delta S_{体} = 5.76 \, \text{J} \cdot \text{K}^{-1}, \Delta S_{环} = -5.76 \, \text{J} \cdot \text{K}^{-1}$$

(3) $Q = 0, W = 0, \therefore \Delta U = 0$,可判定始终态温度未变.故

$$\Delta S_{体} = 5.76 \, \text{J} \cdot \text{K}^{-1}, \Delta S_{环} = 0$$

[为什么此处 $\Delta S_{体}$ 与(1),(2)相同?]

(4) $\Delta S_{体} = 0$(为什么?), $\Delta S_{环} = 0$

【例 1.2-17】 298 K 时 $NH_3(g)$ 的标准摩尔熵为 192.5 $\text{J} \cdot \text{K}^{-1} \cdot \text{mol}^{-1}$,标准摩尔等压热容与温度的关系为

$$\frac{C_{p,m}^\ominus(T)}{\text{J} \cdot \text{K}^{-1} \cdot \text{mol}^{-1}} = \left\{29.75 + 25.10 \times 10^{-3}\left(\frac{T}{\text{K}}\right) - 1.55 \times 10^5 \left(\frac{\text{K}}{T}\right)^2\right\}$$

求 $NH_3(g)$ 在 373 K 的标准摩尔熵.

解析 NH_3 从 298 K 到 373 K 标准摩尔熵变 $\Delta S_m^\ominus$ 为:

$$\Delta S_m^\ominus = \int_{T_i}^{T_f} \frac{C_{p,m}^\ominus}{T}dT = \int_{298\,\text{K}}^{373\,\text{K}} \frac{C_p^\ominus}{T}dT = 8.245 \, \text{J} \cdot \text{K}^{-1} \cdot \text{mol}^{-1}$$

而 $\Delta S_m^\ominus = S_m^\ominus(373\,\text{K}) - S_m^\ominus(298\,\text{K})$,则 $S_m^\ominus(373\,\text{K})$ 可求

$$S_m^\ominus(373\,\text{K}) = S_m^\ominus(298\,\text{K}) + \Delta S_m^\ominus = 200.7 \, \text{J} \cdot \text{K}^{-1} \cdot \text{mol}^{-1}$$

【例 1.2-18】 通 10 A 电流经过一个质量为 5 g、$C_p = 0.84 \, \text{J} \cdot \text{K}^{-1} \cdot \text{g}^{-1}$、$R = 20 \, \Omega$ 的电阻 1 s,同时使水流经电阻以维持原来的温度 283 K.求:(1) 电阻与水之熵变;(2) 若改用绝热线将电阻包住,电阻与水之熵变又各为多少?

解析 (1) 由于电阻维持原来的温度,故其状态可视为未发生变化,$\Delta S_{电阻} = 0$.而水则吸收了热量 $Q = I^2Rt$,故

$$\Delta S_{水} = \frac{Q}{T} = \frac{I^2Rt}{T} = \frac{10^2 \times 20 \times 1}{283} \, \text{J} \cdot \text{K}^{-1} = 7.07 \, \text{J} \cdot \text{K}^{-1}$$

(2) 若改用绝热线将电阻包住,则电阻温度必升高到 T_2,此时有

$$5\text{ g} \times C_p(T_2 - 298\text{ K}) = I^2Rt, \text{ 则 } T_2 = 759\text{ K}$$

$$\Delta S_{\text{电阻}} = \int_{T_1}^{T_2} \frac{C_p}{T}\text{d}T = \int_{283\text{ K}}^{759\text{ K}} \frac{5\text{ g} \times 0.84\text{ J} \cdot \text{K}^{-1} \cdot \text{g}^{-1}}{T}\text{d}T = 4.14\text{ J} \cdot \text{K}^{-1}$$

由于电阻与水间绝热，故水状态并没有发生变化，$\Delta S_{\text{水}} = 0$.

【例 1.2-19】 物质的量都为 n 的两液体，在标准压力 $p^{\ominus}$ 下，其温度分别为 T_1 和 T_2. 试证明：

(1) 在等压绝热下混合的熵变为

$$\Delta S = 2nC_{p,m}^{\ominus} \ln \frac{T_1 + T_2}{2\sqrt{T_1 T_2}}$$

(2) 当 $T_1 \neq T_2$ 时，$\Delta S > 0$（式中 $C_{p,m}^{\ominus}$ 为液体的标准摩尔等压热容量，假定其为常数）.

解析 (1) 明确终态，关键是温度 T，等压绝热混合后，液体温度均一，设为 T，由

$$nC_{p,m}^{\ominus}(T - T_1) + nC_{p,m}^{\ominus}(T - T_2) = 0$$

得 $$T = \frac{1}{2}(T_1 + T_2)$$

混合熵变为

$$\begin{aligned}
\Delta_{\text{mix}}S &= \Delta_1 S + \Delta_2 S \\
&= \int_{T_1}^{T} \frac{nC_{p,m}^{\ominus}\text{d}T}{T} + \int_{T_2}^{T} \frac{nC_{p,m}^{\ominus}\text{d}T}{T} \\
&= nC_{p,m}^{\ominus} \ln \frac{T}{T_1} + nC_{p,m}^{\ominus} \ln \frac{T}{T_2} \\
&= nC_{p,m}^{\ominus} \ln \frac{T^2}{T_1 T_2} \quad \left(\text{代入 } T = \frac{T_1 + T_2}{2}\right) \\
&= 2nC_{p,m}^{\ominus} \ln \frac{T_1 + T_2}{2\sqrt{T_1 T_2}}
\end{aligned}$$

(2) 若 $T_1 \neq T_2$，则 $(\sqrt{T_1} - \sqrt{T_2})^2 > 0$，即

$$\frac{T_1 + T_2}{2\sqrt{T_1 T_2}} > 1$$

$$\therefore \Delta S > 0$$

【例 1.2-20】 298 K 时 $\text{Br}_2(l)$ 的蒸气压为 $0.280\ p^{\ominus}$，摩尔气化热 32.15 kJ·mol^{-1}. 已知 298 K、$p^{\ominus}$ 下气态 Br_2 的摩尔熵为 247.3 J·K^{-1}·mol^{-1}，求 298 K 时液态 Br_2 的标准摩尔熵（设 Br_2 蒸气为理想气体）.

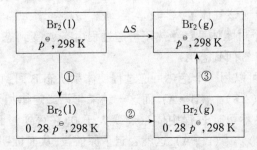

图 1-14

解析 因为 298 K, $p^\ominus$, $Br_2(g)$ 的 $S_m^\ominus(g)$ 已知,所以只要求出 $\Delta S_m = S_m^\ominus(g) - S_m^\ominus(l)$,就可知道 $S_m^\ominus(l)$. 但需设计可逆过程(见图 1-14).

由于压力对凝聚相熵的影响很小,所以 $\Delta_1 S \approx 0$;过程②为可逆相变,$\Delta_2 S = \dfrac{\Delta_l^g H_m}{T}$;过程③为可逆压缩,$\Delta_3 S = R\ln\dfrac{0.280}{1}$.

$$\Delta S_m = S_m^\ominus(g) - S_m^\ominus(l)$$
$$= \Delta_1 S + \Delta_2 S + \Delta_3 S$$
$$= \left(\dfrac{32.15}{298} + 8.314 \ln\dfrac{0.280}{1}\right) J \cdot K^{-1} \cdot mol^{-1}$$
$$= 97.32 \, J \cdot K^{-1} \cdot mol^{-1}$$
$$S_m^\ominus(l) = (247.3 - 97.32) \, J \cdot K^{-1} \cdot mol^{-1} = 149.98 \, J \cdot K^{-1} \cdot mol^{-1}$$

问题 本题 $\Delta S_{环}$ 为多少?

【例 1.2-21】 某气体物态方程为 $p(V_m - b) = RT$ (b 为正的常数),问:
(1) 其压缩因子在等温下随压力增加是增大,降低,或是不变?
(2) 该气体在节流过程中是致冷效应,还是致温效应?
(3) 请对该气体证明: $\left(\dfrac{\partial V_m}{\partial p}\right)_S = -\dfrac{C_{V,m}}{C_{V,m} + R} \cdot \dfrac{V_m - b}{p}$.

解析 (1) $Z = \dfrac{pV_m}{RT} = 1 + \dfrac{pb}{RT}$

$$\left(\dfrac{\partial Z}{\partial p}\right)_T = \left[\dfrac{\partial}{\partial p}\left(1 + \dfrac{pb}{RT}\right)\right]_T = \dfrac{b}{RT} > 0$$

所以压力增加,Z 增大.

(2) $\left(\dfrac{\partial T}{\partial p}\right)_H = -\dfrac{\left(\dfrac{\partial H}{\partial p}\right)_T}{\left(\dfrac{\partial H}{\partial T}\right)_p} = \dfrac{T\left(\dfrac{\partial V_m}{\partial T}\right)_p - V_m}{C_p}$, $\left(\dfrac{\partial V_m}{\partial T}\right)_p = \dfrac{R}{p} = -\dfrac{b}{C_p} < 0$

所以是致温效应.

(3) $\left(\dfrac{\partial V_m}{\partial p}\right)_S = \dfrac{-\left(\dfrac{\partial S}{\partial p}\right)_V}{\left(\dfrac{\partial S}{\partial V}\right)_p} = -\dfrac{\left(\dfrac{\partial S}{\partial T}\right)_V \left(\dfrac{\partial T}{\partial p}\right)_V}{\left(\dfrac{\partial S}{\partial T}\right)_p \left(\dfrac{\partial T}{\partial V}\right)_p}$

$$= -\dfrac{C_{V,m}}{C_{p,m}}\left(\dfrac{\partial V_m}{\partial p}\right)_T = -\dfrac{C_{V,m}}{C_{p,m}} \cdot \dfrac{V_m - b}{p} = -\dfrac{C_{V,m}}{C_{V,m} + R} \cdot \dfrac{V_m - b}{p}$$

问题 请读者自己验证该气体 $C_{p,m} = C_{V,m} + R$.

【例 1.2-22】 设一个封闭体系经绝热不可逆过程由态 A 变到态 B. 试论证不可能用一个绝热可逆过程使体系由态 B 回到态 A.

解析 反证法:假设可以用一个绝热可逆过程使体系从态 B 回到态 A,则据熵为状态函数知 $(\Delta S)_{不可逆}(A \to B) = -(\Delta S)_{可逆}(B \to A)$,而这一结果与第二定律相矛盾. 因为据热力学第二定律知,在封闭体系,绝热不可逆过程中体系熵变大于 0,在可逆过程中体系熵变等于 0,故 $(\Delta S)_{可逆}(A \to B) \neq -(\Delta S)_{不可逆}(B \to A)$. 这就否定了原假设,从而证明了原命题的正确性.

原命题也可以说:封闭体系中,从同一始态出发,经绝热可逆和绝热不可逆过程是不可能达到同一终态的.

问题 能否设计一个其他可逆过程(不绝热)使体系从态 B 回到态 A?

【例 1.2-23】 1 mol 水在 373 K、$p^{\ominus}$ 下向真空蒸发为同温同压下的水蒸气,然后再经等温等压的可逆相变使水蒸气回到始态时的水. 问此过程耗功多少? 有人认为此过程为可逆过程,请通过计算加以说明.

解析 此例为等温循环过程,又因为水向真空蒸发,其功为 0,所以

$$W = -p(V_m^l - V_m^g) \approx pV_m^g = nRT = 8.314 \times 373 \text{ kJ} = 3.10 \text{ kJ}$$

【例 1.2-24】 1 mol 理想气体经绝热自由膨胀后体积为原来的 2 倍,求体系终态热力学概率 Ω_2 是始态概率 Ω_1 的倍数.

解析 $\Delta S = k \ln \dfrac{\Omega_2}{\Omega_1}, \Delta S = nR \ln \dfrac{V_2}{V_1} = nR \ln 2$

所以
$$k \ln \dfrac{\Omega_2}{\Omega_1} = nR \ln 2 = nkN_A \ln 2$$

$$\dfrac{\Omega_2}{\Omega_1} = 2^{n \times N_A} = 2^{6.022 \times 10^{23}}$$

【例 1.2-25】 一个可逆热机自高温热源(温度 T_1)吸热 Q_1,向低温热源(温度 T_2)放热 Q_2,机器工作一个循环. 试证明此机器做的功为 $W' = \Delta_1 S(T_2 - T_1)$,式中 $\Delta_1 S$ 为高温热源熵变.

解析 因为是可逆热机完成了一个循环过程,所以

$\Delta S_{体} = 0, \Delta U = 0, \Delta U = Q_1 - Q_2 + W = 0, Q_2 = Q_1 + W$

$\Delta S_{体} + \Delta S_{环} = 0$,故 $\Delta S_{环} = 0$,即

$$-\dfrac{Q_1}{T_1} + \dfrac{Q_2}{T_2} = 0, \quad -\dfrac{Q_1}{T_1} = \Delta_1 S, \quad \dfrac{Q_2}{T_2} = \Delta_2 S \quad \text{(低温热源熵变)}$$

$$\Delta_1 S + \dfrac{Q_1 + W}{T_2} = 0$$

$$T_2 \Delta_1 S - T_1 \Delta_1 S + W = 0$$

$$\Delta_1 S(T_2 - T_1) = -W = W'$$

原题得证.

另外,还可证明如下: $W' = -W = \dfrac{T_1 - T_2}{T_1} Q_1 = -\dfrac{Q_1}{T_1}$

$$= (T_2 - T_1)$$
$$= \Delta_1 S(T_2 - T_1)$$

【例 1.2-26】 有 r 种不同物质的纯气体(均为理想气体),分别用隔板分开,它们的温度及压力都为 T、p. 而体积分别为 $V_1, V_2, \cdots, V_i, \cdots, V_r$. 将隔板全部抽走,气体将均匀混合,试证混合熵变的公式为

$$\Delta S = \dfrac{p}{T} \sum_{i=1}^{r} V_i \ln \dfrac{V}{V_i}$$

式中 V 为混合后的体积.

解析 可设如下可逆过程,首先将 r 种不同气体在 T 恒定下分别由体积 $V_1, V_2, \cdots, V_i, \cdots, V_r$ 可逆膨胀到体积为 V(即 $\sum V_i$),然后再等温等容混合.

$$\Delta S = \Delta_1 S + \Delta_2 S = \sum_{i=1}^{r} n_i R \ln \frac{V}{V_i} + 0$$

$$= \sum_{i=1}^{r} \frac{p}{T} V_i \ln \frac{V}{V_i} = \frac{p}{T} \sum_{i=1}^{r} V_i \ln \frac{V}{V_i}$$

【例 1.2-27】 镉的熔点为 594 K,$\Delta_s^l H_m^\ominus = 6109 \text{ J} \cdot \text{mol}^{-1}$,固体与液体的标准摩尔等压热容为:

$$C_{p,m}^\ominus(\text{s}, T) = \left\{ 22.84 + 10.32 \times 10^{-3} \left(\frac{T}{\text{K}}\right) \right\} \text{ J} \cdot \text{K}^{-1} \cdot \text{mol}^{-1}$$

$$C_{p,m}^\ominus(\text{l}, T) = 29.83 \text{ J} \cdot \text{K}^{-1} \cdot \text{mol}^{-1}$$

求将 1 mol 镉从 298 K 加热到 1000 K 的 $\Delta S_m^\ominus$.

解析 求体系熵变一定设计可逆过程,见图 1-15.

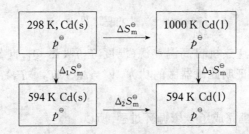

图 1-15

$$\Delta S_m^\ominus = \Delta_1 S_m^\ominus + \Delta_2 S_m^\ominus + \Delta_3 S_m^\ominus$$

$$= \int_{298\text{ K}}^{594\text{ K}} \frac{C_{p,m}^\ominus(\text{s})\text{d}T}{T} + \frac{\Delta_s^l H_m^\ominus}{T} + \int_{594\text{ K}}^{1000\text{ K}} \frac{C_{p,m}^\ominus(\text{l})\text{d}T}{T}$$

$$= 22.84 \ln \frac{594}{298} \text{ J} \cdot \text{K}^{-1} \cdot \text{mol}^{-1} + \frac{6109 \text{ J} \cdot \text{mol}^{-1}}{594 \text{ K}} + 29.83 \ln \frac{1000}{594} \text{ J} \cdot \text{K}^{-1} \cdot \text{mol}^{-1}$$

$$= 41.56 \text{ J} \cdot \text{K}^{-1} \cdot \text{mol}^{-1}$$

问题 能否据此结果判断过程为不可逆?请说明理由.

【例 1.2-28】 1 mol 单原子理想气体,从始态 $T_1 = 298$ K,$p_1 = 5p^\ominus$ 经下列三种途径(见图 1-16)可逆地变到同一终态 $T_2 = 298$ K,$p_2 = p^\ominus$.

(1) 先绝热 I,然后等压 I′.

(2) 等温 II.

(3) 先等压 III,然后等容 III′.

请分别求 I、I′、II、III、III′ 五个过程中体系吸的热、热温商、熵变.体系从态 1 经上述 (1)、(2)、(3) 三种可逆途径变到态 2 的 Q_R, $\sum_i \left(\frac{Q_R}{T}\right)$ 以及 ΔS 是否相同.

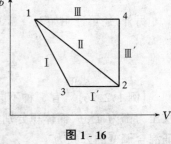

图 1-16

解析 单原子理想气体 $C_{V,m} = \frac{3}{2}R$, $C_{p,m} = \frac{5}{2}R$,且视为常数.熵变与可逆过程热温商相联系,状态函数只与始终态有关,而与路径无关.但 Q 却不是状态函数,虽然始终态相同,但路径不同,Q 值也不同.

$$Q_I = 0, \Delta S_I = 0$$

$$Q_{\text{I}}{'} = \int_{T_3}^{T_2} nC_{p,\text{m}} \mathrm{d}T = C_{p,\text{m}}(T_1 - T_3)$$

又 $\because p_3 = p_2 = p^{\ominus}, p_1^{-\gamma+1}T_1^{\gamma} = p_3^{-\gamma+1}T_3^{\gamma}, \therefore T_3 = 156.5, \therefore Q_{\text{I}}{'} = 2941 \text{ J}$

$$\sum_i \left(\frac{Q_{\text{I}}{'}}{T}\right)_i = \Delta S_{\text{I}}{'} = \int_{T_3}^{T_2} \frac{C_{p,\text{m}}\mathrm{d}T}{T} = \frac{5}{2}R\ln\frac{T_2}{T_3} = 13.38 \text{ J}\cdot\text{K}^{-1}$$

$$Q_{\text{II}} = W_{\text{II}} = nRT\ln\frac{p_1}{p_2} = 3987 \text{ J}$$

$$\frac{Q_{\text{II}}}{T} = 13.38 \text{ J}\cdot\text{K}^{-1} = \Delta S_{\text{II}}$$

$$Q_{\text{III}} = nC_{p,\text{m}}(T_4 - T_1), T_4 = 5T_1 = 1490 \text{ K}, Q_{\text{III}} = 24776 \text{ J}$$

$$\Delta S_{\text{III}} = \sum_i \left(\frac{Q_{\text{III}}}{T}\right)_i = \int_{T_1}^{T_4} \frac{nC_{p,\text{m}}\mathrm{d}T}{T} = 33.45 \text{ J}\cdot\text{K}^{-1}$$

$$Q_{\text{III}}{'} = nC_{V,\text{m}}(T_1 - T_4) = -14865 \text{ J}$$

$$\Delta S_{\text{III}}{'} = \sum_i \left(\frac{Q_{\text{III}}{'}}{T}\right)_i = \int_{T_4}^{T_1} \frac{nC_{V,\text{m}}\mathrm{d}T}{T} = -20.07 \text{ J}\cdot\text{K}^{-1}$$

由上述可知

$$(Q_R)_1 = 2941 \text{ J}, (Q_R)_2 = 3987 \text{ J}, (Q_R)_3 = 9911 \text{ J}$$

$$\Delta_1 S = \left[\sum_i \left(\frac{Q_R}{T}\right)_i\right]_1 = 13.38 \text{ J}\cdot\text{K}^{-1}$$

$$\Delta_2 S = \left[\sum_i \left(\frac{Q_R}{T}\right)_i\right]_2 = 13.38 \text{ J}\cdot\text{K}^{-1}$$

$$\Delta_3 S = \left[\sum_i \left(\frac{Q_R}{T}\right)_i\right]_3 = 13.38 \text{ J}\cdot\text{K}^{-1}$$

【例1.2-29】 下列化学反应：$\nu_A A + \nu_B B \rightleftharpoons \nu_G G + \nu_H H$ 在 T_1 及 T_2 的标准摩尔熵变为 $\Delta_r S_m^{\ominus}(T_1)$ 与 $\Delta_r S_m^{\ominus}(T_2)$. 试证明:

$$\Delta_r S_m^{\ominus}(T_2) - \Delta_r S_m^{\ominus}(T_1) = \int_{T_1}^{T_2} \frac{\Delta C_{p,\text{m}}^{\ominus}(T)\mathrm{d}T}{T}$$

其中:

$$\Delta C_{p,\text{m}}^{\ominus}(T) = \nu_G C_{p,\text{m}}^{\ominus}(G, T) + \nu_H C_{p,\text{m}}^{\ominus}(H, T) - \nu_A C_{p,\text{m}}^{\ominus}(A, T) - \nu_B C_{p,\text{m}}^{\ominus}(B, T)$$

$$\Delta S_m^{\ominus}(T) = \nu_G S_m^{\ominus}(G, T) + \nu_H S_m^{\ominus}(H, T) - \nu_A S_m^{\ominus}(A, T) - \nu_B S_m^{\ominus}(B, T)$$

解析 用图1-17将设计过程表示出来.

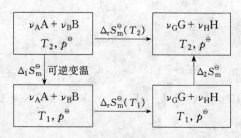

图 1-17

$$\Delta_r S_m^\ominus(T_2) = \Delta_1 S_m^\ominus + \Delta_r S_m^\ominus(T_1) + \Delta_2 S_m^\ominus$$

$$= \Delta_r S_m^\ominus(T_1) + \int_{T_2}^{T_1} \frac{\nu_A C_{p,m}^\ominus(A,T)\mathrm{d}T}{T} + \int_{T_2}^{T_1} \frac{\nu_B C_{p,m}^\ominus(B,T)\mathrm{d}T}{T}$$

$$+ \int_{T_1}^{T_2} \frac{[\nu_G C_{p,m}^\ominus(G,T) + \nu_H C_{p,m}^\ominus(H,T)]\mathrm{d}T}{T}$$

$$= \Delta_r S_m^\ominus(T_1) + \int_{T_1}^{T_2} \frac{\Delta C_{p,m}^\ominus(T)\mathrm{d}T}{T}$$

$$\therefore \Delta_r S_m^\ominus(T_2) - \Delta_r S_m^\ominus(T_1) = \int_{T_1}^{T_2} \frac{\Delta C_{p,m}^\ominus(T)\mathrm{d}T}{T}$$

【例 1.2-30】 依据熵增加原理,请论证一个封闭体系由始态 A 到同温的终态 B,在各等温过程中以可逆过程吸热最多,做功最大.

解析 设计一不可逆循环经等温不可逆过程 IR 由 A→B,再经等温可逆过程 R 由 B 返回 A.由于循环,所以

$$\Delta S_{体} = 0, \Delta S_{环} = \frac{-Q_{IR} - Q_R}{T}$$

其中 Q_{IR} 为体系由 A→B 吸的热,Q_R 为 B→A 吸的热.据熵增加原理,$\Delta S_{孤} = \Delta S_{体} + \Delta S_{环} > 0$,即

$$\frac{-Q_{IR} - Q_R}{T} > 0$$

$\because T > 0, \therefore -Q_R > Q_{IR}$ (此处 $-Q_R$ 为由 A→B 体系吸的热)

$$\Delta U = -Q_R + W_R = Q_{IR} + W_{IR} \quad (为什么?)$$

由于 $-Q_R > Q_{IR}, \therefore W_R < W_{IR}, -W_R > -W_{IR}$,即

$$W'_R > W'_{IR}$$

由于设计的过程是任意的,故体系由态 A 变到同温态 B 可逆过程中体系吸热最多,做功最大.

【例 1.2-31】 一个理想可逆热机,工作物质在始态为 350 K、$p^\ominus$ 的 10 mol 水(A)与 293 K 的大气(热源 R)间工作.当水(A)的温度逐步降到 293 K 时,求算大气热源 R 吸的热 Q 和热机做的功 W'.已知水的 $C_{p,m} = 75.3 \text{ J} \cdot \text{K}^{-1} \cdot \text{mol}^{-1}$,并视其为常数.

解析 水是高温热源,且其温度是连续变化的.高温热源放的热一部分转化为功 W',一部分被低温热源(大气热源 R)吸收.由上述分析知,热机效率在过程中并不是一个常数而是 T 的函数,即

$$\eta = \frac{T - T_0}{T} = \frac{W'}{Q_1}$$

$$W' = \eta Q_1 = \int_{T=350\,K}^{T_0} \frac{T - T_0}{T} n C_{p,m}(-\mathrm{d}T)$$

$$= 10 \text{ mol} \times 75.3 \text{ J} \cdot \text{K}^{-1} \cdot \text{mol}^{-1} \times (350\,K - 293\,K)$$

$$+ 10 \text{ mol} \times 75.3 \text{ J} \cdot \text{K}^{-1} \cdot \text{mol}^{-1} \times 293\,K \times \ln\frac{293\,K}{350\,K}$$

$$= 3702 \text{ J}$$

水(高温热源)总放热为

$$Q_{总} = n C_{p,m}(T - T_0)$$

$$= 10 \text{ mol} \times 75.3 \text{ J} \cdot \text{K}^{-1} \cdot \text{mol}^{-1} \times (350 \text{ K} - 293 \text{ K}) = 39219 \text{ J}$$

∴ 热源 R(大气)吸热为

$$Q_\text{总} - W' = 35.5 \text{ kJ}$$

典型过程体系熵变计算小结(注意条件)

(1) 等温过程　$\Delta S = \dfrac{Q_R}{T}$

● 理想气体等温膨胀(或压缩)

$$\Delta S = nR\ln\frac{V_2}{V_1} = nR\ln\frac{p_1}{p_2}$$

此式为什么不提等温可逆膨胀? 对理想气体向真空膨胀此式是否适用?

● 平衡相变(恒温恒压可逆相变,如正常沸点或正常熔点时的相变),体系由 α 相变为 β 相,则

$$\Delta S = \frac{\Delta_\alpha^\beta H}{T}$$

● 非平衡相变[如 $p^\ominus$ 下,263 K,H_2O(l) ⟶ 263 K,H_2O(s)],此时需要设计一可逆(或几个)过程来求算.

(2) 非等温过程

$$\Delta S = \int_{T_1}^{T_2} \frac{C_V \mathrm{d}T}{T} \quad \text{(等容过程)}$$

$$\Delta S = \int_{T_1}^{T_2} \frac{C_p \mathrm{d}T}{T} \quad \text{(等压过程)}$$

(3) 理想气体混合过程

● 等温等容混合

$$\Delta S = 0 \quad (\Delta U = 0, \Delta H = 0, \Delta V \neq 0)$$

● 等温等压混合

$$\Delta S = -R\sum_i^r n_i \ln x_i$$

对不同种分子的混合才能用这一公式,各气体分压在混合前后是改变的.此式也适用于理想溶液的混合.理想气体等温等压混合过程 $\Delta U = 0$,$\Delta S_\text{环} = 0$,该过程为不可逆过程.

(4) 单组分理想气体任意过程

理想气体任意二态 A(n, T_1, V_1)与 B(n, T_2, V_2)的熵差

$$\Delta S = S_B - S_A = nR\ln\frac{V_2}{V_1} + \int_{T_1}^{T_2} \frac{nC_{V,m}\mathrm{d}T}{T}$$

$$= nR\ln\frac{p_1}{p_2} + \int_{T_1}^{T_2} \frac{nC_{p,m}\mathrm{d}T}{T} = \int_{T_1}^{T} \frac{nC_{p,m}\mathrm{d}T}{T} + \int_{T}^{T_2} \frac{nC_{V,m}\mathrm{d}T}{T}$$

通过三种可逆过程(始终态不能变),可以得出上述三个式子.理想气体任意过程中体系的 ΔU、ΔH、ΔG 的计算公式请读者自己小结.

(5) 化学反应　$0 = \sum_B \nu_B B$

$$\Delta_r S_m^\ominus = \sum_B \nu_B S_m^\ominus(B)$$

$$\Delta_r S(T_2) = \Delta_r S(T_1) + \int_{T_1}^{T_2} \frac{\Delta C_p \mathrm{d}T}{T}$$

一般选 $\Delta_r S(T_1)$ 为 $T_1 = 298$ K, $p = 100$ kPa 标准摩尔熵变,其中 $S_m^{\ominus}(B)$ 在 298 K 下的数据可由热力学数据表查到,因此 $\Delta_r S(T_1)$ 很易得到. ν_B 为化学方程中物质 B 的计量数,对生成物 ν_B 为正,对反应物 ν_B 为负. 一般化学反应 $\Delta_r S \neq \frac{\Delta_r H}{T}$.

注意 $\Delta H(T_2) = \Delta H(T_1) + \int_{T_1}^{T_2} \Delta C_p \mathrm{d}T$, $\Delta S(T_2) = \Delta S(T_1) + \int_{T_1}^{T_2} \frac{\Delta C_p \mathrm{d}T}{T}$

用这两个公式可由一个温度下的 $\Delta H(T_1)$ 或 $\Delta S(T_1)$ 求另一温度下的 $\Delta H(T_2)$ 和 $\Delta S(T_2)$. 对化学反应或相变过程常常用这两个公式来求算 $\Delta H, \Delta S, \Delta G$. 当然,上述公式是在 T_1 与 T_2 间没有物质相变时才能用;若有相变,还应把相变产生的变化考虑进去. 若 $\Delta C_p = 0$,则

$$\Delta H(T_2) = \Delta H(T_1), \Delta S(T_2) = \Delta S(T_1)$$

在化学平衡中用此式可以大大简化计算.

(6) 组成一定的均相系的任意无限小的过程

$$\mathrm{d}S = \left(\frac{\partial S}{\partial T}\right)_p \mathrm{d}T + \left(\frac{\partial S}{\partial p}\right)_T \mathrm{d}T = \left(\frac{\partial S}{\partial T}\right)_V \mathrm{d}T + \left(\frac{\partial S}{\partial V}\right)_T \mathrm{d}V$$

这一公式就不局限于气体了,其中 $\left(\frac{\partial S}{\partial T}\right)_p = \frac{C_p}{T}$,或 $\left(\frac{\partial S}{\partial T}\right)_V = \frac{C_V}{T}$. 而 $\left(\frac{\partial S}{\partial p}\right)_T$, $\left(\frac{\partial S}{\partial V}\right)_T$ 在学过 Maxwell 关系式后可以得到解决.

以上分别叙述了一些典型过程中体系熵变求算公式,但实际发生的过程可能包括了上述中某几个过程,这就需要抓住主要矛盾,将复杂过程分解成一系列单一可逆过程,利用状态函数特点求算.

(7) 影响物质熵因素
- 熵随温度升高而增大.
- 熵随体积增大而增大.
- 同种物质聚集状态不同,其熵值不同. 气体最大,固体最小,液体居中.
- 相同原子组成的分子所含原子数目愈多,其熵值愈大.

(三) 习题

1.2-1 判断正误,并说明理由.

(1) 任何等温循环都不能把热转化为功.

(2) 一个孤立体系由态 A 变到态 B,则一定能够通过某一绝热可逆过程使体系从 B 态回到原来的 A 态.

(3) 可逆过程的熵值不变.

(4) 若 $\Delta S < 0$,则此过程不能进行.

(5) 体系经不可逆循环后,$\Delta S > 0$.

(6) 封闭体系从 V 经绝热可逆膨胀到 $2V$,由于状态改变了,所以熵值也发生了改变.

(7) 已知反应 $H_2O(l, 263 \text{ K}, p^{\ominus}) \longrightarrow H_2O(g, 263 \text{ K}, p^{\ominus})$ 的 $\Delta_l^g H_m^{\ominus}(H_2O) = 5475.8$ J·mol^{-1},则

$$\Delta S_{\text{体}} = -\frac{5475.8}{263} \text{ J·K}^{-1}\text{·mol}^{-1} = -20.82 \text{ J·K}^{-1}\text{·mol}^{-1}$$

(8) 使 2 mol $O_2(g)$(设为理想气体)做绝热可逆膨胀,其温度由 298 K 降到 248 K,则该体系

的 $\Delta S = \int_{T_1}^{T_2} \frac{nC_{V,m}\mathrm{d}T}{T}$.

(9) 使 2 mol $O_2(g)$（设为理想气体），做绝热不可逆膨胀，其温度由 298 K 降到 248 K，则该体系的 $\Delta S = \int_{T_1}^{T_2} \frac{nC_{V,m}\mathrm{d}T}{T}$.

(10) 在一等温等压的化学反应中，$\Delta_r H = Q_p$，由于 H、S 为状态函数，所以 $\Delta_r S = \Delta_r H/T$.

1.2-2 下列过程中，体系的熵变及环境和体系的总熵变是大于 0，小于 0，还是等于 0？

(1) $p^\ominus$、273 K，冰完全融化为 $p^\ominus$、273 K 的水.

(2) $p^\ominus$、263 K，冰完全融化为 $p^\ominus$、263 K 的水.

(3) 想理气体绝热可逆膨胀.

(4) 理想气体向真空膨胀.

(5) 理想气体等温膨胀.

(6) 范德华气体等温膨胀.

(7) 理想气体的节流膨胀.

(8) 液态水在恒压下可逆加热.

(9) 在绝热刚性容器中苯完全燃烧.

(10) 对于反应 $H_2O(l, 298\ K, 3.16\ kPa) \longrightarrow H_2O(g, 298\ K, 3.16\ kPa)$. 已知 298 K，水的饱和蒸气压为 3.16 kPa.

(11) 373 K、$p^\ominus$，水向真空蒸发，最终变为 $p^\ominus$、373 K 的水蒸气.

1.2-3 10 A 电流通过电阻为 10 Ω 的绝热电阻器 10 s，电阻器初温为 283 K，质量为 10 g，$C_p = 1\ \mathrm{J\cdot g^{-1}}$. 求电阻器及周围环境的熵变.

答案 $\Delta S_{电阻} = 15.1\ \mathrm{J\cdot K^{-1}}$，$\Delta S_{环} = 0$

1.2-4 1 mol 单原子理想气体沿过程 $T = AV^2$（A 为常数）被可逆地加热，气体初始温度为 273 K，终态温度为 573 K，求体系熵变.

答案 $\Delta S = 12.3\ \mathrm{J\cdot K^{-1}}$

1.2-5 理想气体从态 1 膨胀至态 2，若热容比 $\gamma = C_p/C_V$ 为常数，S_1 和 S_2 为气体在态 1 和态 2 时的熵. 试证明：

$$p_1 V_1^\gamma \mathrm{e}^{-S_1/C_V} = p_2 V_2^\gamma \mathrm{e}^{-S_2/C_V}.$$

提示 可设计一等温及等容过程由态 1 到态 2，且其熵变

$$\Delta S = S_2 - S_1 = nR\ln\frac{V_2}{V_1} + C_V\ln\frac{T_2}{T_1}$$

1.2-6 理想气体在 (n, T, p_1) 和 (n, T, p_2) 状态的热力学概率分别为 Ω_1 和 Ω_2. 请证明

$$\frac{\Omega_2}{\Omega_1} = \left(\frac{p_1}{p_2}\right)^{nN_A}.$$

1.2-7 用热力学原理证明水在 373 K、压力超过 $p^\ominus$ 时，水气凝结为水.

1.2-8 某一化学反应，在等温等压下（298 K，$p^\ominus$）进行反应，放热 40 000 J，若使反应通过可逆电池来完成，则吸热 4000 J. 求算：

(1) 该化学反应的熵变. (2) 环境的熵变及环境与体系的总熵变.

答案 $13.4\ \mathrm{J\cdot K^{-1}}$，$\Delta S_{环} = 134\ \mathrm{J\cdot K^{-1}}$，$\Delta S_{总} = 147.4\ \mathrm{J\cdot K^{-1}}$

1.2-9 10 mol 理想气体由 200 dm³、3 $p^\ominus$ 膨胀至 400 dm³、$p^\ominus$，计算该过程气体的 ΔS. 已知

$C_{p,m} = 50.21\,\text{J}\cdot\text{mol}^{-1}\cdot\text{K}^{-1}$,且为常数.

答案 $\Delta S = 112\,\text{J}\cdot\text{K}^{-1}$.

1.2-10 0.5 mol 单原子理想气体先由 298 K、2 dm³ 绝热可逆膨胀到 $p^\ominus$,然后再恒温可逆压缩到 2 dm³. 求气体 $\Delta U, \Delta H, \Delta S$.

答案 $\Delta U = -958\,\text{J}, \Delta H = -1597\,\text{J}, \Delta S = -4.52\,\text{J}\cdot\text{K}^{-1}$.

1.2-11 对于双变量的封闭体系,请在 $p\text{-}V$ 图上证明下列结论.
(1) 两条绝热可逆线不会相交.
(2) 两条等温可逆线不会相交.
(3) 一条绝热可逆线与一条等温可逆线只能相交一次.

1.2-12 试计算 1 mol 过冷水在 263 K、$p^\ominus$ 下凝结为水(263 K)的总熵变. 并求冰和水的饱和蒸气压之比 p^{*l}/p^{*g}. 已知 $p^\ominus$、273 K 时冰熔化热为 334.72 J·g⁻¹.

答案 $\Delta S_{总} = 0.77\,\text{J}\cdot\text{K}^{-1}$, $p^{*l}/p^{*g} = 1.104$

1.2-13 工作在两个热源间(温度分别为 $T_1 = 343\,\text{K}, T_2 = 293\,\text{K}$)的卡诺热机,从高温热源吸热 1000 J. 求:
(1) 热机效率. (2) 热机做的功. (3) 二个热源及体系各自的熵变.

答案 (1) 0.146, (2) 145,7 J, (3) $\Delta S_{体} = 0, \Delta S(343\,\text{K}) = 2.92\,\text{J}\cdot\text{K}^{-1}, \Delta S(293\,\text{K}) = -2.92\,\text{J}\cdot\text{K}^{-1}$.

1.2-14 物质的量为 n 的理想气体,其任意两态 $\text{A}(p_1, V_1, T_1)$ 与 $\text{B}(p_2, V_2, T_2)$ 的熵差为

$$\Delta S = S_B - S_A = nR\ln\frac{V_2}{V_1} + \int_{T_1}^{T_2}\frac{nC_{V,m}\text{d}T}{T}$$

$$= nR\ln\frac{p_1}{p_2} + \int_{T_1}^{T_2}\frac{nC_{p,m}\text{d}T}{T} = \int_{T_1}^{T_2}\frac{nC_{p,m}\text{d}T}{T} + \int_{T_1}^{T_2}\frac{nC_{V,m}\text{d}T}{T}$$

(1) 请证明上述等式.
(2) 求算 2 mol CO 理想气体从 300 K、25 dm³ 变到 600 K、100 dm³ 的 ΔS. 已知
$$C_{p,m}(\text{CO}) = (6.60 + 1.20\times 10^{-3}\, T/\text{K})\,\text{J}\cdot\text{K}^{-1}\cdot\text{mol}^{-1}.$$

1.2-15 求 $p^\ominus$、633 K 时,下列反应的熵变(所需数据请自己查表):
$$\text{C}_2\text{H}_5\text{OH}(g, p^\ominus) \longrightarrow \text{C}_2\text{H}_4(g, p^\ominus) + \text{H}_2\text{O}(g, p^\ominus)$$

1.2-16 用熵增加原理证明热力学第二定律开尔文说法的正确性.

1.2-17 将 $\frac{2}{3}$ mol $\text{CH}_4(g, T, p, 2V)$ 与 $\frac{1}{3}$ mol $\text{H}_2(g, T, p, V)$ 的理想气体混合为 $\frac{2}{3}$ mol $\text{CH}_4 + \frac{1}{3}$ mol $\text{H}_2(T, p, 3V)$ 的气体. 求算:
(1) 混合熵变 $\Delta_{\text{mix}}S$. (2) 始终态热力学概率之比.

1.2-18 已知恒压下,某化学反应的 $\Delta_r H_m$ 与 T 无关,试证该化学反应的 $\Delta_r S_m$ 与 T 也无关.

1.2-19 某气体状态方程为 $\left(p + \dfrac{n^2 a}{V^2}\right)V = nRT$,$a$ 为常数. 在压力不很大时,试求 1 mol 该气体从 p_1、V_1 恒温可逆变到 p_2、V_2 时,该过程 Q, W 及体系 $\Delta U, \Delta H, \Delta S$.

答案 $\Delta U = a\left(\dfrac{1}{V_1} - \dfrac{1}{V_2}\right)$

1.2-20 某气体 $C_V = a + bT + cT^2$,其状态方程为 $p(V - B) = RT$. 试推导出 1 mol 该气

体由 T_0、V_0 变化到 T_1、V_1 时熵变公式,其中 a、b、c、B 均为常数.

1.2-21 已知液态苯在 $p^{\ominus}$ 下的沸点为 353 K,蒸发热为 752 J·g^{-1}.今有 1 mol 苯在 353 K、$p^{\ominus}$ 下与 353 K 热源接触,使它向合适体积的真空器皿中蒸发,最后变为 353 K、$p^{\ominus}$ 的蒸气.试求:(1) 体系及环境的熵变.(2) 此过程是否为等温等压过程.

答案 $\Delta S_{\text{体}} = \Delta H/T$,$\Delta S_{\text{环}} = -\Delta U/T$,$\Delta S_{\text{孤}} = R$

1.2-22 将装有 0.1 mol 乙醚溶液的微小玻璃泡放入 308 K、$p^{\ominus}$、10 dm^3 的长颈瓶中,其中已充有 0.4 mol N$_2$(g),将小玻璃泡打碎后,乙醚完全气化.已知乙醚在 $p^{\ominus}$ 时沸点为 308 K,其蒸发热为 25.104 kJ·mol^{-1}.求算:

(1) 混合气中乙醚分压.(2) ΔH(N$_2$),ΔS(N$_2$).(3) ΔH(乙醚),ΔS(乙醚).

答案 (1) 0.253 $p^{\ominus}$,(2) $\Delta H = 0$,$\Delta S = 0$,(3) $\Delta H = 2510$ J,$\Delta S = 9.29$ J·K^{-1}

1.2-23 据下表提供的数据,计算 673 K 时由 CO、H$_2$ 在 $p^{\ominus}$ 下合成甲醇反应的 $\Delta_r S_m$.反应式为 CO(g) + 2H$_2$(g) ⟶ CH$_3$OH(g).

	$\dfrac{S_m(298\text{ K})}{\text{J·K}^{-1}\text{·mol}^{-1}}$	$C_{p,m} = (a + bT)$	
		$\dfrac{a}{\text{J·K}^{-1}\text{·mol}^{-1}}$	$\dfrac{10^3 b}{\text{J·K}^{-2}\text{·mol}^{-1}}$
CO(g)	197.91	28.41	4.10
H$_2$(g)	130.59	27.28	3.26
CH$_3$OH(g)	237.6	15.28	105.2

答案 $\Delta S_{\text{体}} = -238.5$ J·K^{-1}

1.3 热力学第三定律及标准摩尔熵

(一) 内容纲要

1. Nernst 热定理(热力学第三定律)

凝聚体系在等温过程中的熵变,随热力学温度趋于零而趋于零.

$$\lim_{T \to 0}(\Delta S)_T = 0 \quad \text{(等温过程)}. \tag{1-19}$$

热力学第三定律另一说法:在热力学温度零度时,一切完美晶体的量热熵等于零,即

$$\lim_{T \to 0} S = 0 \tag{1-20}$$

根据第三定律的这种说法,可以通过量热的办法得到物质的所谓绝对熵(由可逆过程的热温熵求得),它实际上是随温度而变的量热熵.它并不包含核自旋熵及同位素混合熵(它们一般不随温度改变)及残余熵,用量热方法测不出来.第三定律的意义在于,它断定了热力学零度只能趋近,但不能达到,因此量热熵为零的状态不能实现.它是一种假想的状态作为量热熵的零点,从而能确定各物质在任一态下的量热熵值.

2. Nernst 定理的重要推论

等温过程中 ΔG 和 ΔH 在 $T \to 0$ 彼此相等,即

$$\lim_{T \to 0}\Delta G = \lim_{T \to 0}\Delta H \tag{1-21}$$

等温过程中 ΔC_p 随热力学温度同趋于零,即

$$\lim_{T \to 0}\Delta C_p = 0 \tag{1-22}$$

物质的 C_p 和 C_V 随热力学温度同趋于零,即

$$\lim_{T\to 0}\Delta C_p = \lim_{T\to 0} C_V = 0 \tag{1-23}$$

四个常用的关系式

$$\lim_{T\to 0}\left(\frac{\partial S}{\partial p}\right)_T = 0, \quad \lim_{T\to 0}\left(\frac{\partial S}{\partial V}\right)_T = 0$$

$$\lim_{T\to 0}\left(\frac{\partial V}{\partial T}\right)_p = 0, \quad \lim_{T\to 0}\left(\frac{\partial p}{\partial T}\right)_V = 0 \tag{1-24}$$

3. 熵

摩尔绝对熵 恒定压力 p 下，把 1 mol 处于平衡态的纯物质从 0 K 升高到 T 的熵变。

标准摩尔熵 在 $p^\ominus$、T 下的摩尔绝对熵，以 $S_m^\ominus(T)$ 表示。

晶体标准摩尔熵的求算 若晶体在 0 K→T 间无相变，则

$$S_m^\ominus(T) = \int_{0\,K}^{T} \frac{C_{p,m}^\ominus \mathrm{d}T}{T} \tag{1-25}$$

作 $\frac{C_{p,m}^\ominus}{T}$-$T$ 图，用图解积分可求 $S_m^\ominus(T)$。

气体物质标准摩尔熵

● 如果晶体只有一种晶型，1 mol 纯物质在恒压 $p^\ominus$ 下，从 0 K 的晶体到 T 时的气体，可经图 1-18 所示过程：

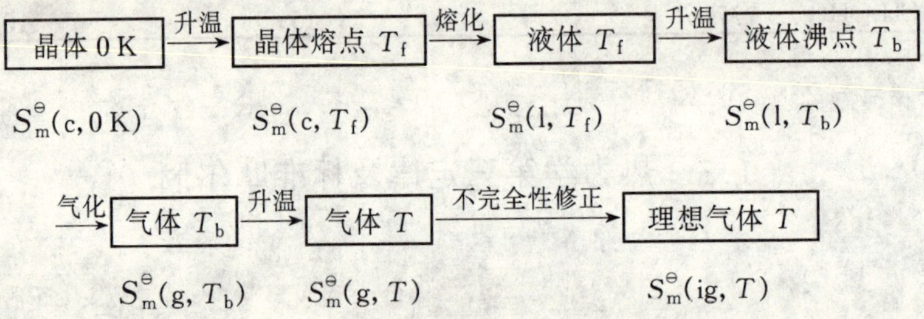

晶体 0 K $\xrightarrow{\text{升温}}$ 晶体熔点 T_f $\xrightarrow{\text{熔化}}$ 液体 T_f $\xrightarrow{\text{升温}}$ 液体沸点 T_b

$S_m^\ominus(c, 0\,K) \qquad S_m^\ominus(c, T_f) \qquad S_m^\ominus(l, T_f) \qquad S_m^\ominus(l, T_b)$

$\xrightarrow{\text{气化}}$ 气体 T_b $\xrightarrow{\text{升温}}$ 气体 T $\xrightarrow{\text{不完全性修正}}$ 理想气体 T

$\qquad S_m^\ominus(g, T_b) \qquad S_m^\ominus(g, T) \qquad\qquad S_m^\ominus(ig, T)$

图 1-18

$$S_m^\ominus(ig, T) = \int_{0\,K}^{T_f} \frac{C_{p,m}^\ominus(c)\mathrm{d}T}{T} + \frac{\Delta_c^l H_m^\ominus}{T_f} + \int_{T_f}^{T_b} \frac{C_{p,m}^\ominus(l)\mathrm{d}T}{T} + \frac{\Delta_l^g H_m^\ominus}{T_b} + \int_{T_b}^{T} \frac{C_{p,m}^\ominus(g)\mathrm{d}T}{T}$$
$$+ \text{非理想修正}^{①}$$

● 低温下，非金属晶体热容可由 Debye 立方定律求得

$$C_{V,m}(T) = (1944\, T^3/\Theta_D^3)\,\mathrm{J\cdot K^{-1}\cdot mol^{-1}}$$

式中晶体 Debye 特征温度 $\Theta_D = \dfrac{h\nu_{\max}}{k}$；$\nu_{\max}$ 是晶体中简正振动的最高频率。

对于特定物质，$C_{p,m}^\ominus = C_{V,m}^\ominus = \alpha T^3_{(T\to 0)}$，$\alpha$ 对于特定晶体为一常数。

当物质温度在绝对温度附近，例如 0~20 K，则

$$S_m^\ominus(T) - S_m^\ominus(0\,K) = \frac{1}{3} C_{p,m}^\ominus(T)$$

---

① 非理想修正值为 $\dfrac{27\,RT_c^3}{32\,p_c T^3} p^\ominus$，详见第 5 章。

(二) 例题解析

【例 1.3-1】 证明：
$$\lim_{T\to 0}\left(\frac{\partial S}{\partial V}\right)_T = 0, \lim_{T\to 0}\left(\frac{\partial p}{\partial T}\right)_V = 0.$$

解析 令 $S = S(T, V)$，等温过程中体系熵变为
$$dS = \left(\frac{\partial S}{\partial V}\right)_T dV$$

根据 Nernst 定理 $\lim_{T\to 0} dS = 0$，而 $dV \neq 0$ 所以
$$\lim_{T\to 0}\left(\frac{\partial S}{\partial V}\right)_T = 0$$

又因为 Maxwell 关系式 $\left(\frac{\partial S}{\partial V}\right)_T = \left(\frac{\partial p}{\partial T}\right)_V$，故
$$\lim_{T\to 0}\left(\frac{\partial p}{\partial T}\right)_V = 0$$

【例 1.3-2】 乙烯只有一种晶型，正常熔点为 103.9 K，沸点为 169.4 K，摩尔熔化热和气化热分别为 3350.5 J·mol^{-1} 及 13544 J·mol^{-1}，临界温度 $T_c = 283.06$ K，临界压力 $p_c = 5.12 \times 10^6$ Pa，$\Theta_D = 130$ K。从下表所列数据求算乙烯标准摩尔熵 $S_m^\ominus(298\text{ K})$。

T/K	$C_{p,m}$/(J·K^{-1}·mol^{-1})	T/K	$C_{p,m}$/(J·K^{-1}·mol)
15	2.851	101.4	75.115
20	6.349	102.3	77.706
25	10.604	103.0	82.012
30	14.877	103.6	86.024
35	19.571	105	69.137
40	23.680	110	68.802
45	27.346	120	68.217
50	30.907	130	67.758
55	34.322	140	67.382
60	37.298	150	67.173
65	39.932	160	67.047
70	42.552	179.6	36.725
75	45.269	192.6	36.813
80	48.279	210.8	37.352
85	51.623	231.4	38.360
90	55.552	250.1	39.560
95	61.571	272.1	41.424
98.1	67.005	293.9	43.208
100	71.269	298	43.514

解析 0~15 K 热容可按 Debye 立方定律求算。

$$S_m^\ominus(298\text{ K}) = \int_{0\text{ K}}^{15\text{ K}} \frac{C_{p,m}^\ominus(\text{c})dT}{T} + \int_{15\text{ K}}^{T_f} \frac{C_{p,m}^\ominus(\text{c})dT}{T} + \int_{T_f}^{T_b} \frac{C_{p,m}^\ominus(\text{l})dT}{T}$$

$$+ \int_{T_b}^{298\text{ K}} \frac{C_{p,m}^\ominus(\text{g})dT}{T} + \frac{\Delta_c^l H_m^\ominus}{T_f} + \frac{\Delta_l^g H_m^\ominus}{T_b} + \frac{27}{32}\frac{RT_c^3}{p_c T^3}p^\ominus$$

作 $C_{p,\mathrm{m}}^{\ominus}\text{-}\ln T$ 图(见图 1-19),积分求解,再加上 $\dfrac{\Delta_{\mathrm{c}}^{\mathrm{l}}H_{\mathrm{m}}^{\ominus}}{T_{\mathrm{f}}}$,

$\dfrac{\Delta_{\mathrm{l}}^{\mathrm{g}}H_{\mathrm{m}}^{\ominus}}{T_{\mathrm{b}}}$ 及 $\dfrac{27}{32}\dfrac{RT_{\mathrm{c}}^{3}}{p_{\mathrm{c}}T^{3}}p^{\ominus}$ 等项,得

$$S_{\mathrm{m}}^{\ominus}(298\ \mathrm{K}) = 218.9\ \mathrm{J\cdot K^{-1}\cdot mol^{-1}}$$

(文献值为 219.2 J·K·mol^{-1})

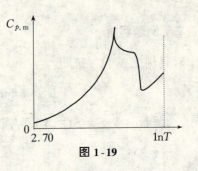

图 1-19

【例 1.3-3】 在固体之间的化学反应中,若 $\left(\dfrac{\partial\Delta G}{\partial T}\right)_p$ 在 $T\to 0$ 时与 T^α 成正比而趋近于零,试问 $\left(\dfrac{\partial\Delta H}{\partial T}\right)_p$ 在 $T\to 0$ 时如何?设 $\alpha>1$,画出 ΔG、ΔH 和 T 关系之略图.

解析 设 $T\to 0$ 时

$$\left(\dfrac{\partial\Delta G}{\partial T}\right)_p = AT^\alpha$$

由 Gibbs-Helmholtz 公式

$$\Delta G = \Delta H + T\left(\dfrac{\partial\Delta G}{\partial T}\right)_p$$

等号两边对 T 微分,得

$$\left(\dfrac{\partial\Delta G}{\partial T}\right)_p = \left(\dfrac{\partial\Delta H}{\partial T}\right)_p + \left(\dfrac{\partial\Delta G}{\partial T}\right)_p + T\left(\dfrac{\partial^2\Delta G}{\partial T^2}\right)_p$$

即

$$\left(\dfrac{\partial\Delta H}{\partial T}\right)_p = -T\left(\dfrac{\partial^2\Delta G}{\partial T^2}\right)_p = -A\alpha T^\alpha$$

所以 $\left(\dfrac{\partial\Delta H}{\partial p}\right)_p$ 也与 T^α 成正比而趋于 0,而其符号与 $\left(\dfrac{\partial\Delta G}{\partial T}\right)_p$ 符号相反.

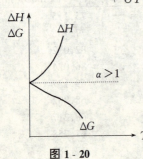

图 1-20

$T\to 0$, $\left(\dfrac{\partial\Delta G}{\partial T}\right)_p \to 0$,即 $\Delta S\to 0$(这是热力学第三定律另一种表述).

注 当 T 趋近 0 K 时,固体摩尔热容与 T^3 成正比,所以对固体间化学反应,在 $T\to 0$ 时 $\left(\dfrac{\partial\Delta H}{\partial T}\right)_p \propto T^3$,即 $\Delta C_p \propto T^3$.

(三) 习题

1.3-1 证明:(1) $\lim\limits_{T\to 0}\left(\dfrac{\partial S}{\partial p}\right)_T = 0$, (2) $\lim\limits_{T\to 0}\left(\dfrac{\partial V}{\partial T}\right)_p = 0$.

1.3-2 请对一级相变证明:两相平衡时,压力的温度系数随热力学温度同趋于零,即

$$\lim_{T\to 0}\dfrac{\mathrm{d}p}{\mathrm{d}T} = 0.$$

1.3-3 证明:

$$\lim_{T\to 0}\left(\dfrac{\partial\Delta F}{\partial T}\right)_V = 0.$$

1.3-4 对于 p-V-T 体系,请证明:

$$\lim_{T\to 0}\left(\frac{C_p}{T}\right) = 0, \quad \lim_{T\to 0}\left(\frac{C_V}{T}\right) = 0.$$

1.3-5 氮有 α 和 β 两种晶型. 在 100 kPa 下, 晶体转变温度为 35.61 K, $\Delta_\alpha^\beta H_m^\ominus(35.61\text{ K}) = 228.91\text{ J}\cdot\text{mol}^{-1}$, 正常熔点为 63.14 K, $\Delta_\beta^l H_m^\ominus(63.14\text{ K}) = 720.9\text{ J}\cdot\text{mol}^{-1}$, 正常沸点为 77.32 K, $\Delta_l^g H_m^\ominus(77.32\text{ K}) = 5576.9\text{ J}\cdot\text{mol}^{-1}$. 已知氮从 0 K 到 10 K 的标准摩尔熵变为 1.916 J·mol^{-1}, N_2 在不同温度的 $C_{p,m}^\ominus$ 数据如下表, 求算 N_2 实际气体在正常沸点的标准摩尔熵.

T/K	$C_{p,m}^\ominus/(\text{J}\cdot\text{K}^{-1}\cdot\text{mol}^{-1})$	T/K	$C_{p,m}^\ominus/(\text{J}\cdot\text{K}^{-1}\cdot\text{mol}^{-1})$
15.82	13.071	48.07	40.802
19.51	19.150	55.88	43.68
24.85	26.694	61.41	46.32
28.32	31.547	63.14	熔点
31.29	36.162	65.02	55.77
32.84	39.317	70.28	56.28
35.33	44.64	76.58	57.24
35.61	相变	77.32	沸点
39.13	37.438		

1.3-6 基于上题结果, 假设 $N_2(g)$ 服从 Belthelot 物态方程. 求算 77.32 K、$p^\ominus$ 时 N_2 理想气体的标准摩尔熵, 并进而求出 298 K 时 N_2 理想气体在 298 K 时标准摩尔熵(所需数据请自查).

1.3-7 判断正误(在题后的括弧内记"√"或"×"):
(1) 热力学第三定律表明绝对零度不可达到. ( )
(2) 对于任何物质, 皆有
$$\lim_{T\to 0}(G_m - H_m) = 0.$$ ( )
(3) 在 0 K 时, 将正交硫由 $p^\ominus$ 加压到 $50\,p^\ominus$, 体系的熵变为 0 J·K^{-1}·mol^{-1}, 这也就是说, 在热力学温度为 0 K 时, 任何物质的熵值与压力无关. ( )

第 2 章 热力学函数及其关系

2.1 自由能与热力学函数间的关系

(一) 内容纲要

第一、二定律在等温封闭体系上的联合公式

$$TdS - dU + \delta W_{体} \geqslant -\delta W_{其} \begin{pmatrix} > 不可逆过程 \\ = 可逆过程 \end{pmatrix} \tag{2-1}$$

不等号可用于判断封闭体系等温过程方向,等号则可用来讨论封闭体系热力学量之间的关系.

1. Helmholtz 自由能 (F) 及其减少原理

$$F = U - TS$$

Helmholtz 自由能减少原理 $-(dF)_{T,V} \geqslant -\delta W_{其}$,即等温等容封闭体系的 Helmholtz 自由能在可逆过程中的减少值等于体系做的非体积功,在不可逆过程中的减少值大于体系作的非体积功. 若体系无其他功时,则

$$-(dF)_{T,V} \geqslant 0 \quad 或 \quad (dF)_{T,V} \leqslant 0$$

即无其他功的封闭体系,在等温等容条件下,体系 Helmholtz 自由能在可逆过程中保持不变,在不可逆过程中总是减少,减少到 Helmholtz 自由能最小时体系达平衡状态.

2. Gibbs 自由能及其减少原理

$$G = U - TS + pV = F + pV = H - TS$$

Gibbs 自由能减少原理 $-(dG)_{T,p} \geqslant -\delta W_{其}$,即等温等压封闭体系的 Gibbs 自由能在可逆过程的减少值等于体系做的非体积功,在不可逆过程中的减少值则大于体系做的非体积功. 若体系无其他功时,则

$$-(dG)_{T,p} \geqslant 0 \quad 或 \quad (dG)_{T,p} \leqslant 0$$

即在无其他功的等温等压条件下,体系的 Gibbs 自由能在可逆过程中不变,在不可逆过程中总是减少,减少到 Gibbs 自由能最小时体系达平衡态.

应用上述两条原理,可以判断过程方向及限度.但一定注意它们各自的先决条件,否则将会得出错误结论. 只有熵增加原理才是过程方向性和限度的普遍性判据.

F、G 是状态函数,广度量,绝对值无法确定,它们又都是宏观量.

3. 封闭体系热力学基本方程为

$$dU = TdS - pdV$$
$$dH = TdS + Vdp$$
$$dF = -SdT - pdV$$
$$dG = -SdT + Vdp$$

基本方程的必要条件是均相、只做体积功的封闭体系.

据全微分方程及全微分条件,又有如下关系:

$$\left(\frac{\partial U}{\partial S}\right)_V = T \qquad \left(\frac{\partial U}{\partial V}\right)_S = -p$$

$$\left(\frac{\partial H}{\partial S}\right)_p = T \qquad \left(\frac{\partial H}{\partial p}\right)_S = V$$

$$\left(\frac{\partial F}{\partial T}\right)_V = -S \qquad \left(\frac{\partial F}{\partial V}\right)_T = -p$$

$$\left(\frac{\partial G}{\partial T}\right)_p = -S \qquad \left(\frac{\partial G}{\partial p}\right)_T = V$$

$$\left.\begin{array}{l}\left(\dfrac{\partial T}{\partial V}\right)_S = -\left(\dfrac{\partial p}{\partial S}\right)_V \quad \left(\dfrac{\partial T}{\partial p}\right)_S = \left(\dfrac{\partial V}{\partial S}\right)_p \\ \left(\dfrac{\partial S}{\partial V}\right)_T = \left(\dfrac{\partial p}{\partial T}\right)_V \quad \left(\dfrac{\partial S}{\partial p}\right)_T = \left(\dfrac{\partial V}{\partial T}\right)_p\end{array}\right\} \text{Maxwell 关系式}$$

至此为止,五个热力学函数均已接触到.它们的关系如下:

$$H = U + pV, \quad F = U - TS, \quad G = U + pV - TS = H - TS$$

图 2-1 中示意出其相互关系.

另外,态变量为 $(S, V), (S, p), (T, V), (T, p)$ 的特性函数分别为 U, H, F, G.

在适当选择状态变量的情况下,只需一个热力学函数就可以将均相体系的全部平衡性质惟一确定下来,具有这种特性的热力学函数称为体系的特性函数.状态变量选定后,其特性函数并不一定是惟一的.另外,我们将变量对 (T, S) 称为共轭热学变量, (p, V) 称为共轭力学变量.对于封闭体系特性函数要求的状态变量,必须同时包括热学变量与力学变量中的一个或它们的组合量,缺一种类型的变量都不能得出对应的特性函数.

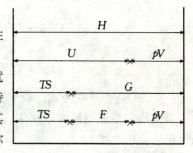

图 2-1

(1) Gibbs 自由能随温度变化的规律

$$\left[\frac{\partial\left(\frac{\Delta G}{T}\right)}{\partial T}\right]_p = -\frac{\Delta H}{T^2}, \quad \left[\frac{\partial\left(\frac{G}{T}\right)}{\partial T}\right]_p = -\frac{H}{T^2}$$

$$\frac{\Delta G_2}{T_2} - \frac{\Delta G_1}{T_1} = \int_{T_1}^{T_2} -\frac{\Delta H}{T^2}\mathrm{d}T \tag{2-2}$$

这是常用形式的 Gibbs-Helmholtz 方程,适用于同一封闭体系的两个等温等压过程,常用于定压下由一个温度下的 ΔG_1 求另一个温度下的 ΔG_2.

解题的技巧是选择 ΔG_1,在解相变题时,T_1 一般选平衡相变点,此时 $\Delta G_1 = 0$.在解化学反应题时,T_1 一般选 298 K,此时 ΔG_1 由数据表可求算.再由基尔霍夫定律求得 ΔH 与 T 的关系式.

(2) Gibbs 自由能随压力变化的规律

$$\left(\frac{\partial G}{\partial p}\right)_T = V, \quad \left(\frac{\partial \Delta G}{\partial p}\right)_T = \Delta V$$

$$\Delta G = \int_{p_1}^{p_2} V\mathrm{d}p, \quad \Delta G_2 - \Delta G_1 = \int_{p_1}^{p_2} \Delta V\mathrm{d}p \tag{2-3}$$

此式用于定温下由 p_1 时的 ΔG_1 求 p_2 时的 ΔG_2.当然必须知道 V 与 p 的关系式或物态

方程. 定温下压力对凝聚相 Gibbs 自由能的影响很小,可视 V_m 为常数.

Joule 系数 $\mu_J = \left(\dfrac{\partial T}{\partial V}\right)_U$

Joule-Thomson 系数 $\mu_{J\text{-}T} = \left(\dfrac{\partial T}{\partial p}\right)_H$ (2-4)

Joule-Thomson 实验中结论是体系始终态焓相等. $\mu_{J\text{-}T}<0$ 致温, $\mu_{J\text{-}T}>0$ 致冷.

4. 热力学量之间关系

对于均相组成不变、无其他功的封闭体系,热力学量 T、p、V、U、H、S、F、G 中只有二个是独立变量,其他都是这二个变量的函数. U、H、F、G 不能测定其确定值,但它们随 T、p、V 的改变却能用可测量表示. 掌握这些热力学量之间微商关系及证明推导方法,对于我们解决热力学一些基本问题很有用.

组成不变、无其他功均相封闭系的内能、熵、焓方程

$$dU = C_V dT + \left[T\left(\dfrac{\partial p}{\partial T}\right)_V - p\right]dV \quad (2\text{-}5)$$

$$dS = \dfrac{C_V dT}{T} + \left(\dfrac{\partial p}{\partial T}\right)_V dV = \dfrac{C_p dT}{T} - \left(\dfrac{\partial V}{\partial T}\right)_p dp \quad (2\text{-}6)$$

$$dH = C_p dT + \left[V - T\left(\dfrac{\partial V}{\partial p}\right)_T\right]dp \quad (2\text{-}7)$$

上面三公式是普遍性公式,对气、液、固的均相系均适用. 它们是求算 ΔU、ΔS、ΔH 的通用方法. 重点是掌握证明或推导方法. 微分关系、Jacobi 行列式及 Maxwell 关系式是各种方法的基础(见本章后小结).

(二) 例题解析

【例 2.1-1】 1 mol $O_2(g)$ 理想气体分别经下列过程从 300 K, $10p^\ominus$ 变到 $p^\ominus$: (1) 绝热向真空膨胀, (2) 绝热可逆膨胀, (3) 等温可逆膨胀. 请分别求算各过程 W, Q 及 O_2 的 ΔU_m, ΔH_m, ΔS_m, ΔF_m, ΔG_m. 已知 $O_2(g)$ 的

$$C_{V,m} = \dfrac{5}{2}R, \quad S_m^\ominus(300\text{ K}) = 205.22 \text{ J} \cdot \text{K}^{-1} \cdot \text{mol}^{-1}$$

试讨论上述过程能否用 Gibbs 或 Helmholtz 自由能减少原理判断其方向性? 用熵增加原理呢?

解析 各过程始态相同,终态压力相同,但并不一定终止状态相同. 这一点务请不要不加分析,盲目得出各过程终态相同的结论.

(1) 绝热 $Q=0$,向真空膨胀

$$W = 0, \Delta U_m = 0, \Delta T = 0, \Delta H_m = 0$$

$$\Delta S_m = R\ln\dfrac{p_1}{p_2} = 19.14 \text{ J} \cdot \text{K}^{-1} \cdot \text{mol}^{-1}$$

$$\Delta F_m = \Delta U_m - T\Delta S_m = \Delta H_m - T\Delta S_m = \Delta G_m = -5743 \text{ J} \cdot \text{mol}^{-1}$$

(2) $Q=0, \Delta S_m=0$ (为什么?)

终态温度 T_2 发生了改变.

$$T_1^\gamma p_1^{1-\gamma} = T_2^\gamma p_2^{1-\gamma}, \quad \gamma = 1.40, \quad T_2 = 155.4 \text{ K}$$

$$\Delta U_m = \int_{T_1}^{T_2} C_{V,m} dT = -3006 \text{ J} \cdot \text{mol}^{-1}$$

$$W = -3006\,\text{J}$$

$$\Delta H_m = \int_{T_1}^{T_2} C_{p,m} dT = -4208\,\text{J}\cdot\text{mol}^{-1} \quad (C_{p,m} = C_{V,m} + R)$$

$$\Delta F_m = \Delta U_m - S_m \Delta T$$

$$\Delta G_m = \Delta H_m - S_m \Delta T$$

而 $S_m = S_m(300\,\text{K}, 10p^\ominus, O_2, g) = S_m(155.4\,\text{K}, p^\ominus, O_2, g)$ 属未知，因此要求算. 已知 $S_m(300\,\text{K}, p^\ominus, O_2, g) = 205.22\,\text{J}\cdot\text{K}^{-1}\cdot\text{mol}^{-1}$，因此我们可以通过 $S_m(300\,\text{K}, 10p^\ominus, O_2, g)$ 与 $S_m^\ominus(300\,\text{K}, p^\ominus, O_2, g)$ 或 $S_m^\ominus(155.4\,\text{K}, p^\ominus, O_2, g)$ 与 $S_m^\ominus(300\,\text{K}, p^\ominus, O_2, g)$ 求算 S_m，即可有两种方法求算 S_m：(i) 等温变压, (ii) 等压变温. 现将两种方法求算如下:

● 等温变压

$$S_m = S_m(300\,\text{K}, 10p^\ominus) = S_m^\ominus(300\,\text{K}, p^\ominus) + \int_{p^\ominus}^{10p^\ominus}\left(\frac{\partial S}{\partial p}\right)_T dp$$

$$= S_m^\ominus(300\,\text{K}) - \int_{p^\ominus}^{10p^\ominus}\left(\frac{\partial V}{\partial T}\right)_p dp = S_m^\ominus(300\,\text{K}) - R\ln\frac{10p^\ominus}{p^\ominus}$$

$$= 186.08\,\text{J}\cdot\text{K}^{-1}\cdot\text{mol}^{-1}$$

● 等压变温

$$S_m = S_m^\ominus(155.4\,\text{K}) = S_m^\ominus(300\,\text{K}) + \int_{300\,\text{K}}^{155.4\,\text{K}} \frac{C_{p,m}}{T}dT = 186.08\,\text{J}\cdot\text{K}^{-1}\cdot\text{mol}^{-1}$$

$$\therefore \Delta F = 2.39\times 10^4\,\text{J}, \quad \Delta G = 2.27\times 10^4\,\text{J}$$

(3) 体系始终态与过程(1)相同，所以各状态函数改变量应一样，即

$$\Delta U_m = 0, \Delta H_m = 0, \Delta S_m = 19.14\,\text{J}\cdot\text{K}^{-1}\cdot\text{mol}^{-1}$$

$$\Delta F_m = \Delta G_m = -5743\,\text{J}\cdot\text{mol}^{-1}$$

但 Q 与 W 因与过程有关，故与(1)不同.

$$W = -\int_{p_1}^{p_2} p dV = -RT\ln\frac{10p^\ominus}{p^\ominus} = -5743\,\text{J}$$

$$Q = -W = 5743\,\text{J}$$

【例2.1-2】 已知甲苯正常沸点(383 K)下气化热为 3619 J·g^{-1}，现将 1 mol 甲苯在 383 K 及 $p^\ominus$ 等温等压完全气化，求该过程 Q, W；并求甲苯的 $\Delta U_m, \Delta H_m, \Delta S_m, \Delta F_m, \Delta G_m$. 若甲苯向真空气化(终态同上)，上述各量又是多少?

解析 正常沸点是指 $p^\ominus$ 下液-气可逆相变温度，是一种平衡相变，因此

$$Q = \Delta H_m = 361.9\,\text{J}\cdot\text{g}^{-1} \times 92.14\,\text{g}\cdot\text{mol}^{-1} = 33.35\,\text{kJ}\cdot\text{mol}^{-1}$$

$$W = -\int_{V^l}^{V^g} p dV = -p(V_m^g - V_m^l) = -pV_m^g = -RT = -3.184\,\text{kJ}$$

$$\Delta U_m = Q + W = 30.16\,\text{kJ}\cdot\text{mol}^{-1}$$

$$\Delta S_m = \frac{\Delta H_m}{T} = 87.06\,\text{J}\cdot\text{K}^{-1}\cdot\text{mol}^{-1}$$

$$\Delta F_m = \Delta U_m - T\Delta S_m = -3.184\,\text{kJ}\cdot\text{mol}^{-1}$$

$$\Delta G_m = 0$$

若向真空气化，由于始终态相同，因此凡状态函数各改变量均不变，同上面所得.

$$W = 0, Q = \Delta U_m = 30.16 \text{ kJ} \cdot \text{mol}^{-1}$$

【例 2.1-3】 某物体在 T、p_0 时,摩尔体积为 V_m,压缩系数 κ.设 κ 与压力无关,导出在恒温下压力由 p_0 变到 p 时该物体的 ΔG_m 为

$$\Delta G_m = V_m(p - p_0) - \frac{V_m\kappa(p_0 - p)^2}{2!} - \frac{V_m\kappa^2(p_0 - p)^2}{3!} - \cdots$$

对于液体和固体,$\kappa \ll 1$,可得

$$\Delta G_m = V_m(p - p_0) - \frac{1}{2} V_m \kappa (p - p_0)^2$$

解析 恒温下,G 与 p 关系为

$$dG = \left(\frac{\partial G}{\partial p}\right)_T dp = V dp$$

而 $\kappa = -\frac{1}{V}\left(\frac{\partial V}{\partial p}\right)_T$,即

$$\frac{dV}{V} = -\kappa dp$$

积分上式 $\int_{V(p_0)}^{V(p)} \frac{dV}{V} = -\kappa \int_{p_0}^{p} dp$,得

$$\ln \frac{V(p)}{V(p_0)} = -\kappa(p - p_0), \quad \therefore V_m(p) = V_m \exp[-\kappa(p - p_0)]$$

积分 $dG = Vdp$,即积分 $dG_m = V_m \exp[\kappa(p - p_0)]dp$,得

$$\int_{p_0}^{p} dG_m = V_m \int_{p_0}^{p} \exp[-\kappa(p - p_0)] dp$$

$$\Delta G_m = \frac{V_m \{\exp[-\kappa(p_0 - p)] - 1\}}{-\kappa} = \frac{V_m}{\kappa} \{1 - \exp[-\kappa(p - p_0)]\}$$

$$e^{-x} = 1 - x + \frac{x^2}{2} + \frac{x^3}{3!} + \cdots$$

得

$$\Delta G_m = V_m(p - p_0) - \frac{V_m\kappa(p_0 - p)}{2!} - \frac{V_m\kappa^2(p_0 - p)^2}{3!} - \cdots$$

【例 2.1-4】 在 298 K、$p^\ominus$ 下,使 1 mol 铅与醋酸铜溶液在可逆情况下发生反应:

$$\text{Pb} + \text{Cu(Ac)}_2 \longrightarrow \text{Pb(Ac)}_2 + \text{Cu}$$

可做电功 91 840 J,同时吸热 213 600 J.求 $\Delta U_m^\ominus, \Delta H_m^\ominus, \Delta F_m^\ominus, \Delta G_m^\ominus$ 和 $\Delta S_m^\ominus$.

解析 等温等压可逆过程,则有 $-(\Delta G)_{T,p} = W'_{电功} = 91840 \text{ J}$

$$\therefore \Delta G_m^\ominus = -91840 \text{ J} \cdot \text{mol}^{-1}$$

$$\Delta F_m^\ominus = \Delta G_m^\ominus - \Delta(pV) \approx \Delta G_m^\ominus = -91840 \text{ J} \cdot \text{mol}^{-1}$$

对该电池反应,$\Delta(pV) \approx 0$

$$\Delta U_m^\ominus = Q - W' = (213600 - 91840) \text{ J} \cdot \text{mol}^{-1} = 121760 \text{ J} \cdot \text{mol}^{-1}$$

$$\Delta H_m^\ominus = \Delta U_m^\ominus + \Delta(pV) = \Delta U_m^\ominus = 121760 \text{ J} \cdot \text{mol}^{-1}$$

$$\Delta S_m^\ominus = \frac{Q}{T} = \frac{213600}{298} \text{ J} \cdot \text{K}^{-1} \cdot \text{mol}^{-1} = 716.8 \text{ J} \cdot \text{K}^{-1} \cdot \text{mol}^{-1}$$

【例 2.1-5】 273 K, 3 $p^\ominus$, 10 dm^3 的氧(g)(理想气),经绝热膨胀到 $p^\ominus$,分别计算下列两过程的 Gibbs 自由能变 ΔG:(1) 绝热可逆膨胀;(2) 将外压突减到 $p^\ominus$,气体绝热膨胀.已知$\text{O}_2(\text{g})$

$C_{V,\mathrm{m}} = \dfrac{5}{2}R$, $S_{\mathrm{m}}^{\ominus}(\mathrm{O}_2, 273\,\mathrm{K}) = 204.8\,\mathrm{J\cdot K^{-1}\cdot mol^{-1}}$.

解析 (1) 绝热可逆过程是一个恒熵过程，$\Delta S = 0$，同时这又是一个非等温，非等压过程，所以不能硬套公式，而应从 Gibbs 自由能定义式出发解决.

$$\begin{aligned}\Delta G &= \Delta H - \Delta(TS)\\ &= \Delta H - nS_{\mathrm{m}}^{\ominus}\Delta T\\ &= nC_{p,\mathrm{m}}(T_2 - T_1) - nS_{\mathrm{m}}^{\ominus}(T_2 - T_1)\\ &= n(C_{p,\mathrm{m}} - S_{\mathrm{m}}^{\ominus})(T_2 - T_1)\end{aligned}$$

上式中关键是求 T_2，因为是绝热可逆，因此：

$$T_2 = T_1\left(\dfrac{p_2}{p_1}\right)^{\frac{\gamma-1}{\gamma}}, \quad \gamma = 1.4, \quad T_2 = 199.5\,\mathrm{K}$$

又 $\quad n = \dfrac{p_1V_1}{RT_1}$

$\therefore \Delta G = \dfrac{p_1V_1}{RT_1}(C_{p,\mathrm{m}} - S_{\mathrm{m}}^{\ominus})(T_2 - T_1)$

$\quad = \dfrac{(3\times 100\times 10^3\,\mathrm{Pa})\times (10\times 10^{-3}\,\mathrm{m^3})}{(8.314\,\mathrm{J\cdot K^{-1}\cdot mol^{-1}})\times 273\,\mathrm{K}}\left[\left(\dfrac{7}{2}\times 8.314 - 204.8\right)\mathrm{J\cdot K^{-1}\cdot mol^{-1}}\right]$

$\quad\quad \times (199.5\,\mathrm{K} - 273\,\mathrm{K})$

$\quad = 17.30\,\mathrm{kJ}$

(2) 这一过程显然是绝热不可逆过程，此时 $\Delta S > 0$，且 T_2 与(1)的也不同.

因为绝热，所以 $\Delta U = W$

$$\begin{cases}nC_{V,\mathrm{m}}(T_2 - T_1) = -p_2(V_2 - V_1)\\ V_2 = \dfrac{nRT_2}{p_2}\end{cases}$$

解上述联立方程，得

$$T_2 = 221\,\mathrm{K}$$

此过程 ΔS 可设计两个可逆过程求算，先由始态等压变温膨胀、再等温变压膨胀到终态.

$$\Delta S_{\mathrm{m}} = C_{p,\mathrm{m}}\ln\dfrac{T_2}{T_1} + R\ln\dfrac{p_1}{p_2} = 2.98\,\mathrm{J\cdot K^{-1}\cdot mol^{-1}}$$

$$\Delta S_{\mathrm{m}} = S_{\mathrm{m}}(p^{\ominus}, 273\,\mathrm{K}) - S_{\mathrm{m}}(3p^{\ominus}, 273\,\mathrm{K}) = 2.98\,\mathrm{J\cdot K^{-1}\cdot mol^{-1}}$$

由于 $S_{\mathrm{m}}(3p^{\ominus}, 273\,\mathrm{K})$ 尚不知，故用下法求算.

由 $\left(\dfrac{\partial S}{\partial p}\right)_T = -\left(\dfrac{\partial V}{\partial T}\right)_p$ 积分，可得

$$S_{\mathrm{m}}(3p^{\ominus}, 273\,\mathrm{K}) - S_{\mathrm{m}}^{\ominus}(p^{\ominus}, 273\,\mathrm{K})$$

$$= \int_{p_1}^{p_2} -\left(\dfrac{\partial V_{\mathrm{m}}}{\partial T}\right)_p\,\mathrm{d}p = -\int_{p_1}^{p_2}\dfrac{R}{p}\,\mathrm{d}p = R\ln\dfrac{p_1}{p_2}$$

$$= 8.314\,\mathrm{J\cdot K^{-1}\cdot mol^{-1}}\times \ln 3 = 9.13\,\mathrm{J\cdot K^{-1}\cdot mol^{-1}}$$

所以

$$S_{\mathrm{m}}(3p^{\ominus}, 273\,\mathrm{K}) = (9.13 + 204.8)\,\mathrm{J\cdot K^{-1}\cdot mol^{-1}} = 213.9\,\mathrm{J\cdot K^{-1}\cdot mol^{-1}}$$

从而

$$S_m(p^\ominus, 221\text{ K}) = S_m(3p^\ominus, 273\text{ K}) + 2.98\text{ J}\cdot\text{K}^{-1}\cdot\text{mol}^{-1} = 216.9\text{ J}\cdot\text{K}^{-1}\cdot\text{mol}^{-1}$$

$$\therefore \Delta G_m = \Delta H_m - [T_2 S_m(p^\ominus, 221\text{ K}) - T_1 S_m(3p^\ominus, 273\text{ K})]$$

$$= G_m(T_2 - T_1) - \{T_2 S_m(p^\ominus, 221\text{ K}) - T_1 S_m(3p^\ominus, 273\text{ K})\}$$

$$T_1 = 273\text{ K},\quad S_m(3p^\ominus, 273\text{ K}) = 213.9\text{ J}\cdot\text{K}^{-1}\cdot\text{mol}^{-1}$$

$$T_2 = 221\text{ K},\quad S_m(p^\ominus, 221\text{ K}) = 216.9\text{ J}\cdot\text{K}^{-1}\cdot\text{mol}^{-1},\quad C_m = \frac{7}{2}R$$

$$\therefore \Delta G_m = 8946.6\text{ J}\cdot\text{mol}^{-1} = 8.95\text{ kJ}\cdot\text{mol}^{-1}$$

从而

$$\Delta G = n\Delta G_m = \frac{p_1 V_1}{RT_1}\Delta G_m = 11.986\text{ kJ}$$

【例 2.1-6】 已知 270 K,冰与过冷水的蒸气压分别为 0.4754 kPa 和 0.4892 kPa。冰与水之比热为 2.067 J·K^{-1}·g^{-1} 及 4.184 J·K^{-1}·g^{-1}。比容分别为 1.091 cm^3·g^{-1} 和 1.00 cm^3·g^{-1}。冰在 273 K 标准摩尔熔化焓为 6012 J·mol^{-1}。请求算 $p^\ominus$ 下,270 K 过冷水变为冰的 $\Delta S_m^\ominus$, $\Delta G_m^\ominus$, $\Delta H_m^\ominus$。

解析 可以采用两种方法求算:(i) 利用蒸气压数据设计可逆过程,其中当然包括了有蒸气压数据在内的可逆相变;(ii) 利用 Gibbs-Helmholtz 方程,但用该方法要先求出 ΔH 与 T 之关系,然后再代入 G-H 方程。

方法 1 设计可逆过程(图 2-2)

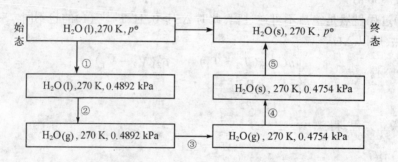

图 2-2

$$\Delta G_m = \Delta_1 G_m + \Delta_2 G_m + \Delta_3 G_m + \Delta_4 G_m + \Delta_5 G_m$$

$$\Delta_2 G_m = \Delta_4 G_m = 0\;(\text{等 }T、p\text{ 可逆相变})$$

$$\Delta_1 G_m = \int_{p^\ominus}^{489.2\text{ Pa}} V_m^l\,dp$$

$$\Delta_3 G_m = \int_{489.2\text{ Pa}}^{475.4\text{ Pa}} V_m^g\,dp = RT\ln\frac{475.4}{489.2}$$

$$\Delta_5 G_m = \int_{475.4\text{ Pa}}^{p^\ominus} V_m^s\,dp$$

令 V_m^l, V_m^s 为常数($\because$ 压力影响很小),$\therefore \Delta G_m = -64.07\text{ J}\cdot\text{mol}^{-1}$

为了求算 ΔS_m 和 ΔH_m,需重新设计过程(图 2-3,因为上述设计过程利用不上 $\Delta_s^l H_m^\ominus$ 数据)。

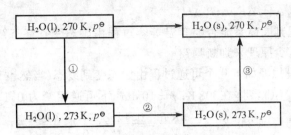

图 2-3

$$\Delta S_m^\ominus = \Delta_1 S_m + \Delta_2 S_m + \Delta_3 S_m$$
$$= \int_{270\,K}^{273\,K} \frac{C_p(l) dT}{T} + \frac{-\Delta_s^l H_m^\ominus}{T} + \int_{273\,K}^{270\,K} \frac{C_p(s) dT}{T}$$
$$= -21.60 \, J \cdot K^{-1} \cdot mol^{-1}$$
$$\Delta H_m^\ominus = \Delta_1 H_m + \Delta_2 H_m + \Delta_3 H_m$$
$$= \int_{270\,K}^{273\,K} C_p(l) dT - \Delta_s^l H_m^\ominus + \int_{273\,K}^{270\,K} C_p(s) dT$$
$$= -5897.5 \, J \cdot mol^{-1}$$

由 $\Delta G_m^\ominus = \Delta H_m^\ominus - T \Delta S_m^\ominus$，得

$$\Delta G_m^\ominus = -65.5 \, J \cdot mol^{-1}$$

设计的方法很多，读者不妨再设计其他过程求算。

方法 2 由 Gibbs-Helmholtz 方程，有

$$\frac{\Delta G_m^\ominus(T)}{T} - \frac{\Delta G_m^\ominus(273\,K)}{273\,K} = -\int_{273\,K}^T \frac{\Delta H_m^\ominus(T)}{T^2} dT$$

而 $\Delta G_m^\ominus(273\,K) = 0$

$$\Delta H_m^\ominus(T) = \Delta H_m^\ominus(273\,K) + \int_{273\,K}^T \Delta C_p dT$$
$$= -6012 \, J \cdot mol^{-1} + (2.067 - 4.184) \, J \cdot K^{-1} \cdot g^{-1} \times 18.02 \, g \cdot mol^{-1}(T - 273\,K)$$
$$= 4402.5 \, J \cdot mol^{-1} - 38.148 \, J \cdot K^{-1} \cdot mol^{-1} \, T$$

将 $\Delta H_m^\ominus(T)$ 代入 G-H 方程，得

$$\Delta G_m^\ominus(T) = -T \int_{273\,K}^T \left(\frac{4402.5 \, J \cdot mol^{-1}}{T^2} - \frac{38.148 \, J \cdot K^{-1} \cdot mol^{-1}}{T} \right) dT$$
$$= -T \left[-4402.5 \, J \cdot mol^{-1} \left(\frac{1}{T} - \frac{1}{273\,K} \right) - 38.148 \, J \cdot K^{-1} \cdot mol^{-1} \ln \frac{T}{273\,K} \right]$$

将 $T = 270\,K$ 代入上式，得

$$\Delta G_m^\ominus(270\,K) = -65.44 \, J \cdot mol^{-1}$$

【例 2.1-7】$(C_2H_5)_2O$ 的正常沸点为 308 K，标准摩尔气化焓 $\Delta_l^g H_m^\ominus(308\,K) = 25.104 \, kJ \cdot mol^{-1}$，将图 2-4 左边体系置于 308 K 热源中，设在等容下变为图右边的理想混合气体。

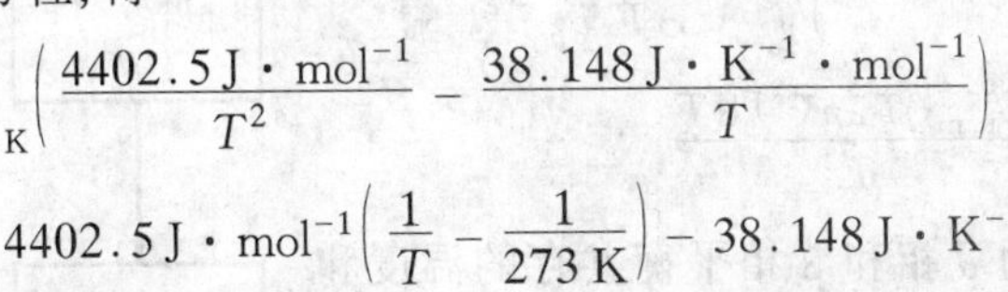

```
┌──────────────────────┐      ┌──────────────────────┐
│ 0.1 mol (C₂H₅)₂O (l) │      │ (C₂H₅)₂O 与 N₂       │
│ 0.3957 mol, N₂(g)    │  →   │ 的理想气体混合物     │
│ 308 K, p⊖, 10 dm³    │      │ 308 K, 10 dm³        │
└──────────────────────┘      └──────────────────────┘
```

图 2-4

(1) 求算体系 $\Delta S, \Delta U, \Delta F, \Delta G, \Delta H$.

(2) 用熵增加原理判断体系能否经等温等容过程由始态变到终态？能应用 Helmholtz 自由能或 Gibbs 自由能减少原理来判断吗？

解析 原过程可设想经如下几个可逆过程由始态变到终态(当然也有其他设想,读者不妨试一下). $0.1\,\text{mol}(C_2H_5)_2O$ 液体在 308 K, $p^{\ominus}$, $10\,\text{dm}^3$ 下可逆相变为 $0.1\,\text{mol}(C_2H_5)_2O$ 的气体 $(308\,\text{K}, p^{\ominus}, V)$；再可逆膨胀到 308 K, $p = \dfrac{nRT}{V} = \dfrac{0.1\,\text{mol} \times R \times 308\,\text{K}}{10 \times 10^{-3}\,\text{m}^3} = 0.2527 p^{\ominus}$, $10\,\text{dm}^3$；最后将它与 308 K, $10\,\text{dm}^3$, $0.3957\,\text{mol}\,N_2$ 气等温等容混合,即为终态. 由此：

$$\Delta S = \frac{n \Delta_l^g H_m^{\ominus}}{T} + nR \ln \frac{p^{\ominus}}{0.2527\,p^{\ominus}} = 9.294\,\text{J} \cdot \text{K}^{-1}$$

$$W = 0, \quad \Delta U = Q$$

$$\Delta H = n \Delta_l^g H_m^{\ominus} = 0.1\,\text{mol} \times 25.104 \times 10^3\,\text{J} \cdot \text{mol}^{-1} = 2.5104\,\text{kJ}$$

$$\Delta U = Q = H - \Delta(pV) = \Delta H - (p^g V^g - p^l V^l)$$
$$= \Delta H - p^g V^g = \Delta H - nRT = 2254\,\text{J}$$

$$\Delta F = \Delta U - T\Delta S = -608.5\,\text{J}$$

$$\Delta G = \Delta H - T\Delta S = -351.6\,\text{J}$$

(2) $\Delta S_{环} = \dfrac{-Q}{T} = \dfrac{-2254\,\text{J}}{308\,\text{K}} = -7.318\,\text{J} \cdot \text{K}^{-1}$

$\Delta S_{孤} = \Delta S_{体} + \Delta S_{环} > 0$

所以体系可以由始态自发变到终态. 又因为该题条件符合等温等容所以可以用 Helmholtz 自由能减少原理判断方向性. 但不能用 Gibbs 自由能减少原理来判断方向性. 上述题解过程中 N_2 气在过程中未发生变化,因此在计算中用的 $n = 0.1\,\text{mol}$.

【例 2.1-8】证明：纯物质由 T_1、p_1 的 α 相变为 T_2、p_2 的 β 相,其

$$\Delta_\alpha^\beta S_m = S_m^\beta(T_2, p_2) - S_m^\alpha(T_1, p_1)$$
$$= -\int_{p^{\alpha+\beta}}^{p_2} \left(\frac{\partial V_m^\beta}{\partial T}\right)_p dp + \int_{T^{\alpha+\beta}}^{T_2} \frac{C_{p,m}^\beta(T, p^{\alpha+\beta})}{T} dT$$
$$+ \frac{\Delta_\alpha^\beta H_m(T^{\alpha+\beta})}{T^{\alpha+\beta}} - \int_{p_1}^{p^{\alpha+\beta}} \left(\frac{\partial V_m^\alpha}{\partial T}\right)_p dp$$
$$+ \int_{T_1}^{T^{\alpha+\beta}} \frac{C_{p,m}^\alpha(T, p^{\alpha+\beta})}{T} dT$$

其中 $T^{\alpha+\beta}$, $p^{\alpha+\beta}$ 分别为 α 相和 β 相平衡共存的温度和压力.

解析 设计如下过程(图 2-5)：

$\Delta_\alpha^\beta S_m = \Delta_1 S_m + \Delta_2 S_m + \Delta_3 S_m + \Delta_4 S_m + \Delta_5 S_m$ ①

$\Delta_1 S_m = \int_{p_1}^{p^{\alpha+\beta}} \left(\dfrac{\partial S_m^\alpha}{\partial p}\right)_T dp = -\int_{p_1}^{p^{\alpha+\beta}} \left(\dfrac{\partial V_m^\alpha}{\partial T}\right)_p dp$

$\Delta_2 S_m = \int_{T_1}^{T^{\alpha+\beta}} \dfrac{C_{p,m}^\alpha(T, p^{\alpha+\beta}) dT}{T}$

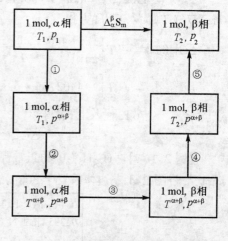

图 2-5

$$\Delta_3 S_m = \frac{\Delta_\beta^\alpha H_m(T^{\alpha+\beta})}{T^{\alpha+\beta}}$$

$$\Delta_4 S_m = \int_{T^{\alpha+\beta}}^{T_2} \frac{C_{p,m}^\beta(T, p^{\alpha+\beta}) dT}{T}$$

$$\Delta_5 S_m = \int_{p^{\alpha+\beta}}^{p_2} \left(\frac{\partial S_m^\beta}{\partial p}\right)_T dp = -\int_{p^{\alpha+\beta}}^{p_2} \left(\frac{\partial V_m^\beta}{\partial T}\right)_T dp$$

将以上各式代入①式,即证得.

【例 2.1-9】 298 K 在 0~1000 $p^\ominus$ 之间,水的摩尔体积 V_m 与压力 p 的关系可表示为:

$$V_m = (18.066 - 7.15 \times 10^{-4} p/p^\ominus + 4.6 \times 10^{-8} p^2/p^{\ominus 2}) \text{cm}^3 \cdot \text{mol}^{-1}$$

而且 $\left(\frac{\partial V_m}{\partial T}\right)_p = (0.0045 + 1.4 \times 10^{-6} p/p^\ominus) \text{cm}^3 \cdot \text{mol}^{-1} \cdot \text{K}^{-1}$

试求将 1 mol 水在 298 K 下,由 1 $p^\ominus$ 压缩至 1000 $p^\ominus$ 的内能、熵和 Gibbs 自由能的改变量.

解析 本题为等温变压过程,$\Delta G_m = \int_{p_1}^{p_2} V_m dp$. 可将 V_m 代入积分直接求算.

$$\Delta S_m = \int_{p_1}^{p_2} \left(\frac{\partial S_m}{\partial p}\right)_T dp = -\int_{p_1}^{p_2} \left(\frac{\partial V_m}{\partial T}\right)_p dp = -0.527 \text{ J} \cdot \text{K}^{-1} \cdot \text{mol}^{-1}$$

$$\left[\text{Maxwell 关系式} \left(\frac{\partial S}{\partial p}\right)_T = -\left(\frac{\partial V}{\partial T}\right)_p\right]$$

$$\Delta U_m = \int_{p_1}^{p_2} \left(\frac{\partial U}{\partial p}\right)_T dp$$

而

$$\left(\frac{\partial U}{\partial p}\right)_T = \left(\frac{\partial U}{\partial V}\right)_T \left(\frac{\partial V}{\partial p}\right)_T = \left[T\left(\frac{\partial p}{\partial T}\right)_V - p\right]\left(\frac{\partial V}{\partial p}\right)_T = -T\left(\frac{\partial V}{\partial T}\right)_p - p\left(\frac{\partial V}{\partial p}\right)_T$$

$$\left(\text{热力学状态方程} \left(\frac{\partial U}{\partial V}\right)_T = T\left(\frac{\partial p}{\partial T}\right)_V - p\right)$$

上式中 $\left(\frac{\partial V_m}{\partial T}\right)_p$ 已知,而

$$\left(\frac{\partial V_m}{\partial p}\right)_T = \left(-7.15 \times 10^{-4} + 9.2 \times 10^{-8} \frac{p}{p^\ominus}\right) \text{cm}^3 \cdot \text{mol}^{-1} \cdot \text{Pa}^{-1}$$

$$\Delta U_m = \int_{p_1}^{p_2} \left(\frac{\partial U_m}{\partial p}\right)_T dp = \int_{p_1}^{p_2} \left[-T\left(\frac{\partial V_m}{\partial T}\right)_p - p\left(\frac{\partial V_m}{\partial p}\right)_T\right] dp = -123.6 \text{ J} \cdot \text{mol}^{-1}$$

计算 ΔU 也可以从热力学基本方程 $dU = TdS - pdV$ 出发,$\Delta U = T\Delta S - \int p dV$. 式中 $\Delta S_m = -0.527 \text{ J} \cdot \text{K}^{-1} \cdot \text{mol}^{-1}$

【例 2.1-10】 判断在 283 K、$p^\ominus$ 下,白锡和灰锡哪一种晶型稳定?已知 298 K 的标准摩尔熵等数据如下:

	$\dfrac{\Delta_f H_m^\ominus}{\text{J} \cdot \text{mol}^{-1}}$	$\dfrac{S_m^\ominus(298\text{ K})}{\text{J} \cdot \text{K}^{-1} \cdot \text{mol}^{-1}}$	$\dfrac{C_{p,m}^\ominus}{\text{J} \cdot \text{K}^{-1} \cdot \text{mol}^{-1}}$
白锡	0	52.30	26.51
灰锡	≈2197	44.76	25.73

解析 取 1 mol 锡作为体系,设计如下过程(图 2-6):

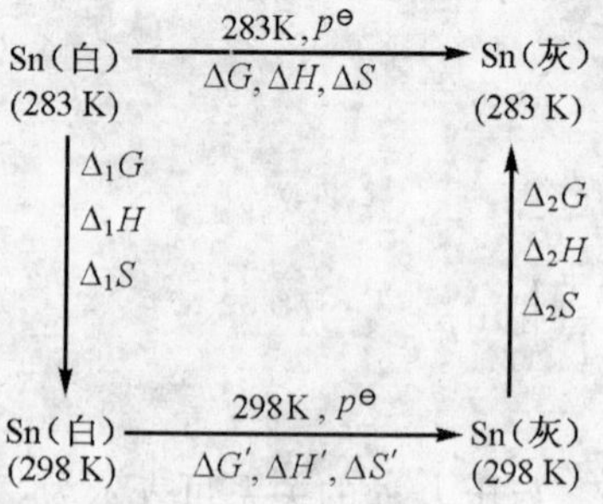

```
Sn(白)  283K,p^⊖   Sn(灰)
(283 K) ─────────→ (283 K)
        ΔG, ΔH, ΔS
   │                ↑
 Δ₁G              Δ₂G
 Δ₁H              Δ₂H
 Δ₁S              Δ₂S
   │                │
   ↓                │
Sn(白)  298K,p^⊖   Sn(灰)
(298 K) ─────────→ (298 K)
        ΔG', ΔH', ΔS'
```

图 2-6

298 K、$p^\ominus$ 下：

$$\Delta H_m' = -2197\ \text{J}\cdot\text{mol}^{-1}$$

$$\Delta S_m' = (44.76 - 52.30)\ \text{J}\cdot\text{K}^{-1}\cdot\text{mol}^{-1}$$

$$= -7.54\ \text{J}\cdot\text{K}^{-1}\cdot\text{mol}^{-1}$$

$$\Delta G_m' = \Delta H' - T\Delta S'$$

$$= (-2197 + 298\times 7.54)\ \text{J}\cdot\text{mol}^{-1}$$

$$= 49.9\ \text{J}\cdot\text{mol}^{-1}$$

$\Delta G_m' > 0$。由 Gibbs 自由能减少原理可知，298 K、$p^\ominus$ 下白锡稳定．那么在 283 K、$p^\ominus$ 下哪一种晶型稳定呢？这属于由一个温度下的 $\Delta G_m'$，求另一个温度下的 ΔG_m．其计算方法一般有两种：

解法 1　$\Delta H_m = \Delta_1 H_m + \Delta_2 H_m' + \Delta_2 H_m$

其中：

$$\Delta_1 H_m = \int_{283\ \text{K}}^{298\ \text{K}} C_{p,m}(白锡)\text{d}T = C_{p,m}\Delta T = 392\ \text{J}\cdot\text{mol}^{-1}$$

$$\Delta_2 H_m = \int_{298\ \text{K}}^{283\ \text{K}} C_{p,m}(灰锡)\text{d}T = C_{p,m}\Delta T = -386\ \text{J}\cdot\text{mol}^{-1}$$

$$\therefore\ \Delta H = (392 - 2197 - 386)\ \text{J}\cdot\text{mol}^{-1} = -2191\ \text{J}\cdot\text{mol}^{-1}$$

$$\Delta S_m = \Delta_1 S_m + \Delta S_m' + \Delta_2 S_m$$

其中：

$$\Delta_1 S_m = \int_{283\ \text{K}}^{298\ \text{K}} C_{p,m}(白锡)\frac{\text{d}T}{T} = C_{p,m}\ln\frac{298\ \text{K}}{283\ \text{K}} = 1.35\ \text{J}\cdot\text{K}^{-1}\cdot\text{mol}^{-1}$$

$$\Delta_2 S_m = \int_{298\ \text{K}}^{283\ \text{K}} C_{p,m}(白锡)\frac{\text{d}T}{T} = C_{p,m}\ln\frac{283}{298} = 1.33\ \text{J}\cdot\text{K}^{-1}\cdot\text{mol}^{-1}$$

$$\therefore\ \Delta S_m = (1.35 - 7.54 - 1.33)\ \text{J}\cdot\text{K}^{-1}\cdot\text{mol}^{-1} = -7.52\ \text{J}\cdot\text{K}^{-1}\cdot\text{mol}^{-1}$$

$$\Delta G_m = \Delta H_m - T\Delta S_m = (-2191 + 283\times 7.52)\ \text{J}\cdot\text{mol}^{-1} = -63\ \text{J}\cdot\text{mol}^{-1}$$

由 $(\Delta G_m)_{T,p} < 0$，说明灰锡稳定．

解法 2　根据基尔霍夫定律

$$\Delta H_m(T) = \Delta H_m(298\ \text{K}) + \int_{298\ \text{K}}^{T(\text{K})} \Delta C_{p,m}\text{d}T$$

$$= \Delta H_m(298\ \text{K}) - (0.42\ \text{J}\cdot\text{K}^{-1}\cdot\text{mol}^{-1})(T - 298\ \text{K})$$

$$= \left(-2072 - 0.42\frac{T}{\text{K}}\right)\ \text{J}\cdot\text{mol}^{-1}$$

根据 Gibbs-Helmholz 公式

$$\left[\frac{\partial\left(\dfrac{G_m}{T}\right)}{\partial T}\right]_p = \frac{-\Delta H_m}{T^2}$$

$$\therefore\ \frac{\Delta G_m}{283\ \text{K}} - \frac{\Delta G_m'}{298\ \text{K}} = \int_{298\ \text{K}}^{283\ \text{K}} -\frac{\Delta H_m(T)}{T^2}\text{d}T$$

$$= \int_{298\ \text{K}}^{283\ \text{K}}\left[\frac{2072\ \text{J}}{T^2} + \frac{0.42\ \text{J}\cdot\text{K}^{-1}}{T}\right]$$

$$= -0.39\ \text{J}\cdot\text{K}^{-1}\cdot\text{mol}^{-1}$$

$$\therefore \Delta G_{\mathrm{m}} = \left(\frac{\Delta G_{\mathrm{m}}'}{298\,\mathrm{K}} - 0.39\,\mathrm{J \cdot K^{-1}}\right) \times 283\,\mathrm{K} = -63\,\mathrm{J \cdot mol^{-1}}$$

由$(\Delta G_{\mathrm{m}})_{T,p} < 0$,说明灰锡稳定.

解这类问题还可以有第三种方法.当然题目必须给出蒸气压数据.这时可设计等温变压过程.最后归结为由一个压力下的$\Delta G_{\mathrm{m}}'$,求另一个压力下的ΔG_{m}.(请计算$p^{\ominus}$下,白锡、灰锡平衡转变温度.)

【例 2.1-11】 试求 1 mol 苯在下列相变中的 ΔF、ΔG

$$C_6H_6(l, 0.9\,p^{\ominus}, 353.1\,\mathrm{K}) \longrightarrow C_6H_6(g, 0.9\,p^{\ominus}, 353.1\,\mathrm{K})$$

353.1 K是苯的正常沸点.设苯蒸气为理想气,请判断等温等压过程的方向.

解析 上述过程为非平衡相变,可设计下述可逆过程(见图2-7).

压力对液体的 Gibbs 自由能影响很小,所以$\Delta_1 G = 0$.由于(2)是等温等压平衡相变,所以$\Delta_2 G = 0$ (3)是理想气体等温过程.

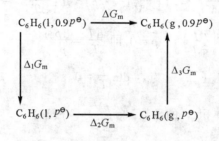

图 2-7

所以
$$\Delta_3 G_{\mathrm{m}} = RT\ln 0.9 = -308.7\,\mathrm{J}$$
$$\Delta G_{\mathrm{m}} = \Delta_1 G_{\mathrm{m}} + \Delta_2 G_{\mathrm{m}} + \Delta_3 G_{\mathrm{m}} \approx \Delta_3 G_{\mathrm{m}} < 0$$

对上述等温等压、无其他功的过程,$\Delta G < 0$,所以该过程是不可逆过程.又
$$\Delta F = \Delta_1 F + \Delta_2 F + \Delta_3 F$$

其中 $\Delta_1 F \approx 0$

$$\Delta_2 F = \Delta_2 G_{\mathrm{m}} - p\Delta V = 0 - p[V_{\mathrm{m}}(g) - V_{\mathrm{m}}(l)] = -RT = -2938.9\,\mathrm{J}$$

$$\Delta_3 F = -\int p\mathrm{d}V = RT\ln\frac{V_1}{V_2} = RT\ln\frac{p_2}{p_1} = RT\ln\frac{0.9}{1} = -308.7\,\mathrm{J}$$

$$\therefore \Delta F = \Delta_2 F + \Delta_3 F = -3247.6\,\mathrm{J} < 0$$

问题 能否由 $\Delta F < 0$ 来说明过程的方向性呢?

【例 2.1-12】 请证明:

$$(1)\left[\frac{\partial\left(\frac{\Delta F}{T}\right)}{\partial T}\right]_{V,n} = -\frac{\Delta U}{T^2},\quad (2)\left(\frac{\partial \Delta F}{\partial V}\right)_{T,n} = -\Delta p.$$

证明 从基本定义式和基本方程入手.

(1) $\mathrm{d}F = -S\mathrm{d}T - p\mathrm{d}V$,$\therefore \left(\frac{\partial F}{\partial T}\right)_{V,n} = -S$

$$F = U - TS = U + T\left(\frac{\partial F}{\partial T}\right)_{V,n}$$

$$\therefore \frac{1}{T}\left(\frac{\partial F}{\partial T}\right)_{V,n} - \frac{F}{T^2} = -\frac{U}{T^2}$$

$$\therefore \left[\frac{\partial\left(\frac{F}{T}\right)}{\partial T}\right]_{V,n} = -\frac{U}{T^2}, \quad 从而 \left[\frac{\partial\left(\frac{\Delta F}{T}\right)}{\partial T}\right]_{V,n} = -\frac{\Delta U}{T^2}$$

(2) $\left(\frac{\partial F}{\partial V}\right)_{T,n} = -p$

$$\therefore \left[\frac{\partial \Delta F}{\partial V}\right]_{T,n} = -(p_2 - p_1) = -\Delta p$$

$$\therefore \left(\frac{\partial \Delta F}{\partial V}\right)_{T,n} = -\Delta p$$

【例 2.1-13】 如果某一物体的 $\left(\frac{\partial U}{\partial V}\right)_T = 0, \left(\frac{\partial H}{\partial T}\right)_T = 0$,请证明该物体的物态方程的形式必为 $pV/T = $ 常数.

证明 $dU = TdS - pdV$

$$\left(\frac{\partial U}{\partial V}\right)_T = T\left(\frac{\partial S}{\partial V}\right)_T - p = T\left(\frac{\partial p}{\partial T}\right)_T - p$$

已知 $\left(\frac{\partial U}{\partial V}\right)_T = 0$ $\therefore T\left(\frac{\partial p}{\partial T}\right)_V - p = 0$,即 $\frac{dT}{T} = \frac{dp}{p}$

$$\therefore d\ln\frac{p}{T} = 0$$

$p/T = f(V), f(V)$ 是体积 V 的函数,$\therefore \frac{pV}{T} = Vf(V)$

同理,$\left(\frac{\partial H}{\partial p}\right)_T = V - T\left(\frac{\partial V}{\partial T}\right)_p = 0$, $d\ln\frac{V}{T} = 0$

$\frac{pV}{T} = pg(p), g(p)$ 是压力 p 之函数,故 $Vf(V) = pg(p)$ 此式对于任何 p、V 均成立

$\therefore$ 上式两边必同时等于一个常数才满足要求.

$\therefore pV/T = $ 常数

【例 2.1-14】 对于范德华气体,请证明:$\left(\frac{\partial U_m}{\partial V_m}\right)_T = \frac{a}{V_m^2}$.

证明

$$\left(\frac{\partial U_m}{\partial V_m}\right)_T = T\left(\frac{\partial p}{\partial T}\right)_V - p$$

对范氏方程:$\left(p + \frac{a}{V_m^2}\right)(V_m - b) = RT$, $p = \frac{RT}{V_m - b} - \frac{a}{V_m^2}$,有 $\left(\frac{\partial p}{\partial T}\right)_V = \frac{R}{V_m - b}$

$$\therefore \left(\frac{\partial U_m}{\partial V_m}\right)_T = T\left(\frac{\partial p}{\partial T}\right)_V - p = \frac{a}{V_m^2}$$

【例 2.1-15】 请证明 $\left(\frac{\partial p}{\partial V}\right)_S = \gamma\left(\frac{\partial p}{\partial V}\right)_T$,并据此导出理想气体绝热可逆过程方程 pV^γ = 常数,$TV^{\gamma-1}$ = 常数,$p^{1-\gamma}T^\gamma$ = 常数(假设 γ = 常数).

证明 $dH = TdS + Vdp$

$$\therefore dS = \frac{1}{T}dH - \frac{V}{T}dp$$

$$= \frac{1}{T}\left[\left(\frac{\partial H}{\partial V}\right)_p dV + \left(\frac{\partial H}{\partial p}\right)_V dp\right] - \frac{V}{T}dp$$

$$= \frac{1}{T}\left(\frac{\partial H}{\partial V}\right)_p dV + \left[\frac{1}{T}\left(\frac{\partial H}{\partial p}\right)_V - \frac{V}{T}\right]dp$$

又

$$\because \left(\frac{\partial H}{\partial p}\right)_V = T\left(\frac{\partial S}{\partial p}\right)_V + V = T\frac{1}{\left(\frac{\partial p}{\partial T}\right)_V\left(\frac{\partial T}{\partial S}\right)_V} + V = T\left(\frac{\partial T}{\partial p}\right)_V\left(\frac{\partial S}{\partial T}\right)_V + V = C_V\left(\frac{\partial T}{\partial p}\right)_V + V$$

$$\left(\frac{\partial H}{\partial V}\right)_p = \frac{1}{\left(\frac{\partial V}{\partial T}\right)_p\left(\frac{\partial T}{\partial H}\right)_p} = C_p\left(\frac{\partial T}{\partial V}\right)_p$$

$$\therefore dS = \frac{1}{T}C_p\left(\frac{\partial T}{\partial V}\right)_p dV + \frac{1}{T}C_V\left(\frac{\partial T}{\partial p}\right)_V dp$$

$$\therefore \left(\frac{\partial p}{\partial V}\right)_S = -\frac{C_p}{C_V}\left(\frac{\partial T}{\partial V}\right)_p\left(\frac{\partial p}{\partial T}\right)_V = \frac{C_p}{C_V}\left(\frac{\partial p}{\partial V}\right)_T = \gamma\left(\frac{\partial p}{\partial V}\right)_T$$

理想气体
$$\left(\frac{\partial p}{\partial V}\right)_T = -\frac{nRT}{V^2} = -\frac{p}{V}$$

对绝热可逆过程：$\left(\frac{\partial p}{\partial V}\right)_S = -\gamma\frac{p}{V}$, $\therefore \frac{dp}{p} + \gamma\frac{dV}{V} = 0$, 即

$$d\ln pV^\gamma = 0, \text{ 故 } pV^\gamma = \text{常数}$$

其他结果, 请读者自证.

注意, 绝热可逆过程中, 熵 S 恒定, 所以 $\left(\frac{\partial p}{\partial V}\right)_S$ 可表示为绝热可逆过程中 p 与 V 之变化率.

【例 2.1-16】 在 298 K $p^\ominus$ 下, Ag_2O 分解反应为:

$$Ag_2O(s) \longrightarrow 2Ag(s) + \frac{1}{2}O_2(g)$$

已知有关数据如下:

	$\Delta_f H_m^\ominus(298\,K)/(kJ \cdot mol^{-1})$	$S_m^\ominus(298\,K)/(J \cdot K^{-1} \cdot mol^{-1})$
$Ag_2O(s)$	-7.306×4.184	29.09×4.184
$Ag(s)$	0	10.206×4.184
$O_2(g)$	0	49.003×4.184

(1) 在 298 K、图 2-8 所示体系中, 反应向哪个方向进行.

(2) 设 $O_2(g)$ 为理想气体, 问 298 K 下, $O_2(g)$ 的压力变为多大时体系才达平衡(可以做合理近似, 但需指明).

解析

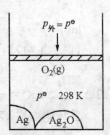

图 2-8

(1) $Ag_2O(s) \xrightarrow{298\,K,\, p^\ominus} 2Ag(s) + \frac{1}{2}O_2(g)$

始态 $Ag_2O(s)$ 及终态 $Ag(s), O_2(g)$ 在等温等压下化学反应.
本题用熵判据或 Gibbs 自由能判据均可.

● 熵判据

$$\Delta S_m^\ominus(298\,K) = 2S_m^\ominus(Ag,g) + \frac{1}{2}S_m^\ominus(O_2,g) - S_m^\ominus(Ag_2O,s) = 66.19\,J \cdot K^{-1} \cdot mol^{-1}$$

$$\Delta H_m^\ominus(298\,K) = 30.57\,kJ \cdot mol^{-1} = Q$$

$$\Delta S_\text{环} = -Q/T = -102.50\,J \cdot K^{-1} \cdot mol^{-1}$$

$$\Delta S_\text{总} = \Delta S_\text{体} + \Delta S_\text{环} = -35.31\,\text{J}\cdot\text{K}^{-1}\cdot\text{mol}^{-1}$$

∴ 上述反应在 298 K、$p^\ominus$ 时正向不能进行(逆向反应可进行).

● ΔG 判据

$$\Delta G_m^\ominus(298\,\text{K}) = \Delta H_m^\ominus(298\,\text{K}) - T\Delta S_m^\ominus(298\,\text{K}) = 10.82\,\text{kJ}\cdot\text{mol}^{-1}$$

$\Delta G_m^\ominus(298\,\text{K}) > 0$,即正向反应在 298 K、$p^\ominus$ 时不能进行.

思考 既然 Ag 在 298 K、$p^\ominus$ 时能氧化成 Ag_2O,在大气中为什么银器皿不会被氧化而毁坏?

(2) 体系达平衡时,即在 T、p 一定时,$\Delta G = 0$. 问题实质是 $p(O_2) = ?$ 时,$\Delta G = 0$.

设计过程(图 2-9):

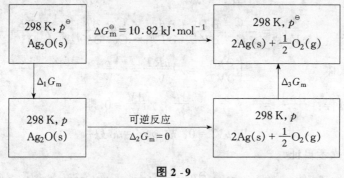

图 2-9

$$\begin{aligned}
\Delta G &= \Delta_1 G + \Delta_2 G + \Delta_3 G \\
&= \int_{p^\ominus}^{p} \left[2V_m(\text{Ag}) + \frac{1}{2}V_m(O_2) - V_m(Ag_2O)\right]dp \\
&= \int_{p^\ominus}^{p} \frac{1}{2} V_m(O_2)\,dp \quad [\text{设 } O_2 \text{ 为理想气体,且 } V_m(g) \gg V_m(s)] \\
&= \frac{1}{2}\int_{p^\ominus}^{p} \frac{RT}{p}\,dp \\
&= \frac{1}{2}RT\ln\frac{p^\ominus}{p}
\end{aligned}$$

$\ln(p/p^\ominus) = -8.732$,$p = 16.3\,\text{Pa}$,即当 O_2 的压力为 16.3 Pa 时体系才达平衡.

【例 2.1-17】 298 K 时,下列化学反应:

$$CO(g) + H_2O(g) \rightleftharpoons CO_2(g) + H_2(g)$$

的 $\Delta_r H_m^\ominus(298\,\text{K}) = -41.162\,\text{kJ}\cdot\text{mol}^{-1}$,$\Delta_r G_m^\ominus(298\,\text{K}) = -28.522\,\text{kJ}\cdot\text{mol}^{-1}$.

各气体物质 $C_{p,m}^\ominus(T)$ 如下:

$$C_{p,m}^\ominus(CO_2) = \left[26.648 + 42.26\times10^{-3}\left(\frac{T}{K}\right) - 14.247\times10^{-6}\left(\frac{T}{K}\right)^2\right]\text{J}\cdot\text{K}^{-1}\cdot\text{mol}^{-1}$$

$$C_{p,m}^\ominus(H_2) = \left[29.08 + 0.84\times10^{-3}\left(\frac{T}{K}\right) + 2.013\times10^{-6}\left(\frac{T}{K}\right)^2\right]\text{J}\cdot\text{K}^{-1}\cdot\text{mol}^{-1}$$

$$C_{p,m}^\ominus(CO) = \left[27.61 + 5.02\times10^{-3}\left(\frac{T}{K}\right)\right]\text{J}\cdot\text{K}^{-1}\cdot\text{mol}^{-1}$$

$$C_{p,m}^\ominus(H_2O) = \left[30.13 + 11.30\times10^{-3}\left(\frac{T}{K}\right)\right]\text{J}\cdot\text{K}^{-1}\cdot\text{mol}^{-1}$$

请得出上述反应的 $\Delta_r H_m^\ominus$，$\Delta_r G_m^\ominus$ 与温度 T 关系式；并求出 $\Delta_r H_m^\ominus(1273\text{ K})$ 与 $\Delta_r G_m^\ominus(1273\text{ K})$ 值及升高温度对正向反应是否有利？

解析 $\Delta C_{p,m}^\ominus = C_{p,m}^\ominus(CO_2) + C_{p,m}^\ominus(H_2) - C_{p,m}^\ominus(CO) - C_{p,m}^\ominus(H_2O)$

$$= \left(-2.012 + 25.10 \times 10^{-3}\frac{T}{K} - 12.234 \times 10^{-6}\frac{T^2}{K^2}\right) \text{J}\cdot\text{K}^{-1}\cdot\text{mol}^{-1}$$

$$\Delta_r H_m^\ominus(T) = \Delta_r H_m^\ominus(298\text{ K}) + \int_{298\text{ K}}^T \Delta C_{p,m}^\ominus dT$$

$$= \left(-41569 - 2.012\frac{T}{K} + 12.55 \times 10^{-3}\frac{T^2}{K^2} - 4.078 \times 10^{-6}\frac{T^3}{K^3}\right)\text{J}\cdot\text{mol}^{-1}$$

$$\frac{\Delta_r G_m^\ominus(T)}{T} - \frac{\Delta G_m^\ominus(298\text{ K})}{298\text{ K}} = -\int_{298\text{ K}}^T \frac{\Delta_r H_m^\ominus(T)dT}{T^2}$$

$$\Delta_r G_m^\ominus(T) = \left(-41569 + 2.012\frac{T}{K}\ln\frac{T}{K} - 12.55 \times 10^{-3}\frac{T^2}{K^2} + 2.039 \times 10^{-6}\frac{T^3}{K^3} + 35.878\frac{T}{K}\right)\text{J}\cdot\text{mol}^{-1}$$

$$\Delta_r H_m^\ominus(1273\text{ K}) = -32205\text{ J}\cdot\text{mol}^{-1}$$

$$\Delta_r G_m^\ominus(1273\text{ K}) = 6883\text{ J}\cdot\text{mol}^{-1}$$

显然，升高温度 $\Delta_r G_m^\ominus$ 值增大，对正向反应不利．

【例 2.1 - 18】 (1) 证明：$\left(\dfrac{\partial S}{\partial V}\right)_T = \dfrac{\alpha}{\kappa}$，并对理想气体求出 298 K、100 kPa 时的值．

(2) 某物质气体状态方程为

$$p(V_m - b) = RT \quad (b \text{ 为正常数})$$

证明：① $\left[\dfrac{\partial\left(\dfrac{pV_m}{RT}\right)}{\partial p}\right]_T = \dfrac{b}{RT}$

② $\left(\dfrac{\partial T}{\partial p}\right)_H = -\dfrac{b}{C_p}$

③ $\left(\dfrac{\partial V_m}{\partial p}\right)_S = \left(-\dfrac{C_{V,m}}{C_{V,m} + R}\right)\left(\dfrac{V_m - b}{p}\right)$

解析 (1) 据 Maxwell 关系式

$$\left(\frac{\partial S}{\partial V}\right)_T = \left(\frac{\partial p}{\partial T}\right)_V$$

又据循环关系

$$\left(\frac{\partial p}{\partial T}\right)_V = -\frac{\left(\dfrac{\partial V}{\partial T}\right)_p}{\left(\dfrac{\partial V}{\partial p}\right)_T} = \frac{\dfrac{1}{V}\left(\dfrac{\partial V}{\partial T}\right)_p}{-\dfrac{1}{V}\left(\dfrac{\partial V}{\partial p}\right)_T} = \frac{\alpha}{\kappa}\text{，所以原式得证．}$$

对理想气体 $\left(\dfrac{\partial S}{\partial V}\right)_T = \left(\dfrac{\partial p}{\partial T}\right)_V = \dfrac{p}{T}$，298 K、100 kPa 时

$$\left(\frac{\partial S}{\partial V}\right)_T = \frac{p}{T} = 340.0 \text{ Pa}\cdot\text{K}^{-1}$$

(2) ① 压缩因子 $Z = \dfrac{pV_m}{RT}$，对于状态方程 $p(V_m - b) = RT$，即 $pV_m = RT + bp$，得

$$Z = 1 + \frac{bp}{RT}$$

等温下 Z 随压力变化可用偏微商 $\left(\dfrac{\partial Z}{\partial p}\right)_T$ 表示,即

$$\left(\dfrac{\partial Z}{\partial p}\right)_T = \left[\dfrac{\partial\left(1+\dfrac{bp}{RT}\right)}{\partial p}\right]_T = \dfrac{b}{RT}$$

② 对于节流过程,始终态焓相等,$\Delta H = 0$.

$$\mu_{\text{J-T}} = \left(\dfrac{\partial T}{\partial p}\right)_H = -\dfrac{1}{\left(\dfrac{\partial p}{\partial H}\right)_T \left(\dfrac{\partial H}{\partial T}\right)_p} = \dfrac{-\left(\dfrac{\partial H}{\partial p}\right)_T}{C_p}$$

又因为 $\mathrm{d}H = T\mathrm{d}S + V\mathrm{d}p$,$\therefore \left(\dfrac{\partial H}{\partial p}\right)_T = T\left(\dfrac{\partial S}{\partial p}\right)_T + V = -T\left(\dfrac{\partial V}{\partial T}\right)_p + V$

将上式代入 $\mu_{\text{J-T}}$ 式中,有

$$\mu_{\text{J-T}} = \dfrac{T\left(\dfrac{\partial V}{\partial T}\right)_p - V}{C_p} = -\dfrac{b}{C_p}$$

③ $\left(\dfrac{\partial V_m}{\partial p}\right)_S = -\dfrac{\left(\dfrac{\partial S}{\partial p}\right)_V}{\left(\dfrac{\partial S}{\partial V}\right)_p} = -\dfrac{\left(\dfrac{\partial S}{\partial T}\right)_V \left(\dfrac{\partial T}{\partial p}\right)_V}{\left(\dfrac{\partial S}{\partial T}\right)_p \left(\dfrac{\partial T}{\partial V}\right)_p} = \dfrac{C_V}{C_p}\left(\dfrac{\partial V}{\partial p}\right)_T$,而

$$C_V = T\left(\dfrac{\partial S}{\partial T}\right)_V = T\dfrac{\partial(S,V)}{\partial(T,V)} = T\dfrac{\partial(S,V)/\partial(T,p)}{\partial(T,V)/\partial(T,p)}$$

$$= T\dfrac{\left(\dfrac{\partial S}{\partial T}\right)_p \left(\dfrac{\partial V}{\partial p}\right)_T - \left(\dfrac{\partial S}{\partial p}\right)_T \left(\dfrac{\partial V}{\partial T}\right)_p}{\left(\dfrac{\partial V}{\partial p}\right)_T} = T\left(\dfrac{\partial S}{\partial T}\right)_p + T\dfrac{\left(\dfrac{\partial V}{\partial T}\right)_p^2}{\left(\dfrac{\partial V}{\partial p}\right)_T}$$

$$= C_p + T\dfrac{\left(\dfrac{\partial V}{\partial T}\right)_p^2}{\left(\dfrac{\partial V}{\partial p}\right)_T} = C_p - T\left(\dfrac{\partial V}{\partial T}\right)_p \left(\dfrac{\partial p}{\partial T}\right)_V$$

对于 $p(V_m - b) = RT$ 气体

$$\left(\dfrac{\partial V_m}{\partial T}\right)_p = \dfrac{R}{p},\ \left(\dfrac{\partial p}{\partial T}\right)_V = \dfrac{R}{V_m - b},\ \left(\dfrac{\partial V_m}{\partial p}\right)_T = -\dfrac{V_m - b}{p}$$

所以

$$\left(\dfrac{\partial V_m}{\partial p}\right)_S = -\dfrac{C_{V,m}}{C_{V,m}+R} \cdot \dfrac{V_m - b}{p}$$

【例 2.1-19】 纯物质的理想气体,从状态 p_1、V_1 变到 p_2、V_2,热容商 $\gamma = C_p/C_V$ 为常数.证明:

$$p_1 V_1^\gamma \mathrm{e}^{-S_1/C_V} = p_2 V_2^\gamma \mathrm{e}^{-S_2/C_V}$$

S_1、S_2 为气体物质在两个状态时的熵.若气体从始态经绝热可逆过程到终态,上式又如何?

解析 设计过程(见图 2-10):

$$\Delta S = S_2 - S_1 = \Delta_1 S + \Delta_2 S$$

$$= nR\ln\dfrac{V_2}{V_1} + C_V\ln\dfrac{T_2}{T_1} = (C_p - C_V)\ln\dfrac{V_2}{V_1} + C_V\ln\dfrac{T_2}{T_1}$$

$$= C_p\ln\dfrac{V_2}{V_1} + C_V\ln\dfrac{T_2 V_1}{T_1 V_2} = C_p\ln\dfrac{V_2}{V_1} + C_V\ln\dfrac{p_2}{p_1}$$

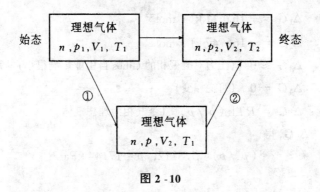

图 2-10

两边同除 C_V,得

$$\frac{S_2}{C_V} - \frac{S_1}{C_V} = \gamma \ln \frac{V_2}{V_1} + \ln \frac{p_2}{p_1} = \ln \frac{p_2 V_2^\gamma}{p_1 V_1^\gamma}$$

即

$$\frac{p_2 V_2^\gamma}{p_1 V_1^\gamma} = \frac{e^{S_2/C_V}}{e^{S_1/C_V}}, \quad \therefore \ p_1 V_1^\gamma e^{-S_1/C_V} = p_2 V_2^\gamma e^{-S_2/C_V}$$

气体经绝热可逆过程到终态,则 $S_2 = S_1$,则

$$p_1 V_1^\gamma = p_2 V_1^\gamma$$

即为理想气体绝热可逆过程方程.

【例 2.1-20】 已知 298 K 时下列数据(见下表),求算 298 K 时甲醇的饱和蒸气压.

物　　质	$\Delta_f H_m^\ominus/(kJ \cdot mol^{-1})$	$S_m^\ominus/(J \cdot K^{-1} \cdot mol^{-1})$
$H_2(g)$	0	130.57
$O_2(g)$	0	205.03
C(石墨)	0	5.740
$CH_3OH(l)$	-238.7	127.0
$CH_3OH(g)$	-200.7	239.9

解析 提到饱和蒸气压,应联想到设计过程中要有包括在具有和蒸气压数据相同的压力下的可逆相变.此类题解法很多,关键在于如何设计可逆过程,根据所设计的过程(图 2-11,图 2-12)作相应的求算.

方法 1 令 298 K,其饱和蒸气压为 p

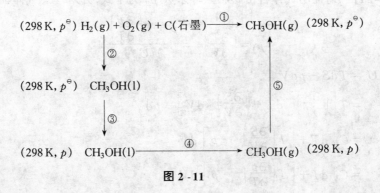

图 2-11

反应①与②的 ΔH 及 ΔS 可由已知数据求得,然后据 $\Delta G = \Delta H - T\Delta S$,可求

$$\Delta_1 G = -162.11 \text{ kJ} \cdot \text{mol}^{-1}$$
$$\Delta_2 G = -166.47 \text{ kJ} \cdot \text{mol}^{-1}$$
$$\Delta_3 G \approx 0 \quad (\text{压力对凝聚相的 Gibbs 自由能影响很小})$$
$$\Delta_4 G = 0 \quad (\text{可逆相变})$$
$$\Delta_5 G = RT\ln(p^{\ominus}/p) \quad (\text{令气相为理想气体})$$

$\therefore \Delta_1 G = \Delta_2 G + \Delta_5 G$, 得

$$(p^{\ominus}/p) = 5.8112, \quad p = 17.44 \text{ kPa}$$

方法 2

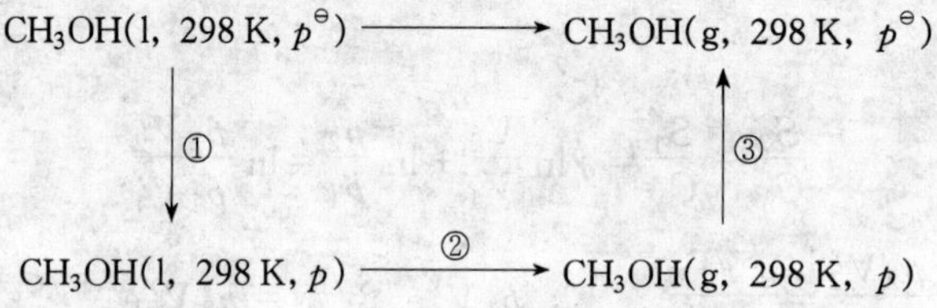

$$\text{CH}_3\text{OH}(l, 298\text{ K}, p^{\ominus}) \longrightarrow \text{CH}_3\text{OH}(g, 298\text{ K}, p^{\ominus})$$
$$\downarrow\text{①} \qquad\qquad\qquad\qquad\qquad \uparrow\text{③}$$
$$\text{CH}_3\text{OH}(l, 298\text{ K}, p) \xrightarrow{\text{②}} \text{CH}_3\text{OH}(g, 298\text{ K}, p)$$

图 2-12

$$\Delta S = \Delta_1 S + \Delta_2 S + \Delta_3 S$$
$$\Delta_1 S = 0 \quad (\text{压力对凝聚相熵的影响很小})$$
$$\Delta H = \Delta_1 H + \Delta_2 H + \Delta_3 H$$
$$\Delta_1 H = 0 \quad (\text{压力对凝聚相焓的影响很小})$$
$$\Delta_3 H = 0 \quad (\text{理想气体焓只是温度函数})$$
$$\Delta H = \Delta_2 H$$
$$\therefore \Delta_2 S = \frac{\Delta H}{T}, \quad \Delta_3 S = R\ln(p/p^{\ominus})$$
$$\Delta S = \Delta_2 S + \Delta_3 S = \frac{\Delta H}{T} + R\ln(p/p^{\ominus}), \quad p \text{ 可求}.$$

方法 3 过程同方法 2

$$\Delta G(298\text{ K}, p) - \Delta G(298\text{ K}, p^{\ominus}) = \int_{p^{\ominus}}^{p} \Delta V \mathrm{d}p$$
$$\Delta V = V_m^g - V_m^l = V_m^g = RT/p \text{ 代入积分}[\Delta G(298\text{ K}, p) = 0]$$

【例 2.1-21】 请证明气体自由膨胀焦耳系数 μ_J 为下式, 并对理想气体证明 $\mu_J = 0$.

$$\mu_J = \left(\frac{\partial T}{\partial V}\right)_U = \frac{p - T\left(\frac{\partial p}{\partial T}\right)_V}{C_V}$$

证明
$$\mathrm{d}U = T\mathrm{d}S - p\mathrm{d}V$$
$$= T\left[\left(\frac{\partial S}{\partial T}\right)_V \mathrm{d}T + \left(\frac{\partial S}{\partial V}\right)_T \mathrm{d}V\right] - p\mathrm{d}V$$
$$= C_V \mathrm{d}T + \left[T\left(\frac{\partial S}{\partial V}\right)_T - p\right]\mathrm{d}V$$
$$= C_V \mathrm{d}T + \left[T\left(\frac{\partial p}{\partial T}\right)_V - p\right]\mathrm{d}V$$

$$\therefore \left(\frac{\partial T}{\partial V}\right)_U = -\frac{T\left(\frac{\partial p}{\partial T}\right)_V - p}{C_V} = \frac{p - T\left(\frac{\partial p}{\partial T}\right)_V}{C_V} = \mu_J$$

对理想气 $\left(\frac{\partial p}{\partial T}\right)_V = \frac{nR}{V}$, $\therefore \mu_J = \left(\frac{\partial T}{\partial V}\right)_U = \frac{p - T\left(\frac{nR}{V}\right)}{C_V} = \frac{p - p}{C_V} = 0$

【例 2.1-22】 某实际气体状态方程为 $pV_m = RT + \alpha p$, α 为大于零的常数. 当气体经节流膨胀 (Joule-Thomson 实验) 后,气体的温度是上升、下降还是不变?

解析 这类问题实际上是求 J-T 系数 $\mu_{J\text{-}T} = \left(\frac{\partial T}{\partial p}\right)_H > 0, < 0$, 还是 $= 0$: 若 $\mu_{J\text{-}T} > 0$, 则 $p\downarrow, T\downarrow$; 若 $\mu_{J\text{-}T} < 0$, 则 $p\downarrow, T\uparrow$; 若 $\mu_{J\text{-}T} = 0$, 则 $p\downarrow, T$ 不变.

$$\left(\frac{\partial S}{\partial p}\right)_T = -\left(\frac{\partial V}{\partial T}\right)_p, \therefore \left(\frac{\partial T}{\partial p}\right)_H = \frac{T\left(\frac{\partial V}{\partial T}\right)_p - V}{C_p}$$

据题意 $V = \frac{RT}{p} + \alpha$. $\therefore T\left(\frac{\partial V}{\partial T}\right)_p = \frac{RT}{p}$, $\therefore \left(\frac{\partial T}{\partial p}\right)_H = -\frac{\alpha}{C_p}$

$\therefore \alpha > 0, C_p > 0$, 故 $\mu_{J\text{-}T} = \left(\frac{\partial T}{\partial p}\right)_H < 0$, 故 $p\downarrow, T\uparrow$, 致温效应.

【例 2.1-23】 证明下列关系式:

(1) $\left(\frac{\partial U}{\partial V}\right)_T = T\left(\frac{\partial p}{\partial T}\right)_V - p$; (2) $\left(\frac{\partial U}{\partial S}\right)_F = T\left[1 + \frac{pS}{C_V p - TS\left(\frac{\partial p}{\partial T}\right)_V}\right]$.

解析 (1) 从热力学基本方程出发,设法化为 $dU = XdT + YdV$ 的形式,同时使其中的 X、Y 都由可测量 T、p、V 及热容表示. U 是状态函数,所以

$$\left(\frac{\partial U}{\partial V}\right)_T = Y, \left(\frac{\partial U}{\partial T}\right)_V = X$$

而 $dU = TdS - pdV$, 令 S 是 T、V 函数,其全微分

$$dS = \left(\frac{\partial S}{\partial T}\right)_V dT + \left(\frac{\partial S}{\partial V}\right)_T dV$$

据 Maxwell 关系式 $\left(\frac{\partial S}{\partial V}\right)_T = \left(\frac{\partial p}{\partial T}\right)_V$, 所以

$$dU = T\left(\frac{\partial S}{\partial T}\right)_V dT + \left[T\left(\frac{\partial p}{\partial T}\right)_V - p\right]dV$$

对比 $dU = XdT + YdV$, $\therefore Y = \left(\frac{\partial U}{\partial V}\right)_T = T\left(\frac{\partial p}{\partial T}\right)_V - p$

(2) 令 $dU = XdF + YdS$

$$\left(\frac{\partial U}{\partial F}\right)_S = X, \left(\frac{\partial U}{\partial S}\right)_F = Y \qquad ①$$

解决的程序是选择两个合适的变量,写出 dU, dF, dS 全微分式,这里出于对 F 的考虑选 T、V 为独立变量,则

$$dU = \left(\frac{\partial U}{\partial T}\right)_V dT + \left(\frac{\partial U}{\partial V}\right)_T dV = C_V dT + \left[T\left(\frac{\partial p}{\partial T}\right)_V - p\right]dV \qquad ②$$

$$dF = -SdT - pdV \qquad ③$$

$$dS = \left(\frac{\partial S}{\partial T}\right)_V dT + \left(\frac{\partial S}{\partial V}\right)_T dV = \frac{C_V}{T}dT + \left(\frac{\partial S}{\partial T}\right)_V dV \qquad ④$$

将②~④式代入①式,得

$$C_V dT + \left[T\left(\frac{\partial p}{\partial T}\right)_V - p\right]dV = -XS + Y\frac{C_V}{T}dT + \left[-Xp + Y\left(\frac{\partial p}{\partial T}\right)_V\right]dV$$

所以

$$\begin{cases} C_V = -XS + Y\dfrac{C_V}{T} & \text{⑤} \\ T\left(\dfrac{\partial p}{\partial T}\right)_V - p = -Xp + Y\left(\dfrac{\partial p}{\partial T}\right)_V & \text{⑥} \end{cases}$$

联解⑤式和⑥式,得

$$X = \frac{C_V p}{C_V p - TS\left(\frac{\partial p}{\partial T}\right)_V} = \left(\frac{\partial U}{\partial F}\right)_S$$

$$Y = T\left[1 + \frac{pS}{C_V p - TS\left(\frac{\partial p}{\partial T}\right)_V}\right] = \left(\frac{\partial U}{\partial S}\right)_F$$

关于如何选择独立变量,可以由基本方程及特性函数的独立变量参考选择. 如 $U(S,V)$, $H(S,p)$, $F(T,V)$, $G(T,p)$, $S(U,V)$ 等. 但总的原则是据不同情况来选择独立变量.

【例 2.1-24】 证明绝热可逆过程的温度与压力的关系为 $\left(\dfrac{\partial T}{\partial p}\right)_S = \dfrac{T\left(\frac{\partial V}{\partial T}\right)_p}{C_p}$.

解析 证明方法很多,我们以此题为例介绍几种常用方法.

方法 1 从热力学基本方程出发

$$dH = TdS + Vdp$$

$$dS = \frac{1}{T}dH - \frac{V}{T}dp = \frac{1}{T}\left[\left(\frac{\partial H}{\partial T}\right)_p dT + \left(\frac{\partial H}{\partial p}\right)_T dp\right] - \frac{V}{T}dp$$

$$= \frac{C_p}{T}dT + \frac{1}{T}\left[\left(\frac{\partial H}{\partial p}\right)_T - V\right]dp$$

由 $dH = TdS + Vdp$,可得

$$\left(\frac{\partial H}{\partial p}\right)_T = T\left(\frac{\partial S}{\partial p}\right)_T + V = -T\left(\frac{\partial V}{\partial T}\right)_p + V$$

将此式代入上式,得

$$dS = \frac{C_p}{T}dT - \left(\frac{\partial V}{\partial T}\right)_p dp$$

即 $dT = \dfrac{1}{C_p}dS + \dfrac{T}{C_p}\left(\dfrac{\partial V}{\partial T}\right)_p dp$, $\therefore \left(\dfrac{\partial T}{\partial p}\right)_S = \dfrac{T\left(\frac{\partial V}{\partial T}\right)_p}{C_p}$

方法 2 从 Maxwell 关系式出发

$$\left(\frac{\partial T}{\partial p}\right)_S = \left(\frac{\partial V}{\partial S}\right)_p = \frac{\left(\frac{\partial V}{\partial T}\right)_p}{\left(\frac{\partial S}{\partial T}\right)_p} = \frac{T\left(\frac{\partial V}{\partial T}\right)_p}{T\left(\frac{\partial S}{\partial T}\right)_p} = \frac{T\left(\frac{\partial V}{\partial T}\right)_p}{C_p}$$

方法 3 从循环关系出发

$$\left(\frac{\partial T}{\partial p}\right)_S\left(\frac{\partial p}{\partial S}\right)_T\left(\frac{\partial S}{\partial T}\right)_p = -1$$

$$\left(\frac{\partial T}{\partial p}\right)_S = \frac{-\left(\frac{\partial S}{\partial p}\right)_T}{\left(\frac{\partial S}{\partial T}\right)_p} = \frac{\left(\frac{\partial V}{\partial T}\right)_p}{\left(\frac{\partial S}{\partial T}\right)_p} = \frac{T\left(\frac{\partial V}{\partial T}\right)_p}{C_p}$$

方法 4 应用 Jacobi 行列式

$$\left(\frac{\partial T}{\partial p}\right)_S = \frac{\partial(T,S)}{\partial(p,S)} = \frac{\frac{\partial(T,S)}{\partial(T,p)}}{\frac{\partial(p,S)}{\partial(T,p)}} = \frac{\begin{vmatrix}\left(\frac{\partial T}{\partial T}\right)_p & \left(\frac{\partial T}{\partial p}\right)_T \\ \left(\frac{\partial S}{\partial T}\right)_p & \left(\frac{\partial S}{\partial p}\right)_T\end{vmatrix}}{\begin{vmatrix}\left(\frac{\partial p}{\partial T}\right)_p & \left(\frac{\partial p}{\partial p}\right)_T \\ \left(\frac{\partial S}{\partial T}\right)_p & \left(\frac{\partial S}{\partial p}\right)_T\end{vmatrix}}$$

$$= \frac{\left(\frac{\partial S}{\partial p}\right)_T}{-\left(\frac{\partial S}{\partial T}\right)_p} = \frac{-\left(\frac{\partial V}{\partial T}\right)_p}{-\left(\frac{\partial S}{\partial T}\right)_p} = \frac{T\left(\frac{\partial V}{\partial T}\right)_p}{C_p}$$

【例 2.1-25】 证明 $C_p - C_V = \dfrac{TV\alpha^2}{\kappa}$.

解析
$$C_V = T\left(\frac{\partial S}{\partial T}\right)_V = T\left[\frac{\partial(S,V)}{\partial(T,V)}\right] = \frac{T\left[\frac{\partial(S,V)}{\partial(T,p)}\right]}{\frac{\partial(T,V)}{\partial(T,p)}}$$

$$= T\frac{\left(\frac{\partial S}{\partial T}\right)_p\left(\frac{\partial V}{\partial p}\right)_T - \left(\frac{\partial S}{\partial p}\right)_T\left(\frac{\partial V}{\partial T}\right)_p}{\left(\frac{\partial V}{\partial p}\right)_T}$$

$$= \frac{T\left(\frac{\partial S}{\partial T}\right)_p + T\left(\frac{\partial V}{\partial T}\right)_p^2}{\left(\frac{\partial V}{\partial p}\right)_T}$$

$\because \alpha = \dfrac{1}{V}\left(\dfrac{\partial V}{\partial T}\right)_p, \kappa = -\dfrac{1}{V}\left(\dfrac{\partial V}{\partial p}\right)_T, C_p = T\left(\dfrac{\partial S}{\partial T}\right)_p$

$\therefore C_V = C_p - \dfrac{TV\alpha^2}{\kappa}$, 即 $C_p - C_V = \dfrac{TV\alpha^2}{\kappa}$

【例 2.1-26】 证明 $\left(\dfrac{\partial U}{\partial V}\right)_T = (C_p - C_V)\left(\dfrac{\partial T}{\partial V}\right)_p - p$.

解析 $\quad U = U(p,V), dU = \left(\dfrac{\partial U}{\partial p}\right)_V dp + \left(\dfrac{\partial U}{\partial V}\right)_p dV$

$\left(\dfrac{\partial U}{\partial V}\right)_T = \left(\dfrac{\partial U}{\partial p}\right)_V\left(\dfrac{\partial p}{\partial V}\right)_T + \left(\dfrac{\partial U}{\partial V}\right)_p = \left(\dfrac{\partial U}{\partial T}\right)_V\left(\dfrac{\partial T}{\partial p}\right)_V\left(\dfrac{\partial p}{\partial V}\right)_T + \left[\dfrac{\partial(H-pV)}{\partial V}\right]_p$

据循环关系及 $\left(\dfrac{\partial H}{\partial V}\right)_p = \left(\dfrac{\partial H}{\partial T}\right)_p\left(\dfrac{\partial T}{\partial V}\right)_p, \left(\dfrac{\partial H}{\partial T}\right)_p = C_p$, 所以

$\left(\dfrac{\partial U}{\partial V}\right)_T = -C_V\left(\dfrac{\partial T}{\partial V}\right)_p + C_p\left(\dfrac{\partial T}{\partial V}\right)_p - p = (C_p - C_V)\left(\dfrac{\partial T}{\partial V}\right)_p - p$

【例 2.1-27】 将 1 mol $N_2(g)$ 从 $p_i = 2p^\ominus$、$V_{m,i} = 1\ dm^3 \cdot mol^{-1}$ 变到 $p_f = p^\ominus$、$V_{m,f} = 3\ dm^3 \cdot$

mol^{-1},求 $N_2(g)$的摩尔焓变 ΔH_m. 设 $N_2(g)$ 为理想气体,$C_{V,m}=\dfrac{5}{2}R$,$C_{p,m}=\dfrac{7}{2}R$ 且为常数.

解析 这类问题可以有两种考虑:(i) 设计可逆过程使其始终态相同,再应用相应公式,如设计先等容后等压过程;(ii) 直接选择 H 的合适的独立变量,从全微分方程出发,推导出 ΔH_m 的函数式. 第一种方法我们以前多次用过,这里重点讨论第二种方法.

因为题中 p、V 均发生了改变,因此选择 p、V 为 H 的独立变量.

$$dH = \left(\dfrac{\partial H}{\partial p}\right)_V dp + \left(\dfrac{\partial H}{\partial V}\right)_p dV$$

$$= \left[\dfrac{\partial (U+pV)}{\partial p}\right]_V dp + \left(\dfrac{\partial H}{\partial T}\right)_p \left(\dfrac{\partial T}{\partial V}\right)_p dV$$

$$= \left[\left(\dfrac{\partial U}{\partial T}\right)_V \left(\dfrac{\partial T}{\partial p}\right)_V + V\right] dp + C_p \left(\dfrac{\partial T}{\partial V}\right)_p dV$$

$$= \left[C_V \left(\dfrac{\partial T}{\partial p}\right)_V + V\right] dp + C_p \left(\dfrac{\partial T}{\partial V}\right)_p dV$$

$$\therefore \quad \Delta H = \int_{p_i}^{p_f} \left[C_V \left(\dfrac{\partial T}{\partial p}\right)_V + V\right] dp + \int_{V_i}^{V_f} C_p \left(\dfrac{\partial T}{\partial V}\right)_p dV$$

将各有关量代入上式,并用理想气体状态方程求得各偏微商量

$$\Delta H_m = \dfrac{7}{2}(p_f - p_i)V_{m,i} + \dfrac{7}{2}p_f(V_{m,f} - V_{m,i}) = 354.6\,\text{J}\cdot\text{mol}^{-1}$$

【例 2.1-28】 请用三种方法导出 $\left(\dfrac{\partial H}{\partial G}\right)_S$ 用 S 及可测量表示的式子.

解析 **方法 1** 应用 Jacobi 行列式

$$\left(\dfrac{\partial H}{\partial G}\right)_S = \dfrac{\partial (H,S)}{\partial (G,S)} = \dfrac{\dfrac{\partial (H,S)}{\partial (T,p)}}{\dfrac{\partial (G,S)}{\partial (T,p)}} = \dfrac{\begin{vmatrix} \left(\dfrac{\partial H}{\partial T}\right)_p & \left(\dfrac{\partial H}{\partial p}\right)_T \\ \left(\dfrac{\partial S}{\partial T}\right)_p & \left(\dfrac{\partial S}{\partial p}\right)_T \end{vmatrix}}{\begin{vmatrix} \left(\dfrac{\partial G}{\partial T}\right)_p & \left(\dfrac{\partial G}{\partial p}\right)_T \\ \left(\dfrac{\partial S}{\partial T}\right)_p & \left(\dfrac{\partial S}{\partial p}\right)_T \end{vmatrix}}$$

$$= \dfrac{C_p \left(\dfrac{\partial S}{\partial p}\right)_T - \left(\dfrac{\partial H}{\partial p}\right)_T \left(\dfrac{\partial S}{\partial T}\right)_p}{\left(\dfrac{\partial G}{\partial T}\right)_p \left(\dfrac{\partial S}{\partial p}\right)_T - \left(\dfrac{\partial G}{\partial p}\right)_T \left(\dfrac{\partial S}{\partial T}\right)_p}$$

$$= \dfrac{-C_p \left(\dfrac{\partial V}{\partial T}\right)_p - \left[T\left(\dfrac{\partial S}{\partial p}\right)_T + V\right]\left(\dfrac{\partial S}{\partial T}\right)_p}{\left[\dfrac{\partial (H-TS)}{\partial T}\right]_p \left[-\left(\dfrac{\partial V}{\partial T}\right)_p\right] - V\left(\dfrac{\partial S}{\partial T}\right)_p}$$

$$= \dfrac{-C_p \left(\dfrac{\partial V}{\partial T}\right)_p + \left[T\left(\dfrac{\partial V}{\partial T}\right)_p - V\right] \times \dfrac{1}{T}C_p}{\left[C_p - S - T\left(\dfrac{\partial S}{\partial T}\right)_p\right]\left[-\left(\dfrac{\partial V}{\partial T}\right)_p\right] - V\dfrac{1}{T}C_p}$$

$$= \dfrac{1}{1 - \dfrac{ST}{VC_p}\left(\dfrac{\partial V}{\partial T}\right)_p}$$

方法 2 应用 Tobolsky 方法

令 $dH = XdG + YdS$，则 $\left(\dfrac{\partial H}{\partial G}\right)_S = X$，$\left(\dfrac{\partial H}{\partial S}\right)_G = Y$；选两个合适变量，写出 dH、dG、dS 关于所选变量全微分，此处从 G 考虑，选 T、p 为独立变量．

$$dH = \left(\frac{\partial H}{\partial T}\right)_p dT + \left(\frac{\partial H}{\partial p}\right)_T dp = C_p dT + \left[T\left(\frac{\partial S}{\partial p}\right)_T + V\right]dp$$

$$dG = -SdT + Vdp = C_p dT + \left[-T\left(\frac{\partial V}{\partial T}\right)_p + V\right]dp$$

$$dS = \left(\frac{\partial S}{\partial T}\right)_p dT + \left(\frac{\partial S}{\partial p}\right)_T dp = \frac{C_p}{T}dT - \left(\frac{\partial V}{\partial T}\right)_p dp$$

将上述三等式代入原式，得

$$C_p dT + \left[-T\left(\frac{\partial V}{\partial T}\right)_p + V\right]dp$$

$$= X(-SdT + Vdp) + Y\left[\frac{C_p}{T}dT - \left(\frac{\partial V}{\partial T}\right)_p dp\right]$$

$$= \left[-XS + Y\frac{C_p}{T}\right]dT + \left[XV - Y\left(\frac{\partial V}{\partial T}\right)_p\right]dp$$

对比左右二式 dp、dT 系数，则

$$C_p = -XS + Y\frac{C_p}{T}$$

$$-T\left(\frac{\partial V}{\partial T}\right)_p + V = XV - Y\left(\frac{\partial V}{\partial T}\right)_p$$

联解上二式，得

$$Y = T + \frac{ST}{C_p}X$$

$$X = \frac{V}{V - \dfrac{ST}{C_p}\left(\dfrac{\partial V}{\partial T}\right)_p} = \frac{1}{1 - \dfrac{ST}{C_p V}\left(\dfrac{\partial V}{\partial T}\right)_p}$$

方法 3 从基本方程入手(请读者自己试做)

1. ΔG 计算小结

(从 $G = H - TS$ 及 $dG = -SdT + Vdp$ 出发，可导出下列公式)

(1) 等温封闭体系，无其他功的过程

- 理想气体　$\Delta G = nRT\ln(p_2/p_1)$，$\Delta G = \Delta H - T\Delta S$
- 实际体系(g, l, s)　$\Delta G = \displaystyle\int_{p_1}^{p_2} Vdp$

(2) 变压变温过程

$$\Delta G = \Delta H - (T_2 S_2 - T_1 S_1)$$

(3) 相变过程

- 平衡相变　$(\Delta G)_{T,p} = 0$
- 非平衡相变　设计适当可逆过程求算

(4) 绝热可逆过程为恒熵过程　$\Delta G = \Delta H - S\Delta T$

(5) 等压变温　$\dfrac{\Delta G_2}{T_2} - \dfrac{\Delta G_1}{T_1} = -\displaystyle\int_{T_1}^{T_2}\dfrac{\Delta H(T)}{T^2}dT$

等温变压 $\Delta G_2 = \Delta G_1 + \int_{p_1}^{p_2} \Delta V dp$

(6) 等温等压可逆电池 $-(\Delta G)_{T,p} = W' = nFE$

(7) 理想气体
- 等温等压混合 $\Delta G = RT \sum_i n_i \ln X_i$
- 等温等容混合 $\Delta G = 0$

2. 热力学响应函数

(1) 力学响应函数
- 体膨胀系数 $\alpha = \dfrac{1}{V}\left(\dfrac{\partial V}{\partial T}\right)_p$
- 等温压缩系数 $\kappa = -\dfrac{1}{V}\left(\dfrac{\partial V}{\partial p}\right)_T$
- 压力系数 $\beta = \dfrac{1}{p}\left(\dfrac{\partial p}{\partial T}\right)_V, \alpha = \kappa\beta p$
- 绝热压缩系数 $\kappa_S = -\dfrac{1}{V}\left(\dfrac{\partial V}{\partial p}\right)_S$

(2) 与热响应函数间的关系

$$C_p - C_V = \dfrac{TV\alpha^2}{\kappa}$$

（它是一普遍性关系式，适用于任何纯物质及组成不变的均相系）

$$\kappa - \kappa_S = \dfrac{TV\alpha^2}{C_p}, \dfrac{C_p}{C_V} = \dfrac{\kappa}{\kappa_S}$$

H、U 对 T、p、V 的偏微商

$$\left(\dfrac{\partial U}{\partial V}\right)_T = T\left(\dfrac{\partial p}{\partial T}\right)_V - p, \left(\dfrac{\partial p}{\partial T}\right)_T = -T\left(\dfrac{\partial V}{\partial T}\right)_p - p\left(\dfrac{\partial V}{\partial p}\right)_T$$

$$\left(\dfrac{\partial H}{\partial V}\right)_T = T\left(\dfrac{\partial p}{\partial T}\right)_V + V\left(\dfrac{\partial p}{\partial V}\right)_T, \left(\dfrac{\partial H}{\partial p}\right)_T = V - T\left(\dfrac{\partial V}{\partial T}\right)_p$$

恒熵下 T、p、V 间偏微商

$$\left(\dfrac{\partial T}{\partial p}\right)_S = \dfrac{T\left(\dfrac{\partial V}{\partial T}\right)_p}{C_p}, \left(\dfrac{\partial p}{\partial V}\right)_S = \gamma\left(\dfrac{\partial p}{\partial V}\right)_T$$

$$\left(\dfrac{\partial V}{\partial T}\right)_S = -\dfrac{C_V}{T\left(\dfrac{\partial p}{\partial T}\right)_V} = \dfrac{1}{\gamma - 1}\left(\dfrac{\partial V}{\partial T}\right)_p$$

S 对 T、p、V 偏微商

$$\left(\dfrac{\partial S}{\partial V}\right)_T = \left(\dfrac{\partial p}{\partial T}\right)_V, \left(\dfrac{\partial S}{\partial p}\right)_T = -\left(\dfrac{\partial V}{\partial T}\right)_p$$

$$\left(\dfrac{\partial S}{\partial T}\right)_V = \dfrac{C_V}{T}, \left(\dfrac{\partial S}{\partial p}\right)_V = -\left(\dfrac{\partial V}{\partial T}\right)_S = \dfrac{C_V}{T\left(\dfrac{\partial p}{\partial T}\right)_V}$$

$$\left(\dfrac{\partial S}{\partial V}\right)_p = \left(\dfrac{\partial p}{\partial T}\right)_S = \dfrac{C_p}{T\left(\dfrac{\partial V}{\partial T}\right)_p}, \left(\dfrac{\partial S}{\partial T}\right)_p = \dfrac{C_p}{T}$$

以上各偏微商中有关 T、p、V 的只要知道物态方程其结果就很容易知道．另外，实验上很容易测的量是 C_p, α, κ，因此有时又把这些关系式写成与它们有关的形式，如

$$\left(\dfrac{\partial U}{\partial V}\right)_T = \dfrac{\alpha T}{\kappa} - p, \left(\dfrac{\partial H}{\partial p}\right)_T = -TV\alpha + V \text{ 等．}$$

3. 证明题常用公式及方法

(1) 全微分条件

线性微分式 $dZ = \sum_{i=1}^{n} M_i(X_1, \cdots, X_n)dX_i$ 全微分的充分必要条件是

$$\frac{\partial M_i}{\partial X_j} = \frac{\partial M_j}{\partial X_i} \quad (i,j = 1, 2, \cdots, n)$$

(2) 循环关系

X、Y、Z 互为函数关系

$$\left(\frac{\partial Z}{\partial X}\right)_Y \left(\frac{\partial X}{\partial Y}\right)_Z \left(\frac{\partial Y}{\partial Z}\right)_X = -1$$

(3) Jacobi 行列式

U、V 是两个独立变量 X,Y 的函数，$U = U(X,Y)$ $V = V(X,Y)$. Jacobi 行列式为

$$\frac{\partial(U,V)}{\partial(X,Y)} = \begin{vmatrix} \dfrac{\partial U}{\partial X} & \dfrac{\partial U}{\partial Y} \\ \dfrac{\partial V}{\partial X} & \dfrac{\partial V}{\partial Y} \end{vmatrix} = \frac{\partial U}{\partial X}\frac{\partial V}{\partial Y} - \frac{\partial U}{\partial Y}\frac{\partial V}{\partial X}$$

Jacobi 行列式具有下述性质

$$\left(\frac{\partial U}{\partial X}\right)_Y = \frac{\partial(U,Y)}{\partial(X,Y)}$$

$$\frac{\partial(U,V)}{\partial(X,Y)} = -\frac{\partial(V,U)}{\partial(X,Y)} = \frac{\partial(-V,U)}{\partial(X,Y)}$$

$$\frac{\partial(U,V)}{\partial(X,Y)} = \frac{\partial(U,V)}{\partial(\gamma,S)} \cdot \frac{\partial(\gamma,S)}{\partial(X,Y)} \quad (U,V,\gamma,S \text{ 均是 } X,Y \text{ 函数})$$

$$\frac{\partial(U,V)}{\partial(X,Y)} = \frac{1}{\dfrac{\partial(X,Y)}{\partial(U,V)}}$$

(4) 热力学量偏微商变换 Tobolsky 方法

见例题解析.

(5) 倒数关系

$$\left(\frac{\partial X_i}{\partial X_j}\right)_{X_k} = \frac{1}{\left(\dfrac{\partial X_j}{\partial X_i}\right)_{X_k}}$$

(三) 习题

2.1-1 判断下列说法之正误(在题后的括弧内标记"√"或"×")，并阐明理由：

(1) 凡是 $\Delta G > 0$ 的过程都不能进行. ( )
(2) Gibbs 自由能(G)是体系做其他功的能量. ( )
(3) 恒温下范德华气体的内能随体积的增大而增大. ( )
(4) 对于封闭、均相、组成不变的双变量体系，当 S、p 恒定时，则 $dG = 0$. ( )
(5) 某化学反应在等温等压下进行，根据公式 $dG = -SdT + Vdp$，则 $dG = 0$. ( )
(6) 纯物质的熵随温度升高而增大，随压力的增大而增加，而 Gibbs 自由能随温度的升高而减小. ( )

2.1-2 回答下列问题:

(1) 298 K、$p^\ominus$时,反应 $H_2O(l) \longrightarrow H_2(g) + \frac{1}{2}O_2(g)$的 $\Delta G = 237.25$ kJ,这说明在此条件下,上述反应不能正向进行.但实验室却常用电解水制取氢和氧.试问,两者是否有矛盾?

(2) "因为$-(\Delta G)_{T,p} = W'_{其他}$,所以,在恒温、恒压下,只有当体系对外做其他功时,体系的 Gibbs 自由能才减少".这种说法是否正确?

(3) 理想气体由 p_1 自由膨胀到 p_2,$pdV = 0$,$dU = 0$ 根据 $dU = TdS - pdV$,故 $dS = 0$,推论是否正确?

(4) 1 mol 理想气体,在 300 K 时,由 $10p^\ominus$等温膨胀至$p^\ominus$,其 $\Delta G = -5.7$ kJ.能否认为该过程一定是不可逆过程?

(5) 请指出在下列过程中 ΔU,ΔH,ΔS,ΔF,ΔG 何者为零?
① 非理想气体的卡诺循环;
② 实际气体的节流膨胀;
③ 甲烷气由 T_1,p_1 绝热可逆膨胀到 T_2,p_2;
④ 孤立体系中的任意过程;
⑤ 理想气体等温等压混合.

2.1-3 将一小玻璃球放入真空容器中,球中事先封入1 mol H_2O(373 K, $p^\ominus$).设真空容器的体积恰好容纳 373 K、$p^\ominus$的 1 mol 水蒸气,若维持整个体系的温度为 373 K,将小球击破后,水全部气化成水蒸气[已知水在$p^\ominus$、373 K 时 $\Delta_l^g H_m^\ominus(373\ K) = 40.63\ kJ\cdot mol^{-1}$].

(1) 计算 ΔU,ΔH,ΔS,ΔF,ΔG?根据计算结果,判断这个过程性质?

(2) 通过本题总结熵增加原理,Gibbs 自由能减少原理,以及 Helmholtz 自由能减少原理各用于什么情况?

答案 $\Delta H = 40.6$ kJ,$\Delta U = 37.5$ kJ,$\Delta S = 108.9\ J\cdot K^{-1}$

2.1-4 试问理想气体符合下列三式中的哪一式?写出作为选择依据的公式.

(1) $\left(\frac{\partial T}{\partial p}\right)_S = \frac{V}{R}$, (2) $\left(\frac{\partial T}{\partial p}\right)_S = \frac{V}{nR}$, (3) $\left(\frac{\partial T}{\partial p}\right)_S = \frac{V}{C_p}$.

2.1-5 某液体,其

$$\alpha \equiv \frac{1}{V}\left(\frac{\partial V}{\partial T}\right)_p = 10^{-3} K^{-1}, \kappa_2 \equiv -\frac{1}{V}\left(\frac{\partial V}{\partial p}\right)_T = 10^{-4}(p^\ominus)^{-1},$$

$$V_m = 50\ cm^3\cdot mol^{-1}, C_{p,m} = 117.4\ J\cdot mol^{-1}\cdot K^{-1}.$$

计算在 298 K 和 $p^\ominus$下的

(1) $\left(\frac{\partial U_m}{\partial T}\right)_p$, (2) $\left(\frac{\partial U_m}{\partial p}\right)_T$, (3) $\left(\frac{\partial U_m}{\partial V}\right)_T$, (4) $\left(\frac{\partial S_m}{\partial T}\right)_p$, (5) $\left(\frac{\partial S_m}{\partial p}\right)_T$, (6) $C_{V,m}$.

2.1-6 请证明,当一个纯物质的膨胀系数 $\alpha = \frac{1}{V}\left(\frac{\partial V}{\partial T}\right)_p = \frac{1}{T}$ 时,它的摩尔等压热容 $C_{p,m}$ 与压力无关.

提示 要推出 $\left(\frac{\partial C_p}{\partial p}\right)_T = -T\left(\frac{\partial^2 V}{\partial T^2}\right)_p$

2.1-7 1 mol 单原子理想气体的 Helmholtz 自由能(F)为 $\frac{F_m}{RT} = \ln\left\{\frac{p/p^\ominus}{(T/K)^{5/2}}\right\} - (a+1)$ a 为与 T,p,V 无关的常数,试求 S、U、H、G、C_p、C_V.

2.1-8 利用 $\left(\frac{\partial U}{\partial V}\right)_T = T\left(\frac{\partial p}{\partial T}\right)_V - p$.证明:对于 $a = 0$ 的范德华气体,$\mu_J = \left(\frac{\partial T}{\partial V}\right)_U = 0$,

$$\mu_{\text{J-T}} = \left(\frac{\partial T}{\partial p}\right)_H = 0.$$

2.1-9 计算 1 mol 单原子理想气体在 273 K、$p^{\ominus}$ 下按下列过程变化的 ΔG：

(1) 在恒压下体积增大 2 倍；

(2) 在恒温下压力增大 2 倍，假定 $S_m^{\ominus}(273\text{ K}) = 108.68 \text{ J}\cdot\text{K}^{-1}\cdot\text{mol}^{-1}$.

答案 (1) 2115.9 J, (2) 1573 J

2.1-10 一个体系经等压可逆过程从 $p_1 = p^{\ominus}$，$V_1 = 3\text{ dm}^3$，$T_1 = 400\text{ K}$，变为 $p_2 = p^{\ominus}$，$V_2 = 4$ dm^3，$T_2 = 700\text{ K}$，$C_p = 83.6\text{ J}\cdot\text{K}^{-1}$；体系始态的熵是 125.4 J·K^{-1}. 计算 $\Delta U, \Delta H, \Delta S, \Delta G, G, W'$.

答案 $\Delta U = 25.0\text{ kJ}, \Delta H = 25.1\text{ kJ}, \Delta S = 46.8\text{ J}\cdot\text{K}^{-1}, \Delta G = -45.3\text{ kJ}, Q = 25.1\text{ kJ}, W' = 101.3\text{ J}$

2.1-11 298 K, $p^{\ominus}$ 下，使 1 mol 空气分离成 80% 的 N_2 和 20% 的 O_2，计算 $\Delta G, \Delta S$.

答案 1240.38 J, $-4.16\text{ J}\cdot\text{K}^{-1}$

2.1-12 欲提高卡诺热机的效率，是保持 T_1 不变、升高 T_2 来得好，还是保持 T_2 不变、降低 T_1 来得好？

2.1-13 证明：$C_V = C_p\left[1 - \mu\left(\dfrac{\partial p}{\partial T}\right)_V\right] - V\left(\dfrac{\partial p}{\partial T}\right)_V$

提示 $\mu = \left(\dfrac{\partial T}{\partial p}\right)_H$，是 J-T 系数

2.1-14 证明：$\left(\dfrac{\partial T}{\partial V}\right)_S = -\dfrac{T}{C_V}\left(\dfrac{\partial p}{\partial T}\right)_V$.

2.1-15 已知 400 K 时，某反应的 $\Delta_r G_m = -50\,208\text{ J}\cdot\text{mol}^{-1}$，$\Delta_r H_m = -73\,220\text{ J}\cdot\text{mol}^{-1}$. 试求此温度下反应的 (1) $\Delta_r S_m$，(2) $\left(\dfrac{\partial \Delta_r G_m}{\partial T}\right)_p$，(3) $\left(\dfrac{\partial \Delta_r F_m}{\partial T}\right)_V$.

答案 (1) $-57.53\text{ J}\cdot\text{K}^{-1}\cdot\text{mol}^{-1}$，(2) $57.53\text{ J}\cdot\text{K}^{-1}\cdot\text{mol}^{-1}$，(3) $57.53\text{ J}\cdot\text{K}^{-1}$

2.1-16 试证明对于服从范德华方程的气体有 $\left(\dfrac{\partial T}{\partial V_m}\right)_U = -\dfrac{\alpha}{C_{V,m}V_m^2}$，式中 U 为内能，$C_{V,m}, V_m$ 分别为气体的摩尔等容热容和摩尔体积.

2.1-17 文石转变为方解石时，在 298 K、$p^{\ominus}$ 下，其体积增加为 $2.75\times 10^{-3}\text{ dm}^3\cdot\text{mol}^{-1}$，且 $\Delta G_m^{\ominus} = 794.96\text{ J}\cdot\text{mol}^{-1}$. 问在 298 K 时，最少需要加多大压力才能使文石成为稳定相？

2.1-18 指出下列过程中 ΔG 的正负号，并判断在各自条件下，哪一种状态为稳定态（已知苯正常熔点为 278.7 K）？

(1) $C_6H_6(l, 278.7\text{ K}, p^{\ominus}) \longrightarrow C_6H_6(s, 278.7\text{ K}, p^{\ominus})$

(2) $C_6H_6(l, 273.3\text{ K}, p^{\ominus}) \longrightarrow C_6H_6(s, 273.3\text{ K}, p^{\ominus})$

(3) $C_6H_6(l, 283.2\text{ K}, p^{\ominus}) \longrightarrow C_6H_6(s, 283.2\text{ K}, p^{\ominus})$

2.1-19 已知 273 K, $p^{\ominus}$，S（斜方）$\longrightarrow$ S（单斜）的 $\Delta H_m^{\ominus} = 322.17\text{ J}\cdot\text{mol}^{-1}$. 在 $p^{\ominus}$ 下，其转换温度为 368 K，273~373 K 间硫的 $C_{p,m}$ 分别为：

$$C_{p,m}(\text{斜方}) = \left(17.23 + 1.96\times 10^{-2}\frac{T}{\text{K}}\right)\text{J}\cdot\text{K}^{-1}\cdot\text{mol}^{-1}$$

$$C_{p,m}(\text{单斜}) = \left(15.13 + 3.10\times 10^{-2}\frac{T}{\text{K}}\right)\text{J}\cdot\text{K}^{-1}\cdot\text{mol}^{-1}$$

求：(1) 在 368 K、$p^{\ominus}$ 下的 ΔH_m，(2) 273 K 时的 ΔG_m.

答案 先求 ΔH_m 与 T 关系,再代入 ΔG_m 关系式求.

2.1-20 证明:

(1) $\left(\dfrac{\partial U}{\partial p}\right)_T = -TV\alpha + pV\kappa$;

(2) $\left(\dfrac{\partial U}{\partial p}\right)_V = C_V \dfrac{\kappa}{\alpha}$. $\left[\text{其中}: \alpha = \dfrac{1}{V}\left(\dfrac{\partial V}{\partial T}\right)_p, \kappa = -\dfrac{1}{V}\left(\dfrac{\partial V}{\partial p}\right)_T\right]$

2.1-21 1 mol 单原子理想气体的 Helmholtz 自由能与 T、p 关系为

$$F = RT\left\{\ln\left[\dfrac{p}{p^\ominus}\left(\dfrac{T}{\text{K}}\right)^{-\frac{5}{2}}\right] + (a+1)\right\}$$

式中 a 为一常数.请得出 S 与 T、p 之关系式.

提示 $S = -\left(\dfrac{\partial F}{\partial T}\right)_V$

2.1-22 证明:

(1) $\left(\dfrac{\partial U}{\partial T}\right)_p = C_p - p\left(\dfrac{\partial V}{\partial T}\right)_p$; (2) $\left(\dfrac{\partial H}{\partial p}\right)_T = V - (C_p - C_V)\left(\dfrac{\partial T}{\partial p}\right)_V$.

2.1-23 已知 N_2 为理想气 $C_{p,m} = \dfrac{7}{2}R$,求算在恒定 $p^\ominus$ 压力下,1 mol N_2 气体积增大 1 dm^3 时 $N_2(g)$ 的摩尔内能变 ΔU_m.

答案 253.3 J·mol^{-1}

2.1-24 证明:

(1) $\left(\dfrac{\partial H}{\partial V}\right)_T = T\left(\dfrac{\partial p}{\partial T}\right)_V + V\left(\dfrac{\partial p}{\partial V}\right)_T$;

(2) $\left(\dfrac{\partial V}{\partial T}\right)_S = -\dfrac{1}{\gamma - 1}\left(\dfrac{\partial V}{\partial T}\right)_p$, $\gamma = \dfrac{C_p}{C_V}$;

(3) $\dfrac{C_p}{C_V} = \dfrac{\kappa}{\kappa_S}$, $\kappa = -\dfrac{1}{V}\left(\dfrac{\partial V}{\partial p}\right)_T$, $\kappa_S = -\dfrac{1}{V}\left(\dfrac{\partial V}{\partial p}\right)_S$.

2.1-25 对于物质的量为 n 的范德华气体:

(1) 证明: $\left(\dfrac{\partial U}{\partial V}\right)_T = \dfrac{n^2 a}{V^2}$, $\left(\dfrac{\partial S}{\partial V}\right)_T = \dfrac{nR}{V - nb}$;

(2) 求出等温下由 V_i 变到 V_f 时该气体的 $\Delta U, \Delta S, \Delta H, \Delta F, \Delta G$ 表达式.

提示 $\Delta U = \displaystyle\int_{V_i}^{V_f} \left(\dfrac{\partial U}{\partial V}\right) dV$

2.1-26 某气体的等容热容 $C_{V,m} = (a + bT + cT^2)$ J·mol^{-1}·K^{-1},其状态方程为 $p(V_m - B) = RT$,其中 a, b, c 及 B 为常数.试推导 1 mol 该气体由 $T_0, V_{m,0}$ 变到 $T_1, V_{m,1}$ 时的熵变公式.

答案 $a\ln\dfrac{T_1}{T_0} + b(T_1 - T_0) + \dfrac{1}{2}c(T_1^2 - T_0^2) + R\ln\dfrac{V_{m,1} - B}{V_{m,0} - B}$

2.2 偏摩尔量及化学势

(一) 内容纲要

对于平衡态的任何体系,其热力学性质不能只用两个状态变量来描述,它还和体系与环境间物质交换有关,如开放体系.有些即使是封闭体系,但体系内部发生了物质数目的改变,如化

学反应等.因此在描述时必须加上一新的状态变量(即物质的量 n),如
$$U = U(T, p, n_1, n_2, \cdots, n_r) \quad , \quad S = S(T, p, n_1, n_2, \cdots, n_r)$$
同时
$$\Delta U = Q + W + \Delta_e U \quad (\Delta_e U \text{ 为物质流进体系带入的能量})$$
$$\Delta S = \Delta_i S + \Delta_e S$$
($\Delta_i S$ 为体系内部熵产生,$\Delta_e S$ 为熵流,$\Delta_i S > 0$ 为不可逆过程,$\Delta_i S = 0$ 为可逆过程)
而且对均相系
$$H = U + pV, F = U - TS, G = U - TS + pV = H - TS$$
(对多相系,这些量则是各相相应量之和)

1. 只作体积功的质点数目改变的均相体系的基本方程(又称 Gibbs 方程)

$$dU = TdS - pdV + \sum_{i=1}^{r}\left(\frac{\partial U}{\partial n_i}\right)_{S,V,n_{j \neq i}} dn_i = TdS - pdV + \sum_i \mu_i dn_i$$

$$dH = TdS + Vdp + \sum_{i=1}^{r}\left(\frac{\partial H}{\partial n_i}\right)_{S,p,n_{j \neq i}} dn_i = TdS + Vdp + \sum_i \mu_i dn_i$$

$$dF = -SdT - pdV + \sum_{i=1}^{r}\left(\frac{\partial F}{\partial n_i}\right)_{T,V,n_{j \neq i}} dn_i = -SdT - pdV + \sum_i \mu_i dn_i$$

$$dG = -SdT + Vdp + \sum_{i=1}^{r}\left(\frac{\partial G}{\partial n_i}\right)_{T,p,n_{j \neq i}} dn_i = -SdT + Vdp + \sum_i \mu_i dn_i$$

2. 化学势

$$\mu_i = \left(\frac{\partial U}{\partial n_i}\right)_{S,V,n_{j \neq i}} = \left(\frac{\partial H}{\partial n_i}\right)_{S,p,n_{j \neq i}} = \left(\frac{\partial F}{\partial n_i}\right)_{T,V,n_{j \neq i}} = \left(\frac{\partial G}{\partial n_i}\right)_{T,p,n_{j \neq i}} \tag{2-8}$$

化学势是状态函数、强度量,其绝对值不能确定,不同物质化学势不能比较大小.化学势总是指均相中某物质而言.化学势是 T、p、$x_1, x_2 \cdots x_{r-1}$ 的函数.

(1) 化学势随温度变化 $\quad \left(\dfrac{\partial \mu_i}{\partial T}\right)_{p,n} = -S_i , \quad \left[\dfrac{\partial \left(\dfrac{\mu_i}{T}\right)}{\partial T}\right]_{p,n} = -\dfrac{H_i}{T^2}$ \quad (2-9)

(2) 化学势随压力变化 $\quad \left(\dfrac{\partial \mu_i}{\partial p}\right)_{T,n} = V_i$ \hfill (2-10)

3. 偏摩尔量 L_i

对于广度量 L $\quad L_i = \left(\dfrac{\partial L}{\partial n_i}\right)_{T,p,n_{j \neq i}}$ \hfill (2-11)

只有均相系,$T, p, n_{j \neq i}$ 恒定条件下,广度量 L 才有偏摩尔量.L_i 是状态函数、强度量,是均相系中某物质 i 的属性.

(1) 偏摩尔量加和定理

$$L = \sum_{i=1}^{r} n_i L_i \tag{2-12}$$

(2) 偏摩尔量相关性公式(均相体系)

$$\sum_{j=1}^{r} n_j \left(\frac{\partial L_j}{\partial n_i}\right)_{T,p,n_{k \neq i}} = 0 \tag{2-13}$$

对于二组分均相系

$$n_1\left(\frac{\partial L_1}{\partial n_1}\right)_{T,p,n_2} + n_2\left(\frac{\partial L_2}{\partial n_1}\right)_{T,p,n_2} = 0 \tag{2-14}$$

$$x_1\left(\frac{\partial L_1}{\partial x_1}\right)_{T,p} + x_2\left(\frac{\partial L_2}{\partial x_1}\right)_{T,p} = 0 \tag{2-15}$$

$$x_1\left(\frac{\partial L_1}{\partial x_2}\right)_{T,p} + x_2\left(\frac{\partial L_2}{\partial x_2}\right)_{T,p} = 0 \tag{2-16}$$

4. Gibbs-Duhem 方程

$$-\left(\frac{\partial L_m}{\partial T}\right)_{p,n} dT - \left(\frac{\partial L_m}{\partial p}\right)_{T,n} dp + \sum_{i=1}^{r} x_i dL_i = 0 \tag{2-17}$$

在恒 T、p 下，Gibbs-Duhem 方程为

$$\sum_{i=1}^{r} n_i dL_i = 0, \quad \sum_{i=1}^{r} x_i dL_i = 0$$

常用的是关于 G 的 Gibbs-Duhem 方程

$$SdT - Vdp + \sum_{i=1}^{r} n_i d\mu_i = 0 \tag{2-18}$$

恒 T、p 时，$\sum_{i=1}^{r} n_i d\mu_i = 0$ \hfill (2-19)

对于二组分体系

$$n_1 d\mu_1 + n_2 d\mu_2 = 0, \quad x_1 d\mu_1 + x_2 d\mu_2 = 0 \tag{2-20}$$

即恒 T、p 下，体系中 μ_1 增加，则 μ_2 必减少。

(二) 例题解析

【例 2.2-1】 有一水和乙醇的溶液，水的摩尔分数 $x(H_2O) = 0.4$，乙醇的偏摩尔体积为 $57.5\,\mathrm{cm}^3\cdot\mathrm{mol}^{-1}$，溶液的密度为 $0.8494\,\mathrm{g}\cdot\mathrm{cm}^{-3}$。计算溶液中水的偏摩尔体积。

解析 由加和定理

$$V = n_1 V_1 + n_2 V_2$$

$$V = \frac{18.0 \times 0.4 + 46 \times 0.6}{0.8494}\,\mathrm{cm}^3 = 40.97\,\mathrm{cm}^3$$

$$0.4\,V(H_2O) + 0.6\,V(C_2H_5OH) = 40.97\,\mathrm{cm}^3$$

$$V(C_2H_5OH) = 57.5\,\mathrm{cm}^3\cdot\mathrm{mol}^{-1}, \quad V(H_2O) = 16.18\,\mathrm{cm}^3\cdot\mathrm{mol}^{-1}$$

【例 2.2-2】 请证明 $\left(\frac{\partial S}{\partial n_i}\right)_{T,V,n_{j\neq i}} = S_i - V_i\left(\frac{\partial p}{\partial T}\right)_{V,n}$。

解析 这类证明题关键是换角标，出发点是全微分公式。

$$dF = -SdT - pdV + \sum \mu_i dn_i$$

全微分条件 $\left(\frac{\partial S}{\partial n_i}\right)_{T,V,n_{j\neq i}} = -\left(\frac{\partial \mu_i}{\partial T}\right)_{V,n}$

$$\left(\frac{\partial \mu_i}{\partial T}\right)_{V,n} = \left[\frac{\partial\left(\frac{\partial G}{\partial n_i}\right)_{T,p,n_{j\neq i}}}{\partial T}\right]_{V,n} = \left[\frac{\partial}{\partial n_i}\left(\frac{\partial G}{\partial T}\right)_{V,n}\right]_{T,p,n_{j\neq i}}$$

将 $G = F + pV$ 代入,利用 $\left(\dfrac{\partial F}{\partial T}\right)_{V,n} = -S$,则

$$\left(\dfrac{\partial \mu_i}{\partial T}\right)_{V,n} = -S_i + V_i\left(\dfrac{\partial p}{\partial T}\right)_{V,n}, \quad \therefore \left(\dfrac{\partial S}{\partial n_i}\right)_{T,V,n_{j\neq i}} = S_i - V_i\left(\dfrac{\partial p}{\partial T}\right)_{V,n}$$

【例 2.2-3】 证明:$U = TS - pV + \sum_{i=1}^{r} n_i\mu_i$.

解析

方法 1
$$G = \sum_{i=1}^{r} n_i\mu_i = U - TS + pV$$

$$U = TS - pV + \sum_{i=1}^{r} n_i\mu_i$$

方法 2 $\quad TS - pV + \sum_{i=1}^{r} n_i\mu_i$

$$= T\sum_{i=1}^{r} n_iS_i - p\sum_{i=1}^{r} n_iV_i + \sum_{i=1}^{r} n_i\mu_i = \sum_{i=1}^{r} n_i(TS_i - pV_i + \mu_i)$$

$$= \sum_{i=1}^{r} n_i(TS_i - pV_i + U_i - TS_i + pV_i) = \sum_{i=1}^{r} n_iU_i = U$$

方法 3 (应用欧拉的齐次函数定理)
$U = U(S, V, n_1, n_2, \cdots, n_r)$ 是 $S, V, n_1, \cdots, n_r$ 的一次函数,所以

$$U = S\left(\dfrac{\partial U}{\partial S}\right)_{V,n} + V\left(\dfrac{\partial U}{\partial V}\right)_{S,n} + \sum_{i=1}^{r} n_i\left(\dfrac{\partial U}{\partial n_i}\right)_{S,V,n_{j\neq i}} = TS - pV + \sum_{i=1}^{r} n_i\mu_i$$

【例 2.2-4】 试通过下列具体例子讨论偏摩尔量测定方法,同时扼要叙述截距法的要点.
298 K、$p^{\ominus}$ 下,n_2 的 NaCl 溶于 1000 cm³ 水所形成溶液体积 V 与 n_2 关系由实验确定如下函数关系

$$V = \left\{1001.38 + 16.6258\dfrac{n_2}{\text{mol}} + 1.7738\left(\dfrac{n_2}{\text{mol}}\right)^{3/2} + 0.1194\left(\dfrac{n_2}{\text{mol}}\right)^2\right\}\text{cm}^3$$

请讨论求 V_1 和 V_2 的方法.

解析 (1) 由 V-n_2 函数关系式,可求出 V_2-n_2 关系式

$$V_2 = \left(\dfrac{\partial V}{\partial n_2}\right)_{T,p_1,n_1} = \left\{16.6253 + 2.6607\left(\dfrac{n_2}{\text{mol}}\right)^{\frac{1}{2}} + 0.2388\dfrac{n_2}{\text{mol}}\right\}\text{cm}^3\cdot\text{mol}^{-1}$$

由 $V_1 = \dfrac{1}{n_1}(V - n_2V_2)$,可得 V_1 与 n_2 关系式:

$$n_1 = \dfrac{1000}{18.05}\text{ mol} = 55.51\text{ mol}$$

这样,任何浓度下的偏摩尔体积可以求出.

(2) 截距法

$V = n_1V_1 + n_2V_2$,$V_m = \dfrac{V}{n_1 + n_2}$ (V_m 为体系平均摩尔体积),则

$$V_m = x_1V_1 + x_2V_2 = V_1 + (V_2 - V_1)x_2$$

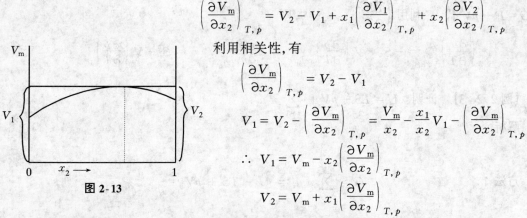
图 2-13

$$\left(\frac{\partial V_m}{\partial x_2}\right)_{T,p} = V_2 - V_1 + x_1\left(\frac{\partial V_1}{\partial x_2}\right)_{T,p} + x_2\left(\frac{\partial V_2}{\partial x_2}\right)_{T,p}$$

利用相关性,有

$$\left(\frac{\partial V_m}{\partial x_2}\right)_{T,p} = V_2 - V_1$$

$$V_1 = V_2 - \left(\frac{\partial V_m}{\partial x_2}\right)_{T,p} = \frac{V_m}{x_2} - \frac{x_1}{x_2}V_1 - \left(\frac{\partial V_m}{\partial x_2}\right)_{T,p}$$

$$\therefore V_1 = V_m - x_2\left(\frac{\partial V_m}{\partial x_2}\right)_{T,p}$$

$$V_2 = V_m + x_1\left(\frac{\partial V_m}{\partial x_2}\right)_{T,p}$$

根据实验数据作 V_m-x_2 图得一曲线(图 2-13),曲线上任一点切线与 $x_2 = 0$ 及 $x_2 = 1$ 纵轴截距即为 V_1、V_2 值.

【例 2.2-5】 证明:$\mu_i = -T\left(\frac{\partial S}{\partial n_i}\right)_{U,V,n_{j\neq i}}$.

解析 $dU = TdS - pdV + \sum_i \mu_i dn_i$,$dS = \frac{1}{T}dU + \frac{p}{T}dV - \sum_i \frac{\mu_i}{T}dn_i$

视 S 为 U、V、n_i 的函数,即

$$dS = \left(\frac{\partial S}{\partial U}\right)_{V,n} dU + \left(\frac{\partial S}{\partial V}\right)_{U,n} dV + \sum_i \left(\frac{\partial S}{\partial n_i}\right)_{U,V,n_{j\neq i}} dn_i$$

比较二式,则有

$$\left(\frac{\partial S}{\partial n_i}\right)_{V,U,n_{j\neq i}} = -\frac{\mu_i}{T}, \text{即 } \mu_i = -T\left(\frac{\partial S}{\partial n_i}\right)_{U,V,n_{j\neq i}}$$

【例 2.2-6】 试证明物质 i 的化学势 μ_i 的微变为

$$d\mu_i = -S_i dT + V_i dp + \sum_{j=1}^r \left(\frac{\partial \mu_i}{\partial n_j}\right)_{T,p,n_{k\neq j}} dn_j$$

并写出其全微分条件.

解析 令 $\mu_i = \mu_i(T, p, n_1, n_2, \cdots, n_r)$

$$\therefore d\mu_i = \left(\frac{\partial \mu_i}{\partial T}\right)_{p,n} dT + \left(\frac{\partial \mu_i}{\partial p}\right)_{T,n} dp + \sum_{j=1}^r \left(\frac{\partial \mu_i}{\partial n_j T}\right)_{T,p,n_{k\neq j}} dn_j$$

$$= -S_i dT + V_i dp + \sum_{j=1}^r \left(\frac{\partial \mu_i}{\partial n_j}\right)_{T,p,n_{k\neq j}} dn_j$$

全微分条件为

$$\left(\frac{\partial S_i}{\partial p}\right)_{T,n} = -\left(\frac{\partial V_i}{\partial T}\right)_{p,n},\ \left(\frac{\partial S_i}{\partial n_j}\right)_{T,p,n_{k\neq j}} = -\left(\frac{\partial^2 \mu_i}{\partial n_j \partial T}\right)_{p,n}$$

$$\left(\frac{\partial V_i}{\partial n_j}\right)_{T,p,n_{k\neq j}} = \left(\frac{\partial^2 \mu_i}{\partial n_j \partial p}\right)_{T,n}$$

【例 2.2-7】 证明:

(1) $\left(\frac{\partial \mu_i}{\partial T}\right)_{V,n} = -\left(\frac{\partial S}{\partial n_i}\right)_{T,V,n_{j\neq i}}$;(2) $\left(\frac{\partial U}{\partial n_i}\right)_{T,V,n_{j\neq i}} = H_i - TV_i\left(\frac{\partial p}{\partial T}\right)_{V,n}$.

解析 (1) 考虑到右式角标,选择 $\mu_i = \left(\dfrac{\partial F}{\partial n_i}\right)_{T,V,n_{j\neq i}}$ 式.

$$\therefore \left(\frac{\partial \mu_i}{\partial T}\right)_{V,n} = \left[\frac{\partial}{\partial T}\left(\frac{\partial F}{\partial n_i}\right)_{T,V,n_{j\neq i}}\right]_{V,n} = \left[\frac{\partial}{\partial n_i}\left(\frac{\partial F}{\partial T}\right)_{V,n}\right]_{T,V,n_{j\neq i}} = -\left(\frac{\partial S}{\partial n_i}\right)_{T,V,n_{j\neq i}}$$

$$(2)\left(\frac{\partial U}{\partial n_i}\right)_{T,V,n_{j\neq i}} = \left[\frac{\partial}{\partial n_i}(F+TS)\right]_{T,V,n_{j\neq i}} = \left(\frac{\partial F}{\partial n_i}\right)_{T,V,n_{j\neq i}} + T\left(\frac{\partial S}{\partial n_i}\right)_{T,V,n_{j\neq i}}$$

$$= \mu_i + T\left[\frac{\partial}{\partial n_i}\left(-\frac{\partial F}{\partial T}\right)_{V,n}\right]_{T,V,n_{j\neq i}}$$

$$= \mu_i - T\left[\frac{\partial}{\partial T}\left(\frac{\partial F}{\partial n_i}\right)_{T,V,n_{j\neq i}}\right]_{V,n} = \mu_i - T\left(\frac{\partial \mu_i}{\partial T}\right)_{V,n}$$

$$= \mu_i - T\left[\frac{\partial}{\partial T}\left(\frac{\partial G}{\partial n_i}\right)_{T,p,n_{j\neq i}}\right]_{V,n}$$

$$= \mu_i - T\left[\frac{\partial}{\partial n_i}\left\{\frac{\partial (F+pV)}{\partial T}\right\}_{V,n}\right]_{T,p,n_{j\neq i}}$$

$$= \mu_i - T\left[\frac{\partial}{\partial n_i}\left\{\left(\frac{\partial F}{\partial T}\right)_{V,n} - V\left(\frac{\partial p}{\partial T}\right)_{V,n}\right\}\right]_{T,p,n_{j\neq i}}$$

$$= \mu_i + TS_i - TV_i\left(\frac{\partial p}{\partial T}\right)_{V,n} = H_i - TV_i\left(\frac{\partial p}{\partial T}\right)_{V,n}$$

【例 2.2-8】 298 K、$p^\ominus$ 下,甘氨酸水溶液的一些偏摩尔体积列入下表($m_\text{甘}$为甘氨酸的质量摩尔浓度).

$m_\text{甘}/(\text{mol}\cdot\text{kg}^{-1})$	$V_\text{甘}/(\text{cm}^3\cdot\text{mol}^{-1})$	$V_\text{水}/(\text{cm}^3\cdot\text{mol}^{-1})$
0		18.07
1	44.88	18.05
纯固体	46.71	

求算在此温度压力下:

(1) 1 mol 甘氨酸固体溶到大量的 $m_\text{甘} = 1\text{ mol}\cdot\text{kg}^{-1}$ 的甘氨酸水溶液中,体系的体积改变多少?

(2) 1 mol 水加到大量的 $m_\text{甘} = 1\text{ mol}\cdot\text{kg}^{-1}$ 的甘氨酸水溶液中,体系的体积改变是多少?

(3) 1 mol 甘氨酸固体溶于水配制成 $m_\text{甘} = 1\text{ mol}\cdot\text{kg}^{-1}$ 的水溶液时,体系体积改变多少?

解析 将始终态体积搞清楚了,此题就好解了.

(1) 设 $m_\text{甘} = 1\text{ mol}\cdot\text{kg}^{-1}$ 溶液中有甘氨酸量 n_1,含水量为 n_2,则

$$V_\text{始} = n_1 V_1 + n_2 V_2 + V_1^*(s) \quad [V_1^*(s) \text{是 1 mol 纯甘氨酸固体体积}]$$

$$V_\text{终} = (n_1 + 1)V_1 + n_2 V_2$$

$$\therefore \Delta V = V_\text{终} - V_\text{始} = V_1 - V_1^*(s)$$

又据偏摩量定义,数据表中

$$V_1 = 44.88 \text{ cm}^3, \quad V_1^*(s) = 46.71 \text{ cm}^3, \text{ 故 } \Delta V = -1.83 \text{ cm}^3$$

或者据偏摩尔体积定义,1 mol 甘氨酸固体溶到大量 $m_\text{甘} = 1\text{ mol}\cdot\text{kg}^{-1}$ 的甘氨酸水溶液中

$$\Delta V = V_\text{甘} - V_1^*(s) = (44.88 - 46.71)\text{cm}^3 = -1.83\text{ cm}^3$$

(2) 分析同上.
$$V_\text{始} = n_1 V_1 + n_2 V_2 + V_2^*, \quad V_\text{终} = n_1 V_1 + (n_2 + 1) V_2$$
$$\Delta V = V_2 - V_2^* = (18.05 - 18.07)\text{cm}^3 = -0.02\text{ cm}^3$$

(3)
$$V_\text{始} = V_1^*(s) + n_2 V_2^*, \quad V_\text{终} = V_1 + n_2 V_2$$
$$n_2 = \frac{1000}{18.02}\text{ mol} = 55.49\text{ mol}$$
$$\Delta V = [V_1 - V_1^*(s)] + n_2(V_2 - V_2^*)$$
$$= (44.88 - 46.71)\text{cm}^3 + 55.49(18.05 - 18.07)\text{cm}^3$$
$$= -2.94\text{ cm}^3$$

或者
$$\Delta V = (n_\text{水} V_\text{水} + n_\text{甘} V_\text{甘}) - (n_\text{水} V_\text{水}^* - n_\text{甘} V_\text{甘}^{*(s)}) = -2.94\text{ cm}^3$$

【例 2.2-9】 在 288 K、$p^\ominus$ 下的某一酒窖中发现有 10 000 dm³ 的酒, 其中乙醇的质量分数 w(乙醇)=96%. 今欲加水使其变为含乙醇为 56% 的酒, 求:(1) 应加水多少升(dm³)? (2) 能得到多少升(dm³)56% 的酒?

已知 288 K、$p^\ominus$ 下水的密度为 0.9991 g·cm⁻³, 水与乙醇的有关偏摩尔体积列入下表:

w(乙醇)/(%)	V(水)/(cm³·mol⁻¹)	V(乙醇)/(cm³·mol⁻¹)
96	14.61	58.01
56	17.11	56.58

解析 据题意可有下列各式, 令 $n_\text{水}'$ 为加入水量.
$$n_\text{水} V_\text{水} + n_\text{乙} V_\text{乙} = 10000 \times 10^3 \text{ cm}^3$$
$$n_\text{乙} M_\text{乙} / (n_\text{水} M_\text{水} + n_\text{乙} M_\text{乙}) = 96\%$$
$$n_\text{乙} M_\text{乙} / [(n_\text{水} + n_\text{水}') M_\text{水} + n_\text{乙} M_\text{乙}] = 56\%$$
$$V' = (n_\text{水} + n_\text{水}') V_\text{水}' + n_\text{乙} V_\text{乙}'$$

由已给数据知
$$V_\text{水} = 14.61\text{ cm}^3 \cdot \text{mol}^{-1}, \quad V_\text{乙} = 58.01\text{ cm}^3 \cdot \text{mol}^{-1}$$
$$V_\text{水}' = 17.11\text{ cm}^3 \cdot \text{mol}^{-1}, \quad V_\text{乙}' = 56.58\text{ cm}^3 \cdot \text{mol}^{-1}$$

解上述几个方程, 得
$$n_\text{乙} = 1.679 \times 10^5 \text{mol}, \quad n_\text{水} = 1.788 \times 10^4 \text{mol}, \quad n_\text{水}' = 3.192 \times 10^5 \text{mol}$$

∴ 应加水体积为
$$3.192 \times 10^5 \times \frac{18.02}{0.9991}\text{ cm}^3 = 5.757 \times 10^6 \text{ cm}^3 = 5.757 \times 10^3 \text{ dm}^3$$

能得到 56% 酒的体积 $V' = 1.527 \times 10^4 \text{ dm}^3$.

(三) 习题

2.2-1 比较下列六种状态下水的化学势(见下表, 表中 l、g 表示水处于液态、气态). 问: (1) μ_a 和 μ_b 谁大? (2) μ_c 和 μ_a 差多少? (3) μ_d 和 μ_b 谁大? (4) μ_d 和 μ_c 谁大? (5) S_a 和 S_b 谁大? (6) μ_e 和 μ_f 谁大?

答案

	(1)	(2)	(3)	(4)	(5)	(6)
T/K	373	373	373	373	374	374
p/kPa	101.325	101.325	202.650	202.650	101.325	101.325
$H_2O(?)$	(l)	(g)	(l)	(g)	(l)	(g)

2.2-2 指出下列式子中,哪个是偏摩尔量,哪个是化学势?

$\left(\dfrac{\partial F}{\partial n_i}\right)_{T,p,n_{j\neq i}}$; $\left(\dfrac{\partial G}{\partial n_i}\right)_{T,p,n_{j\neq i}}$; $\left(\dfrac{\partial H}{\partial n_i}\right)_{p,S,n_{j\neq i}}$;

$\left(\dfrac{\partial F}{\partial n_i}\right)_{T,V,n_{j\neq i}}$; $\left(\dfrac{\partial \mu_i}{\partial n_i}\right)_{T,p,n_{j\neq i}}$; $\left(\dfrac{\partial V}{\partial n_i}\right)_{T,p,n_{j\neq i}}$;

2.2-3 (1) 二元系溶液的体积是浓度 m 的函数,即 $V = a + bm + cm^2$. 试列式表示 V_1 和 V_2,并说明 a, b, $\dfrac{a}{n_1}$ 的物理意义.

(2) 若已知 $V_2 = a_2 + 2a_3 m + 3a_4 m^2$,式中 $a_2 \sim a_4$ 均为常数. 试将溶液的体积表示成 m 的函数.

2.2-4 对于一个由 r 种组分组成的均相体系,其状态由 T、p、$n_i (i=1,2,\cdots,r)$ 描述,请证明组分 i 的化学势 μ_i 的微变为

$$\mathrm{d}\mu_i = -S_i\mathrm{d}T + V_i\mathrm{d}p + \sum_{i=1}^{r}\left(\dfrac{\partial \mu_i}{\partial n_i}\right)_{T,p,n_{j\neq i}}\mathrm{d}n_i$$

2.2-5 证明:(1) $H = TS + \sum\limits_{i=1}^{r} n_i\mu_i$; (2) $G = \sum\limits_{i=1}^{r} n_i\mu_i$; (3) $F_i = U_i - TS_i$.

2.2-6 一个二组分均相体系,若 μ_1 由于某种原因而增大,μ_2 会发生什么变化? 为什么?

2.2-7 判断正误(在题后的括弧内标记"√"或"×"):

(1) 298 K、$p^{\ominus}$ 下,有两瓶含甲苯的苯溶液:第一瓶溶液体积为 4 dm³,含有 0.5 mol 甲苯;第二瓶溶液体积为 2 dm³,含有 0.25 mol 甲苯. 若以 μ_1、μ_2 表示两瓶中甲苯的化学势,则 $\mu_1 > \mu_2$. ( )

(2) 物质的量可变体系的任一广度量 L,存在下列三种基本关系:

① $(\mathrm{d}L)_{T,p} = \sum\limits_{i} L_i \mathrm{d}n_i$; ( )

② $L = \sum\limits_{i} n_i L_i$; ( )

③ $\sum\limits_{i} n_i \mathrm{d}L_i = 0$; ( )

④ 已知溶液中物质 i 的 $V_i > 0$,则 $\left(\dfrac{\partial \mu_i}{\partial V}\right)_{T,n} > 0$; ( )

⑤ 偏摩尔体积 V_i 是 1 mol i 物质在溶液中占据的体积. ( )

2.2-8 请得出以 S、p、μ_i 为独立变量的特性函数.

2.2-9 288 K时,欲使 96% 乙醇水溶液 10 dm³ 稀释为 56% 的乙醇水溶液. 问:

(1) 应加水多少?

(2) 已知稀释后 56% 的乙醇溶液的体积为 15.27 dm³. 求 56% 乙醇水溶液中 $V(H_2O)$. [已

知:288 K 时,水的密度为 0.9991 g·cm^{-3},96% 乙醇水溶液中 $V(H_2O) = 14.61$ cm^3·mol^{-1}, $V(乙醇) = 58.01$ cm^3·mol^{-1},56% 乙醇水溶液中 $V(乙醇) = 56.58$ cm^3·mol^{-1}.]

答案 17.11 cm^3·mol^{-1}

2.3 平衡条件与平衡稳定条件

(一) 内容纲要

这一节基本上不包括化学反应的情况,有关内容请见第 4 章.

1. 平衡态稳定性的热力学判据

常用有下列三个:

(1) 平衡态稳定性基本判据——熵判据

对于孤立体系,熵为严格极大的态是体系的稳定平衡态.对于 V、U 固定的封闭体系(只有体积为外参量),熵为严格极大的态是体系的稳定平衡态.即

$$S^0 > S \quad 或 \quad (\Delta S)_{V,U} = S - S^0 < 0 \tag{2-21}$$

等价形式为 $(\delta S)_{V,U} = 0$,同时 $(\delta^2 S)_{V,U} < 0$.其中 S^0 为平衡态的熵,(V,U 固定下)偏离平衡态的任一态熵为 S.

(2) 平衡态稳定性的 Helmholtz 自由能判据

等温等容只有体积为外参量的封闭体系,Helmholtz 自由能为严格极小的态是体系稳定平衡态.

$$F^0 < F \quad 或 \quad (\Delta F)_{T,V} = F - F^0 > 0 \tag{2-22}$$

等价形式为 $(\delta F)_{T,V} = 0$,同时 $(\delta^2 F)_{T,V} > 0$

(3) 平衡态稳定性的 Gibbs 自由能判据

等温等压只有体积为外参量的封闭体系,Gibbs 自由能为严格极小的态是体系的稳定平衡态.

$$G^0 < G \quad 或 \quad (\Delta G)_{T,p} = G - G^0 > 0 \tag{2-23}$$

等价形式 $(\delta G)_{T,p} = 0$,同时 $(\delta^2 G)_{T,p} > 0$

2. 平衡条件(pVT 系统,无化学反应)

(1) 体系平衡的必要条件

热平衡条件是各相温度相等,力学平衡条件是各相压力相等,相平衡条件是每种物质在各相中化学势相等.

(2) 平衡稳定的充分条件

- 热稳定条件 $\quad C_V > 0$
- 力学稳定条件 $\quad \kappa > 0, \kappa = -\dfrac{1}{V}\left(\dfrac{\partial V}{\partial p}\right)_T$
- 化学或扩散稳定条件 $\quad \sum_{i,j=1}^{r}\left(\dfrac{\partial \mu_i}{\partial n_j}\right)_{T,p,n_{k \neq j}} \Delta n_i \Delta n_j > 0$

等价形式 $\quad C_V > 0$ 等价于 $\left(\dfrac{\partial S}{\partial T}\right)_V > 0$ 或 $\left(\dfrac{\partial T}{\partial S}\right)_V > 0$

$\kappa > 0$ 等价于 $\left(\dfrac{\partial V}{\partial p}\right)_T < 0$ 或 $\left(\dfrac{\partial p}{\partial V}\right)_T < 0$

即物体在等容下吸热或增熵时,其温度一定升高;恒温下压缩时压力一定增大,只有这样体系才是稳定的.

(3) 二元系的化学稳定条件

$$\left(\frac{\partial \mu_1}{\partial n_1}\right)_{T,p,n_2} > 0, \left(\frac{\partial \mu_2}{\partial n_2}\right)_{T,p,n_1} > 0; \left(\frac{\partial \mu_1}{\partial n_2}\right)_{T,p,n_1} = \left(\frac{\partial \mu_2}{\partial n_1}\right)_{T,p,n_2} < 0$$

或

$$\left(\frac{\partial \mu_1}{\partial x_1}\right)_{T,p} > 0, \left(\frac{\partial \mu_2}{\partial x_2}\right)_{T,p} > 0, \left(\frac{\partial \mu_1}{\partial x_2}\right)_{T,p} = \frac{x_2}{x_1}\left(\frac{\partial \mu_2}{\partial n_1}\right)_{T,p} < 0$$

3. Le Châtelier 原理

如果外界作用于体系,使体系离开了稳定平衡态,则体系中必然会激起一种过程,促使平衡态向减弱这个作用的影响方向转移,直至达到完全抵消这个作用的一个新平衡态为止.

(二) 例题解析

【例 2.3-1】 依据 $C_V > 0, \left(\frac{\partial p}{\partial V}\right)_T < 0$, 请证明:

$$\frac{T}{C_V}\left(\frac{\partial p}{\partial V}\right)_S + \left(\frac{\partial T}{\partial V}\right)_S^2 < 0$$

解析 此类证明题,关键是使推导过程尽量向已知条件转化,并使结果为连乘形式.

$$\frac{T}{C_V}\left(\frac{\partial p}{\partial V}\right)_S + \left(\frac{\partial T}{\partial V}\right)_S^2$$

$$= \frac{T\gamma}{C_V}\left(\frac{\partial p}{\partial V}\right)_T + \frac{T^2\left(\frac{\partial p}{\partial T}\right)_V^2}{C_V^2} \quad (\gamma = C_p/C_V)$$

$$= \frac{T}{C_V^2}\left\{C_p\left(\frac{\partial p}{\partial V}\right)_T + T\left(\frac{\partial p}{\partial T}\right)_V^2\right\}$$

$$= \frac{T}{C_V^2}\left\{C_p\left(\frac{\partial p}{\partial V}\right)_T + T\left(\frac{\partial V}{\partial T}\right)_p^2\left(\frac{\partial p}{\partial V}\right)_T^2\right\}$$

$$= \frac{T}{C_V^2}\left(\frac{\partial p}{\partial V}\right)_T\left\{C_p + T\left(\frac{\partial V}{\partial T}\right)_p^2\left(\frac{\partial p}{\partial V}\right)_T\right\}$$

$$= \frac{T}{C_V^2}\left(\frac{\partial p}{\partial V}\right)_T C_V = \frac{T}{C_V}\left(\frac{\partial p}{\partial T}\right)_T$$

因为 T、C_V 均大于 0,而 $\left(\frac{\partial p}{\partial V}\right)_T < 0$,所以 $\frac{T}{C_V}\left(\frac{\partial p}{\partial V}\right)_T < 0$,即

$$\frac{T}{C_V}\left(\frac{\partial p}{\partial V}\right)_S + \left(\frac{\partial T}{\partial V}\right)_S^2 < 0$$

【例 2.3-2】 证明:$\left(\frac{\partial T}{\partial p}\right)_V\left(\frac{\partial S}{\partial p}\right)_V > 0$.

解析 利用已学过的结论,使结果为连乘形式,其中各项均可以判断出正负.

$$\left(\frac{\partial T}{\partial p}\right)_V\left(\frac{\partial S}{\partial p}\right)_V = \left(\frac{\partial T}{\partial p}\right)_V\left(\frac{\partial S}{\partial T}\right)_V\left(\frac{\partial T}{\partial p}\right)_V = \frac{C_V}{T}\left(\frac{\partial T}{\partial p}\right)_V^2$$

$$\frac{C_V}{T} > 0, \left(\frac{\partial T}{\partial p}\right)_V^2 > 0, 故 \frac{C_V}{T}\left(\frac{\partial T}{\partial p}\right)_V^2 > 0, 即 \left(\frac{\partial T}{\partial p}\right)_V\left(\frac{\partial S}{\partial p}\right)_V > 0$$

【例 2.3-3】 在 298 K、101.325 kPa 时,单斜硫的摩尔熵为 32.52 J·K^{-1}·mol^{-1},正交硫的摩尔熵为 31.85 J·K^{-1}·mol^{-1},S(单)及 S(正)燃烧时分别放热 296.9 kJ·mol^{-1} 和 296.6 kJ·mol^{-1}. 已知 101.325 kPa 下两种晶型转变温度是 368.5 K,此时 S(正)→S(单)吸热 397.1 J·mol^{-1}. 计算 S(正)→S(单)分别在 298 K,101.325 kPa 及 368.5 K,101.325 kPa 的 ΔG_m,并由 ΔG_m 讨论在 298 K 及 368.5 K 时哪种晶型稳定.

解析 298 K,101.325 kPa 下

S(单) + O$_2$ ⟶ SO$_2$(g)　　$\Delta_1 H_m = 296.9$ kJ·mol^{-1}　　　　①

S(正) + O$_2$ ⟶ SO$_2$(g)　　$\Delta_2 H_m = 296.6$ kJ·mol^{-1}　　　　②

②式 − ①式,得

$$S(正) \longrightarrow S(单)$$

此相变过程焓变为

$$\Delta H_m = \Delta_2 H_m - \Delta_1 H_m = 0.3 \text{ kJ·mol}^{-1}$$

其熵变为

$$\Delta S_m = S_m(单) - S_m(正) = 0.67 \text{ J·K}^{-1}\text{·mol}^{-1}$$

$$\Delta G_m = \Delta H_m - T\Delta S_m = 100.3 \text{ J·mol}^{-1} > 0$$

说明 298 K,101.325 kPa 下,正交硫稳定.

368.5 K、101.325 kPa 下:

$$\Delta G_m = \Delta H_m - T\Delta S_m = \Delta H_m - T\frac{\Delta H_m}{T} = 0$$

(或此时为恒温恒压下可逆相变,故 $\Delta G_m = 0$)

说明此时正交硫和单斜硫具有相同的稳定性.

【例 2.3-4】 298 K、100 kPa 时,金刚石和石墨的一些数据列入下表.

物　质	$S_m^\ominus$/(J·K^{-1}·mol^{-1})	ρ/(g·cm^{-3})	κ/Pa
金刚石	2.436	3.513	1.58×10^{-22}
石　墨	5.689	2.260	2.96×10^{-12}

而且在 298 K 下 C(石墨) ⟶ C(金刚石)的 $\Delta H_m^\ominus = 1.896$ kJ·mol^{-1}.

(1) 计算在 298 K、100 kPa 下,石墨转变为金刚石的 $\Delta G_m^\ominus$,并判断此条件下碳的哪一种晶型稳定.

(2) 假设 κ 为常数,在 298 K 下使石墨转变为金刚石最少需要多大压力?

解析 因为过程为等温等压,故可以用 Gibbs 自由能判据. 298 K 石墨转变为金刚石,需在一个合适压力下才可能实现,此时金刚石和石墨化学势相等(二相平衡).

(1) C(石墨) ⟶ C(金刚石)在 298 K

$$\Delta H_m^\ominus = 1.896 \text{ kJ·mol}^{-1},$$

$$\Delta S_m^\ominus = S_m^\ominus(金刚石) - S_m^\ominus(石墨) = -3.253 \text{ kJ·mol}^{-1}$$

$$\Delta G_m^\ominus = \Delta H_m^\ominus - T\Delta S_m^\ominus = 2.865 \text{ kJ·mol}^{-1} > 0$$

据 Gibbs 自由能判据,此时石墨应为碳的稳定晶型. 用熵判据也可以,请读者自己判断.

(2) 设计过程如下(见图 2-14)

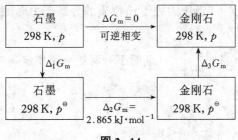

图 2-14

对于液体和固体,其 ΔG_m 求算可用下列近似公式

$$\Delta G_m = V_m(p - p_0) - \frac{1}{2} V_m \kappa (p^2 - p_0^2)$$

其中 V_m 是物体在 T、p_0 时摩尔体积,κ 压缩系数,设与压力无关.

$$\Delta_1 G_m = \int_p^{p_0} V_m(石) dp \qquad (p_0 = 101325 \text{ Pa})$$

$$= - V_m(石)(p - p_0) - \frac{1}{2} V_m(石) \kappa(石)(p^2 - p_0^2)$$

$$= - \frac{M_石}{\rho_石}(p - p_0) - \frac{1}{2} \frac{M_石}{\rho_石} \kappa(石)(p^2 - p_0^2)$$

$$\Delta_3 G_m = \frac{M_金}{\rho_金}(p - p_0) - \frac{1}{2} \frac{M_金}{\rho_金} \kappa(金)(p^2 - p_0^2), M_金 = M_石 = M$$

$$\Delta_2 G_m = 2.865 \text{ kJ} \cdot \text{mol}^{-1}$$

$$\Delta G = \Delta_1 G_m + \Delta_2 G_m + \Delta_3 G_m = 0$$

即

$$\left(\frac{M}{\rho_金} - \frac{M}{\rho_石} \right)(p - p_0) - \frac{1}{2} \left(\frac{M}{\rho_金} \kappa_金 - \frac{M}{\rho_石} \kappa_石 \right)(p^2 - p_0^2) + 2865 \text{ J} = 0$$

将上述方程中各项数值代入,解得

$$p = 162.1 \times 10^4 \text{ kPa}$$

即在 298 K 时,欲使石墨转变为金刚石最少需要的压力为 162.1×10^4 kPa.

【例 2.3-5】 写出下列体系所有的平衡条件:(1) 纯苯液体与它的蒸气呈平衡;(2) 乙醇水溶液与它的蒸气呈平衡;(3) 水的气、液、固三相平衡;(4) 纯钙固体与钙镁溶液呈平衡.

解析 依据平衡条件

(1) $T^l = T^g$,$p^l = p^g$,$\mu^l_苯 = \mu^g_苯$

(2) $T^l = T^g$,$p^l = p^g$,$\mu^l_乙 = \mu^g_乙$,$\mu^l_水 = \mu^g_水$

(3) $T^l = T^s = T^g$,$p^l = p^g = p^s$,$\mu^l_水 = \mu^g_水 = \mu^s_水$

(4) $T^s = T^l$,$p^s = p^l$,$\mu^{*s}(Ca) = \mu^l(Ca)$

(三) 习题

2.3-1 说明下列问题:

(1) 在 $p^\ominus$ 及 263 K 时,$H_2O(l) \longrightarrow H_2O(s)$,因为是相变过程,因此 $\Delta G = 0$,体系处于平衡态.这种说法有无道理?为什么?

(2) 有人认为只要是对峙反应,则反应体系必处于平衡态,这种说法对吗?

(3) 某物质在一定温度下,当压力处于该物质的分解压力时,我们说该体系处于平衡态,这种说法有无错误?

2.3-2 请依据 $C_V>0$, $\left(\dfrac{\partial p}{\partial V}\right)_T<0$ 证明下列两组平衡稳定条件:

(1) $C_p>0$, $\left(\dfrac{\partial V}{\partial p}\right)_S<0$.

(2) $C_p>0$, $\dfrac{C_p}{T}\left(\dfrac{\partial V}{\partial p}\right)_T+\left(\dfrac{\partial V}{\partial T}\right)_p^2<0$.

2.3-3 请证明:

(1) $\left(\dfrac{\partial T}{\partial V}\right)_p\left(\dfrac{\partial S}{\partial V}\right)_p>0$,

(2) $\left(\dfrac{\partial p}{\partial S}\right)_T\left(\dfrac{\partial V}{\partial S}\right)_T<0$,

(3) $\left(\dfrac{\partial p}{\partial T}\right)_S\left(\dfrac{\partial V}{\partial T}\right)_S<0$.

2.3-4 在 298 K 下,文石转变为方解石的 $\Delta V_m^{\ominus}=2.75\ \text{cm}^3\cdot\text{mol}^{-1}$, $\Delta G_m^{\ominus}=-794.2\ \text{J}\cdot\text{mol}^{-1}$.问 298 K 时,最少需加多大压力能使文石变为稳定相(设 $\Delta V_m^{\ominus}$ 为常数).

答案 2.888×10^5 kPa

2.3-5 已知纯物质的平衡稳定条件为(其中:p、V、T 及 C_V 分别为物质压力、温度、体积和等容热容)

$$\left(\dfrac{\partial p}{\partial V}\right)_T<0,\ C_V>0$$

试证明:任一物质经绝热可逆膨胀后,压力降低.

提示 求 $\left(\dfrac{\partial p}{\partial V}\right)_S$ 的符号

第 3 章 相平衡热力学及相图

3.1 相 律

(一) 内容纲要

1. 相

宏观强度性质相同的均匀部分称之为相. 不同相间有明显分界面. 平衡体系中相的数目(相数)用 Φ 表示.

一般地讲,不论有多少种气体组成的体系只可能有一个相,对液体体系来说,视它们间互溶度不同可以有一相、二相、三相等,体系中有几种固体,一般就有几相(包括不同的同素异构体).

体系组分数(K):能表示平衡体系中各相的组成所需最少的独立物种数.

$$K = S - R - R' \tag{3-1}$$

式中体系物种数 S,体系中含的能单独存在的纯化学物种数; R,平衡体系中独立的化学反应数目; R',平衡体系中同一相内物质浓度比例关系的总数目;体系自由度 f,在保持体系中相的数目和相的形态不变前提下,独立可变的热力学强度量的数目,且

f =体系热力学强度量的总数目 − 体系热力学强度量间独立关系式的总数目

2. 相平衡定律

复相平衡体系中各个相的物质数量并不影响这些相的平衡组成内的强度性质.

Gibbs 相律 $f = K - \Phi + 2$ \hfill (3-2)

Gibbs 相律是在假定相与相之间没有任何限制,即相之间可以以热与功的形式交换能量也可以有物质交换. 但有些情况并不如此,此时相律形式要改变. 如相间有绝热壁、刚性壁或半透膜等,此时自由度要比上式计算出来的要多. 另外我们还忽略了表面相、重力场、不存在电磁场等因素. 若要考虑 $T, p, x_1, \cdots, x_S$ 外其他变量时,相律(普遍形式)应为

$$f = K - \Phi + n \qquad n \geqslant 2$$

3. Duhem 定理

任何一个给定各物质起始量的 pVT 封闭体系,不论可否发生化学反应,只要多相中各个相之间无任何限制而能彼此达到热力学平衡,则体系的平衡态只需二个独立变量便可描述. 这二个独立变量对强度量或广度量不加限制.

(二) 例题解析

【例 3.1-1】 T、p 下,H_2O 的气、液二相平衡体系,该体系起始 H_2O 的量为 $n^*(H_2O)$. 请具体指出:(1) 描述体系状态的所有变量;(2) 体系自由度 f;(3) 描述体系状态的独立变量.

解析 当体系达到平衡时,液相需 T^l、p^l、$n^l(H_2O)$ 变量描述,气相需 T^g、p^g、$n^g(H_2O)$ 描述,所以整个体系需六个量来描述. 上述六个量又存在下列关系:

$$T^l = T^g = T$$

$$p^l = p^g = p$$
$$n^l(H_2O) + n^g(H_2O) = n^*(H_2O)$$
$$\mu^{*l}(H_2O)(T^l, p^l) = \mu^{*g}(H_2O)(T^g, p^g)$$

所以六个量中只需二个量即可对此体系进行描述. 具体可选 $[T, n^l(H_2O)]$, $[T, n^g(H_2O)]$, $[p, n^l(H_2O)]$, $[p, n^g(H_2O)]$ 中任一个.

问题 能否选 (T, p) 或 $[n^l(H_2O), n^g(H_2O)]$ 来描述体系?

$$f = K - \Phi + 2$$
$$K = 1, \Phi = 2, f = 1$$

【例 3.1-2】 化学反应 $NH_4Cl(s) \rightleftharpoons NH_3(g) + HCl(g)$ 在 T、p 时达到平衡. 已知 NH_4Cl、NH_3、HCl 起始量分别为 $n^*(NH_4Cl)$、$n^*(NH_3)$、$n^*(HCl)$, 求该体系自由度 f 和描述体系状态的独立变量.

解析 平衡时, $S = 3, R = 1, R' = 0$ [若起始量只有 $n^0(NH_4Cl)$, $R' = ?$], $\Phi = 2$.

$$K = 3 - 1 - 0 = 2$$
$$f = K - \Phi + 2 = 2$$

同时平衡时气、固二相温度压力彼此相等, 描述体系状态的量为 T、p、$n^s(NH_4Cl)$、$n^g(NH_3)$、$n^g(HCl)$ 五个量. 但是由于发生了上述化学反应, 所以平衡时有:

$$n^s(NH_4Cl) = n^0(NH_4Cl) + \nu(NH_4Cl)\xi$$
$$n^g(NH_3) = n^0(NH_3) + \nu(NH_3)\xi$$
$$n^g(HCl) = n^0(HCl) + \nu(HCl)\xi$$

其中 ν_i 为物质 i 的反应计量数, 对反应物为负、产物为正. 所以 $n^g(NH_3), n^g(HCl), n^s(NH_4Cl)$ 均可由 ξ 确定. 同时又有化学平衡条件

$$\mu^{*s}(NH_4Cl)(T, p) = \mu^g(NH_3)(T, p, \xi) + \mu^g(HCl)(T, p, \xi)$$

所以只要两个独立变量, 即可完全描述上述平衡体系. 选 T, p, ξ 中任两个都可以.

【例 3.1-3】 求下列平衡体系的组分数与自由度:

(1) N_2、H_2、NH_3 组成的平衡体系.

(2) $CaCO_3(s)$ 分解达平衡, $CaCO_3(s) \rightleftharpoons CaO(s) + CO_2(g)$.

(3) KCl 与 $AgNO_3$ 溶于水形成的平衡体系.

(4) 298 K, $p^\ominus$ 下 $NaCl(s)$ 与其饱和水溶液成平衡体系.

解析 (1) 若起始 N_2 与 H_2 的量不是 $1:3$, 则反应 $N_2(g) + 3H_2(g) \rightleftharpoons 2NH_3(g)$ 的 $S = 3, R = 1, R' = 0, K = 2, \Phi = 1, f = 3$, 表明 T、p、$x(NH_3)$、$x(H_2)$、$x(N_2)$ 中只有 3 个独立变量.

若起始 N_2 与 H_2 量之比是 $1:3$ 或起始时只有 $NH_3(g)$, 则

$$S = 3, R = 1, R' = 1, K = 1, f = 2$$

(2) $S = 3, R = 1, R' = 0, \Phi = 3, K = 2, f = 1$. 这是一个二组分三相平衡体系 [能否认为 $CaO(s), CO_2(g)$ 是由 $CaCO_3(s)$ 分解产生且为 $1:1$, 故 $R' = 1$]. 这时可选 $CaO(s)$ 与 $CO_2(g)$ 为合适组分, 选 T 或 p 为独立强度变量.

(3) 存在化学平衡 $KCl(aq) + AgNO_3(aq) \rightleftharpoons KNO_3(aq) + AgCl(s)$, 其中 $S = 5$ (不要漏掉 H_2O), $R = 1, \Phi = 2, K = 4, f = 4$.

(4) $S = 2, R = 0, R' = 0, K = 2, \Phi = 2, T$、$p$ 固定, 所以

$$f = K - \Phi = 0$$

【例 3.1-4】 回答下列问题:

(1) $NaNO_3$, KCl 溶于水所呈平衡体系的组分数? 最多可有几相平衡共存?

(2) 高温下 $C(s)$, $CO_2(g)$, $H_2(g)$ 平衡体系组分数?

(3) 保持压力为 $p^\ominus$ 情况下, 一定量碘溶于 H_2O-CCl_4 体系中, 没有出现固体 I_2, 平衡体系自由度多少?

(4) Na_2CO_3 与水可形成三种水合物 $Na_2CO_3 \cdot H_2O(s)$, $Na_2CO_3 \cdot 7H_2O(s)$, $Na_2CO_3 \cdot 10H_2O(s)$. 这些水合物能否与 Na_2CO_3 水溶液及冰平衡共存?

解析 (1) 物种数 3, 它们是 $NaNO_3$, KCl, H_2O; $R=0$, $R'=0$, $K=3$, $f=5-\Phi$. $f=0$ 时 Φ 最大, $\Phi_{max}=5$

若物种数选择为 Na^+, NO_3^-, K^+, Cl^-, H_2O, 则

$$S=5, \quad R=0, \quad R'=2 \ [c(Na^+)=c(NO_3^-), \ c(K^+)=c(Cl^-)]$$

$$K = 5 - 0 - 2 = 3$$

若选 $NaNO_3$, Na^+, NO_3^-, KCl, K^+, Cl^-, OH^-, H^+, H_2O 作为物种, 则

$$S = 9, \quad R = 3$$

$[NaNO_3(s) \rightleftharpoons Na^+ + NO_3^-, KCl \rightleftharpoons K^+ + Cl^-, H_2O \rightleftharpoons OH^- + H^+]$

$$R' = 3 \ [c(K^+)=c(Cl^-), \ c(Na^+)=c(NO_3^-), \ c(H^+)=c(OH^-)]$$

$$K = 3$$

由上述方法求 K 可知, 第一种方法简单快速. 但选物种数也不是无根据的乱选, 一定要根据题意选择最简单的物种, 这一点对于水溶液中形成的平衡体系尤为重要, 否则会出现错误, 如上题, 物种数的选择不能小于 3, 因为小于 3 是不符合题意的.

(2) 高温下有如下化学反应:

$$C(s) + CO_2(g) \rightleftharpoons 2CO(g) \qquad ①$$

$$CO_2(g) + H_2(g) \rightleftharpoons CO(g) + H_2O(g) \qquad ②$$

$$C(s) + H_2O(g) \rightleftharpoons CO(g) + H_2(g) \qquad ③$$

分析上述反应可知, 反应③可由反应①-反应②得到, 因此它不是独立的化学反应. 所以平衡体系 $S=5$, $R=2$, $R'=0$ (各组分是任意的), $K=3$.

(3) $S=3$, $R=0$, $R'=0$, $K=3$, $f=K-\Phi+1=1$ (能否说由于有分配定律, 因而 $R'=1$?)

问题 若有固体 I_2 出现时, $K=?$ $f=?$

(4) $S=5$, 有 3 个独立化学反应:

$$Na_2CO_3(s) + H_2O(l) \rightleftharpoons Na_2CO_3 \cdot H_2O(s)$$

$$Na_2CO_3(s) + 7H_2O(l) \rightleftharpoons Na_2CO_3 \cdot 7H_2O(s)$$

$$Na_2CO_3(s) + 10H_2O(l) \rightleftharpoons Na_2CO_3 \cdot 10H_2O(s)$$

$R=3$, $R'=0$, $K=2$, $f=0$ 时 $\Phi_{max}=4$. 三种水合物是三相, 因此不能与 Na_2CO_3 水溶液及冰平衡共存, 否则就有五相了.

【例 3.1-5】 一平衡体系如图 3-1 所示, 其中半透膜 aa' 只允许 $O_2(g)$ 通过, bb' 为透热壁, 回答下列问题:

(1) 体系组分数；
(2) 体系有几相并指出相态；
(3) 体系自由度数；
(4) 写出所有的平衡条件.

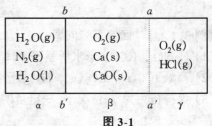

图 3-1

解析 (1) $S=6, R=1, R'=0, \therefore K=S-R-R'=5$

(2) 见下表：

相及相态(共6相)	气相(共3相)	液相(1相)	固相(共2相)
	$\alpha: H_2O(g)+N_2(g)$	$\alpha: H_2O(l)$	$\beta: Ca(s)$
	$\alpha, \beta: O_2(g)$		$\beta: CaO(s)$
	$\gamma: O_2(g)+HCl(g)$		

(3) $f = K - \Phi + 4 = 5 - 6 + 4 = 3$（为何不是 $K - \Phi + 2$?）

(4) 热平衡　　　$T^\alpha = T^\beta = T^\gamma$

力平衡　　　$p^\beta(O_2) = p^\gamma(O_2)$

相平衡　　　$\mu(H_2O, g) = \mu(H_2O, l), \mu^\beta(O_2, g) = \mu^\gamma(O_2, g)$

化学平衡反应 $Ca(s) + O_2(g) \rightleftharpoons CaO(s)$

(三) 习题

3.1-1 指出下列平衡体系的组分数和自由度，并写出一套刻划体系的具体组分及能体现自由度的具体热力学量：(1) $Ar(g), N_2(g)$；(2) $Ca(NO_3)_2$ 的水溶液；(3) 298 K、100 kPa 时，$NaCl(s)$ 及其饱和水溶液；(4) $Ag_2O(s), Ag(s), O_2(g)$；(5) $C(s), H_2O(g), H_2(g), CO(g), CO_2(g)$；(6) $Fe(s), FeO(s), CO(g), CO_2(g)$.

3.1-2 回答下列问题：

(1) 对于一、二、三组分体系，其最大可能的平衡共存相数？最大自由度数？

(2) $CaCO_3(s)$ 在高温下分解为 $CaO(s)$ 和 $CO_2(g)$，请依据相律说明：

① 把 $CaCO_3(s)$ 在一定压力的 CO_2 气中加热到相当温度不会使 $CaCO_3$ 分解.

② $CaCO_3(s), CaO(s)$ 与一定压力的 $CO_2(g)$ 共存时，有一个且仅有一个平衡温度.

(3) Mg 与 Ni 可生成 $MgNi_2(s)$ 与 $Mg_3Ni(s)$ 二种化合物，请指出在一定压力下与溶液能平衡共存的最多可有几个固相？

3.1-3 $CuSO_4$ 与水可生成三种水合物：$CuSO_4 \cdot H_2O(s), CuSO_4 \cdot 3H_2O(s), CuSO_4 \cdot 5H_2O(s)$. 问：

(1) 在一定压力下，与 $CuSO_4$ 水溶液及冰平衡共存的含水盐最多有几种？

(2) 在一定温度下，与水蒸气平衡共存的含水盐最多有几种？

答案 (1) 1，(2) 2

3.1-4 (1) $CaCO_3(s)、CaO(s)、BaCO_3(s)、BaO(s)、CO_2(g)$ 多相平衡体系，求体系组分数和自由度.

(2) 水和正丁醇组成部分互溶系统，有 2 个液相和 1 个气相，需要几个独立变量才能确定该体系的状态.

答案 (1) $K=3$, $\Phi=5$, $f=0$, (2) 1

3.1-5 依据相律,说明范德华气体在气相区、气液共存区、临界点的自由度为多少?

答案 2,1,0

3.2 相平衡热力学

(一) 内容纲要

1. 单组分体系相平衡热力学

(1) Clapeyron 方程

$$\frac{\mathrm{d}p}{\mathrm{d}T} = \frac{\Delta_\alpha^\beta H_\mathrm{m}}{T\Delta_\alpha^\beta V_\mathrm{m}} \tag{3-3}$$

方程适用于纯物质的任何二相平衡,但 $\Delta_\alpha^\beta H_\mathrm{m} \neq 0$ $\Delta_\alpha^\beta V_\mathrm{m} \neq 0$. 其中 $\Delta_\alpha^\beta H_\mathrm{m} = H_\mathrm{m}^\beta - H_\mathrm{m}^\alpha$, $\Delta_\alpha^\beta V_\mathrm{m} = V_\mathrm{m}^\beta - V_\mathrm{m}^\alpha$ 分别为物质由 α 相变到 β 相的摩尔焓变和摩尔体积的改变

在研究固-固或固-液平衡且解决压力对转变温度或熔点影响时,Clapeyron 方程采用下式

$$\frac{\mathrm{d}T}{\mathrm{d}p} = \frac{T\Delta_\alpha^\beta V_\mathrm{m}}{\Delta_\alpha^\beta H_\mathrm{m}}$$

若压力变化不大,$\Delta_\alpha^\beta H_\mathrm{m}$, $\Delta_\alpha^\beta V_\mathrm{m}$ 可作为常数对待,则上方程积分式为

$$\ln\frac{T_2}{T_1} = \frac{\Delta_\alpha^\beta V_\mathrm{m}}{\Delta_\alpha^\beta H_\mathrm{m}}(p_2 - p_1) \tag{3-4}$$

(2) Clapeyron-Clausius 方程

Clapeyron 方程应用在固-气,液-气平衡上,作合理近似①,得到

$$\frac{\mathrm{d}p}{\mathrm{d}T} = \frac{\Delta_\mathrm{l}^\mathrm{g} H_\mathrm{m}}{RT^2}p \quad \text{或} \quad \frac{\mathrm{dln}(p/p^\ominus)}{\mathrm{d}T} = \frac{\Delta_\mathrm{l}^\mathrm{g} H_\mathrm{m}}{RT^2} \tag{3-5}$$

其中 p 为蒸气压.

积分式(视 $\Delta_\mathrm{l}^\mathrm{g} H_\mathrm{m}$ 为常数)

$$\ln\frac{p}{p^\ominus} = -\frac{\Delta_\mathrm{l}^\mathrm{g} H_\mathrm{m}}{RT} + B, \quad \ln\frac{p_2}{p_1} = \frac{\Delta_\mathrm{l}^\mathrm{g} H_\mathrm{m}}{R}\left(\frac{1}{T_1} - \frac{1}{T_2}\right)$$

B 为积分常数. $\ln\frac{p}{p^\ominus}$ - $\frac{1}{T}$ 图为一直线,斜率为 $-\frac{\Delta_\mathrm{l}^\mathrm{g} H_\mathrm{m}}{R}$,截距为 B.

(3) Trouton 规则

正常沸点下,大多数物质的摩尔气化熵近似相同,其值约为 $87\,\mathrm{J\cdot K^{-1}\cdot mol^{-1}}$. 即

$$\Delta_\mathrm{l}^\mathrm{g} S_\mathrm{m}^\ominus = \frac{\Delta_\mathrm{l}^\mathrm{g} H_\mathrm{a}^\ominus}{T_\mathrm{b}} = 87\,\mathrm{J\cdot K^{-1}\cdot mol^{-1}} = RB$$

该规则在气体分子缔合倾向突出或正常沸点低于 150 K 时,$\Delta_\mathrm{l}^\mathrm{g} S_\mathrm{m}$ 偏低;而液体分子缔合倾向突出时,$\Delta_\mathrm{l}^\mathrm{g} S_\mathrm{m}$ 偏高.

---

① 温度低于临界温度 T_c 时,$V_\mathrm{m}^\mathrm{g} - V_\mathrm{m}^\mathrm{l} \approx V_\mathrm{m}^\mathrm{g}$,蒸气压不太大,蒸气可视为理想气体时,$V_\mathrm{m}^\mathrm{g} = \frac{RT}{p}$.

(4) Planck 方程(纯物质相变焓与温度关系)

相变焓与温度的关系不能用 Kirchhoff 定律解决,Planck 方程解决了这一问题.

$$\frac{d\Delta_\alpha^\beta H_m}{dT} = \Delta_\alpha^\beta C_{p,m} + \frac{\Delta_\alpha^\beta H_m}{T} - \frac{\Delta_\alpha^\beta H_m}{\Delta_\alpha^\beta V_m}\left(\frac{\partial \Delta_\alpha^\beta V_m}{\partial T}\right)_p \tag{3-6}$$

● Planck 方程应用到两相中有一相为气体时,视 $\Delta_\alpha^\beta V_m \approx V_m^g$,且假设蒸气为理想气.此时

$$\frac{d(\Delta_\alpha^g H_m)}{dT} = \Delta_\alpha^g C_{p,m}$$

● Planck 用到凝聚态相变时,假设 $\Delta_\alpha^\beta V_m$ 与 T 无关,此时

$$\frac{d(\Delta_\alpha^\beta H_m)}{dT} = \Delta_\alpha^\beta C_{p,m} + \frac{\Delta_\alpha^\beta H_m}{T}$$

单组分体系的三相平衡(体系三相 α, β, γ 达平衡).相平衡条件为

$$\mu^\alpha(T,p) = \mu^\beta(T,p) = \mu^\gamma(T,p)$$

达三相平衡时 T、p 不能改变,它们是定值(为什么?).其三种摩尔相变热力学量有下列关系

$$\Delta_\alpha^\beta L_m + \Delta_\beta^\gamma L_m + \Delta_\gamma^\alpha L_m = 0 \tag{3-7}$$

(5) 液体(或固体)的蒸气压与外压 P 的关系

$$\left(\frac{\partial p}{\partial P}\right)_T = \frac{V_m^{*l}}{V_m^{*g}} \tag{3-8}$$

● 若蒸气为理想气体,则

$$\left(\frac{\partial p}{\partial P}\right)_T = \frac{V_m^{*l} p}{RT}, \quad 即 \quad \left(\frac{\partial \ln \frac{p}{p^\ominus}}{\partial P}\right)_T = \frac{V_m^{*l}}{RT}$$

● 若 V_m^{*l} 为常数,$\ln \frac{p_2}{p_1} = \frac{V_m^{*l}}{RT}(P_2 - P_1)$.通常选饱和蒸气压($p_1^*$)为积分下限,此时

$$p_1 = p_1^* = P_1$$

上述公式也适用于物质 B 在惰性气体中与它的蒸气呈平衡时的情况.

2. Коновалов-Gibbs 定律

在二元体系中,蒸气中富集的总是那个能降低溶液沸点,也就是能升高溶液总蒸气压的组分.蒸气富集是指该组分在气相中相对含量大于在液相中的相对含量.

恒沸点时,气相与液相组成相同.

气相线与液相线是同升降的,即沸点随气相与液相组成的变化率是同号的.

3. 二组分体系相平衡热力学

在溶液一节中我们已讨论了许多.下面是它的普遍公式,前面所述结果都是它的特例.

体系由物质 1 和 2 的 α 和 β 两相组成,两相间无任何阻碍热力学平衡的障碍物,每个相都含有物质 1 和 2.

$$(x_2^\beta - x_2^\alpha)(\partial \mu_1^\alpha / \partial x_1^\alpha)_{T,p} dx_1^\alpha$$
$$= x_2^\alpha[x_1^\beta(S_1^\beta - S_1^\alpha) + x_2^\beta(S_2^\beta - S_2^\alpha)]dT + x_2^\beta[x_1^\alpha(V_1^\alpha - V_1^\beta) + x_2^\alpha(V_2^\alpha - V_2^\beta)]dp \tag{3-9}$$

$$(x_2^\beta - x_2^\alpha)(\partial \mu_1^\beta / \partial x_1^\beta)_{T,p} dx_1^\beta$$
$$= x_2^\beta[x_1^\alpha(S_1^\beta - S_1^\alpha) + x_2^\alpha(S_2^\beta - S_2^\alpha)]dT + x_2^\alpha[x_1^\beta(V_1^\alpha - V_1^\beta) + x_2^\beta(V_2^\alpha - V_2^\beta)]dp \tag{3-10}$$

应用上述两个普遍公式可以讨论二组分体系相平衡热力学规律,以前学过的很多二组分体系相平衡热力学规律都是它的特例.

(二) 例题解析

【例 3.2-1】 判断正误(在题后的括弧内填写"√"或"×"):

(1) 同温下过冷水的蒸气压高于冰的蒸气压(   ).和大多数物质一样,增加压力冰的熔点将增加(   ).水的三相点也即是水的冰点(   ),此时体系自由度为 0 (   ).

(2) 二组分体系在最低恒沸点时 $f = 1$ (   );恒沸物是一个化合物(   ).恒沸点时其气、液二相组成相同(   ).

(3) Clapeyron-Clausius 方程积分式中 B 完全由熵效应决定(   ).

(4) 水的摩尔气化热随温度升高而下降(   ).当温度达到临界温度时,气态和液态不能区分(   ),此时摩尔气化热为 0 (   ).

(5) 二组分体系最多可有四相平衡共存(   ),因此二组分体系在任何条件下都可以有四相共存(   ).

解析 (1) 第一个是对的,第二个错了,因为和大多数物质相反,冰的密度比水小.第三个是错的,因为水的冰点并不是纯水的凝固点,而是在 $p^\ominus$ 下饱和了空气的水溶液的凝固点.第四个是对的.

(2) 第一个不对,因为共沸点时二相组成相同,此时自由度 $f = 0$.第二个不对,因为恒沸物是一个混合物.第三个是对的.

(3) 是对的.因为据 Clapeyron-Clausius 方程积分式,在正常沸点时 $p = p^\ominus$,其方程为

$$0 = -\frac{\Delta_l^g H_m^\ominus}{RT_b} + B$$

又因为 $\dfrac{\Delta_l^g H_m^\ominus}{T_b} = \Delta_l^g S_m^\ominus$,所以 $B = \dfrac{\Delta_l^g S_m^\ominus}{R}$.

(4) 全对.

(5) 第一个对,第二个错.

【例 3.2-2】 273 K 时,压力增加 100 kPa,冰的熔点降低 7.42×10^{-8} K·Pa^{-1}.已知冰和水在 273 K、$p^\ominus$ 下的摩尔体积分别为 19.633 cm^3·mol^{-1} 和 18.004 cm^3·mol^{-1},求 273 K、$p^\ominus$ 下的摩尔熔化焓.

解析 -7.42×10^{-8} K·Pa^{-1} 实际上是 $\dfrac{dT}{dp}$ 值,再应用 Clapeyron 方程即可求得 $\Delta_s^l H_m$.

$$-7.42 \times 10^{-8} \text{ K·Pa}^{-1} = \frac{T \Delta_s^l V_m}{\Delta_s^l H_m} = \frac{T(V_m^l - V_m^s)}{\Delta_s^l H_m}$$

$$= \frac{273 \text{ K}(18.0046 - 19.633) \times 10^{-6} \text{ m}^3 \cdot \text{mol}^{-1}}{\Delta_s^l H_m}$$

$$\Delta_s^l H_m = 5993 \text{ J·mol}^{-1}$$

冰比水的摩尔体积大,这与大多数物质是不同的.因此导致了压力升高而熔点下降.这一点从水的相图上也能直观得到(读者自己分析相图).

另外除水外,对于大多数物质来说 $\Delta_s^l V_m > 0$, $\Delta_s^l H_m > 0$, $T > 0$,所以 $dT/dp > 0$,即压力升高,熔点也升高.

【例3.2-3】 $SO_2(s)$在177.0 K的蒸气压133.7 Pa,在195.8 K时为1337 Pa, $SO_2(l)$在209.6 K的蒸气压为4.448 kPa,225.3 K时为13.3 kPa.求:

(1) SO_2三相点的温度和压力(说明计算中所作的合理近似).

(2) 在三相点时SO_2的摩尔熔化热,摩尔熔化熵.

解析 根据题意是单组分相平衡,在三相点时有

$$SO_2(s) \rightleftharpoons SO_2(g), \ SO_2(s) \rightleftharpoons SO_2(l), \ SO_2(l) \rightleftharpoons SO_2(g)$$

根据平衡条件,此时三相有共同的温度和蒸气压.因只要据固-气平衡及液-气平衡即可求出三相点时T和p.因此我们可用简单的Clapeyron-Clausius方程来解决这个问题,而且用不定积分式更好些.因此 $\lg(p/p^\ominus) = -\dfrac{A}{T} + B$,$A$和$\Delta H$、$B$和$\Delta S$联系起来,同时可利用 $\Delta_s^l H_m = \Delta_s^g H_m - \Delta_l^g H_m$ 及 $\Delta_s^l S_m = \Delta_s^l H_m / T$,本题就可解决了.令

$$\lg \dfrac{p}{p^\ominus} = -\dfrac{A}{T} + B \qquad ①$$

(1) 对s-g平衡,将已知数据代入,得

$$\begin{cases} \lg 1.32 \times 10^{-3} = -\dfrac{A}{177.0 \text{ K}} + B \\ \lg 1.32 \times 10^{-2} = -\dfrac{A}{195.8 \text{ K}} + B \end{cases}$$

解上述联立方程,得 $A = 1.84 \times 10^3$ K,$B = 7.52$

所以对s-g平衡,有 $\lg \dfrac{p^s}{p^\ominus} = -\dfrac{1.84 \times 10^3 \text{ K}}{T} + 7.52 \qquad ②$

同理,对l-g平衡解得 $\lg \dfrac{p^l}{p^\ominus} = -\dfrac{1.43 \times 10^3 \text{ K}}{T} + 5.49 \qquad ③$

三相点时 $p^s = p^l$,②式和③式相等,即

$$-\dfrac{1.84 \times 10^3 \text{ K}}{T} + 7.52 = -\dfrac{1.43 \times 10^3 \text{ K}}{T} + 5.49$$

$$T = 202 \text{ K}$$

将 $T = 202$ K 代入②式或③式,得

$$p = 2.604 \text{ kPa}$$

(2) $\Delta_s^l H_m = \Delta_s^g H_m - \Delta_l^g H_m$,且 $\lg \dfrac{p}{p^\ominus} = -\dfrac{\Delta_s^g H_m}{2.303 RT} + B$,将此式与①式比较,得

$$\Delta_s^g H_m = 2.303 RA$$

同理,可得 $\Delta_l^g H_m = 2.303 RA'$,所以

$$\Delta_s^l H_m = 7.86 \times 10^3 \text{ J} \cdot \text{mol}^{-1}, \ \Delta_s^l S_m = \dfrac{\Delta_s^l H_m}{T} = 38.87 \text{ J} \cdot \text{K}^{-1} \cdot \text{mol}^{-1}$$

题解所作的合理近似请读者归纳.另外,请论证

$$\Delta_s^l S_m(T) = \Delta_s^g S_m(T) - \Delta_l^g S_m(T)$$

【例3.2-4】 乙烯蒸气压与温度关系为

$$\lg \dfrac{p}{p^\ominus} = -\dfrac{834.13 \text{ K}}{T} + 1.75 \lg \dfrac{T}{\text{K}} - 8.375 \times 10^{-3} \dfrac{T}{\text{K}} + 8.20421$$

试求乙烯在正常沸点169.3 K时的摩尔气化焓和摩尔气化熵.

解析 因为是 l-g 平衡,可用 Clapeyron-Clausius 方程,因此想法尽量使已知条件(p-T 关系)转化成 Clapeyron-Clausius 方程的形式,加以对比,求得 $\Delta_l^g H_m$-T 关系,这是问题的关键.

$$\frac{\mathrm{dlg}(p/p^\ominus)}{\mathrm{d}T} = \frac{\Delta_l^g H_m}{2.303\,RT^2} \quad ①$$

把已知 p-T 关系式对 T 微分,得

$$\frac{\mathrm{dlg}(p/p^\ominus)}{\mathrm{d}T} = \frac{834.13\,\mathrm{K}^2}{T^2} + 1.75 \times (2.303)^{-1}\frac{1}{T} - 8.375 \times 10^{-3}\,\mathrm{K}^{-1}$$

$$= \frac{2.303\,R[(834.13\,\mathrm{K} - 0.760\,T) - (8.375 \times 10^{-3}\,\mathrm{K}^{-1})T^2]}{2.303\,RT^2} \quad ②$$

对比①、②式,得

$$\Delta_l^g H_m = 2.303\,R[(834.13\,\mathrm{K} + 0.760\,T - (8.375 \times 10^{-3}\,\mathrm{K}^{-1})T^2]$$

将乙烯正常沸点代入上式,得

$$\Delta_l^g H_m = 13.84\,\mathrm{kJ \cdot mol^{-1}}$$

因为

$$\Delta_l^g S_m = \frac{\Delta_l^g H_m}{T_b} = \frac{13.84 \times 10^3\,\mathrm{J \cdot mol^{-1}}}{169.3\,\mathrm{K}} = 81.75\,\mathrm{J \cdot K^{-1} \cdot mol^{-1}}$$

讨论 将上述结果和 Trouton 规则对照.

【例 3.2-5】 某种油的摩尔质量为 120 g·mol^{-1},正常沸点为 473 K,现有 1 m^3 空气通过油,估算油随空气跑掉的质量.设空气是在 293 K、$p^\ominus$ 状态下.

解析 空气能带走油,只能带走气态的油,因此是一个液-气(l-g)平衡问题.又因为油(l)和油(g)达平衡,此时油气压力即油的饱和蒸气压,油气压力知道了,则它在 1 m^3 中含有的量也就可知了.因此求算油气压力是关键,而要知压力须知 $\Delta_l^g H_m$,这可由 Trouton 规则求.

$$\Delta_l^g H_m = \Delta_l^g S_m \times T_b$$
$$= 87.78 \times 473.2\,\mathrm{J \cdot K^{-1} \cdot mol^{-1}}$$
$$= 41.54\,\mathrm{kJ \cdot mol^{-1}}$$

应用 Clapeyron-Clausius 方程积分式

$$\lg\frac{p_2}{p_1} = \frac{\Delta_l^g H_m}{2.303\,R}\left(\frac{1}{T_1} - \frac{1}{T_2}\right)$$

将 $T_1 = 473.2\,\mathrm{K}$,$p_1 = p^\ominus = 101.325\,\mathrm{kPa}$,$T_2 = 293.2\,\mathrm{K}$ 代入公式,得油气压力

$$p_2 = 154\,\mathrm{Pa}$$

设油气为理想气体,其质量为 m:

$$m = \frac{pV}{RT}M = \frac{154 \times 1}{8.314 \times 293.2} \times 120\,\mathrm{g} = 7.58\,\mathrm{g}$$

通过例【3.2-3】~例【3.2-5】三题,可以总结出如下几点结论.

(i) 只要知道纯物质在一个温度下的蒸气压数据(通常为沸点)和摩尔气化焓(可查表或通过计算),就可以用蒸气压方程求出该物质在不同温度下的蒸气压.

(ii) 只要是 l-g、s-g 平衡,一般情况下可应用 Clapeyron-Clausius 方程.只要条件允许,应用该方程是简单方便的.

(iii) 在估算或准确性要求不高时,可用 Trouton 规则估算摩尔气化焓,但注意的是 Trouton 规则只能应用到 l-g 平衡用以估算 $\Delta_l^g H_m$.

(iv) 物理化学手册上列有大量数据,它们是很有用的.我们往往要用到手册上的沸点,摩尔气化焓等数据,读者应习惯于自己去查找有关数据来解决问题.

【例 3.2-6】 请导出水的摩尔气化焓 $\Delta_l^g H_m$ 与 T 的关系式.已知水的 $C_{p,m}(l) = 75.223$ J·K^{-1}·mol^{-1}

$$C_{p,m}(g) = \left(29.97 + 5.70 \times 10^{-3} \frac{T}{K} + \frac{0.33 \times 10^5 K^2}{T^2}\right) J \cdot K^{-1} \cdot mol^{-1}$$

$$\Delta_l^g H_m(373.15 K) = 40.62 \text{ kJ} \cdot mol^{-1}$$

解析 由 Planck 方程,得

$$\Delta_l^g H_m(T) = \Delta_l^g H_m(373.15 K) + \int_{373.15 K}^{T} \Delta C_{p,m} dT$$

将有关数据代入,整理得

$$\Delta_l^g H_m(T) = \left(56555.4 - 45.253 \frac{T}{K} + 7.44 \times 10^{-3} \frac{T^2}{K^2} + \frac{0.33 \times 10^5 K}{T}\right) J \cdot mol^{-1}$$

【例 3.2-7】 计算 373 K 时水在 50 $p^\ominus$ 压力下的蒸气压,水在该温度比容为 1.043 cm^3·g^{-1}.

解析 本题实质上是讨论外压对蒸气压影响的题.
应用公式(3-8)式

$$\left(\frac{\partial p}{\partial P}\right)_T = \frac{V_m^{*l}}{V_m^{*g}}$$

令蒸气为理想气体,则 $V_m^{*g} = \frac{RT}{p}$,视 V_m^{*l} 为常数.将(3-8)式积分,得

$$\ln \frac{p_2}{p_1} = \frac{V_m^{*l}}{RT}(P_2 - P_1)$$

式中 p_1 为 $p^\ominus$, $P_1 = p_1 = p^\ominus$,故

$$\ln \frac{p_2}{p^\ominus} = \frac{(1.043 \times 18.02 \times 10^{-6} \text{ m}^3 \cdot mol^{-1})}{(8.314 \text{ J} \cdot K^{-1} \cdot mol^{-1}) \times 373 \text{ K}}(50-1) \times 100 \text{ kPa}$$

$$p_2 = 1.030 \times p^\ominus = 1.030 \times 100 \text{ kPa} = 103.0 \text{ kPa}$$

【例 3.2-8】 液体镓的蒸气压数据如下表所示,求在熔点 1427 K, $p^\ominus$ 下,1 mol 镓气化时的 $\Delta_l^g H_m^\ominus, \Delta_l^g G_m^\ominus, \Delta_l^g S_m^\ominus$.

T/K	1302	1427	1623
$p/p^\ominus$	1.32×10^{-5}	1.32×10^{-4}	1.32×10^{-3}

解析 此种类型题利用作图法比较方便.在 $\lg(p/p^\ominus)$ - $(1/T)$ 图上,由线的斜率可求 $\Delta_l^g H_m^\ominus(1427 K)$,同时压力对液体焓影响较小,可以略而不计,相平衡时 $\Delta_l^g G_m = 0$.

作 $\lg(p/p^\ominus)$ - $(1/T)$ 图(略),由斜率得 $\Delta_l^g H_m^\ominus = 252$ kJ·mol^{-1}.在 1427 K、$1.32 \times 10^{-4} p^\ominus$ 压力下,$\Delta_l^g G_m = 0$,而

$$\left[\frac{\partial(\Delta_l^g G_m)}{\partial p}\right]_T = \Delta_l^g V_m \approx V_m^g = \frac{RT}{p}$$

积分此式,得

$$\Delta_l^g G_m^\ominus(1427\text{ K}) - \Delta_l^g G_m(1427\text{ K}, 1.32\times 10^{-4} p^\ominus) = RT\ln\frac{1}{1.32\times 10^{-4}} = 106.0\text{ kJ}\cdot\text{mol}^{-1}$$

因为 $\Delta_l^g G_m(1427\text{ K}, 1.32\times 10^{-4} p^\ominus) = 0$,所以

$$\Delta_l^g G_m^\ominus(1427\text{ K}) = 106\text{ kJ}\cdot\text{mol}^{-1}$$

$$\Delta_l^g S_m^\ominus(1427\text{ K}) = \frac{\Delta_l^g H_m^\ominus(1427\text{ K}) - \Delta_l^g G_m^\ominus(1427\text{ K})}{T} = 102\text{ J}\cdot\text{K}^{-1}\cdot\text{mol}^{-1}$$

【例 3.2-9】 在 273 K、$p^\ominus$ 下,冰的熔化焓为 333.5 J·g^{-1},水和冰的密度分别为 0.9998 g·cm^{-3},0.9168 g·cm^{-3}.问在该状态下,压力增加 1 Pa 时冰的熔点将改变多少度?

解析 H_2O 的摩尔质量为 18 g·mol^{-1},因此

$$\Delta_s^l H_m = 333.5\times 18\text{ J}\cdot\text{mol}^{-1} = 6003\text{ J}\cdot\text{mol}^{-1}$$

$$\Delta_s^l V_m = \left(\frac{18}{0.9998} - \frac{18}{0.9168}\right)\times 10^{-6}\text{ m}^3\cdot\text{mol}^{-1} = -1.630\times 10^{-6}\text{ m}^3\cdot\text{mol}^{-1}$$

$$\frac{dT}{dP} = \frac{\Delta_s^l V_m}{\Delta_s^l H_m} = \frac{273\times(-1.630\times 10^{-6})}{6003}\text{ K}\cdot\text{Pa}^{-1} = -7.41\times 10^{-6}\text{ K}\cdot\text{Pa}^{-1}$$

【例 3.2-10】 液体 SO_2 在 261 K 和 265 K 的蒸气压分别为 92.59 kPa 和 110.55 kPa,求 $SO_2(l)$ 的摩尔气化焓及正常沸点.

解析 应用 Clapeyron-Clauisus 方程 $\Delta_l^g H_m = \frac{T_1 T_2}{T_2 - T_1} R\ln\frac{p_2}{p_1}$ 代入数据,得

$$\Delta_l^g H_m = 25.49\text{ kJ}\cdot\text{mol}^{-1}$$

物质正常沸点 T_b 时其蒸气压为 $p = p^\ominus = 100\text{ kPa}$

$$\ln\frac{p}{p^\ominus} = \frac{\Delta_l^g H_m}{R}\left(\frac{1}{T_b} - \frac{1}{T}\right)$$

T 用上述 T_1 或 T_2 代入,p 相应用 p_1、p_2 代入,得

$$T_b = 263\text{ K}$$

【例 3.2-11】 聚丙烯是一种塑料,它由丙烯单体聚合而成.丙烯单体的储存以液态为好,请估算能够耐多大压力的储罐可满足储存液体丙烯的要求.考虑到夏季阳光下最高温度为 333.1 K,丙烯的沸点是 225.7 K.

解析 这是单组分气-液平衡问题,故实际上是求 333.1 K 时丙烯的饱和蒸气压 p_2.
据 Trouton 规则

$$\Delta_l^g H_m^\ominus = T_b \Delta_l^g S_m^\ominus = (225.7\text{ K})\times(87\text{ J}\cdot\text{mol}^{-1}\cdot\text{K}^{-1}) = 19.6\text{ kJ}\cdot\text{mol}^{-1}$$

已知 $T_1 = 225.7\text{ K}$,$p_1 = 100\text{ kPa}$,$T_2 = 333.1\text{ K}$.代入 Clapeyron-Clausius 方程,得

$$\ln\frac{p_2}{100\text{ kPa}} = \frac{19600\text{ K}}{8.134}\left(\frac{1}{225.7\text{ K}} - \frac{1}{333.1\text{ K}}\right)$$

$$p_2 = 2.94\text{ MPa}$$

【例 3.2-12】 请据热力学理论证明 Коновалов-Gibbs 规律.

解析 Коновалов-Gibbs 规律是气-液平衡规律.设体系两个组分为 1,2,液相和气相组成分别以摩尔分数 x_1, x_2, y_1, y_2 表示.

在 T、p 时气液两相平衡条件为

$$\mu_1^l(T,p,x_2) = \mu_1^g(T,p,y_2)$$
$$\mu_2^l(T,p,x_2) = \mu_2^g(T,p,y_2)$$

据相律知,在 $T+dT$、$p+dp$ 时两相欲保持平衡,则两相组成将随着改变,即 $x_2 \to x_2 + dx_2$, $y_2 \to y_2 + dy_2$,则

$$d\mu_1^l(T,p,x_2) = d\mu_1^g(T,p,y_2)$$
$$d\mu_2^l(T,p,x_2) = d\mu_2^g(T,p,y_2)$$

写出恒压下全微分式,整理得

$$\left(\frac{\partial \mu_1^l}{\partial T}\right)_{p,x} + \left(\frac{\partial \mu_1^l}{\partial x_2}\right)_{T,p}\left(\frac{\partial x_2}{\partial T}\right)_p = \left(\frac{\partial \mu_1^g}{\partial T}\right)_{p,y} + \left(\frac{\partial \mu_1^g}{\partial y_2}\right)_{T,p}\left(\frac{\partial y_2}{\partial T}\right)_p$$

$$\left(\frac{\partial \mu_2^l}{\partial T}\right)_{p,x} + \left(\frac{\partial \mu_2^l}{\partial x_2}\right)_{T,p}\left(\frac{\partial x_2}{\partial T}\right)_p = \left(\frac{\partial \mu_2^g}{\partial T}\right)_{p,y} + \left(\frac{\partial \mu_2^g}{\partial x_2}\right)_{T,p}\left(\frac{\partial y_2}{\partial T}\right)_p$$

因为 $\left(\frac{\partial \mu_1^l}{\partial T}\right)_{p,x} = -S_1^l$, $\left(\frac{\partial \mu_1^g}{\partial T}\right)_{p,y} = -S_1^g$,所以上述二式为

$$\left(\frac{\partial \mu_1^l}{\partial x_2}\right)_{T,p}\left(\frac{\partial x_2}{\partial T}\right)_p - \left(\frac{\partial \mu_1^g}{\partial y_2}\right)_{T,p}\left(\frac{\partial y_2}{\partial T}\right)_p = -(S_2^g - S_1^l) \quad ①$$

$$\left(\frac{\partial \mu_2^l}{\partial x_2}\right)_{T,p}\left(\frac{\partial x_2}{\partial T}\right)_p - \left(\frac{\partial \mu_2^g}{\partial y_2}\right)_{T,p}\left(\frac{\partial y_2}{\partial T}\right)_p = -(S_1^g - S_1^l) \quad ②$$

应用 Gibbs-Duhem 方程

$$x_1\left(\frac{\partial \mu_1^l}{\partial x_2}\right)_{T,p} + x_2\left(\frac{\partial \mu_2^l}{\partial x_2}\right)_{T,p} = 0$$

$$y_1\left(\frac{\partial \mu_1^g}{\partial y_2}\right)_{T,p} + y_2\left(\frac{\partial \mu_2^g}{\partial y_2}\right)_{T,p} = 0$$

将 $\left(\frac{\partial \mu_1^l}{\partial x_2}\right)_{T,p}$ 及 $\left(\frac{\partial \mu_1^g}{\partial y_2}\right)_{T,p}$ 关系式代入①式,则

$$\frac{x_2}{x_1}\left(\frac{\partial \mu_2^l}{\partial x_2}\right)_{T,p}\left(\frac{\partial x_2}{\partial T}\right)_p - \frac{y_2}{y_1}\left(\frac{\partial \mu_2^g}{\partial y_2}\right)_{T,p}\left(\frac{\partial y_2}{\partial T}\right)_p = (S_1^g - S_1^l) \quad ③$$

将②、③两式联解,得

$$\left(\frac{\partial T}{\partial x_2}\right)_p = \frac{(x_2 - y_2)\left(\frac{\partial \mu_2^l}{\partial x_2}\right)_{T,p}}{x_1[y_1(S_1^g - S_1^l) + y_2(S_2^g - S_2^l)]} \quad ④$$

$$\left(\frac{\partial T}{\partial y_2}\right)_p = \frac{(x_2 - y_2)\left(\frac{\partial \mu_2^g}{\partial y_2}\right)_{T,p}}{y_2[x_2(S_2^g - S_2^l) + x_1(S_1^g - S_1^l)]} \quad ⑤$$

据平衡稳定条件

$$\left(\frac{\partial \mu_2^l}{\partial x_2}\right)_{T,p} > 0, \quad \left(\frac{\partial \mu_2^g}{\partial y_2}\right)_{T,p} > 0$$

④,⑤两式右边除了 $(x_2 - y_2)$ 外,其他各项都为正数.所以

当 $\left(\frac{\partial T}{\partial x_2}\right)_p < 0$ 时,则 $y_2 > x_2$,从而 $\left(\frac{\partial T}{\partial y_2}\right)_p < 0$

当 $\left(\dfrac{\partial T}{\partial x_2}\right)_p = 0$ 时，则 $y_2 = x_2$，从而 $\left(\dfrac{\partial T}{\partial y_2}\right)_p = 0$

这就是 Коновалов-Gibbs 规律数学表达式.

【例 3.2-13】 请用式(3-9)及(3-10)，在恒压下推导出：

$$\left(\dfrac{\partial T}{\partial x_1^l}\right)_p \ \text{及} \ \left(\dfrac{\partial T}{\partial x_1^g}\right)_p \ \text{表达式}.$$

解析 应用二组分体系相平衡热力学普通式，即可得下式

$$\left(\dfrac{\partial T}{\partial x_1^l}\right)_p = \dfrac{(x_2^g - x_2^l)\left(\dfrac{\partial \mu_1^l}{\partial x_1^l}\right)_{T,p}}{x_2^g[x_1^g(S_1^g - S_1^l) + x_2^g(S_2^g - S_2^l)]}$$

$$\left(\dfrac{\partial T}{\partial x_1^g}\right)_p = \dfrac{(x_2^g - x_2^l)\left(\dfrac{\partial \mu_1^g}{\partial x_1^g}\right)_{T,p}}{x_2^g[x_1^l(S_1^g - S_1^l) + x_2^l(S_2^g - S_2^l)]}$$

上述两式即为【例 3.2-12】中的④式和⑤式，因此完全可以由普遍式证明【例 3.2-12】

由上例可知，二组分体系相平衡热力学的许多规律都可以由二组分体系相平衡普遍公式得到.

【例 3.2-14】 已知熔点附近温度范围内，$TaBr_5$ 的固体和液体的蒸气压方程分别为

固-气平衡：$\ln\dfrac{p_1}{p^\ominus} = 22.32 - \dfrac{13012}{T/K}$；液-气平衡：$\ln\dfrac{p_2}{p^\ominus} = 12.18 - \dfrac{7519}{T/K}$.

求：(1) 三相点时 T、p；(2) 三相点时摩尔熔化焓.

解析 (1) 三相点时，三相平衡，三相的 T 和 p 都应相等. 联立题中二式

$$22.32 - \dfrac{13012}{T/K} = 12.18 - \dfrac{7519}{T/K}$$

$$T = 541.7 \, K$$

将它代入任一方程中，求得 p_1 或 p_2（$p_1 = p_2$）.

$$\ln\dfrac{p_2}{p^\ominus} = 22.32 - \dfrac{13012}{541.7}$$

$$p_1 = p_2 = 18.50 \, kPa$$

(2)

$$\left[\dfrac{\partial \ln(p_1/p^\ominus)}{\partial T}\right]_p = \dfrac{13012}{T^2} = \dfrac{\Delta_s^g H_m}{RT^2}$$

$$\therefore \Delta_s^g H_m = 13012 \, R = 108.18 \, kJ \cdot mol^{-1}$$

$$\left[\dfrac{\partial \ln(p_2/p^\ominus)}{\partial T}\right]_p = \dfrac{7519}{T^2} = \dfrac{\Delta_l^g H_m}{RT^2}$$

$$\Delta_l^g H_m = 62.513 \, kJ \cdot mol^{-1}$$

$$\Delta_s^l H_m = \Delta_s^g H_m - \Delta_l^g H_m = 45.68 \, kJ \cdot mol^{-1}$$

【例 3.2-15】 在 268.15 K 结霜后的早晨冷而干燥，大气中的水蒸气分压降到 266.6 Pa 时，霜会变为水蒸气而消失吗？欲使霜仍存在，水的分压至少多大？已知水三相点 273.16 K、611 Pa 水的 $\Delta_l^g H_m(273.16 \, K) = 45.05 \, kJ \cdot mol^{-1}$，$\Delta_s^l H_m(273.16 \, K) = 6.01 \, kJ \cdot mol^{-1}$.

解析 霜是否消失，实际上是看 268.15 K 时霜（固态 H_2O）的蒸气压多大.

$$\Delta_s^g H_m = \Delta_l^g H_m + \Delta_s^l H_m = (45.05 + 6.01)\,\text{kJ} \cdot \text{mol}^{-1} = 51.06\,\text{kJ} \cdot \text{mol}^{-1}$$

$$T_1 = 273.16\,\text{K},\quad p_1 = 611\,\text{Pa};$$

$$T_2 = 268.15\,\text{K},\quad p_2 \text{ 可据下式求算:}$$

$$\ln\frac{p_2}{p_1} = \frac{\Delta_s^g H_m}{R}\left(\frac{1}{T_1} - \frac{1}{T_2}\right)$$

$$p_2 = 401.8\,\text{Pa} > 266.6\,\text{Pa}$$

∴ 霜将升华变为气而消失. 若使霜能存在, 则大气中水的分压不低于 401.8 Pa 就可以.

(三) 习题

3.2-1 选择正确的答案填入_____中.

(1) 对大多数物质来说, 增加压力其熔点_____.
　　① 升高　　　　　② 下降　　　　　③ 不变

(2) 天然水在其相图上冰点的位置_____.
　　① 没有标出　　　② 就是其三相点的位置　　　③ 根本不可能存在

(3) 将固体 NH_4Cl 放入一抽真空容器中, 并使其达到平衡, 即 $NH_4Cl(s) \rightleftharpoons NH_3(g) + HCl(g)$, 此平衡体系组分数为_____.
　　① 3　　　　　　② 2　　　　　　③ 1

(4) A、B 二纯液体物质组成理想溶液, 纯 A 液体物质沸点高于纯 B 液体物质, 则_____.
　　① 蒸馏终了时, 气相得到纯物质 A, 液相得到纯物质 B.
　　② 蒸馏终了时, 气相得到纯物质 B, 液相得到纯物质 A.
　　③ 蒸馏终了时, 只能得到一种纯物质 A 或 B.

(5) A、B 二液体组成理想溶液, 在某一温度下纯 A 的饱和蒸气压大于纯 B 的饱和蒸气压, 则使溶液总蒸气压升高的组分为_____.
　　① A　　　　　　② B　　　　　　③ A 和 B

使溶液总蒸气压降低的组分为_____.
　　① A　　　　　　② B　　　　　　③ A 和 B

溶液蒸气中相对含量大于液相中的相对含量的一定为_____.
　　① A　　　　　　② B　　　　　　③ A 和 B

溶液蒸气中相对含量小于液相中的相对含量的一定为_____.
　　① A　　　　　　② B　　　　　　③ A 和 B

(6) 纯液体蒸气压随外压增大而_____.
　　① 增加　　　　　② 减少　　　　　③ 不变

(7) Clapeyron 方程适用于_____.
　　① 任何纯物质的 l-g, l-s 平衡.
　　② 任何纯物质的任何二相平衡, 但 $\Delta_\alpha^\beta V_m \neq 0$, $\Delta_\alpha^\beta H_m \neq 0$.

Clapeyron-Clausius 方程是由 Clapeyron 方程得到的, 它_____.
　　① 适用于纯物质的任何二相平衡.
　　② 仅适用于纯物的 s-g, l-g 平衡.

(8) 正常沸点下, 大多数液体的摩尔气化熵_____.

① 近似相等　　　　② 相差很大

(9) 具有最低(或最高)共沸点的溶液肯定_____.

① 不是理想溶液　　② 其中任一组分在其全部浓度范围内符合 Raoult 定律.

(10) 某溶液在一定温度压力下的蒸气压值小于用 Raoult 定律计算值. 此时我们说该溶液的蒸气压对 Raoult 律产生_____.

① 正偏差　　　　　② 负偏差

3.2-2　苯在不同温度下的蒸气压数据如下所表示:

T/K	280.6	288.4	299.1	315.2	333.6	353.1
$p/p^{\ominus}$	5.26×10^{-2}	7.89×10^{-2}	1.32×10^{-1}	2.64×10^{-1}	5.28×10^{-1}	1.00

(1) 作 $\lg\dfrac{p}{p^{\ominus}} - \dfrac{1}{T}$ 图, 并求苯在 280.6 K～353.1 K 间平均摩尔气化焓.

(2) 得出苯的蒸气压方程.

答案　$30.68\,\text{kJ}\cdot\text{mol}^{-1}$

3.2-3　在 293 K～409 K 间 $TiCl_4$ 液体的蒸气压方程为:

$$\lg\frac{p}{p^{\ominus}} = 4.75352 - \frac{1947.6\,\text{K}}{T}$$

求 $TiCl_4(l)$ 为正常沸点及摩尔气化焓.

答案　$408.9\,\text{K},\,37.25\,\text{kJ}\cdot\text{mol}^{-1}$

3.2-4　在 1949 K～2054 K 间金属 Zr 的蒸气压方程为:

$$\lg\frac{p}{p^{\ominus}} = 7.3351 - 2415\times 10^{-4}\frac{T}{\text{K}} - \frac{31066\,\text{K}}{T}$$

请得出金属 $Zr(s)$ 的摩尔升华焓与温度的关系式, 并近似求算 $Zr(s)$ 在熔点(2128 K)时的摩尔升华焓及蒸气压.

答案　$573.9\,\text{kJ}\cdot\text{mol}^{-1},\,1.69\times 10^{-6}\,\text{kPa}$

3.2-5　乙酰乙酸乙酯($CH_3COCH_2\text{—}COOC_2H_5$)是精细有机合成的重要试剂, 它的蒸气压方程为

$$\lg\frac{p}{p^{\ominus}} = -\frac{2588\,\text{K}}{T} + B$$

B 为常数. 此试剂在正常沸点 454 K 时部分分解, 但在 343 K 是稳定的, 问: 在 343 K 减压蒸馏提纯时, 压力应降到多少? 并求该试剂的摩尔气化焓与正沸点下的摩尔气化熵.

答案　$144.8\,\text{Pa},\,49.56\,\text{kJ}\cdot\text{mol}^{-1}$

3.2-6　某一水蒸气锅炉能耐压 $15p^{\ominus}$, 问此锅炉加热到什么温度有爆炸危险. 已知水的气化热为 $225.3\,\text{J}\cdot\text{g}^{-1}$, 为常数.

答案　470 K

3.2-7　地面上大气压力随高度(h)按下面指数规律递减:

$$p = p_0\exp\left(-\frac{Mgh}{RT}\right)$$

其中 $p_0 = 101.325\,\text{kPa}$ 是 $h=0$(海平面上)的压力, 空气的平衡摩尔质量为 $M=29\,\text{g}\cdot\text{mol}^{-1}$, 公式中的 g 为重力加速度, T 为大气温度.

(1) 估算 293 K 时在海拔 3000 m 高原上水的沸点?

(2) 在 5000 m 高原上水的沸点又为多少? 已知 293 K 水的气化热为 2117.2 J·g^{-1}.

答案 (1) 364 K, (2) 358 K

3.2-8 钨在 2600 K 与 3000 K 的蒸气压分别为 $6.58×10^{-8}$ kPa 及 $9.17×10^{-6}$ kPa. 求:
(1) 钨的摩尔升华热;
(2) 在抽真空条件下,将钨在 3200 K 不断加热,求钨的升华速率(即 1 cm² 的钨在 1 s 内升华的克数).

提示 固体或液体的升华速度 v 由下式计算: $v = p(M/2\pi RT)^{\frac{1}{2}}$. 其中 p 为固体或液体蒸气压, M 为其相对摩尔分子质量. 实际上金属、无机盐等不易挥发物质的蒸气压就是通过升华速度的测定求算出来的.

答案 784.5 kJ·mol^{-1}, $6.89×10^{-6}$ g·cm^{-2}·s^{-1}

3.2-9 滑冰鞋下面的冰刀与冰接触面的长度为 7.62 cm, 宽为 0.00245 cm.
(1) 若滑冰人体重为 60 kg, 试问施加于冰面的压力为多大?
(2) 在该压力下冰的熔点是多少? 已知冰的摩尔熔化焓 $\Delta_s^l H_m = 6.00$ kJ·mol^{-1}, 冰的密度 0.92 g·cm^{-3}, 水的密度为 1.00 g·cm^{-3}.

答案 157.560 kPa, 262 K

3.2-10 六氟化铀固体(s)和液体(l)的蒸气压方程分别为:
$$\lg \frac{p^s}{p^{\ominus}} = 7.768 - \frac{2559.5 \text{ K}}{T}, \lg \frac{p^l}{p^{\ominus}} = 4.660 - \frac{1551.3}{T}$$

(1) 求六氟化铀三相点温度及压力;
(2) 求算六氟化铀在三相点时的 $\Delta_s^l S_m$ 和 $\Delta_s^l H_m$.

答案 (1) 337.3 K, 153.0 kPa; (2) $\Delta_s^l S_m = 59.44$ J·K^{-1}·mol^{-1}, $\Delta_s^l H_m = 20.05$ kJ·mol^{-1}

3.2-11 水的 $\Delta_s^l H_m$(273.15 K) = 6.008 kJ·mol^{-1}, 水(l)与冰(s)的膨胀系数 α, 摩尔等压热容 $C_{p,m}$ 及摩尔体积 V_m 在 273.15 K, $p^{\ominus}$ 时分别为:

$$\alpha^l = -6.0×10^{-5} \text{ K}^{-1}, \alpha^s = 11.0×10^{-5} \text{ K}^{-1}$$

$$C_{p,m}^l = 75.375 \text{ J·K}^{-1}·\text{mol}^{-1}, C_{p,m}^s = 37.678 \text{ J·K}^{-1}·\text{mol}^{-1}$$

$$V_m^l = 18.017 \text{ cm}^3·\text{mol}^{-1}, V_m^s = 19.690 \text{ cm}^3·\text{mol}^{-1}.$$

求 273.15 K 时水的 $\Delta_s^l H_m$ 随温度 T 的变化率.

提示 应用 Planck 方程, $\frac{d(\Delta H_m)}{dT} = 59.69$ J·K^{-1}·mol^{-1}

3.2-12 请据固-气两相平衡条件推出固-气两相平衡的 Clapeyron 方程及 Clapeyron-Clausius 方程.

3.2-13 请证明当单组分二相平衡时, 其中有一相为气相, 则

$$\frac{d(\Delta_\alpha^g H_m)}{dT} = \Delta_\alpha^g C_{p,m}$$

式中 α 为固相或液相.

3.2-14 298 K 纯水蒸气压为 3167 Pa, 求算 298 K 时水在 101.325 kPa 的空气中的蒸气压. 水在 298 K 时 $V_m^{*l} = 18.016$ cm^3·mol^{-1}.

提示 求算时假设气相为理想混合气体, 并忽略空气在水中的溶解度.

答案 3169 Pa

3.3 相 图

(一) 内容纲要

热力学体系具有相态的多样性.就所讨论的平衡态而言,这种多样性也是相当丰富的.物质在不同的宏观约束条件下能够呈现为不同的相态,既可以是单相形态,也可以是多相平衡共存的形态.各种相态具有显著不同的宏观行为.

1. 相图及其规律

相图是用几何方法表示单相或复相平衡体系状态的图形.相图与平衡体系状态方程呈相互对应关系.这里所指的状态是由相态及描述各相的独立热力学强度变量来刻划.

相图具有严密的结构.相图的坐标(框架)通常是描述状态的热力学强度量(温度、压力、摩尔体积及组成等).相图由若干个相区组成.每个相区是点的集合,可以是一个点,也可以是无穷多个点(不可数的连续区域),后者的相区为线、面或空间等.相图中每个相区中的点都有明确的物理意义,点分为物系点与相点,单相区的点既是物系点也是相点,它表示的就是体系的实际状态.$\Phi(\geqslant 2)$相区的点是物系点,体系实际存在的是Φ个相,它们分别用处于相同条件(例如同T,p)下该相区边界上的Φ个相点代表.处在一定状态下的每个相在相图中只与惟一的一个相点相对应,一般说来,Φ个相对应于Φ个相点,但可有重点,即相图中的一个点有时未必只对应一个相(如水相图中的三相点).Φ个相的相态不同,而描述状态的变量相同时,相点便重合.

相区按一定规则构成整个相图.相区之间彼此具有确定关系:

(1) 任何多相区必与单相区相连,而且Φ相区的边界必与Φ个结构不同的单相区相连.

(2) 相区交错规则:在临界点以下,一个Φ相区绝不会与同组分的另一个Φ相区直接相连,由Φ相区到另一个Φ相区必定要经过$\Phi \pm n$(n为整数)相区,故相图中的相区是交错的.这一规则是相律的必然结果.

2. 相图之间的联系

相图之间也存在相互联系,现指出下列两点:

(1) 相图的组合.任何复杂的相图可看成是由若干个简单相图按一定规律组合而成的.

(2) 相图的演变.一些相图可看成是由某一相图演变而成的.它反映了物质的结构及性质彼此间差异的演变.

在研究与表示物质的相变中,相图突出的优点是直观性与整体性.它一目了然地指出,在一定的状态变量范围内可存在的相态、可实现的相变以及相平衡的规律等.

相图中的规律主要指相平衡的规律.不同相图存在有共同性的普遍规律(例如相律及二相区的杠杆规则等),也有各自独特的规律(例如凝固点降低定律,沸点升高定律,Коноволов - Gibbs 定律等).

相图主要根据直接测得的实验数据绘制而成,有各种实验的方法.有的相图也可依据少量间接的实验数据,通过热力学规律进行绘制.

3. 相图的应用

相图的应用非常广泛.物质的分离提纯与控制相的形态及组成是两个主要实际应用.它也为理论上研究物质的结构及相互作用等提供了可靠的实际背景.

(1) 单组分体系相图

● $K=1$, $f=3-\Phi$, $f_{\min}=0$, $\Phi_{\max}=3$; $\Phi_{\min}=1$, $f_{\max}=2$. $\Phi=1$ $f=2$, 体系有二个独立的热力学强度变量, 在 p-T 图上对应一定的面.

● $\Phi=2$, $f=1$, T, p 中只有一个独立变量, p-T 图上对应的是一条曲线. 曲线斜率可由 Clapeyron 方程求出.

● $\Phi=3$, $f=0$ 为不变体系, p 和 T 为确定数值, 不能任意变更, 在 p-T 图上为一点, 如三相点.

(2) 二组分体系相图

$K=2$, $f=4-\Phi$, $\Phi_{\min}=1$, $f_{\max}=3$; $f_{\min}=0$, $\Phi_{\max}=4$, 为能在平面上表示二组分体系的状态, 一般绘制 p-x 或 T-x 图时是固定了温度或压力变量, 因此, 此时 $f^*=3-\Phi$, 平面图上最多出现三相共存.

相图中的点代表体系的状态, 在一相区中体系总组成就是相组成, 物系点就是相点. 在二相区中, 各个相组成不一定相同, 代表每个相状态的点叫相点. 因此二相区中的点为物系点, 实际状态在相图上由二个相点表示, 它们处在同 T、p 的二相区边界上, 体系总组成可由物系点代表的组成描述, 而相组成则由二个相点的组成描述.

(3) 三组分体系相图

$K=3$, $f=5-\Phi$, 用平面图形表示 (固定 T、p) $K=3$, $f^*=3-\Phi$.

等 T、p 下三角坐标图组成表示法 等边三角形每边十等分, 连接各分点即为三角坐标图 (图 3-2). 三个顶点分别代表了个三个纯组分, 构成单相体系. 三条边上的点代表了二组分体系. 三角形内部任一点 P 代表一个三组分体系, 其 A、B、C 含量可从 P 点(物系点)作 AB、AC (或其他两条亦可). 平行线交 BC 于 D、E, 中间 DE 代表 A 之含量, BD 代表 C 之含量, EC 代表 B 之含量.

几条规律:

① 处于某一边平行线上各点, 它们所对的顶角组分含量相同.

② 过顶点上任一直线上各点代表另二顶角组分含量之比相同.

③ 把物系点分别是 M、N 的二个三组分体系合并为一个新的三组分体系时, 则新的三组分体系的物系点一定在 MN 直线上, 具体位置可由杠杆规则确定.

图 3-2

④ 三个不同的三组分体系物系点分别为 D、E、F 混合成一新的三组分体系, 新物系点 G 一定在小三角形 DEF 中间, 具体位置可由三者重量之比确定.

⑤ 物系点与顶点连线为结线, 杠杆规则可用.

⑥ 三角相图中一般三角形为三相区, 含有凸线的三边区域为二相区.

注意 二组分相图中出现了不少名词, 如共沸点、临界点、相合熔点、不相合熔点、最低共熔点、稳定化合物、不稳定化合物、转熔温度等. 对这些名词, 一定要理解其含义及图形特征. 另外, 二组分相图中垂直线(包括端线)是单组分, 水平线(除端点外)上的所有点属三相区, 此时 $f^*=0$, 步冷曲线将出现平台.

(二) 例题解析

【例 3.3-1】 判断正误(在题后面的括弧中打"√"或"×"):

(1) 图 3-3 说明了其中三个相图的演变关系, 或者可以将最后一个相图看做是前两个相图中上、下两个简单相图组合而成（　　）.

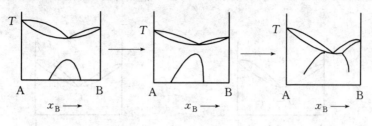

图 3-3

(2) 图 3-4 中 O 是物系点，过点 O 作 AB 平行线交于液相线和气相线于 b 和 b'，则 b 和 b' 为相点（　　）；若 n^g 表示气相中物质 B 的物质的量，n^l 表示液相中物质 B 物质的量，x_1 为体系中物质 B 的摩尔分数，x_2 和 x_3 分别代表液相和气相中物质 B 的摩尔分数，根据杠杆规则，有

$$\frac{n^g}{n^l} = \frac{x_1 - x_2}{x_3 - x_1} \quad (\quad).$$

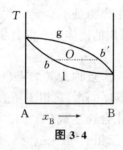

图 3-4

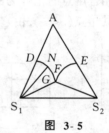

图 3-5

若体系与相应二相的量以质量表示，其组成以质量分数表示，则杠杆规则仍适用（　　）.

(3) 今有三组分相图如图 3-5 所示. 其中 S_1 和 S_2 为二固体盐，A 为 $H_2O(l)$，物系点 G 在线段 S_1N 上. 根据相图我们可知：相区 $ADFE$ 为单相不饱和溶液区（　　）. DS_1F 为二相区，二相为固相 S_1 和 S_1 的饱和溶液（　　），NS_1 为结线，N、S_1 为相点，根据杠杆规则 $W_{S_1} \cdot GS_1 = W_N \cdot GN$，$W_{S_1}$ 和 W_N 分别代表体系中二相（固相和液相）的质量，GS_1 和 GN 代表线段 GS_1 和 GN 的长度（　　）. FS_1S_2 为三相区，三相为固相 S_1，S_2 和点 F 代表的组成的溶液（　　）. 在三相区里自由度 $f=0$（　　）.

(4) 图 3-6 中，A、B、C 为三种液体纯物质. 根据图可知：液体 A 和 B 及液体 A 和 C 完全互溶，液体 B 和 C 只能部分互溶（　　）. 相区 $aa'Eb'b$ 为二相区，二相是 C 在 B 中饱和溶液 a 及 B 在 C 中饱和溶液 b，这二个饱和溶液又称为共轭溶液（　　）. 点 O 所代表的体系中加入液体 A 后，物系点将沿线 OA 上移（　　），线段 $a'b'$ 是结线，结线愈往上愈短，最后归结到 E 点，该点为临界点，此时二共轭溶液浓度相同（　　）. 杠杆规则用于结线，可以求共轭溶液的质量（　　）. 所有的结线延长都交于底边 CB 延长线 F 点（　　）.

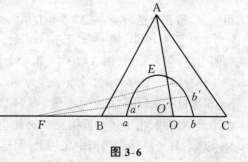

图 3-6

(5) 根据相图（p 一定，图 3-7）可知，物质 A 和 B 组成的溶液，经过蒸馏一定可以得到 A 和 B 二种纯物质（　　），物质 B 是使溶液蒸气压升高的成分，A 是使溶液沸点降低的成分

( ).上述物质 A 和 B 体系的 p-x_B(T 一定)相图一定和图 3-7 形状、趋势略同,如图 3-8 所示( ).

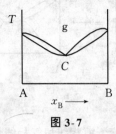
图 3-7

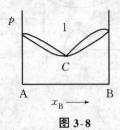
图 3-8

(6) 在二组分体系平衡(T-x)相图上,如果出现相合熔点则一定有稳定化合物生成( );相图上的水平线上所有点皆为三相点( );垂直线一定是单组分( ),而上面所有点均为单相点( ),其自由度为 1( );最低共熔点时其自由度为 0( ).

(7) 图 3-9 中点 O 是相合熔点( ),在这一点上固液组成相同( ),O 点所对应的温度即是具有相合熔点的化合物的熔点( ),这个化合物是不稳定的化合物( ).A、B 二点均是最低共熔点( ),由它们二点组成的溶液析出的固体是一混合物,称之低共熔混合物( ).

图 3-10 中 B 点称为转熔点( ),B 点所对应的温度为转熔温度( ).相图还表明物质 E 和 F 可以有一不稳定化合物生成( ),当温度达到转熔温度时,体系中有三相平衡存在( ),这三相为代表 B 点组成的溶液,固体不稳定化合物及固体 F( ).

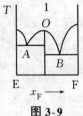
图 3-9

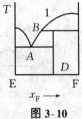
图 3-10

(8) 在图 3-11 所示三组分体系相图中,物系点 A 包含了 $H_2O(l)$、$NaCl$ 和 Na_2SO_4 三种组分( ).今欲把物系点 A 代表体系中的水全部脱去,有人认为这个脱水过程是沿着 AE 线变化( ),最终达到 E 点,从而完成脱水过程( ).

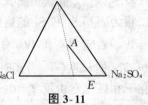
图 3-11

解析 (1)~(4)全对.

(5) 第一个错.根据分馏原理,只能得到纯 A(或纯 B)与恒沸混合物.第二、第三均错.

(6) 第一个对.第二个不对,应该除掉水平线二边端点.第三个对.第四个错,因可能存有相变点.第五个错,$f = 1 - 2 - 1 = 0$.第六个对.

(7) 图 3-9 中,第一个、第五个不对,应是这几个点所对应的温度.第二个对.第三个不对.第四个错,第六个对.图 3-10 中,第一个错,其余均对.

(8) 第一个对.第二个错,因为 A 点所代表的体系脱水过程,就是保持体系 NaCl 和 Na_2SO_4 量不变(相对量之比不变)而 $H_2O(l)$ 不断减少的过程,这一过程应是沿图中虚线变化而不是 AE 线.由上述分析第三个必然也错了,过程终态水全部脱去,体系中只有 NaCl(s) 和 Na_2SO_4(s),当然是在相图中底边上,但这一点并不是 E 点,而是虚线与底边的交点.

【例 3.3-2】 碳的相图如图 3-12 所示:

(1) 请论述点 O 及线 OA、OB、OE 的意义.

(2) 在 2000 K 的温度下将石墨(C_G)转化为金刚石(C_D),如何确定所需最小压力?

(3) 在一定温度下,石墨和金刚石哪种晶型具有较高的密度?

解析 (1) O 点:三相点,$C_D \rightleftharpoons C_G \rightleftharpoons C$ 三相同时平衡共存,此时 $f=0$.

线 OA:表示石墨和金刚石之间转变温度随压力的变化,石墨和金刚石二相平衡共存.

线 OB:表示石墨的熔点随压力的变化,石墨和熔液二相平衡共存.

线 OE:表示金刚石的熔点随压力的变化,金刚石和溶液二相平衡共存.

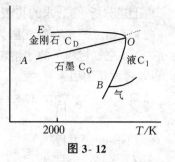

图 3-12

(2) 过 2000 K 的点作垂线交 OA 线上点的纵坐标,即为所需压力.

(3) 比较密度之大小,对于 C_D 和 C_G 来说即为比较其 V_m 之大小,而用 Clapeyron 方程可以解决.由相图知:线 OA 斜率大于 OE,即 $\dfrac{\mathrm{d}p}{\mathrm{d}T}>0$,而

$$\frac{\mathrm{d}p}{\mathrm{d}T} = \frac{\Delta_D^G H_m}{T\Delta_D^G V_m} = \frac{H_m^G - H_m^D}{T(V_m^G - V_m^D)}$$

因此只要知道 $\Delta_D^G H_m$ 符号,即可判断 $\Delta_D^G V_m$ 符号.由相图知,当 p 一定时,升温($\Delta T>0$)对生成 G 有利,也就是使反应 $C_D \to C_G$ 更易进行,所以此反应必是吸热反应,即 $\Delta_D^G H_m>0$,故 $\rho_D>\rho_G$.

问题 还有没有其他方法可以判断 $\Delta_D^G H_m>0$ 呢?

【例 3.3-3】 水的相图如图 3-13 所示:(1) 分析相图各点线的意义和相区情况;(2) 水的三相点和冰点差别.

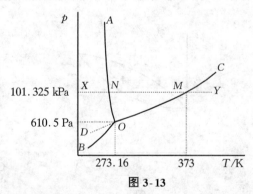

图 3-13

解析 (1) COB 线下方为水气区域,COA 内为液态水区,AOB 为固态水区.OC 线表示水与其蒸气二相平衡,蒸气压随温度升高而增大.OC 线也称水在不同温度下的饱和蒸气压曲线.OC 线向高温延伸只能到水的临界点($T_c=647.4$ K,$p_c=2119.247$ kPa)在临界温度以上都是气相区.若把水的温度降低,蒸气压将沿 CO 线向 O 点移动,到了 O 点应当有冰出现,成三相平衡

$$H_2O(s) \rightleftharpoons H_2O(l) \rightleftharpoons H_2O(g)$$

此时 $p=610.5$ Pa,$T=273.16$ K.若降温缓慢,水的蒸气压沿 CO 线到 O 点仍无冰出线,沿 OD 线移动,称之为过冷现象.由于 OD 线在 OB 线之上,即同温下水的蒸气压高于冰的蒸气压,这种平衡称为亚稳平衡.OB 线表示冰与水蒸气二相平衡时冰在不同温度下的饱和蒸气压曲线或称冰升华曲线.它向低温延伸可到绝对零度.

OA 线表示冰与水二相平衡温度(冰的熔点)与外压关系,或称冰的熔化线.

由上述分析可知,水的相图可有 7 个相区,其中 3 个单相区、1 个三相区、3 个二相区.

(2) 三相点是水在蒸气压为 610.5 Pa 下的凝固点(273.16 K),此时 $f=0$. 而水的冰点是在 $p^{\ominus}$ 下,被空气饱和了的水溶液的凝固点,它不能从水的相图上找到. 由于稀溶液凝固点下降,以及考虑压力因素[注意 $\rho_{(水)} > \rho_{(冰)}$],因此冰点比三相点低 0.01 K. 这可通过计算得到.

已知 $\Delta_s^l H_m(H_2O, 273.15\ K) = 5.9965\ kJ \cdot mol^{-1}$,$\rho_{(水)} = 0.9998\ g \cdot cm^{-3}$,$\rho_{(冰)} = 0.9168\ g \cdot cm^{-3}$.

由 Clapeyron 方程得

$$\frac{dT}{dp} = \frac{T\Delta_s^l V_m}{\Delta_s^l H_m} = -0.00753\ K \cdot (p^{\ominus})^{-1}$$

即在 273.15 K 时,压力增加到 101.325 kPa,冰熔点降低 0.00753 K.

● 当外压由 $p^{\ominus}$ 变到 273.15 K 水的蒸气压 610.48 Pa 时(很接近水三相点时压力),其平衡温度

$$\Delta T = (-0.00753\ K)\Delta(p/p^{\ominus}) = 0.00748\ K$$

这就是说单纯考虑外压效应,三相点温度比水之冰点高 0.00748 K.

● 另外,在 $p^{\ominus}$、273.15 K 时饱和空气的水溶液的凝固点比纯水低 0.00241 K.

综合上述二种效应为 0.00989 K(≈ 0.01 K). 若规定三相点温度为 273.16 K,则水在 $p^{\ominus}$ 下冰点应为 273.15 K.

【例 3.3-4】 相图分析(图 3-14~图 3-31):

(1) 略述下列相图各有什么特点(各相区组成,相态,特殊点、线意义等)

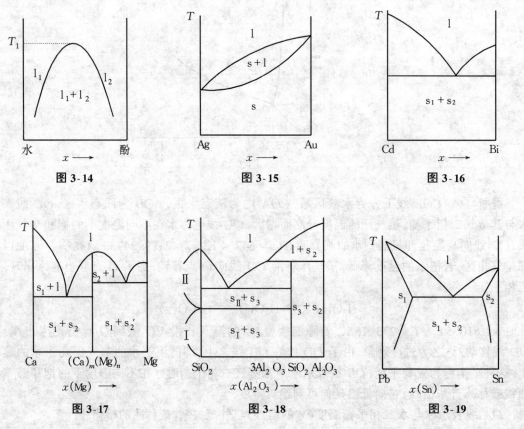

图 3-14

图 3-15

图 3-16

图 3-17

图 3-18

图 3-19

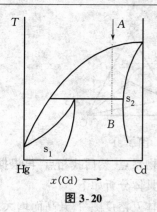
图 3-20

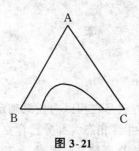
图 3-21

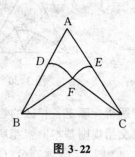
图 3-22

(2) 指出下列相图中各相区相态及自由度.

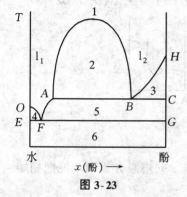
图 3-23

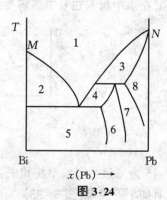
图 3-24

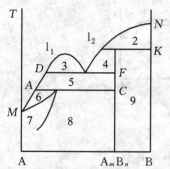
图 3-25

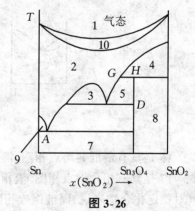
图 3-26

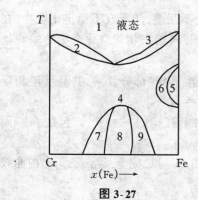
图 3-27

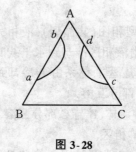
图 3-28

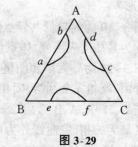
图 3-29

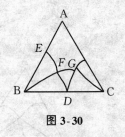

图 3-30

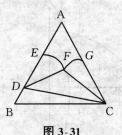

图 3-31

解析 确定各相区的相态主要方法是在相区内任意确定一个物系点,然后找相点,再根据相区交错规则基本上就能解决了.各相区相态大部分已标在图上.具体分析如下

(1) 图 3-14 属部分互溶双液系,具有最高临界温度 T_1,二液体互溶度随 T 升高而增大,曲线代表酚在水中和水在酚中溶解度曲线.此类相图还有如下等类型(图 3-32).

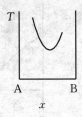
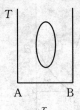

图 3-32

图 3-15 为二组分固液平衡相图.完全互熔的固熔体 s 的熔点介于两个纯固相熔点间.此类相图还有如下等类型(图 3-33).

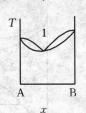
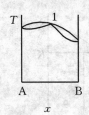

图 3-33

图 3-16 是具有最低共熔点相图.液相完全互溶,固相完全不互溶.

图 3-17 是具有相合熔点相图,液相完全互溶,固相完全不互溶,且能生成稳化合物.相合熔点时(对稳定化合物来说)固液组成相同.一般而言,有 n 个稳定化合物生成,必有 $n+1$ 个低共熔点.

图 3-18 为不相合熔点型相图.液相完全互溶,固相完全不互溶,能形成不稳定化合物,在不相合熔点时,化合物开始分解,因而此时固液二相组成不同.转熔三相线与化合物的垂线呈"T"字形.

图 3-19 为简单低共熔点型相图(共晶型).液相完全互溶,固相部分互溶.共晶反应相应温度称为共晶反应温度.体系由液相区冷却到水平线时,$l \rightleftharpoons s_1+s_2$.

图 3-20 为转熔型相图(包晶型).体系由 A 冷却到水平线时,$s_2+l \rightleftharpoons s_1$,$s_1$ 包在了 s_2 固熔体外面.液相完全互溶,固相部分互溶.

图 3-21 中,A、B、C 为三种液体,B 与 C 部分互溶,A 与 B,A 与 C 完全互溶.三角形内曲线内部区域为二相区,曲线外为单相区.

图 3-22 中 A 代表 H_2O,B、C 为两种固态盐.BFC 区为三相区,固态 B、固态 C 及 F 点的

溶液. BDF 及 CEF 为二相区. ADFE 为单相区.

另外,完全互溶双液系(图 3-34~3-37)等简单相图请读者填上相态.

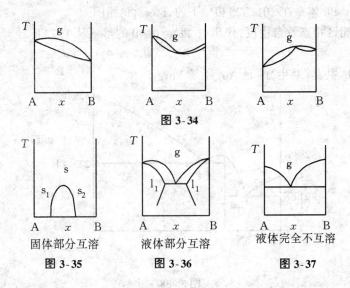

图 3-34

固体部分互溶　　液体部分互溶　　液体完全不互溶

图 3-35　　　　　图 3-36　　　　　图 3-37

(2) 图 3-23 相区 1 为单相区 l_1,相区 2 内物系点的相点为 l_1 和 l_2,故相区 2 为二相区. 同理,相区 3 内相态为液相 1 和固体酚,其他分析同上. 结果列于下表:

	单相区	二相区					三相区	
	1	2	3	4	5	6	ABC	EFG
相态	l_1	l_1+l_2	l_2+s(酚)	冰$+l_1$	l_1+s(酚)	冰$+s$(酚)	l_1+l_2+s(酚)	冰$+l_1+s$(酚)
f	2	1	1	1	1	1	0	0

从相区交错规则来分析,相区 1 为单相区与之相邻的相区 2 和相区 3 为二相区;同样,相区 2 与相区 3 和相区 5 间有个三相区,相区 5 与相区 6 间也有一个三相区隔开,因此没有两个相同相区相邻. 这就是相区交错规则. 应用相区交错规则是很容易确定相区的相数的,同时也为我们检查相图分析是否正确提供了依据.

其他相图希望读者填上. 其中图 3-28 是两对部分互溶体系相图,A、B、C 均为液体. 图 3-29 为三对部分互溶体系相图. 图 3-30 是有复盐形成的体系相图, D 代表复盐 B_mC_n, FG 为复盐在水中溶解度曲线. A 代表 $H_2O(l)$, B、C 为一种固态盐. 图 3-31 为有水合物生成的体系相图, B、C 代表两种固态盐, A 代表 $H_2O(l)$, A 与 B 生成水合物 D. 其他如各区相态等,请读者分析.

【例 3.3-5】 据下列数据绘制相图.

(1) 在 101.325 kPa 下,已知 Hg-Tl 体系部分实验数据:

物质	Hg	Tl_2Hg_6	E_1(Tl 质量分数 18%)	E_2(Tl 质量分数 41%)	Tl
熔点	234 K	288 K	213 K	273.4 K	636 K

① 简略绘制该体系温度-组成相图. E_1 和 E_2 对应的温度分别为两个低共熔点.

② 为扩大低温测量范围,选何种组成的混合物作温度计比较合适?

(2) Au、Pb 的熔点分别为 1876 K 和 600 K,它们生成两种化合物 Au_2Pb 和 $AuPb_2$. 其中,

Au₂Pb 在 703 K 分解成纯 Au 和 Pb 的摩尔分数 $x(Pb) = 0.45$ 的溶液, AuPb₂ 在 527 K 分解成 Au₂Pb 和 $x(Pb) = 0.72$ 的溶液. 在 493 K 有一低共熔点, 其混合物组成为 $x(Pb) = 0.85$.

① 绘出 Au - Pb 体系在 101.325 kPa 下的 T-$x(Pb)$ 相图.

② 注明各相区相态及自由度, 作出 $x(Pb) = 0.40$ 的溶液从 1273 K 冷却到 437 K 的步冷曲线.

③ 与 AuPb₂ 共晶(共生)的是 Au, 还是 Pb?

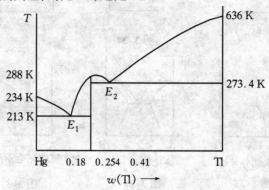

图 3-38

解析 (1) 生成化合物 Tl₂Hg₆ 其组成为 25.4%, 又知有二个低共熔点其组成在化合物 (Tl₂Hg₆) 二边.

① 因此相图为具有相合熔点型. 根据题中数据及上述分析, 绘制相图(如图 3-38).

② 选取 E_1 所具有的组成的溶液作温度计较为合适.

(2) 两种化合物分解, 则为不相合熔点型, 由分子式 AuPb₂ 和 Au₂Pb 确定它们各自含 Pb 的摩尔分数以便确定两化合物位置. AuPb₂, $x(Pb) = 2/3 = 0.67$, Au₂Pb, $x(Pb) = 1/3 = 0.33$. 703 K 和 527 K 为不相合熔点, 过这两点处各有一水平线. 493 K 是低共熔点, 过此点也应有一水平线.

① 相图和步冷曲线的绘制见图 3-39.

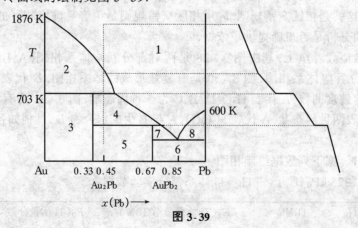

图 3-39

② 相区 1: 单相区, l, $f = 2$

　　相区 2: 二相区, l + s(Au), $f = 1$

　　相区 3: 二相区, s(Au) + s(Au₂Pb), $f = 1$

　　相区 4: 二相区, l + s(Au₂Pb), $f = 1$

相区 5:二相区,s(Au$_2$Pb) + s(AuPb$_2$),$f = 1$

相区 6:二相区,s(AuPb$_2$) + s(Pb),$f = 1$

相区 7:二相区,l + s(AuPb$_2$),$f = 1$

相区 8:二相区,l + s(Pb),$f = 1$

三相区:($f = 0$)三条水平线,从上到下相态分别为:l + s(Au) + s(Au$_2$Pb);l + s(Au$_2$Pb) + s(AuPb$_2$);l + s(AuPb$_2$) + s(Pb).

③ 根据共结晶原理(有化合物生成的体系,端元组成不发生共结晶,而是由它们生成的化合物和某一端元组分共结;如果形成多种化合物,则在组成上相近于端元组分的化合物与其端元组分共结),与 AuPb$_2$ 共晶的是 Pb.

【例 3.3-6】 NaCl-H$_2$O 二组分体系,能形成不稳定化合物 NaCl·2H$_2$O,此化合物在 264 K 时分解,生成无水 NaCl 和质量分数为 27% 的 NaCl 水溶液.该体系有一低共熔点(252 K),此时冰、NaCl(s)和 23.3% 的 NaCl 溶液平衡共存.NaCl 在水中溶解度随温度升高略有增加.

(1) 简略绘出等压下该体系 T-w(NaCl)相图.

(2) 若在冰水平衡体系中,加入固体 NaCl 作致冷剂,可获得最低温度是多少?

(3) 某沿海石油炼厂所用的淡水是由 w(NaCl) = 2.5% 的海水淡化得来.其方法是冷冻法,即利用液化气膨胀吸热,使泵取的海水在装置中降温,析出冰,将冰熔化而得淡水.问:冷冻到什么温度所得淡水最多?从 1 t(吨)海水中一次最多能得到多少淡水?

解析 (1)NaCl·2H$_2$O 为不稳定化合物,属不相合熔点型.

$$w(\text{NaCl}) = \frac{58.5}{58.5 + 2 \times 18.02} \times 100\% = 61.90\%$$

264 K 分解,此处应有一水平线[端点位置为 w(NaCl) = 27.0% 和 w(NaCl) = 100%].252 K 处有一水平线,端点位置为 w(NaCl) = 0.0% 和 61.90%,NaCl 溶解度曲线应较陡,略向右倾斜.据上述分析,绘图如下:

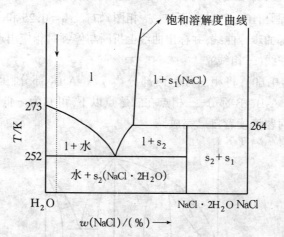

图 3-40

(2) 从图上看,可获得的最低温度为 252 K.

(3) 图中虚线为冷却过程,当无限接近水平线时应得淡水最多,应用杠杆规则(m 为冰的质量)是:

$$\frac{2.5\%}{23.3\% - 2.5\%} = \frac{1000 \text{ K} \cdot \text{kg} - m}{m}, \quad m = 893 \text{ kg}$$

【例 3.3-7】 某温度下纯液体物质 A 的饱和蒸气压为 13.17 kPa, 纯液体物质 B 为 52.69 kPa, 二者部分互溶. 当 $x_A = 0.1$ 时, 与溶液呈平衡的蒸气总压为 39.52 kPa, 当 $x_A = 0.70$ 时平衡总蒸气压为 26.34 kPa. 气相成分 $y_A = 0.20$, 总蒸气压为 33.44 kPa, 且同时与二液相平衡. 试绘出 T 一定时, A-B 二元系 p-x 相图. 明显残缺部分, 请据学过的知识将其补上. 同时把 p 一定下的 T-x 相图大致画出来, 并对两种图形加以比较.

解析 根据题意定点线, 而且气相在一侧, 液相在一侧, 因此相图必类似于转熔型. 图 3-41(a) 和 3-41(b) 是所绘的相图, 图中虚线是补上的.

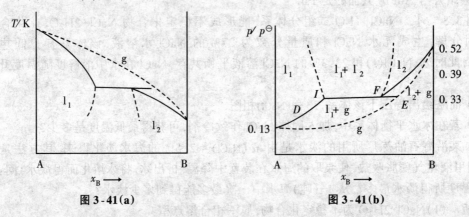

图 3-41(a)　　　　　　　　图 3-41(b)

问题 在 p-x 图中气相线为什么在液相线右侧? 蒸气中富集的是什么成分? 在这个相图中是 $y_A^g > x_A^l$, 还是 $y_B^g > x_B^l$?

【例 3.3-8】 101.325 kPa 下, 金属 A 和 B 分别在 1473 K 和 1873 K 熔化. 热分析指出在 1673 K 时有 $x_B = 0.10$ 的熔体与 $x_B = 0.20$ 和 $x_B = 0.30$ 两个熔体间成三相平衡共存. 1523 K 时 $x_B = 0.75$ 的熔体与 $x_B = 0.65$ 和 $x_B = 0.90$ 二熔体也成三相平衡. A 和 B 可以形成化合物 A_2B_3, 它在 2033 K 时熔化. 请画出 101.325 kPa 下 T-x_B 相图. 如有 $x_B = 0.25$ 和 $x_B = 0.90$ 两个熔体, 请画出从 3000 K 开始冷却的步冷曲线, 并标出曲线上折断与停顿时相应出现的相态变化.

解析 有两个水平线(三相线).

化合物 A_2B_3 ($x_B = 0.60$), 将相图分为两部分: (i) A-A_2B_3 部分, 因为三相点位于二熔点间, 所以为转熔型; (ii) A_2B_3-B 部分, 三相点在二熔点以下, 可知为一低共熔点型, 据已知条件可绘相图 3-42. 其他问题请读者自己完成.

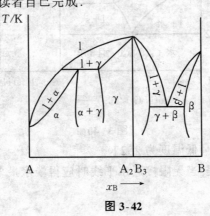

图 3-42

第3章 相平衡热力学及相图

【例3.3-9】 在标准压力下,实测得到Mg-Si体系在不同组成下步冷曲线的下列数据:

$w(Si)/(\%)$	曲线最初转折温度 T/K	曲线呈水平温度 T/K
0	—	924
3	—	911
20	1273	911
37	—	1375
45	1343	1223
57	—	1223
70	1423	1223
85	1565	1223
100	—	1693

(1) 画出Mg-Si体系相图,确定Mg与Si生成化合物化学式.
(2) 将含$w(Si)$为85%(质量分数)的溶液冷却到1473 K时,体系有哪两相存在?
(3) 将Mg与Si溶液冷却,能否得到Mg与Si的共晶?

解析 (1) 相图(图3-43)

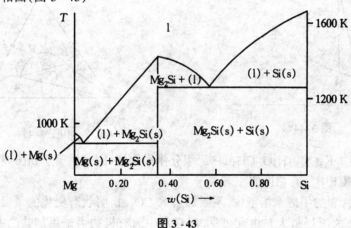

图3-43

$$w(Mg):w(Si) = \left(\frac{0.37}{28} : \frac{0.63}{24}\right) = 1.99:1 \approx 2:1,$$ 所以化合物的化学式为Mg_2Si.

(2) 有溶液l与Si二相共存.
(3) Mg与Si不能共晶.

【例3.3-10】 $CaCO_3(s)$在高温下分解为$CaO(s)$和$CO_2(g)$,请依据相律说明:
(1) 把$CaCO_3(s)$放在一定压力的CO_2气中加热到相当温度不会使$CaCO_3$分解.
(2) $CaCO_3(s)$、$CaO(s)$与一定压力的$CO_2(g)$共存时有一个且仅有一个平衡温度.

解析 (1)$CaCO_3$与一定压力的CO_2气是二组分二相体系. $f=2-2+1=1$,即温度可在一定范围内变动而不产生新相或消失旧相. 也就是说,$CaCO_3$在高于平衡压力的CO_2气中加热到相当温度不会使$CaCO_3$分解.
(2) $S=3, R=1, R'=0, K=2, \Phi=3; f=2-3+1=0$
所以平衡温度是一个定值.

【例3.3-11】 依据下列事实绘出醋酸相图,并指出各相区相态:
(1) 醋酸在其蒸气压为1.22 kPa时熔点是289.8 K.

(2) 醋酸有两种晶型,用固Ⅰ和固Ⅱ表示,它们的密度都比液态的大,而且固Ⅰ在低压下比固Ⅱ稳定.

(3) 在 202.7 MPa,328.7 K 时固Ⅰ、固Ⅱ和液态平衡共存.

(4) 固Ⅰ和固Ⅱ的转变温度随压力升高而升高.

(5) 醋酸的正常沸点为 391 K.

解析 单组分 p-T 图(图 3-44).依据(1),醋酸的三相(s,l,g)平衡共存点 A.依据(3),醋酸固Ⅰ和固Ⅱ及液相平衡共存得三相点 C.依据(2),低压下 $s_Ⅰ$ 比 $s_Ⅱ$ 稳定,所以 $s_Ⅰ$ 应在 $s_Ⅱ$ 下方,连接 A、C,AC 线为 $s_Ⅰ$ 与 l(液)平衡共存线,且据 Clapeyron 方程

$$\frac{\mathrm{d}p}{\mathrm{d}T}=\frac{\Delta_s^l H_m}{T\Delta_s^l V_m}$$

$\Delta_s^l H_m>0$,$\Delta_s^l V_m>0(\rho_s>\rho_l)$,故$(\mathrm{d}p/\mathrm{d}T)>0$,即 AC 线斜率为正.同理,CE 线也是如此.据(4),可画出 $s_Ⅰ$ 与 $s_Ⅱ$ 平衡共存线 CD(如图 3-44).

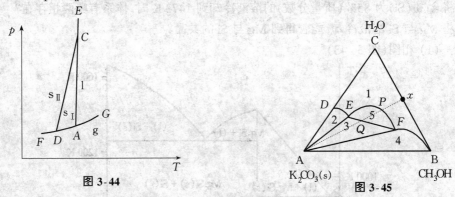

图 3-44　　　　　　图 3-45

【例 3.3-12】 K_2CO_3-H_2O-CH_3OH 三组分体系的液-固等温等压相图如图 3-45 所示.

(1) 请标出相图中所有相区的相态.

(2) 在 x 点代表的甲醇水溶液中,不断加入 K_2CO_3,指明状态变化的情况.当物系点变到何处时,甲醇富集的液层最大? 由此可见,溶在水中的有机物可采用加盐的方法使用机物富集,这是有机化学中常用的方法.

(3) 等温等压下,采用什么方法能从 K_2CO_3 饱和水(或甲醇)溶液中分离出 K_2CO_3 来.

(4) 在一定温度压力下,盐在某溶剂中溶解度随另一种与溶剂相溶的物质加入而降低,称为盐析效应.请从化学势有关知识对此效应作出解释.

解析 (1)相区 1 为液相 l,相区 2 为液相(l)与固相[$s(K_2CO_3)$],相区 3 为 l(E 点)+ l(F 点)+ s_A,相区 4 为 l(FG 线)+ s_A+ l_B,相区 5 为两液相.

(2) 不断加入 K_2CO_3,体系状态沿虚线变化.xP 线为溶液(单相)至 P 点溶液分层出现富含甲醇的溶液和富含水的溶液,至 Q 点溶液分为 E 点的水相和 F 点的有机相,并开始出现 $K_2CO_3(s)$.由此可知当物系点处于 Q 点时富集甲醇最大.

(3) 可用加水(或甲醇)的方法.

(4) 据 G-D 方程(等 T、p 下):$n_1\mathrm{d}\mu_1+n_2\mathrm{d}\mu_2=0$,加入与溶剂相溶物质,相当于在 T、p 恒定时增加溶剂量,即 $\mathrm{d}\mu_1$ 增加.由 G-D 方程知,此时 $\mathrm{d}\mu_2$ 必减少,即 x_2 下降(溶解度下降).

【例 3.3-13】 如图 3-46,A 代表 $H_2O(l)$,B 代表 $KNO_3(s)$,C 代表 $NaNO_3(s)$.现将 200 kg $NaNO_3$ 和 KNO_3 混合,其中 KNO_3 质量分数为 71%.问:

(1) 用加水溶解的办法能得到那种纯净的盐(固态)?

(2) 如果混合盐中加入 200 kg 水,平衡后能得到什么?已知点 F 为混合盐物系点.

解析 (1) 混合盐加水溶解是沿 FA 线向上移动.但要只得到一种纯固相,只有移到 HG 线段间才行,在 BME 相区里可以纯到纯$KNO_3(s)$.

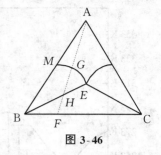

图 3-46

(2) 加 200 kg 水,物系点正好在 AF 线中点处,处于单相不饱和溶液区内,因而得到的是 KNO_3 和 $NaNO_3$ 的不饱和溶液.

讨论 在上题(1)中,加水加到什么位置可得最多的纯盐?

(三) 习题

3.3-1 利用水的相图说明:

(1) 为什么夏秋之交,白天黑夜温差较大时会产生露水?在天气骤然降温时,为什么还会"降"霜?

(2) 我国北方寒冬时节气温多在 273 K 以下,下雪后扫到墙角下的雪照不到太阳,因此并不融化.但过几天后,雪会消失,为什么?试利用相图加以说明.

3.3-2 CO_2 的临界温度为 304.2 K,临界压力为 7386.6 kPa,三相点为 216.4 K、517.77 kPa,它的熔点随压力增加而升高.

(1) 请画出 CO_2 的 p-T 相图,并指出各相区的相态.

(2) 在 298 K 下,装 CO_2 液体的钢瓶中其压力约为多大?

(3) 若将贮有 CO_2 的钢瓶的阀门迅速打开(即可视为绝热),逸出大气中的 CO_2 将处于什么状态?(实验室获得干冰的原理).

(4) 若缓慢打开阀门(等温),逸出大气中的 CO_2 又将处于什么状态?

答案 钢瓶中压力为 6383.5 kPa

3.3-3 对于所给的三个等压相图(图 3-47~图 3-49),回答:

(1) 指明各相区的相态及自由度.

(2) 指出体系沿图中虚线冷却时所发生的相态变化,并画出其步冷曲线.

(3) 指出相图中所有自由度为 0 的点与线.

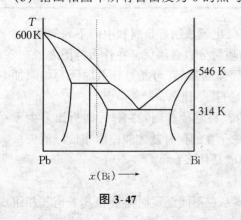

图 3-47

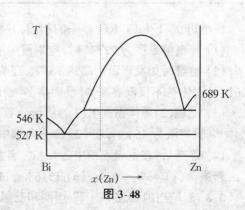

图 3-48

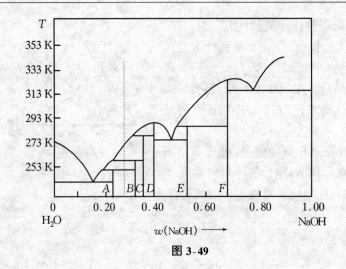

A: NaOH·7H$_2$O
B: NaOH·5H$_2$O
C: NaOH·4H$_2$O
D: NaOH·3$\frac{1}{2}$H$_2$O
E: NaOH·2H$_2$O
F: NaOH·H$_2$O

图 3-49

3.3-4 由 LiCl-KCl 体系的步冷曲线得到下列数据：

w(KCl)/(%)	凝固点 T/K	全部凝固的温度 T/K
0	878	629
16.4	837	629
30.6	786	629
43.0	722	629
48.6	687	629
54.0	643	629
55.5	629	629
59.0	673	629
63.8	725	629
68.3	773	629
72.5	813	629
80.4	888	629
94.0	1006	629
100	1048	629

请绘出 $p^\ominus$ 下 LiCl-KCl 体系的相图，并解决熔盐电解法制备金属锂中的下列问题.

(1) 选电解温度为 723 K 时，电解液中 KCl 的质量分数必须保证在什么范围之内？

(2) 电解时如发现温度高达 783 K 时，还有少量固体盐不熔，可能是什么原因？如添加少量 LiCl 后，固体盐不仅没有减少，反而增多，请断定熔的盐是什么？

(3) 上述(2)原体系内 KCl 的质量分数是多少？将它冷却到 723 K 时，能析出多少千克的固体？(设槽液为 45 kg)，在 723 K 下向槽中加多少千克的何种盐才能使固相恰好消失？

(4) 停产后，在室温下槽中为几相？各相的组成是什么？

答案　(1) 43% ~ 63%，(3) 13.6 kg, 11.0 kg

3.3-5 在 101.325 kPa 下，丙酮和三氯甲烷体系在不同温度时溶液和其平衡气相组成的数据如下：

T/K	$x^l(CHCl_3)$	$x^g(CHCl_3)$
329 K	0	0
332	0.20	0.11
335.5	0.40	0.31
338	0.65	0.65
336.5	0.80	0.88
334	1.00	1.00

(1) 绘出丙酮和三氯甲烷体系的沸点组成图.

(2) 将 1 mol 三氯甲烷和 4 mol 丙酮的溶液蒸馏,当温度上升到 333 K 时整个馏出物的组成约为多少?

(3) 将(2)中的溶液完全分馏能得到何物?

答案 (2) 0.125

3.3-6 Hg 与 Pb 的熔点分别为 312 K 和 600 K,两者在液态完全互溶,它们之间不生成化合物. 在 233 K 时一个液相与两个固相平衡存在,其中一个固相是纯 Hg,另一个是 $w(Hg)$ 为 35% 的固溶体. 据上事实请画出该体系的等压相图.

3.3-7 Mg 与 Ni 的熔点分别是 924 K 和 1725 K,它们可生成两种化合物 $MgNi_2$ 和 Mg_2Ni,前者的熔点为 1418 K,后者于 1153 K 分解为含 50%(质量分数,下同)Ni 的液相与 $MgNi_2$ 固体. 体系有两个低共熔点,其温度和组成分别为 783 K、23% Ni 及 1353 K、89% Ni,据上述事实绘出该体系的等压相图.

3.3-8 图 3-50 是 H_2O-Li_2SO_4-$(NH_4)_2SO_4$ 三组分体系相图,标出各相区相态. 详述组成为 E 的溶液等温蒸发所发生的变化.

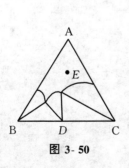

图 3-50

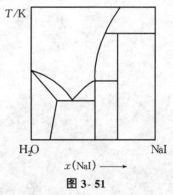

图 3-51

3.3-9 苯、萘熔点分别为 278.5 及 352.9 K,摩尔熔化热分别为 9.837 及 1908 kJ·mol^{-1}. 设苯和萘形成理想溶液,画出苯-萘体系的 T-x 图,并求出该体系低共熔点的温度和组成.

提示 利用凝固点降低公式,分别代入一套 x_1 和 x_2 数据求得相应温度 T,作 T-x 图.

3.3-10 已知 NaI 与 H_2O 可以生成两种不相合熔点的化合物 $NaI·2H_2O(A)$ 与 $NaI·5H_2O(B)$[$w(NaI)$ 分别为 80.62% 和 62.46%],在固态下 NaI 与水完全不互溶. 有人将 H_2O-NaI 二组分体系的等压($p^\ominus$)相图绘制成图 3-51.

(1) 指出图中的错误,并改正.

(2) A 与冰能否共结;A、B、冰三者能否共结.

3.3-11 298 K,苯-乙醇-水组成三组分体系,在一定浓度范围,部分互溶而成两层.其共轭层组成如下(质量分数):

第一层		第二层
$w(C_6H_6)/(\%)$	$w(C_2H_5OH)/(\%)$	$w(H_2O)/(\%)$
1.3	38.7	
9.2	50.8	
20.0	52.3	3.2
30.0	49.5	5.0
40.0	44.8	6.5
60.0	33.9	13.5
80.0	17.7	34.0
95.0	4.8	65.5

(1) 试画出相图和连接线.

(2) 今有 25 g 乙醇 46% 的水溶液,拟用苯萃取其中乙醇,用 100 g 苯一次萃取能从水溶液中萃取多少乙醇?(请利用上述绘制的相图)

答案 4.2 g

第4章 化学反应热力学及平衡常数

4.1 相变及化学反应的热效应

(一) 内容纲要

1. 反应进度 ξ

对于化学反应 $0 = \sum_B \nu_B B$，定义

$$\xi = \frac{n_B - n_B^0}{\nu_B} \tag{4-1}$$

式中 n_B^0、n_B 代表起始时刻 $t=0$ 和时刻 t 时物质 B 的量；化学反应中各物质变化的量都可以用 ξ 表示，所以化学反应体系引入 ξ 作为热力学变量。

2. 化学反应体系状态的描述

一般讲，含有 r 个独立化学反应的 pVT 封闭体系，当始态的各物质量给定，而且体系达热平衡与力学平衡但不达到化学反应平衡，该体系的状态可由 $T, p, \xi_1, \xi_2, \cdots, \xi_R$ 描述，若化学反应也达平衡，据 Duhem 定理，体系只用二个独立变量即可描述。当然若各相的温度(或压力)彼此不等，只是各相内达热平衡(或力学平衡)，则体系的状态用各相的 T、p 以及 $\xi_1, \xi_2, \cdots, \xi_R$ 描述。

3. 化学反应体系的任一广度量 L 的摩尔微分量变

$$\Delta_r L_m = \left(\frac{\partial L}{\partial \xi}\right)_{T,p} = \sum_B \nu_B L_B \tag{4-2}$$

式中 L 可以是 $V, U, H, S, F, G, C_V, C_p$ 等；L_B 是物质 B 的偏摩尔量，若是纯物质，L_B 就是摩尔量。

(1) 物质的摩尔微分相变焓

$$\Delta_\alpha^\beta H_m^* = \left(\frac{\partial H}{\partial \xi}\right)_{T,p} = H_m^{*\beta}(B, T, p) - H_m^{*\alpha}(B, T, p) \tag{4-3}$$

摩尔(微分)气化焓 $\Delta_l^g H_m^*$，摩尔(微分)熔化焓 $\Delta_s^l H_m^*$，摩尔(微分)升华焓 $\Delta_s^g H_m^*$。

(2) 摩尔微分溶解焓(物质 B 为溶质)或冲淡焓(物质 B 为溶剂)

$$\Delta_\alpha^l H_m = H_B^l(T, p, n_B^l, \cdots) - H_m^{*\alpha}(B, T, p) \tag{4-4}$$

(3) ΔH_m 与 T 的关系-Kirchhoff 公式

$$\Delta_r H_m(T) - \Delta_r H_m(T_0) = \int_{T_0}^{T} \Delta_r C_{p,m} dT$$

(4) $\Delta_r H_m$ 与 p 关系

$$\left(\frac{\partial \Delta_r H_m}{\partial p}\right)_{T,\xi} = \sum_B \nu_B \left\{V_B - T\left(\frac{\partial V_B}{\partial T}\right)_{p,\xi}\right\} = \Delta\left\{V - T\left(\frac{\partial V}{\partial T}\right)_{p,\xi}\right\}_m$$

V_B 是物质 B 的偏摩尔体积，V 是化学反应体系体积。

$$\Delta_r H_m(p) = \Delta_r H_m(p_0) + \int_{p_0}^{p} \Delta \left[V - T \left(\frac{\partial V}{\partial T} \right)_{p,\xi} \right]_m dp \tag{4-5}$$

(5) Гecc 定律

诸反应代数和所得反应的摩尔热力学量变就等于诸反应各自的摩尔热力学量变的代数和.

(6) 纯物质的标准摩尔生成热力学量

定义 由下列方程式表示的反应称为物质 B 的生成反应

$$0 = \sum_E \nu_E E + B \tag{4-6}$$

式中 E 为反应物,B 为生成物,且 E 是在反应条件下的元素稳定单质,B 的计量数为 1.

物质 B 生成反应摩尔微分热力学量变称为该物质的摩尔生成热力学量,用 $\Delta_f L_m$ 表示,标准摩尔生成热力学量以 $\Delta_f L_m^{\ominus}$ 表示,其中角标"$\ominus$"表示标准态.

(7) 标准摩尔燃烧焓

物质 B 燃烧反应 $0 = -B + \nu_{O_2}(O_2) + \sum_P \nu_P P$ 的标准摩尔微分焓变称为 B 的标准摩尔燃烧焓 $\Delta_c H_m^{\ominus}$,B 和 O_2 为反应物,P 为生成物,它们都是最稳定的氧化物或元素单质.

若化学反应方程式 $0 = \sum_B \nu_B B$,则反应的

$$\Delta_r H_m^{\ominus} = -\sum_B \nu_B \Delta_c H_m^{\ominus}(B) \tag{4-7}$$

4. 化学反应摩尔微分等压热效应和摩尔等容热效应

$\left(\frac{\partial H}{\partial \xi} \right)_{T,p}$ 和 $\left(\frac{\partial U}{\partial \xi} \right)_{T,V}$ 间关系为

$$\left(\frac{\partial H}{\partial \xi} \right)_{T,p} - \left(\frac{\partial U}{\partial \xi} \right)_{T,V} = \left[p + \left(\frac{\partial U}{\partial V} \right)_{T,\xi} \right] \sum_B \nu_B V_B \tag{4-8a}$$

上式对于理想气体物质间反应

$$\left(\frac{\partial H}{\partial \xi} \right)_{T,p} - \left(\frac{\partial U}{\partial \xi} \right)_{T,V} = \left(\sum_B \nu_B \right) RT$$

(1) 对于凝聚态物质间反应,近似有

$$\left(\frac{\partial V}{\partial \xi} \right)_{T,p} = \sum_B \nu_B V_B = 0$$

$$\left(\frac{\partial H}{\partial \xi} \right)_{T,p} \approx \left(\frac{\partial U}{\partial \xi} \right)_{T,V}$$

(2) 对于气体与凝聚态物质间反应

$$\left(\frac{\partial H}{\partial \xi} \right)_{T,p} - \left(\frac{\partial U}{\partial \xi} \right)_{T,V} = \left(\sum_G \nu_G \right) RT \tag{4-8b}$$

$\sum_G \nu_G$ 是参与反应的气体物质计量数之和.

(二) 例题解析

【例 4.1-1】 (1) 一个可做其他功的封闭体系,等压热效应 $\Delta H_m = ?$

(2) 一个化学反应在可逆电池中等压进行,其热效应 $Q = ?$

(3) 在 $p^{\ominus}$、373 K 下,1 mol 的水向真空蒸发为同温同压下的水蒸气,此过程中体系吸热等

于什么？是否等于体系焓变？

解析 热是与过程有关的量，因此即使始终态相同，过程不同，其热效应也不会相同(状态函数呢？)，因此计算热效应首先明确体系变化的过程是什么，然后才能确定求算方法．

(1) $\Delta H = Q_p$ 这是指无其他功时封闭体系等压过程的热效应与焓变关系．在有其他功时，等压热效应与焓变的关系就不是 $\Delta H = Q_p$ 了．此时
$$Q = \Delta U - W = \Delta U + p\Delta V - W_{其} = \Delta H - W_{其}$$

(2) $Q = T\Delta S$(读者自己论证)．

(3) 此时 $W = 0$,
$$\therefore Q = \Delta U, \Delta H = \Delta U + \Delta(pV) = \Delta U + p_f V_f - p_i V_i$$

【例 4.1-2】 298 K、$p^{\ominus}$下，液态苯密度 $\rho = 0.875 \text{ g} \cdot \text{cm}^{-3}$，求 1 mol 液态苯的 pV 值．设苯蒸气为理想气体，求 1 mol 苯蒸气在同温同压下 pV 值，并讨论结果．

解析 $M = 78.11 \text{ g} \cdot \text{mol}^{-1}$，苯的 $V_m^l = \dfrac{78.11 \text{ g} \cdot \text{mol}^{-1}}{0.875 \text{ g} \cdot \text{cm}^{-3}} = 89.3 \text{ cm}^3 \cdot \text{mol}^{-1}$

$\therefore$ 苯液体的 $pV_m^l = 9.03 \text{ J} \cdot \text{mol}^{-1}$，而苯蒸气 $pV_m^g = RT = 2.48 \text{ kJ} \cdot \text{mol}^{-1}$

$\therefore pV_m^g \gg pV_m^l$，二者相比较，$pV_m^l$ 可忽略不计，这也就是在有气体与凝聚相同时存在的化学反应，其热效应为
$$Q_p = Q_V + \left(\sum_G \nu_G\right) RT$$

其原因，见式(4-9)．

【例 4.1-3】 在 291 K，燃烧 1 mol 乙炔和苯反应的 $\Delta_c U_m$ 分别为 $-1303 \text{ kJ} \cdot \text{mol}^{-1}$ 和 $-3274 \text{ kJ} \cdot \text{mol}^{-1}$，求 291 K 时由乙炔生成 1 mol 苯时的 ΔU_m, ΔH_m, 及 $Q_p - Q_V$．

解析
$$C_2H_2(g) + \frac{5}{2}O_2(g) \longrightarrow 2CO_2(g) + H_2O(l) \qquad \text{①}$$
$$C_6H_6(l) + \frac{15}{2}O_2(g) \longrightarrow 6CO_2(g) + 3H_2O(l) \qquad \text{②}$$

$3 \times ① - ②$，得
$$3\, C_2H_2(g) \longrightarrow C_6H_6(l) \qquad \text{③}$$

$\Delta_3 U_m = 3\Delta_1 U_m - \Delta_2 U_m = (-1303 \times 3 + 3274) \text{ kJ} \cdot \text{mol}^{-1} = -635 \text{ kJ} \cdot \text{mol}^{-1}$

$\Delta_3 H_m = \Delta_3 U_m + \left(\sum_G \nu_G\right) RT$

$\qquad = \{-635 + (-3) \times 8.314 \times 291 \times 10^{-3}\} \text{ kJ} \cdot \text{mol}^{-1}$

$\qquad = -624.3 \text{ kJ} \cdot \text{mol}^{-1}$

$Q_p - Q_V = \left(\sum_G \nu_G\right) RT = -7.26 \text{ kJ} \cdot \text{mol}^{-1}$

【例 4.1-4】 298 K 环丙烷(g)，石墨和氢气的标准摩尔燃烧焓依次为 -2092, -393.7 和 $-285.8 \text{ kJ} \cdot \text{mol}^{-1}$，丙烯(g)的标准摩尔生成焓为 $20.50 \text{ kJ} \cdot \text{mol}^{-1}$，求算：

(1) 环丙烷(g)在 298 K 的标准摩尔生成焓．

(2) 在 298 K 下，环丙烷(g)异构化成丙烯(g)的 $\Delta H_m^{\ominus}$．

解析
$$C(石墨) + O_2(g) \longrightarrow CO_2(g) \qquad \text{①}$$
$$H_2(g) + \frac{1}{2}O_2(g) \longrightarrow H_2O(l) \qquad \text{②}$$
$$C_3H_6(g) + \frac{9}{2}O_2(g) \longrightarrow 3CO_2(g) + 3H_2O(l) \qquad \text{③}$$

$3 \times \text{①} + 3 \times \text{②} - \text{③}$,得

$$3C(\text{石墨}) + 3H_2(g) \longrightarrow C_3H_6(g)$$

$$\Delta_f H_m^{\ominus}(C_3H_6) = 3\Delta_c H_m^{\ominus}(C) + 3\Delta_c H_m^{\ominus}(H_2) - \Delta_c H_m^{\ominus}(C_3H_6) = 53.6 \text{ kJ} \cdot \text{mol}^{-1}$$

$$C_3H_6(g,\text{环丙烷}) \longrightarrow C_3H_6(g,\text{丙烯})$$

$$\Delta H_m^{\ominus} = (20.5 - 53.6) \text{ kJ} \cdot \text{mol}^{-1} = -33.1 \text{ kJ} \cdot \text{mol}^{-1}$$

【例 4.1-5】 已知冰、液态水、水蒸气的等压热容为

$$C_p(H_2O,s) = 1.975 \text{ J} \cdot \text{K}^{-1} \cdot \text{g}^{-1}, \quad C_p(H_2O,l) = 4.185 \text{ J} \cdot \text{K}^{-1} \cdot \text{g}^{-1}$$

$C_p(H_2O,g) = 1.860 \text{ J} \cdot \text{K}^{-1} \cdot \text{g}^{-1}$;273 K 冰熔化热为 333.5 J·$\text{g}^{-1}$,水在 373 K 时蒸发热 2255.2 J·$\text{g}^{-1}$,求 223 K、$p^{\ominus}$ 时 1 g 冰之升华热 $\Delta_s^g H$.

解析

$$\therefore \Delta_s^g H = \Delta_1 H + \Delta_2 H + \Delta_3 H + \Delta_4 H + \Delta_5 H$$

$$= \int_{223\text{ K}}^{273\text{ K}} C_p(H_2O,s) dT + \Delta_s^l H + \int_{273\text{ K}}^{373\text{ K}} C_p(H_2O,l) dT + \Delta_l^g H + \int_{373\text{ K}}^{223\text{ K}} C_p(H_2O,g) dT$$

$$= 2827 \text{ J} \cdot \text{g}^{-1}$$

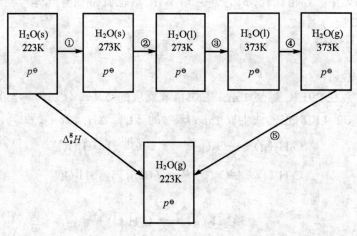

图 4-1

【例 4.1-6】 已知 CO 和 CO_2 在 298 K 的标准摩尔生成焓分别为 $-110.5 \text{ kJ} \cdot \text{mol}^{-1}$ 和 $-393.5 \text{ kJ} \cdot \text{mol}^{-1}$,在 298~473 K 范围内 CO、$CO_2$ 和 O_2 标准摩尔等压热容 $C_{p,m}^{\ominus}$ 由以下方程给出,求 473 K 时反应 $CO + \frac{1}{2}O_2 \longrightarrow CO_2$ 之标准摩尔焓变.

CO:$[26.53 + 7.70 \times 10^{-3} T/\text{K} - 1.17 \times 10^{-6} (T/\text{K})^2] \text{ J} \cdot \text{K}^{-1} \cdot \text{mol}^{-1}$

CO_2:$[26.78 + 42.26 \times 10^{-3} T/\text{K} - 14.23 \times 10^{-6} (T/\text{K})^2] \text{ J} \cdot \text{K}^{-1} \cdot \text{mol}^{-1}$

O_2:$[25.32 + 13.60 \times 10^{-3} T/\text{K} - 4.27 \times 10^{-6} (T/\text{K})^2] \text{ J} \cdot \text{K}^{-1} \cdot \text{mol}^{-1}$

解析 $CO(g) + \frac{1}{2}O_2(g) \Longrightarrow CO_2(g)$ 的 $\Delta_r H_m^{\ominus}(298\text{ K}) = -283.0 \text{ kJ} \cdot \text{mol}^{-1}$

$$\Delta_r C_{p,m}^{\ominus} = C_{p,m}^{\ominus}(CO_2) - \left[C_{p,m}^{\ominus}(CO) + \frac{1}{2} C_{p,m}^{\ominus}(O_2)\right]$$

$$= [-12.51 + 27.76 \times 10^{-3} T/\text{K} - 10.92 \times 10^{-6} (T/\text{K})^2] \text{ J} \cdot \text{K}^{-1} \cdot \text{mol}^{-1}$$

$$\Delta_r H_m^{\ominus}(473\,\text{K}) = \Delta_r H_m^{\ominus}(298\,\text{K}) + \int_{298\,\text{K}}^{473\,\text{K}} (\Delta_r C_{p,m})\text{d}T = -283.6\,\text{kJ}\cdot\text{mol}^{-1}$$

【例 4.1-7】 据以下数据计算 H_2O 中 O—H 平均键能.

$H_2O(l) \longrightarrow H_2O(g)$	$\Delta_1 H_m^{\ominus} = 40.6\,\text{kJ}\cdot\text{mol}^{-1}$	①
$2H(g) \longrightarrow H_2(g)$	$\Delta_2 H_m^{\ominus} = -435.0\,\text{kJ}\cdot\text{mol}^{-1}$	②
$O_2(g) \longrightarrow 2O(g)$	$\Delta_3 H_m^{\ominus} = 489.6\,\text{kJ}\cdot\text{mol}^{-1}$	③
$2H_2(g) + O_2(g) \longrightarrow 2H_2O(l)$	$\Delta_4 H_m^{\ominus} = -571.6\,\text{kJ}\cdot\text{mol}^{-1}$	④

解析 ε(O—H) 即为 $\frac{1}{2}H_2O(g) \longrightarrow H(g) + \frac{1}{2}O(g)$ 的 $\Delta H_m^{\ominus}$(为什么？又，为何 H、O 为气态?)

$\frac{1}{4} \times ③ - \frac{1}{2} \times ② - \frac{1}{2} \times ① - \frac{1}{4} \times ④$, 得

$$\frac{1}{2}H_2O(g) \longrightarrow H(g) + \frac{1}{2}O(g) \quad \Delta H_m^{\ominus} = 462.5\,\text{kJ}\cdot\text{mol}^{-1}$$

所以 ε(O—H) $= \Delta H_m^{\ominus} = 462.5\,\text{kJ}\cdot\text{mol}^{-1}$.

【例 4.1-8】 请据下表中给出的数据，求算甲烷中 C—H 键键能和正戊烷 C_5H_{12} 中 C—C 键键能.

	①C(s)	②$H_2(g)$	③$CH_4(g)$	④$C_5H_{12}(g)$
原子化焓/($\text{kJ}\cdot\text{mol}^{-1}$)	713			
解离焓/($\text{kJ}\cdot\text{mol}^{-1}$)		436.0		
生成焓/($\text{kJ}\cdot\text{mol}^{-1}$)			-75.0	-146.0

解析

$C(s) \longrightarrow C(g)$	$\Delta_1 H_m^{\ominus} = 713\,\text{kJ}\cdot\text{mol}^{-1}$	①
$H_2(g) \longrightarrow 2H(g)$	$\Delta_2 H_m^{\ominus} = 436.0\,\text{kJ}\cdot\text{mol}^{-1}$	②
$C(s) + 2H_2(g) \longrightarrow CH_4(g)$	$\Delta_3 H_m^{\ominus} = -75.0\,\text{kJ}\cdot\text{mol}^{-1}$	③
$6H_2(g) + 5C(s) \longrightarrow C_5H_{12}(g)$	$\Delta_4 H_m^{\ominus} = -146.0\,\text{kJ}\cdot\text{mol}^{-1}$	④

反应 ① + 2×② - ③, 得

$$CH_4(g) \longrightarrow C(g) + 4H(g)$$

所以 $\Delta H_m^{\ominus} = 1660\,\text{kJ}\cdot\text{mol}^{-1}$.

$$\varepsilon(\text{C—H}) = \Delta H_m^{\ominus}/4 = 415\,\text{kJ}\cdot\text{mol}^{-1}$$

又因为 $C_5H_{12}(g) \longrightarrow 5C(g) + 12H(g)$

$$\Delta H_m^{\ominus} = \{5 \times 713 + 6 \times 436.0 - (-146)\}\,\text{kJ}\cdot\text{mol}^{-1} = 6327\,\text{kJ}\cdot\text{mol}^{-1}$$

所以 $\varepsilon(\text{C—C}) = \frac{1}{4}[\Delta H_m^{\ominus} - 12\varepsilon(\text{C—H})] = 336.8\,\text{kJ}\cdot\text{mol}^{-1}$

问题 求 $\Delta H_m^{\ominus}$ 时为什么是 $6 \times 436.0\,\text{kJ}\cdot\text{mol}^{-1}$，而不是 $12 \times 436.0\,\text{kJ}\cdot\text{mol}^{-1}$?

【例 4.1-9】 293 K 时在 $p^{\ominus}$ 下，1 mol NaCl(2) 溶于水(1)，形成 NaCl 质量分数为 12.00% 的溶液(3)，吸热 $\Delta H(293\,\text{K}) = 3240.9\,\text{J}$；298 K 时吸热 $\Delta H(298\,\text{K}) = 2932.1\,\text{J}$. 又知在 295 K 时，水的比热 $C_1 = 4.181\,\text{J}\cdot\text{K}^{-1}\cdot\text{g}^{-1}$，氯化钠的比热 $C_2 = 0.870\,\text{J}\cdot\text{K}^{-1}\cdot\text{g}^{-1}$，求此溶液比热 C_3.

解析 NaCl 的质量为 $m(\text{NaCl}) = 58.44\,\text{g}$，溶液中水的质量

$$m_1 = \frac{58.44(1 - 0.1200)}{0.1200}\,\text{g} = 428.6\,\text{g}$$

溶液的质量

$$m = 58.44/0.1200 = 487.0\,(\text{g})$$

形成此溶液过程

$$\text{NaCl(s)} + n_1\text{H}_2\text{O(l)} \longrightarrow \text{NaCl}\,(\text{aq},\ w = 12\%)$$

$$\Delta H(298\,\text{K}) = \Delta H(293\,\text{K}) + \int_{293\,\text{K}}^{298\,\text{K}} [(487.0\,\text{g}) \times C_3 - (428.6\,\text{g}) \times C_2 - (58.44\,\text{g}) \times C_1]\,\text{d}T$$

将有关数据代入上式,即可求得

$$C_3 = 3.653\,\text{J} \cdot \text{K}^{-1} \cdot \text{g}^{-1}$$

【例 4.1-10】 298 K 时物质的量为 n 的氯化钠溶于 1000 g 水中,其等压热效应与 $n(\text{NaCl})$ 的关系为:

$$\Delta H = \left[3858.14\left(\frac{n}{\text{mol}}\right) + 1989.18\left(\frac{n}{\text{mol}}\right)^{3/2} - 3009.60\left(\frac{n}{\text{mol}}\right)^2 + 1017.83\left(\frac{n}{\text{mol}}\right)^{5/2}\right]\text{J}$$

试求:(1) 1 mol NaCl 形成 $1\,\text{mol} \cdot \text{dm}^{-3}$ 的溶液时积分溶解热;

(2) 将(1)中的 $1\,\text{mol} \cdot \text{dm}^{-3}$ 稀释到 0.1 m,求其冲淡热;

(3) 溶液浓度为 $1\,\text{mol} \cdot \text{dm}^{-3}$ 的微分溶解热;

(4) 1 mol NaCl(s) 加到大量的浓度为无限稀释的溶液中的溶解热.

解析 题中 ΔH 实际为积分溶解热.

(1) $$\text{NaCl} + \frac{1000}{18.02}\text{H}_2\text{O} \longrightarrow \text{NaCl}(1\,\text{mol} \cdot \text{dm}^{-3}) \qquad ①$$

将 $n = 1$ mol 代入题中公式,得积分溶解热:

$$\Delta_1 H = 3858.14\,\text{J}$$

(2) 由①式:$$\text{NaCl} + \frac{10000}{18.02}\text{H}_2\text{O} \longrightarrow \text{NaCl}(0.1\,\text{mol} \cdot \text{dm}^{-3}) \qquad ②$$

②式 - ①式,可得

$$\text{NaCl}(1\,\text{mol} \cdot \text{dm}^{-3}) + \frac{9000}{18.02}\text{H}_2\text{O} \longrightarrow \text{NaCl}(0.1\,\text{mol} \cdot \text{dm}^{-3}) \qquad ③$$

而 $\Delta_2 H$ 可用题中 ΔH 式子,将 $n = 0.1$ mol 代入式子再乘以 10(为什么?)

$$\Delta_2 H = 4217.62\,\text{J}$$

$$\therefore \Delta_3 H = \Delta_2 H - \Delta_1 H = 359.48\,\text{J}$$

(3) 微分溶解热为

$$\left[\frac{\partial \Delta H}{\partial n}\right]_{T,p} = \left[3858.14 + 1989.18 \times \frac{3}{2}\left(\frac{n}{\text{mol}}\right)^{1/2} - 3009.60 \times 2\left(\frac{n}{\text{mol}}\right) + 1017.83 \right.$$

$$\left. \times \frac{5}{2}\left(\frac{n}{\text{mol}}\right)^{3/2}\right]\text{J} \cdot \text{mol}^{-1}$$

$\therefore$ 浓度 $1\,\text{mol} \cdot \text{dm}^{-3}$ 即 1000 g 水中有 $n = 1$ mol NaCl

$\therefore$ ΔH 式子用 $n = 1$ mol 代入,则

$$\left[\frac{\partial(\Delta H)}{\partial n}\right]_{T,p} = 3369.08\,\text{J} \cdot \text{mol}^{-1}$$

(4) 此时热效应即为溶液浓度为无限稀释时微分溶解热,此时 $n \to 0$

$$\therefore \left[\frac{\partial(\Delta H)}{\partial n}\right]_{T,p} = 3858.14\,\text{J} \cdot \text{mol}^{-1}$$

第4章 化学反应热力学及平衡常数

【例 4.1-11】 298 K CH_4 与理论量空气恒压燃烧,求火焰温度[空气中含 O_2, N_2,且 $n(O_2):n(N_2) = 1:4$].

解析 这也是个非恒温变化,即反应使体系温度升高(可看做绝热).反应
$$CH_4(g) + 2O_2(g) \longrightarrow CO_2(g) + 2H_2O(g)$$
1 mol CH_4 燃烧需 2 mol 的 O_2, ∴ 有 $n(N_2) = 8$ mol
$$\Delta H_m = \Delta_1 H_m + \Delta_2 H_m$$
∵ 恒压绝热 $\Delta H_m = 0$, ∴ $\Delta_1 H_m = -\Delta_2 H_m$

查表计算 $\Delta_1 H_m = -801.56$ kJ·mol^{-1}

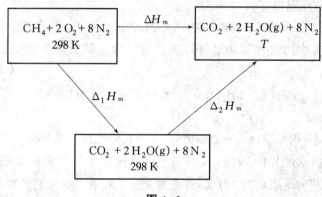

图 4-2

$$\Delta_2 H_m = \int_{298 K}^{T} [C_{p,m}(CO_2,g) + 2C_{p,m}(H_2O,g) + 8C_{p,m}(N_2,g)]dT$$

据 $C_{p,m}$ 与 T 关系式及 $\Delta_2 H_m = -801.56 \times 10^3$ J·mol^{-1},由上式可得
$$T \approx 2250 \text{ K}$$

(三) 习题

4.1-1 判断正误(在题后的括弧里标记"√"或"×"),并说明原因:

(1) 298 K, $C(g, p^\ominus) + 4H(g, p^\ominus) \longrightarrow CH_4(g, p^\ominus)$ 的反应热就是 $CH_4(g)$ 的标准摩尔生成焓( ).

(2) 298 K, $4C_2H_5NH_2(l, p^\ominus) + 19O_2(id, p^\ominus) \longrightarrow 4NO_2(id, p^\ominus) + 8CO_2(id, p^\ominus) + 14H_2O(l, p^\ominus)$ 的反应热就是 $C_2H_5NH_2(l)$ 的标准摩尔燃烧热( ).上述反应的 ΔH_m 的 1/4 为 $C_2H_5NH_2(l)$ 的标准摩尔燃烧热( ).

(3) 热化学规定,稳定单质的焓为零( ).

(4) 物质的标准摩尔生成热可用键焓来估算,它等于该物质分子中各单键键焓加和之负值( ).

(5) 一个始终态确定的反应或相变的热效应只有在特定过程才有确定的值( ),因为 ΔH 和过程无关,而 $Q_p = \Delta H$,故 Q_p 是状态函数( ).

(6) 一反应正向反应热效应为 Q,则在相同反应条件下,其逆向反应的热效应必为 $-Q$ ( ).

4.1-2 自查数据,求算:(1) $CH_4(g)$ 标准摩尔生成焓 $\Delta_f H_m^\ominus(298 K)$;(2) $p^\ominus$、298 K 燃烧 1mol $CH_4(g)$ 的热效应;(3) 298 K, $p^\ominus$ 下 C—H 键的键能.

答案 $-74.83\ \text{kJ}\cdot\text{mol}^{-1}$, $812.1\ \text{kJ}$, $416.2\ \text{kJ}\cdot\text{mol}^{-1}$

4.1-3 298 K 时，各物质的标准摩尔生成焓如下表所列，请写出这些物质的生成反应的热化学方程.

物　质	CO(g)	PbSO$_4$	苯胺
$\Delta_f H_m^{\ominus}/(\text{kJ}\cdot\text{mol}^{-1})$	-110.5	-917.5	35.3

4.1-4 在 298 K，$p^{\ominus}$ 下，1 mol 的苯甲酸完全燃烧放热 3324 kJ·mol^{-1}. 问它在弹式量热计（恒容）中燃烧放热多少？

答案 $3323.6\ \text{kJ}\cdot\text{mol}^{-1}$

4.1-5 291 K、$p^{\ominus}$ 下每摩尔的 MgCl$_2$(s) 及 MgCl$_2\cdot$6H$_2$O(s) 各自溶于大量水中分别放热 191.9 kJ 和 123.3 kJ，水的气化热为 2.45 kJ·g^{-1}（设为常数），求下列反应在 291 K、$p^{\ominus}$ 下的 $\Delta_r H_m$.

$$\text{MgCl}_2\cdot 6\text{H}_2\text{O(s)} \longrightarrow \text{MgCl}_2(\text{s}) + 6\text{H}_2\text{O(s)}$$

答案 $292\ \text{kJ}\cdot\text{mol}^{-1}$

4.1-6 298 K 下，丙烯腈（CH$_2$=CH—CN）、石墨和氢气的标准摩尔燃烧焓依次为 -1.76、-0.39 和 $-0.29\ \text{kJ}\cdot\text{mol}^{-1}$. HCN(g) 和 C$_2H_2$(g) 的标准摩尔生成焓分别为 130 和 227 kJ·mol^{-1}，在 $p^{\ominus}$ 下丙烯腈的凝固点为 191 K，沸点为 351.5 K，在 298 K 它的摩尔气化热为 32.8 kJ·mol^{-1}. 求在 298 K、$p^{\ominus}$ 时，下反应的反应热.

$$\text{C}_2\text{H}_2(\text{g}) + \text{HCN(g)} \longrightarrow \text{CH}_2=\text{CH—CN(g)}$$

答案 $174\ \text{kJ}\cdot\text{mol}^{-1}$

4.1-7 在 293 K 时，PbO(s) 的标准摩尔生成焓为 210 kJ·mol^{-1}，Pb(s)、O$_2$ 和 PbO(s) 在 298 K 和 473 K 间的平均等压比热分别为 1.34、0.89 和 0.22 J·g^{-1}·K^{-1}. 求 473 K 时 PbO(s) 的标准摩尔生成焓.

答案 $-209\ \text{kJ}\cdot\text{mol}^{-1}$

4.1-8 298 K 下，CaCO$_3$(s)、CaO(s) 和 CO$_2$(g) 的标准摩尔生成焓依次为 -1205、-634.9、$-393.1\ \text{kJ}\cdot\text{mol}^{-1}$，$C_{p,m}^{\ominus}$ 与温度关系为

$$C_{p,m}(\text{CaCO}_3) = \left[104.4 + 2.19\times 10^{-2}\frac{T}{\text{K}} - 2.59\times 10^{-6}\left(\frac{K}{T}\right)^2\right]\text{J}\cdot\text{K}^{-1}\cdot\text{mol}^{-1}$$

$$C_{p,m}(\text{CaO}) = \left[41.8 + 2.02\times 10^{-2}\frac{T}{\text{K}} - 4.51\times 10^{-5}\left(\frac{K}{T}\right)^2\right]\text{J}\cdot\text{K}^{-1}\cdot\text{mol}^{-1}$$

$$C_{p,m}(\text{CO}_2) = \left[26.62 + 4.22\times 10^{-2}\frac{T}{\text{K}} - 1.42\times 10^{-6}\left(\frac{K}{T}\right)^2\right]\text{J}\cdot\text{K}^{-1}\cdot\text{mol}^{-1}$$

(1) 请得出标准压力下，CaCO$_3$(s) 分解反应的 $\Delta_r H_m^{\ominus}$ 与 T 的关系式.

$$\text{CaCO}_3(\text{s}) \longrightarrow \text{CaO(s)} + \text{CO}_2(\text{g})$$

(2) 在 $p^{\ominus}$、1273 K 下分解 CaCO$_3$ 1000 kg，需吸热多少？

答案 $1.69\times 10^6\ \text{kJ}$

4.1-9 在制造半水煤气的炉中，下列二个反应同时在温度为 1273 K 的焦炭上面发生：

$$\text{C(s)} + \text{H}_2\text{O(g)} \longrightarrow \text{H}_2(\text{g}) + \text{CO(g)} \quad \Delta_1 H_m = 121.22\ \text{kJ}\cdot\text{mol}^{-1}$$

$$2\text{C(s)} + \text{O}_2(\text{g}) \longrightarrow 2\text{CO(g)} \quad \Delta_2 H_m = -242.44\ \text{kJ}\cdot\text{mol}^{-1}$$

假定反应中放出的热量有 25% 损失掉. 问如要维持炉中焦炭的温度为 1273 K, 进料气中水蒸气(1)与空气(2)气体比应该是多少[已知空气中氧气的体积分数为 21%].

答案 $V(1)/V(2) = 1/3.2$

4.1-10 1 mol H_2SO_4 溶于物质的量为 n_0 的水中时($n_0 < 20$ mol), 放出的热量 ΔH 为

$$\Delta H/(\text{kJ} \cdot \text{mol}^{-1}) = \frac{74.73 \times n_0}{n_0 + 1.798 \text{ mol}}$$

试求:

(1) 1 mol H_2SO_4 溶于 10 mol 水中的积分溶解热.

(2) 如在(1)溶液中再加入水 10 mol, 其积分稀释热.

(3) 若溶液组成是每 1 mol H_2SO_4 有 10 mol 水, 其微分稀释热.

(4) 200 g H_2SO_4 溶于水形成 40% 溶液时的积分溶解热.

答案 -63.34 kJ·mol^{-1}, -5.230 kJ·mol^{-1}, -0.9653 kJ·mol^{-1}, -125.0 kJ·mol^{-1}

4.1-11 请分别计算下列三种燃料与氧燃烧所能达到的火焰温度.

$$CH_4 + 2O_2; H_2 + \frac{1}{2}O_2; N_2H_4 + \frac{3}{2}O_2$$

设所有燃烧热都用于加热气体产物, 热容变化不大(有关数据请自查).

答案 7940 K, 7420 K, 4990 K

4.1-12 298 K、$p^\ominus$ 时, 把(1)1 kg CaO, (2)1 mol $CaCO_3$ 溶于 1 mol·dm^{-3} 的 HCl 中, 放热分别为 1931 kJ、15.0 kJ. 问把 298 kg $CaCO_3$ 变为 1158 K 的 CaO 和 CO_2 需热多少? [1158 K 即为 $CaCO_3$ 在 $p^\ominus$ 下开始分解的温度, 在恒压下 298~1158 K 的温度间隔内, 下列各物质的平均比热为 CaO 0.89 J·g^{-1}·K^{-1}, $CaCO_3$ 1.12 J·g^{-1}·K^{-1}, CO_2 1.01 J·g^{-1}·K^{-1}.]

答案 2594.5 kJ·mol^{-1}.

4.1-13 300 K 时, 将 2 mol Zn 片溶于过量稀硫酸中, 反应分别在敞口容器和密闭容器中进行. 问哪个反应放热多? 差值为多少?

答案 4988.4 J·mol^{-1}.

4.1-14 由 1 g 苯甲酸(C_6H_5COOH, s)弹式量热计中燃烧引起温度升高相当于加入 26.4 kJ 的电能所引起的温度升高值. 已知水和二氧化碳在 298 K 时标准摩尔生成焓分别是 -286.0 kJ·mol^{-1} 和 -393.5 kJ·mol^{-1}, 计算固体苯甲酸在 298 K 标准摩尔生成焓.

答案 391.5 kJ·mol^{-1}

4.1-15 (1) 已知 298 K, $p^\ominus$ 下反应

$$C(石墨) + O_2(g) = CO_2(g) \quad \Delta_1 H_m^\ominus = -393.5 \text{ kJ} \cdot \text{mol}^{-1} \quad ①$$

$$CO(g) + \frac{1}{2}O_2(g) = CO_2(g) \quad \Delta_2 H_m^\ominus = -283.0 \text{ kJ} \cdot \text{mol}^{-1} \quad ②$$

求 298 K、$p^\ominus$ 下反应 C(石墨) $+ \frac{1}{2}O_2(g) = CO(g)$ 的 $\Delta_r H_m^\ominus$.

(2) 求下列反应的 $\Delta_r H_m^\ominus(298 \text{ K})$ 和 $\Delta_r G_m^\ominus(298 \text{ K})$. 所需数据自查手册.

$$Fe_2O_3(s) + 3CO(g) = 2Fe(s) + 3CO_2(g)$$

式中各物质均处于 298 K、$p^\ominus$ 状态.

(3) 已知 $\Delta_c H_m^\ominus(C_6H_6, l, 298 \text{ K}) = -3267.62$ kJ·mol^{-1}, $\Delta_f H_m^\ominus(CO_2, g, 298 \text{ K}) = -393.513$ kJ·mol^{-1}, $\Delta_f H_m^\ominus(H_2O, l, 298 \text{ K}) = -285.838$ kJ·mol^{-1}, 求 $\Delta_f H_m^\ominus(C_6H_6, l, 298 \text{ K})$.

答案 $-110.5\,\text{kJ}\cdot\text{mol}^{-1}, 93.2\,\text{kJ}\cdot\text{mol}^{-1}, 49.03\,\text{kJ}\cdot\text{mol}^{-1}$

4.2 化学反应热力学及平衡常数

(一) 内容纲要

1. 封闭的 pVT 单相体系,只发生下列一个化学反应

$$0 = \sum_B \nu_B B$$

该反应体系的热力学基本方程

$$\left.\begin{aligned}
dU &= TdS - pdV - Ad\xi \\
dH &= TdS + Vdp - Ad\xi \\
dF &= -SdT - pdV - Ad\xi \\
dG &= -SdT + Vdp - Ad\xi
\end{aligned}\right\} \quad (4\text{-}9)$$

其中化学亲和势

$$A = -\left(\frac{\partial U}{\partial \xi}\right)_{S,V} = -\left(\frac{\partial H}{\partial \xi}\right)_{S,p} = -\left(\frac{\partial F}{\partial \xi}\right)_{T,V} = -\left(\frac{\partial G}{\partial \xi}\right)_{T,p} = -\sum_B \nu_B \mu_B \quad (4\text{-}10)$$

化学反应属于质点数目改变体系,因此 2.2 节中($p.74 \sim 75$)论述的热力学关系式均适用于化学反应.这里我们用(偏)摩尔反应量代替了化学反应的摩尔量变.在 pVT 单相系或各相温度压力相等的复相系中发生了 R 个独立化学反应,体系广度量 L,其中 $\rho = 1, 2, \cdots, R$.

$$\left(\frac{\partial L}{\partial \xi_\rho}\right)_{T_1, p, \xi_{\rho'\neq 0}} = L_\rho$$

称为化学反应 ρ 在状态 $T, p, \xi_1, \xi_2, \cdots, \xi_R$ 的偏摩尔反应量.它与偏摩尔量 L_B 关系为

$$L_\rho = \sum_B \nu_{B,\rho} L_B \quad (4\text{-}11)$$

$$L_\rho = \Delta_\rho L_m = \sum_B \nu_{B,\rho} L_B - \sum |\nu_{A,\rho}| L_A \quad \text{(生成物 B, 反应物 A)}$$

(1) 化学亲和势与温度及压力关系

$$\left(\frac{\partial A_\rho}{\partial T}\right)_{p,\xi} = S_\rho = \sum_B \nu_{B,\rho} S_B \quad (4\text{-}12)$$

$$\left(\frac{\partial (A_\rho/T)}{\partial T}\right)_{p,\xi} = \frac{H_\rho}{T^2}, \quad 即 \left(\frac{\partial (\Delta_\rho G_m/T)}{\partial T}\right)_{p,\xi} = -\frac{\Delta_\rho H_m}{T^2} \quad (4\text{-}13)$$

$$\left(\frac{\partial A_\rho}{\partial p}\right)_{T,\xi} = -V_\rho = -\sum_B \nu_{B,\rho} V_B \quad (4\text{-}14)$$

$$\left(\frac{\partial \Delta_\rho G_m}{\partial p}\right)_{T,\xi} = \Delta_\rho V_m \quad (4\text{-}15)$$

上述用到 $A_\rho = -(\partial G/\partial \xi_\rho)_{T,p,\xi_{\rho'\neq\rho}}, -G_\rho = \Delta_\rho G_m.$

(2) 化学反应的方向判据(有 R 个独立化学反应)

$$0 = \sum_B \nu_{B,\rho} B \quad (\rho = 1, 2, \cdots, R)$$

$$(dG)_{T,p} = -\sum_\rho A_\rho d\xi_\rho \leqslant 0 \quad \begin{pmatrix} < \text{不可逆过程} \\ = \text{可逆或平衡} \end{pmatrix} \quad (4\text{-}16)$$

第 4 章 化学反应热力学及平衡常数

(3) 化学反应平衡稳定条件

$$\left(\frac{\partial G}{\partial \xi_\rho}\right)_e = 0 \quad (\rho = 1,2\cdots,R)$$

$$\sum_{\rho\rho'=1}^{R}\left(\frac{\partial^2 G}{\partial \xi_\rho \partial \xi_{\rho'}}\right)_e \Delta\xi_\rho \Delta\xi_{\rho'} > 0 \tag{4-17}$$

若体系只有一个化学反应,其平衡条件

$$\left(\frac{\partial G}{\partial \xi}\right)_e = -A(T,p,\xi_e) = -\sum_B \nu_B \mu_B = 0$$

(4) 平衡稳定条件

$$\left(\frac{\partial^2 G}{\partial \xi^2}\right)_e = -\left(\frac{A}{\partial \xi}\right)_e = \left(\frac{\partial}{\partial \xi}\sum_B \nu_B \mu_B\right)_e > 0$$

2. 化学平衡等温式

$$\Delta_r G_m^\ominus(T) = -RT\ln K_p^\ominus(T)$$

理想气体反应(A)标准平衡常数

$$K_p^\ominus = \prod_B \left(\frac{p_B}{p^\ominus}\right)^{\nu_B}$$

$$K_p^\ominus(T) = K_c \left(\frac{RT}{p^\ominus}\right)^{\sum \nu_B} = K_x \left(\frac{p}{p^\ominus}\right)^{\sum \nu_B}$$

其中 $K_c(T) = \prod_B c_B^{\nu_B}$, $K_x(T,p) = \prod_B x_B^{\nu_B}$. $K_p^\ominus(T)$、$K_c(T)$ 只是温度 T 的函数,$K_x(T,p)$ 是 T、p 的函数. 理想气体反应的

$$\Delta_r G_m = \Delta_r G^\ominus(T) + RT\ln Q_p = -RT\ln K_p^\ominus(T) + RT\ln Q_p$$

$$Q_p = \prod_B (p_B/p^\ominus)^{\nu_B}$$

若 $Q_p < K_p^\ominus(T)$,反应正向自动进行;$Q_p > K_p^\ominus(T)$,反应逆向自动进行;$Q_p = K_p^\ominus(T)$,反应处于平衡态或可逆过程.

理想溶液反应(A)的平衡常数 $K_x(T,p) = \prod_B x_B^{\nu_B}$,化学平衡等温式

$$\Delta_r G_m^*(T,p) = \sum_B \nu_B \mu_B^{*l}(T,p) = -RT\ln K_x(T,p)$$

当 $p = p^\ominus$ 时,$K_x^\ominus(T) = \prod_B x_B^{\nu_B}$, $\Delta_r G_m^\ominus(T) = \sum_B \nu_B \mu_B^{\ominus l}(T) = -RT\ln K_x^\ominus(T)$.

反应的

$$\Delta_r G_m = \Delta_r G_m^*(T,p) + RT\ln \prod_B x_B^{\nu_B} = -RT\ln K_x(T,p) + RT\ln Q_x$$

其中 $Q_x = \prod_B x_B^{\nu_B}$.

若 $Q_x < K_x(T,p) \approx K_x^\ominus(T)$,反应正向自动进行;$Q_x > K_x(T,p) \approx K_x^\ominus(T)$,反应逆向自动进行;$Q_x = K_x(T,p) \approx K_x^\ominus(T)$,平衡态或可逆过程.

$$-RT\ln K_x(T,p) = -RT\ln K_x^\ominus(T) + \int_{p^\ominus}^{p} \Delta V_m^* dp$$

纯固体(或纯液体)与理想混合气体反应

$$0 = \sum_A \nu_A A(s) + \sum_B \nu_B B(g)$$

- 平衡常数

$$K_p(T,p) = \prod_B \left(\frac{p_B}{p^\ominus}\right)^{\nu_B}$$

- 化学平衡等温式

$$\Delta_r G_m^\ominus + \int_{p^\ominus}^{p}\left(\sum_A \nu_A V_A^{*S}\right)dp = -RT\ln K_p(T,p)$$

当 $p = p^\ominus$,则 $\Delta_r G^\ominus(T) = -RT\ln K_p^\ominus(T)$,$K_p(T,p) \approx K^\ominus(T)$ (压力不大时)

$$\Delta_r G_m = -RT\ln K_p(T,p) + RT\ln Q_p,\ 其中$$

$$Q_p = \prod_B \left(\frac{p_B}{p^\ominus}\right)^{\nu_B}$$

若 $Q_p < K_p(T,p) \approx K_p^\ominus(T)$,反应正向自动进行;$Q_p > K_p(T,p) \approx K_p^\ominus(T)$,反应逆向自动进行;$Q_p = K_p(T,p) \approx K_p^\ominus(T)$,平衡态或可逆过程.

3. 关于平衡常数的几点说明

平衡常数与表示的化学反应方程式呈 1-1 对应关系. 正逆反应的平衡常数互为倒数关系. $K_p^\ominus(T)$,$K_x(T,p)$ 是无量纲的纯数,$K_c(T)$ 是有单位的量.

(1) 标准摩尔焓函数 $H_m^\ominus(T) - H_m^\ominus(0\,K)$ 或 $H_m^\ominus(T) - H_m^\ominus(298.15\,K)$

标准摩尔 Gibbs 自由能函数

$$\frac{G_m^\ominus(T) - H_m^\ominus(0\,K)}{T} \quad 或 \quad \frac{G_m^\ominus(T) - H_m^\ominus(298.15\,K)}{T}$$

它们主要用于求算化学反应 $\Delta_r H^\ominus(T)$ 和 $\Delta_r G_m^\ominus(T)$. 对于化学反应,计算公式为

$$\Delta_r H_m^\ominus(T) = \sum_B \nu_B \left[H_m^\ominus(T) - H_m^\ominus(298.15\,K)\right]_B + \Delta_r H^\ominus(298.15\,K) \tag{4-18}$$

$$\Delta_r G_m^\ominus(T) = T\sum_B \nu_B \left[\frac{G_m^\ominus(T) - H_m^\ominus(298.15\,K)}{T}\right]_B + \Delta_r H^\ominus(298.15\,K) \tag{4-19}$$

4. 影响化学平衡因素

(1) 温度(van't Hoff 方程)

$$\frac{d\ln K_p^\ominus(T)}{dT} = \frac{\Delta_r H_m^\ominus(T)}{RT^2} \quad (理想气体反应) \tag{4-20}$$

$$\frac{d\ln K_x^\ominus(T)}{dT} = \frac{\Delta_r H_m^\ominus(T)}{RT^2} \quad (理想溶液反应) \tag{4-21}$$

$$\left\{\frac{\partial \ln K_p(T,p)}{\partial T}\right\}_p = \frac{\Delta_r H_m^\ominus(T)}{RT^2}$$

(当压力不大时,纯凝聚相与理想气体反应) (4-22)

升高温度,对 $\Delta_r H_m^\ominus(T) > 0$ 的反应有利;降低温度,对 $\Delta_r H_m^\ominus(T) < 0$ 的反应有利;温度对 $\Delta_r H_m^\ominus(T) = 0$ 的反应平衡无影响.

van't Hoff 方程积分式(设 $\Delta_r H_m^\ominus$ 为常数)

$$\ln\frac{K_p^\ominus(T_2)}{K_p^\ominus(T_1)} = \frac{\Delta_r H_m^\ominus}{R}\left(\frac{1}{T_1} - \frac{1}{T_2}\right) \tag{4-23}$$

(2) 压力(Planck-van Laar 方程)

$$\left\{\frac{\partial \ln K_x(T,p)}{\partial p}\right\}_T = -\frac{\Delta_r V_m^*(T,p)}{RT} \quad (理想溶液反应) \tag{4-24}$$

- 对理想混合气体反应,则

$$0 = \sum_B \nu_B B$$

$$\left\{\frac{\partial \ln K_x(T,p)}{\partial p}\right\}_T = \frac{-\sum_B \nu_B}{p}$$

升高压力,对 $\Delta_r V_m^*(T,p) < 0$ 反应有利;降低压力,对 $\Delta_r V_m^*(T,p) > 0$ 反应有利;压力对 $\Delta V_m^*(T,p) = 0$ 反应平衡无影响.

- 对纯凝聚相与气体反应,则

$$\left\{\frac{\partial \ln K_p(T,p)}{\partial p}\right\}_T = -\frac{\Delta_r V_m^{*d}(T,p)}{RT} \tag{4-25}$$

$\Delta_r V_m^{*d}(T,p) = \sum_A \nu_A V_A^*(T,p)$ 是参与反应的纯凝聚相物质的摩尔反应体积.

(3) 物料比

理想体系的化学反应,在定温定压下反应物的量按计量数配比时,产物平衡浓度最大.

(4) 惰性气体

理想气体反应,在温度、总压力及物料比一定的条件下,惰性气体对化学平衡影响与无惰性气体存在时的降压效果相同.

5. 实际体系

依据物质的化学势等温式得出的公式或规律,其形式对于理想和非理想体系完全相同,即只需将来源于理想体系的物质化学势等温式中的压力或浓度分别用相应的逸度或活度代替,即得实际体系的公式或规律. 如

$$K_f^\ominus(T) = \prod_B \left(\frac{f_B}{p^\ominus}\right)^{\nu_B} = \prod_B \left(\gamma_B x_B \frac{p}{p^\ominus}\right)^{\nu_B} = K_\gamma K_x \left(\frac{p}{p^\ominus}\right)^{\nu_B}_B,$$

式中 $K_\gamma = \prod_B \gamma_B^{\nu_B}$, $K_x = \prod_B x_B^{\nu_B}$, K_γ、K_x 均是 T、p 函数等,其他列表如下:

理想体系与实际体系的规律对照表

公式或规律	理想体系	实际体系
Raoult 定律	$p_A = p_A^* x_A$	$f_A = f_A^* a_A$
Henry 定律	$p_B = K x_B$	$f_B = K a_B$
凝固点降低定律	$\left(\dfrac{\partial \ln x_A}{\partial T}\right)_p = \dfrac{\Delta_s^l H_m^*}{RT^2}$	$\left(\dfrac{\partial \ln a_A}{\partial T}\right)_p = \dfrac{\Delta_s^l H_m^*}{RT^2}$
沸点升高定律	$-\left(\dfrac{\partial \ln x_A}{\partial p}\right)_T = \dfrac{\Delta_l^g H_m^*}{RT^2}$	$-\left(\dfrac{\partial \ln a_A}{\partial T}\right)_p = \dfrac{\Delta_l^g H_m^*}{RT^2}$
渗透压定律	$\left(\dfrac{\partial \ln x_A}{\partial p}\right)_T = -\dfrac{V_A^*}{RT}$	$\left(\dfrac{\partial \ln a_A}{\partial p}\right)_T = -\dfrac{V_A^*}{RT}$
分配定律	$x_A^\alpha / x_A^\beta = K(T,p)$	$a_A^\alpha / a_A^\beta = K(T,p)$
Gibbs-Duhem 方程	$x_A d\ln x_A + x_B d\ln x_B = 0$	$x_A d\ln a_A + x_B d\ln a_B = 0$
Duhem-Margules 方程	$x_A \left[\dfrac{\partial \ln \frac{p_A}{p^\ominus}}{\partial x_A}\right]_{T,p} + x_B \left[\dfrac{\partial \ln \frac{p_B}{p^\ominus}}{\partial x_B}\right]_{T,p} = 0$	$x_A \left[\dfrac{\partial \ln \frac{f_A}{p^\ominus}}{\partial x_A}\right]_{T,p} + x_B \left[\dfrac{\partial \ln \frac{f_B}{p^\ominus}}{\partial x_B}\right]_{T,p} = 0$

(1) 气体反应 $0 = \sum_B \nu_B B$ 的标准平衡常数

$$K_p^{\ominus}(T) = \prod_B \left(\frac{p_B}{p^{\ominus}}\right)^{\nu_B} \quad K_f^{\ominus}(T) = \prod_B \left(\frac{f_B}{p^{\ominus}}\right)^{\nu_B}$$

(2) 溶液反应 $0 = \sum_B \nu_B B$ 的平衡常数

$$K_x(T,p) = \prod_B x_B^{\nu_B} \quad K_a(T,p) = \prod_B a_B^{\nu_B}$$

(3) 化学平衡等温式

$$\Delta_r G_m^{\ominus}(T) = -RT\ln K_p^{\ominus}(T), \quad \Delta_r G_m^{\ominus}(T) = -RT\ln K_f^{\ominus}(T)$$

$$\Delta_r G_m^*(T,p) = -RT\ln K_x(T,p), \quad \Delta_r G_m^*(T,p) = -RT\ln K_a(T,p)$$

(4) van't Hoff 方程

$$\frac{d\ln K_p^{\ominus}(T)}{dT} = \frac{\Delta_r H_m^{\ominus}(T)}{RT^2}, \quad \frac{d\ln K_f^{\ominus}(T)}{dT} = \frac{\Delta_r H_m^{\ominus}(T)}{RT^2}$$

$$\left\{\frac{\partial \ln K_x(T,p)}{\partial T}\right\}_p = \frac{\Delta_r H_m^*(T,p)}{RT^2}, \quad \left\{\frac{\partial \ln K_a(T,p)}{\partial T}\right\}_p = \frac{\Delta_r H_m^*(T,p)}{RT^2}$$

(5) Planck-van Laar 方程

$$\left\{\frac{\partial \ln K_x(T,p)}{\partial p}\right\}_T = -\frac{\Delta_r V_m^*(T,p)}{RT}, \quad \left\{\frac{\partial \ln K_a(T,p)}{\partial p}\right\}_T = -\frac{\Delta_r V_m^*}{RT}$$

(二) 例题解析

【例 4.2-1】 一定温度下的理想气体反应,起始原料 CO 与 H_2 的分子数比为 1:2:

$$CO(g) + 2H_2(g) \longrightarrow CH_3OH(g)$$

如平衡后 CO 转化率为 α,则下列答案中正确者为 ( )

(1) $K_p^{\ominus} = \dfrac{a(3-2\alpha)^2}{4(1-\alpha)^2 p^2}(p^{\ominus})^2$.

(2) $K_p^{\ominus}$ 与总压力 p 有关并与 p^2 成反比.

(3) α 与总压力 p 有关.

(4) H_2 的转化率是 CO 转化率的 2 倍.

(5) $K_\gamma = 1$.

解析 对题给反应,各物质在起始与平衡时的量列出如下:

$$CO(g) + 2H_2(g) \longrightarrow CH_3OH(g)$$

$t=0$	a	$2a$	0
$t=\infty$	$a(1-\alpha)$	$2a(1-\alpha)$	$a\alpha$

$$n_{\text{总}} = a(3-2\alpha)$$

$$K_p^{\ominus} = \frac{p(CH_3OH)}{p(CO)\, p^2(H_2)}(p^{\ominus})^2 = \frac{n(CH_3OH)/n_{\text{总}}}{\dfrac{n(CO)}{n_{\text{总}}}\left(\dfrac{n(H_2)}{n_{\text{总}}}\right)^2 p^2}(p^{\ominus})^2 = \frac{a(3-2\alpha)^2}{4(1-\alpha)^3 p^2}(p^{\ominus})^2$$

由 $K_p^{\ominus}$ 表达式可知,(1)中的 $(1-\alpha)$ 方次不对,因而答案是错误的. $K_p^{\ominus}$ 只是 T 的函数,因而答案(2)也是错误的. 答案(3)是正确的,这是由于

$$K_p^{\ominus} p^2 = \frac{a(3-2\alpha)^2}{4(1-\alpha)^3}(p^{\ominus})^2$$

在一定温度下 $K_p^\ominus$ 是常数,因此 α 与总压 p 有关;CO 与 H_2 反应按 1:2 计量比反应生成 CH_3OH,若到平衡时 CO 的量为 α',则 H_2 的量为 $2\alpha'$,于是有

$$\alpha(CO) = \frac{\alpha'}{\alpha}$$

$$\alpha(H_2) = \frac{2\alpha'}{2\alpha} = \frac{\alpha'}{\alpha}$$

从而 $\alpha(CO) = \alpha(H_2)$.

由于上述分析,答案(4)不对. 对于理想气体由于 $K_f^\ominus = K_p^\ominus$,$K_\gamma = 1$,所以答案(5)是对的.

【例 4.2-2】 判断正误(在题后的括弧内标记"√"或"×"):

(1) 一个放热反应,其平衡常数随温度的增加而减小. ( )
(2) 某反应的 $\Delta_r G_m^\ominus$ 是反应达平衡时的 Gibbs 自由能增量. ( )
(3) 对于气相反应而言,由于反应的 $\Delta_r G_m^\ominus$ 仅为温度的函数,故 $K_p^\ominus$ 与 p 无关. ( )

解析 (1) 关于温度与平衡常数 van't Hoff 关系式为

$$\left(\frac{\partial \ln K_a}{\partial T}\right)_p = \frac{\Delta_r H_m^*}{RT^2}$$

对于放热反应,$\Delta_r H_m^* < 0$,T 增大,K_a 减小,因此题中结论正确.

(2) $\Delta_r G_m^\ominus$ 是反应物按反应计量数之比完全转化为标准状态下的生成物时 Gibbs 自由能的改变量. $\Delta_r G_m^\ominus$ 不是反应达平衡时才产生的物理量. 一个化学反应,不论平衡与否,每个状态下都有其固定的 $\Delta_r G_m^\ominus$. 一个反应的 $\Delta_r G_m$ 可改变,但 $\Delta_r G_m^\ominus$ 不能改变,它是一个反应确定后固有物理量. 因而,题目结论是错误的.

(3) $K_p^\ominus$ 与 p 无关,是对的.

【例 4.2-3】 试证明 $\Delta_r H_m^\ominus$ 与 T 无关时,下列两式是等价的:

(1) $\ln \dfrac{K_f^\ominus(T)}{K_f^\ominus(298\,K)} = \dfrac{\Delta_r H_m^\ominus(298\,K)}{R}\left(\dfrac{1}{298\,K} - \dfrac{1}{T}\right)$

(2) $\Delta_r G_m^\ominus(T) = \Delta_r H_m^\ominus(298\,K) - T\Delta_r S_m^\ominus(298\,K)$

解析 若二式等价,则可由任一式推导出另一式. 我们这里由(2)式证明(1)式. 而由(1)式到(2)式,请读者自己证明.

由化学平衡等温式

$$\Delta_r G_m^\ominus(T) = -RT\ln K_f^\ominus(T)$$

$$\Delta_r G_m^\ominus(298\,K) = -298\,K \times R\ln K_f^\ominus(298\,K) = \Delta_r H_m^\ominus(298\,K) - 298\,K \times \Delta_r S_m^\ominus(298\,K)$$

而且考虑到(2)式,又有

$$\Delta_r G_m^\ominus(T) = -RT\ln K_f^\ominus(T) = \Delta_r H_m^\ominus(298\,K) - T\Delta_r S_m^\ominus(298\,K)$$

故有

$$\ln K_f^\ominus(298\,K) = -\frac{\Delta_r H_m^\ominus(298\,K)}{R \times 298\,K} + \frac{\Delta_r S_m^\ominus(298\,K)}{R}$$

$$\ln K_f^\ominus(T) = -\frac{\Delta_r H_m^\ominus(298\,K)}{RT} + \frac{\Delta_r S_m^\ominus(298\,K)}{R},$$

上述二式相减,得

$$\ln \frac{K_f^\ominus(T)}{K_f^\ominus(298\,K)} = \frac{\Delta_r H_m^\ominus(298\,K)}{R}\left(\frac{1}{298\,K} - \frac{1}{T}\right)$$

【例 4.2-4】 298 K 时正辛烷(C_8H_{18},g)的标准摩尔燃烧热为 -5507.2 kJ·mol^{-1},CO_2(g)和液态水的标准摩尔生成热分别为 -393.1 kJ·mol^{-1} 和 -285.6 kJ·mol^{-1},正辛烷、石墨和氢的标准摩尔熵分别为 463.3 J·K^{-1}·mol^{-1}、130.5 J·K^{-1}·mol^{-1} 和 5.684 J·K^{-1}·mol^{-1}.设正辛烷和氢气为理想气体.

(1) 试求 298 K 下,正辛烷生成反应的 $K_p^\ominus$ 和 K_c.
(2) 增加压力对提高正辛烷产率有无影响?
(3) 升高温度对提高正辛烷产率有无影响?
(4) 若在 298 K、$p^\ominus$ 下进行上述反应,平衡混合物中正辛烷的摩尔分数能否达到 0.1? 若希望正辛烷的摩尔分数在平衡混合物中达到 0.5.问 298 K 时需要多大压力才可以实现?

解析 由题给数据,可求出反应的 $\Delta_r H_m^\ominus$、$\Delta_r S_m^\ominus$,进而求出反应的 $\Delta_r G_m^\ominus$ 和反应的 $K_p^\ominus$.因为气体为理想气体,可由 $K_p^\ominus$ 和 K_c 关系求出 K_c.

(1) 正辛烷生成反应为

$$8C(石墨) + 9H_2(g) \longrightarrow C_8H_{18}(g)$$

$$\Delta_r H_m^\ominus = \{8 \times (-393.1) + 9 \times (-285.6) - (-5507.2)\} \text{ kJ·mol}^{-1} = -208.0 \text{ kJ·mol}^{-1}$$

$$\Delta_r S_m^\ominus = -756.4 \text{ J·mol}^{-1}\text{K}^{-1}$$

$$\Delta_r G_m^\ominus = \Delta_r H_m^\ominus - T\Delta_r S_m^\ominus = 17.38 \text{ kJ·mol}^{-1}$$

$$\ln K_p^\ominus = -\frac{\Delta_r G_m^\ominus}{RT}$$

$$K_p^\ominus = 8.9 \times 10^{-4}$$

$$K_p^\ominus = K_c \left(\frac{RT}{p^\ominus}\right)^{-8}$$

$$K_c = 1.27 \times 10^7 \text{ mol}^{-8} \cdot \text{dm}^{24}$$

(2) 增加压力有利于正辛烷生成,因为

$$\Delta_r V_m^{*d} < 0$$

(3) $\Delta_r H_m^\ominus < 0$,所以 $K_p^\ominus$ 随温度升高而减小,因而升高温度不利于正辛烷的生成.
(4) 298 K,$p^\ominus$ 时,若 $x(C_8H_{18}) = 0.1$,则 $x(H_2) = 0.9$

$$\frac{p(C_8H_{18})/p^\ominus}{[p(H_2)/p^\ominus]^9} = \frac{0.1}{(0.9)^9} = 0.258 \gg K_p^\ominus(298\text{ K})$$

因此 $x(C_8H_{18})$ 不能达到 0.1.

若使 $x(C_8H_{18}) = 0.5$

$$K_p^\ominus = \frac{0.5p}{(0.5p)^9}(p^\ominus)^8 = 8.90 \times 10^{-4}$$

$$p = 486.3 \text{ kPa}$$

【例 4.2-5】 下列反应的 $\Delta_r G_m^\ominus(630\text{ K}) = 44.3$ kJ·mol^{-1}

$$2HgO(s) \Longleftrightarrow 2Hg(g) + O_2(g)$$

(1) 求该反应的 $K_p^\ominus(630\text{ K})$ 及 630 K 时 HgO(s)的分解压力;
(2) 若反应开始前容器中含有 $p^\ominus$ 的 O_2(g),求在 630 K 达平衡后与 HgO(s)共存的气相中 Hg 的分压.

解析 (1)讨论的是固气反应.设气相为理想气体,依据化学平衡等温式,有

$$\ln K_p^\ominus(630\,\text{K}) = -\frac{\Delta_r G_m^\ominus(630\,\text{K})}{R \times 630\,\text{K}} = -\frac{44300\,\text{J}\cdot\text{mol}^{-1}}{8.314\,\text{J}\cdot\text{K}^{-1}\cdot\text{mol}^{-1}\times 630\,\text{K}} = -8.4577$$

故
$$K_p^\ominus(630\,\text{K}) = 2.123\times 10^{-4}$$

纯 HgO(s)分解达平衡时,气相中 Hg 与 O_2 的分压之和为HgO(s)的分解压力,此时有
$$p(\text{Hg}) = 2p(\text{O}_2)$$

分解压力为
$$p = p(\text{Hg}) + 2p(\text{O}_2) = 3p(\text{O}_2)$$

平衡常数为
$$K_p^\ominus(T) = [p(\text{Hg})/p^\ominus]^2[p(\text{O}_2)/p^\ominus] = 4[p(\text{O}_2)/p^\ominus]^3$$

当 $T=630\,\text{K}$ 时,则得
$$4[p(\text{O}_2)/p^\ominus]^3 = 2.123\times 10^{-4}$$

从而
$$p(\text{O}_2) = 0.03758\,p^\ominus = 3758\,\text{Pa}$$
$$p = 3p(\text{O}_2) = 11294\,\text{Pa}$$

(2) 反应开始前容器中含有 $p^\ominus = 100\times 10^3\,\text{Pa}$ 的 O_2 气时,设平衡后 Hg 的分压为 $p(\text{Hg})$,则 O_2 的分压即为
$$p(\text{O}_2) = p^\ominus + \frac{1}{2}p(\text{Hg})$$

这时平衡常数为
$$K_p^\ominus(T) = [p(\text{Hg})/p^\ominus]^2[p(\text{O}_2)/p^\ominus]$$
$$= [p(\text{Hg})/p^\ominus]^2\left[1 + \frac{1}{2}p(\text{Hg})/p^\ominus\right]$$
$$= [p(\text{Hg})/p^\ominus]^2 + \frac{1}{2}[p(\text{Hg})/p^\ominus]^3$$

当 $T=630\,\text{K}$ 时,则有
$$2.123\times 10^{-4} = [p(\text{Hg})/p^\ominus]^2 + \frac{1}{2}[p(\text{Hg})/p^\ominus]^3$$

用尝试法求解,得
$$p(\text{Hg})/p^\ominus = 0.01452$$

故
$$p(\text{Hg}) = 0.01452\,p^\ominus = 1452\,\text{Pa}$$

【例 4.2-6】 (1) 设气体服从 Berthelot 方程
$$pV_m = RT\left[1 + \frac{9pT_c}{128p_c T}\left(1 - 6\frac{T_c^2}{T^2}\right)\right]$$

其中 T_c、p_c 为物质的临界温度和临界压力,请证明该气体物质在 T、p 状态下的逸度系数 γ 服从下列关系式
$$\ln\gamma = \frac{9p_\gamma}{128T_\gamma}\left(1 - \frac{6}{T_\gamma^2}\right)$$

其中 T_γ 和 p_γ 为对比温度和对比压力.

(2) 有关物质的热力学数据如下

	$C_2H_4(g)$	$H_2O(g)$	$C_2H_5OH(g)$
$\dfrac{\Delta_f H_m^{\ominus}(600\,K)}{kJ\cdot mol^{-1}}$	4435	-244.76	-247.32
$\dfrac{S_m^{\ominus}(600\,K)}{J\cdot K^{-1}\cdot mol^{-1}}$	259.12	212.97	342.17
T_c/K	283.06	647.4	516.1
$p_c/p^{\ominus}$	50.50	218.3	63.11

① 求算下列反应的 $K_f^{\ominus}(600\,K)$

$$C_2H_4(g) + H_2O(g) \rightleftharpoons C_2H_5OH(g)$$

② 设各个纯物质气体服从 Berthelot 方程,应用 Lewis-Romdall 规则,求上述反应在 $T = 600\,K$, $p = 150\,p^{\ominus}$ 的 K_γ、$K_p^{\ominus}$

③ 若反应起始时 C_2H_4、H_2O 是按化学计量数配比,求算 600 K、150 $p^{\ominus}$ 时平衡气体混合物中 C_2H_5OH 的摩尔分数.

解析 (1) $p_\gamma = \dfrac{p}{p_c}$, $T_\gamma = \dfrac{T}{T_c}$

$$RT\ln\gamma = \lim_{p^{\ominus}\to 0}\int_{p^{\ominus}}^{p}\left(V_m - \dfrac{RT}{p}\right)dp$$

$$V_m = \dfrac{RT}{p} + \dfrac{9RT_c}{128 p_c}\left(1 - 6\dfrac{T_c^2}{T^2}\right)$$

$$RT\ln\gamma = \lim_{p^{\ominus}\to 0}\int_{p^{\ominus}}^{p}\dfrac{9RT_c}{128 p_c}\left(1 - 6\dfrac{T_c^2}{T^2}\right)dp = \lim_{p^{\ominus}\to 0}\dfrac{9RT_c}{128 p_c}\left(1 - 6\dfrac{T_c^2}{T^2}\right)(p - p^{\ominus})$$

$$= \dfrac{9RT_c}{128 p_c}\left(1 - 6\dfrac{T_c^2}{T^2}\right)p$$

所以

$$\ln\gamma = \dfrac{9 T_c/T}{128 p_c/p}\left\{1 - 6\left(\dfrac{T_c}{T}\right)^2\right\} = \dfrac{9 p_\gamma}{128 T_\gamma}\left(1 - \dfrac{6}{T_\gamma^2}\right)$$

(2) ① $C_2H_4(g) + H_2O(g) \rightleftharpoons C_2H_5OH(g)$

600 K, $\Delta_r H_m^{\ominus} = \Delta_f H_m^{\ominus}(C_2H_5OH,g) - \Delta_f H_m^{\ominus}(H_2O,g) - \Delta_f H_m^{\ominus}(C_2H_4,g) = 46.91\,kJ\cdot mol^{-1}$

$\Delta_r S_m^{\ominus} = -129.92\,J\cdot K^{-1}\cdot mol^{-1}$

$\Delta_r G_m^{\ominus} = -RT\ln K_f^{\ominus} = \Delta_r H_m^{\ominus} - T\Delta_r S_m^{\ominus} = 31.042\,J\cdot K^{-1}\cdot mol^{-1}$

$K_f^{\ominus}(600\,K) = 1.984\times 10^{-3}$

② 不同气体 p_c、T_c 不同

$C_2H_5OH(g)$ $T_\gamma = \dfrac{T}{T_c} = \dfrac{600\,K}{516.1\,K} = 1.16$, $p_\gamma = \dfrac{p}{p_c} = \dfrac{150\,p^{\ominus}}{63.11\,p^{\ominus}} = 2.38$

将 p_γ、T_γ 值代入①的 $\ln\gamma$ 式中,得

$$\gamma(C_2H_5OH) = 0.6103$$

同理　　　　$C_2H_4(g)$: $T_\gamma = 2.12$, $p_\gamma = 2.97$, $\gamma(C_2H_4) = 0.968$

$H_2O(g)$: $T_\gamma = 0.927$, $p_\gamma = 0.687$, $\gamma(H_2O) = 0.732$

根据 Lewis-Randall 规则：混合气中组分 i 的逸度系数 γ_i 等于与气体混合物相同温度及压力下的该纯组分的逸度系数，所以

$$K_\gamma = \frac{\gamma(C_2H_5OH)}{\gamma(C_2H_4) \cdot \gamma(H_2O)} = \frac{0.6103}{0.968 \times 0.732} = 0.862$$

由 $K_f^\ominus = K_\gamma \cdot K_p^\ominus$，得

$$K_p^\ominus = K_f^\ominus / K_\gamma = 2.30 \times 10^{-3}$$

③ 反应

$$C_2H_4(g) + H_2O(g) \rightleftharpoons C_2H_5OH(g)$$

$t=0$ n_i^0	n	n	0
$t=\infty$ n_i	$n(1-\alpha)$	$n(1-\alpha)$	$n\alpha$
$x_i p$	$\dfrac{1-\alpha}{2-\alpha}p$	$\dfrac{1-\alpha}{2-\alpha}p$	$\dfrac{\alpha}{2-\alpha}p$

平衡时物质的总量为 $n(2-\alpha)$

$$K_p^\ominus = \frac{\dfrac{\alpha}{2-\alpha}p}{\left(\dfrac{1-\alpha}{2-\alpha}\right)^2 p}p^\ominus = \frac{\alpha(2-\alpha)p^\ominus}{(1-\alpha)^2 p}$$

将 $K_p^\ominus = 2.30 \times 10^{-3}$、$p = 150 p^\ominus$ 代入上式，可得

$\alpha_1 = 0.138$ 及 $\alpha_2 = 1.86$，α_2 不符合本题要求，所以 $C_2H_5OH(g)$ 的摩尔分数为

$$\frac{\alpha_1}{2-\alpha_1} = \frac{0.138}{2-0.138} = 0.0741$$

讨论 α 的求算作了哪些近似？如果不作近似，如何求算？

【例 4.2-7】 请导出 pVT 封闭体系中发生 R 个独立化学反应的热力学基本方程及其 Maxwell 关系式。

解析 反应方程 $0 = \sum_B \nu_{B,\rho} B (\rho = 1, 2, \cdots)$，其中 $\nu_{B,\rho}$ 是第 ρ 个反应中物质 B 的化学计量数（反应物为负，生成物为正），ξ_ρ 为第 ρ 个反应的反应进度。所以有

$$\frac{d_\rho n_B}{\nu_{B,\rho}} = d\xi \quad (\rho = 1, 2, \cdots)$$

$d_\rho n_B$ 为第 ρ 个反应中物质 B 的量的改变。

体系中物质 B 总改变量为 $dn_B = \sum_\rho d_\rho n_B = \sum_\rho \nu_{B,\rho} d\xi_\rho$，结合第 2 章中有关公式，可得

$$dU = TdS - pdV + \sum_\rho \left(\sum_B \nu_{B,\rho} \mu_B\right) d\xi_\rho$$

$$dH = TdS + Vdp + \sum_\rho \left(\sum_B \nu_{B,\rho} \mu_B\right) d\xi_\rho$$

$$dF = -SdT - pdV + \sum_\rho \left(\sum_B \nu_{B,\rho} \mu_B\right) d\xi_\rho$$

$$dG = -SdT + Vdp + \sum_\rho \left(\sum_B \nu_{B,\rho} \mu_B\right) d\xi_\rho$$

封闭体系中各物质起始量是给定的，故体系状态变量为 $2+R$ 个，热力学函数可表述为：

$$U = U(S, V, \xi_1, \xi_2, \cdots, \xi_R)$$

$$H = H(S, p, \xi_1, \xi_2, \cdots, \xi_R)$$

$$F = F(T, V, \xi_1, \xi_2, \cdots, \xi_R)$$

$$G = G(T, p, \xi_1, \xi_2, \cdots, \xi_R)$$

应用全微分中相应微分式及第 ρ 个化学反应的化学亲和势定义,得

$$-A_\rho = \left(\frac{\partial U}{\partial \xi_\rho}\right)_{S,V,\xi_{\rho'\neq\rho}} = \left(\frac{\partial H}{\partial \xi_\rho}\right)_{S,p,\xi_{\rho'\neq\rho}} = \left(\frac{\partial F}{\partial \xi_\rho}\right)_{T,V,\xi_{\rho'\neq\rho}} = \left(\frac{\partial G}{\partial \xi_\rho}\right)_{T,p,\xi_{\rho'\neq\rho}} = \sum_B \nu_{B,\rho} \mu_B$$

由此即得热力学基本方程

$$dU = TdS - pdV - \sum_\rho A_\rho d\xi_\rho$$

$$dH = TdS + Vdp - \sum_\rho A_\rho d\xi_\rho$$

$$dF = -SdT - pdV - \sum_\rho A_\rho d\xi_\rho$$

$$dG = -SdT + Vdp - \sum_\rho A_\rho d\xi_\rho$$

对最后一个全微分方程,据全微分条件得 Maxwell 关系式

$$\left(\frac{\partial S}{\partial p}\right)_{T,\xi} = -\left(\frac{\partial V}{\partial T}\right)_{p,\xi}$$

$$\left(\frac{\partial A_\rho}{\partial T}\right)_{p,\xi} = \left(\frac{\partial S}{\partial \xi_\rho}\right)_{T,p,\xi_{\rho'\neq\rho}} = S_\rho$$

$$\left(\frac{\partial A_\rho}{\partial T}\right)_{T,\xi} = \left(\frac{\partial V}{\partial \xi_\rho}\right)_{T,p,\xi_{\rho'\neq\rho}} = -V_\rho$$

$$\left(\frac{\partial A_\rho}{\partial \xi_{\rho'}}\right)_{T,p,\xi_{\rho\neq\rho'}} = \left(\frac{\partial A_{\rho'}}{\partial \xi_\rho}\right)_{T,p,\xi_{\rho\neq\rho'}} \quad (\rho, \rho' = 1, 2, \cdots, R)$$

对前三个基本方程,同样可得出相应的 Maxwell 关系式,请读者作为练习自己推导.

【例 4.2-8】 在真空容器中放入固态 NH_4HS,于 298.2 K 下分解为 $NH_3(g)$ 和 $H_2S(g)$,平衡时容器中压力为 6.665×10^4 Pa.

(1) 若放入 NH_4HS 时容器时中已有 3.998×10^4 Pa 的 $H_2S(g)$,求平衡时容器中的压力.

(2) 若容器中原有 6.665×10^3 Pa 的 $NH_3(g)$,问需加多大压力 $H_2S(g)$才能开始形成 NH_4HS 固体?

解析 (1) 反应 $NH_4HS(s) \rightleftharpoons NH_3(g) + H_2S(g)$

$$K_p^\ominus(T) = \frac{6.665 \times 10^4 \text{ Pa}}{2p^\ominus}$$

平衡时 NH_3 分压为 x(Pa),由于 T 不变,故 $K_p^\ominus$ 不变.

$$(3.998 \times 10^4 + x)x = (6.665 \times 10^2/2)^2, \quad x = 1.887 \times 10^4 \text{ Pa}$$

总压力为 7.772×10^4 Pa

(2) 只有 $Q_p > K_p$ 时反应逆向进行.设需加 x(Pa)的 $H_2S(g)$才能开始形成 NH_4HS 固体,则

$$(6.665 \times 10^3)x > (6.665 \times 10^4/2)^2$$

$$x > 1.666 \times 10^5 \text{ Pa}$$

∴ H_2S 的压力最少应为 1.666×10^5 Pa,才能形成 NH_4HS 固体.

【例 4.2-9】 蒸馏水放在开口容器中,CO_2 气溶于水中将改变水的 pH,使其偏离 7.试计算在 298.15 K 空气中,$p(CO_2) = 4 \times 10^{-3} p^\ominus$ 时,该蒸馏水的 pH.

已知 298.15 K、CO_2 的压力为 $p^\ominus$ 时,100 g 水中含 1.45×10^{-3} g 分子状态的 CO_2,水溶液

中存在下述两个平衡

$$H_2O(l) \rightleftharpoons H^+(aq) + OH^-(aq)$$

$$CO_2(aq) + H_2O(l) \rightleftharpoons H^+(aq) + HCO_3^-(aq)$$

水的离子积常数 $K_w = 10^{-14}$，且知

	$H_2O(l)$	$HCO_3^-(aq)$	$CO_2(aq)$
$\Delta_f G_m^\ominus(298.15\,K)/(kJ\cdot mol^{-1})$	-237.178	-586.848	-386.02

解析 $CO_2(aq) + H_2O \rightleftharpoons H^+(aq) + HCO_3^-(aq)$

$\Delta_r G_m^\ominus(T) = [-586.848 - (-237.178) - (-386.02)]\,kJ\cdot mol^{-1} = 36.35\,kJ\cdot mol^{-1}$

假设 $CO_2(g)$ 为理想气体，所以 CO_2 遵守亨利定律 $p = km$.

$$\frac{p^\ominus}{4\times 10^{-3}p^\ominus} = \frac{1.45\times 10^{-3}\,g/(100\,g\,H_2O)}{x}$$

$x = 5.856\times 10^{-6}\,g/(100\,g\,H_2O)$，即 $1.32\times 10^{-6}\,mol\cdot dm^{-3}$

上述反应

$$K_a = \frac{[a(H^+)/a^\ominus(H^+)][a(HCO_3^-)/a^\ominus(HCO_3^-)]}{[a(CO_2)/a^\ominus(CO_2)][a(H_2O)/a^\ominus(H_2O)]}$$

$$= \frac{a(H^+)a(HCO_3^-)}{a(CO_2)}$$

$$= \frac{c(H^+)c(HCO_3^-)}{c(CO_2)c^\ominus} \quad (\text{视为理想溶液})$$

$\Delta_r G_m^\ominus(T) = -RT\ln K_a,\quad \therefore K_a = 4.28\times 10^{-7}$

$$[H^+] = [OH^-] + [HCO_3^-]$$

$$\therefore [H^+] = \frac{K_w c^\ominus}{[H^+]} + \frac{K_a}{[H^+]}c(CO_2)$$

$$\frac{[H^+]}{c^\ominus} = \sqrt{K_w + K_a C(CO_2)/c^\ominus}$$

$$= \sqrt{1.00\times 10^{-14} + 4.28\times 10^{-7}\times 1.32\times 10^{-6}}$$

$$= 7.58\times 10^{-7}$$

$$pH = -\lg a(H^+) = 6.120$$

【例 4.2-10】 按照 D.P.Stevenson 等人的工作，异构化反应及其平衡常数可表述为：

环己烷(l) $\rightleftharpoons$ 甲基环戊烷(l)

$$\ln K^\ominus = 4.184 - 2059\,K/T$$

求 298 K 时的 $\Delta_r H_m^\ominus$, $\Delta_r S_m^\ominus$.

解析 $\ln K^\ominus$ 与 T 之关系式中当包括 $\Delta_r H_m^\ominus$ 与 $\Delta_r S_m^\ominus$

$$\therefore \left(\frac{\partial \ln K^\ominus}{\partial T}\right) = \frac{\Delta_r H_m^\ominus}{RT^2}$$

积分 $\ln K^\ominus = -\dfrac{\Delta_r H_m^\ominus}{RT} + C$

$$\Delta_r G_m^\ominus = \Delta_r H_m^\ominus - T\Delta_r S_m^\ominus = -RT\ln K^\ominus = \Delta_r H_m^\ominus - RTC$$

$$\therefore C = \frac{\Delta_r S_m^\ominus}{R}, \text{即} -2059\text{ K} = -\frac{\Delta_r H_m^\ominus}{R}$$

$$\Delta_r H_m^\ominus = 17119 \text{ J} \cdot \text{mol}^{-1}$$

$$4.184 = \frac{\Delta_r S_m^\ominus}{R}, \quad \Delta_r S_m^\ominus = 34.79 \text{ J} \cdot \text{K}^{-1} \cdot \text{mol}^{-1}$$

【例 4.2-11】 298 K 时,乙酸乙酯的标准摩尔燃烧热为 $-2246 \text{ kJ} \cdot \text{mol}^{-1}$,其他物质的标准摩尔生成焓见下表:

物 质	$CH_3CO_2H(l)$	$C_2H_5OH(l)$	$CO_2(g)$	$H_2O(g)$
$\Delta_f H_m^\ominus/(\text{kJ} \cdot \text{mol}^{-1})$	-488.3	-277.4	-393	-241.8

水的 $\Delta_l^g H_m^\ominus(298\text{ K}) = 43.93 \text{ kJ} \cdot \text{mol}^{-1}$. 求下列反应在 298 K 时的 $\Delta_r H_m^\ominus$ 及 $\Delta_r U_m^\ominus$.

$$CH_3COOH(l) + C_2H_5OH(l) = CH_3COOC_2H_5(l)$$

解析 每一个物质的 $\Delta_f H_m^\ominus$ 代表了一个化学反应的 $\Delta_r H_m^\ominus$,因此根据标准摩尔生成焓及标准摩尔燃烧焓的定义,我们有下列反应(①~⑥式):

$$CH_3COOC_2H_5(l) + 5O_2(g) = 4CO_2(g) + 4H_2O(l) \quad \text{①}$$

$$2C(\text{石墨}) + O_2(g) + 2H_2(g) = CH_3COOH(l) \quad \text{②}$$

$$2C(\text{石墨}) + \frac{1}{2}O_2(g) + 3H_2(g) = C_2H_5OH(l) \quad \text{③}$$

$$C(\text{石墨}) + O_2(g) = CO_2(g) \quad \text{④}$$

$$H_2(g) + \frac{1}{2}O_2(g) = H_2O(g) \quad \text{⑤}$$

$$H_2O(l) = H_2O(g) \quad \text{⑥}$$

$4 \times ④ + 5 \times ⑤ - 4 \times ⑥ - ① - ② - ③$,得所求之反应.

$$\therefore \Delta_r H_m^\ominus = 54.98 \text{ kJ} \cdot \text{mol}^{-1}$$

$$\Delta_r U_m^\ominus = \Delta_r H_m^\ominus = 54.98 \text{ kJ} \cdot \text{mol}^{-1}$$

【例 4.2-12】 已知 298 K 的下列数据:

	$\dfrac{\Delta_f H_m^\ominus}{\text{kJ} \cdot \text{mol}^{-1}}$	$\dfrac{S_m^\ominus}{\text{J} \cdot \text{K}^{-1} \cdot \text{mol}^{-1}}$	$\dfrac{\Delta_f G_m^\ominus}{\text{kJ} \cdot \text{mol}^{-1}}$
$Zn^{2+}(aq)$	-152.42	-106.48	-147.19
$Cu^{2+}(aq)$	64.39	-98.70	64.98

试计算在 298 K、101.325 kPa 时,反应

$$Zn(s) + Cu^{2+}(aq) = Zn^{2+}(aq) + Cu(s)$$

的平衡常数 K_a 的温度系数.

解析 所求即为 $\left(\dfrac{\partial K_a^\ominus}{\partial T}\right)_p$

$$\Delta_r H_m^\ominus = (-152.42 - 64.39) \text{ kJ} \cdot \text{mol}^{-1} = -216.81 \text{ kJ} \cdot \text{mol}^{-1}$$

$$\Delta_r G_m^\ominus = (-147.19 - 64.98) \text{ kJ} \cdot \text{mol}^{-1} = -212.17 \text{ kJ} \cdot \text{mol}^{-1}$$

$$\ln K_a^\ominus = -\frac{\Delta_r G_m^\ominus}{RT} = 85.64, \quad K_a^\ominus = 1.56 \times 10^{37}$$

$$\left(\frac{\partial \ln K_a^{\ominus}}{\partial T}\right)_p = \frac{\Delta_r H_m^{\ominus}}{RT^2} = \left(\frac{\partial K_a^{\ominus}}{\partial T}\right)_p \frac{1}{K_a^{\ominus}}$$

$$\therefore \left(\frac{\partial K_a^{\ominus}}{\partial T}\right)_p = K_a^{\ominus} \frac{\Delta_r H_m^{\ominus}}{RT^2} = -4.58 \times 10^{36} \text{ K}^{-1}$$

【例 4.2-13】 苯乙烯可通过乙苯脱氢及乙苯氧化脱氢得到,即

$$C_6H_5CH_2\text{—}CH_3(g) \longrightarrow C_6H_5CH\text{=}CH_2(g) + H_2(g) \quad \text{①}$$

$$C_6H_5CH_2\text{—}CH_3(g) + \frac{1}{2}O_2(g) \longrightarrow C_6H_5CH\text{=}CH_2(g) + H_2O(g) \quad \text{②}$$

(1) 已知下列数据,请分别求 $T = 298.15$ K 时,上述两反应标准平衡常数,并据此判断反应进行的程度.

	$C_6H_5CH_2\text{—}CH_3(g)$	$C_6H_5CH\text{=}CH_2(g)$	$H_2O(g)$
$\Delta_f G_m^{\ominus}/(\text{kJ} \cdot \text{mol}^{-1})$	130.58	213.80	-228.60
$\Delta_f H_m^{\ominus}/(\text{kJ} \cdot \text{mol}^{-1})$	29.79	147.30	-241.84

(2) 当 $T = 873.15$ K、$p = 101.325$ kPa,采用乙苯脱氢制苯乙烯时,乙苯(g)和水蒸气物质量比为 1:9,请计算乙苯的平衡转化率.

(3) 升高反应温度及通入水蒸气时,对反应②的平衡产生什么影响?

解析 (1) $\Delta_r G_m^{\ominus} = \sum \nu_B \Delta_f G_m^{\ominus}(B) = -RT \ln K_a^{\ominus}$

反应① $\Delta_r G_m^{\ominus} = 83.22$ kJ·mol^{-1},$K_a^{\ominus} = 2.628 \times 10^{-15}$

反应② $\Delta_r G_m^{\ominus} = -145.38$ kJ·mol^{-1},$K_a^{\ominus} = 2.957 \times 10^{25}$

所以 298 K,$p^{\ominus}$ 时反应①转化率极低,反应②几乎全部转化.

(2) 设为理想气体,$\Delta_r H_m^{\ominus}$ 为常数,则

$$\ln \frac{K_a^{\ominus}(873.15 \text{ K})}{K_a^{\ominus}(298.15 \text{ K})} = \frac{\Delta_r H_m^{\ominus}}{R}\left(\frac{1}{T_1} - \frac{1}{T_2}\right)$$

$$\Delta_r H_m^{\ominus} = \sum \nu_B \Delta_f H_m^{\ominus}(B) = 117.51 \text{ kJ} \cdot \text{mol}^{-1}$$

解上式,得

$$K_a^{\ominus}(873.15 \text{ K}) = 0.09536$$

$$\begin{array}{lcccc} & C_6H_5C_2H_5(g) \longrightarrow & C_6H_5C_2H_3(g) & + H_2(g) & + H_2O(g) \\ \text{始} & 1 & 0 & 0 & 9 \\ \text{平衡} & 1-\alpha & \alpha & \alpha & 9 \end{array}$$

总量为 $10 + \alpha$.

$$K_a^{\ominus}(873.15 \text{ K}) = \frac{\left(\frac{\alpha}{10+\alpha}\right)^2 \left(\frac{p}{p^{\ominus}}\right)^2}{\left(\frac{1-\alpha}{10+\alpha}\right)\left(\frac{p}{p^{\ominus}}\right)} = \frac{\alpha^2}{(10+\alpha)(1-\alpha)}\left(\frac{p}{p^{\ominus}}\right)$$

因为 $p = p^{\ominus}$,故

$$0.09536 = \frac{\alpha^2}{10 - 9\alpha - \alpha^2}$$

解得

$$\alpha = 0.633$$

(3) $\left[\dfrac{\partial \ln K_a^\ominus(T)}{\partial T}\right]_p = \dfrac{\Delta_r H_m^\ominus}{RT^2}$

由反应②数据可知，$\Delta_r H_m^\ominus = -124.33 \text{ kJ} \cdot \text{mol}^{-1} < 0$. 所以温度升高对反应②向右不利，加入水气同样不利于反应向右进行.

【例 4.2-14】 对于只有一个化学反应的平衡体系，利用 $\left(\dfrac{\partial A}{\partial T}\right)_{p,\xi} = \dfrac{1}{T}\left(\dfrac{\partial H}{\partial \xi}\right)_{T,p}$，请证明：

(1) $\left(\dfrac{\partial \xi}{\partial T}\right)_{p,A} = -\dfrac{1}{T}\left(\dfrac{\partial H}{\partial \xi}\right)_{T,p} \Big/ \left(\dfrac{\partial A}{\partial \xi}\right)_{T,p}$

(2) $\left(\dfrac{\partial \xi}{\partial p}\right)_{T,A} = \left(\dfrac{\partial V}{\partial \xi}\right)_{T,p} \Big/ \left(\dfrac{\partial A}{\partial \xi}\right)_{T,p}$

并讨论升高温度或增大压力对反应的影响.

解析 对于只有一个化学反应的平衡体系：
$$\xi = \xi(T, p)$$

由循环关系知
$$\left(\dfrac{\partial \xi}{\partial T}\right)_{p,A} = -\left(\dfrac{\partial A}{\partial T}\right)_{p,\xi} \Big/ \left(\dfrac{\partial A}{\partial \xi}\right)_{T,p}$$

因为
$$\left(\dfrac{\partial A}{\partial T}\right)_{p,\xi} = \dfrac{1}{T}\left(\dfrac{\partial H}{\partial \xi}\right)_{T,p}$$

所以
$$\left(\dfrac{\partial \xi}{\partial T}\right)_{p,A} = -\dfrac{1}{T}\left(\dfrac{\partial H}{\partial \xi}\right)_{T,p} \Big/ \left(\dfrac{\partial A}{\partial \xi}\right)_{T,p}$$

同法，得
$$\left(\dfrac{\partial \xi}{\partial p}\right)_{T,A} = -\left(\dfrac{\partial A}{\partial p}\right)_{T,\xi} \Big/ \left(\dfrac{\partial A}{\partial \xi}\right)_{T,p} = \left(\dfrac{\partial V}{\partial \xi}\right)_{T,p} \Big/ \left(\dfrac{\partial A}{\partial \xi}\right)_{T,p}$$

由于 $\left(\dfrac{\partial A}{\partial \xi}\right)_{T,p} < 0$，且 $\left(\dfrac{\partial H}{\partial \xi}\right)_{T,p}$ 是等温等压过程化学反应的摩尔反应热，$\left(\dfrac{\partial V}{\partial \xi}\right)_{T,p}$ 是摩尔反应体积，所以上述二式表明：在 p、A 恒定下，升高温度化学反应总是向吸热方向移动；在 T、A 恒定下，增大压力总是向体积减小的方向移动.

【例 4.2-15】 请得出合成氨理想气体反应
$$\dfrac{1}{2}N_2(g) + \dfrac{3}{2}H_2(g) = NH_3(g)$$

的 $K_p^\ominus(T)$ 与 T 关系式，并求 $K_p^\ominus(698\text{ K}) = ?$

解析 查热力学数据 $\Delta_f H_m^\ominus(298\text{ K})$，$\Delta_f G_m^\ominus(298\text{ K})$ 及 $C_{p,m}^\ominus(T)$ 关系式，再求出 $\Delta_r H_m^\ominus(298\text{ K})$ 和 $K_p^\ominus(298\text{ K})$. 根据 Kirchhoff 公式得 $\Delta_r H_m^\ominus(T)$ 的表达式，再用 van't Hoff 方程得到 $K_p^\ominus(T)$ 与 T 的关系，数据如下：

$$\Delta_f H_m^\ominus(NH_3, g, 298\text{ K}) = -46.19 \text{ kJ} \cdot \text{mol}^{-1}$$

$$\Delta_f G_m^\ominus(NH_3, g, 298\text{ K}) = -16.636 \text{ kJ} \cdot \text{mol}^{-1}$$

$$C_{p,m}^\ominus(N_2, g, T) = \left\{27.84 + 4.27 \times 10^{-3}\left(\dfrac{T}{K}\right)\right\} \text{ J} \cdot \text{K}^{-1} \cdot \text{mol}^{-1}$$

$$C_{p,m}^\ominus(H_2, g, T) = \left[29.0658 - 0.8364 \times 10^{-2}\left(\dfrac{T}{K}\right) + 2.0117 \times 10^{-6}\left(\dfrac{T}{K}\right)^2\right] \text{ J} \cdot \text{K}^{-1} \cdot \text{mol}^{-1}$$

$$C_{p,m}^{\ominus}(NH_3, g, T) = \left[25.895 + 32.999 \times 10^{-3}\left(\frac{T}{K}\right) - 3.04 \times 10^{-6}\left(\frac{T}{K}\right)^2\right] J \cdot K^{-1} \cdot mol^{-1}$$

$N_2(g), H_2(g)$的 $\Delta_f H_m^{\ominus}(298 K), \Delta_f G_m^{\ominus}(298 K)$均为0,故可求得反应

$$\Delta_r H_m^{\ominus}(298 K) = -46.19 kJ \cdot mol^{-1}$$

$$K_p^{\ominus}(298 K) = 824$$

$$\Delta_r H_m^{\ominus}(T) = \Delta_r H_m^{\ominus}(298 K) + \int_{298 K}^{T} \Delta_r C_{p,m}^{\ominus}(T) dT$$

$$= \left[-38134 - 31.64\left(\frac{T}{K}\right) + 16.06 \times 10^{-3}\left(\frac{T}{K}\right)^2 - 2.02 \times 10^{-6}\left(\frac{T}{K}\right)^3\right] J \cdot mol^{-1}$$

$$\ln K_p^{\ominus}(T) = \ln K_p^{\ominus}(298 K) + \int_{298 K}^{T} \frac{\Delta_r H_m^{\ominus}(T)}{RT^2} dT$$

$$= 12.463 + 4587\left(\frac{K}{T}\right) - 3.81\ln\left(\frac{T}{K}\right) + 1.93 \times 10^{-3}\left(\frac{T}{K}\right) - 0.121 \times 10^{-6}\left(\frac{T}{K}\right)^2$$

$$K_p^{\ominus}(698 K) = 9.79 \times 10^{-3}$$

问题 若上述 $K_p^{\ominus}(T) = 1$,温度应控制在何值?

(三) 习题

4.2-1 选择填空:

(1) 某化学反应体系,各物质均为实际气体,某平衡常数 $K_f^{\ominus}$ 将受_____影响.

① 体系总压　　② 催化剂　　③ 温度　　④ 物料比　　⑤ 惰性气体

(2) 在真空容器内加入适当催化剂,并将一定量的 $N_2(g)$ 和 $H_2(g)$ 按 1:3 比例封入容器,在 798 K 发生反应生成 $NH_3(g)$,此反应为放热反应,则随着 $NH_3(g)$ 的生成,容器内压力_____.

① 增加　　　　　② 减少　　　　　③ 不变

反应达平衡后,容器内压力为一定值,这时若将反应体系温度升高,则容器内压力_____.

① 随温度按比例增加　　② 不变　　③ 增加得比按温度升高的比例还要多.

(3) 合成氨的反应有下列两种方程式

$$N_2(g) + 3H_2(g) \rightleftharpoons 2NH_3(g) \qquad ①$$

$$\frac{1}{2}N_2(g) + \frac{3}{2}H_2(g) \rightleftharpoons NH_3(g) \qquad ②$$

其平衡常数或转化率有_____关系.

① $K_p^{\ominus}(1) = K_p^{\ominus}(2)$
② N_2 的转化率 $\alpha(1) = \alpha(2)$
③ $K_x(1) = K_x(2)$
④ $K_p^{\ominus}(1) = K_p^{\ominus}(2)^2$

4.2-2 判断正误(在题后的括弧内填与"√"或"×"):

(1) 温度升高时,化学反应速度加快,因此化学反应的平衡常数也增大. (　)

(2) 化学反应的方向性判断也可以用 $\Delta_r G_m^{\ominus}$ 来作判据. (　)

(3) $T = \dfrac{\Delta_r H_m^{\ominus}(298 K)}{\Delta_r S_m^{\ominus}(298 K)}$ 若小于 0,则说明不能通过改变温度的办法改变化学反应的方向.

(　)

4.2-3 298 K 时，$N_2O_4(g) \rightleftharpoons 2NO_2(g)$，其中 $N_2O_4(g)$ 分压为 $2p^\ominus$，$NO_2(g)$ 分压为 $0.895p^\ominus$．问上述反应向哪个方向进行？计算中做了何种近似处理？（所需数据请自查）

答案 反应向 $N_2O_4(g)$ 方向进行

4.2-4 正丁烷加氢裂解反应
$$C_4H_{10}(g) + H_2(g) \rightleftharpoons 2C_2H_6(g)$$
已知 298 K 平衡时各物质分压为 $p(C_4H_{10}) = 151.99 \times 10^{-4}$ kPa，$p(C_2H_6) = 1178.4$ kPa，$p(H_2) = 151.99 \times 10^{-4}$ kPa．求：

(1) 298 K 时 $K_p^\ominus(298\text{ K}) = ?$
(2) 298 K 及题给各物质分压条件下 $\Delta_r G_m = ?$
(3) 反应的 $\Delta_r G^\ominus(298\text{ K}) = ?$
(4) 反应 $\Delta_r S_m^\ominus(298\text{ K}) = ?$

答案 (1) 6.00×10^9，(2) $\Delta_r G_m = 0$，(3) $\Delta_r G_m^\ominus(298\text{ K}) = 55.79$ kJ·mol^{-1}，(4) $\Delta_r S_m^\ominus(298\text{ K}) = 37.52$ J·K^{-1}·mol^{-1}

4.2-5 通过计算说明，在 298 K 各物质压力分别为 $p^\ominus$，由以下反应来制备 $PH_3(g)$ 有无实验价值．
$$P(\text{白磷}) + \frac{3}{2}H_2(g) \rightleftharpoons PH_3(g)$$
在上述条件下寻找催化剂的工作有无意义？改变温度或压力呢？请分别叙述理由．（所需数据，请自查）

答案 改变压力才有意义

4.2-6 硫酸铁分解反应：
$$Fe_2(SO_4)_3(s) \rightleftharpoons Fe_2O_3(s) + 3SO_3(g)$$
在 901 K 和 982 K 的分解压力分别为 13.32 kPa 及 101.325 kPa 试求 $\Delta_r G_m^\ominus(298\text{ K})$．（所需数据，请自查）

答案 -2237.0 kJ·mol^{-1}

4.2-7 某反应在 54~94 K 范围内，$K_p^\ominus$ 与 T 关系为
$$\lg K_p^\ominus = 5.962 - \frac{467.5\text{ K}}{T} - 1.665 \lg\frac{T}{273.2\text{ K}} - 0.0132\frac{T}{\text{K}} + 5.08\times 10^{-5}\left(\frac{T}{\text{K}}\right)^2$$
试求 90.2 K 时该反应的 $\Delta_r G_m^\ominus, \Delta_r H_m^\ominus, \Delta_r S_m^\ominus$．

答案 -1.385 kJ·mol^{-1}，5.445 kJ·mol^{-1}，75.7 J·K^{-1}·mol^{-1}

4.2-8 已知 $N_2(g)$，$H_2(g)$，$NH_3(g)$ 三种气体各在 698 K、$300p^\ominus$ 时的逸度系数分别为 1.15，1.09，0.89，或 $H_2(g)$ 与 $N_2(g)$ 量以 3∶1 投入反应器，平衡时反应器温度为 698 K、压力为 $300p^\ominus$．试求平衡时 $NH_3(g)$ 的最高摩尔分数？

答案 0.43

4.2-9 900 K，$p^\ominus$ 下，$SO_3(g)$ 部分分解为 $SO_2(g)$ 及 $O_2(g)$，平衡时测得混合气体密度为 0.94 g·dm^{-3}．试求 900 K 时反应的平衡常数 $K_p^\ominus$．

答案 0.136

4.2-10 已知非均相反应①，且其同时在 1500 K 时发生水煤气反应②及水气解离反应③，此外 FeO(s) 发生部分离解④．下表给出上述 4 个反应及其在 1500 K 时的 $\lg K_p^\ominus$，求体系平衡时氧的分压．

反 应 式	$\lg K_p^\ominus$
① $FeO(s) + CO(g) \rightleftharpoons Fe(s) + CO_2(g)$	0.50
② $H_2O(g) + CO(g) \rightleftharpoons CO_2(g) + H_2(g)$	-0.41
③ $2H_2O(g) \rightleftharpoons 2H_2(g) + O_2(g)$	-11.37
④ $FeO(s) \rightleftharpoons Fe(s) + \frac{1}{2}O_2(g)$	

答案 2.857×10^{-7} Pa

4.2-11 反应 $2SO_2(g) + O_2(g) \rightleftharpoons 2SO_3(g)$ 的平衡常数 $K_c^\ominus$ 与 T 关系为

$$\lg K_c^\ominus = \frac{10373\,K}{T} + 2.222\lg\frac{T}{K} - 145.85$$

求该反应在 1273 K 时 $\Delta_r H_m^\ominus, \Delta_r U_m^\ominus$。

答案 $-185.7\,\text{kJ}\cdot\text{mol}^{-1}, -175.1\,\text{kJ}\cdot\text{mol}^{-1}$

4.2-12 已知一气相反应 $A(g) \rightleftharpoons B(g)$ 在 298 K 时的标准摩尔 Gibbs 自由能变和标准摩尔焓变分别为 $-28.42\,\text{kJ}\cdot\text{mol}^{-1}$ 和 $-41.8\,\text{kJ}\cdot\text{mol}^{-1}$：(1) 试讨论温度升高对生成 B 是否有利？(2) 若将 0.5 mol 的 A 放入 10 dm³ 的容器中，计算 500 K 时 $A(g)$ 和 $B(g)$ 平衡分压。

答案 (1) 略；(2) $p_A = 1.956$ kPa，$p_B = 205.79$ kPa

4.2-13 已知反应 $C_2H_4(g) + H_2O(g) \rightleftharpoons C_2H_5OH(g)$ 的下列数据，求算：

	$C_2H_4(g)$	$H_2O(g)$	$C_2H_5OH(g)$
$\Delta_f H_m^\ominus(298\,K)/(\text{kJ}\cdot\text{mol}^{-1})$	52.28	-241.88	-235.3
$S_m^\ominus(298\,K)/(\text{J}\cdot\text{K}^{-1}\cdot\text{mol}^{-1})$	219.45	188.72	282.0

(1) 373 K 时 $K_p^\ominus(373\,K)$。
(2) 若原料量按 1:1 投入，体系总压为 1013.25 kPa、373 K 时平衡摩尔分数是多少？

答案 (1) $K_p^\ominus(373\,K) = 0.6555$，(2) $x(H_2O) = x(C_2H_4) = 0.267$

4.2-14 298 K 时，正戊烷(g)和异戊烷(g)的 $\Delta_f G_m^\ominus$ 分别为 $-194.4\,\text{kJ}\cdot\text{mol}^{-1}$ 和 $-200.8\,\text{kJ}\cdot\text{mol}^{-1}$，液体蒸气压分别由下式给出

$$\text{正戊烷} \quad \lg\left(\frac{p}{p^\ominus}\right) = 3.9715 - \frac{1065\,K}{T - 41\,K}$$

$$\text{异戊烷} \quad \lg\left(\frac{p}{p^\ominus}\right) = 3.9089 - \frac{1020\,K}{T - 40\,K}$$

(1) 求 298 K 时上述气相异构化反应的 $K_p^\ominus(298\,K)$。
(2) 如果把液相视为理想溶液，求 298 K 时液相异构化反应 K_x。

答案 (1) $K_p^\ominus = 13.24$，(2) $K_x = 9.87$

4.2-15 反应 $3A(g) \rightleftharpoons B(g) + C(g)$，A、B、C 均为理想气体，在 300 K，$p^\ominus$ 时有 40% 的 A 解离；恒压下，将温度升高 10 K，结果 A 解离 41%。试求该体系的标准摩尔焓变。

答案 $8.225\,\text{kJ}\cdot\text{mol}^{-1}$

4.2-16 请证明：

(1) $\left(\dfrac{\partial A}{\partial \xi}\right)_{T,p} - \left(\dfrac{\partial A}{\partial \xi}\right)_{T,V} = \left(\dfrac{\partial V}{\partial \xi}\right)_{T,p}\left(\dfrac{\partial p}{\partial \xi}\right)_{T,V} = \dfrac{-\left(\dfrac{\partial V}{\partial \xi}\right)_{T,V}^2}{\left(\dfrac{\partial V}{\partial p}\right)_{T,\xi}}$

(2) $\left[\dfrac{\partial\left(\dfrac{A_\rho}{T}\right)}{\partial T}\right]_{V,\xi} = \dfrac{1}{T^2}\left(\dfrac{\partial U}{\partial \xi_\rho}\right)_{T,V,\xi_{\rho'\ne\rho}}$

4.2-17 请判断 AgO(s) 在 298 K、$p^\ominus$ 下能否自行分解为 Ag(s) 和 O_2(g)。所需数据自查。

答案 不能

4.2-18 请查出下列反应体系中各物质的 $\Delta_f H_m^\ominus(298\,\mathrm{K})$ 及标准摩尔 Gibbs 自由能函数

$$\dfrac{G_m^\ominus(600\,\mathrm{K}) - H_m^\ominus(298\,\mathrm{K})}{600\,\mathrm{K}}$$

的值，并求算下列反应的 $K_p^\ominus(600\,\mathrm{K})$。

$$CO(g) + H_2O(g) = CO_2(g) + H_2(g)$$

答案 $K_p^\ominus(600\,\mathrm{K}) = 26.8$

4.2-19 在 1100~1500 K，$CaCO_3$(s) 分解压力 $p(CO_2)$ 与温度 T 关系为

$$\ln\dfrac{p(CO_2)}{p^\ominus} = -\dfrac{26146\,\mathrm{K}}{T} - 5.388\ln\dfrac{T}{\mathrm{K}} + 60.415$$

请得出反应的 $\Delta_r G_m^\ominus(T), \Delta_r H_m^\ominus(T), \Delta_r S_m^\ominus(T)$ 与 T 的函数关系式，并求 $p(CO_2) = p^\ominus$ 时对应的温度。

答案 $T = 1170\,\mathrm{K}$

4.2-20 合成氨反应

$$\dfrac{1}{2}N_2(g) + \dfrac{3}{2}H_2(g) = NH_3(g)$$

$K_p^\ominus(723\,\mathrm{K}) = 0.00974$。设 N_2(g) 与 H_2(g) 起始量分别为 1 mol 和 3 mol，在等温等压下向体系加入惰性气体的物质量为 n。求在 $T = 723\,\mathrm{K}$、$p = 300p^\ominus$ 下，n 分别为 0、0.2、0.4 及 0.6 mol 时 NH_3(g) 的平衡摩尔分数。

答案 0.373, 0.339, 0.309, 0.285

第 5 章 气体热力学及逸度

(一) 内容纲要

1. 纯物质理想气体化学势表示式

$$\mu(T,p) = \mu^\ominus(T) + RT\ln(p/p^\ominus) \tag{5-1}$$

$\mu^\ominus(T)$ 为标准态 $(T, p^\ominus)$ 下的化学势，它是纯物质理想气在 T、$p^\ominus$ 下的化学势。

混合理想气体中各物质化学势表示式

$$\mu_i(T, p, n_1, n_2, \cdots, n_r) = \mu_i^\ominus(T) + RT\ln(p_i/p^\ominus) = \mu_i^*(T, p) + RT\ln x_i \tag{5-2}$$

式中 $\mu_i^\ominus(T)$ 为纯物质 i 理想气在 T、$p^\ominus$ 下的化学势，$\mu_i^*(T, p)$ 是纯物质 i 理想气在 T、p 状态下的化学势。

2. 纯物质理想气热力学性质

$$\left.\begin{aligned}
\mu(T,p) &= \mu^\ominus(T) + RT\ln(p/p^\ominus) \\
S_m(T,p) &= -(\partial\mu/\partial T)_p = S_m^\ominus(T) - R\ln(p/p^\ominus) \\
V_m(T,p) &= (\partial\mu/\partial p)_T = RT/p \\
H_m(T,p) &= \mu(T,p) + TS_m(T,p) = H_m^\ominus(T) \\
U_m(T,p) &= H_m(T,p) - pV_m(T,p) = U_m^\ominus(T) \\
F_m(T,p) &= U_m(T,p) - TS_m(T,p) = F_m^\ominus(T) + RT\ln(p/p^\ominus) \\
C_{p,m}(T,p) &= (\partial H_m/\partial T)_p = C_{p,m}^\ominus(T) \\
C_{V,m}(T,p) &= (\partial U_m/\partial T)_V = C_{V,m}^\ominus(T)
\end{aligned}\right\} \tag{5-3}$$

3. 理想混合气体热力学性质

(1) 各物质的偏摩尔量

$$\left.\begin{aligned}
\mu_i(T,p,x_i) &= \mu_i^*(T,p) + RT\ln x_i \\
V_i &= \left(\frac{\partial\mu_i}{\partial p}\right)_{T,n} = V_i^*(T,p) \\
S_i &= -\left(\frac{\partial\mu_i}{\partial T}\right)_{p,n} = S_i^*(T,p) - R\ln x_i \\
H_i &= \mu_i + TS_i = H_i^*(T,p) \\
U_i &= H_i - pV_i = U_i^*(T,p) \\
F_i &= U_i - TS_i = F_i^*(T,p) + RT\ln x_i \\
C_{p,i} &= \left(\frac{\partial C_p}{\partial n_i}\right)_{T,p,n_{j\neq i}} = \left[\frac{\partial}{\partial n_i}\left(\frac{\partial H}{\partial T}\right)_{p,n}\right]_{T,p,n_{j\neq i}} = \left[\frac{\partial}{\partial T}\left(\frac{\partial H}{\partial n_i}\right)_{T,p,n_{j\neq i}}\right]_{p,n} \\
&= \left(\frac{\partial H_i}{\partial T}\right)_{p,n} = \left[\frac{\partial H_i^*(T,p)}{\partial T}\right]_{p,n} = C_{p,i}^*(T,p) \\
C_{V,i} &= C_{V,i}^*(T,p)
\end{aligned}\right\} \tag{5-4}$$

其中 μ_i^*, V_i^*, S_i^* 等表示纯物质 i 的理想气体相应的热力学量.

(2) 体系的热力学量

$$\left.\begin{aligned}
V &= \sum_i n_i V_i = \sum_i n_i V_i^* = \left(\sum_i n_i\right)\frac{RT}{p} \\
S &= \sum_i n_i S_i = \sum_i n_i [S_i^*(T,p) - R\ln x_i] \\
U &= \sum_i n_i U_i = \sum_i n_i U_i^*(T,p) \\
H &= \sum_i n_i H_i = \sum_i n_i H_i^*(T,p) \\
F &= \sum_i n_i F_i = \sum_i n_i [F_i^*(T,p) + RT\ln x_i] \\
G &= \sum_i n_i \mu_i = \sum_i n_i [\mu_i^*(T,p) + RT\ln x_i] \\
C_p &= \sum_i n_i C_{p,i} = \sum_i n_i C_{p,i}^*(T,p) \\
C_V &= \sum_i n_i C_{V,i} = \sum_i n_i C_{V,i}^*(T,p)
\end{aligned}\right\} \tag{5-5}$$

4. 逸度 f 及逸度系数 γ

对于纯气体或混合气体中任一物质 B, 逸度 f_B 定义

$$f_B(T,p,x_C) = p^{\ominus} \exp\left[\frac{\mu_B(T,p,x_C) - \mu_B^{\ominus}(T)}{RT}\right] \tag{5-6}$$

气体物质 B 化学势表示式

$$\mu_B(T,p,x_C) = \mu_B^{\ominus}(T) + RT\ln\frac{f_B}{p^{\ominus}} = \mu_B(\text{id},T,p,x_C) + RT\ln\frac{f_B}{x_B p} \tag{5-7}$$

式中 $\mu_B^{\ominus}(T)$ 是纯物质 B 理想气体在 T、$p^{\ominus}$ 状态的化学势, $\mu_B(\text{id},T,p,x_C)$ 是与所研究气体在温度、压力及组成相同条件下理想气体物质 B 的化学势, x_C 代表 r 种物质中 $r-1$ 个独立的摩尔分数.

气体物质 B 的逸度系数定义

$$\gamma_B = \frac{f_B}{x_B p} \tag{5-8}$$

式中 γ_B 一般为 T、p、x_C 函数. 对理想气体物质 B, 其逸度就是压力(对纯气体)或分压(对理想混合气), 此时 $\gamma_B = 1$. f_B、γ_B 是强度量.

5. 逸度的求算

求算逸度实质上是求算化学势差值问题, 即

$$RT\ln\frac{f_B}{p^{\ominus}} = \mu_B(T,p,x_C) - \mu_B^{\ominus}(T)$$

$$RT\ln\gamma_B = \int_{p'}^{p}\left[V_B(T,p,x_C) - \frac{RT}{p}\right]dp \quad (p' \to 0) \tag{5-9}$$

这是普遍求算公式.

(1) 纯物质逸度求算

$$RT\ln\gamma = \int_{p'}^{p}\left[V_m - \frac{RT}{p}\right]dp \tag{5-10}$$

V_m 是实际气体的摩尔体积. 上述 γ 或 f 的求算有四种方法.

- 解析法—利用物态方程代入(5-10)式积分.
- 图解法—令 $\alpha = (RT/p) - V_m$,定温下由 V_m 实验值求出 α,作 α-p 图,用图解积分求 $\int_0^p \alpha \mathrm{d}p$,从而可求不同压力下的 γ 及 f.
- 对比状态法—(5-10)式可改写为对比压力 p_r 与压缩因子 Z 的形式

$$\ln \gamma = \int_0^{p_r} \frac{Z-1}{p_r} \mathrm{d}p_r \tag{5-11}$$

不同气体在相同的对比状态时具有相同的逸度系数 γ,γ 只是 T_r、p_r 的函数而与气体本性无关. 各物质的气体在不同的 T_r 下的 γ-p_r 图称之为 Newton 图. 所以由物质的临界常数便可由图上求出所指 T,p 时逸度系数和逸度.

- 近似法

$$\gamma = \frac{pV_m}{RT} \tag{5-12}$$

(2) 气体混合物中各物质逸度求算

Lewis-Randall 规则—假定 $V_B(T, p, x_C) = V_B^*(T, p)$,混合气中组分 B 的逸度系数等于混合气同温同压下纯组分 B 的逸度系数,即

$$\gamma_B(T, p, x_C) = \gamma_B^*(T, p)$$

6. 气体热力学函数的非理想修正

热力学函数表中的熵、焓,Gibbs 自由能及热容等数据对于气体都是理想化气体的数值. 热力学处理平衡问题的方法之一是以理想体系为基础. 因此我们需将实验上测得的实际气体的值修正为理想化气体的数值. 修正方法是将 T、p 下实际气体等温可逆膨胀到压力趋于零的状态,此时气体符合理想气体行为. 然后再按理想气体等温可逆压缩到 T、p 理想气体状态. 这一步为假想过程,二个过程热力学函数改变之和就是相应热力学函数的非理想修正值. 我们可由图 5-1 说明这一问题:(i) 为实际气体等温可逆膨胀,(ii) 理想气体等温可逆膨胀.

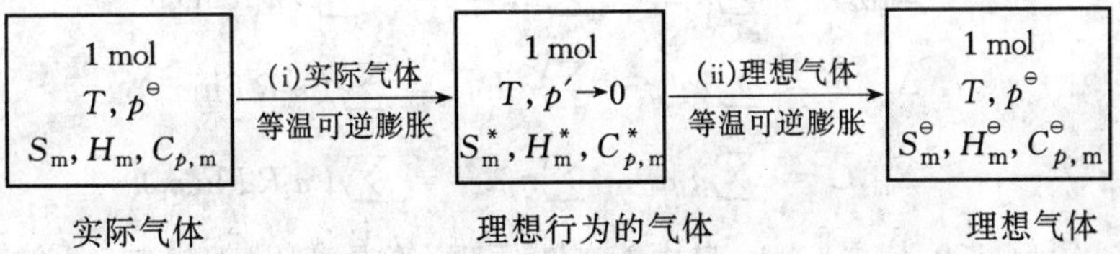

```
┌─────────────┐              ┌─────────────┐              ┌─────────────┐
│   1 mol     │ (i)实际气体  │   1 mol     │ (ii)理想气体 │   1 mol     │
│  T, p⊖      │────────────→│ T, p′→0     │────────────→│  T, p⊖      │
│ Sₘ,Hₘ,Cp,m  │ 等温可逆膨胀│ Sₘ*,Hₘ*,Cp,m*│ 等温可逆膨胀│ Sₘ⊖,Hₘ⊖,Cp,m⊖│
└─────────────┘              └─────────────┘              └─────────────┘
   实际气体                    理想行为的气体                  理想气体
```

图 5-1

应用

$$\Delta S_m = \int_{p_1}^{p_2} -\left(\frac{\partial V_m}{\partial T}\right)_p \mathrm{d}p$$

$$\Delta H_m = \int_{p_1}^{p_2} \left[V_m - T\left(\frac{\partial V_m}{\partial T}\right)_p\right] \mathrm{d}p$$

$$\Delta C_{p,m} = \int_{p_1}^{p_2} \left(\frac{\partial C_{p,m}}{\partial p}\right)_T \mathrm{d}p = -\int_{p_1}^{p_2} T\left(\frac{\partial^2 V_m}{\partial T^2}\right)_p \mathrm{d}p$$

将上述三式分别用于图式中的理想气体及实际气体等温可逆膨胀过程,将它们的物态方程代入,即可得到相应修正值. 常用 Berthelot 方程作这种修正,如熵的非理想修正值.

$$S_m^\ominus - S_m = (S_m^\ominus - S_m^*) + (S_m^* - S_m)$$

$$= \int_0^{p^\ominus} -\left(\frac{\partial V_{m,理}}{\partial T}\right)_p dp + \int_{p^\ominus}^0 -\left(\frac{\partial V_{m,实}}{\partial T}\right)_p dp$$

$$= \int_0^{p^\ominus} -\frac{R}{p} dp + \int_{p^\ominus}^0 -\left(\frac{R}{p} + \frac{27RT_c^3}{32 p_c T^3}\right) dp$$

$$= \frac{27RT_c^3}{32 p_c T^3} p^\ominus$$

(二) 例题解析

【例 5-1】 请推导出理想气体等温等压混合规律.

解析 其混合过程如下图示

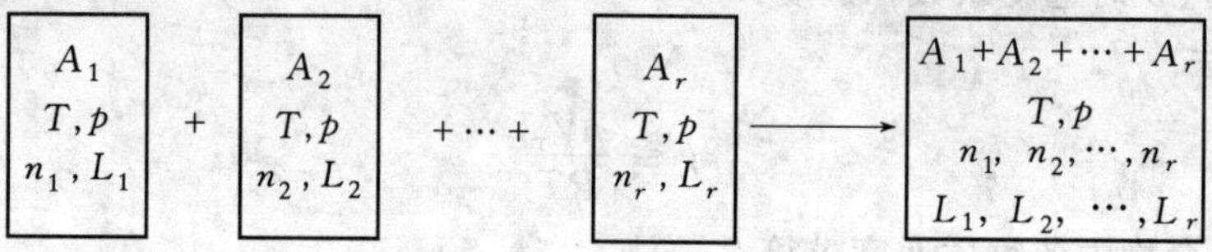

$$\boxed{\begin{array}{c} A_1 \\ T,p \\ n_1, L_1 \end{array}} + \boxed{\begin{array}{c} A_2 \\ T,p \\ n_2, L_2 \end{array}} + \cdots + \boxed{\begin{array}{c} A_r \\ T,p \\ n_r, L_r \end{array}} \longrightarrow \boxed{\begin{array}{c} A_1+A_2+\cdots+A_r \\ T,p \\ n_1, n_2, \cdots, n_r \\ L_1, L_2, \cdots, L_r \end{array}}$$

图 5-2

其混合过程中体系各热力学量差值($\Delta_{mix} L_m$)计算如下

$$\Delta_{mix} V = \sum_i n_i V_i - \sum_i n_i V_i^* = 0$$

$$\Delta_{mix} H = \sum_i n_i H_i - \sum_i n_i H_i^* = 0$$

$$\Delta_{mix} U = \sum_i n_i U_i - \sum_i n_i U_i^* = 0$$

$$\Delta_{mix} C_p = \sum_i n_i C_{p,i} - \sum_i n_i C_{p,i}^* = 0$$

$$\Delta_{mix} C_V = \sum_i n_i C_{V,i} - \sum_i n_i C_{V,i}^* = 0$$

$$\Delta_{mix} S = \sum_i n_i S_i - \sum_i n_i S_i^* = -\sum_i (n_i R \ln x_i)$$

$$\Delta_{mix} F = \sum_i n_i F_i - \sum_i n_i F_i^* = \sum_i (n_i RT \ln x_i)$$

$$\Delta_{mix} G = \sum_i n_i \mu_i - \sum_i n_i \mu_i^* = \sum_i (n_i RT \ln x_i)$$

根据上面各式, $\Delta_{mix} G < 0$, 依据 Gibbs 自由能减少原理, 等温等压(理想气)混合过程为不可逆过程, 而且该过程主要由熵效应决定, 无能量效应和焓效应.

【例 5-2】 0.2 mol $O_2(g)$ 与 0.5 mol $N_2(g)$ 组成理想混合气体, 其温度为 298 K、压力为 101.325 kPa. 求 $O_2(g)$ 和 $N_2(g)$ 的偏摩尔体积和混合气体的体积.

解析 据理想气体物态方程及偏摩尔体积定义即可求得 $O_2(g)$ 及 $N_2(g)$ 的偏摩尔体积. 或者据理想混合气体 $V_i = V_i^*$, 求得偏摩尔体积.

方法 1 $V = [n(O_2) + n(N_2)] \frac{RT}{p} = (0.2 + 0.5) \times \frac{8.314 \times 298}{101325} \text{ m}^3$

$$= 17.12 \times 10^{-3} \text{ m}^3 = 17.12 \text{ dm}^3$$

$$V(O_2) = V^*(O_2) = \frac{RT}{p} = 24.45 \text{ dm}^3 \cdot \text{mol}^{-1}$$

$$V(\mathrm{N_2}) = V^*(\mathrm{N_2}) = \frac{RT}{p} = 24.45\,\mathrm{dm^3 \cdot mol^{-1}}$$

方法 2 $\quad V(\mathrm{O_2}) = \left[\dfrac{\partial V}{\partial n(\mathrm{O_2})}\right]_{T,p,n(\mathrm{N_2})} = \dfrac{RT}{p} = 24.45\,\mathrm{dm^3 \cdot mol^{-1}}$

$$V(\mathrm{N_2}) = 24.45\,\mathrm{dm^3 \cdot mol^{-1}}$$

依据加和定理

$$V = n(\mathrm{O_2})V(\mathrm{O_2}) + n(\mathrm{N_2})V(\mathrm{N_2}) = (0.2 + 0.5)24.45\,\mathrm{dm^3} = 17.12\,\mathrm{dm^3}$$

【例 5-3】 干燥空气主要成分(体积分数 φ)如下,假设空气为理想混合气体:

M_2	N_2	O_2	Ar	CO_2
$\varphi(M_2)/(\%)$	78.03	20.99	0.93	0.03

(1) 求总压为 101.325 kPa 时各组分的分压和摩尔分数;
(2) 求出 298 K, 101.325 kPa 时 1 mol 空气的等压热容.

解析 (1)理想混合气体各组分之体积分数即为它们各自的摩尔分数. 故

$$x(\mathrm{N_2}) = 0.7803,\ x(\mathrm{O_2}) = 0.2099,\ x(\mathrm{Ar}) = 0.0093,\ x(\mathrm{CO_2}) = 0.0003$$

$$p_i = p x_i,\ p = 101.325\,\mathrm{kPa}$$

所以

$$p(\mathrm{N_2}) = p x(\mathrm{N_2}) = 79.06\,\mathrm{kPa}$$

同理

$$p(\mathrm{O_2}) = 21.27\,\mathrm{kPa},\ p(\mathrm{Ar}) = 0.94\,\mathrm{kPa},\ p(\mathrm{CO_2}) = 3.04 \times 10^{-2}\,\mathrm{kPa}$$

(2) $C_p = \sum_i n_i C_{p,i} = \sum_i n_i C_{p,i}^*$

查热力学函数表,得

$$C_{p,\mathrm{m}}(\mathrm{N_2}) = 29.12\,\mathrm{J \cdot K^{-1} \cdot mol^{-1}}$$
$$C_{p,\mathrm{m}}(\mathrm{O_2}) = 29.36\,\mathrm{J \cdot K^{-1} \cdot mol^{-1}}$$
$$C_{p,\mathrm{m}}(\mathrm{Ar}) = 20.79\,\mathrm{J \cdot K^{-1} \cdot mol^{-1}}$$
$$C_{p,\mathrm{m}}(\mathrm{CO_2}) = 37.13\,\mathrm{J \cdot K^{-1} \cdot mol^{-1}}$$

所以 $C_p = (29.12 \times 0.7803 + 29.36 \times 0.2099 + 20.79 \times 0.0093 + 37.13 \times 0.0003)\,\mathrm{J \cdot K^{-1}}$
$= 20.09\,\mathrm{J \cdot K^{-1}}$

【例 5-4】 某气体状态方程为 $pV_\mathrm{m} = RT + Bp$,请导出 $\ln(f/p^\ominus)$ 及逸度系数 γ 的表达式 (f 为逸度).

解析 $\quad RT\ln\gamma = \displaystyle\int_{p\to 0}^{p}\left(V_\mathrm{m} - \frac{RT}{p}\right)\mathrm{d}p,\ V_\mathrm{m} = \frac{RT}{p} + B$

$$\gamma = \exp\left\{\left[\int_{p\to 0}^{p}\left(V_\mathrm{m} - \frac{RT}{p}\right)\mathrm{d}p\right]/RT\right\} = \mathrm{e}^{Bp/RT}$$

$$f = \gamma p$$

$$\therefore \ln(f/p^\ominus) = \ln\gamma + \ln(p/p^\ominus)$$

【例 5-5】 对于理想混合气体,请论证下列三个等价结果.
(1) $pV = \left(\sum_i n_i\right)RT$,各组分在半透膜两边平衡分压相等.
(2) $\mu_i(T,p,x_i) = \mu_i^*(T,p) + RT\ln x_i$.

(3) $V_i(T,p,x_i) = V_i^*(T,p)$, $H_i(T,p,x_i) = H_i^*(T,p)$, $S_i(T,p,x_i) = S_i^*(T,p) - R\ln x_i$.

解析 所谓证明三个等价的结果,即是说上述(1)~(3)所列结果并不是独立的,它们之中任二个结果可以由第三者推导而得.需要证明的也就是看能否由其中一个推导出另外两个结论来.我们先从(3)式出发来证明(2)式.

$$\mu_i(T,p,x_i) = H_i(T,p,x_i) - TS_i(T,p,x_i)$$
$$= H_i^*(T,p) - TS_i^*(T,p) + RT\ln x_i$$
$$= \mu_i^*(T,p) + RT\ln x_i$$

又因为
$$\mu_i(T,p,x_i) = \mu_i^*(T,p) + RT\ln x_i$$

所以
$$\left[\frac{\partial \mu_i(T,p,x_i)}{\partial p}\right]_{T,x_i} = \left[\frac{\partial \mu_i^*(T,p)}{\partial p}\right]_{T,x_i} + \left[\frac{\partial(RT\ln x_i)}{\partial p}\right]_{T,x_i}$$

即
$$V_i = V_i^*$$

$$V = \sum_i n_i V_i = \sum_i n_i V_i^* = \left(\sum_i n_i\right)\frac{RT}{p}$$

即
$$pV = \left(\sum_i n_i\right)RT$$

又因为平衡时,据平衡稳定条件半透膜两边同种气体化学势必相等,设半透膜二边同组分平衡分压为 p_i, p_i'.

$$\mu_i(T,p,x_i) = \mu_i(T,p_i')$$

今
$$\mu_i(T,p,x_i) = \mu_i^\ominus(T) + RT\ln(p_i/p^\ominus) + RT\ln x_i = \mu_i^\ominus(T) + RT\ln(p_i/p^\ominus)$$

而
$$\mu_i(T,p_i') = \mu_i^\ominus(T) + RT\ln(p_i'/p^\ominus)$$

所以
$$RT\ln(p_i/p^\ominus) = RT\ln(p_i'/p^\ominus)$$
$$p_i = p_i'$$

也就是说各组分在半透膜两边平衡分压相等,或者根据力学平衡条件 $p_i = p_i'$ 也可以.

读者可以从(1)或(2)式出发证明其他二式.

结论 原题三个结果是等价的,都可以作为理想气体定义.

【例5-6】 (1) 设 N_2 和 O_2 皆为理想气体,它们的状态相同都为 298 K、101.325 kPa.问这两种气体化学势是否相等?

(2) 今有 298 K、101.325 kPa 的 $N_2(g)$ 和 323 K、101.325 kPa 的 $N_2(g)$ 各一瓶,问哪瓶 $N_2(g)$ 的化学势大?

(3) 298 K 下,有 $N_2(g)$ 的分压为 $0.5p^\ominus$ 的 N_2、O_2 理想混合气体和 $N_2(g)$ 的分压为 $2p^\ominus$ 的 N_2、O_2 理想混合气各一瓶,问哪一瓶中 $N_2(g)$ 的化学势大,二者相差多少?

解析 解答这类问题:

● 首先,明确化学势概念.化学势的绝对值是不能确定的,不同物质的化学势不能比较其大小.

● 其次,应熟练掌握理想气体化学势表示式及式中各项表达的意义,如

$$\mu_i(T,p_i) = \mu_i^\ominus(T) + RT\ln(p_i/p^\ominus)$$

对于同一组分的气体，只要温度相同，则其化学势表示式中标准态化学势(纯组分化学势) $\mu_i^\ominus(T)$ 一定相等，而且 $\mu_i(T,p_i)$ 随组分 i 分压 p_i 增大而增大.

或者利用化学势在恒温条件下随压力变化的关系来分析.

$$d\mu_i = V_i^* dp$$

即

$$\mu_i(T,p_2) - \mu_i(T,p_1) = \int_{p_1}^{p_2} V_i dp = \int_{p_1}^{p_2} \frac{RT}{p} dp = RT\ln\frac{p_2}{p_1}$$

或由 $(\partial\mu_i/\partial p)_T = V_i^* > 0$ 分析，化学势随压力增大而增大，因此

$p_2 > p_1$，则 $RT\ln(p_2/p_1) > 0$，即 $\mu_i(T,p_2) > \mu_i(T,p_1)$

$p_2 < p_1$ 则 $RT\ln(p_2/p_1) < 0$，即 $\mu_i(T,p_2) < \mu_i(T,p_1)$

利用上式还可求出化学势差值.

● 最后，还应掌握化学势(恒压下)与温度的关系，即

$$(\partial\mu_i/\partial T)_p = -S_i^*$$

因为 $S_i^* > 0$，所以 $(\partial\mu_i/\partial T)_p < 0$，即化学势随温度升高而减小.

(1) 两种气体化学势不同. 因为化学势绝对值不能确定，不同物质化学势不能比较大小.

(2) $(\partial\mu_i/\partial T)_p = -S_i^* < 0$，所以温度升高化学势降低，因此装有 323 K、$p^\ominus$ $N_2(g)$ 瓶中 N_2 的化学势小于 298 K、$p^\ominus$ $N_2(g)$ 瓶中的 $N_2(g)$ 的化学势.

(3) 由理想混合气体中各组分化学势表示式 $\mu_i(T,p_i) = \mu_i^\ominus(T) + RT\ln(p_i/p^\ominus)$ 可知，p_i 大，则 $\mu_i(T,p_i)$ 就大(同种组分温度相同条件下). 所以分压为 $2p^\ominus$ 的混合气体中 $N_2(g)$ 的化学势大. 两瓶中组分 $N_2(g)$ 的化学势表示式分别写为

$$\mu(T,p_1,N_2) = \mu^\ominus(T,N_2) + RT\ln(p_1/p^\ominus)$$

$$\mu(T,p_2,N_2) = \mu^\ominus(T,N_2) + RT\ln(p_2/p^\ominus)$$

$$\mu(T,p_2,N_2) - \mu(T,p_1,N_2) = RT\ln(p_2/p^\ominus) - RT\ln(p_1/p^\ominus)$$

$$= RT\ln(p_2/p_1)$$

$$= RT\ln(2/0.5)$$

$$= 3435.3 \text{ J·mol}^{-1}$$

【例 5-7】 373 K、$100p^\ominus$ 乙烷(g)的密度 $\rho = 161.4$ g·dm^{-3}，试求该气体逸度及逸度系数.

解析 用近似法 $\gamma = pV_m/RT$，p 为实际气体之压力. $V_m = M/\rho$，解上述方程，得

$$\gamma = 0.6083$$

$$f = 0.6083 \times 100 \times 100 \text{ kPa} = 6083 \text{ kPa}$$

【例 5-8】 根据 Lewis-Randall 规则和 Newton 图，求算 698 K、$300p^\ominus$ 的 $N_2(g)$、$H_2(g)$、$NH_3(g)$ 混合物中各物质的逸度系数 γ_i.

提示 H_2 的对比温度和对比压力为 $T_r = \dfrac{T}{T_c + 8 \text{ K}}$，$p_r = \dfrac{p}{p_c + 8p^\ominus}$.

解析 首先查出(或求出)N_2、H_2、NH_3 的 T_c、p_c 及 698 K、$300p^\ominus$ 时 T_r、p_r，由 Newton 图上得出各物质在 698 K、$300p^\ominus$ 状态下的 γ. 据 Lewis-Randall 规则，它们就是气体混合物中各物质的逸度系数(见下表).

	T_c	p_c	T_r	p_r	$\gamma(g)$
N_2	126.2 K	3.39 MPa	5.53	8.97	1.15
H_2	33.3 K	1.297 MPa	16.9	14.42	1.09
NH_3	405.6 K	11.28 MPa	1.72	2.695	0.89

(三) 习题

5-1 请对纯物质理想气体得出

$$F_m(T,V_m) = F^\ominus(T) - RT\ln(V_m/V_m^\ominus)$$

并据此推出

$$p(T,V_m) = RT/V_m$$
$$S_m(T,V_m) = S_m^\ominus(T) + R\ln(V_m/V_m^\ominus)$$
$$G_m(T,V_m) = G_m^\ominus(T) - RT\ln(V_m/V_m^\ominus)$$
$$U_m(T,V_m) = U_m^\ominus(T)$$

提示 主要选好标准态,本题中显然选 T、$V_m^\ominus$ 为标准态,再求 $F_m(T,V_m) - F^\ominus(T)$,最后据热力学量间关系推出其他各式

5-2 在体积为 $200\,cm^3$ 的烧瓶内装有 $0.9870\,p^\ominus$、293 K 的乙烷(g)和丁烷(g)混合气体,其质量为 $0.3846\,g$,请求算混合气体中丁烷(g)的摩尔分数和分压.

答案 0.600, 59.98 kPa

5-3 今有氮和甲烷的气体混合物 100 g,其中氮(g)的质量分数为 31.014%,在 423 K 和一定压力下混合气体占据的体积为 $9.9456\,dm^3$.假设混合气体遵守理想混合气体行为,请计算混合气体总压及氮(g)和甲烷(g)的分压.

答案 1915 kPa, 391.0 kPa, 1524 kPa

5-4 在 $p^\ominus$ 的气瓶中除含有 98%(体积分数)的 $N_2(g)$ 外,还有 $O_2(g)$ 和 $H_2O(g)$,而且 O_2 与 H_2O 的分子数之比为 3:1.求算气瓶中 $H_2O(g)$ 的分压.

答案 0.5066 kPa

5-5 在 298 K、98.69 kPa、$1\,m^3$ 空气中,水蒸气分压为 2.928 kPa.现将此空气在等压下冷却到 288 K,则有部分水蒸气冷凝,冷凝后空气中水蒸气分压为 1.692 kPa.求算:
(1) 冷却后空气体积为多少?
(2) 被冷凝出的水的质量为多少?

答案 (1) $954\,dm^3$, (2) 9.17 g

5-6 今有 1 mol 的由乙烷、丙烷和正丁烷组成的混合气体(设为理想混合气体),其分子数之比为 1:2:3.求该气体在 298 K 时等压热容.

答案 $79.16\,J\cdot mol^{-1}\cdot K^{-1}$

5-7 298 K、$p^\ominus$ 时由 $0.782\,mol\,N_2(g)$,$0.209\,mol$ 的 $O_2(g)$ 和 $0.009\,mol$ 的 $Ar(g)$ 进行等温等压混合,请求气体混合的 $\Delta_{mix}V, \Delta_{mix}H, \Delta_{mix}S, \Delta_{mix}G$.

答案 0, 0, $4.67\,J\cdot K^{-1}$, $-1.392\,kJ$

5-8 证明:

$$\left(\frac{\partial \ln f_i}{\partial T}\right)_{p,x_c} = \frac{H_i^* - H_i}{RT^2}$$

5-9 已知气体 C_2H_4，H_2O，C_2H_5OH 的逸度系数服从下列关系式

$$\ln\gamma = \frac{9p_r}{128T_r}\left(1-\frac{6}{T_r^2}\right)$$

请分别用解析法与 Newton 图求算 600 K、$150p^{\ominus}$ 上述三种气体混合物中各物质的 γ.

答案 0.968，0.732，0.6103

5-10 若气体符合范德华状态方程.

(1) 证明：$\ln\gamma = \ln\dfrac{f}{p} = \ln\left[\dfrac{RT}{p(V_m-b)}\right]+\dfrac{b}{V_m-b}-\dfrac{2a}{RTV_m}$.

(2) $NH_3(g)$ 的 $a=0.425\,\text{Pa}\cdot\text{m}^6\cdot\text{mol}^{-2}$，$b=0.03737\,\text{dm}^3\cdot\text{mol}^{-1}$，求算 473 K、101.325 kPa $NH_3(g)$ 的 γ 和 f.

答案 (1) 略；(2) $\gamma=0.821$，$f=8.32\,\text{MPa}$

5-11 某气体状态方程为 $p(V_m-\alpha)=RT$，式中 α 为常数，求该气体的逸度系数表达式

答案 $\gamma = e^{\alpha p/RT}$

5-12 有人在研究 CO 性质时，得到如下表中的数据：

$p/p^{\ominus}$	25	50	100	200	400	800	1000
pV_m/RT	0.9890	0.9792	0.9741	1.0196	1.2482	1.8057	2.0819

请由以上数据计算在 $100p^{\ominus}$，$500p^{\ominus}$ 及 $1000p^{\ominus}$ 时气体 CO 的逸度.

提示 $\ln f/p = -\dfrac{1}{RT}\displaystyle\int_0^p \alpha\,dp$，作 $\dfrac{\alpha}{RT}$-p 图，由面积值估算 $-\ln\dfrac{f}{p}$ 值，从而可求 f

答案 f 分别为 $96p^{\ominus}$，$549p^{\ominus}$，$1771p^{\ominus}$

第6章 溶液热力学及活度

(一) 内容纲要

1. 二元溶液溶质 B 三种浓度 x_B、c_B、m_B 之间关系

$$x_B = \frac{c_B M_A}{\rho - c_B M_B + c_B M_A} = \frac{m_B M_A}{1 + m_B M_A} \quad (6-1)$$

式中 ρ 为溶液密度($kg \cdot dm^{-3}$), M_A、M_B 为物质 A 和 B 的摩尔质量($kg \cdot mol^{-1}$).

稀溶液两个重要经验定律:

(1) Raoult 定律

定温下二元稀溶液,其溶剂的蒸气压 p_1 等于同温下纯溶剂的饱和蒸气压 p_1^* 乘以溶剂在溶液中的摩尔分数 x_1,即

$$p_1 = p_1^* x_1 \quad (x_1 \to 1 \text{ 或 } x_2 \to 0) \quad (6-2)$$

上式表明稀溶液中溶剂蒸气压降低值只与溶质摩尔分数有关,而与溶质的性质和种类无关.

$$\frac{p_1^* - p_1}{p_1^*} = x_2 = \frac{n_2}{n_1 + n_2} = \frac{m_1/M_1}{(m_1/M_1) + (m_2/M_2)} \quad (6-3)$$

由上式可求非挥发溶质在溶液中的摩尔质量.

(2) Henry 定律

定温下稀溶液某挥发性溶质在蒸气中分压 p_2 与溶液中溶质摩尔分数 x_2 成正比.

$$p_2 = k_x x_2 = k_m m_2 = k_c c_2 \quad (6-4)$$

式中 $x_2 = M_1 m_2 = (M_1/\rho_0) c_2$;$\rho_0$ 为溶剂密度;k_x、k_m、k_c 都是 Henry 常数,其关系为

$$k_x = k_m/M_1 = \rho_0 k_c/M_1$$

上述 Henry 定律只适用溶质在气相和溶液中分子形态相同的情况. k_x 不仅与温度、溶质的性质而且还与溶剂性质有关. 当溶剂分子对溶质分子作用力大于溶质分子间作用力时, $k_x < p_2^*$;反之, $k_x > p_2^*$;如果二者相等,则 $k = p_2^*$. 最后一种情况下 Henry 定律与 Raoult 定律变为一个规律,如理想溶液.

2. 理想溶液

溶液中各物质的化学势在全部浓度范围内遵守下述关系式的溶液称为理想溶液

$$\mu_i^l(T, p, n_1^l, n_2^l, \cdots, n_r^l) = \mu_i^{*l}(T, p) + RT \ln x_i$$

上式又是理想溶液中各物质化学势表示式. $\mu_i^{*l}(T, p)$ 是纯物质 i 的液体在 T、p 状态时化学势. 理想溶液的热力学性质与理想气体相同,但其中 $V = \left(\sum_i n_i\right) \frac{RT}{p}$ 对理想溶液不适用(为什么?).

在全部浓度范围内都遵守 Raoult 定律二元溶液组成与其平衡蒸气组成关系(假设物质 1、2 均挥发).

$$y_1 = \frac{p_1}{p} = \frac{p_1^* x_1}{p}, \quad y_2 = \frac{p_2}{p} = \frac{p_2^* x_2}{p}$$

式中 $y_1/y_2 = (p_1^* x_1)/(p_2^* x_2)$，$p = p_1 + p_2$，$y_1$、$y_2$ 是气相中组分1、2的组成.

3．理想稀溶液

溶剂服从 Raoult 定律，其化学势表示式为

$$\mu_1^l(T,p,x_1) = \mu_1^{*l}(T,p) + RT\ln x_1 \quad (x_1 \to 1)$$

$\mu_1^{*l}(T,p)$ 是纯物质1的液体在 T、p 状态时的化学势.

挥发性溶质服从 Henry 定律，其化学势表示式为

$$\mu_2^l(T,p,x_2) = \mu_2^{*l}(T,p) + RT\ln x_2 \quad (x_2 \to 0)$$

$\mu_2^{*l}(T,p)$ 是纯物质2的液体在溶液温度 T 和压力 p 的状态且具有 Henry 常数 k 值的蒸气压时的化学势.显然这一标准态是假想的状态，并不实际存在.

固液平衡

（1）凝固点降低定律

$$\left(\frac{\partial \ln x_1}{\partial T}\right)_p = \frac{\Delta_s^l H_m^*}{RT^2} \tag{6-5}$$

若视 $\Delta_s^l H_m^*$ 为常数，则

$$\ln x_1 = \frac{\Delta_s^l H_m^*}{R}\left(\frac{T-T_0}{TT_0}\right) \tag{6-6}$$

稀溶液 $\quad T_0 - T = \dfrac{RT_0}{\Delta_s^l H_m^*} x_2$, $\Delta T = T_0 - T = \dfrac{RT_0^2 m}{\Delta_s^l H_m^*/M_1} = K_f m \tag{6-7}$

液气平衡

（2）固体物质在液体中溶解度定律

$$\left(\frac{\partial \ln x_1}{\partial p}\right)_p = \frac{V_1^{*l} - V_1^{*t}}{RT} = \frac{\Delta_s^l V_m^*}{RT}$$

$$\left(\frac{\partial \ln x_1}{\partial T}\right)_p = \frac{\Delta_s^l H_m^*}{RT^2} \tag{6-8}$$

- 若 $\Delta_s^l H_m^*$ 与 T 无关，则

$$\ln x_1 = -\frac{\Delta_s^l H_m^*}{R}\left(\frac{1}{T} - \frac{1}{T_0}\right) \tag{6-9}$$

（3）蒸气压降低定律

$$p_1^* - p_1 = p_1^* x_2 \tag{6-10}$$

（4）沸点升高定律

$$-\left(\frac{\partial \ln x_1}{\partial T}\right)_p = \frac{\Delta_l^g H_m^*}{RT^2}$$

- 若 $\Delta_l^g H_m^*$ 为常数，则

$$-\ln x_1 = -\frac{\Delta_l^g H_m^*}{R}\left(\frac{T-T_b}{TT_b}\right) \tag{6-11}$$

稀溶液 $\quad \Delta T = T - T_b = \dfrac{RT_b^2}{\Delta_l^g H_m^*} x_2 = K_b m \tag{6-12}$

液液平衡

(5) 渗透压定律

$$V_1^{*1}(p - p_0) = -RT\ln x_1 \quad (V_1^{*1}\text{为常数}) \tag{6-13}$$

即

$$\Pi V_1^{*1} = -RT\ln x_1 \tag{6-14}$$

对稀溶液

$$\Pi V = n_2 RT \quad \text{或} \quad \Pi = cRT \tag{6-15}$$

其中 V 是溶液总体积.

(6) 稀溶液分配定律

$$x_A^\beta / x_A^\alpha = k(T, p) \tag{6-16}$$

x_A^α, x_A^β 为物质 A 在 α 相和 β 相中摩尔分数, $k(T, p)$ 为分配系数.

4. 二元溶液中两组分规律间相关性

组分 1 蒸气压随其浓度 x_1 增大而增高时, 组分 2 的蒸气压必随 x_1 增大而降低. 若组分 1 在全部浓度范围内遵守 Raoult 定律, 则组分 2 也如此. 某一浓度范围内, 若溶剂遵守 Raoult 定律, 则溶质在相同的浓度范围内必遵守 Henry 定律.

Duhem-Margules 方程(二元溶液气-液平衡)

$$x_1\left(\frac{\partial \ln(p_1/p^\ominus)}{\partial x_1}\right)_{T,p} + x_2\left(\frac{\partial \ln(p_2/p^\ominus)}{\partial x_1}\right)_{T,p} = 0 \tag{6-17}$$

$$x_1\left(\frac{\partial \ln(p_1/p^\ominus)}{\partial x_2}\right)_{T,p} + x_2\left(\frac{\partial \ln(p_2/p^\ominus)}{\partial x_2}\right)_{T,p} = 0 \tag{6-18}$$

$$x_1\left(\frac{\partial \ln(p_1/p^\ominus)}{\partial x_1}\right)_{T,p} - x_2\left(\frac{\partial \ln(p_2/p^\ominus)}{\partial x_2}\right)_{T,p} = 0 \tag{6-19}$$

$$\left(\frac{\partial p_1}{\partial x_1}\right)_{T,p}\bigg/\left(\frac{p_1}{x_1}\right) = \left(\frac{\partial p_2}{\partial x_2}\right)_{T,p}\bigg/\left(\frac{p_2}{x_2}\right) \tag{6-20}$$

上述四式是等价的.

5. 非电解质溶液中各物质活度及化学势表示式

若组成溶液的各物质在所研究的温度和压力下都是液体, 各物质可以任意比例完全互溶. 物质 B 活度定义为

$$a_B = a_B^\ominus \exp[\mu_B(T, p, x_C) - \mu_B^\ominus(T, p)]/RT \tag{6-21}$$

$$\mu_B^\ominus(T, p) = \mu_B^*(T, p), \quad a_B^\ominus = 1$$

$x_B \to 1$ 时, $a_B = x_B$, $\gamma_B = a_B / x_B$, γ_B 为物质 B 活度系数. 化学势表示式为

$$\mu_B(T, p, x_C) = \mu_B^*(T, p) + RT\ln\frac{a_B}{a_B^\ominus} = \mu_B^*(T, p) + RT\ln\gamma_B x_B \tag{6-22}$$

$$RT\ln\gamma_B = \mu_B(T, p, x_C) - \mu_B(\text{id}, T, p, x_C)$$

$\mu_B(\text{id}, T, p, x_C)$ 是物质 B 在相应的理想溶液中的化学势. γ_B 反映了物质 B 在实际溶液与理想化溶液中化学势偏差.

若溶质在溶液的温度和压力下为气体或固体, 或者只能与溶剂部分互溶, 此时不能选择纯溶质液体真实状态作为标准态, 应把溶剂和溶质分开处理. 对溶剂活度一律采用(6-22)式定义. 下面三种活度定义就是这样.

(1) 溶剂与溶质都以摩尔分数表示浓度时的活度

溶剂 A 的活度以(6-22)式定义.

溶质 B 的活度：$a_B = a_B^\ominus \exp[\{\mu_B(T,p,x_C) - \mu_B^\ominus(\text{hyp},T,p)\}/RT]$ (6-23)

$$(x_B \to 0 \text{ 时}, a_B = x_B)$$

标准态是假设(hyp)具有 Henry 常数 k 那样大的蒸气压的纯溶质液体在 T、p 的状态. 标准态的活度为 1，其化学势表示式为

$$\mu_A(T,p,x_C) = \mu_A^\ominus(T,p) + RT\ln a_A \quad (a_A = \gamma_A x_A) \quad (6\text{-}24)$$

$$\mu_B(T,p,x_C) = \mu_B^\ominus(\text{hyp},T,p) + RT\ln a_B \quad (a_B = \gamma_B x_B) \quad (6\text{-}25)$$

(2) 溶质以质量摩尔浓度表示时的活度

$$a_B = a_B^\ominus \exp[\{\mu_B(T,p,x_C) - \mu_B^\ominus(\text{hyp},T,p,m_B^\ominus)\}/RT]$$

$$(a_B^\ominus = m_B^\ominus = 1\ \text{mol}\cdot\text{kg}^{-1}, m_B \to 0 \text{ 时}, a_B = m_B)$$

标准态是假设溶质服从 Henry 定律的 $m_B^\ominus = 1\ \text{mol}\cdot\text{kg}^{-1}$ 的溶液，它与所研究的溶液有相同的温度和压力(此时溶质 B 在气相中分压 $p_B = k_{m,B} m_B^\ominus$). 溶质 B 化学势表示式

$$\mu_B(T,p,x_C) = \mu_B^\ominus(\text{hyp},T,p,m_B^\ominus) + RT\ln\frac{a_B}{a_B^\ominus}$$

$$= \mu_B^\ominus(\text{hyp},T,p,m_B^\ominus) + RT\ln\frac{\gamma_{m,B} m_B}{m_B^\ominus} \quad (6\text{-}26)$$

溶剂 A 的活度以(6-21)式定义.

(3) 溶质以体积摩尔浓度表示的活度

$$a_B = a_B^\ominus \exp\{[\mu_B(T,p,x_C) - \mu_B^\ominus(\text{hyp},T,p,c_B^\ominus)/]RT\}$$

$$(a_B^\ominus = c_B^\ominus = 1\ \text{mol}\cdot\text{dm}^{-3}, c_B \to 0 \text{ 时}, a_B = c_B) \quad (6\text{-}27)$$

标准态是假设溶质服从 Henry 定律的 $c_B^\ominus = 1\ \text{mol}\cdot\text{dm}^{-3}$ 的溶液，它与所研究的溶液有相同的温度和压力(此溶质 B 在气相分压 $p_B = k_{c,B} c_B^\ominus$). 其化学势表示式

$$\mu_B(T,p,x_C) = \mu_B^\ominus(\text{hyp},T,p,c_B^\ominus) + RT\ln\frac{a_B}{c_B^\ominus} \quad (6\text{-}28)$$

溶剂 A 的活度以(6-21)式定义.

以上四种定义的活度及活度系数均是强度量.

液体混合物中任一物质 B 的活度 a_B 与其平衡蒸气中物质 B 的逸度关系为

$$a_B = \frac{f_B}{f_B^*}, \gamma_B = \frac{f_B}{f_B^* x_B}$$

若蒸气压力不大时

$$a_B = \frac{p_B}{p_B^*}, \gamma_B = \frac{p_B}{p_B^* x_B}$$

$p_B^\ominus, f_B^*$ 是 T、p 下纯物质 B 液体平衡蒸气物质 B 的压力与逸度. 以上活度定义是以(6-21)式定义的.

6. 活度求算

活度求算包括凝固点降低法、渗透压法、分配定律法. 这三种方法均是将相应代表它们规律的三式中的 x 项变为 a 项，即可求相应活度. 另外，还有平衡常数法、Gibbs-Duhem 方程法：

$$x_A d\ln a_A + x_B d\ln a_B = 0 \quad (6\text{-}29)$$

$$x_A d\ln\gamma_A + x_B d\ln\gamma_B = 0 \quad (6\text{-}30)$$

(二) 例题解析

【例 6-1】 判断正误(在题后的括号内标记"√"或"×"),错误的地方请予以说明.

(1) 饱和蒸气压是指纯液体在一定条件下达到气液平衡时蒸气的压力.它仅是温度的函数,因此溶液中组分 i 的蒸气压也只是温度的函数. ( )

(2) 多组分稀溶液对于溶剂来说仍服从 Raoult 定律. ( )

(3) 在一定温度下,在相同量的两瓶溶剂 A 中分别加入相同量的溶质 B 和 C(完全溶解),形成浓度相同的稀溶液.由于溶质性质不同,因而两瓶溶液中 A 的蒸气压也不同. ( )

(4) Henry 常数即是纯溶质在该温度下的饱和蒸气压,因此理想溶液 Henry 定律表达式中 k 即是 p_2^*.理想溶液各组分在其全部浓度范围内服从 Henry 定律,且 $H_i = H^*$,$V_i = V_i^*$. ( )

(5) 对于 $V_i = (\partial V/\partial n_i)_{T,p,n_{j\neq i}}$ 有下列三种说法:

① V_i 是 1 mol i 物质在溶液中占有的体积. ( )

② V_i 是在 T、p、$n_{j\neq i}$ 一定时,1 mol i 物质对体系总体积的贡献. ( )

③ V_i 是在 T、p 恒定不变,除 i 组分外保持其他组分数量也不变情况下,在大量体系中加入 1 mol 组分 i 所引起的体积改变量. ( )

(6) 对理想溶液组分 B,有下列关系式:

① $U_B = U_B^*(T,p)$. ( )

② $S_B = S^*(T,p) - R\ln x_B$. ( )

③ $\mu_B(T,p,x_B) = \mu_B^*(T,p)$. ( )

(7) 理想溶液或稀溶液的凝固点降低规律,是指溶液中的凝固点比纯溶剂的凝固点下降的规律.

解析 (1) 第一句话是对的.第二句话错了.因为除了温度之外 i 组分的蒸气压还和它在溶液中的组成有关.

(2) 对的.因为 Raoult 定律只涉及溶剂的量而与溶质的性质和种类无关.

(3) 不对.原因同(2).

(4) 第一句话错了.后面的全对.

(5) ① 错,② 对,③ 对.主要应明确偏摩尔量的概念.

(6) ① 对,② 对,③ 错.因为 $\mu_B(T,p,x_B) = \mu_B^*(T,p) + RT\ln x_B$.

(7) 对.除凝固点外,对于沸点升高等也是如此.

【例 6-2】 指出下列化学势表示式在何种情况下成立,并说明式中各个标准态的选择.

(1) $\mu_1^{*l}(T,p) + RT\ln x_1 = \mu_1^{\ominus g}(T) + RT\ln(p_1/p^{\ominus})$

(2) $\mu_1^{*s}(T,p) = \mu_1^{*l}(T,p) + RT\ln x_1$

(3) $\mu_1^{*l}(T,p) + RT\ln x_1 = \mu_1^{\ominus g}(T)$

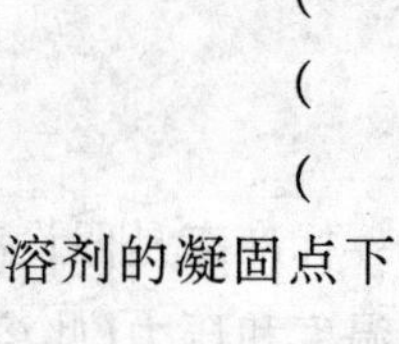

解析 (1) 图示(图 6-1).图中 p_1 是组分 1 在气相中分压,p 为溶液总压.式(1)表明,理想溶液(或非理想溶液中溶剂)组分 1 在 T、总压 p 下与其蒸气——理想混合气体中组分 1 在 T,分压为 p_1 下的平衡关系.

式(1)亦可写做

$$\mu_1^l(T,p,x_1) = \mu_1^g(T,p_1)$$

图 6-1:
$\mu_1^g(T,p_1)$
T, p_1

$\mu_1^l(T,p,x_1)$

式中 $\mu_1^{*l}(T,p)$ 为标准态的化学势,其标准态为在温度 T、压力 p 时纯组分 1 液体的状态,$\mu_1^{\ominus g}(T)$ 为标准态的化学势,其标准态为纯组分 1 的理想气体在 T、$p^{\ominus}$ 时的状态.

(2) 图示(图 6-2).式(2)表明在 T、p 下纯固相物质 1 与理想溶液中组分 1(或稀溶液中溶剂)成平衡.上式又可写做 $\mu_1^{*l}(T,p) = \mu_1^l(T,p,x_1)$. $\mu_1^{*s}(T,p)$ 为标准态的化学势,标准态为纯固体物质 1 在 T、p 时状态.

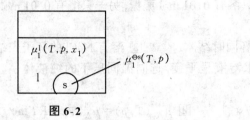

图 6-2

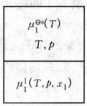

图 6-3

(3) 图示(图 6-3).式(3)表明在 T、p 下理想溶液组分 1(或稀溶液溶剂)与其蒸气——混合理想气中组分 1 达平衡.组分 1 的蒸气压为 $p^{\ominus}$.式(3)可写做

$$\mu_1^{*l}(T,p) + RT\ln x_1 = \mu_1^{\ominus g}(T) + RT\ln(p_1/p^{\ominus})$$

当 $p_1 = p^{\ominus}$ 时,$\mu_1^{*l}(T,p) + RT\ln x_1 = \mu_1^{\ominus g}(T)$.此即 T 为正常沸点时组分 1 的液气平衡化学势表示式.

倘若只有组分 1 挥发的理想溶液或溶质不挥发的稀溶液(溶剂为组分 1),平衡时有

$$\mu_1^{*l}(T,p) + RT\ln x_1 = \mu_1^{*g}(T,p) + RT\ln y_1$$

y_1 是气相中组分 1 的摩尔分数.因为只有组分 1 挥发,故 $y_1 = 1$,上式为

$$\mu_1^{*l}(T,p) + RT\ln x_1 = \mu_1^{*g}(T,p)$$

显然 $\mu_1^{\ominus g}(T) \neq \mu_1^{*g}(T,p)$,故式(3)并不包括溶质不挥发时情况.

但若总压 $p = p^{\ominus}$ 情况如何呢?(3)式又表明了什么情况,这个问题留给读者考虑.

【例 6-3】 选择题(把你认为最合适的答案填入"_____"中):

(1) 已知 373 K 时液体 A 的饱和蒸气压为 133.24 kPa,液体 B 为 66.62 kPa.设 A 和 B 形成理想溶液,当 A 在溶液中的摩尔分数为 0.5 时,在气相中 A 的摩尔分数为_____

① 1　　　② 1/2　　　③ 2/3　　　④ 1/3

(2) 若 $\left[\dfrac{\partial \ln(p/p^{\ominus})}{\partial y_A}\right]_T < 0$,即气相中 A 组分增加 dy_A,总压 p 降低.则_____

① 气相中 A 组分浓度小于液相中 A 组分浓度
② 气相中 A 组分浓度大于液相中 A 组分的浓度
③ 气相中 A 组分浓度等于液相中 A 组分浓度

(3) 化学势表示式 $\mu_1^{*s}(T,p) = \mu_1^{*l}(T,p) + RT\ln x_1$,表明体系存在_____

① 在 T、p 下纯固体和纯液体的平衡
② 在标准态下,纯固体物质 1 和溶液达成平衡
③ 在 T、p 下纯固体物质 1 和它的饱和溶液平衡

(4) 298 K 时,纯水的蒸气压为 3.43 kPa,某溶液中水的摩尔分数 $x_1 = 0.98$;与溶液成平衡的气相中,水的分压为 3.07 kPa.以 298 K、$p^{\ominus}$ 的纯水为标准态,则该溶液中水的活度系数_____.

① >1　　　② <1　　　③ =1

而且水对 Raoult 定律是_____.

① 正偏差　　　　② 负偏差　　　　③ 无偏差

(5) 298 K、$p^\ominus$下有两瓶萘的苯溶液,第一瓶溶液的体积为 2 dm³(溶有 0.5 mol 萘),第二瓶为 1 dm³(溶有 0.25 mol 萘),若以 μ_1,μ_2 分别表示两瓶中萘的化学势,则_____.

① $\mu_1 = 10\mu_2$　　② $\mu_1 = 2\mu_2$　　③ $\mu_1 = (1/2)\mu_2$　　④ $\mu_1 = \mu_2$

(6) 两只各装有 1000 g 水的烧瓶中,一只溶有 0.01 mol 蔗糖,另一只溶有 0.01 mol NaCl,按同样速度降温冷却,则_____.

① 溶有蔗糖的杯子先结冰　　② 两杯同时结冰　　③ 溶有 NaCl 的杯子先结冰

(7) 在 T、p 下,纯固体物质 A 和它的水溶液呈平衡,选同温同压下的纯液体 A 为标准态,则_____.

① $\mu_A^{*s}(T,p) = \mu_A^{*l}(T,p) + RT\ln(a_A/a_A^\ominus)$　　② $\mu_A^{*s}(T,p) = \mu_A^{\ominus l}(T) + RT\ln\gamma_A x_A$

③ $\mu_A^{*s}(T,p) = \mu_A^{*l}(T,p) + RT\ln x_A$　　④ $\mu_A^{*s}(T,p) = \mu_A^{*l}(T) + RT\ln x_A$

(8) 图中 M 是只允许水透过的半透膜,A 表示蔗糖浓度为 0.003 mol·dm⁻³ 的水溶液.B 表示蔗糖浓度为 0.001 mol·dm⁻³ 的水溶液,温度是 300 K,则_____.

① 水通过 M 从 A 流向 B
② 水通过 M 从 B 流向 A
③ 水在宏观上不动
④ 水在 A 中的化学势小于 B 中的化学势

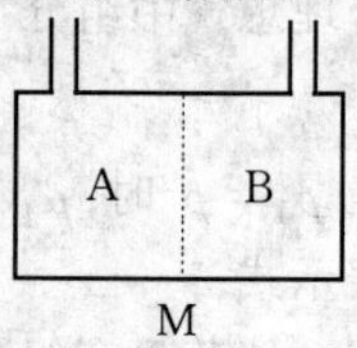

图 6-4

解析　(1) ③,2/3.设气相中 A 摩尔分数为 y_A,气相总压为 $(133.24 \times 0.5 + 66.62 \times 0.5)$ kPa,据 Raoult 定律及分压定律得

$$y_A(133.24 \times 0.5 + 66.62 \times 0.5) \text{kPa} = 133.24 \text{ kPa} \times 0.5$$

$$y_A = 2/3$$

(2) ①.根据康诺瓦洛夫规律.

(3) ②.等温式的右边为 $\mu_1^l(T,p,x_1)$ 显然是溶液而不是纯液体,因此①是错的.②的理由不完全.

(4) ②.

$$a(H_2O) = \gamma_1 x_1 = p_1/p_1^* = 0.97, \gamma_1 < 1$$

(5) ④(因为 T、p、x 相同).

(6) ①.蔗糖为非电解质,在水中不解离,而 NaCl 为电解质,因此电离后杯子里溶质粒子数多于前者,并且又是在相同体积情况下,故 NaCl 溶液的凝固点要低.

(7) ①.因为没明确说明溶液是否为理想溶液,所以选①.

(8) ②,④.水由化学势高的部分流向化学势低的部分.化学势表示式相同条件下,B 中水的浓度大于 A,故 B 中水之化学势大于 A 中水的化学势(标准态化学势相同).

【**例 6-4**】　测定液体蒸气压的空气饱和法:

(1) 将 288.2 K、$p^\ominus$ 时的 2000 cm³ 干燥空气缓慢地通过某容器中的 CS_2 液体.部分 CS_2 将被空气带出(出气压力仍为 $p^\ominus$),当空气全部通过后发现有 3.011 g 的 CS_2 被带出.求 288.2 K 时 CS_2 的蒸气压.

(2) 若在同样条件下,将 2000 cm³ 干燥空气缓慢地通过含硫 8%(质量分数)的 CS_2 溶液,则发现有 2.920 g CS_2 被带走.求算溶液上方 CS_2 的蒸气压及硫在 CS_2 中的分子量和分子式.

解析 对第一个问题,首先明确逸出的气体为混合气体,其压力为 $p^\ominus$、温度不变,并假设混合气体为理想混合气体,这样用分压定律方法很容易求得 CS_2 的蒸气压,实际上这个蒸气压的数据即是288 K时 CS_2 的饱和蒸气压($p^\ominus = 100$ kPa, $p^0 = 101.3$ kPa).

对于第二个问题,实际是利用 Raoult 定律求算分子量(近似).

(1) 气相中 CS_2 及空气的量为

$$n(CS_2) = \frac{3.011}{76.13} \text{ mol}$$

$$n(\text{空气}) = \frac{101325 \times 2000 \times 10^{-6}}{8.134 \times 288.2} \text{ mol}$$

$$p^*(CS_2) = p^0 \frac{n(CS_2)}{n(CS_2) + n(\text{空气})} = 32.28 \text{ kPa}$$

(2) 溶液中 CS_2 的蒸气压降低,溶液上方混合气中 CS_2 和空气的量为

$$n(CS_2) = \frac{2.902}{76.13} \text{ mol}, \quad n(\text{空气}) = \frac{101325 \times 2000 \times 10^{-6}}{8.134 \times 288.2} \text{ mol}$$

$$p(CS_2) = p^0 \frac{n(CS_2)}{n(CS_2) + n(\text{空气})} = 31.51 \text{ kPa}$$

设硫在 CS_2 中分子量为 M_2,硫的原子质量为 32.06 g·mol

$$M_2 = M_1 \times \frac{8}{92} \times \frac{p^*(CS_2)}{p^*(CS_2) - p(CS)}$$

$$= 76.13 \text{ g·mol}^{-1} \times \frac{8}{92} \times \frac{32.28 \text{ kPa}}{32.28 \text{ kPa} - 31.51 \text{ kPa}}$$

$$= 260.5 \text{ g·mol}^{-1}$$

硫的分子量为 260.5.

设硫的分子式为 S_x, $x = 260.5/32.06 \approx 8$,硫的存在形式为 S_8.

【例 6-5】 在 273 K 时,101.3×10^3 Pa 时 $O_2(g)$ 在水中溶解度为 4.89 cm³/100 g 水,$N_2(g)$ 为 2.33 cm³/100 g 水.设空气为 21% 的 O_2 和 79% 的 N_2 组成(体积分数).求算被空气饱和的水比纯水凝固点降低多少度?(被溶解气体的体积是在 273 K、$p^\ominus$ 下的体积).

解析 据 $\Delta T_f = K_f m$,要求 m,需知 1000 g 水中溶解的空气的量 n,根据已知条件(溶解度),即知道溶解的气体体积也就知道了 n.而溶解的气体体积的求算须依赖于 Henry 定律.因此本题关键是求出 O_2 和 N_2 的 Henry 常数,而它们的溶解度可视为浓度的一种表达方式.

对 273 K、$p^\ominus$ 下的 O_2 气和 N_2 气应用 Henry 定律.

$$p(O_2) = k(O_2) V(O_2), \quad 101325 \text{ Pa} = k(O_2) \times 4.98 \text{ cm}^3/(100 \text{ g 水})$$

$$k(O_2) = 20.72 \text{ kPa·cm}^{-3}/(100 \text{ g 水})$$

同理

$$p(N_2) = k(N_2) V(N_2), \quad k(N_2) = 43.49 \text{ kPa·cm}^{-3}/(100 \text{ g 水})$$

求 273 K、$p^\ominus$ 下被空气饱和的水中溶解的 $V'(O_2)$ 和 $V'(N_2)$,此时

$$p(O_2) = 0.21 \times 101.325 \text{ kPa} = 21.28 \text{ kPa}$$

$$p(N_2) = 0.79 \times 101.325 \text{ kPa} = 80.05 \text{ kPa}$$

则 $21.28 \text{ kPa} = k(O_2) V'(O_2)$

$$V'(O_2) = \frac{21.28 \text{ kPa}}{20.72 \text{ kPa·cm}^{-3}(100 \text{ g 水})} = 1.027 \text{ cm}^3/(100 \text{ g 水})$$

$$V'(N_2) = 1.841 \text{ cm}^3/(100 \text{ g } 水)$$

∴ 1000 g 水中在 273 K、$p^\ominus$ 下饱和水溶液中 O_2 被溶解体积为 10.27 cm³,N_2 为 18.41 cm³.
溶液中

$$n(O_2) + n(N_2) = \frac{101325 \times (10.27 + 18.41) \times 10^{-6}}{8.314 \times 273} \text{ mol} = 1.28 \times 10^{-3} \text{ mol}$$

即水溶液的质量摩尔浓度为 $m = 1.28 \times 10^{-3}$ mol/(1000 g 水).

$$\Delta T_f = K_f m,\ 查表可得\ K_f(H_2O) = 1.858 \text{ K} \cdot \text{mol}^{-1} \cdot \text{kg}$$

$$\Delta T_f = 1.858 \text{ K} \cdot \text{mol}^{-1} \cdot \text{kg} \times 1.28 \times 10^{-3} \text{ mol}^{-1} \cdot \text{kg}^{-1} = 0.00238 \text{ K}$$

即降低了 0.00238 K.

【例 6-6】 在 80.3 K 氧的蒸气压为 3.13 kPa,氮的蒸气压为 144.79 kPa.设空气由 21% 的氧和 79% 的氮组成(体积分数),并认为液态空气是理想溶液.(1) 在 80.3 K 时最少要加多大压力才能使空气全部液化? 并求算(2)液化开始和(3)终止时气相和液相组成.

解析 最小压力即为全部空气液化时 N_2 和 O_2 分压之和.液化开始时,气相组成(摩尔分数)$y(O_2) = 0.21$,$y(N_2) = 0.79$,再据分压定律和 Raoult 定律求出此时液相组成.液化终了时,液相中 $x(N_2) = 0.79$,$x(O_2) = 0.21$.

(1) 全部液化后,液相中 $x(N_2) = 0.79$,$x(O_2) = 0.21$,所以气相总压

$$p = p^*(N_2)x(N_2) + p^*(O_2)x(O_2) = 121.08 \text{ kPa}$$

此即 80.3 K 时空气全部液化所需最小压力.

(2) 液化开始时,气相组成 $y(N_2) = 0.79$,$y(O_2) = 0.21$,则(p_T 为气相总压)

$$p^*(N_2)x(N_2) = p_T y(N_2),\quad p^*(O_2)x(O_2) = p_T y(O_2)$$

上述二式相除,得

$$\frac{x(N_2)}{x(O_2)} = \frac{y(N_2)}{y(O_2)} \cdot \frac{p^*(O_2)}{p^*(N_2)} = \frac{0.79}{0.21} \times \frac{3.13 \text{ kPa}}{144.79 \text{ kPa}} = 8.13 \times 10^{-2}$$

又因为 $x(O_2) = 1 - x(N_2)$,将它代入上式,得

$$x(N_2) = 0.075,\quad x(O_2) = 0.925$$

(3) 液化终了时,液相组成 $x(N_2) = 0.79$,$x(O_2) = 0.21$

$$p_T = p^*(N_2)x(N_2) + p^*(O_2)x(O_2) = 115.04 \text{ kPa}$$

气相组成

$$y(N_2) = \frac{p^*(N_2)x(N_2)}{p_T} = \frac{144.79 \text{ kPa} \times 0.79}{115.04 \text{ kPa}} = 0.994$$

$$y(O_2) = 1 - y(N_2) = 0.006$$

【例 6-7】 298 K 时,0.1 mol·dm⁻³ NH_3 的 $CHCl_3$ 溶液上 NH_3 的蒸气压为 4.43 kPa,0.05 mol·dm⁻³ NH_3 的水溶液上 NH_3 的蒸气压为 0.8866 kPa.求 NH_3 在水与 $CHCl_3$ 两液体间的分配系数.

解析 NH_3 在 H_2O 与 $CHCl_3$ 两液体间达平衡时,两液相上 NH_3 的蒸气压是相等的.对两液相分别用 Henry 定律,即可得 $p(NH_3) = k(H_2O) \cdot c(H_2O) = k(CHCl_3) \cdot c(CHCl_3)$,故分配系数 k 可求得.

由题给条件及 Henry 定律

$$4.43 \text{ kPa} = k(CHCl_3) \times 0.1 \text{ mol} \cdot \text{dm}^{-3},\quad k(CHCl_3) = 44.3 \text{ kPa} \cdot \text{mol}^{-1} \cdot \text{dm}^3$$

$$0.8866\,\text{kPa} = k(\text{H}_2\text{O}) \cdot 0.05\,\text{mol} \cdot \text{dm}^{-3},\ k(\text{H}_2\text{O}) = 17.73\,\text{kPa} \cdot \text{mol}^{-1} \cdot \text{dm}^{-3}$$

因为在 H_2O 与 CHCl_3 达平衡时,NH_3 在两液相上的蒸气压相等,利用 Henry 定律

$$p(\text{NH}_3) = k(\text{H}_2\text{O}) \cdot c(\text{H}_2\text{O}) = k(\text{CHCl}_3) \cdot c(\text{CHCl}_3)$$

$$\frac{c(\text{H}_2\text{O})}{c(\text{CHCl}_3)} = \frac{k(\text{CHCl}_3)}{k(\text{H}_2\text{O})} = k,\ k = \frac{44.3\,\text{kPa} \cdot \text{mol}^{-1} \cdot \text{dm}^{-3}}{17.73\,\text{kPa} \cdot \text{mol}^{-1} \cdot \text{dm}^{-3}} = 2.50$$

注意 求 k 不能用已知条件中的 c 来求,因为条件中的 c 只是单独溶液下的浓度,而并不是已达两液体间平衡时 NH_3 在 H_2O 在 CHCl_3 中的浓度,而后者题中并未给出,我们也不知道,但这无关重要,因为我们解这个题时并不需要它.

【例 6-8】 293 K 时,NH_3 与 H_2O 按 1:8.5 组成的溶液 A 上 NH_3 的蒸气压为 10.64 kPa,而按 1:21 组成的溶液 B 上 NH_3 的蒸气压为 3.597 kPa.

(1) 293 K 从大量的溶液 A 中转移 1 mol NH_3 到大量的溶液 B 中,NH_3 的 ΔG_m 为多少?

(2) 293 K 时,若将 101.325 kPa 的 1 mol NH_3 气溶解于大量的溶液 B 中,求 NH_3 的 ΔG_m 为多少?

解析 这里实际上是化学势差值的计算.因为 $\Delta G_m = \mu_2 - \mu_1$(体系由态 1→态 2).因此选好标准态,写好各状态下的化学势表示式是本题的关键.

(1) NH_3 在溶液 A 和 B 中的化学势表示式为

$$\mu_1 = \mu_1^{\ominus}(T) + RT\ln(p_1/p^{\ominus})$$
$$\mu_2 = \mu_2^{\ominus}(T) + RT\ln(p_2/p^{\ominus})$$

$\mu_1^{\ominus}(T) = \mu_2^{\ominus}(T)$ 是 T、$p^{\ominus}$ 时纯 $\text{NH}_3(g)$ 的化学势($T = 293$ K).

$$\Delta G_m = \mu_2 - \mu_1 = RT\ln(p_2/p_1)$$
$$= [8.314 \times 293 \ln(3.597/10.64)]\,\text{J} \cdot \text{mol}^{-1}$$
$$= -2.642\,\text{kJ} \cdot \text{mol}^{-1}$$

(2) 293 K、$p^{\ominus}$ 时,$\text{NH}_3(g)$ 化学势即为 $\mu^{\ominus}(T)$($T = 293$ K)

$$\Delta G_m = \mu^{\ominus}(T) - \mu_2 = RT\ln(p_2/p^{\ominus})$$
$$= 8.314 \times 293 \times \ln(3.597/101.325)$$
$$= -8.132\,\text{kJ} \cdot \text{mol}^{-1}$$

【例 6-9】 1 mol 苯和 1 mol 甲苯形成理想溶液,问该溶液中苯的化学势与同温同压下纯液体苯的化学势哪个大?大多少?在此基础上请讨论下列两种情况下发生的现象:

(1) 298 K、$p^{\ominus}$ 下,将纯苯和大量苯-甲苯溶液($x_{苯} = 0.20$)放在同一钟罩内.

(2) 将两瓶浓度不同的苯-甲苯溶液(组成分别为 $x_{苯} = 0.20$ 和 0.30)放在同一罩内.

解析 纯苯化学势为 $\mu_{苯}^{*l}(T,p)$,溶液中苯的化学势为

$$\mu_{苯}^{l}(T,p,x_{苯}) = \mu_{苯}^{*l}(T,p) + RT\ln x_{苯},\ x_{苯} = 0.5$$

$$\mu_{苯}^{*l}(T,p) - \mu_{苯}^{l}(T,p,x_{苯}) = -RT\ln x_{苯} = -8.134 \times 298(\ln 0.5)\,\text{J} \cdot \text{mol}^{-1} = 1717\,\text{J} \cdot \text{mol}^{-1}$$

所以同温同压下纯液态苯化学势大.

(1) 据以上计算知纯苯化学势大于溶液中苯的化学势.同理,纯苯中甲苯化学势为 $-\infty$,溶液中甲苯化学势大于它.甲苯为挥发性物质,纯苯蒸发溶于苯,而溶液中甲苯又不断蒸发溶解于纯苯中直到二杯里苯与甲苯的化学势各自相等为止(因为苯-甲苯溶液是大量的).

此时体系状态为 298 K、$p^{\ominus}$,$x_{苯} = 0.2$.

(2) 将苯从 $x_苯=0.30$ 的杯子蒸发溶于 $x_苯=0.20$ 杯中,甲苯从 $x_苯=0.20$ 杯子蒸发溶于 $x_苯=0.30$ 杯子里.两者同时发生,直到两杯里的 $x_苯$ 相同($x_{甲苯}$ 也相同)时为止(因为题中未告知两杯子溶液体积是否相同,故不可计算).倘若已知两杯里溶液体积相等,问最后 $x_苯$ = ?.

【例 6-10】 请推导理想溶液溶剂的凝固点与溶液浓度间的定量关系.

解析 推导方法有多种,除了一般教科书中常见的微元法外,这里另外介绍几种.微元法见物理化学教科书.

方法1 根据相平衡条件

$$\mu_A^s(T, p, x_A^s) = \mu_A^l(T_1, p, x_A^l)$$

$x_A^s = 1$,所以 $\mu_A^{*s}(T, p) = \mu_A^{*l}(T, p) + RT\ln x_A^l$

$$RT\ln x_A^l = \mu_A^{*s}(T, p) - \mu_A^{*l}(T, p)$$

在溶液凝固点 T_f' 时

$$RT_f'\ln x_A^l = \mu_A^{*s}(T_f', p) - \mu_A^{*l}(T_f', p) \qquad ①$$

当 $x_A^l = 1$ 时,即为纯溶剂 A,在其凝固 T_f 时有

$$0 = \mu_A^{*s}(T_f, p) - \mu_A^{*l}(T_f, p) \qquad ②$$

式①-式②,得

$$\ln x_A^l = \frac{1}{R}\left\{\left[\frac{\mu_A^{*s}(T_f', p)}{T_f'} - \frac{\mu_A^{*s}(T_f, p)}{T_f}\right] - \left[\frac{\mu_A^{*l}(T_f', p)}{T_f'} - \frac{\mu_A^{*l}(T_f, p)}{T_f}\right]\right\}$$

$$= \frac{1}{R}\left\{\int_{T_f}^{T_f'} d\left[\frac{\mu_A^{*s}(T, p)}{T}\right] - \int_{T_f}^{T_f'} d\left[\frac{\mu_A^{*l}(T, p)}{T}\right]\right\}$$

$$= \frac{1}{R}\left\{\int_{T_f}^{T_f'} \left[\frac{\partial \frac{\mu_A^{*s}(T, p)}{T}}{\partial T}\right]_p dT - \int_{T_f}^{T_f'} \left[\frac{\partial \frac{\mu_A^{*l}(T, p)}{T}}{\partial T}\right]_p dT\right\}$$

$$= \frac{1}{R}\left\{\int_{T_f}^{T_f'} -\frac{H_A^s}{T^2} dT - \int_{T_f}^{T_f'} -\frac{H_A^l}{T^2} dT\right\}$$

$$= \frac{1}{R}\int_{T_f}^{T_f'} \frac{H_A^l - H_A^s}{T^2} dT$$

$$= \frac{1}{R}\int_{T_f}^{T_f'} \frac{\Delta_s^l H_{m,A}}{T^2}$$

在温度变化不大时,$\Delta_s^l H_{m,A}$ 可视为常数,因而

$$\ln x_A^l = -\frac{\Delta_s^l H_{m,A}}{R}\left(\frac{1}{T_f'} - \frac{1}{T_f}\right) = -\frac{\Delta_s^l H_{m,A}}{R} \cdot \frac{T_f' - T_f}{T_f' T_f} = -\frac{\Delta_s^l H_{m,A}}{RT_f^2}\Delta T_f$$

当 $x_B \to 0$ 时(稀溶液)

$$\ln x_A^l = \ln(1 - x_B^l) \approx -x_B^l$$

$$x_B = \frac{n_B}{n_A + n_B} \approx \frac{n_B}{n_A} = m_B M_A$$

$$\Delta T_{\mathrm{f}} = \frac{RT_{\mathrm{f}}^2}{\Delta_{\mathrm{s}}^{\mathrm{l}}H_{\mathrm{m,A}}}M_{\mathrm{A}}m_{\mathrm{B}} = K_{\mathrm{f}}m_{\mathrm{B}}$$

方法 2 $\mu_{\mathrm{A}}^{*\mathrm{s}}(T_{\mathrm{f}}',p) = \mu_{\mathrm{A}}^{*\mathrm{l}}(T_{\mathrm{f}}',p) + RT_{\mathrm{f}}'\ln x_{\mathrm{A}}^{\mathrm{l}} = \mu_{\mathrm{A}}^{*\mathrm{l}}(T_{\mathrm{f}}',p) + RT_{\mathrm{f}}'\ln(1-x_{\mathrm{B}}^{\mathrm{l}})$

$$\ln(1 - x_{\mathrm{B}}^{\mathrm{l}}) = \frac{\mu_{\mathrm{A}}^{*\mathrm{s}}(T_{\mathrm{f}}',p) - \mu_{\mathrm{A}}^{*\mathrm{l}}(T_{\mathrm{f}}',p)}{RT_{\mathrm{f}}'}$$

$$= -\frac{G_{\mathrm{m,A}}^{\mathrm{l}} - G_{\mathrm{m,A}}^{\mathrm{s}}}{RT_{\mathrm{f}}'} = \frac{\Delta_{\mathrm{s}}^{\mathrm{l}}G_{\mathrm{m,A}}(T_{\mathrm{f}}',p)}{RT_{\mathrm{f}}'} \qquad ①$$

当 $x_{\mathrm{B}}^{\mathrm{l}} = 0$（即物质 A 的液体），式①为

$$0 = -\frac{\Delta_{\mathrm{s}}^{\mathrm{l}}G_{\mathrm{m,A}}(T_{\mathrm{f}},p)}{RT_{\mathrm{f}}} \qquad ②$$

式① - 式②，得

$$\ln(1 - x_{\mathrm{B}}^{\mathrm{l}}) = -\frac{\Delta_{\mathrm{s}}^{\mathrm{l}}G_{\mathrm{m,A}}(T_{\mathrm{f}}',p)}{RT_{\mathrm{f}}'} + \frac{\Delta_{\mathrm{s}}^{\mathrm{l}}G_{\mathrm{m,A}}(T_{\mathrm{f}},p)}{RT_{\mathrm{f}}}$$

又因为 $\Delta G_{\mathrm{m}} = \Delta H_{\mathrm{m}} - T\Delta S_{\mathrm{m}}$，视 ΔH_{m}、ΔS_{m} 与温度无关，所以

$$\ln(1-x_{\mathrm{B}}^{\mathrm{l}}) = -\frac{\Delta_{\mathrm{s}}^{\mathrm{l}}H_{\mathrm{m,A}} - T_{\mathrm{f}}'\Delta_{\mathrm{s}}^{\mathrm{l}}S_{\mathrm{m,A}}}{RT_{\mathrm{f}}'} + \frac{\Delta_{\mathrm{s}}^{\mathrm{l}}H_{\mathrm{m,A}} - T_{\mathrm{f}}\Delta_{\mathrm{s}}^{\mathrm{l}}S_{\mathrm{m,A}}}{RT_{\mathrm{f}}}$$

$$= -\frac{\Delta_{\mathrm{s}}^{\mathrm{l}}H_{\mathrm{m,A}}}{R}\left(\frac{1}{T_{\mathrm{f}}'} - \frac{1}{T_{\mathrm{f}}}\right)$$

对稀溶液 $\ln(1-x_{\mathrm{B}}^{\mathrm{l}}) \approx -x_{\mathrm{B}}^{\mathrm{l}}$，且凝固点降低值不大

$$T_{\mathrm{f}}T_{\mathrm{f}}' \approx T_{\mathrm{f}}^2, \quad -x_{\mathrm{B}}^{\mathrm{l}} = -\frac{\Delta_{\mathrm{s}}^{\mathrm{l}}H_{\mathrm{m,A}}}{R}\left(\frac{T_{\mathrm{f}} - T_{\mathrm{f}}'}{T_{\mathrm{f}}^2}\right)$$

$$\Delta T_{\mathrm{f}} = \frac{RT_{\mathrm{f}}^2}{\Delta_{\mathrm{s}}^{\mathrm{l}}H_{\mathrm{m,A}}}x_{\mathrm{B}}^{\mathrm{l}}$$

其他同方法 1.

方法 3
$$\ln x_{\mathrm{A}}^{\mathrm{l}} = \frac{1}{R}\left[\frac{\mu_{\mathrm{A}}^{*\mathrm{s}}(T,p)}{T} - \frac{\mu_{\mathrm{A}}^{*\mathrm{l}}(T,p)}{T}\right]$$

$$\mathrm{d}\ln x_{\mathrm{A}}^{\mathrm{l}} = \frac{1}{R}\left\{\left[\frac{\partial\frac{\mu_{\mathrm{A}}^{*\mathrm{s}}(T,p)}{T}}{\partial T}\right]_p - \left[\frac{\partial\frac{\mu_{\mathrm{A}}^{*\mathrm{l}}(T,p)}{T}}{\partial T}\right]_p\right\}\mathrm{d}T$$

$$= \frac{1}{R}\left[\frac{-H_{\mathrm{A}}^{*\mathrm{s}} + H_{\mathrm{A}}^{*\mathrm{l}}}{T^2}\right]\mathrm{d}T = \frac{\Delta_{\mathrm{s}}^{\mathrm{l}}H_{\mathrm{m,A}}}{RT^2}\mathrm{d}T$$

积分上式，得

$$\int_{\ln 1}^{\ln x_{\mathrm{A}}^{\mathrm{l}}} \mathrm{d}\ln x_{\mathrm{A}}^{\mathrm{l}} = -\frac{\Delta_{\mathrm{s}}^{\mathrm{l}}H_{\mathrm{m,A}}}{R}\left(\frac{1}{T_{\mathrm{f}}'} - \frac{1}{T_{\mathrm{f}}}\right)$$

其他处理同上，或者由相平衡原理直接可得

$$\frac{\mu_{\mathrm{A}}^{*\mathrm{s}}(T,p)}{T} = \frac{\mu_{\mathrm{A}}^{*\mathrm{l}}(T,p)}{T} + R\ln x_{\mathrm{A}}^{\mathrm{l}}$$

$$\left[\partial\frac{\mu_A^{*s}(T,p)}{T}\Big/\partial T\right]_p = \left[\partial\frac{\mu_A^{*l}(T,p)}{T}\Big/\partial T\right]_p + R\left(\frac{\partial\ln x_A^l}{\partial T}\right)_p$$

$$-\frac{H_{m,A}^s}{T^2} = -\frac{H_{m,A}^l}{T^2} + R\left(\frac{\partial\ln x_A^l}{\partial T}\right)_p$$

即 $\mathrm{d}\ln x_A^l = \frac{\Delta_s^l H_{m,A}}{RT^2}\mathrm{d}T$,其他同上.

【例 6-11】 (1) 在压力一定的情况下,当温度增加时,纯物质化学势如何变化?温度对纯物质的气、液、固三态哪种物态的化学势影响大?为什么?在温度一定时,按上述要求讨论压力对化学势的影响.

(2) 在 μ-T 图上,分别画出纯物质 A 的气、液、固三态的化学势随 T 变化的示意图.并画出稀溶液中溶剂 A 的化学势 μ_A^l 随 T 变化情况.并由此说明:

① 稀溶液沸点升高和凝固点降低规律.

② 相同数量的同种溶质加入一定量的溶剂,由此引起的沸点升高值和凝固点降低值哪个来的大?

解析 (1) 对纯物质 $\left(\frac{\partial\mu}{\partial T}\right)_p = -S_m$,$S_m > 0$,所以 $-S_m < 0$,温度升高 μ 下降.

对于同一物质

$$S_m^g > S_m^l > S_m^s$$

因此温度对气态化学势影响最大,其次为液态,对固态影响最小.

又因为 $\left(\frac{\partial\mu}{\partial p}\right)_T = V_m > 0$,压力增加时,化学势增大.一般而论,$V_m^g > V_m^l > V_m^s$.$T$ 一定时,压力对气态化学势影响最大,对固态影响最小.

(2) 鉴于上述讨论,可略知 μ-T 图上纯物质三态的 μ 随 T 变化曲线大致是:气态线斜率很大且为负值,液态较小,固态变化很平缓.同时溶液中溶剂 A 的 μ-T 变化曲线基本和纯 A 液态线平行且在下方(为什么?).

图示如下(图 6-5):图中 MFGN 线为纯液体 A 的 μ-T 线,GH 为纯气体 μ-T 线,MF 为纯固体的 μ-T 线,LEHK 为溶液中溶剂 A 的 μ-T 线.

① 点 F(纯固体 A 与纯液体 A 相平衡点): $\mu_A^{*s} = \mu_A^{*l}$,T_f 是纯固体 A 的熔点.

点 E(纯固体 A 与溶液中 A 的相平衡点):$\mu_A^{*s} = \mu_A^l$,T_f' 是溶剂的凝固点.

对纯固体 A: $\left[\frac{\partial\mu_A^{*s}}{\partial T}\right]_p = -S_A^s$

对溶液中 A: $\left[\frac{\partial\mu_A^l}{\partial T}\right]_p = -S_A^l$

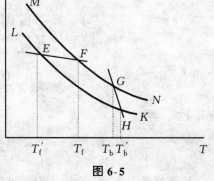

图 6-5

根据(1)中的分析,升高温度 μ_A^l 降低速度比 μ_A^{*s} 快,在 T_f 时,$\mu_A^{*s} > \mu_A^l$,所以升高温度 μ_A^l 与 μ_A^{*s} 差值越来越大,不可能存在一个比 T_f 高的温度,从而使 $\mu_A^l = \mu_A^{*s}$.如果降低温度,化学势将增加,而 μ_A^l 增加速度比 μ_A^{*s} 快得多.这样就一定存在一个比 T_f 低的温度,从而使

$\mu_A^l = \mu_A^{*s}$,这个温度即为溶液的凝固点,也就是图示中的 T_f',从而说明了稀溶液凝固点必然降低的规律.

对于沸点升高规律,请读者自己加以说明.其中注意点 G,此时 $\mu_A^l = \mu_A^g$,T_b 为纯液体 A 之沸点.点 H 处 $\mu_A^{*g} = \mu_A^l$,T_b' 为溶液之沸点.

② $\Delta T_f > \Delta T_b$,由图示加以说明.

【例 6-12】 有一水和乙醇形成溶液,水的摩尔分数为 0.4,乙醇的偏摩尔体积为 57.5 cm³·mol⁻¹,溶液密度为 0.8494 g/cm³(已知 $\rho_{乙醇} = 0.785\,\mathrm{g\cdot cm^3}$,$\rho_{水} = 0.997\,\mathrm{g/cm^3}$).

(1) 计算溶液中水的偏摩尔体积.

(2) 若要配制 1000 cm³ 这种溶液,需取多少 cm³ 的水和乙醇(T,p 固定)?

解析 (1) 已知 $x_1 = 0.4$,$x_2 = 0.6$,$V_2 = 57.5\,\mathrm{cm^3\cdot mol^{-1}}$,$\rho = 0.849\,\mathrm{g\cdot cm^3}$.令 V^l 为溶液的摩尔体积.因溶液中成分稳定不变,故 $V = n_{总}V^l = n_{总}(\overline{M}/\rho)$,平均分子量

$$\overline{M} = \sum x_i M_i \quad (V = n_1 V_1 + n_2 V_2)$$

$$\begin{aligned}
V_1 &= \frac{V - n_2 V_2}{n_1} = \frac{n_{总}V^l - n_2 V_2}{n_1} = \frac{V^l - x_2 V_2}{x_1} \\
&= \frac{(\overline{M}/\rho) - x_2 V_2}{x_1} = \frac{(\sum x_i M_i)/\rho - x_2 V_2}{x_1} \\
&= \frac{(0.4 \times 18.00 + 0.6 \times 46.0)/0.8494 - 0.6 \times 57.5}{0.4}\,\mathrm{cm^3\cdot mol^{-1}} \\
&= 16.2\,\mathrm{cm^3\cdot mol^{-1}}
\end{aligned}$$

(2) 已知 $V = 1000\,\mathrm{cm^3}$,$n_1/n_2 = 0.4/0.6 = 2/3$

$$V = n_1 V_1 + n_2 V_2 = n_1 V_1 + \frac{3}{2}n_1 V_2$$

$$n_1 = \frac{V}{V_1 + \frac{3}{2}V_2} = \frac{1000}{16.2 + \frac{3}{2}57.5}\,\mathrm{mol} = 9.57\,\mathrm{mol}$$

$$n_2 = \frac{3}{2}n_1 = 14.63\,\mathrm{mol}$$

应加水 $$V_{水} = \frac{n_1 M_1}{\rho_{水}} = \frac{9.75 \times 18.00}{0.997}\,\mathrm{cm^3} = 176\,\mathrm{cm^3}$$

$$V_{乙醇} = \frac{n_2 M_2}{\rho_{乙醇}} = 857\,\mathrm{cm^3}$$

【例 6-13】 请予以证明:在合理的近似下,假设溶液中每一物质在全部浓度范围内都遵守 Raoult 定律,则各物质的化学势在全部浓度范围内都遵守下式:

$$\mu_i^l(T, p, n_1^l, n_2^l, \cdots, n_r^l) = \mu_i^l(T, p) + RT\ln x_i$$

解析 据题意 $p_i = p_i^* x_i (x_i\,0 \to 1, i = 1, 2, \cdots, r)$,$p_i$ 为平衡气相中物质 i 分压,x_i 为溶液中物质 i 摩尔分数.p_i^* 纯物质 i 在与溶液同 T、p 下蒸气压.假设溶液上蒸气为理想混合气体

据相平衡条件

$$\begin{aligned}
\mu_i^l(T, p, n_1^l, n_2^l, \cdots, n_r^l) &= \mu_i^g(T, p_i) \\
&= \mu_i^{\ominus g}(T) + RT\ln(p_i/p^{\ominus}) \\
&= \mu_i^{\ominus g}(T) + RT\ln(p_i^* x_i/p^{\ominus}) \\
&= \mu_i^{\ominus g}(T) + RT\ln(p_i^*/p^{\ominus}) + RT\ln x_i
\end{aligned}$$

$$= \mu_i^{*g}(T, p_i^*) + RT\ln x_i$$
$$= \mu_i^{*l}(T, p_i^*) + RT\ln x_i$$

因为压力对凝聚相化学势影响较小,在压力不太高时可以认为:
$$\mu_i^{*l}(T, p_i^*) = \mu_i^{*l}(T, p)$$
$$\therefore \quad \mu^l(T, p, n_1^l, n_2^l, \cdots, n_r^l) = \mu_i^{*l}(T, p) + RT\ln x_i$$

以上证明是一种方法,希望能掌握.如在一定合理近似下从上式出发导出 Raoult 定律,方法大致一样.

【例 6-14】 凝固点为 271.3 K 的海水,在 293.2 K 用反渗透法使其淡化,问最少需加多大压力?(已知水的 $\Delta_s^l H_m^* = 6004$ J·mol^{-1},$V_l^{*l} = 0.018$ dm^3·mol^{-1}.)

解析 这是一个由凝固点降低解决渗透压问题实例,假设海水为稀溶液,由渗透压 Π 与凝固点降低值 ΔT 关系

$$\frac{\Delta_s^l H_m^*}{RT_0^2}\Delta T = \frac{V_l^{*l}\Pi}{RT}$$

$$\Pi = \frac{T\Delta_s^l H_m^*}{V_l^{*l} T_0^2}\Delta T = \frac{293.2 \times 6004}{0.018 \times 10^{-3} \times (273.2)^2} \times (273.2 - 271.3) = 24.9 \times 10^5 \text{ Pa}$$

因而最少需加压力
$$p = \Pi + p^\ominus = 26 \times 10^5 \text{ Pa}$$

【例 6-15】 物质 A 与 B 组成二元溶液,其摩尔分数分别为 x_A 与 x_B,均以纯液体的真实状态为标准态.

(1) 请证明溶液中 A 与 B 的活度系数 γ_A 和 γ_B 满足下列关系式
$$\left(\frac{\partial\ln\gamma_A}{\partial\ln x_A}\right)_{T,p} = \left(\frac{\partial\ln\gamma_B}{\partial\ln x_B}\right)_{T,p}$$

(2) 溶液的平衡气相(为混合理想气体)中 A 的分压服从下列关系
$$p_A = p_A^* x_A \exp[(1 - x_A)^2 \alpha]$$

其中 p_A^* 为纯 A 液体的蒸气压,α 为常数.请证明溶液中 B 的活度系数为
$$\gamma_B = \exp[(1 - x_B)^2 \alpha]$$

解析 由 D-M 公式
$$\left(\frac{\partial\ln p_A}{\partial\ln x_A}\right)_{T,p} = \left(\frac{\partial\ln p_B}{\partial\ln x_B}\right)_{T,p}$$

A、B 均以纯液体为标准态,则
$$p_A = a_A p_A^* = \gamma_A x_A p_A^*, \quad p_B = a_B p_B^* = \gamma_B x_B p_B^*$$

代入公式,得
$$\left[\frac{\partial\ln(\gamma_A x_A p_A^*)}{\partial\ln x_A}\right]_{T,p} = \left[\frac{\partial\ln(\gamma_B x_B p_B^*)}{\partial\ln x_B}\right]_{T,p}$$

整理,得
$$\left(\frac{\partial\ln\gamma_A}{\partial\ln x_A}\right)_{T,p} = \left(\frac{\partial\ln\gamma_B}{\partial\ln x_B}\right)_{T,p}$$

(2) $p_A = p_A^* x_A \gamma_A = p_A^* x_A \exp[(1-x_A)^2\alpha]$

$\therefore \gamma_A = \exp[(1-x_A)^2\alpha]$,$\ln\gamma_A = \alpha(1-x_A)^2$

由 $x_A \mathrm{d}\ln\gamma_A + x_B \mathrm{d}\ln\gamma_B = 0$,得

$$\mathrm{d}\ln\gamma_B = -\frac{x_A}{x_B}\mathrm{d}\ln\gamma_A$$

积分

$$\ln\gamma_B = \int_0^{x_A} \frac{x_A}{1-x_A} \cdot 2\alpha(1-x_A)\mathrm{d}x_A = \alpha x_A^2$$

$$\therefore \gamma_B = \exp[\alpha x_A^2] = \exp[(1-x_B)^2 \alpha]$$

【例 6-16】 29.00 g NaCl 溶于 100 g 水中,所形成的溶液在 373.15 K 的蒸气压为 82.88 kPa,水在 373.15 K 的比容为 1.043 cm$^3 \cdot$g^{-1},NaCl 与 H$_2$O 的摩尔质量分别为 58.44 g·mol^{-1} 与 18.02 g·mol^{-1}. 求 373.15 K 下溶液中水的活度、活度系数及溶液渗透压.

解析 由于压力较小,假设气相为理想气,并取纯水为标准态.

$$\frac{a(H_2O)}{a^{\ominus}(H_2O)} = \frac{f(H_2O)}{f^*(H_2O)} = \frac{p(H_2O)}{p^*(H_2O)} = 0.8180$$

$$V_m(H_2O) = 18.02 \times 1.043 (\text{cm}^3) = 18.79 \text{ cm}^3 = 18.79 \times 10^{-6} \text{ m}^3$$

$$n(H_2O) = \frac{100}{18.02} \text{ mol} = 5.549 \text{ mol}$$

$$n(\text{NaCl}) = \frac{29.00}{58.44} \text{ mol} = 0.496 \text{ mol}$$

$$\Pi = -RT\ln\frac{a(H_2O)}{a^{\ominus}(H_2O)}\Big/V_m = 3.318 \times 10^7 \text{ Pa}$$

$$\gamma(H_2O) = \frac{a(H_2O)}{x(H_2O)} = \frac{0.8180}{5.549/(5.549+0.496)} = 0.8911$$

【例 6-17】 在 660.7 K 时,纯 K(l) 和纯 Hg(l) 的蒸气压分别为 433.2 kPa 和 170.6 kPa. K 和 Hg 的量相等的液体混合物的平衡气相中,K 和 Hg 的分压分别为 142.6 kPa 和 1.733 kPa.

(1) 写出液体混合物中 K 和 Hg 的化学势用活度的表示式,并求 K 和 Hg 在液体混合物中的活度及活度系数.

(2) 在 660.7 K、101.325 kPa 下,由 0.5 mol K(l) 和 0.5 mol 的 Hg(l) 等温等压形成液体混合物,求 $\Delta_{\text{mix}}G$.

(3) 假设 K 和 Hg 的活度系数都与温度无关,请对(2)的混合过程求出 $\Delta_{\text{mix}}S$ 和 $\Delta_{\text{mix}}H$.

解析 (1) $\mu_K^l(T,p,x_K^l) = \mu_K^{*l}(T,p) + RT\ln a_K$

$$\mu_{Hg}^l(T,p,x_{Hg}^l) = \mu_{Hg}^{*l}(T,p) + RT\ln a_{Hg}$$

$$a_K = \frac{f_K}{f_K^*} = \frac{p_K}{p_K^*} = \frac{142.6}{433.2} = 0.329, \quad a_{Hg} = \frac{1.733}{170.6} = 0.0102$$

$$\gamma_K = \frac{0.329}{0.5} = 0.658, \quad \gamma_{Hg} = \frac{0.0102}{0.5} = 0.0204$$

(2) $\Delta_{\text{mix}}G = [n_K \mu_K^l(T,p,x_K^l) + n_{Hg}\mu_{Hg}^l(T,p,x_{Hg}^l)] - [n_K \mu_K^{*l}(T,p) + n_{Hg}\mu_{Hg}^{*l}(T,p)]$

$$= n_K RT\ln a_K + n_{Hg}RT\ln a_{Hg}$$

$$= -15.65 \text{ kJ}$$

(3) $\Delta_{\text{mix}}S = -\left(\frac{\partial \Delta_{\text{mix}}G}{\partial T}\right)_p = -n_K R\ln a_K - n_{Hg}R\ln a_{Hg} = 23.7 \text{ J}\cdot\text{K}^{-1}$

$$\Delta_{\text{mix}}H = \Delta_{\text{mix}}G + T\Delta_{\text{mix}}S = 0$$

【例 6-18】 设溶液两组分 1 和 2 的活度系数为 γ_1 和 γ_2,已知 γ_1 和 x_2 关系为

$$\ln\gamma_1 = \frac{1}{RT}(Bx_2^2 + Cx_2^3) \qquad (T, p \text{ 一定}; B、C \text{ 为常数})$$

(1) 求 $\ln\gamma_2$ 与 x_2 关系式,(2) 指出组分 1 的标准态.

解析 $x_1\mathrm{d}\ln\gamma_1 + x_2\mathrm{d}\ln\gamma_2 = 0$,得

$$\mathrm{d}\ln\gamma_1 = \frac{1}{RT}(2Bx_2 + 3Cx_2^2)\mathrm{d}x_2$$

代入上式,得

$$\mathrm{d}\ln\gamma_2 = -\frac{1}{RT}\frac{x_1}{x_2}(2Bx_2 + 3Cx_2^2)\mathrm{d}x_2 = -\frac{1}{RT}(2B - 2Bx_2 + 3Cx_2 - 3Cx_2^2)\mathrm{d}x_2$$

● 当 $x_2 \to 0$ 时(即组分 2 为无限稀释),作为参考态,则 $\gamma_2 = 1$,积分

$$\int_1^{\gamma_2}\mathrm{d}\ln\gamma_2 = \int_{x_2=0}^{x_2} -\frac{1}{RT}(2B - 2Bx_2 + 3Cx_2 - 3Cx_2^2)\mathrm{d}x_2$$

$$\ln\gamma_2 = -\frac{1}{RT}(2Bx_2 - Bx_2^2 + \frac{3}{2}Cx_2^2 - Cx_2^3)$$

● 当 $x_2 = 0$ 时(即 $x_1 = 1$),$\gamma_1 = 1$,$a_1 = x_1 = 1$,组分 1 的标准态为纯组分 1 在 T、$p^\ominus$ 时的状态.

【例 6-19】 298 K 时,分子量为 120 的液体物质 A 在水中溶解度为 0.12 g/(100 g 水).设水在此液体物质 A 中不溶解.试计算 298 K 液体物质 A 在水的饱和溶液中的活度和活度系数(以纯液体物质 A 在 T、$p^\ominus$ 状态为标准态).

解析 因为水不溶于 A,则 A 在水中饱和时,也就是溶液与纯液体 A 达平衡.据题意

$$\mu_A^l(T, p^\ominus, a_A) = \mu_A^{\ominus l}(T, p^\ominus)$$

即

$$\mu_A^{\ominus l}(T) + RT\ln\frac{a_A}{a_A^\ominus} = \mu_A^{\ominus l}(T)$$

$$\therefore a_A = a_A^\ominus = 1$$

$$x_A = \frac{0.12/120}{0.12/120 + 100/18} = 1.80 \times 10^{-5}$$

$$\gamma_A = \frac{a_A}{x_A} = \frac{1}{1.80 \times 10^{-5}} = 5.56 \times 10^4$$

【例 6-20】 293 K,纯水的蒸气压为 2.33 kPa,某水溶液上水的蒸气压的平衡压力为 2.13 kPa.(1) 求此溶液中水的活度.(2) 已知 273 K,冰熔化熵为 $\Delta_s^l S = 1.22 \mathrm{J \cdot K^{-1} \cdot g^{-1}}$,求此溶液的凝固点(计算中可作合理近似).

解析 已知水的 p_A,p_A^*,可由 $a_A = p_A/p_A^*$ 求水的活度.由 Raoult 定律估算,知

$$x(\mathrm{H_2O}) = \frac{p(\mathrm{H_2O})}{p^*(\mathrm{H_2O})} = 0.9$$

由于超出稀溶液范围,不能以 $\Delta T_f = K_f m$ 求算,而应以非理想溶液凝固点下降公式求算.

(1) $a(\mathrm{H_2O}) = \dfrac{p(\mathrm{H_2O})}{p^*(\mathrm{H_2O})} = \dfrac{2.13}{2.33} = 0.914$

(2) $\ln a_A = \dfrac{\Delta_s^l H_m}{R}\left(\dfrac{1}{T_0} - \dfrac{1}{T}\right)$

$\dfrac{1}{T} = \dfrac{1}{T_0} - \dfrac{R\ln a_A}{\Delta_s^l H_m} = \left(\dfrac{1}{273.2} - \dfrac{8.314 \times \ln 0.914}{273.2 \times 18.0 \times 1.22}\right)\mathrm{K^{-1}} = 3.78 \times 10^{-3}\ \mathrm{K^{-1}}$

$$T = 264.5 \text{K}$$

计算中的合理近似为:蒸气为理想气体,$\Delta_s^l H_m$ 不随 T 改变.

【例 6-21】 某蔗糖水溶液,在 373 K 时其渗透压为 3.32×10^4 kPa,求此溶液水的活度. 已知 $p^\ominus$、373 K 时水的比容为 $1.043 \text{ cm}^3 \cdot \text{g}^{-1}$.

解析 $\Pi V_1 = -RT \ln a_1$

$$3.32 \times 10^7 \text{ Pa} \times 1.043 \times 18 \times 10^{-6} \text{ m}^3/\text{mol} = 8.314 \text{ J} \cdot \text{K}^{-1} \cdot \text{mol}^{-1} \times 373 \text{ K} \times \ln a_1$$

$$a_1 = 0.818$$

(三) 习题

6-1 请导出理想溶液各组分化学势表示式,并指出推导过程作的合理近似.

$$\mu_i^l(T, p, x_i) = \mu_i^{*l}(T, p) + RT \ln x_i$$

6-2 非理想溶液中溶质的化学势表示式,若选纯溶质液体真实状态为标准态时,其化学势表示式为何形式? 它和以纯溶质液体的假想态为标准态化学势表示式有何不同? 二者标准态化学势差值为多少?

6-3 判断正误(请在题后的括弧内标记"√"或"×"):

(1) 理想溶液的凝固点降低值与溶质的质量摩尔浓度成正比( ).

(2) 偏离 Raoult 定律的二元溶液,都在特定条件下组成恒沸溶液( ). 不能用分馏法将恒沸液分离成二个纯组分( ).

(3) 纯液体物质的蒸气压随温度升高必增加( ). 纯物质的固一液平衡温度并不是对所有的物质都随压力增大而升高( ).

(4) 在一定温度下的水与乙醇溶液,于某组成时水与乙醇在平衡气相中的分压相等. 若都以各自的纯液体物质作标准态,则该溶液中水与乙醇的浓度相等( ).

(5) 多组分两相平衡条件是两相的化学势相等( ).

(6) 物质 B 从 α 相扩散到 β 相,在扩散过程中总是自浓度高的向稀的相扩散( ).

(7) Duhem-Margules 方程 $x_1 \left[\dfrac{\partial \ln(p_1/p^\ominus)}{\partial x_1} \right]_{T,p} = x_2 \left[\dfrac{\partial \ln(p_2/p^\ominus)}{\partial x_2} \right]_{T,p}$ 适用于二元溶液的任何两相平衡( ).

(8) 恒温下一封闭容器中有两杯液体,一杯为纯水,一杯为葡萄糖水溶液. 经过足够长的时间后,可以肯定纯水的杯子变成空杯,而盛葡萄糖溶液的杯子里液体量增加甚至溢出杯子( ).

(9) T 时,液体物质 A 的蒸气压为 4×10^4 Pa,液体物质 B 的蒸气压为 6.0×10^4 Pa,二者组成理想溶液. 平衡时,在液相中 A 的摩尔分数为 0.6,所以在气相中 B 的摩尔分数为 0.5 ( ).

(10) 在一恒温密闭容器内,有水及与其相平衡的水气,现充以惰性气体(气体不溶于水,也不与水反应),则水的蒸气压必定减少( ).

6-4 某碳氢化合物 2.83 g 溶于 100 g 三氯甲烷中,其沸点升高了 0.762 K,又从元素分析结果知道,此化合物含碳 84.4%,含氢 15.6%(质量分数),求此化合物分子式(三氯甲烷 $K_b = 3.83 \text{ K} \cdot \text{mol}^{-1} \cdot \text{kg}^{-1}$).

答案 $C_{10}H_{22}$

6-5 298 K、$p^\ominus$下，$(C_{p,m})_\text{苯} = 130.0 \text{ J}\cdot\text{K}^{-1}\cdot\text{mol}^{-1}$，$(C_{p,m})_\text{甲苯} = 155.9 \text{ J}\cdot\text{K}^{-1}\cdot\text{mol}^{-1}$．若溶液由 2 mol 苯和 1 mol 甲苯组成，求算此溶液的摩尔等压热容（设溶液为理想溶液）．

答案 142.1 $\text{J}\cdot\text{mol}^{-1}\cdot\text{K}^{-1}$

6-6 如果固体溶于液体所成溶液是理想溶液，请论证：

(1) 固体微分溶解热就是它的摩尔溶化热．

(2) 固体的溶解度与溶剂性质无关．

(3) 固体溶解度随温度升高而增加．

(4) 对于熔化熵 $\Delta_s^l S_m = \Delta_s^l H_m / T_0$ 相近的固体，高熔点固体溶解度小于低熔点固体溶解度．

6-7 今有质量分数为3%的乙醇水溶液，在370.11 K时该溶液的总蒸气压为101.325 kPa，同温同压下纯水蒸气压为 91.294 kPa．若将溶液当做稀溶液．求算 370.11 K 时乙醇摩尔分数为 0.01 的溶液上乙醇与水的分压各为多少？

答案 9.281 kPa，90.38 kPa

6-8 设氯苯与溴苯形成理想溶液，在413 K 时二纯液体蒸气压分别为 67.989 kPa 和 118.55 kPa．求算 413 K，101.325 kPa 下气相和液相成分．

答案 $x_1 = 0.342$，$y_1 = 0.230$

6-9 一种经过丙烷脱沥青后的润滑油，其中尚含有丙烷0.075%（质量分数）．丙烷在空气中的爆炸极限（体积分数）是 2.4%～9.5%．

(1) 293 K 时，润滑油气缸中的气体有无爆炸可能？

(2) 润滑油摩尔分子质量为 300 $\text{g}\cdot\text{mol}^{-1}$，它的蒸气压很小，可略而不计，试计算液体丙烷在 293 K 时蒸气压多大？

答案 (1) 有可能，(2) 956.5 kPa

6-10 铅的熔点为600.3 K，摩尔熔化焓 $\Delta_s^l H_m^* = 5116 \text{ J}\cdot\text{mol}^{-1}$．

(1) 求铅的摩尔凝固点降低常数 K_f，并与非金属溶剂的 K_f 比较．

(2) 100 g 铅中含有 1.08 g 银的溶液，其凝固点为588 K．求银在铅中相对分子质量及银在铅中是否以单原子形式存在．

答案 (1) 121.3 $\text{K}\cdot\text{mol}^{-1}\cdot\text{kg}$；(2) 107，单原子形式

6-11 凝固点降低定律一重要应用是测定摩尔熔化焓，特别是金属的熔化焓．现有 100 g 铅中含有 2.5 g 银的溶液，其凝固点为573 K，纯 Pb 的熔点为600.3 K．已知 Ag 在固体 Pb 中溶解度很小，而且它们在液态形成单原子的理想溶液，求算 Pb 的摩尔熔化焓．

答案 5.27 $\text{kJ}\cdot\text{mol}^{-1}$

6-12 萘在 CS_2 中不同温度下溶解度[$s/(\%)$，质量分数]如下：

T/K	283	293	298	303
$s/(\%)$	27.5	36.3	41.0	46.0

(1) 作 $\lg x$-$(1/T)$图，求出 $\Delta_s^l H_m^*$ 并与萘的 $\Delta_s^l H_m$ 比较．

(2) 298 K 下，萘在苯、氯苯和乙醇中的溶解度（摩尔分数表示）分别为 0.29，0.313，0.024．请根据理想溶液的固体溶解度公式求出萘在 298 K 下的溶解度 x 值，将它与前述三个实验值比较说明什么问题？（萘的熔点为 353.2 K，$\Delta_s^l H_m = 18.873 \text{ kJ}\cdot\text{mol}^{-1}$）

答案 20.65 $\text{kJ}\cdot\text{mol}^{-1}$，0.304

第 6 章 溶液热力学及活度

6-13 根据下列数据,用三种不同方法求算 CS_2 的摩尔沸点升高常数 K_b.
(1) 3.20 g 萘溶于 50.09 CS_2,所得溶液的沸点较纯溶剂 CS_2 的高 1.17 K.
(2) 由 CS_2 的蒸气压与温度关系曲线知,在沸点 319.25 K 时 CS_2 的蒸气压随温变化率为 133.749 $kPa·K^{-1}$.
(3) 1 g CS_2 的沸点是 319.25 K,气化热为 351.5 $J·g^{-1}$.

答案 2.34 $K·mol^{-1}·kg$

6-14 人血的凝固点为 272.44 K,求其在 310 K 时的渗透压.

答案 777.16 kPa

6-15 今制成一种新的抗生素,但量不多,由超离心机法已测分子量为 10000. 用另一方法核对.请分别计算抗生素水溶液凝固点降低值 ΔT,溶剂水的蒸气压相对降低值 $\Delta p_1/p_1^*$ 及溶液渗透压 Π.然后决定选用哪种方法好.计算时假定 1 g 抗生素溶于 100 g 水中(凝固点降低法的精密度一般为 ± 0.001 K).

答案 0.00186 K

6-16 0.90 g 醋酸溶于 50 g 水中,所成溶液的凝固点为 272.442 K, 2.321 g 醋酸溶于 100 g 苯中,所成溶液凝固点较纯苯低 0.97 K.求醋酸在水中及苯中相对分子质量,并根据结果写出醋酸在水及苯中的分配定律.

答案 60,122.5

6-17 219 K 时海藻的水浸出液中,每立方米含碘 28 g,现用 50 dm^3 的 CS_2 萃取.问一次萃取和分 4 次萃取收率各为多少?(219 K 时碘在水中和 CS_2 中的分配系数 $K = 0.0024$)

答案 95.4%, 99.9%

6-18 在 100 g 水中溶于相对分子质量为 110.1 的不挥发溶质 2.220 g,沸点升高 0.105 K,若再加入另一不挥发溶质 2.160 g,沸点又升高 0.107 K.
(1) 求水的 K_b,未知物相对分子质量及水的摩尔气化焓 $\Delta_l^g H_m$.
(2) 求该溶液在 298 K 时蒸气压(设溶液为理想溶液).

答案 39.98 $kJ·mol^{-1}$, 3.94 kPa

6-19 固体 B 可溶于液体溶剂 A,B 在 A 中的饱和溶解度以 B 在溶液中摩尔分数表示.若 B 和 A 形成理想溶液,且 B 熔点为 T_f,摩尔化焓为 $\Delta_s^l H_m$.试证:x_B 与温度 T 变化关系为

$$\ln \frac{1}{x_B} = \frac{\Delta_s^l H_m}{R}\left(\frac{1}{T} - \frac{1}{T_f}\right) \quad (\Delta_s^l H_m \text{ 与 } T \text{ 无关})$$

6-20 液体 A 和 B 形成理想溶液,把组成 $y_A = 0.400$ 的蒸气混合物放入一带有活塞的气缸中,T 时进行恒温压缩.已知 T 时 p_A^*、p_B^* 分别为 40.53 kPa 和 121.59 kPa,问刚出现液相时,总压为多少?

答案 67.55 kPa

6-21 298 K、101.325 kPa 时把苯(组分 1)和甲苯(组分 2)混合成理想溶液.求算把 1 mol 苯从 $x_1 = 0.8$ 的溶液稀释到 $x_1 = 0.6$ 的溶液这一过程中苯的化学势变化.

答案 $-710.6 \, J·mol^{-1}$

6-22 二元溶液中组分 1 的蒸气压 p_1 随它的摩尔分数 x_1 的递变关系为

$$p_1 = p_1^* x_1 \exp[(1-x_1)^2 \alpha]$$

其中 α 是表征偏差类型及其程度的参量.

(1) 证明组分 2 的蒸气压 p_2 随 x_2 变化规律必为 $p_2 = p_2^* x_2 \exp[(1-x_2)^2 \alpha]$.

(2) 分别指出 $\alpha > 0, \alpha = 0, \alpha < 0$ 时偏差类型.

(3) 请从上述结果论证二元溶液的蒸气压组成图中三个相关性.

6-23 某水溶液含有非挥性溶质,在258 K 时凝固. 已知 273 K 时冰溶化热为 334.4 J·g^{-1}, 373 K 时水的气化热为 2253.0 J·g^{-1}, 二者均不随温度变化. 求该溶液:

(1) 正常沸点.

(2) 298 K 时的蒸气压(已知 298 K 水饱和蒸气压为 3.17 kPa).

(3) 298 K 时的渗透压(假设溶液为理想溶液).

答案 377 K, 2.72 kPa, 21177 kPa

6-24 瓶 A 为含萘的苯溶液(萘的摩尔分数为0.01),瓶 B 为已混入相当多数量水的苯. 现将两瓶接通(设水与苯完全不互溶),用一定量的 $N_2(g)$ 缓缓地先通入 A 瓶,而后再经 B 瓶逸出到大气中[所通 $N_2(g)$ 与液相充分接触]. 试验后发现 A 瓶液体减轻 0.500 g, B 瓶减轻 0.0428 g, 最后逸到 101.325 kPa 的大气中的气体混合物中. 如苯的摩尔分数为 0.055, 求在实验条件下苯与水的饱和蒸气压各为多少?

提示 萘作为不挥发溶质,在通 $N_2(g)$ 过程中 A 瓶中萘的浓度基本不变, B 瓶内苯与水一直同时存在,可做合理近似.

答案 5.573 kPa, 1.804 kPa

6-25 写出下列两相化学平衡的化学势表示式

(1) 300 K、$p^\ominus$ 下, 血浆中的水与水蒸气平衡;

(2) 在 T、p 下, 苯和甲苯形成理想溶液与其蒸气平衡;

(3) 在 T、p 下, 纯氮(g)与其溶解的水溶液平衡.

6-26 将某物质 B 溶于水,制成 $x_B = 0.100$ 的水溶液. 298 K 时测得该溶液的平衡水蒸气分压 $p_A = 2.92$ kPa 试求此溶液中水的活度系数 γ_A(298 K 时水的饱和蒸气压为 3.17 kPa).

答案 $\gamma_A = 9.217$

6-27 298 K 时, 水的饱和蒸气压为 3.17 kPa, 某水溶液上水气的平衡压力为 2.74 kPa.

(1) 若选 298 K 与 0.1337 kPa 水蒸气达平衡的假想纯水为标准态,求该溶液中水的活度.

(2) 若选同温纯水的真实状态为标准态,溶液中水的活度又为多少?

答案 (1) $a_1 = 20.5$, (2) $a_1 = 0.86$

6-28 测得 0.1 mol·dm^{-3} 蔗糖(B)的水溶液在 303 K 时的 Π 为 250.3 kPa. 已知水(A)的摩尔体积为 18.1 cm^3·mol^{-1}, 水的气化热为 2248 J·g^{-1}. 求: (1) 水的活度 a_A, (2) 沸点升高值 ΔT_b.

答案 (1) $a_A = 0.998$, (2) $\Delta T_b = 0.07$ K

6-29 某相对分子质量为2000的不挥发液体物质 B, 298 K 时其在苯酚(A)中溶解度为 20.00 g/100 g A, 而 A 在 B 中完全不溶解.

(1) 今测得在 298 K 时配制的 B 在 A 中饱和溶液的沸点为 455.3 K, 试计算此溶液中 A 的活度, 并说明其标准态是如何选定的. 已知 A 的沸点为 454.9 K, 摩尔气化热 48.53 kJ·mol^{-1}.

(2) 试计算 298 K 时上述饱和溶液中 B 的活度及活度系数.

答案 (1) 选沸点下纯 A 的液体为标准态, $a_A = 0.989$; (2) 选 298 K、$p^\ominus$ 纯 B 的液体状态为标准态, $a_B = 1$, $\gamma_B = 107$

6-30 对于二元溶液,请证明溶质(2)在同温同压下但浓度不同的两个溶液中的化学势之差为:

$$\mu_2'(T,p,x_2') - \mu_2(T,p,x_2) = RT\ln\frac{a_2'}{a_2} = RT\ln\frac{\gamma'x_2'}{\gamma x_2}$$

$$= RT\ln\frac{\gamma_{m_2}'m_2'}{\gamma_{m_2}m_2} = RT\ln\frac{\gamma_{c_2}'c_2'}{\gamma_{c_2}c_2}$$

6-31 298 K 时将物质的量为 n 的 NaCl 溶于 1000 g 水中,形成溶液,其体积 V 与 n 间的关系为

$$V/\text{cm}^3 = 1001.38 + 16.625\left(\frac{n}{\text{mol}}\right) + 1.7738\left(\frac{n}{\text{mol}}\right)^2 + 0.119\left(\frac{n}{\text{mol}}\right)^3$$

试求 1 mol·dm^{-3} NaCl 溶液中 H$_2$O 及 NaCl 的偏摩尔体积.

答案 18.0084 cm^3·mol^{-1},19.5278 cm^3·mol^{-1}

6-32 298 K 时将 2.00 g 某化合物溶于 1000 g 水中,该溶液的渗透压与在 298 K 将 0.80 g 葡萄糖(C$_6$H$_{12}$O$_6$)和 1.20 g 蔗糖(C$_{12}$H$_{22}$O$_{11}$)溶于 1000 g 水中所得溶液的渗透压相同.

(1) 求某化合物分子量.

(2) 此化合物溶液的冰点为多少?

(3) 此化合物溶液的蒸气压降低是多少?

已知水的 $K_f = 1.86$ K·mol^{-1}·kg,298 K 水的饱和蒸气压为 3.17 kPa,两份溶液的密度均为 1.00 g·cm^{-3}.

答案 251.6 g·mol^{-1},0.0148 K,4.54×10^{-4} kPa

第7章 统计热力学概论

统计力学认为物质的宏观量是对应微观量的统计平均值.统计热力学任务就是依据分子的性质及力学运动规律,采用概率统计的方法阐明并推断物质的宏观热力学性质及其规律性.

7.1 统计热力学基本原理和方法

(一) 内容纲要

1. 量子态、能级公式

	能级公式	简并度 g_i^*
三维平动子	$\epsilon_t = \dfrac{\pi^2 \hbar^2}{2m}\left(\dfrac{n_x^2}{a^2} + \dfrac{n_y^2}{b^2} + \dfrac{n_z^2}{c^2}\right) = \dfrac{h^2}{8mV^{2/3}}(n_x^2 + n_y^2 + n_z^2)$	$1,3,4,6,\cdots$
	平动量子数 $n_x, n_y, n_z : 1, 2, 3, \cdots$	
刚性转子	$\epsilon_r = (J+1)J\hbar^2/2I$	
	转动量子数 $J : 0, 1, 2, \cdots$	$g_r = 2J+1$
三维谐振子	$\epsilon_v = \left(v_x + v_y + v_z + \dfrac{3}{2}\right)h\nu$	
	振动量子数 $v = v_x + v_y + v_z$	$g_v = \dfrac{(v+1)(v+2)}{2}$

*g_i:一个能级 ϵ_i 上所拥有的量子态数称为能级 ϵ_i 上的简并度.

2. 统计力学的假设及基本原理

热力学概率 体系在一定宏观状态下的微观状态数.

数学概率指某一事件发生的可能性($0 \leqslant P_i \leqslant 1$), $P_i =$ 某一种分布的微观状态数 t_i/总微观状态数 Ω, 则某一种分布方式的热力学概率 $t_i = P_i \Omega$.

概率叠加原理:互斥事件 A 与 B 所发生的总概率是 A、B 单独发生概率的加和.

概率相乘原理:两个独立事件同时发生的概率等于单独发生概率的乘积.

等概率假设:平衡态孤立体系的任一可及微观态出现的概率都相等.

3. 微观状态数

若 g_i, n_i 为能级 ϵ_i 上简并度及粒子数(也称布居数).

表7.1 微观状态数的统计规律

子的类别	可别粒子	不可别粒子	等同性修正
量子态上的子数不限	$N!\prod\limits_i \dfrac{g_i^{n_i}}{n_i!}$	$\prod \dfrac{(g_i + n_i - 1)!}{n_i!(g_i - 1)!}$	$\dfrac{1}{N!}$
		$\xrightarrow{g_i \gg n_i} \prod \dfrac{g_i^{n_i}}{n_i!}$	
量子态上子数只限一个	$N!\prod \dfrac{g_i!}{(g_i - n_i)!n_i!}$	$\prod \dfrac{g_i!}{n_i!(g_i - n_i)!}$	
	$\xrightarrow{g_i \gg n_i} N!\prod \dfrac{g_i^{n_i}}{n_i!}$	$\xrightarrow{g_i \gg n_i} \prod \dfrac{g_i^{n_i}}{n_i!}$	$\dfrac{1}{N!}$

4. 统计平均方法

体系的宏观物理量是在给定条件下组成体系的粒子的某一微观属性的统计平均值.

设物理量 l,在某一微观态的随机值为 l_i,粒子数 n_i,概率 P_i,则

$$\langle l \rangle = \sum l_i n_i / \sum n_i = \sum P_i l_i$$

若 l_i 近似连续,则 $\langle l \rangle = \int l_i P_i \mathrm{d} l_i$.

5. 最概然分布

Maxwell-Boltzmann 体系

$$n_i = N \frac{g_i \mathrm{e}^{-\varepsilon_i/k_\mathrm{B}T}}{\prod g_i \mathrm{e}^{-\varepsilon_i/k_\mathrm{B}T}} = N \frac{\mathrm{e}^{-\varepsilon_r/k_\mathrm{B}T}}{\sum \mathrm{e}^{-\varepsilon_r/k_\mathrm{B}T}}$$

$$\frac{n_j}{n_i} = \frac{g_j \mathrm{e}^{-\varepsilon_j/k_\mathrm{B}T}}{g_i \mathrm{e}^{-\varepsilon_i/k_\mathrm{B}T}} = \frac{g_j}{g_i} \mathrm{e}^{-(\varepsilon_j - \varepsilon_i)/k_\mathrm{B}T} = \frac{P_j}{P_i}$$

式中 ε_i 为粒子可及能级,ε_r 为量子能级.

当 $\varepsilon_j > \varepsilon_i$,但 $P_j > P_i$,即若任一能级的布居数大于任一低能级的布居数称为布居反转,不属最概然分布.

6. 配分函数 q

$$q = \sum g_i \mathrm{e}^{-\varepsilon_i/k_\mathrm{B}T} = \sum \mathrm{e}^{-\varepsilon_r/k_\mathrm{B}T}$$

q 是独立子体系单粒子所有可及能级上的有效量子态数的总和,是体系温度和外参量的函数.

(1) 平动子配分函数(l:长度,V:体积)

- 一维 $q_\mathrm{t}(1\mathrm{D}) = \left(\frac{2\pi m k_\mathrm{B} T}{h^2}\right)^{\frac{1}{2}} l$

- 三维 $q_\mathrm{t}(3\mathrm{D}) = \left(\frac{2\pi m k_\mathrm{B} T}{h^2}\right)^{\frac{3}{2}} V$

(2) 转动配分函数

- 线性分子 $q_\mathrm{r} = \frac{8\pi^2 I k_\mathrm{B} T}{\sigma h^2} = \frac{T}{\sigma \theta_\mathrm{r}}$

- 非线性分子 $q_\mathrm{r} = \frac{\pi^{\frac{1}{2}}}{\sigma}\left(\frac{8\pi^2 k_\mathrm{B} T}{h^2}\right)^{3/2} (I_{xx} I_{yy} I_{zz})^{\frac{1}{2}}$

式中 σ 为分子的对称数,$\theta_\mathrm{r} = h^2/8\pi^2 I k_\mathrm{B}$ 是转动特征温度,I 为转动惯量($I = \mu r^2$).

(3) 振动配分函数(一维谐振子)

- 以经典平衡位置为能量零点 $q_\mathrm{v} = \frac{\mathrm{e}^{-\theta_\mathrm{v}/2T}}{1 - \mathrm{e}^{-\theta_\mathrm{v}/T}}$

- 谐振子基态为能量零点 $q_\mathrm{v} = \frac{1}{1 - \mathrm{e}^{-\theta_\mathrm{v}/T}}$

式中 $\theta_\mathrm{v} = h\nu/k_\mathrm{B}$,称为振动特征温度.

(4) 电子配分函数(以电子基态能量为能量零点)

$$q_\mathrm{e} = g_{\mathrm{e},0} + g_{\mathrm{e}1} \mathrm{e}^{-(\varepsilon_1 - \varepsilon_0)/k_\mathrm{B}T} + g_{\mathrm{e}2} \mathrm{e}^{-(\varepsilon_2 - \varepsilon_0)/k_\mathrm{B}T} + \cdots$$

室温下来自电子的激发态的项一般是可忽略的.电子最低能级的简并度 $g_{\mathrm{e},0}$,分子和稳定离子时 $g_{\mathrm{e},0} = 1$,但 $g_{\mathrm{e},0}(\mathrm{O}_2) = 3$,自由基中通常 $g_{\mathrm{e},0} = 2$.自由原子时 $g_\mathrm{e} = 2J + 1$,J 是该能级总

的电子角动量的量子数.

(5) 体系配分函数 Q
- 定域子　　$Q_{定} = q^N$
- 离域子　　$Q_{离} = q^N/N!$

(二) 例题解析

【例 7.1-1】 现设有一座十层楼宿舍,每层有 1 万个编了号的房间,宿舍内共住 100 人,每层分住 10 人:

(1) 如不考虑这 100 人姓名和每个房间所住人数不限,有多少种住法?
(2) 如不考虑这 100 人姓名和每个房间至多只住 1 人时,有多少种住法?
(3) 如考虑这 100 人姓名,上述两种情况的住法如何修正?
(4) 比较分析(1)与(2)两种住法?

解析 (1) 每层住 10 人即 $n_i = 10$,每层有 $g_i = 10\,000$ 个房间,每层的住法相当于 10 个人与 $(10\,000-1)$ 个墙壁排成一列的方式 $(n_i + g_i - 1)!/[n_i!(g_i - 1)!]$,每层住法是互为独立事件,故总住法 t_a 为

$$t_a = \prod_{10} \frac{(n_i + g_i - 1)!}{n_i!(g_i - 1)!} = \left[\frac{10009!}{10!\,9999!}\right]^{10}$$

(2) 每个房间只住 1 人,故每层的住法为 g_i 个房间挑出 n_i 个房间,即 $C_{n_i}^{g_i}$,故十层总住法

$$t_b = (C_{n_i}^{g_i})^{10} = \left[\frac{g_i!}{n_i!(g_i - n_i)!}\right]^{10} = \left[\frac{10000!}{10!\,9990!}\right]^{10}$$

(3) 由于考虑姓名出现二个新的情况:每个房间最多住 1 人时,10 个人在 10 个房间的住法为 $n_i!$,又 100 个人分到 10 层楼的分法为 $N_i/(n_i!)^{10}$,故总住法为

$$t_{cb} = \frac{N!}{(n_i!)^{10}} \left[n_i!\,\frac{g_i!}{n_i!(g_i - n_i)!}\right]^{10} = N!\left[\frac{g_i!}{n_i!(g_i - n_i)!}\right]^{10} = 100!\left[\frac{10000!}{10!\,9990!}\right]^{10}$$

每个房间人数不限时,为

$$t_{ca} = \frac{N!}{(n_i!)^{10}} \prod_{10} [g_i^{n_i}]^{10} = N!\left[\frac{g_i^{n_i}}{n_i!}\right]^{10} = 100!\left[\frac{(10000)^{10}}{10!}\right]^{10}$$

(4) $\dfrac{t_b}{t_a} = \left[\dfrac{10000!}{10!\,(9990)!}\right]^{10} \Big/ \left[\dfrac{10009!}{10!\,9999!}\right]^{10} \approx 0.999^{10} \approx 0.990$

说明(2)的住法包括在(1)中,而且是(1)住法的主体.

讨论 (1)每个房间只住 1 人,相当于 1 个量子状态最多只能容纳 1 个粒子,如电子、质子、中子和奇数个基本粒子组成的原子或分子,属 Fermi 子,其统计方法为 Fermi-Dirac 统计.

每个房间住的人数不限,相当于每一个量子状态容纳的粒子数不限,如光子或由偶数个基本粒子组成的原子和分子,属 Bose 子,统计方法为 Bose-Einstain 统计.

(2) 当 $g_i \gg n_i$ 时,则

$$\frac{g_i!}{n_i!(g_i - n_i)!} = \frac{g_i^{n_i}}{n_i!} \qquad (n_i \ll g_i \text{ 时})$$

$$\frac{(g_i - 1 + n_i)!}{n_i!(g_i - 1)!} = \frac{g_i^{n_i}}{n_i!} \qquad (n_i \ll g_i \text{ 时})$$

由此将本题中各种住法汇总列表,如表 7.1(见内容纲要,p.180).

(3) 每个房间限住1人(均匀分配)是全部住法中的一种,但$t_b/t_a = 0.905$,即 t_b 是 t_a 中的主体,当将 $N=100$ 推广至 $N=10^{23}$ 时 $\ln t_b/\ln t_a \to 1$,这里隐含着最概然分布的思想.

【例7.1-2】 设有一离域子体系,体积 V 分成相等的两部分,各有粒子数为 M 和 $(N-M)$,形成一个空间分布.

(1) 证明体系的各个分布所拥有的全部空间构型总数

$$\Omega = \sum_{M=0}^{N} t(M) = \sum_{M=0}^{N} \frac{N!}{M!(N-M)!} = 2^N$$

(2) $M = \frac{N}{2} \pm m$ 的空间分布出现的概率为

$$P\left(\frac{N}{2} \pm m\right) = \sqrt{\frac{2}{\pi N}} e^{-2m^2/N}$$

(3) 利用误差函数 $\operatorname{erf} x = \frac{2}{\sqrt{\pi}} \int_0^x e^{-y^2} dy$,证明

$$\int_{-2\sqrt{N}}^{2\sqrt{N}} \sqrt{\frac{2}{\pi N}} e^{-\frac{2m^2}{N}} dm = \int_{-2\sqrt{2}}^{2\sqrt{2}} \sqrt{\frac{1}{\pi}} e^{-y^2} dy = 0.9993$$

(4) 由上述公式,提出你对最概然分布的看法.

解析 (1) 将 $(x+y)^N$ 二项式展开,令 $x=1, y=1$,可得

$$(x+y)^N = x^N + \frac{N}{1!}x^{N-1}y + \frac{N(N-1)}{2!}x^{N-2}y^2 + \cdots$$

$$2^N = \sum_{M=0}^{N} \frac{N!}{M!(N-M)!} = \Omega$$

(2) $P\left(\frac{N}{2} \pm m\right) = \frac{t\left(\frac{N}{2} \pm m\right)}{\Omega} = \frac{N!}{\left(\frac{N}{2}+m\right)!\left(\frac{N}{2}-m\right)!}\left(\frac{1}{2}\right)^N$

取对数,应用 Stirling 公式, $d\ln N!/dN = \ln N$,可得

$$\left[\frac{d\ln P\left(\frac{N}{2} \pm m\right)}{dm}\right]_{m \to 0} = -\ln\left(\frac{N}{2}+m\right) + \ln\left(\frac{N}{2}-m\right) = 0$$

$$\left[\frac{d^2\ln P\left(\frac{N}{2} \pm m\right)}{dm^2}\right]_{m \to 0} = -\frac{1}{\frac{N}{2}+m} - \frac{1}{\frac{N}{2}-m} = -\frac{4}{N} < 0$$

将 $\ln P\left(\frac{N}{2} \pm m\right)$ 按泰勒级数展开,得

$$\ln P\left(\frac{N}{2} \pm m\right) = \ln P\left(\frac{N}{2}\right) + \left[\frac{d\ln P\left(\frac{N}{2} \pm m\right)}{dm}\right]_{m \to 0} m + \frac{1}{2!}\left[\frac{d^2\ln P\left(\frac{N}{2} \pm m\right)}{dm^2}\right]_{m \to 0} m^2 + \cdots$$

$$= \ln P\left(\frac{N}{2}\right) + 0 + \frac{1}{2!}\left(-\frac{4}{N}\right)m^2 + \cdots$$

$$= \ln P\left(\frac{N}{2}\right) - \frac{2}{N}m^2$$

$$\therefore \quad P\left(\frac{N}{2} \pm m\right) = P\left(\frac{N}{2}\right)e^{-\frac{2}{N}m^2}$$

据概率的定义 $\int_{-\infty}^{\infty} P\left(\frac{N}{2} \pm m\right) dm = 1$,则有

$$\int_{-\infty}^{\infty} P\left(\frac{N}{2}\right) e^{-\frac{2}{N}m^2} dm = P\left(\frac{N}{2}\right) \int_{-\infty}^{\infty} e^{-\frac{2}{N}m^2} dm = P\left(\frac{N}{2}\right) \sqrt{\frac{\pi N}{2}} = 1$$

$$\left(\because \int_0^{\infty} e^{-a^2 x^2} dx = \frac{\sqrt{\pi}}{2a}\right)$$

$$\therefore P\left(\frac{N}{2}\right) = \sqrt{\frac{2}{\pi N}}, \text{即} P\left(\frac{N}{2} \pm m\right) = \sqrt{\frac{2}{\pi N}} e^{-\frac{2}{N}m^2}$$

(3) 令 $-\frac{2}{N}m^2 = -y^2$，$y = \sqrt{\frac{2}{N}}m$，$dy = \sqrt{\frac{2}{N}}dm$，则 ($m = \pm 2\sqrt{N}$ 时，$y = \pm 2\sqrt{2}$)

$$\int_{-2\sqrt{N}}^{2\sqrt{N}} \sqrt{\frac{2}{\pi N}} e^{-\frac{2}{N}m^2} dm = \int_{-2\sqrt{2}}^{2\sqrt{2}} \frac{1}{\sqrt{\pi}} e^{-y^2} dy = \int_0^{2\sqrt{2}} \frac{2}{\sqrt{\pi}} e^{-y^2} dy$$

当 $x = 2\sqrt{2} = 2.828$ 时，$\text{erf } x = 0.9993$。

(4) $P\left(\frac{N}{2}\right)$ 代表均匀分布方式的概率，与 $\sqrt{N}$ 成反比，N 越大，$P\left(\frac{N}{2}\right)$ 的绝对值越小；$P\left(\frac{N}{2} \pm m\right)$ 代表偏离均匀分配方式的概率。

令 $N = 10^{24}$，$m = 2 \times 10^{12}$ 时

$$P\left(\frac{N}{2}\right) = \sqrt{\frac{2}{\pi N}} = 1.25 \times 10^{-12} \quad (很小)$$

$$P\left(\frac{N}{2} \pm m\right) = 4.19 \times 10^{-16} \quad (更小)$$

或 $P\left(\frac{N}{2}\right) \gg P\left(\frac{N}{2} \pm 2\sqrt{N}\right)$，$P\left(\frac{N}{2}\right)$ 是所有分配方式中概率最大的一种方式。

当把偏离 $N/2$ 很小范围 ($m = 2\sqrt{N}$ 仅是 N 的千亿分之一) 的全部概率加和起来，即

$$\sum P\left(\frac{N}{2} \pm 2\sqrt{N}\right) = 0.9993 \approx 1$$

故可将概率最大的分布 (最概然分布) 代表一切分布。

【例 7.1-3】 每一个量子态最多只能容纳一个粒子，如电子、质子、中子和由奇数个基本粒子组成的原子或分子，称为 Fermi 子。

(1) 请导出能级 ε_i，简并度为 g_i 的粒子数为 n_i，其微观状态数为

$$\Omega_F = \prod_i \frac{g_i!}{n_i!(g_i - n_i)!}$$

(2) 请证明其最概然分布律即 Fermi-Dirac 统计分布律为

$$n_i = \frac{g_i}{e^{-\alpha - \beta \varepsilon_i} - 1}$$

解析 (1) 某一能级，g_i 个量子态，n_i 个被占据，$(g_i - n_i)$ 个量子态未被占据，即

$$g_i \begin{cases} n_i \text{ 占据态} \\ (g_i - n_i) \text{ 未占据态} \end{cases}$$

故每一能级微观状态数为

$$t_i = \frac{g_i!}{n_i!(g_i - n_i)!}$$

各能级间的分布是互为独立的，因此

$$\Omega_F = \prod_i \frac{g_i!}{n_i!(g_i-n_i)!}$$

(2) 对 Ω_F 式取对数,并应用 Stirling 公式

$$\ln\Omega_D = \sum \ln g_i! - \sum \ln n_i! - \sum \ln(g_i-n_i)!$$
$$= \sum[g_i\ln g_i - n_i\ln n_i - (g_i-n_i)\ln(g_i-n_i)]$$
$$\frac{\partial\ln\Omega_D}{\partial n_i} = \ln(g_i-n_i) - \ln n_i = \ln\frac{g_i-n_i}{n_i} = \ln\left(\frac{g_i}{n_i}-1\right)$$

应用 Lagrange 不定乘数 α 和 β 求条件极值 $\left(\text{独立子体系应满足 } N=\sum n_i, E=\sum n_i\varepsilon_i\right)$

$$\ln\left(\frac{g_i}{n_i}-1\right) + \alpha + \beta\varepsilon_i = 0, \quad n_{i,FD} = \frac{g_i}{e^{-\alpha-\beta\varepsilon_i}+1}$$

讨论 根据同样的方法可得 $n_{i,BE} = \dfrac{g_i}{e^{-\alpha-\beta\varepsilon_i}-1}$. 当 $e^{-\alpha-\beta\varepsilon_i}\gg 1$ 时,Fermi-Dirac 统计及 Bose-Einstain 统计均转化为 Maxwell-Boltzmann 分布律.

几乎对所有化学感兴趣的体系,$e^{-\alpha-\beta\varepsilon_i}$ 均远大于 1,即均可简化为经典极限,只是当接近绝对零度或处于金属中的电子时,Bose-Einstain 统计和 Fermi-Dirac 统计才有实际意义.

【例 7.1-4】 今有 5 个可识别粒子 a、b、c、d、e 组成的体系,其总能量 $E=20k_BT$,且粒子能量的可能值 ε_i/k_BT 分别为 0、2、4 或 6.

(1) 该体系有哪几种分布方式满足 $\sum n_i = 5$,$\sum n_i\varepsilon_i = 20k_BT$?各种方式之微观状态数为多少?

(2) 若各能级 ε_i 之简并度分别为 $g_0=1, g_2=2, g_4=3, g_6=2$,求子的配分函数 q 及体系的配分函数 Q.

解析 (1) 按粒子在能级 $\varepsilon_i/kT = 0、2、4、6$ 上的分配有以下 5 种方式:A(0,0,5,0); B(0,1,3,1); C(0,2,1,2); D(1,0,2,2); E(1,1,0,3).

据 $\Omega = N!\prod g_i^{n_i}/n_i!$,可分别求得

$$\Omega_A = 1, \quad \Omega_B = 20, \quad \Omega_C = 30, \quad \Omega_D = 30, \quad \Omega_E = 20$$

(2) 据 $q = \sum g_i e^{-\varepsilon_i/kT}$

$$q = 1\times e^{-0} + 2\times e^{-2} + 3\times e^{-4} + 2\times e^{-6} = 1.330, \quad Q = q^N = 4.162$$

【例 7.1-5】 已知在室温 298.2 K 时,$N_2(g)$ 在边长 $a=10$ cm 的立方容器中运动,$m=4.65\times10^{-23}$ g,转动惯量 $I=13.9\times10^{-40}$ g·cm^2,振动波数 $\omega=2360$ cm^{-1}. 通过计算说明两个最低相邻能级的能量间隔如下:$\Delta\varepsilon_t \approx 10^{-19}k_BT$,$\Delta\varepsilon_r \approx 0.01k_BT$,$\Delta\varepsilon_v \approx 10k_BT$. 在室温下,可否认为气体分子具有连续的平动能谱及转动能谱?

解析 室温时

$$k_BT = 1.38\times10^{-23}\times298.2 \text{ J} = 4.12\times10^{-21} \text{ J}$$

(1) 平动

$$\varepsilon_t = (n_x^2+n_y^2+n_z^2)\frac{h^2}{8ma^2} \tag{7-1}$$

$$\Delta\varepsilon_t = [(1^2+1^2+2^2)-(1^2+1^2+1^2)]\frac{h^2}{8ma^2} = \frac{3}{8}\frac{h^2}{ma^2}$$

$$= \frac{3}{8}\frac{(6.626\times10^{-34}\text{ J·s})^2}{(4.65\times10^{-23}\text{ g})\left(\dfrac{10^{-3}\text{ kg}}{\text{g}}\right)\left[10\text{ cm}\left(\dfrac{10^{-2}\text{ m}}{\text{cm}}\right)\right]^2}\cdot\left(\frac{1\text{ kg·m}^2\text{·s}^{-2}}{\text{J}}\right)$$

$$= 2.83 \times 10^{-38} \text{ J} \times \frac{k_B T}{4.12 \times 10^{-21} \text{ J}} \approx 10^{-19} k_B T$$

$$\varepsilon_t = \frac{3}{2} k_B T, \quad \therefore \frac{\Delta\varepsilon_t}{\varepsilon_t} \approx 5 \times 10^{-20}$$

能级间隔很小,可认为具有连续平动能谱.

(2) 转动 $\quad \varepsilon_r = J(J+1)\dfrac{h^2}{8\pi^2 I}$ (7-2)

$$\Delta\varepsilon_r = [1\times(1+1) - 0\times(0+1)]\frac{h^2}{8\pi^2 I} = \frac{h^2}{4\pi^2 I}$$

$$= \frac{(6.626 \times 10^{-34} \text{ J} \cdot \text{s})^2 \ (1 \text{ kg} \cdot \text{m}^2 \cdot \text{s}^{-2}/\text{J})}{4 \times 3.1416^2 \times (13.9 \times 10^{-40} \text{ g} \cdot \text{cm}^2)\left(\dfrac{10^{-7} \text{ kg} \cdot \text{m}^2}{1 \text{ g} \cdot \text{cm}^2}\right)}$$

$$= 8.0 \times 10^{-23} \text{ J} \times \frac{k_B T}{4.32 \times 10^{-21} \text{ J}} \approx 10^{-2} k_B T$$

$$\frac{\Delta\varepsilon_r}{\varepsilon_r} \approx \frac{10^{-2} k_B T}{3 k_B T/2} = 10^{-2}$$

与转动能相比,转动能级间隔也很小,故也可认为具有连续转动能谱.

(3) 振动 $\quad \varepsilon_v = \left(v + \dfrac{1}{2}\right)h\nu$ (7-3)

$$\Delta\varepsilon_v = \left[\left(1+\frac{1}{2}\right) - \left(0+\frac{1}{2}\right)\right]h\nu = h\nu = h\omega c$$

$$= (6.626 \times 10^{-34} \text{ J} \cdot \text{s})(2360 \text{ cm}^{-1})\left(\frac{10^2 \text{ cm}}{\text{m}}\right)(2.998 \times 10^8 \text{ m} \cdot \text{s}^{-1})$$

$$= 4.68 \times 10^{-20} \text{ J} \frac{k_B T}{4.32 \times 10^{-21} J} \approx 10 k_B T$$

$$\frac{\Delta\varepsilon_v}{\varepsilon_v(v=0)} = \frac{h\omega c}{(1/2)h\omega c} = 2$$

相邻两个振动能级间隔的能量是基态能量的两倍,显然不具连续的振动能谱(除了温度很高时).

【例 7.1-6】 HI 分子的振动基本频率 $\nu = 6.924 \times 10^{13}$ s^{-1},H 和 I 的相对原子量分别为 1.008 和 126.9,设振动可当做简谐振子近似.

(1) 求 HI 分子的振动特征温度 θ_v 及弹力常数 f.
(2) 写出以振动基态为能量零点的振动配分函数 q_v.
(3) 在多高温度下,HI 分子占据振动量子数 $v=2$ 振动态的概率是 $e^{-3}(e-1)$?

解析 (1) $\theta_v = \dfrac{h\nu}{k_B} = \dfrac{(6.626 \times 10^{-34} \text{ J} \cdot \text{s})(69.24 \times 10^{12} \text{ s}^{-1})}{(1.38 \times 10^{-23} \text{ J} \cdot \text{K}^{-1})} = 3322 \text{ K}$

$$\mu(\text{HI}) = \frac{m(\text{H})m(\text{I})}{m(\text{H}) + m(\text{I})}$$

$$= \frac{(1.008 \times 10^{-3} \text{ kg} \cdot \text{mol}^{-1})(126.9 \times 10^{-3} \text{ kg} \cdot \text{mol})^{-1}}{[(1.008 \times 10^{-3} + 126.9 \times 10^{-3}) \text{ kg} \cdot \text{mol}^{-1}](6.023 \times 10^{23} \text{ mol}^{-1})}$$

$$= 1.660 \times 10^{-27} \text{ kg}$$

$$\nu = \frac{1}{2\pi}\sqrt{(f/\mu)}, \quad f = 4\pi^2 \nu^2 \mu$$

$$f = 4(3.1416)^2(6.924\times 10^{13}\text{ s}^{-1})^2(1.660\times 10^{-27}\text{ kg}) = 3.14\times 10^2\text{ kg}\cdot\text{s}^{-2}$$

(2) $q_v = \dfrac{1}{1-\mathrm{e}^{-\theta_v/T}}$

(3) $P(v=2) = \dfrac{\mathrm{e}^{-2h\nu/k_BT}}{q_v} = \dfrac{\mathrm{e}^{-2\theta_v/T}}{1/(1-\mathrm{e}^{-\theta_v/T})} = \mathrm{e}^{-2\theta_v/T} - \mathrm{e}^{-3\theta_v/T}$

又 $P(v=2) = \mathrm{e}^{-3}(\mathrm{e}-1) = \mathrm{e}^{-2} - \mathrm{e}^{-3}$

只有 $T = \theta_v$ 时才能满足 HI 分子在 $v=2$ 上之概率为 $\mathrm{e}^{-3}(\mathrm{e}-1)$.

讨论 注意量纲,且应牢牢根据概率的定义入手解决问题.

【例 7.1-7】 $N_2(g)$ 在电弧中加热,从光谱观察到 N_2 分子在振动激发态对在基态的分子数比如下:

v(振动量子数)	0	1	2	3
N_v/N_0	1.00	0.26	0.07	0.018

(1) 证明 $N_2(g)$ 处于振动能级分布的平衡态
(2) 已知 $\nu(N_2) = 6.99\times 10^{13}\text{ s}^{-1}$,计算气体的温度.

解析 (1) 据 Boltzmann 分布就是平衡分布,就是平衡态,为此计算

$$\frac{N_1}{N_0} = \mathrm{e}^{-\frac{3}{2}\frac{h\nu}{k_BT}}\Big/\mathrm{e}^{-\frac{1}{2}\frac{h\nu}{k_BT}} = \mathrm{e}^{-\frac{h\nu}{k_BT}}$$

令 $N_1/N_0 = 0.26$,则

$$N_2/N_0 = \mathrm{e}^{-2h\nu/k_BT} = (N_1/N_0)^2 = (0.26)^2 = 0.068$$
$$N_3/N_0 = \mathrm{e}^{-3h\nu/k_BT} = (N_1/N_0)^3 = (0.26)^3 = 0.0176$$

计算结果与实验观测值十分接近,说明该体系遵守 Boltzmann 分布,处在平衡态.

(2) 据 $\mathrm{e}^{-h\nu/k_BT} = 0.26$,可得

$$T = -h\nu/k_B\ln 0.26 = 2490\text{ K}$$

此题又提供了一种测量高温的方法.

(三) 习题

7.1-1 今有 N 个不同的物体,分成许多箱,其中只能放一个物体的箱子为 m_1 个,只能放 2 个物体的箱子为 m_2 个,…只能放 k 个物体的箱子 m_k 个.试求将 $N = \sum\limits_{k\geqslant i} km_k$ 个不可辨的物体放在各个箱子中的可能的分配方式数.

答案 $N!\big/\prod(k_i)^{m_k}m_k!$

7.1-2 设 N 个理想气体分子处于体积为 V 的容器中.

(1) 请证明 n 个理想气体分子处在体积为 v(v 是 V 的一部分)中概率为

$$P_n^N = \frac{N!}{n!(N-n)!}\left(\frac{v}{V}\right)^n\left(1-\frac{v}{V}\right)^{N-n}$$

(2) 求对应概率极大的 n 值.

答案 (2) $n = \left(\dfrac{v}{V}\right)N$,即均匀分布的概率最大

提示 对 P_n^N 取对数,化简,求 $\mathrm{d}\ln P_n^N/\mathrm{d}n = 0$ 时之 n 值

7.1-3 每个量子态所能容纳的粒子数没有限制的粒子称为 Bose 子.

(1) 当在能级 ε_i 上,其简并度为 g_i 的分布粒子数为 n_i 时,独立子体系的微观状态数为

$$\Omega = \prod_i \frac{(n_i + g_i - 1)!}{n_i!(g_i-1)!} \xrightarrow{n_i \ll g_i} \prod_i \frac{g_i^{n_i}}{n_i!}$$

(2) $N = \sum_i n_i$, $E = \sum_i n_i \varepsilon_i$ 时导出最概然分布时,ε_i 能级上的最概然粒子数为

$$n_i = \frac{g_i}{e^{-\alpha-\beta\varepsilon_i} - 1} \quad \text{(Bose-Einstain 统计)}$$

式中 α、β 为 Lagrange 不定乘数;当 $e^{-\alpha-\beta\varepsilon_i} \gg 1$ 时,则可转化为 Maxwell-Boltzmann 分布.

7.1-4 著名的 Clapeyron-Clausius 方程为 $d\ln p/dT = \Delta_v H_m/RT^2$,表示液体蒸气压 p 对温度 T 的依赖关系,$\Delta_v H_m$ 为摩尔气化焓.气压计压力 p 对海拔高度 z 的等温关系式为 $dp/dz = \rho g$,式中 ρ 为气体密度,g 为重力加速度.假定气体是理想气体,请分析此二关系式与最概然分布律有相似之处吗?

提示 Clapeyron-Clausius 方程可转化为 $p = p^{\ominus}\exp(-\Delta_v H_m/RT) = p^{\ominus}\exp(-\Delta_v h/k_B T)$,$\Delta_v h$ 为每个分子的平均气化焓.气压方程可转化为 $p = p^{\ominus}\exp(-mgz/k_B T)$,$m$ 为气体分子质量.$\Delta_v h$ 及 mgz 均属分子能量,与 Boltzmann 分布律 $n_i/n_0 = \exp(-\varepsilon_i/k_B T)$ 对比,$\Delta_v h$,mgh,ε_i (i 能级上的分子能量)均在相似的地位.

7.1-5 三维立方匣的边长为 $a = 0.3000$ m,设其中充以理想气体,据能量均分定律,平均平动能为 $(3/2)k_B T$.

(1) 根据平动能级公式,求平动量子级 n ($n = n_x + n_y + n_z$)

(2) 对于 $O_2(g)$,求在 $\varepsilon_t(1,1,1)$ 和 $\varepsilon_t(1,1,2)$ 之 $\Delta\varepsilon_t$,并比较 $T = 298$ K 时的 $\Delta\varepsilon_t/\varepsilon_t$.

(3) 讨论平动配分函数与 T、p、V 之关系,并计算 298 K、$V = 24.47$ dm³ 容器中 O_2 的分子配分函数 q_t.

(4) 讨论 q_t 与分子质量 m 之关系,并由此求上述条件下 O_3 及 $O(g)$ 的子配分函数.

(5) 在 $q_t < 10$ 时,平动能较少,此时很难按经典粒子处理,试问对于(3)中之 $O_2(g)$ 此时的温度为多少?

答案 (1) $n = 1.253 \times 10^{10}$,(2) $\Delta\varepsilon_t = 3.443 \times 10^{-41}$ J,$\Delta\varepsilon_t/\varepsilon_t = 5.580 \times 10^{-21}$,(3) $q_t = 4.285 \times 10^{30}$,(4) $q_t(O) = 1.515 \times 10^{30}$,$q_t(O_3) = 7.872 \times 10^{30}$,(5) $T = 5.197 \times 10^{-18}$ K ≈ 0 K.

7.1-6 关于转动运动及配分函数:

(1) $T = 298$ K,求 $\varepsilon_r(J=0)$ 及 $\varepsilon_r(J=2)$,求 $\Delta\varepsilon_r/\varepsilon_r$,已知 $N_2(g)$ 的 $I = 1.407 \times 10^{-46}$ kg·m²,按能量均分定理,每个转动自由度的平均能量为 $k_B T/2$.

(2) 计算 $T = 298$ K 时 $N_2(g)$ 的转动配分函数 $q_r(N_2)$.

(3) 讨论转动配分函数与 T、p、V,之关系,当 N_3 之 $I = 6.4936 \times 10^{-46}$ kg·m², $\sigma = 2$,求 $q_r(N_3)$ 及 $q_r(N)$.

(4) 当 $q_r = 10$ 时,用 $q_r = 8\pi^2 I k_B T/\sigma h^2$ 计算体系所处的温度 T.应用下式计算该温度 T 时之真正的配分函数 q_r'.

$$q_r = \sum (2J+1)\exp\{-J(J+1)h^2/8\pi^2 I k_B T\}$$

答案 (1) $\varepsilon_r(J=0) = 0$,$\varepsilon_r(J=2) = 2.371 \times 10^{-22}$ J,$\Delta\varepsilon_r/\varepsilon_r = 0.115$,(2) $q_r(N_2) = 52.08$,(3) $q_r(N_3) = 240.3$,(4) $T = 57.25$ K,$q_r' = 21.22$

7.1-7 已知 $N_2(g)$ 在 298 K 时 $\omega = 2354.999\ cm^{-1}$.

(1) 计算 $\varepsilon_v(v=0)$ 及 $\varepsilon_v(v=1)$ 及 $\Delta\varepsilon_v/\varepsilon_v(v=0)$, 由此可得什么结论?

(2) 计算以振动基态的能量零点时之 q_v, 若以平衡位置的能量作为零点, 求 q'_v.

(3) 当以振动基态为能量零点时, $q_v = 10$ 时, 体系所处的温度?

答案 (1) $\varepsilon_v(v=0) = 2.339 \times 10^{-20}$ J, $\varepsilon_v(v=1) = 7.017 \times 10^{-20}$ J, $\Delta\varepsilon_v/\varepsilon_v(v=0) = 2000$;
(2) $q_v = 1.000012$, $q'_v = 3.405 \times 10^{-3}$; (3) $T = 32150$ K

7.1-8 有关电子和核的配分函数的计算.

(1) 已知 $T = 298$ K 时有关电子能级的数据, 计算电子配分函数 q_e.

能级	0	1	2	3
ε_j/cm^{-1}	0	19224.464	19233.177	28838.920
g_j	4	6	4	2

(2) 当核能级差约为 1 MeV, 求核的配分函数 q_n.

(3) 对上述计算结果进行讨论.

答案 (1) $q_e = 4$, (2) $q_n = g_0$(基态简并度), (3) 温度不太高时, 分子处于电子和核的基态

7.1-9 对任何双原子分子, 请论证下列结论的正确性.

(1) 分子占据振动第一激发态的概率在 $\theta_v/T = \ln 2$ 时最大, 其值都是 25%.

(2) 在 $T = \theta_v$ 时, 分子占据振动第一激发态能级的概率都为 $e^{-1} - e^{-2} = 0.2325$.

7.1-10 CO 分子的核间距 $r = 1.1282 \times 10^{-10}$ m, C 和 O 的摩尔质量分别为 $0.01201\ kg\cdot mol^{-1}$ 和 $0.01600\ kg\cdot mol^{-1}$.

(1) 求算 CO 分子的转动惯量 I 与转动特征温度 θ_r.

(2) 求 1 mol CO 理想气体在 $T = 298$ K 下占据 $J \geq 3$ 的能级上的分子数.

答案 (1) $I = 1.405 \times 10^{-46}\ kg\cdot m^2$, $\theta_r = 2.777$ K, (2) 5.535×10^{23}

7.1-11 I_2 分子的振动特征温度 $\theta_v = 308$ K, 求 I_2 理想气体分子处在振动第一激发态的概率为 20% 的温度.

答案 有两个温度 $T_1 = 240$ K, $T_2 = 952$ K

提示 应求在 $\varepsilon(v=1)$ 上概率为极大的温度 $T_{max} = 444.5$ K, 由此讨论 T_1、T_2 之合理性

7.1-12 CO 的转动特征温度 $\theta_r = 2.8$ K, 请找出 240 K 时 CO 最可能出现在 J(转动量子数)等于多少的量子态上, 转动能级的简并度为 $(2J+1)$.

答案与提示 $J = 6$; 根据 Boltzmann 分布律, 求 $dn_i/dJ = 0$ 时之 J 值

7.1-13 设某理想气体 A, 其分子的最低能级是非简并的, 取分子的基态作为能量零点, 相邻能级的能量为 ε, 简并度为 2, 忽略更高能级.

(1) 写出 A 分子的配分函数的表示式.

(2) 设 $\varepsilon = k_B T$, 求出相邻两能级上最概然分布时之分子数之比 n_1/n_0.

答案 (1) $q = 1 + 2e^{-\varepsilon/k_B T}$, (2) 0.735

7.1-14 H_2, HD, D_2 的分子参数如下表所示:

分 子	M_r	$r/10^{-10}$ m	ω/cm^{-1}
H_2	2.016	0.7414	4405
HD	3.022	0.7413	3817
D_2	4.028	0.7417	3119

(1) 请验证 H_2, HD, D_2 的转动惯量之比近似为 $3:4:6$,振动特征温度之比为 $2:\sqrt{3}:\sqrt{2}$.

(2) 请求算三种分子的力常数 f,由此可得何结论?

(3) 三种分子的 I 及 θ_v 彼此之间的差别主要取决于分子的哪个参数?

答案 (1) 略;(2) $f(H_2) = 576.2 \text{ N·m}^{-1}$, $f(HD) = 576.7 \text{ N·m}^{-1}$, $f(D_2) = 577.2 \text{ N·m}^{-1}$; (3) 略.

7.1-15 $^{35}Cl_2$ 分子的振动频率是 $1.663 \times 10^{13} \text{ s}^{-1}$,在 $T = 300 \text{ K}$ 时用 $v = 0, 1, 2, 3$,的四项加和来求算 $^{35}Cl_2$ 的振动配分函数,并和 $q_v = (1 - e^{-\theta_v/T})^{-1}$ 相比较. 计算时以基态能量为零, 对计算结果进行讨论.

答案 $q_v = \sum_{v=0}^{3} e^{-v(\theta_v/T)} = 1.075$, $q_v = (1 - e^{-\theta_v/T})^{-1} = 1.075$

7.1-16 设双原子分子只占据 p 个谐振动的低能级,θ_v 为振动特征温度,请论证以振动基态为能量零点的振动配分函数为

$$q_v = \frac{1 - e^{-p\theta_v/T}}{1 - e^{-\theta_v/T}}$$

并对 $p \to \infty$ 及 $\theta_v \gg T$ 分别得出 q_v 的极限形式.

提示 应用等比数列求和证明 q_v 式,$p \to \infty$, $q_v = (1 - e^{-\theta_v/T})^{-1}$, $\theta_v \gg T$, $q_v = 1$

7.1-17 对 N 个全同的独立子体系,请导出可及微观状态数 Ω 与分子配分函数 q 的关系式(式中 E 为体系的总能量):

$$\Omega = q^N e^{E/k_B T} \quad \text{(定域子)}$$

$$\Omega = (q^N/N!) e^{E/k_B T} \quad \text{(经典离域子)}$$

7.1-18 计算 HBr 理想气体分子在 1000 K 时处于 $v = 2$ 和 $J = 5$ 和状态处于 $v = 1, J = 2$ 能级的分子数之比. 已知 $\theta_r = 12.1 \text{ K}, \theta_v = 3700 \text{ K}$.

答案 $N(v = 2, J = 5)/N(v = 1, J = 2) = 0.0406$

7.1-19 CO 的 $\theta_r = 2.8 \text{ K}$,请找出在 270 K 时 CO 能级分布数最多的 J 值(J 为转动量子数).

提示 转动能级简并度为 $2J + 1$,转动配分函数 q_r 是常数,能级上分子数最多时,即 $dP/dJ = 0, P = n(J)/N$.

答案 $J = 6.4 \approx 6$

7.1-20 三维简谐振子的能级公式为(式中 $S = v_x + v_y + v_z = 0, 1, 2, \cdots$)

$$\varepsilon_v = \left(v_x + v_y + v_z + \frac{3}{2}\right)h\nu = \left(S + \frac{3}{2}\right)h\nu$$

试证明 $\varepsilon_v(S)$ 能级的简并度为 $g(S) = (S + 2)(S + 1)/2$.

提示 可视为 S 个相同的小球分放在三个相同的盒子中,且每盒球数不限.

7.1-21 HD 的转动惯量 $I = 6.29 \times 10^{18} \text{ kg·m}^2$,请用下列三种方法求 HD 在 298.15 K 时的转动配分函数值.

(1) 经典统计.

(2) Euler-Mulholland 求和式

$$q_r = \frac{T}{\theta_r}\left\{1 + \frac{1}{3}\frac{\theta_r}{T} + \frac{1}{15}\left(\frac{\theta_r}{T}\right)^2 + \frac{4}{315}\left(\frac{\theta_r}{T}\right)^3 + \cdots\right\}$$

(3) 直接加和.

提示与答案 （1）一般 $\theta_r \ll T$ 时适用，$q_r = 4.65$；（2）$T > \theta_r$ 时适用，$q_r = 5.0$，（3）$T \ll \theta_r$ 时适用，$q_r = 5.0$

7.2 统计热力学基础

(一) 内容纲要

1. 独立子体系热力学状态函数的统计力学表达式

表 7.2 热力学量的统计表达式

热力学状态函数	定域子体系	离域子体系
U	$Nk_B T^2 \left(\dfrac{\partial \ln q}{\partial T} \right)_V$	同左
P	$Nk_B T \left(\dfrac{\partial \ln q}{\partial V} \right)_T$	同左
S	$Nk_B \ln q + \dfrac{U}{T}$	$Nk_B \ln \dfrac{qe}{N} + \dfrac{U}{T}$
H	$Nk_B T \left[\left(\dfrac{\partial \ln q}{\partial \ln T} \right)_V + \left(\dfrac{\partial \ln q}{\partial \ln V} \right)_T \right]$	同左
F	$-Nk_B T \ln q$	$-Nk_B T \ln(qe/N)$
G	$-Nk_B T \left[\ln q - \left(\dfrac{\partial \ln q}{\partial \ln V} \right)_T \right]$	$-Nk_B T \left[\ln \dfrac{qe}{N} - \left(\dfrac{\partial \ln q}{\partial \ln V} \right)_T \right]$
μ	$-k_B T \left[\ln q - \left(\dfrac{\partial \ln q}{\partial \ln V} \right)_T \right]$	$-k_B T \left[\ln \dfrac{qe}{N} - \left(\dfrac{\partial \ln q}{\partial \ln V} \right)_T \right]$
C_V	$2Nk_B T \left(\dfrac{\partial \ln q}{\partial T} \right)_V + Nk_B T^2 \left(\dfrac{\partial^2 \ln q}{\partial T^2} \right)_V$	同左

定域子体系中的 $\ln q$ 项，在离域子体系中则为 $\ln(qe/N)$。

凡表达式中包含有 $\ln q$ 项的一级、二级微商，在定域子与离域子体系中相同。

能量零点选择改变，则配分函数也应作相应改变。

$$q = \sum_i g_i e^{-\varepsilon_i/kT} = \left(\sum_i g_i e^{-(\varepsilon_i - \varepsilon_0)/kT} e^{-\varepsilon_0/kT} \right) = e^{-\varepsilon_0/kT} q^0$$

2. 原子晶体热容

(1) Einstein 公式

$$C_{V,m} = 3R \dfrac{((\theta_E/T))^2 e^{\theta_E/T}}{(e^{\theta_E/T} - 1)^2}$$

$\theta_E = h\nu_E / k_B$ 称为原子晶体的 Einstein 特征温度。

(2) Debye 公式（Debye 晶体热容立方定律）

$$C_{V,m} = \dfrac{12\pi^4 R}{5} \left(\dfrac{T}{\theta_D} \right)^3 = 1944 \left(\dfrac{T}{\theta_D} \right)^3 \text{ J} \cdot \text{K}^{-1} \cdot \text{mol}^{-1} \qquad (T \ll \theta_D)$$

θ_D 为晶体的 Debye 特征温度。

3. 平衡常数的统计表达式

(1) 公共能量零点

取参于反应的各组分分子共同离解为相距无限远时的基态原子作为各分子的公共能量零点. 若 $\varepsilon_{0,l}$ 为反应组分 l 分子在基态的能量, $D_{0,l}$ 为在 0 K 时的离解能, 则

$$\varepsilon_{0,l} = -D_{0,l}, \quad \Delta\varepsilon_0 = \sum \nu_l \varepsilon_{0,l} = -\Delta D_0$$

式中 $f_l = e^{D_{0,l}/k_B T} q_l$ (f_l, q_l 分别表示公共能量零点和分子基态能量零点时的配分函数).

(2) 化学反应

$$aA + bB \rightleftharpoons hH + gG \qquad 0 = \sum \nu_l l$$

$$K_N(T,V) = \frac{N_G^g N_H^h}{N_A^a N_B^b} = \frac{q_G^g q_H^h}{q_A^a q_B^b} e^{-\Delta\varepsilon_0/k_B T}$$

$$K_c(T) = \frac{q_G'^g q_H'^h}{q_A'^a q_B'^b} e^{-\Delta\varepsilon_0/k_B T}$$

式中 $q' = q/V$ 是单位体积的分子配分函数.

$$K_p^\ominus(T) = \frac{q_G'^g q_H'^h}{q_A'^a q_B'^b} \left(\frac{RT}{p^\ominus}\right)^{\Delta\nu} e^{-\Delta\varepsilon_0/k_B T}$$

$$K_x(T,p) = \frac{x_G^g x_H^h}{x_A^a x_B^b} = K_p^\ominus(T) \left(\frac{p}{p^\ominus}\right)^{-\Delta\nu}$$

$$K_p^\ominus(T) = K_c(T)\left(\frac{RT}{p^\ominus}\right)^{\Delta\nu} = K_x(T,p)\left(\frac{p}{p^\ominus}\right)^{\Delta\nu} = K_N(T,V)\left(\frac{RT}{p^\ominus}\right)^{\Delta\nu}$$

(二) 例题解析

【例 7.2-1】 证明由 N 个近独立的定域粒子组成的体系, 其恒压热容统计表达式为

$$C_p = \frac{Nk_B}{T^2}\left\{\frac{\partial \ln^2 q}{\partial (1/T)^2}\right\}_p$$

解析 从 C_p 定义入手, $C_p = \left(\frac{\partial H}{\partial T}\right)_p$

$$H = Nk_B T^2 \left(\frac{\partial \ln q}{\partial T}\right)_p = -Nk_B \left\{\frac{\partial \ln q}{\partial (1/T)}\right\}_p$$

$$C_p = \left(\frac{\partial H}{\partial T}\right)_p = -Nk_B \left\{\frac{\partial}{\partial T}\left(\frac{\partial \ln q}{\partial (1/T)}\right)\right\}_p$$

$$= -Nk_B \left\{\frac{\partial}{\partial (1/T)}\left[\frac{\partial \ln q}{\partial (1/T)}\right]\right\}_p \frac{\partial (1/T)}{\partial T}$$

$$= -Nk_B \left[\frac{\partial^2 \ln q}{\partial (1/T)^2}\right]_p \left(-\frac{1}{T^2}\right) = \frac{Nk_B}{T^2}\left\{\frac{\partial^2 \ln q}{\partial (1/T)^2}\right\}_p$$

【例 7.2-2】 对于纯物质理想气体, 请证明

$$H = Nk_B T^2 \left(\frac{\partial \ln q}{\partial T}\right)_p$$

解析 因为 $H = U + pV = Nk_B T^2 \left(\frac{\partial \ln q}{\partial T}\right)_V + Nk_B T$, 因此要证题给公式, 必须将 $(\partial \ln q/\partial T)_V$ 转化为 $(\partial \ln q/\partial T)_p$, 证法同热力学中之方法.

$q = q(T,V)$, 则

$$\mathrm{d}\ln q = \left(\frac{\partial \ln q}{\partial T}\right)_V \mathrm{d}T + \left(\frac{\partial \ln q}{\partial V}\right)_T \mathrm{d}V \qquad ①$$

又 $V = V(T, p)$，则

$$\mathrm{d}V = \left(\frac{\partial V}{\partial T}\right)_p \mathrm{d}T + \left(\frac{\partial V}{\partial p}\right)_T \mathrm{d}p \qquad ②$$

将式②代入式①，整理，得

$$\mathrm{d}\ln q = \left[\left(\frac{\partial \ln q}{\partial T}\right)_V + \left(\frac{\partial \ln q}{\partial V}\right)_T \left(\frac{\partial V}{\partial T}\right)_p\right] \mathrm{d}T + \left(\frac{\partial \ln q}{\partial V}\right)_T \left(\frac{\partial V}{\partial p}\right)_T \mathrm{d}p \qquad ③$$

$$\left(\frac{\partial \ln q}{\partial T}\right)_p = \left(\frac{\partial \ln q}{\partial T}\right)_V + \left(\frac{\partial \ln q}{\partial V}\right)_T \left(\frac{\partial V}{\partial T}\right)_p = \left(\frac{\partial \ln q}{\partial T}\right)_V + \frac{1}{T}$$

$$H = Nk_\mathrm{B}T^2\left[\left(\frac{\partial \ln q}{\partial T}\right)_p - \frac{1}{T}\right] + Nk_\mathrm{B}T = Nk_\mathrm{B}T^2\left(\frac{\partial \ln q}{\partial T}\right)_p$$

【例 7.2-3】 已知 N 个分子理想气体体系的 Helmhotz 自由能为 $F = -k_\mathrm{B}T\ln(q^N/N!)$，最概然分布率为 $N_i = \exp(\alpha + \beta \varepsilon_i)$，式中 $\beta = -1/k_\mathrm{B}T$. 试证明化学势 $\mu = \alpha RT$，并写出含有化学势 μ 的最概然分布率.

解析 应从化学势的热力学定义出发，即

$$\mu = N_\mathrm{A}\left(\frac{\partial F}{\partial N}\right)_{T,V} \qquad (N_\mathrm{A} \text{ 为 Avogadro 常数})$$

从而把配分函数与化学势联系起来：

$$F = -k_\mathrm{B}T\ln(q^N/N!) = -k_\mathrm{B}T[N\ln q - N\ln N + N]$$

$$\mu = -N_\mathrm{A}k_\mathrm{B}T\ln(q/N) = -RT\ln(q/N) \qquad ①$$

注意，此处 $\left(\frac{\partial \ln q}{\partial N}\right)_{T,V} = 0$.

$$q/N = \exp(-\mu/RT) \qquad ②$$

又 $N = \sum_i N_i = \sum \exp(\alpha + \beta \varepsilon_i) = \mathrm{e}^\alpha q$，可得

$$q/N = \mathrm{e}^{-\alpha} \qquad ③$$

将 $\ln(q/N) = -\alpha$ 代入式①，得

$$\mu = (-RT) \times (-\alpha) = \alpha RT$$

Boltzmann 分布率可写为

$$N_i = \exp(\alpha + \beta \varepsilon_i) = \exp[(\mu - \varepsilon_i N_\mathrm{A})/RT]$$

【例 7.2-4】 NO 晶体是由二聚物 N_2O_2 分子组成，因此在晶格中可以有两种随机取向（见右下图）. 用统计力学方法求 298.15 K 时，1 mol NO(g) 的标准量热熵值. 已知 NO 分子的转动特征温度 $\theta_\mathrm{r} = 2.42$ K，振动特征温度 $\theta_\mathrm{v} = 2690$ K，电子第一激发态与基态能级的波数差为 121 cm^{-1}，$g_{\mathrm{e},0} = 2$，$g_{\mathrm{e},1} = 2$.

解析 本题实际上要明确统计熵、量热熵、残余熵之关系以及统计熵的求算方法.

$$S_\mathrm{m}^\ominus(\text{热}) = S_\mathrm{m}^\ominus(\text{统}) - S_\mathrm{m}^\ominus(\text{残余熵}) \qquad ①$$

$$S_\mathrm{m}^\ominus(\text{统}) = S_{\mathrm{m},\mathrm{t}}^\ominus + S_{\mathrm{m},\mathrm{r}}^\ominus + S_{\mathrm{m},\mathrm{v}}^\ominus + S_{\mathrm{m},\mathrm{e}}^\ominus \qquad ②$$

$$S_\mathrm{m}^\ominus(\text{残}) = k_\mathrm{B}\ln(2^{N_\mathrm{A}/2}) = 2.88 \text{ J} \cdot \text{K}^{-1} \cdot \text{mol}^{-1}$$

$$S_{m,t}^{\ominus} = k_B \ln \frac{q_t^N}{N!} + Nk_B T \left(\frac{\partial \ln q_t}{\partial T}\right)_{V,N}$$

$$= R\ln \frac{q_t}{N_A} + R + RT\left(\frac{\partial \ln q_t}{\partial T}\right)_{V,N}$$

$$= R\left\{\ln \frac{(2\pi m k_B T)^{3/2} V}{h^3 N_A} + 1 + \frac{3}{2}\right\}$$

$$= R\left\{\ln \frac{[2\times 3.1416 \times M_r \times 10^{-3}/(6.023\times 10^{23}\,\text{mol}^{-1})]^{3/2}}{(6.63\times 10^{-34}\,\text{J·s})^3}\right.$$

$$\left.\frac{[(1.38\times 10^{-23}\,\text{J·K}^{-1})\times T]^{3/2}}{6.023\times 10^{23}\,\text{mol}^{-1}} \times \frac{8.314\,\text{J·mol}^{-1}\cdot\text{K}^{-1}\cdot T}{1.00\times 10^5\,\text{K}} + \frac{5}{2}\right\}$$

$$= R\left(\frac{3}{2}M_r + \frac{5}{2}\ln T - 1.165\right) = 151.27\,\text{J·mol}^{-1}\cdot\text{K}^{-1}$$

$$S_{m,r}^{\ominus} = R\ln[T/(\sigma\theta_r)] + \frac{1}{2}\times 2 \times RT/T = 48.39\,\text{J·mol}^{-1}\cdot\text{K}^{-1}$$

$$S_{m,v}^{\ominus} = R\ln q_v + RT\left[\frac{\partial \ln(1-e^{-\theta_v/T})^{-1}}{\partial T}\right]_{V,N}$$

$$= R\left\{\frac{\theta_v/T}{e^{\theta_v/T}-1} - \ln(1-e^{-\theta_v/T})\right\} = 0.0107\,\text{J·K}^{-1}\cdot\text{mol}^{-1}$$

$$S_{m,e}^{\ominus} = R\ln q_e + RT\left\{\frac{\partial \ln q_e}{\partial T}\right\}_{V,N}$$

$$q_e = g_{e,0} + g_{e,1}\exp(-\Delta\varepsilon/k_B T) = 2 + 2\exp(-17408\,\text{K}/T)$$

$$\frac{d\ln q_e}{dT} = \frac{174.08(\text{K}/T)^2}{\exp(174.08\,\text{K}/T)+1}$$

$$S_{m,e}^{\ominus} = 11.186\,\text{J·K}^{-1}\cdot\text{mol}^{-1}$$

$$S_m^{\ominus}(\text{统}) = (151.27 + 48.39 + 0.0107 + 11.186)\,\text{J·K}^{-1}\cdot\text{mol}^{-1} = 210.86\,\text{J·K}^{-1}\cdot\text{mol}^{-1}$$

$$S_m^{\ominus}(\text{热}) = (210.86 - 2.88)\,\text{J·K}^{-1}\cdot\text{mol}^{-1} = 207.98\,\text{J·K}^{-1}\cdot\text{mol}^{-1}$$

【例 7.2-5】 封闭的单原子理想气体，若原子中电子只处在最低能级，请根据熵的统计表达式论证该气体的绝热可逆过程方程为

$$TV^{3/2} = TV^{(\gamma-1)} = \text{常数} \quad (\gamma = C_{p,m}/C_{V,m})$$

并讨论理想气体绝热可逆过程方程成立的条件．

解析 单原子理想气体分子配分函数 q

$$q = q_t q_e$$

$$q_t = \left(\frac{2\pi m k_B T}{h^2}\right)^{3/2} V, \quad q_e = g_0 \quad (\text{基态电子简并度})$$

根据封闭体系绝热可逆过程为恒熵过程，即 $\Delta S = 0$ 或 $S = $ 常数，故

$$S = Nk_B \ln \frac{qe}{N} + Nk_B T\left(\frac{\partial \ln q}{\partial T}\right)_V = \text{常数}$$

$$S = Nk_B \ln\left[\left(\frac{2\pi m k_B T}{h^2}\right)^{3/2}\frac{e}{N}V\right] + \frac{3}{2}Nk_B = \text{常数}$$

或 $T^{3/2}V = $ 常数，$TV^{2/3} = $ 常数；据 $C_V = \left(\frac{\partial U}{\partial T}\right)_V$，可得

194

$$C_{V,\mathrm{m}} = \frac{3}{2}R$$

$\because C_{p,\mathrm{m}} - C_{V,\mathrm{m}} = R$, $\therefore$ 故 $C_{p,\mathrm{m}} = \frac{5}{2}R$, 由此可得

$$\gamma = C_{p,\mathrm{m}}/C_{V,\mathrm{m}} = 5/3, \quad \gamma - 1 = 2/3$$

即得
$$TV^{2/3} = TV^{(\gamma-1)} = 常数$$

讨论 以上论证的前提条件是电子处于基态,即电子配分函数与 T、V 无关,当为多原子分子,则要振动也处于基态,$TV^{\gamma-1} =$ 常数才能成立,否则,如电子、振动占据激发态,则绝热可逆过程方程就不严格成立了.

【例 7.2-6】 某一混合理想气体由 N_B 个 B 分子和 N_C 个 C 分子组成,且分子配分函数分别为 q_B 和 q_C.

(1) 请导出 $F = -k_\mathrm{B}T\ln\left[\left(\dfrac{q_\mathrm{B}^{N_\mathrm{B}}}{N_\mathrm{B}!}\right)\left(\dfrac{q_\mathrm{C}^{N_\mathrm{C}}}{N_\mathrm{C}!}\right)\right]$.

(2) 导出理想气体状态方程和道尔顿分压定律.

解析 (1) B,C 分子是互为独立的,故混合理想气体的总微观状态数为 $\Omega_{\mathrm{BC}} = \Omega_\mathrm{B}\Omega_\mathrm{C}$,即
$$q_{\mathrm{BC}} = (q_\mathrm{B}^{N_\mathrm{B}}/N_\mathrm{B}!)(q_\mathrm{C}^{N_\mathrm{C}}/N_\mathrm{C}!)$$

也可从另一途径,即 F 是广度量具有加和性出发,即

$$F = F_\mathrm{B} + F_\mathrm{C} = -k_\mathrm{B}T\ln\frac{q_\mathrm{B}^{N_\mathrm{B}}}{N_\mathrm{B}!} - k_\mathrm{B}T\ln\frac{q_\mathrm{C}^{N_\mathrm{C}}}{N_\mathrm{C}!} = -k_\mathrm{B}T\ln\frac{q_\mathrm{B}^{N_\mathrm{B}}}{N_\mathrm{B}!}\frac{q_\mathrm{C}^{N_\mathrm{C}}}{N_\mathrm{C}!}$$

(2)
$$\mathrm{d}F = -S\mathrm{d}T - p\mathrm{d}V + \mu_\mathrm{B}\mathrm{d}N_\mathrm{B} + \mu_\mathrm{C}\mathrm{d}N_\mathrm{C}$$

$$p = -\left(\frac{\partial F}{\partial V}\right)_{T,N_\mathrm{B},N_\mathrm{C}}, \quad q = q_\mathrm{t}q_\mathrm{r}q_\mathrm{v}q_\mathrm{e}$$

T 一定时,只有 $q_\mathrm{t} \propto V$,故得 $q = Vq'$,q' 为除 V 以外的物理量,是常数.

$$p = \frac{N_\mathrm{B}k_\mathrm{B}T}{V} + \frac{N_\mathrm{C}k_\mathrm{B}T}{V} = P_\mathrm{B} + P_\mathrm{C} \quad (\text{分压定律})$$

$$p = (N_\mathrm{B} + N_\mathrm{C})\frac{k_\mathrm{B}T}{V} = \frac{nRT}{V} \quad (\text{理想气体状态方程})$$

讨论 对于混合气体不存在共有的配分函数 q,即

$$F \neq -k_\mathrm{B}T\ln\frac{q^{(N_\mathrm{B}+N_\mathrm{C})}}{(N_\mathrm{B}+N_\mathrm{C})!}$$

因为 B,C 分子各自存在不同的能级分布,各自服从本身的最概然分布.

【例 7.2-7】 理想单原子气体 Ne,电子处于非简并的最低能级,已知
$$F_\mathrm{m} = -RT[\ln(pT^{5/2}) - (a+1)]$$

(1) 求以分子参数和普适常数表示的 a;(2) 求 S_m 与 T、p 之关系.

解析 (1) $q_\mathrm{e} = 1$,$q = q_\mathrm{t}q_\mathrm{e} = (2\pi mk_\mathrm{B}T/h^2)^{3/2}V$

$$F_\mathrm{m} = -N_\mathrm{A}k_\mathrm{B}T\ln\frac{qe}{N_\mathrm{A}}$$

$$= -RT\ln\left[(2\pi mk_\mathrm{B}T/h^2)^{3/2}\frac{e}{N_\mathrm{A}}V\right]$$

$$= -RT\ln\left[(2\pi mk_\mathrm{B}T/h^2)^{3/2}\frac{e}{N_\mathrm{A}}\frac{N_\mathrm{A}k_\mathrm{B}T}{p}\right]$$

$$= RT[\ln(pT^{-5/2}) - \{\ln[(2\pi m/h^2)^{3/2}k_\mathrm{B}^{5/2}\} + 1]$$

$$\therefore a = \ln(2\pi m/h^2)^{3/2} k_B^{5/2}$$

(2) $\because S_m = -\left(\dfrac{\partial F_m}{\partial T}\right)_V$

$$F_m = RT[\ln(pT^{-5/2}) - (a+1)] = RT[\ln(RV^{-1}T^{-3/2}) - (a+1)]$$

$$S_m = -R[\ln(RV^{-1}T^{-3/2}) - (a+1)] - \left(-\dfrac{3}{2T}RT\right)$$

$$= \dfrac{3}{2}R + R[\ln(pT^{-5/2}) - (a+1)]$$

也可利用 $F_m = U_m - TS_m$ 或 $S_m = U_m/T - F_m/T$ 来求 S_m,请读者练习.

【例 7.2-8】 双原子分子 Cl_2 的振动特征温度 $\theta_v = 803.1\,K$,不计电子及核的运动.
(1) 用统计力学方法计算 $T = 323\,K$ 时的 $C_{V,m}$(统计);
(2) 用能量均分原理计算 $T = 323\,K$ 时的 $C_{V,m}$(经典);
(3) 如结果不一致,讨论不一致的原因.

解析 (1) 平动和转动运动可用经典统计的结果,即 $C_{V,m,t} = 3R/2$, $C_{V,m,r} = R$.
令 $\theta_v/T = x$,则振动运动对 $C_{V,m}$ 之贡献为

$$C_{V,m,v} = R\dfrac{x^2 e^x}{(e^x - 1)^2} = 0.6138\,R = 5.10\,\text{J}\cdot\text{K}^{-1}\cdot\text{mol}^{-1}$$

$$\therefore C_{V,m}(\text{统计}) = 1.5R + R + 0.6138R = 25.89\,\text{J}\cdot\text{K}^{-1}\cdot\text{mol}^{-1}$$

(2) 若对振动运动应用能量均分定律,由于

$$\varepsilon_v = \varepsilon_v(\text{动}) + \varepsilon_v(\text{势}) = \dfrac{1}{2\mu}P_r^2 + \dfrac{1}{2}\kappa(r - r_e)^2$$

即有二个平方项,故

$$C_{V,m,v} = 2 \times (R/2) = R$$

$$\therefore C_{V,m}(\text{经典}) = 3R/2 + R + R = 3.5R = 29.10\,\text{J}\cdot\text{K}^{-1}\cdot\text{mol}^{-1}$$

(3) 结果不一致 $C_{V,m}(\text{经典}) - C_{V,m}(\text{统计}) = 3.21\,\text{J}\cdot\text{K}^{-1}\cdot\text{mol}^{-1}$

差别主要因为振动对 $C_{V,m}$ 的贡献. 由于能量均分定律只适用于能级分布可作连续化处理的条件下,即 $T \gg \theta_v$,现 $\theta_v < T = 823\,K$,即振动运动尚未全部开放,故能量均分定律对振动不合适.

【例 7.2-9】 请就近独立子的平动、转动和振动,分别说明它们的配分函数 q, q_0 及 $q_0^{\ominus}$(标准配分函数)有何区别?并用它们给出理想气体化学势 $\mu(T)$ 及 $\mu^{\ominus}(T)$ 的统计表达式(下角标 0 表示以分子基态为能量零点).

解析 平动子:$q_{0,t} = q_t = (2\pi mk_B T/h^2)^{3/2} V$, $q_{0,t}^{\ominus} = (2\pi mk_B T/h^2)^{3/2}(nRT/p^{\ominus})$
转动:$q_r = q_{r,0}$ (与 p,V 无关)
振动:具有振动基态能量 $h\nu/2$,故

$$q_v = q_{0,v} \exp[-(1/2)h\nu/k_B T]$$

压力对转动、振动配分函数无影响,即

$$q_{0,r} = q_{0,r}^{\ominus}, q_{0,v} = q_{0,v}^{\ominus}$$

化学势可当做 1 mol 理想气体的 Gibbs 自由能

$$\mu(T) = G_m(T) = -RT\ln(q_e/N_A - 1) = -RT\ln(q_0/N_A) + U_{0,m}$$

$$\mu^{\ominus}(T) = G_m^{\ominus}(T) = -RT\ln(q_0^{\ominus}/N_A) + U_{0,m}^{\ominus}$$

【例 7.2-10】 Na 原子气体(设为理想气体)凝聚成一表面膜.

(1) 若 Na 原子在膜内可自由运动(即二维平动),试写出此凝聚过程的摩尔平动熵变的统计表达式.

(2) 若 Na 原子在膜内不动,其凝聚过程的摩尔平动熵变的统计表达式又将如何?

解析 (1) 凝聚为表面膜的过程实际上是由三维平动分子变成二维(在膜内可自由运动)或零维(在膜内不动)平动分子.

- 三维(3D)时 $S(3D) = R\ln[(q_t(3D)/N_A)] + (5/2)R$
- 二维(2D)时 $S(2D) = R\ln[q_t(2D)/N_A] + 2R$

$$\therefore \Delta S_a = S(2D) - S(3D) = R\ln\left[\left(\frac{h^2}{2\pi mk_BT}\right)^{\frac{1}{2}}\frac{A}{V}\right] + \frac{R}{2}$$

式中 A 为膜表面积,V 为气体体积.

(2) $\Delta S_b = S(0D) - S(3D) = 0 - \left\{R\ln\left[\left(\frac{2\pi mk_BT}{h^2}\right)^{\frac{3}{2}}\frac{V}{N_A}\right] + \frac{5}{2}R\right\}$

$$= R\ln\left[\left(\frac{h^2}{2\pi mk_BT}\right)^{\frac{3}{2}}\frac{N_A}{V} - \frac{5}{2}R\right]$$

讨论 一切气体在固体表面的吸附过程可当做凝聚过程处理.

【例 7.2-11】 已知 CO_2 的相对分子质量 $M_r = 44.00 \text{ g·mol}^{-1}$,转动惯量 $I = 7.18\times 10^{-46}$ kg·m^{-2},4 个简谐振动的特征温度分别为 $\theta_{v,1} = 1890$ K、$\theta_{v,2} = 3360$ K、$\theta_{v,3} = 954$ K、$\theta_{v,4} = 954$ K(假设为理想气体).

(1) 求算 $T = 500$ K 时之 $\dfrac{H_m^\ominus(T) - H_m^\ominus(0\text{K})}{T}$.

(2) 求算 $T = 500$ K 时之 $-\left(\dfrac{G_m^\ominus(T) - H_m^\ominus(0\text{K})}{T}\right)$.

(3) 求算 $S_m^\ominus(500\text{K})$.

解析 根据 $H_m = U_m + pV_m = U_m + RT$,$F = U - TS$,$G = H - TS$,因此当 $T = 0$ K,且所有分子均处于假想的理想气体状态时,有

$$U_m^\ominus(0\text{K}) = H_m^\ominus(0\text{K}) = F_m^\ominus(0\text{K}) = G_m^\ominus(0\text{K})$$

计算所求热力学函数值可采用两种途径:(i) 写出全配分函数,经简化再求热力学函数值;(ii) 分别求算平动、转动、振动对热力学函数的贡献.

本题采用方法(ii),且设电子处于非简并的基态,电子运动对热力学函数的贡献不计及.

(1) ① 平动 $U_{m,t}(T) = \dfrac{3}{2}RT$,$H_{m,t}(T) = \dfrac{5}{2}RT$,故

$$\left[\frac{H_m^\ominus(T) - U_m^\ominus(0\text{K})}{T}\right]_t = \left[\frac{H_m^\ominus(T) - H_m^\ominus(0\text{K})}{T}\right]_t = \frac{5}{2}R$$

② 转动 $U_{m,r} = RT^2\dfrac{\mathrm{d}\ln[T/(\sigma\theta_r)]}{\mathrm{d}T} = RT$,$\dfrac{H_m^\ominus(T) - H_m^\ominus(0\text{K})}{T} = R$

③ 振动 $U_{m,v} - U_{m,v}(0\text{K}) = \sum U_{m,v,i} - U_{m,v,i}(0\text{K}) = \sum \dfrac{R\theta_{v,i}}{\mathrm{e}^{\theta_{v,i}/T} - 1}$

$$\left[\frac{H_m^\ominus(T) - H_m^\ominus(0\text{K})}{T}\right]_v = \left[\frac{U_m^\ominus(T) - U_m^\ominus(0\text{K})}{T}\right]_v$$

$$= R\sum \frac{\theta_{v,i}/T}{\mathrm{e}^{\theta_{v,i}/T} - 1}$$

$$= R(0.0883 + 0.0081 + 0.3324 + 0.3324)$$
$$= 0.7613 R$$

由上式可得

$$\frac{H_m^\ominus(T) - H_m^\ominus(0\,\mathrm{K})}{T} = \frac{5}{2}R + R + 0.7613R = 35.43\,\mathrm{J\cdot K^{-1}\cdot mol^{-1}}$$

(2) 根据 $G_m^\ominus(T) = H_m^\ominus(T) - TS_m^\ominus(T)$，可得

$$-\frac{G_m^\ominus(T)}{T} = S_m^\ominus(T) - \frac{H_m^\ominus(T)}{T}$$

或

$$-\frac{G_m^\ominus(T) - U_m^\ominus(0\,\mathrm{K})}{T} = S_m^\ominus(T) - \frac{H_m^\ominus(T) - U_m^\ominus(0\,\mathrm{K})}{T}$$

① 平动 $S_{m,t}^\ominus = \frac{3}{2}R\ln[M_r/(\mathrm{g\cdot mol^{-1}})] + \frac{5}{2}R\ln(T/\mathrm{K}) - 9.685$

$$\therefore -\left[\frac{G_m^\ominus(T) - U_m^\ominus(0\,\mathrm{K})}{T}\right]_t = \frac{3}{2}R\ln\frac{M_r}{\mathrm{g\cdot mol^{-1}}} + \frac{5}{2}R\ln\left(\frac{T}{\mathrm{K}}\right) - 9.685 - \frac{5}{2}R$$

$$= \frac{3}{2}R\ln\frac{M_r}{\mathrm{g\cdot mol^{-1}}} + \frac{5}{2}R\ln\left(\frac{T}{\mathrm{K}}\right) - 30.470$$

$$= 145.89\,\mathrm{J\cdot K^{-1}\cdot mol^{-1}}$$

② 转动

- 对线性分子

$$S_{m,r} = R\ln(T/\sigma\theta_r) + R = R\ln(IT/\sigma) + 877.38\,\mathrm{J\cdot K^{-1}\cdot mol^{-1}}$$

$$-\left[\frac{G_m^\ominus(T) - U_m^\ominus(0\,\mathrm{K})}{T}\right]_r = S_{m,r}^\ominus - \left[\frac{H_m^\ominus(T) - U_m^\ominus(0\,\mathrm{K})}{T}\right]_r$$

$$= R\ln(IT/\sigma) + 877.38\,\mathrm{J\cdot K^{-1}\cdot mol^{-1}} - R$$

$$= R\ln(IT/\sigma) + 869.07\,\mathrm{J\cdot K^{-1}\cdot mol^{-1}}$$

$$= 50.75\,\mathrm{J\cdot K^{-1}\cdot mol^{-1}}$$

- 对非线性分子可由下式计算，即

$$-\left[\frac{G_m^\ominus(T) - U_m^\ominus(0\,\mathrm{K})}{T}\right]_r = \frac{3}{2}R\ln\left(\frac{T}{\mathrm{K}}\right) + R\ln\frac{(I_A I_B I_C)^{1/2}/(\mathrm{kg^{3/2}\cdot m^{-3}})}{\sigma} + 1308.37\,\mathrm{J\cdot K^{-1}\cdot mol^{-1}}$$

③ 振动

$$U_{m,v}^\ominus - U_{m,v}^\ominus(0\,\mathrm{K}) = \sum\left[U_{m,v,i}^\ominus(T) - U_{m,v,i}^\ominus(0\,\mathrm{K})\right] = R\sum\frac{\theta_{v,i}}{e^{\theta_{v,i}/T} - 1}$$

$$S_{m,v} = \sum\left[\frac{R\theta_{v,i}/T}{e^{\theta_{v,i}/T} - 1} - R\ln(1 - e^{-\theta_{v,i}/T})\right]$$

$$\therefore -\left[\frac{G_m^\ominus(T) - U_m^\ominus(0\,\mathrm{K})}{T}\right]_v = R\sum\ln(1 - e^{\theta_{v,i}/T})$$

$$= R\{0.0231 + 0.0012 + 0.1606 + 0.1606\}$$

$$= R \times 0.3455 = 2.873\,\mathrm{J\cdot K^{-1}\cdot mol^{-1}}$$

由上可得 ($T = 500\,\mathrm{K}$)

$$-\frac{G_m^\ominus(500\,\mathrm{K}) - U_m^\ominus(0\,\mathrm{K})}{500} = (145.89 + 50.75 + 2.873)\,\mathrm{J\cdot K^{-1}\cdot mol^{-1}}$$

$$= 199.51\,\mathrm{J\cdot K^{-1}\cdot mol^{-1}}$$

(3) $-\dfrac{G_m^\ominus(T) - U_m^\ominus(0\,K)}{T} = S_m^\ominus - \dfrac{H_m^\ominus(T) - H_m^\ominus(0\,K)}{T}$

$\therefore S_m^\ominus(T) = -\dfrac{G_m^\ominus(T) - U_m^\ominus(0\,K)}{T} + \dfrac{H_m^\ominus(T) - U_m^\ominus(0\,K)}{T}$

$= (199.51 + 35.43)\,\text{J·K}^{-1}\text{·mol}^{-1} = 234.94\,\text{J·K}^{-1}\text{·mol}^{-1}$

讨论 (1) 一般生成热力学函数如 $\Delta_f H_m^\ominus(T)$ 对温度敏感,而 $\{-[G_m^\ominus(T) - U_m^\ominus(0\,K)]/T\}$ 随温度变化不显著,因此将其制成每 500 K 间隔的表,可用线性内插法准确地求它在居间温度的热力学函数值.

(2) 由题中的自由焓函数等可求得各种热力学函数,如一化学反应:

$$\Delta_r G_m^\ominus(T) = \Delta_r H_m^\ominus(0\,K) - T\Delta\left[-\dfrac{G_m^\ominus(T) - H_m^\ominus(0\,K)}{T}\right]$$

一般 $\Delta_r H_m^\ominus(298\,K)$ 可由量热得来,故

$$\Delta_r H_m^\ominus(0\,K) = \Delta_r H_m^\ominus(298\,K) - 298.15\Delta\left[\dfrac{\Delta H_m^\ominus(298) - H_m^\ominus(0\,K)}{298.15\,K}\right]$$

$$\Delta_r G_m^\ominus(T) = \Delta_r H_m^\ominus(298\,K) - T\Delta\left[\dfrac{G_m^\ominus(T) - H_m^\ominus(0\,K)}{T}\right]$$

$$\Delta_r S_m^\ominus(298\,K) = \Delta\left[-\dfrac{G_m^\ominus(298\,K) - H_m^\ominus(298\,K)}{298.15}\right]$$

【例 7.2-12】 请根据下表所给数据求算 $H_2(g) + I_2(g) \rightleftharpoons 2HI(g)$,在 298 K、500 K、800 K 时之 $K_p^\ominus$;并:(1) 应用自由能函数表示平衡常数,(2) 应用分子性质求平衡常数.

自由能函数表

	$[G_m^\ominus(T) - H_m^\ominus(0\,K)]T^{-1}/(\text{J·K}^{-1}\text{·mol}^{-1})$			$\Delta_f H_m^\ominus(0\,K)/(\text{kJ·mol}^{-1})$
	298.15 K	500 K	1000 K	
$H_2(g)$	102.17	116.94	136.98	0
$I_2(g)$	226.69	244.60	269.45	65.10
$HI(g)$	177.40	192.42	212.97	28.0

H_2, I_2, HI 分子的性质

	$M/(\text{g·mol}^{-1})$	θ_r/K	θ_v/K	$D_0/10^{-19}\,J$
$H_2(g)$	2.016	87.5	5986	7.171
$I_2(g)$	253.81	0.0538	306.8	2.470
$HI(g)$	127.91	9.43	3209	4.896

解析 (1) 据 $\Delta G_m^\ominus(T) = \Delta H_m^\ominus(0\,K) - T\Delta\left[\dfrac{G_m^\ominus(T) - H_m^\ominus(0\,K)}{T}\right]$,可求得化学反应的 $\Delta_r G_m^\ominus(T)$,式中 $\Delta H_m^\ominus(0\,K) = \sum \nu_i \Delta_f H_m^\ominus(0\,K)$.

$\Delta_r G_m^\ominus(298\,K) = (2 \times 28.0 - 0 - 65.10) \times 10^3 - 298.15[2 \times 177.40 - 102.17 - 226.60]$

$= -16.8 \times 10^3\,\text{J·mol}^{-1}$

$K_p^\ominus(298\,K) = 877.8$

$\Delta_r G_m^\ominus(500\,K) = (2 \times 28.0 - 0 - 65.10) \times 10^3 - 500\{2 \times 192.42 - 116.94 - 244.60\}$

$= -20.8 \times 10^3\,\text{J·mol}^{-1}$

$K_p^\ominus(500\,K) = 148.9$

$T=800\,\text{K}$ 时,必须用自由能函数表在 $500\sim1000\,\text{K}$ 温度区间内,使用线性内插法求算 $T=800\,\text{K}$ 时之 $\left[G_m^\ominus(T)-H_m^\ominus(0\,\text{K})\right]/T$ 之值,如对 H_2.

$$-\frac{G_m^\ominus(T)-H_m^\ominus(0\,\text{K})}{T}=\left[(136.98-116.94)\frac{8000-500}{1000-500}+116.94\right]\text{J}\cdot\text{K}^{-1}\cdot\text{mol}^{-1}$$

$$=128.96\,\text{J}\cdot\text{K}^{-1}\cdot\text{mol}^{-1}$$

对 I_2 为 $259.51\,\text{J}\cdot\text{K}^{-1}\cdot\text{mol}^{-1}$,对 HI 为 $204.75\,\text{J}\cdot\text{K}^{-1}\cdot\text{mol}^{-1}$.同理,可得

$$\Delta_r G_m^\ominus(800\,\text{K})=-25.92\times10^3\,\text{J}\cdot\text{mol}^{-1}$$

$$K_p^\ominus(800\,\text{K})=49.26$$

讨论 若未给 $\Delta_f H_m^\ominus(0\,\text{K})$ 数据,则可以 $\Delta_f H_m^\ominus(298\,\text{K})$ 及 $\left[H_m^\ominus(T)-H_m^\ominus(0\,\text{K})\right]/T$ 之数据求得 $\Delta H_m^\ominus(0\,\text{K})$,计算办法为

$$\Delta H_m^\ominus(0\,\text{K})=\Delta H_m^\ominus(298\,\text{K})-298.15\left\{\Delta\left[\frac{H_m^\ominus-H_m^\ominus(0\,\text{K})}{T}\right]\right\}$$

(2) 从分子性质求平衡常数的办法应根据平衡常数的配分函数表达式计算,稍复杂.据

$$K_p^\ominus(T)=\frac{q'^2(\text{HI})}{q'(\text{H}_2)q'(\text{I}_2)}\left(\frac{RT}{p^\ominus}\right)^0 e^{\Delta D_0/k_B T}$$

如果转动也能作为经典粒子处理,则上式可化简为

$$K_p^\ominus(T)=\left[\frac{M^2(\text{HI})}{M(\text{H}_2)M(\text{I}_2)}\right]^{\frac{3}{2}}\left[\frac{\sigma(\text{H}_2)\sigma(\text{I}_2)}{\sigma^2(\text{HI})}\right]\left[\frac{\theta_r(\text{H}_2)\theta_r(\text{I}_2)}{\theta_r^2(\text{HI})}\right]$$

$$\frac{[1-e^{-\theta_v(\text{H}_2)/T}][1-e^{-\theta_v(\text{I}_2)/T}]}{[1-e^{-\theta_v(\text{HI})/T}]^2}\exp\left[\frac{2D_0(\text{HI})-D_0(\text{H}_2)-D_0(\text{I}_2)}{k_B T}\right]$$

$$=\left(\frac{127.91^2}{2.016\times253.81}\right)^{\frac{3}{2}}\left(\frac{2\times2}{1^2}\right)\left(\frac{87.5\times0.0538}{9.43^2}\right)\frac{(1-e^{-5986/T})(1-e^{-306.8/T})}{(1-e^{-3209/T})^2}$$

$$\exp\left[\frac{(2\times4.896-2.470-7.171)\times10^{-19}}{1.381\times10^{-23}\times T}\right]$$

$T=298.15\,\text{K}$ 时, $K_p^\ominus=180.81\times0.2117\times0.642\times39.25=964.5$

$T=500\,\text{K}$, $K_p^\ominus=156.8$

$T=800\,\text{K}$, $K_p^\ominus=48.7$

讨论 将两种方法所得之 $K_p^\ominus$ 值对照,列于下表:

T	298.15 K		500 K		800 K	
	(1)	(2)	(1)	(2)	(1)	(2)
$K_p^\ominus$	877.8	964.5	148.9	156.8	49.26	48.7

从表中可见,$T=298.15\,\text{K}$ 时,两种方法结果差别较大,其原因是 $\theta_r(\text{H}_2)=87.5\,\text{K}$ 很高,而只有在 $T\gg\theta_r$ 时才能按经典方法计算转动配分函数 $q_r=T/\sigma\theta_r$.为此,对 $298.15\,\text{K}$ 时 $q_r(\text{H}_2)$ 之计算必须采用能量不连续分布时计算,即

$$q_r=\frac{T}{\sigma\theta_r}\left[1+\frac{1}{3}\frac{\theta_r}{T}+\frac{1}{15}\left(\frac{\theta_r}{T}\right)^2+\cdots\right]$$

计算得 $q_r(\text{H}_2)=1.876$,将所得数据代入公式,可得 $K_p^\ominus(298.15\,\text{K})=874.7$.结果与(1)法很接近,由于 $T=500\,\text{K}$ 及 $800\,\text{K}$ 时,满足 $T\gg\theta_r$,故不修正时, $K_p^\ominus(T)$ 也较接近.

【例 7.2-13】 试求 Na(g) ⇌ Na$^+$(g) + e$^-$(g) 在 500 K 时之 $K_p^\ominus$. 已知 M(Na) = 22.99 g/mol, m(e^{-1}) = 9.111×10^{-31} kg, Na(g) 的电子基态的总角动量量子数 J = 1/2, Na 的第一电离势为 5.14 eV (1 eV = 1.602×10^{-19} J), 不考虑 Na 的较高的电子激发态, 且自由电子可按理想气体处理, 电子简并度为 $q_{e,0}$ = 2.

解析 $K_p^\ominus = \dfrac{q'(\text{Na}^+)q'(\text{e}^-)}{q(\text{Na})}\left(\dfrac{k_B T}{p^\ominus}\right)^{2-1}\exp[-\Delta U_m^\ominus(0\,\text{K})/k_B T]$

m(Na) = m(Na$^+$), 单原子无转动、振动, 故 q(Na) = q(Na$^+$)

$\therefore K_p^\ominus = \dfrac{1}{2}\left(\dfrac{2\pi m(\text{e}^-)k_B T}{h^2}\right)^{\frac{3}{2}}\times 2 \times \dfrac{k_B T}{p^\ominus}\exp[-\Delta U_m^\ominus(0\,\text{K})/k_B T]$

式中 q_e(Na) = $(2J+1)$e^{-0} = 2.

$K_p^\ominus = 581\exp\left(\dfrac{-5.14\times 1.602\times 10^{-19}\times 6.023\times 10^{23}}{8.314\times 5000}\right) = 3.82\times 10^{-3}$

应用分子光谱的数据即可求得高温电离反应平衡常数, 可见统计热力学方法的威力.

【例 7.2-14】 设 Pb 为 Einstein 晶体, 其振动频率 ν = 1.9×10^{12} s^{-1}, 计算在 T = 300 K 时摩尔振动能(能量零点位于势能曲线的底部)及摩尔热容 $C_{V,m}$.

解析 Einstein 特征温度 $\theta_E = h\nu/k_B$

$$\theta_E = \dfrac{(6.63\times 10^{-34}\,\text{J}\cdot\text{s})(1.9\times 10^{12}\,\text{s}^{-1})}{1.38\times 10^{-23}\,\text{J}\cdot\text{K}^{-1}} = 91\,\text{K}$$

$$x = \theta_E/T = 0.30$$

$$E_v = \dfrac{3}{2}R\theta_E + 3R\theta_E/[\exp(x)-1] = 7623\,\text{J}\cdot\text{mol}^{-1}$$

$$C_{V,m} = 3R\dfrac{x^2 \text{e}^x}{(\text{e}^x-1)^2} = 24.76\,\text{J}\cdot\text{K}^{-1}\cdot\text{mol}^{-1}$$

【例 7.2-15】 设固体物质 B 的原子为三维各相同性的谐振子, 与固体平衡的气相为单原子理想气体, 且气、固中原子均处于非简并的电子基态, 请导出固体的蒸气压公式为

$$p = \left(\dfrac{2\pi m}{h^2}\right)^{\frac{3}{2}}(k_B T)^{\frac{5}{2}}(1-\text{e}^{-h\nu/k_B T})^3 \exp\left[-\dfrac{\Delta_s^g H_m(0\,\text{K})}{RT}\right]$$

解析 据化学热力学原理, 气固平衡时,

$$\mu_B^g = \mu_B^s \qquad ①$$

$$q_B^s = [1-\exp(-h\nu/k_B T)]^{-3}\exp[\Delta_s\varepsilon(0\,\text{K})/k_B T]$$

选气态原子基态为能量零点, 则 $-\Delta_s\varepsilon(0\,\text{K}) = \Delta_s^l H_m(0\,\text{K})/N_A$.

$$\mu_B^s = -k_B T\ln q_B^s = -k_B T\ln[\{1-\exp(-h\nu/k_B T)\}^{-3}\text{e}^{-\Delta_s^l H_m(0\,\text{K})/RT}] \qquad ②$$

$$q_B^g = \left(\dfrac{2\pi m k_B T}{h^2}\right)^{\frac{3}{2}}V = \left(\dfrac{2\pi m k_B T}{h^2}\right)^{\frac{3}{2}}\dfrac{Nk_B T}{p}$$

$$\mu_B^g = -k_B T\ln(q^g/N) = -k_B T\ln\left[\left(\dfrac{2\pi m}{h^2}\right)^{\frac{3}{2}}(kT)^{\frac{5}{2}}/p\right] \qquad ③$$

将式②、③代入式①, 即得固体的蒸气压公式.

讨论 统计热力学中的证明题仍然要紧紧地依据化学热力学的原理, 如本题中气固相平衡时的两相化学势相等的原理.

(三) 习题

7.2-1 由 $F = -k_B T \ln q$ 推导热力学函数 S、U、H、P、G、C_V 与配分函数 q 的关系式

提示 可由 $dF = -SdT - pdV$ 出发进行推导

7.2-2 对 N 个粒子的定位体系,已知 $\ln\Omega = N\ln q + U/k_B T$,求证

$$H = Nk_B T[(\partial\ln q/\partial\ln T)_V + (\partial\ln q/\partial\ln V)_T]$$

$$G = -Nk_B T[\ln q - (\partial\ln q/\partial\ln V)_T]$$

提示 先从 $S = k_B \ln\Omega$ 入手,求出 F、U 及 p 之表达式,再从 $H = U + pV$ 及 $G = F + pV$,求证

7.2-3 (1) 求 $T = 298.15$ K,$p = 101.325$ kPa 时 H_2 的摩尔平动熵 $S_{m,t}^\ominus$.

(2) 已知转动惯量 $I(H_2) = 4.6033 \times 10^{-48}$ kg·m^2,求算 H_2 的转动特征温度 θ_r 及 298.15 K 时的摩尔转动熵 $S_{m,r}^\ominus$.

(3) 已知 $\omega(H_2) = 4405$ cm^{-1},求算 H_2 在 298.15 K 时的摩尔振动熵 $S_{m,v}^\ominus$.

(4) 由上求算 H_2 在 298.15 K 及 $p = 101.325$ kPa 时的统计摩尔熵值 $S_m^\ominus$(统计),从量热数据求得 $S_m^\ominus$(热) $= 124.43$ J·K^{-1}·mol^{-1},求残余熵值.

(5) H_2 是由 1/4 的 p-H_2 和 3/4 的 o-H_2 组成,试从核自旋转动量子数在低温时的性质解释残余熵的由来.

答案 (1) $S_{m,t}^\ominus = 117.337$ J·mol^{-1}·K^{-1},(2) $S_{m,r}^\ominus = 12.743$ J·K^{-1}·mol^{-1},(3) $S_{m,v}^\ominus \approx 0$,(4) $S_m^\ominus = 130.12$ J·K^{-1}·mol^{-1},$S_m^\ominus$(残) $= 5.69$ J·K^{-1}·mol^{-1},(5) 低温时 p-H_2,$J = 0$,o-H_2,$J = 3$,故 $S_m^\ominus$(残) $= \dfrac{4}{3}R\ln 3 = 6.85$ J·K^{-1}·mol^{-1}

7.2-4 在室温下实验室给出 Cl_2 的摩尔热容 $C_{V,m} = 2.97R$,又从光谱实验知振动量子数 $v = 0$ 和 $v = 1$ 振动能级的能量差为 1.1×10^{-20} J. 请根据学过的理论解释 Cl_2 的热容值.

提示 振动未激发时,平动、转动对热容的贡献可按经典方法处理;如振动激发,则必须考虑振动能所增加的内能,从而产生振动激发对热容的贡献.

7.2-5 对 1 mol 单原子分子理想气体,用统计力学方法证明恒压变温过程的熵变是恒容变温过程熵变的 5/3 倍(电子运动处于基态).

提示 将 S_m 表述成 T、V 或 T、p 的函数关系,然后求求不同过程之熵变

7.2-6 (1) 四种分子的有关数据列于下表. 在同温、同压下,哪种气体的摩尔平动熵最大?哪种气体的摩尔转动熵最大?哪种气体的分子振动基本频率最小?

分 子	相对分子质量 M_r	θ_r/K	θ_v/K
H_2	2	87.5	5976
HBr	81	12.2	3682
N_2	28	2.89	3353
Cl_2	71	0.35	801

(2) CO 和 N_2 的分子质量 m、转动特征温度 θ_r 基本相同,且 $\theta_v \gg 298$ K,电子均处于非简并的最低能级上,但这两种分子理想气体在 298 K、101.3 kPa 下的摩尔统计熵不同,CO(g) 的 $S_m^\ominus = 197.5$ J·K^{-1}·mol^{-1},N_2(g) 的 $S_m^\ominus = 191.5$ J·K^{-1}·mol^{-1},其差值主要来源于两种分子间何种性质的差别?简要说明.

答案 (1) HBr(g)的摩尔平动熵最大,Cl_2(g)的摩尔转动熵最大,Cl_2(g)分子的振动频率最小;(2) 差别主要来源于两种分子的对称数不同

7.2-7 设某种气体分子被吸附在固体表面上时,可以在此表面上进行二维平动,试证明此二维理想气体的摩尔平动熵为

$$S_m(2D) = R[\ln(M_r/g) + \ln(T/K) + \ln(a/cm^2) + 33.13]$$

式中 M_r 是气体的相对分子质量,a 是每个分子所占面积的平均值(以 cm^2 计).

提示 $m = M_r(10^{-3}/6.022 \times 10^{23})$ kg;$a = \sigma/N_A$,为气体吸附所占有的面积 $m^2 \cdot mol^{-1}$;$S_m(2D) = R[\ln(2\pi m k_B T/h^2)(\sigma/N_A) + 2]$.将上述各量代入即可

7.2-8 写出单原子理想气体摩尔熵与分子配分函数 q 的关系式,并由此推断进行等温膨胀后熵是变大了,还是小了?

答案 $\Delta S_m = R\left[\ln(2\pi m k_B T/h^2)^{\frac{3}{2}} + \frac{3}{2}\ln T - \ln p + \ln k_B + \frac{5}{2}\right]$,$\Delta S_m > 0$

7.2-9 试从 U 和 S 与配分函数的关系式推导气体压力与分子配分函数之关系,并证明理想气体有 $pV = Nk_B T$ 的状态方程.

提示 $F = U - TS$,$P = -(\partial F/\partial V)_T$ **答案** $p = Nk_B T(\partial \ln q_t/\partial V)_T$

7.2-10 已知 CO_2 的如下数据:$M_r = 44.01$,$I = 71.67 \times 10^{47}$ kg·m²,简正振动的波数为 $\omega_1 = \omega_2 = 667.3$ cm⁻¹,$\omega_3 = 1383.3$ cm⁻¹,$\omega_4 = 2439.3$ cm⁻¹,电子基态为非简并的,求 CO_2 在 273 K、$p^\ominus = 101.3$ kPa时的摩尔热力学量 $F_m^\ominus$、$S_m^\ominus$、$C_{p,m}^\ominus$.

答案 $F_m^\ominus = F_{m,t}^\ominus + F_{m,r}^\ominus + F_{m,v}^\ominus = (-38.696 \times 10^3 - 1.2477 \times 10^4 + 3.07 \times 10^4)$ J·mol⁻¹
$= 20.473$ J·mol⁻¹
$S_m^\ominus = S_{m,t}^\ominus + S_{m,r}^\ominus + S_{m,v}^\ominus = (154.12 + 53.99 + 2.347)$ J·K⁻¹·mol⁻¹
$= 210.48$ J·K⁻¹·mol⁻¹
$C_{p,m}^\ominus = C_{p,m,t}^\ominus + C_{p,m,r}^\ominus + C_{p,m,v}^\ominus = \frac{3}{2}R + R + 6.786$ J·K⁻¹·mol⁻¹
$= 27.57$ J·K⁻¹·mol⁻¹

7.2-11 对理想气体,请证明 Joule-Thomson 系数为:

$$\mu_{J\text{-}T} = \left(\frac{\partial T}{\partial p}\right)_H = \frac{\left\{\frac{\partial}{\partial p}\left(\frac{\partial \ln q}{\partial T}\right)_p\right\}_T}{\frac{2}{T}\left(\frac{\partial \ln q}{\partial T}\right)_p + \left(\frac{\partial^2 \ln q}{\partial T^2}\right)_p} = 0$$

提示 $(\partial T/\partial p)_H = (\partial H/\partial p)_T/(\partial H/\partial T)_p$,$H = NkT^2((\partial \ln q/\partial T)_p$

7.2-12 300 K时,某双原子分子气体的摩尔振动能(以振动基态为能量零点)恰是经典极限值的一半,问该分子的振动特征温度为多大?摩尔振动熵为多大?

答案 377 K,694 J·K⁻¹·mol⁻¹

7.2-13 Ag 晶体在 103.14 K 的 $C_{V,m} = 20.09$ J·K⁻¹·mol⁻¹,试求该温度下的 θ_E.设 θ_E 为常数,试求 Ag 晶体在 30 K 和 200 K 时之 $C_{V,m}$ 值[已知实验值 $C_{V,m}(30\text{ K}) = 4.81$ J·K⁻¹·mol⁻¹,$C_{V,m}(200\text{ K}) = 23.39$ J·K⁻¹·mol⁻¹].

答案 $\theta_E = 168$ K

7.2-14 理想气体反应 $I_2(g) = 2I(g)$,1173 K 时的 $K_p^\ominus = 0.0480$,$M(I) = 0.1269$ kg·mol⁻¹,电子最低能级四重简并,电子第一激发态能级二重简并,能量比最低能级高 7603

cm^{-1},更高电子能级可忽略,I$_2$ 的 $\theta_r = 0.0538$ K, $\theta_v = 308$ K,电子只处于非简并的基态,求算 I$_2$ 分子的离解能.

答案 $D_0 = 96.23$ kJ·mol^{-1}

7.2-15 F$_2$ 分子的平衡核间距 $r = 1.418 \times 10^{-10}$ m, $M(F) = 0.0189984$ kg·mol^{-1},求:
(1) F$_2$ 分子的转动特征温度 θ_r.
(2) F$_2$ 理想气体的摩尔转动能 $E_{m,r} = 4157$ J·mol^{-1} 时的热力学温度.
(3) 上述温度下 F$_2$ 理想气体的摩尔转动熵.

答案 (1) $\theta_r = 1.269$ K, (2) $T = 503$ K, (3) $S_{m,r} = 52.24$ J·K^{-1}·mol^{-1}

7.2-16 O$_2$ 分子, $M = 0.03200$ kg·mol^{-1},核间距 $r = 1.2074 \times 10^{-10}$ m,振动特征温度 $\theta_v = 2273$ K,求:
(1) O$_2$ 的转动特征温度 θ_r;
(2) O$_2$ 理想气体在 298 K 的标准摩尔转动熵;
(3) 设 O$_2$ 的振动为简正振动,选振动基态为振动能量零点,写出其振动配分函数;
(4) O$_2$ 理想气体占据第一振动激发态的概率为最大时的温度.

答案 (1) $\theta_r = 2.079$ K, (2) $S_{m,r}^{\ominus} = 43.83$ J·K^{-1}·mol^{-1}, (4) **提示** 求 $dP/dT = 0$ 时之 T, P 为概率最大, $T = 3279$ K

7.2-17 用统计力学方法证明单原子理想气体绝热可逆过程的熵变为零.

提示 利用 $TV^{\gamma-1} = $ 常数, $\gamma = 5/3$, 及 $S = R\ln(qe/N_A) + \frac{3}{2}R$,即可得证

7.2-18 已知 Ag 的 Einstein 特征温度 $\theta_E = 161$ K, Debye 特征温度 $\theta_D = 208$ K,请分别计算两个原子晶体热容理论在 $T = 298$ K 时之摩尔内能 $U_m^{\ominus}$ 及 $C_{V,m}^{\ominus}$.

提示 Debye 理论: $U_m^{\ominus} = 3RT\left[3\left(\frac{T}{\theta_D}\right)^3 \int_0^{\theta_D/T} \frac{x^3 dx}{e^x - 1}\right] = 3RTF(\theta_D)$,可作 $F(\theta_D)$-(θ_D/T) 图,求得 $\theta_{D \cdot T} = 208/298 = 0.70$ 时, $F(\theta_D) = 0.77$

答案 Einstein 理论: $U_m^{\ominus} = 5610$ J·mol^{-1}, $C_{V,m} = 24.2$ J·K^{-1}·mol^{-1}; Debye 理论: $U_m^{\ominus} = 5700$ J·mol^{-1}, $C_{V,m}^{\ominus} = 25.2$ J·K^{-1}·mol^{-1}

7.2-19 有人提出,在不存在空气的条件下,乙炔通过灼热的管子,很容易转变为苯,请根据下表提供的数据计算 $T = 1000$ K 时之 $K_p^{\ominus}$,并分析这一途径的可能性.

	$-[G_m^{\ominus}(T) - U_m^{\ominus}(0K)]/T$ J·K^{-1}·mol^{-1}	$H_m^{\ominus}(298K) - U_m^{\ominus}(0K)$ kJ·mol^{-1}	$\Delta_f H_m^{\ominus}(298K)$ kJ·mol^{-1}
C$_6$H$_6$	320.37	142.34	82.93
C$_2$H$_2$	226.75	100.05	217.59

答案 $K_p^{\ominus} = 1.48 \times 10^{13}$

7.2-20 ^{14}N$_2$ 的摩尔质量为 28.01 g·mol^{-1},键长为 109.5 pm,试求其在 298.15 K, 101.325 kPa 下的摩尔平动熵与摩尔转动熵.今知 ^{14}N$_2$ 在此温度、压力下,第三定律标准熵校正到理想行为时之值为 192.0 J·K^{-1}·mol^{-1},从计算值与之对比,可得什么结论?

答案 $S_m^{\ominus} = S_{m,t}^{\ominus} + S_{m,r}^{\ominus} = (150.3 + 41.1)$ J·K^{-1}·mol^{-1} = 191.4 J·K^{-1}·mol^{-1},对比说明只有平动和转动贡献是值得考察的贡献

7.2-21 F_2 分子的摩尔离解能 $\Delta U_m(0\,K) = 153.68\,\text{kJ}\cdot\text{mol}^{-1}$,平均核间距 $r_e = 141.8\,\text{pm}$,基本振动波数 $\omega = 892\,\text{cm}^{-1}$,电子只处在非简并的基态,F 原子的摩尔质量 $M(F) = 0.018998\,\text{kg}\cdot\text{mol}^{-1}$,电子的最低能级四重简并,第一激发能级二重简并,能量比最低能级的高 $404\,\text{cm}^{-1}$,更高电子能级可忽略.

(1) 求 1115 K 时 F_2 分子离解反应 $F_2(g) \rightleftharpoons 2F(g)$ 的 $K_p^\ominus$ 并与实验值 7.55×10^{-2} 相对照.

(2) 求 F 原子理想气体的 $S_m^\ominus(298\,K)$ 与 $C_{p,m}^\ominus(298\,K)$.已知热力学数据表值为 $S_m^\ominus(298\,K) = 158.645\,\text{J}\cdot\text{K}^{-1}\cdot\text{mol}^{-1}$,$C_{p,m}^\ominus = 22.748\,\text{J}\cdot\text{K}^{-1}\cdot\text{mol}^{-1}$.

答案 (1) $K_p^\ominus(1115\,K) = 4.77\times 10^{-2}$;(2) $S_m^\ominus(298\,K) = 157.02\,\text{J}\cdot\text{K}^{-1}\cdot\text{mol}^{-1}$,$C_{p,m}^\ominus = 20.785\,\text{J}\cdot\text{K}^{-1}\cdot\text{mol}^{-1}$

7.2-22 同位素交换平衡:$H_2(g) + D_2(g) \rightleftharpoons 2HD(g)$

(1) 请导出根据分子性质计算平衡常数的最简计算式.

(2) 已知下列关于 H_2、D_2 和 HD 的分子性质,求算 $T = 400\,K$ 时之 $K_p^\ominus$.

	$M/(\text{g}\cdot\text{mol}^{-1})$	$I/(10^{-48}\,\text{kg}\cdot\text{m}^2)$	θ_v/K	$D(0\,K)/(\text{kJ}\cdot\text{mol}^{-1})$
H_2	2.0156	4.6030	5986	431.8
D_2	4.0282	9.1955	4308	439.2
HD	3.0219	6.1303	5226	435.2

答案 (1) $K_p^\ominus = \left[\dfrac{M^2(HD)}{M(H_2)M(D_2)}\right]^{\frac{3}{2}} \left[\dfrac{I^2(HD)}{I(H_2)I(D_2)}\right] \left[\dfrac{\sigma(H_2)\sigma(D_2)}{\sigma^2(HD)}\right] \times$

$\left[\dfrac{(1-e^{-\theta_v(HD)/T})^{-2}}{(1-e^{-\theta_v(H_2)/T})^{-1}(1-e^{-\theta_v(D_2)/T})^{-1}}\right] \exp\left[\dfrac{\Delta D(0\,K)}{RT}\right]$

(2) $K_p^\ominus = 3.52$

7.2-23 求电离反应 $Cs \rightleftharpoons Cs^+ + e^-$ 的平衡常数 $K_p^\ominus(3000\,K)$.电子可作为单原子理想气体处理,电子质量 $m(e^-) = 9.1091\times 10^{-31}\,\text{kg}$,电子有两种自旋态,即 $\omega_{e,0} = 2$,Cs 与 Cs^+ 的电子最低能级的简并度分别为 2 与 1,电子激发态可忽略,Cs 原子的第一电离能为 3.893 eV.

答案 $K_p^\ominus(3000\,K) = 4.69\times 10^{-5}$

7.2-24 计算 1000 K 时合成反应 $CO(g) + H_2(g) \longrightarrow CH_3OH(g)$ 的平衡常数 $K_p^\ominus$,已知数据由下表给出:

物 质	CO	H_2	CH_3OH
$\dfrac{[G_m^\ominus(1000\,K) - H_m^\ominus(0\,K)]}{T}/(\text{J}\cdot\text{K}^{-1}\cdot\text{mol}^{-1})$	-204.054	-136.984	-257.651
$\Delta H_m^\ominus(0\,K)/(\text{kJ}\cdot\text{mol}^{-1})$	-113.813	0	-190.246

答案 $K_p^\ominus(1000\,K) = 3.04\times 10^{-8}$

第8章 化学动力学的唯象规律

根据宏观实验现象总结的规律常称唯象规律,在化学动力学中有反应速率与物质浓度的规律(反应速率方程);反应速率与温度的关系(Arrhenius公式)等.学习本章注意以下两方面:(i)如何从实验数据建立速率方程及求常用的化学动力学参数(k, E_a),(ii)如何设计实验揭示化学动力学规律.

8.1 化学反应速率方程

(一) 内容纲要

1. 化学反应速率

任一化学反应 $0 = \sum \nu_B B$,在时刻 t 的反应进度为

$$\xi(t) = [n_B(t) - n_B(0)]/\nu_B$$

其中 $n_B(0)$ 为 $t = 0$ 时物质 B 的量,则其瞬时反应速率为

$$R = d\xi(t)/dt = \nu_B^{-1} dn_B(t)/dt \tag{8-1}$$

$$r = R/V = \nu_B^{-1} d[n_B(t)/V]dt = \nu_B^{-1} dc_B(t)/dt - [c_B(t)/\nu_B V](dV/dt) \tag{8-2}$$

$$r = \nu_B^{-1} dc_B(t)/dt \qquad (\text{体积一定时}) \tag{8-3}$$

$$r_0 = \nu_B^{-1} dc_B(t=0)/dt \qquad (\text{反应初速}) \tag{8-4}$$

物质 B 为反应物时的消耗速率 r_B 为

$$r_B = -dc_B(t)/dt \tag{8-5}$$

物质 B 为生成物时的生成速率为

$$r_B = dc_B(t)/dt \tag{8-6}$$

于是

$$r = r_B/\nu_B \tag{8-7}$$

2. 反应速率常数 k 及反应级数 n

若 r 与参于反应的物质的浓度可表示为如下形式的反应速率方程:

$$r = \nu_B^{-1} dc_B/dt = k \prod_B c_B^{\alpha_B} \tag{8-8}$$

则称 α_B 为组分 B 的反应级数.反应的总级数 $n = \sum \alpha_B$,α_B 及 n 的值可正可负,也可为整数或分数.k 为反应速率常数,又称比速,它是各 c_B 为单位浓度时的速率,其量纲为(浓度)$^{1-n}$ (时间)$^{-1}$.当 $r_B = k_B \prod_B c_B^{\alpha_B}$ 时,则 $k = k_B/|\nu_B|$.

3. 温度对反应速率的影响

Arrhenius 公式 $\qquad k^{-1} dk/dT = d\ln(k/[k])/dT = E_a/RT^2 \tag{8-9}$

式中 $[k]$ 为 k 的量纲,E_a 称为 Arrhenius 活化能,也称实验活化能.一般而论,活化能是温度的函数.若 E_a 为常数(在一定温度范围内),则

$$k = A\exp(-E_a/RT) \tag{8-10}$$

A 称为指前因子,它也是温度的函数.

$$\ln(k_2/k_1) = (E_a/R)(1/T_1 - 1/T_2) \tag{8-11}$$

(二) 例题解析

【例 8.1-1】 $T = 300\ \text{K}$，$H_2(g) + Br_2(g) \rightleftharpoons 2HBr(g)$，反应器体积恒定 $V = 0.25\ \text{dm}^3$，实验测得反应进行 $0.01\ \text{s}$ 时，$Br_2(g)$ 的量减少了 $0.001\ \text{mol}$，试求：(1) 转化速率 $d\xi/dt$，(2) 反应速率 r，(3) $r(H_2)$、$r(Br_2)$、$r(HBr)$ 及与 r 的关系，(4) 能否用 $dp_总/dt$ 测量反应速率？

解析
(1) $d\xi/dt = \nu_B^{-1} dn(Br_2)/dT = -0.001\ \text{mol}/(-1 \times 0.01\ \text{s}) = 0.1\ \text{mol·s}^{-1}$

(2) $r = V^{-1}\nu(Br_2)^{-1}d\xi/dt = 0.1\ \text{mol·s}^{-1}/0.25\ \text{dm}^3 \times (-1) = 0.40\ \text{mol·dm}^{-3}\text{·s}^{-1}$

(3) $r(H_2) = -V^{-1}dn(H_2)/dt = 0.40\ \text{mol·dm}^{-3}\text{·s}^{-1}$

$r(HBr) = V^{-1}dn(HBr)/dt = 0.8\ \text{mol·dm}^{-3}\text{·s}^{-1}$

$\therefore\ r = r(H_2) = r(Br_2),\ 2r = r(HBr)$

(4) 假设为理想气体时，则 $n_B = p_B V/RT$，$p_总 = RT\sum n_B$
当 $t = 0$ 时，$n_0(H_2) = n_0(Br_2)$，$n_0(HBr) = 0$，则
$$p_总 = RT[n_t(H_2) + n_t(Br_2) + n_t(HBr)]/V$$
$$= RT[n_0(H_2) - \xi + n_0(Br_2) - \xi + 2\xi]/V$$
$$= RT[n_0(H_2) + n_0(Br)]/V$$
$$dp_总/dt = 0$$

即对等分子数的反应，T、V 一定时，不能用体系压力的改变来测量反应速率。

【例 8.1-2】 反应 $A + 2D \rightleftharpoons 3P$ 在等温等容条件下进行，其反应速率对 A 及 D 均为一级，请写出 r、r_A、r_D、r_P 的表示式，并求 k、k_A、k_D、k_P 间之关系。

解析 据反应进度 ξ 的定义，可得
$$n_B(t) = n_B(0) + \nu_B\xi(t)$$
则
$$r = V^{-1}d\xi(t)/dt = kc_A c_B$$
$$r_A = -V^{-1}dn_A(t)/dt = k_A c_A c_B$$
$$r_D = -V^{-1}dn_D(t)/dt = k_D c_A c_B$$
$$r_P = V^{-1}dn_P(t)/dt = k_P c_A c_B$$

于是
$$r_A = r,\ r_D = 2r,\ r_P = 3r;\ k_A = k,\ k_D = 2k,\ k_P = 3k$$
或
$$k = k_A = k_D/2 = k_P/3$$

结果表明，物质 B 的 $|\nu_B|$ 不为 1 时，反应速率 r 与物质 B 的量（或体积一定时的浓度）改变率不一致，其 k 间的关系应为 $k = k_B/|\nu_B|$。因此，在涉及速率常数时必须指明是哪一种，即是反应速率常数 k，还是物种 B 的消耗（或生成）反应速率常数。

【例 8.1-3】 N_2O_5 分解反应实验测得不同温度之 k 值如下表所示。试问该反应为几级反应，并求其 E_a。

T/K	318	328	338
$10^3\ k/\text{s}^{-1}$	0.459	1.51	4.56

解析 据 k 的量纲：(浓度)$^{1-n}$(时间)$^{-1}$，可知

$$1 - n = 0 \qquad \therefore n = 1 \text{ 即一级反应}$$
$$E_a = R[(T_1 T_2)/(T_2 - T_1)]\ln(k_2/k_1)$$

将各组数据分别代入,并取平均值,可得
$$\langle E_a \rangle = 103 \text{ kJ} \cdot \text{mol}^{-1}$$

本题也可作 $\ln(k/[k])$-$1/T$ 图,由直线斜率求 E_a 值,请读者练习.

(三) 习题

8.1-1 对于下列等容反应,请分别写出反应速率、各反应物的消耗速率及产物的生成速率的表示式.

(1) $H_2 + I_2 = 2HI$, (2) $CH_3 + CH_3 = C_2H_6$, (3) $N_2 + 3H_2 = 2NH_2$.

8.1-2 气相反应 $C_4H_8(g) = 2C_2H_4(g)$ 在等温等容封闭器中进行,其总压 p 随时间 t 而变.请找出 $(1/V)(d\xi/dt)$ 与 dp/dt 的关系.

答案 $(1/V)(d\xi/dt) = (RT)^{-1}(dp/dt)$

8.1-3 物质的浓度可用特定波长下的光密度(即吸光度)A 测定.设下列溶液反应(体积不变)$0 = \nu_B B + \nu_C C + \cdots$ 中只有反应物 B 对某些特定波长的光可吸收.若 ε 为摩尔吸光系数,l 为吸收介质的厚度,c_B 为物质 B 的体积摩尔波度,则有 $D = \varepsilon l c_B$.请找出 $(1/V)(d\xi/dt)$ 与 dD/dt 的关系.

答案 $(1/V)(d\xi/dt) = (\nu_B \varepsilon l)(dD/dt)$

8.1-4 溶液反应 $5Br^- + BrO_3^- + 6H^+ = 3Br_2 + 3H_2O$ 的速率方程为
$$r = kc(BrO_3^-)c(Br^-)c^2(H^+)$$
请写出各反应物消耗速率的定义,并得出各反应物速率常数与反应速率常数 k 之间的关系.

答案 $k(Br^-)/5 = k(H^+)/6 = k$

8.1-5 H.C.Brown 和 M.Borkowishi (J.Am.Chem.Soc., 1952, 74, 1986)研究下列化合物(见下式)的水解反应为一级反应,实验测定了不同温度下的 k (见下表).作 $\lg(k/[k])$-$(1/T)$ 图,求该反应的 E_a 和 A.

$(CH_2)_6 C \begin{matrix} Cl \\ \\ CH_3 \end{matrix}$

T/K	273	298	308	318
$10^4 k/s^{-1}$	0.106	3.19	9.86	29.2

答案 $E_a = 93.3 \text{ kJ} \cdot \text{mol}^{-1}$, $A = 1.99 \times 10^{12} \text{ s}^{-1}$

8.1-6 气相双分子的反应 $NO + ClNO_2 \longrightarrow NO_2 + ClNO$,实验数据如下表所示:

T/K	300	311	323	334	344
$10^{-7} k/(\text{cm}^3 \cdot \text{mol}^{-1} \cdot \text{s}^{-1})$	0.79	1.25	1.64	2.56	3.40

请分别按如下公式处理上述数据,求算活化能和指前因子,并分析所得结果有何差别.

$$k_1 = A_1 \exp(-E_{a_1}/RT)$$
$$k_2 = A_2 T^{1/2} \exp(-E_{a_2}/RT)$$
$$k_3 = A_3 T \exp(-E_{a_3}/RT)$$

答案 $k_1 = 8.4 \times 10^{11} \exp(-28.9 \text{ kJ} \cdot \text{mol}^{-1}/RT)$

$$k_2 = 2.7 \times 10^{10}\ T^{1/2}\exp(-27.5\,\text{kJ}\cdot\text{mol}^{-1}/RT)$$

$$k_3 = 9.1 \times 10^{8}\ T\exp(-26.1\,\text{kJ}\cdot\text{mol}^{-1}/RT)$$

8.1-7 氯甲酸三氯甲酯高温分解反应 $ClCOOCCl_3(g) \longrightarrow 2COCl_2(g)$ 是单向一级反应. 将一定量的 $ClCOOCCl_3$ 迅速放入恒温恒容反应器中,测量时刻 t 的总压力 p 及完全反应后的总压力 p_∞. 两个温度下的实验数据如下表所示,请计算反应的活化能.

	T/K	t/s	p/kPa	p_∞/kPa
(1)	553	454	2.476	4.008
(2)	578	320	2.838	3.554

提示 根据一级反应之规律可求得

$$\frac{k_2}{k_1} = \frac{t_1\ln[p_\infty/2(p_\infty - p)]_{(1)}}{t_2\ln[p_\infty/2(p_\infty - p)]_{(2)}}$$

根据 Arrhenius 公式,可得

$$E_a = [RT_1T_2/(T_2 - T_1)]\ln(k_2/k_1)$$

答案 $E_a = 166\,\text{kJ}\cdot\text{mol}^{-1}$

8.2 反应速率方程的确立

(一) 内容纲要

1. 不同反应级数的唯象规律

对于简单级数的反应,唯象规律可总结为以下几个方面,今以一级反应为例.

反应方程式	$aA \longrightarrow \cdots$
微分式	$-d[A]/a\,dt = k[A]$
积分式	$\ln([A]_0/[A]) = akt$
k 量纲	s^{-1}
线性关系	$\ln[A]$-t,斜率为 $-ak$ 的直线
半寿期	$t_{1/2} = \ln 2/k = 0.693/k$

其他各类反应级数的规律列于表 8.1. 应用表 8.1 时,应特别注意如何找到实验测量值与浓度间的关系.

表 8.1 整数级数等容反应的若干唯象规律

级数	反应方程式	速率方程	积分式	线性关系	分数寿期 $\theta = [A]/[A]_0$
1	$aA \to P$	$-\dfrac{1}{a}\dfrac{d[A]}{dt} = k[A]$	$\ln\dfrac{[A]_0}{[A]} = akt$	$\ln[A]$-t	$t_{(1-\theta)} = \dfrac{-\ln(\theta)}{k}$
2	$aA + bB \to P$	$r = k[A]^2$	$\dfrac{1}{[A]} - \dfrac{1}{[A]_0} = kt$	$\dfrac{1}{[A]}$-t	$t_{(1-\theta)} = \dfrac{\theta^{-1}-1}{k[A]_0}$
		$r = k[A][B]$	$\dfrac{1}{a[B]_0 - b[A]_0}\ln\dfrac{[B][A]_0}{[A][B]_0} = kt$	$\ln\dfrac{[B]}{[A]}$-t	

续表

级数	反应方程式	速率方程	积分式	线性关系	分数寿期 $\theta = [A]/[A]_0$
3	A+B+C→P	$r = k[A]^3$	$\dfrac{1}{[A]^2} - \dfrac{1}{[A]_0^2} = 2kt$	$\dfrac{1}{[A]^2} - t$	$t_{(1-\theta)} = \dfrac{\theta^{-2}-1}{2k[A]_0^2}$
		$r = k[A]^2[B]$	$\dfrac{1}{([B]_0-[A]_0)^2}\left[\ln\dfrac{[A][B]_0}{[B][A]_0} + \dfrac{([A]_0-[A])([B]_0-[A]_0)}{[A]_0[A]}\right] = kt$		
$n\neq 1$	aA→P	$r = k[A]^n$	$\dfrac{1}{[A]^{n-1}} - \dfrac{1}{[A]_0^{n-1}} = a(n-1)kt$	$\dfrac{1}{[A]^{n-1}} - t$	$t_{(1-\theta)} = \dfrac{\theta^{1-n}-1}{a(n-1)k[A]_0^{n-1}}$

2. 分数寿期

反应物 A 的浓度由 $[A]$ 降低到初始浓度 $[A]_0$ 的 θ ($\theta = [A]/[A]_0 < 1$) 所需的时间称为 $(1-\theta)$ 分数寿期. 如 $\theta = 1/3$, 则 $t_{(1-\theta)} = t_{2/3}$ 称为 2/3 寿期.

不同的著作中对分数寿期有不同的定义, 如称 [A] 反应了 $\theta[A]_0$ 的时间为 θ 分数寿期, 如 $\theta = 1/3$, 则 $t_{1/3}$ 时, $[A] = [A]_0 - [A]_0/3 = 2[A]_0/3$. 本书采用前一种定义, 如

$$n = 1 \qquad t_{(1-\theta)} = -\ln\theta/k \tag{8-12}$$

$$n \neq 1 \qquad t_{(1-\theta)} = [\theta^{1-n} - 1]/a(n-1)k[A]_0^{n-1} \tag{8-13}$$

对于整数级数 n 的反应, 不同分数寿期与半衰期间存在下列关系:

$$t_{[(2^{x+1}-1)/2^{x+1}]} = t_{1/2} \sum_{i=0}^{x} 2^{-i(1-n)} \tag{8-14}$$

如 $n = 1$ 时, $x = 2$, 则 $t_{7/8} = 3t_{1/2}$.

3. 反应级数的求法

(1) 尝试法

根据实验的第一性材料, 即不同时刻的浓度 c-t 数据; 或者用表 8.1 不同级数的积分关系求 k 值, 如为常数的; 或据表 8.1 的线性关系作图, 如为直线的, 即是该反应的级数.

(2) 分数寿期法

当分数寿期与初始浓度无关者即为一级反应.

当 $n \neq 1$ 时, 则

$$n = 1 + \{\lg[t(\alpha)/t'(\alpha)]\}/\lg([A]_0'/[A]_0) \tag{8-15}$$

$$\alpha = 1 - \theta = 1 - [A]/[A]_0$$

(3) 隔离法

一个具有简单级数的反应速率方程可简化为单组分 n 级反应, 如反应

$$a\text{A} + b\text{B} \longrightarrow \text{P}_1 + \text{P}_2$$

$$r = k[A]^\alpha[B]^\beta \qquad ①$$

可用两种方法处理:

当 $[B]_0 \gg [A]_0$ 时, $[B]_0$ 近似为常数, 式①可简化为

$$r = k'[A]^\alpha \qquad k' = k[B]_0^\beta \qquad ②$$

当 $a[A]_0 = b[B]_0$ 时, $[B]_0 = a[A]_0/b$, 式①可简化为

$$r = k''[A]^{\alpha+\beta} \qquad k'' = (a/b)^\beta k \qquad ③$$

据式②可求对 A 的反应级数 α，据式③可求该反应的总级数 $n = \alpha + \beta$。由此可见，隔离法是设计化学动力学实验求反应级数及速率方程的极为重要的方法之一.

(二) 例题解析

【例 8.2-1】 对一级反应，请证明反应物 A 反应了初始浓度的 $(2^x - 1)/2^x$ 所需时间为 $t_x = x\ln 2/k$.

解析 据表 8.1，一级反应有 $t_{(1-\theta)} = -\ln\theta/k$，$\theta = [A]/[A]_0$

x	θ	$t_{(1-\theta)}$
1	1/2	$t_{1/2} = \ln 2/k$
2	1/4	$t_{3/4} = -\ln(1/4)/k = 2\ln 2/k$
3	1/8	$t_{7/8} = -\ln(1/8)/k = 3\ln 2/k$
x	$1/2^x$	$t_{[(2^x-1)/2^x]} = -\ln(1/2^x)/k = x\ln 2/k$

讨论 不同分数寿期之间的关系，只需用一次实验的 c-t 曲线，找出 $\theta = 1/2, 1/4\cdots$ 之时间 $t_{1/2}$、$t_{3/4}\cdots$，如存在本题之关系，即可确认其为一级反应，这是一种快速求反应级数之方法. 请读者对二级反应、二级反应应用表 8.1 或公式讨论不同分数寿期之规律.

【例 8.2-2】 等温等容理想气体反应：$A(g) \longrightarrow B(g) + C(g)$。反应从纯 A 开始，设该反应对 A 为 α 级，且实验只能测量体系之总压 p_t 及反应终了的 p_∞。
(1) 请写出以 p_t、p_∞ 表示的反应速率方程.
(2) 求 k_p 与 k 之关系.
(3) 设计一实验方案求 α.

解析 (1) 首先要找出 $[A]$ 与 p_t、p_∞ 之关系：根据理想气体的状态方程与分压定律，T、V 一定时 p_A 与 $[A]$ 有线性关系，即 $p_A = n_A RT/V = [A]RT$.
又据计量方程，$p_B = p_C$，故 $p_A = p_0 - \frac{1}{2}(p_B + p_C) = p_0 - p_B$，于是

$$p_t = p_A + p_B + p_C = p_0 + p_B = p_0 + p_C \qquad ①$$

$$p_B = p_C = p_t - p_0 \qquad ②$$

$$p_\infty = 2p_0 \qquad ③$$

$$p_A = p_0 - (p_t - p_0) = 2p_0 - p_t = p_\infty - p_t \qquad ④$$

$$[A] = p_A/RT = (p_\infty - p_t)/RT \qquad ⑤$$

$$r = -d[A]/dt = k[A]^\alpha \qquad ⑥$$

或 $\qquad r = (RT)^{-1} dp_t/dt = k[(p_\infty - p_t)/RT]^\alpha \qquad ⑦$

(2) $dp_t/dt = k(RT)^{1-\alpha}(p_\infty - p_t)^\alpha = k_p(p_\infty - p_t)^\alpha \qquad ⑧$

$\qquad k_p = k(RT)^{1-\alpha} \qquad ⑨$

(3) 气相反应不能直接测量分压，也很难准确测量 p_0，但在 T、V 一定时可测量 p_t-t 一组数据，于是可根据⑦或⑧式，也可根据表 8.1 处理数据求出 α、k_p、k 值.

讨论 将不易直接测定的浓度或分压换算为实验上易测量的总压，是化学动力学中处理实验数据的基本方法之一，请读者用本题的方法，讨论二特丁基过氧化物的气相分解反应（见习题 8.2-12).

【例 8.2-3】 气相反应 $CO(A) + Cl_2(B) \longrightarrow COCl_2(C)$ 在 298 K 时两次等容实验的结果如下表.请根据上述实验结果,求反应速率公式 $r = k_p p_A^\alpha p_B^\beta$ 中的 α 和 β.

实验 I		$p_{B,0} = 53.3$ kPa		$p_{A,0} = 0.53$ kPa	
t/min	0	34.5	69.0	138	∞
p_C/kPa	0	0.266	0.400	0.500	0.533
实验 II		$p_{B,0} = 213.3$ kPa		$p_{A,0} = 0.53$ kPa	
t/min	0	34.5	69.0		∞
p_C/kPa	0	0.400	0.500		0.530

解析 本题可根据实验数据初步分析如下:

(1) 由于 $p_{B,0} \gg p_{A,0}$,符合隔离法求准级数反应速率方程的条件,即可用单组分反应之规律.

(2) 据反应方程,$-dp_A/dt = dp_C/dt$,且 $p_A + p_C = p_{A,0} = p_{C,\infty}$.

(3) 由实验 I 数据初步判断,$t = 34.5$ min 时,$p_C = 0.266$ kPa $= (0.533/2)$ kPa,即 $t_{1/2} = 34.5$ min,故可采用分数寿期法求反应级数.

先尝试一级反应分数寿期之规律,令 $\alpha = 1$,则有

t/min	0	34.5	69.0	138
p_A/kPa	0.53	0.264	0.130	0.03
θ_A	1	1/2	$\approx 1/4$	$\approx 1/16$

由上数据可得:

$$t_{3/4} = 69.0/34.5 = 2\, t_{1/2}$$
$$t_{15/16} = 138/34.5 = 4\, t_{1/2}$$

符合一级反应动力学规律,即 $\alpha = 1$. 这个方法也适用于实验 II 之数据处理,请读者自行练习.
由 $r = k_p p_A^\alpha p_B^\beta = k_p p_A p_B^\beta = k_{obs} p_A$ 及 $k_{obs} = k_p p_B^\beta$,可得

$$k_{\text{表}}(\text{I}) = \ln2/t_{1/2}(\text{I}) = (0.693/34.5)\ \text{min}^{-1} = 0.020\ \text{min}^{-1}$$
$$k_{\text{表}}(\text{II}) = 2\ln2/t_{3/4}(\text{II}) = (2\times 0.693/34.5)\ \text{min}^{-1} = 0.0400\ \text{min}^{-1}$$
$$\frac{k_{\text{表}}(\text{I})}{k_{\text{表}}(\text{II})} = \frac{1}{2} = \frac{k_p p_B^\beta(\text{I})}{k_p p_B^\beta(\text{II})} = \left(\frac{53.3}{213.3}\right)^\beta = \left(\frac{1}{2}\right)^{2\beta}$$
$$\beta = 1/2$$

于是可得

$$r = k_p p_A p_B^{1/2}$$

【例 8.2-4】 反应 A→产物,[A] 随时间 t 之变化如下表,试求反应速率常数及反应级数.

t/h	[A]/(mol·dm^{-3})	t/h	[A]/(mol·dm^{-3})
0	1.3720	6	0.3716
1	0.9471	7	0.3314
2	0.7231	8	0.2990
3	0.5848	9	0.2723
4	0.4910	10	0.2501
5	0.4230		

解析 由于以上实验不存在明显的规律性,因此只能用不同的方法尝试来求反应级数.

(1) 尝试法

应用尝试法决不是毫无分析的乱试,可根据唯象规律进行分析,以求尽快解决问题.

如据分数寿期法来粗略进行估算,以总结 $t_{1/2}$ 之规律性,将实验数据处理如下:

$[A]_0/(\text{mol}\cdot\text{dm}^{-3})$	t/h	$([A]_0/2)/(\text{mol}\cdot\text{dm}^{-3})$	t/h	$t_{1/2}/\text{h}$
1.37	0	0.72	2	2
0.94	1	0.49	4	3
0.72	2	0.37	6	4
0.58	3	0.29	8	5
0.49	4	0.25	10	6

不难看出,$t_{1/2}$ 与初始浓度 $[A]_0$ 有关,而且随 $[A]_0$ 减少而增大,这正是二级或二级以上反应之规律. 至少可以断定,该反应不会是一级反应.

尝试二级反应,如是单组分二级反应,则有 $[A]^{-1}$-t 之线性关系,将数据换算如下:

t/h	$\left(\dfrac{[A]}{\text{mol}\cdot\text{dm}^{-3}}\right)^{-1}$	t/h	$\left(\dfrac{[A]}{\text{mol}\cdot\text{dm}^{-3}}\right)^{-1}$
0	0.7298	6	2.6911
1	1.0559	7	3.0175
2	1.3829	8	3.3445
3	1.7100	9	3.6724
4	2.0366	10	3.9980
5	2.3646		

由 $(1/[A])$-t 图,线性很好,由直线斜率可得

$$k = 0.326\,\text{mol}^{-1}\cdot\text{dm}^3\cdot\text{h}^{-1}$$

(2) 作图法与分数寿期法相结合

先作 $[A]$-t 曲线如下:由图上取不同时刻之 $[A]$ 当作初始浓度,并找出该初始浓度一半 $([A]_0/2)$ 之时间 t,二个时刻之差即为该初浓度之半寿期,通过 $t_{1/2} = \ln2/k_1$ 及 $t_{1/2} = 1/(k_2[A]_0)$ 分别求出 k_1 及 k_2 值,列于下页表中.

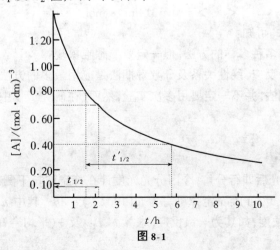

图 8-1

$[A]_0$ 及 $[A]_0/2$	t/h	$t_{1/2}/h$	k_1/h^{-1}	$k_2/(mol^{-1}\cdot dm^3\cdot h^{-1})$
$\begin{cases}1.372\\0.686\end{cases}$	0 2.22	2.22	0.312	0.328
$\begin{cases}1.000\\0.500\end{cases}$	0.90 3.83	2.93	0.237	0.341
$\begin{cases}0.800\\0.400\end{cases}$	1.60 5.50	3.90	0.178	0.321
$\begin{cases}0.600\\0.300\end{cases}$	2.86 8.20	5.34	0.130	0.312

$<k_2> = 0.326\ mol^{-1}\cdot dm^3\cdot h^{-1}$.

即用二级反应之规律处理数据所得 k 值近乎常数,取其平均值

$$<k_2> = 0.326\ mol^{-1}\cdot dm^3\cdot h^{-1}$$

(3) 解析法

将实验数据输入数值计算器,应用最小二乘法,拟合,得一曲线方程

$$\frac{[A]}{mol\cdot dm^{-3}} = 1.3627 - 0.4862\left(\frac{t}{h}\right) + 0.1017\left(\frac{t}{h}\right)^2 - 0.0104\left(\frac{t}{h}\right)^3 + 0.00039\left(\frac{t}{h}\right)^4$$

用其代替作图法,则可用不同的起始浓度及其时间,并计算浓度降为一半时之时间为半寿期. 用 $k_2 = 1/(t[A]_0)$ 求得 k 值,数据如下表所示:

$[A]/(mol\cdot dm^{-3})$	t/h	$t_{1/2}/h$	$k_2/(mol^{-1}\cdot dm^3\cdot h^{-1})$
$\begin{cases}1.362\\0.681\end{cases}$	0 2.291	2.219	0.331
$\begin{cases}1.000\\0.500\end{cases}$	0.901 3.772	2.871	0.348
$\begin{cases}0.800\\0.400\end{cases}$	1.622 5.575	3.953	0.316
$\begin{cases}0.600\\0.300\end{cases}$	2.766 7.869	5.103	0.327

由上可见,所得 k 值十分接近,取其平均值

$$<k> = 0.331\ dm^3\cdot mol^{-1}\cdot h^{-1}$$

讨论 由以上解法,可知:

(1) 求反应级数有多种多样的方法,但一定要熟悉唯象规律.

(2) 对简单级数之反应,线性关系及分数寿期法是应用最多的方法.

(3) 应用分数寿期法,并不一定要用多次实验,然而,在研究工作中为使结果可靠准确,还是要作多次重复实验.

(三) 习题

8.2-1 某物质吸光后即行分解,今因分光光度计在特定波长下测定不同时刻的透光百分数 T,结果如下表所示. 已知 Beer 定律可写为 $\lg(100/T) = abc$,其中 a 为吸收指数,b 为液池的厚度,c 为该物质的浓度. 如其为一级反应,求算 k、$t_{1/2}$ 及 τ(平均寿命).

t/min	5.00	10.00	∞
T	14.1	57.1	100

答案 $k = 0.251\ \text{min}^{-1}$, $t_{1/2} = 2.77\ \text{min}$, $\tau = 1/k = 3.98\ \text{min}$.

8.2-2 含有相同物质量的 A、B 溶液，等体积混合，发生反应 $A + B \longrightarrow C$, 1 h 后, 0.75 的 $[A]_0$ 已反应. 当反应 2 h，下列情况时物质 A 有多少已反应?

(1) 反应对 A 为一级, 对 B 为零级.

(2) 对 A、B 均为一级.

(3) 对 A、B 为零级.

答案 (1) $[A]/[A]_0 = 0.0625$, (2) 0.143, (3) 反应完全

8.2-3 气相分解反应 $CyClO—C_5H_8(A) \longrightarrow H_2(B) + CyClO—C_5H_6(C)$. 请回答:

(1) 总压为 p 时, dp/dt 与 $-dp_A/dt$ 之关系.

(2) 设为一级反应，求积分速率方程，并使其只含有 $p_{A,0}$ 及 p.

答案 (1) $dp/dt = -dp_A/dt$, (2) $\ln\{p_{A,0}/(2p_{A,0} - p)\} = kt$

8.2-4 在 1099 K 测定气相反应 $2NO + 3H_2 \longrightarrow N_2 + 2H_2O$ 的速率，结果列于下表:

	$p_0(H_2)$/kPa	$p_0(NO)$/kPa	$r_0/(\text{kPa} \cdot \text{s}^{-1})$
1	53.3	40.0	0.137
2	53.3	20.3	0.033
3	28.5	53.3	0.213
4	19.6	53.3	0.105

(1) 求反应对 NO 及 H_2 之级数;

(2) 若气体为混合理想气体，在等容时，请得出反应速率 $r = \dfrac{1}{V}\dfrac{d\xi}{dt}$ 与 dp/dt 之关系，其中 p 为总压力;

(3) 若初始体系总压为 p_0, 设 $x(NO) = x_0$、$x(H_2) = 1 - x_0$, 求 dp/dt 与 p 之关系.

答案 (1) 2 级, 1 级; (2) $d(\xi/V)/dt = -(RT)^{-1} dp/dt$; (3) $dp/dt = [k/(RT)^2][2p - (2-x_0)p_0]^2[2p - (1+x_0)p_0]$

8.2-5 DeGraff 和 Lang 应用 Br_2-SF_6 混合物的闪光光解反应以研究溴原子复合反应:

$$Br + Br \xrightarrow{k} Br_2$$

当 $[Br_2]/[SF_6] = 3.20 \times 10^{-2}$ 时，测得不同时刻的 $[Br]$, 求该反应的反应级数及 k 值.

$[Br]/(10^{-5}\ \text{mol} \cdot \text{dm}^{-3})$	2.58	1.51	1.04	0.80	0.67	0.56
$t/\mu s$	120	220	320	420	520	620

答案 作 $1/[Br]$-t 图为直线，故为二级反应，由斜率求得 $k = 2.79 \times 10^8\ \text{mol}^{-1} \cdot \text{dm}^3 \cdot \text{s}^{-1}$; 也可作 $[Br]$-t 图，取不同的 $t_{1/2}$, 再作 $\lg[Br]_0$-$t_{1/2}$ 图，可得

$$\text{斜率} = -1.03,\ n = 1 - (-1.03) \approx 2$$

8.2-6 液相反应: $H_2O_2 + 2S_2O_3^{2-} + H^+ \longrightarrow H_2O + S_4O_6^{2-}$. 已知在 pH 4~6 范围内，反应与 $[H^+]$ 无关，今在 298 K 及 pH = 5.0 条件下测得下表中的数据. 已知 $[S_2O_3^{2-}]_0 = 0.02040\ \text{mol} \cdot \text{dm}^{-3}$, $[H_2O_2]_0 = 0.036\ \text{mol} \cdot \text{dm}^{-3}$, 求反应级数及速率常数.

t/min	16	36	43	52
$[S_2O_3^{2-}]$/(mmol·dm^{-3})	10.30	5.18	4.16	3.13

答案 尝试对 $S_2O_3^{2-}$ 及 H_2O_2 均为一级反应. 据表 8.1 公式, 求得 k 为常数, $k = 0.611$ mol^{-1}·dm^3·min^{-1} = 0.0102 mol^{-1}·dm^3·s^{-1}

8.2-7 气相反应: $SO_2Cl_2(g) \longrightarrow SO_2(g) + Cl_2(g)$. 在 279.2 K 测得如下表之实验数据, 根据上述数据求反应级数及 k 值.

t/s	204	2466	4944	7500	∞
p(总压)/Pa	325	355	385	415	594.2

答案 尝试用 $k = (t_2 - t_1)^{-1} \ln[(p_\infty - p_1)/(p_\infty - p_2)]$, 求 k 值, 并取平均值, $k = 6.11 \times 10^{-5}$ s^{-1}, 即为一级反应. 也可用作图法, 作 $\ln \dfrac{p(SO_2Cl_2)}{Pa}$-$t$ 图, 从斜率与截距也可求 k 及 n.

8.2-8 二级反应 A + B ⟶ Z, 请推导其积分速率方程:

$$\frac{x}{a_0(a_0 - x)} = kt$$

式中 a_0 为反应物 A 和 B 在 $t = 0$ 时之浓度, x 为 Z 的浓度.

8.2-9 对于不可逆反应: 2A + B ⟶ Z, 当按化学计量数比配制反应物浓度时, 若 $r = k[A]^2[B]$. 已知 $[A]_0 = 2a_0$, $[B] = a_0$, 其半寿期 $t_{1/2}$ 之表示式为: $t_{1/2} = 3/8a^2k$. 请推导其积分速率方程:

$$k = \frac{2a_0 x - x^2}{8a_0^2(a - x)^2 t}$$

8.2-10 A 与 B 发生化学反应, 当保持 B 的压力(10 kPa)不变, 改变 A 的压力时, 测定反应初速数据如下:

p_A/kPa	10	15	25	40	60	100
$r(0) \times 10^4$/(kPa·s^{-1})	1.00	1.22	1.59	2.00	2.45	3.16

当保持 A 的压力(10 kPa)不变, 改变 B 的初始压力, 测得反应初速为:

p_B/kPa	10	15	25	40	60	100
$r(0) \times 10^3$/(kPa·s^{-1})	1.00	1.84	3.95	8.00	14.7	31.6

请解答下列问题: (1) 该反应对 A, B 的级数; (2) 如体系中其他物质不影响反应速率, 求该反应之总级数; (3) 求以压力表示的反应速率常数 k_p 值; (4) 求 $T = 673$ K 时的 k_c 值.

提示 先得出 $r(0)$ 与 $p_A(0)$ 或 $r(0)$ 与 $p_B(0)$ 之关系式, 再根据线性关系作图, 即得反应级数.

答案 (1) 0.5 级, 1.5 级; (2) 2 级; (3) 1×10^{-5} kPa^{-1}·s^{-1}; (4) 5.60 mol^{-1}·dm^3·s^{-1}

8.2-11 NO 与 H_2 间反应, 实验测定结果如下:

(1) H_2 分压一定, 改变 NO 分压, 反应初速为(见下表)

| $p(NO)/kPa$ | 3.59 | 1.52 |
| $[r(0)=\mathrm{d}p/\mathrm{d}t]/(kPa\cdot s^{-1})$ | 1.50 | 0.25 |

(2) NO 分压一定,改变 H_2 之分压(见下表)

| $p(H_2)/kPa$ | 2.89 | 1.47 |
| $r(0)/(kPa\cdot s^{-1})$ | 1.60 | 0.79 |

请根据上述结果,确定对 NO 及 H_2 之级数.

答案 (1) 2 级,(2) 1 级

8.2-12 443 K,恒容反应器中,二特丁基过氧化物的气相分解反应为:

$$(CH_3)_3COOC(CH_3)_3 \longrightarrow C_2H_3 + 2CH_6\overset{\overset{O}{\|}}{-}C-CH_3$$

当反应由纯反应物开始,实验测定不同时刻体系总压力数据如下:

| t/s | 0 | 150 | 300 | 600 | 900 |
| p_t/kPa | 1 | 1.40 | 1.67 | 2.11 | 2.39 |

求该反应的反应级数及速率常数.

答案 一级反应,$k=1.33\times10^{-3}\,s^{-1}$

8.3 平 行 反 应

(一) 内容纲要

平行反应可分为有相同级数及不同级数的平行反应两类进行讨论.

1. 相同级数的平行反应

若平行反应(对 A 为一级):

总反应速率

$$r = -\mathrm{d}[A]/\mathrm{d}t = k_1[A] + k_2[A] + k_3[A] = k_{表}[A]$$

$k_{表}$ 与 k_i 间之关系为

(1) $k_{表} = k_1 + k_2 + k_3 = \sum_i k_i$ (8-16)

(2) 当 $[B]_0=0, [C]_0=0, [D]_0=0, [B]:[C]:[D]=k_1:k_2:k_2$ (8-17)

这是鉴别是否具有相同反应级数平行反应的重要关系.

(3) ∵ $[B]:[C]=k_1:k_2$,可得

$$[B]/[C] = -\exp[(E_2-E_1)/RT] \tag{8-18}$$

由此可以通过调节温度(T)或调节 E_1、E_2(如添加催化剂等方法)来调节产物之组成.

(4) 可以证明

$$E_{表} = \sum k_i E_i / \sum k_i \tag{8-19}$$

即 $E_{表}$ 相当于各平行反应活化能之平均值.

2. 不同级数的平行反应

反应式如下:

(1) 速控步:$A \xrightarrow{k_1} D + E$(中间物);快反应:$E + B \xrightarrow{k_2} C$
总反应表现为一级.

(2) $A + B \xrightarrow{k_3} C + D$
总反应表现为二级.

速率方程为

$$-d[A]/dt = k_1[A] + k_3[A][B]$$

线性关系为

$$-\frac{d[A]}{dt}/[A] = k_1 + k_2[B] \tag{8-20}$$

(二) 例题解析

【例 8.3-1】 请证明相同级数平行反应表观活化能 E_a 与各平行反应 E_i 之关系为

$$E_a = \sum k_i E_i / \sum k_i$$

解析 根据活化能的定义及相同级数的平行反应的关系式,即得

$$E_{表} = RT^2 \frac{1}{k_{表}} \frac{dk_{表}}{dT} = RT^2 \frac{1}{\sum_i k_i} \frac{d\sum_i k_i}{dT}$$

$$= \sum_i RT^2 \frac{dk_i}{dT} / \sum_i k_i$$

$$= \sum_i k_i \left(RT^2 \frac{1}{k_i} \frac{dk_i}{dT} \right) / \sum_i k_i$$

$$= \sum_i k_i E_i / \sum_i k_i$$

若平行反应中第 1 个反应的 k_1 远比其他反应的 k_j 大得多时,即 $k_1 \gg k_j$(j 为除 1 外的所有其他反应),在此情况下则有

$$E_{表} \approx E_1$$

【例 8.3-2】 相同级数的下列平行反应

$$A + B \begin{array}{c} \xrightarrow{k_1, E_1} G + C \quad ① \\ \xrightarrow{k_2, E_2} G + D \quad ② \end{array}$$

对 A 和 B 均为一级.

(1) 若 $[C]_0 = [D]_0 = 0$,请得出 $[C]/[D]$ 用温度 T 及活化能 E_1, E_2 的表达式;并讨论提高平行反应选择性的动力学途径.

(2) 试求下表条件下的 $[C]/[D]$.

	$(E_2-E_2)/(kJ\cdot mol^{-1})$	T/K	[C]/[D]
①	20	522	
②	20	261	
③	40	522	

解析 (1) 设 E_1、E_2 与 T 无关,可得

$$[C]/[D] = k_1/k_2 = \exp[(E_2-E_1)/RT] \qquad ③$$

设①为主反应,②为副反应,$E_2 > E_1$.由③式知,提高[C]/[D]的动力学途径有二:(i) 选用适当的催化剂使(E_2-E_1)增大;(ii) 降低反应的温度.因为副反应的E_2比主反应的E_1大,根据Arrhenius公式,降温时副反应的速率常数要比主反应的降低得多.因此,降温可提高平行反应的选择性.顺便指出,降温虽然可提高选择性.但由于反应速率变慢,伴随的后果是生产率的降低,故在实际生产中要同时兼顾.

(2) 将表中 T, E_1, E_2 代入式③,即可求出[C]/[D].

[C]/[D]   ① 100   ② 10065   ③ 10065

讨论 数值计算表明了(1)的结论:T 降低及(E_2-E_1)增加效果是相同的.然而从生产的角度分析,考察反应速率宜采用增大(E_2-E_1)的办法.

【例 8.3-3】 环丁酮(A)热分解可发生下列反应

656 K,当$[A]_0 = 6.50 \times 10^{-5}$ mol·dm^{-3}时,实验测得如下数据.请按一级平行反应求k_1, k_2.

t/min	1.0	2.0	3.0
$10^5[B]/(mol\cdot dm^{-3})$	0.68	1.53	2.63
$10^7[C]/(mol\cdot dm^{-3})$	0.47	1.24	2.20

解析 本题应充分利用内容纲要中相同平行反应级数的几点规律.

$$-d[A]/dt = (k_1+k_2)[A] = k[A]$$

可得

$$\ln\{[A]_0/([A]_0-[B]-[C])\} = kt$$

将实验数据代入,取平均值:

$$k = k_1 + k_2 = 1.48 \times 10^{-3}\ s^{-1} \qquad ①$$

又据 $k_1/k_2 = [B]/[C]$,可得

$$k_1/k_2 = 129 \qquad ②$$

联立式①和式②,求得

$$k_1 = 1.47 \times 10^{-3}\ s^{-1}$$
$$k_2 = 1.14 \times 10^{-5}\ s^{-1}$$

【例 8.3-4】 等容封闭体系中进行平行反应

$$A \begin{cases} \to B \\ \to C\,(主产物) \\ \to D \end{cases} \qquad \begin{aligned} k_1 &= 1.00\ \text{mol}\cdot\text{dm}^{-3}\cdot\text{s}^{-1} \\ k_2 &= 2.00\ \text{s}^{-1} \\ k_3 &= 1.00\ \text{mol}^{-1}\cdot\text{dm}^{3}\cdot\text{s}^{-1} \end{aligned}$$

(1) 当 $[A]_0 = 2.00\ \text{mol}\cdot\text{dm}^{-3}$ 时,试求 $[A]$ 降低到何值时主产物分数 θ_C 可达最大值?

(2) 当 $[A] = 0$ 时,$[C]$ 为多大?

解析 (1) $\theta_C = d[C]/(d[B] + d[C] + d[D])$ ①

据已知条件 $d[B]/dt = 1.00\ \text{mol}\cdot\text{dm}^{-3}\cdot\text{s}^{-1}$ (零级)

$d[C]/dt = 2.00\,[A]$ (一级)

$d[D]/dt = 1.00\,[A]^2$ (二级)

代入①式,有

$$\theta_C = 2[A]/(1 + 2[A] + [A]^2) = 2[A]/(1 + [A])^2$$

$$d\theta_C/d[A] = 0 \quad 或 \quad d\{2[A]/(1+[A])^2\}/d[A] = 0 \qquad ②$$

由式②可得 $[A] = [A]_0/2 = 1.00\ \text{mol}\cdot\text{dm}^{-3}$ 时 θ_C 有极大值.

(2) ∵ $d[C]/dt = 2[A]$ ③

$-d[A]/dt = (1 + [A])^2$ ④

由式③和式④,可得

$$d[C] = -\{2[A]/(1+[A])^2\}d[A]$$

据积分式 $\int \dfrac{x}{(a+bx)^2}dx = b^{-2}\left[\ln(a+bx) + \dfrac{a}{(a+bx)}\right]$,可得

$$[C] = 2\ln(1+[A])\big|_0^2 + 2/(1+A)\big|_0^2 = 0.863\ \text{mol}\cdot\text{dm}^{-3}$$

讨论 本题是不同级数之平行反应,刚好为 $(1+[A])^2$,但研究工作中常可配成 $(a+bx)^2$ 等关系,本题的原则实际上带有普遍性.

【例 8.3-5】 两个不同的反应物 A、B 相混合,发生平行一级反应,即

$$A \xrightarrow{k_1} C,\ B \xrightarrow{k_2} C$$

(1) 写出产物 C 浓度随时间变化的方程式.

(2) 当 $k_1 = k_2 = k$ 时如何求 k?

(3) 当 $k_1 \neq k_2$,且 $k_1 > k_2$,请讨论 k_1, k_2 之求法.

解析 (1) 在任一时刻,据物料平衡及一级反应的规律,可得

$$[C] = ([A]_0 - [A]) + ([B]_0 - [B])$$

$$= ([A]_0 + [B]_0) - \{[A]_0\exp(-k_1 t) + [B]_0\exp(-k_2 t)\} \qquad ①$$

(2) ∵ $k_1 = k_2 = k$,将①式简化为

$$\ln([A]_0 + [B]_0 - [C]) = \ln([A]_0 + [B]_0) - kt \qquad ②$$

据式②,作 $\ln([A]_0 + [B]_0 - [C])$-t 图,由直线斜率可求出 k 值.

(3) 反应初始阶段,C 由 A、B 共同生成,据式②,$\ln([A]_0 + [B]_0 - [C])$-t 是非线性的,但 $k_1 > k_2$,即 A 之消耗快于 B,直到 A 全部反应完时刻以后,即表现为线性.

$$\ln([A]_0 + [B]_0 - [C]) = \ln[B]_0 - k_2 t \qquad ③$$

由该直线斜率即可求 k_2.

改写式①为
$$\ln\{[A]_0 + [B]_0 - [C] - [B]_0\exp(-k_2 t)\} = \ln[A]_0 - k_1 t \quad ④$$

由于 $[A]_0 + [B]_0 = [C]_\infty$，故得
$$\ln\{[C]_\infty - [C] - [B]_0\exp(-k_2 t)\} = \ln[A]_0 - k_1 t \quad ④$$

据式④作图，即可通过直线斜率求 k_1.

讨论 由上述几个例题可见，熟悉平行反应之规律对于设计实验、处理实验数据是非常重要的.

(三) 习题

8.3-1 下列反应原则上应如何选择反应温度或其他条件，才对产物生成有利？

$$A \xrightarrow{E_1} B(产物) \xrightarrow{E_2} C$$
$$A \xrightarrow{E_3} D$$

E_1、E_2、E_3 为各相应反应的活化能.
(1) 若 $E_1 > E_2, E_2 > E_3$；(2) 若 $E_2 > E_1 > E_3$.

8.3-2 乙酸高温裂解制乙烯酮，副反应生成甲烷，两反应对乙酸均为一级反应.

$$CH_3COOH \xrightarrow{k_1} CH_2 = CO + H_2O$$
$$CH_3COOH \xrightarrow{k_2} CH_4 + CO$$

已知 1089 K 时，$k_1 = 4.65\ s^{-1}$，$k_2 = 3.74\ s^{-1}$，计算：
(1) 如 99% 乙酸反应，需时多少？
(2) 1089 K 时，乙烯酮的最高收率 Y_{max} 为多少？如何提高选择性？简述理由.

答案 (1) 0.549 s, (2) 55.4%

8.3-3 d-樟脑-3 羧酸(A)之热分解反应为

$$C_{10}H_{15}OCOOH \xrightarrow{k_1} C_{10}H_{16}O + CO_2 \quad ①$$

实验表明，溶剂不同，A 随时间减少的速率不同，而以无水乙醇中减少较快，这是因为在乙醇中有下列副反应发生：

$$C_{10}H_{15}OCOOH + C_2H_5OH \xrightarrow{k_2} C_{10}H_{15}OCOOC_2H_5 + H_2O \quad ②$$

反应①、②对 A 均为一级反应. 今在 321 K 用无水乙醇为溶剂进行实验，每次反应物的总和为 200 cm³，在不同的时间，每一次取出 20 cm³ 样品，用 0.05 mol·dm⁻³ 的 $Ba(OH)_2$ 滴定其中的酸(A)的含量，并用 KOH 溶液吸收放出的 CO_2，数据如下表所示. 求算反应①及②的速率常数 k_1 与 k_2.

t/min	0	10	20	30	40	60	80
A 量ᵃ	20.0	16.26	13.25	10.68	8.74	5.88	3.99
CO_2/g	0	0.0841	0.1545	0.2095	0.2482	0.3045	0.3556

ᵃ 0.05 mol·dm⁻³ $Ba(OH)_2$ 滴定所用的体积/cm³.

提示 利用 $k_1 + k_2 = \dfrac{1}{t}\ln\dfrac{a}{a-x}$，$\dfrac{k_1}{k_2} = \dfrac{y}{z}$ 之关系将各种数据代入，再求 k_1、k_2 之平均值，

a 为 $[A]_0$, x 为 t 时 A 消耗的浓度, y、z 分别为反应①、②各自消耗的反应物 A 之部分.

答案 $\langle k_1 \rangle = 1.04 \times 10^2$ min^{-1}, $\langle k_2 \rangle = 1.02 \times 10^2$ min^{-1}

8.3-4 化学反应 $[CrCl_2(H_2O)_4]^+(aq) + H_2O(l) \longrightarrow [CrCl(H_2O)_5]^{2+}(aq) + Cl^-(aq)$ 分析实验数据,可得其表观速率常数 $k_表$ 为

$$k_表 = k_0 + k(H^+)/[H^+]$$

即 H^+ 是该反应的阻化剂,请从下列实验数据求 k_0、$k(H^+)$.

$10^3[HCl]/(mol \cdot dm^{-3})$	0.200	0.861	1.005	4.196	8.000	9.953
$10^3 k_表/s^{-1}$	1.10	0.341	0.307	0.170	0.078	0.070

提示 本题是催化与非催化平行反应,作 $k_表$-$[H^+]^{-1}$ 图,由截距求 k_0,斜率求 $k(H^+)$.

答案 $k_0 = 6.9 \times 10^{-5}$ s^{-1}, $k(H^+) = 2.09 \times 10^{-7}$ mol$^{-1} \cdot dm^3 \cdot $s^{-1}

8.3-5 在 H^+、Br^-、$Br_2(aq)$、$H_2O_2(aq)$ 体系中,H_2O_2 可发生下述平行反应:

$$H_2O_2 + 2Br^- + 2H^+ \xrightarrow{k_1} Br_2(aq) + 2H_2O(l)$$

$$H_2O_2 + Br_2(aq) \xrightarrow{k_2} 2H^+ + 2Br^- + O_2(g)$$

298 K 时,已知

$$-\frac{d[H_2O_2]}{dt} = k_1[H_2O_2][H^+][Br^-] + \frac{k_2[H_2O_2][Br_2]}{[H^+][Br^-]}$$

$$\frac{d[Br_2]}{dt} = k_1[H_2O_2][H^+][Br^-] - \frac{k_2[H_2O_2][Br_2]}{[H^+][Br^-]}$$

且 $k_1 = 1.2 \times 10^{-4}$ mol$^{-2} \cdot dm^6 \cdot $s^{-1}, $k_2 = 5.8 \times 10^{-4}$ mol$^{-1} \cdot dm^{-3} \cdot $s^{-1}.

(1) 设上述两个反应速率相等,请求 $k_表$.

此处 $-d[H_2O_2]/dt = k_表[H_2O_2][H^+][Br^-]$

(2) 当 $d[Br_2]/dt = 0$, 即达到稳态,请求 $[Br_2]/[H^+]^2[Br^-]^2$ 之值.

(3) 有人提出存在两个平行的反应历程

- 历程 Ⅰ $\quad H_2O_2 + H^+ + Br^- \xrightarrow{k'} HBrO(aq) + H_2O(l)$

$\qquad\qquad HBrO(aq) + H^+ + Br^- \underset{快}{\rightleftharpoons} H_2O(l) + Br_2(aq)$

- 历程 Ⅱ $\quad H_2O_2 + HBrO_2(aq) \xrightarrow{k''} H_2O(l) + H^+ + Br^- + O_2(g)$

$\qquad\qquad Br_2(aq) + H_2O(l) \xrightarrow{快} HBrO(aq) + H^+ + Br^-$

请推导 $-d[H_2O_2]/dt$ 之表达式.

提示及答案 (1) 将二个反应速率方程相加,可得 $k_表 = 2k_1 = 2.4 \times 10^{-4}$ mol$^{-2} \cdot dm^6 \cdot $s^{-1}.

(2) $[Br_2]/([H^+]^2[Br^-]^2) = k_1/k_2 = 0.21$ dm$^9 \cdot $mol^{-3}

(3) $-d[H_2O_2]/dt = k'[H_2O_2][H^+][Br^-] + k''[H_2O_2][Br_2]/(K[H^+][Br^-])$,

$K = [Br_2]/([HBrO][H^+][Br^-])$

8.3-6 有相同级数的平行反应

$$A \xrightarrow{k_1} C, \; B \xrightarrow{k_2} C$$

在 298 K 时测得下列实验数据(见下表),求 k_1、k_2、$[A]_0$、$[B]_0$.

t/s	0	900	1800	3600	5400	7200
$[C]/(\text{mol}\cdot\text{dm}^{-3})$	0	0.0106	0.0179	0.0283	0.0350	0.0397
t/s	9000	12600	14400	18000	21600	∞
$[C]/(\text{mol}\cdot\text{dm}^{-3})$	0.0431	0.0482	0.0498	0.0525	0.0542	0.0580

提示 参考例题 8.3-5 之方法.

答案 $k_1 = 4.78 \times 10^{-4}\ \text{s}^{-1}$, $k_2 = 1.08 \times 10^{-4}\ \text{s}^{-1}$, $[A]_0 = 0.0197\ \text{mol}\cdot\text{dm}^{-3}$, $[B]_0 = 0.0384\ \text{mol}\cdot\text{dm}^{-3}$

8.3-7 不同级数之平行反应: $A \xrightarrow{k_1} B$, $2A \xrightarrow{k_2} C+D$. 当反应初始只有反应物 A 时, 推导积分速率方程.

提示与答案 利用积分式 $\int [x(a+bx)]^{-1}\mathrm{d}x = -a^{-1}\ln[(a+bx)/x]$, 可得

$$\ln\frac{[A]_0(k_1 + 2k_2[A])}{[A]_0(k_1 + 2k_2[A]_0)} = k_1 t$$

8.3-8 某反应物的分解为相同级数的平行反应:

$$R \begin{array}{c} \xrightarrow{k_1} P\ (目的产物) \\ \xrightarrow{k_2} C \\ \xrightarrow{k_3} D \end{array}$$

假设各反应的指前因子和活化能分别为 A_1、A_2、A_3、E_1、E_2、E_3, 且 $E_3 > E_1 > E_2$, 求 P 最大收率时的温度(以函数形式表示)

提示 令 $\phi = r_P/(r_P + r_B + r_C)$, 使 $\mathrm{d}\phi/\mathrm{d}t = 0$ 整理.

答案 $(E_3 - E_2)/T = \ln[(E_3 - E_1)A_3/(E_1 - E_2)A_2]$

8.4 对峙反应

(一) 内容纲要

研究对峙反应速率方程及处理实验数据时, 要充分利用反应中各物质量之间的关系及平衡关系.

- 对于 1-1 级对峙反应

$$A \underset{k_r}{\overset{k_f}{\rightleftharpoons}} B$$

$$[A]_0 + [B]_0 = [A]_e + [B]_e = [A]_t + [B]_t \tag{8-21}$$

$$[B]_e/[A]_e = k_f/k_r = K \tag{8-22}$$

$$r = -\mathrm{d}[A]/\mathrm{d}t = k_f[A] - k_r[B] = (k_f + k_r)([A] - [A]_e) \tag{8-23}$$

$$\ln\{([A] - [A]_e)/([A]_0 - [A]_e)\} = -(k_f + k_r)t \tag{8-24}$$

$$\ln\frac{[A]_0}{(1 + K^{-1})[A] - K^{-1}[A]_0} = k_f(1 + K^{-1})t \tag{8-25}$$

当 l 为与 $[A]$ 成线性关系的易测量的物理量时

$$\ln[(l_t - l_e)/(l_o - l_e)] = -(k_f + k_r)t \qquad (8\text{-}26)$$

● 对于 2-2 级对峙反应

$$A + B \underset{k_r}{\overset{k_f}{\rightleftharpoons}} E + F$$

当 $[A]_0 = a, [B]_0 = b, [E]_0 = 0, [F]_0 = 0$,且平衡时 $[E]_e = [F]_e = x_e$ 时,可得

$$K = k_f/k_r = x_e^2/(a - x_e)(b - x_e)$$

$$k_f t = (a - b)^{-1}\ln[b(a-x)/a(b-x)] \qquad (8\text{-}27)$$

$$k_f t = \frac{x_e}{2a(a - x_e)}\ln\frac{ax_e + x(a - 2x_e)}{a(x_e - x)} \qquad (8\text{-}28)$$

其他类型的对峙反应(如 2-1 级)的速率公式,请读者练习求解.

(二) 例题解析

【例 8.4-1】 某物理量 l(如吸光系数、压力等)与体系组分之浓度成线性关系,请证明 1-1 级对峙反应

$$A \underset{k_{-1}}{\overset{k_1}{\rightleftharpoons}} B$$

应有如下关系： $\quad \ln\{(l_t - l_e)/(l_0 - l_e)\} = -(k_1 + k_{-1})t$

解析 1-1 级对峙反应的速率方程为

$$\ln\{([A] - [A]_e)/([A]_0 - [A]_e)\} = -(k_1 + k_{-1})t \qquad ①$$

本题只需将 $[A]$ 换算为以 l 表示代入即可

若反应物、产物及其他组分(如溶剂)对该物理量之贡献,可写为

$$t = 0 \quad l_0 = l_A[A]_0 + l_B[B]_0 + C \qquad ②$$

$$t = t \quad l_t = l_A[A] + l_B[B] + C \qquad ③$$

$$t = \infty \quad l_e = l_A[A]_e + l_B[B]_e + C \qquad ④$$

由于 $\qquad [A]_0 + [B]_0 = [A]_e + [B]_e = [A] + [B] \qquad ⑤$

且 $\qquad K = [B]_e/[A]_e \qquad ⑥$

将式⑤、式⑥代入式②~④,可得

$$l_0 = (l_A - l_B)[A]_0 + l_B(1 + K)[A]_e + C \qquad ⑦$$

$$l_t = (l_A - l_B)[A] + l_B(1 + K)[A]_e + C \qquad ⑧$$

$$l_e = (l_A + Kl_B)[A]_e + C \qquad ⑨$$

由式⑦ - 式⑨,得 $\quad l_0 - l_e = ([A]_0 - [A]_e)(l_A - l_B) \qquad ⑩$

由式⑧ - 式⑨,得 $\quad l_t - l_e = ([A] - [A]_e)(l_A + l_B) \qquad ⑪$

将式⑩、式⑪代入式①,即得

$$\ln[(l_t - l_e)/(l_0 - l_e)] = -(k_1 + k_{-1})t$$

【例 8.4-2】 已知反应 $A \underset{k_r}{\overset{k_f}{\rightleftharpoons}} B$ 之 $k_f = 10^{-2}\,\text{s}^{-1}$,且 $[B]_e/[A]_e = 4$. 若 $[A]_0 = 0.01\,\text{mol} \cdot \text{dm}^{-3}$,$[B]_0 = 0$,求 30 s 后,$[B]$ 为多少?

解析 据 1-1 级对峙反应的速率方程

$$\ln\{([A] - [A]_e)/([A]_e - [A]_e)\} = -(k_f + k_r)t \qquad ①$$

又 $[B]_e/[A]_e = k_f/k_r = 4$，故 $k_r = k_f/4 = 0.25 \times 10^{-2} \text{ s}^{-1}$

据物料关系 $[A]_0 + [B]_0 = [A]_e + [B]_e = 5[A]_e = [A]_0$，求得

$$[A]_e = [A]_0/5 = 0.002 \text{ mol} \cdot \text{dm}^{-3}$$

将上述数据代入式①，可得

$$\ln\{([A] - [A]_e)/(0.01 - 0.002)\} = -1.25 \times 10^{-2} \times 30$$

$$[A] = 0.0075 \text{ mol} \cdot \text{dm}^{-3}, \quad [B] = [A]_0 - [A] = 0.0025 \text{ mol} \cdot \text{dm}^{-3}$$

【例 8.4-3】 由 A 转变为 B 有两种反应途径

$$A \underset{k_2}{\overset{k_1}{\rightleftharpoons}} B, \quad A + H^+ \underset{k_4}{\overset{k_3}{\rightleftharpoons}} B + H^+$$

请推导 4 个速率常数间之关系.

解析 据平衡关系可得

$$K_1 = k_1/k_2 = [B]_e/[A]_e \qquad ①$$

$$K_2 = k_3/k_4 = [B]_e[H^+]_e/[A]_e[H^+]_e \qquad ②$$

于是 $k_1/k_2 = k_3/k_4$ 或 $k_1/k_4 = k_2/k_3$.

(三) 习题

8.4-1 对于总包反应：$H_3AsO_4 + 2H^+ + 3I^- \underset{k_r}{\overset{k_f}{\rightleftharpoons}} H_3AsO_3 + I_3^- + H_2O$. 其速率方程为

$$d[I_3^-]/dt = k_f[H_3AsO_4][I^-][H^+] - k_r[H_3AsO_3][I_3^-][I^-]^{-2}[H^+]^{-1}$$

实验求得 $k_f = 4.7 \times 10^{-4} \text{ dm}^6 \cdot \text{mol}^{-2} \cdot \text{min}^{-1}$，$k_r = 3.0 \times 10^{-3} \text{ mol}^3 \cdot \text{dm}^{-6} \cdot \text{min}^{-1}$，求平衡常数 K_c 的表达式及 K_c 值.

答案 $K_c = [H_3AsO_3][I_3^-]/[H_3AsO_4][I^-]^3[H^+]^2$，$K_c = 0.16 \text{ mol}^{-4} \cdot \text{dm}^{12}$

8.4-2 反应 $A \underset{k_r}{\overset{k_f}{\rightleftharpoons}} B$. 已知 $\lg(k_1/\text{s}^{-1}) = -\dfrac{2000}{T/\text{K}} + 4.0$，$\lg K = \dfrac{2000}{T/\text{K}} - 4.0$，$[A]_0 = 0.500 \text{ mol} \cdot \text{dm}^{-3}$，$[B]_0 = 0.0500 \text{ mol} \cdot \text{dm}^{-3}$，求逆反应活化能 E_r 及 400 K 时之 $[A]_e$、$[B]_e$.

答案 $E_r = 76.6 \text{ kJ} \cdot \text{mol}^{-1}$，$[A]_e = 0.0500 \text{ mol} \cdot \text{dm}^{-3}$，$[B]_e = 0.500 \text{ mol} \cdot \text{dm}^{-3}$

8.4-3 反应 $A \underset{k_{-1}}{\overset{k_1}{\rightleftharpoons}} Y + Z$. 当 $[A]_0 = a$，$[A]_t = a - x$.

(1) 已知该反应正向为一级，逆向为二级，请推导其积分速率方程.

(2) 将上述方程用于乙酸甲酯(A)水解，实验测定的结果列于下表. 已知实验的条件为 $T = 353.4 \text{ K}$，作为催化剂的 HCl 浓度为 $0.05 \text{ mol} \cdot \text{dm}^{-3}$，求 k_1 及 k_{-1}.

t/s	1350	2070	3060	5340	7740	∞
$w(A)/(\%)$	21.2	30.7	43.4	59.5	73.45	90.0

答案 (1) $k_1 = \dfrac{x_e}{(2a - x_e)t} \ln \dfrac{a_0 x_e + x(a - x_e)}{a_0(x_e - x)}$

(2) $k_1 = 1.51 \times 10^{-4} \text{ s}^{-1}$，$k_{-1} = 3.73 \times 10^{-4} \text{ mol}^{-1} \cdot \text{dm}^3 \cdot \text{s}^{-1}$

8.4-4 乙酸乙酯的酸催化水解反应，当以盐酸提供 H^+ 作为催化剂时，其反应速率可表示为

$$\dfrac{dx}{dt} = k_f(E - x)(W - x) - k_r(A + x)x$$

式中 E、W、A 分别表示乙酸乙酯、水、醇的初始浓度，且 $E = 1.000 \text{ mol} \cdot \text{dm}^{-3}$，$W = A = 12.215 \text{ mol} \cdot \text{dm}^{-3}$。实验以 $0.03058 \text{ mol} \cdot \text{dm}^{-3}$ 的 $Ba(OH)_2$ 滴定 1 cm^3 反应液，计算得下结果：

t/min	0	78	94	138	169
$x/(\text{mmol} \cdot \text{dm}^{-3})$	0	77.0	93.0	124.7	141.2
t/min		348	415	464	∞
$x/(\text{mmol} \cdot \text{dm}^{-3})$		209.2	224.5	232.5	264.2

(1) 试推导能直接用于计算的反应速率积分形式；(2) 求 k_f 及 k_r。

答案 (1) $k_f = \dfrac{1}{\left(W + \dfrac{A}{K}\right)t} \ln \dfrac{EW}{EW - \left(W + \dfrac{A}{K}\right)x}$

(2) $k_f = 9.55 \times 10^{-5} \text{ mol}^{-1} \cdot \text{dm}^3 \cdot \text{min}^{-1}$，$k_r = 2.55 \times 10^{-4} \text{ mol}^{-1} \cdot \text{dm}^3 \cdot \text{min}^{-1}$

8.4-5 在 278.9 K 及 pH = 6.00 时研究下述反应

$$Co(EDTA)^{2-} + Fe(CN)_6^{3-} \underset{k_r}{\overset{k_f}{\rightleftharpoons}} (EDTA)CoFe(CN)_6^{5-}$$

且于反应物 $Co(EDTA)^{2-}$ 过量存在下测定其速率方程中的 $k_\text{表}$（见下表）：

$10^3 Co(EDTA)^{2-}/(\text{mol} \cdot \text{dm}^{-3})$	2.63	3.42	5.26	7.89	10.5
$k_\text{表}/\text{s}^{-1}$	109	137	203	286	373

已知其速率方程为下式，求 k_f 及 k_r。

$$-\dfrac{d[Fe(CN)_6^{3-}]}{dt} = k_f[Co(EDTA)^{2-}][Fe(CN)_6^{3-}] - k_r[(EDTA)CoFe(CN)_6^{5-}]$$

$$k_\text{表} = k_f[Co(EDTA)^{2-}] + k_r$$

答案 $3.36 \times 10^{-4} \text{ mol}^{-1} \cdot \text{dm}^3 \cdot \text{s}^{-1}$，$23.8 \text{ s}^{-1}$

8.4-6 对峙一级反应 $A \underset{k_r}{\overset{k_f}{\rightleftharpoons}} B$，今定义 $[A] = ([A]_0 + [A]_e)/2$ 之时刻为 $t_{1/2}$，试证 $t_{1/2} = \ln 2/(k_f + k_r)$。若初速率为每分钟消耗 A 的 0.2%，平衡时有 80% 转化为 B，求该反应的 $t_{1/2}$。

答案 0.0693 min

8.5 连续反应及稳态近似

(一) 内容纲要

1. 单向连续反应方程式

$$A \xrightarrow{k_1} B \xrightarrow{k_2} C \quad (\text{产物})$$

若 $t = 0$ 时，$[A]_0 = a$，$[B]_0 = 0$，$[C]_0 = 0$，则

$$[A] = a\exp(-k_1 t) \tag{8-29}$$

$$[B] = \dfrac{k_1 a}{k_2 - k_1}[\exp(-k_1 t) - \exp(-k_2 t)] \tag{8-30}$$

反应中间物 B 的浓度极大值及达到极大值的时间分别为

$$[B]_{max} = a\left(\frac{k_1}{k_2}\right)^{\frac{k_2}{k_2-k_1}} \tag{8-31}$$

$$t_{max} = \{\ln(k_2/k_1)\}/(k_2-k_1) \tag{8-32}$$

2. 稳态近似

当 $k_2 \gg k_1$ 即 $E_1 \gg E_2$ 时, $t_{max} \approx 0$, $d[B]/dt(t > t_{max}) \approx 0$, 即反应一开始, 活性中间物即处于稳态, 其浓度保持一极低的常数.

根据稳态近似:

$$d[B]/dt = k_1[A] - k_2[B] = 0$$
$$[B]_{ss} = (k_1/k_2)[A] \quad ([B]_{ss} 为稳态浓度)$$
$$r = d[C]/dt = k_2[B] = k_1[A]$$

3. 速控步

在连续反应中, 如果存在某一步反应, 其活化能最大, 如 $E_1 \gg E_2$, 相对于其他反应最难进行, 则总反应速率将受这步反应的控制. 如单向连续反应中之 B ⟶ C, 则称该步反应为速控步, 又称决速步.

4. 对峙连续反应

$$A \underset{k_{-1}}{\overset{k_1}{\rightleftharpoons}} B + C \overset{k_2}{\longrightarrow} P$$

$$[B]_{ss} = k_1[A]/(k_{-1} + k_2[C])$$

当 $(k_{-1} \gg k_2[B])$ 时

$$r = d[C]/dt = (k_2k_1/k_{-1})[A][B] = k_2K_1[A][B]$$

5. 平衡假设

在一个包括有对峙反应的连续反应中, 如果存在着速控步, 如 B + C $\overset{k_2}{\longrightarrow}$ P, 则可认为其他各反应步骤的正向和逆向间可维持平衡关系, 如 A $\overset{K_1}{\rightleftharpoons}$ B, 而总反应速率及表观速率常数取决于速控步及其之前的平衡过程, 而与速控步后的各步反应无关.

稳态近似和平衡假设使避免处理复杂的化学动力学方程, 是行之有效的简化的近似方法.

(二) 例题解析

【例 8.5-1】 N_2O_5 分解反应历程如下:

$$N_2O_5 \overset{k_1}{\longrightarrow} NO_2 + NO_3$$
$$NO_2 + NO_3 \overset{k_2}{\longrightarrow} N_2O_5$$
$$NO_2 + NO_3 \overset{k_3}{\longrightarrow} NO + O_2 + NO_2$$
$$NO + NO_3 \overset{k_4}{\longrightarrow} 2NO_2$$

(1) 以 NO_3、NO 为活性中间物, 用稳态近似证明, N_2O_5 之消失速率对 N_2O_5 为一级反应.

(2) 实验发现, 反应 $2Cl_2O + 2N_2O_5 \longrightarrow 2NO_3Cl + 2NO_2Cl + O_2$ 的速率常数与 N_2O_5 分解反应速率常数在数值上十分接近, 请解释这一现象.

解析 (1) 先对 NO_3 及 NO 应用稳态近似

$$\frac{d[NO_3]}{dt} = k_1[N_2O_5] - k_2[NO_2][NO_3] - k_3[NO_2][NO_3] - k_4[NO][NO_3] = 0 \quad ①$$

$$d[NO]/dt = k_3[NO_2][NO_3] - k_4[NO][NO_3] = 0 \quad ②$$

由式①及式②,可得

$$[NO_3] = k_1[N_2O_5]/(2k_3 + k_2)[NO_2] \quad ③$$

若以 O_2 的生成速率表示总反应速率,则

$$r = k_3[NO_2][NO_3] = [k_1k_3/(2k_3 + k_2)][N_2O_5] = k_{表}[N_2O_5] \quad ④$$

$$k_{表} = k_1k_3/(2k_3 + k_2)$$

若应用平衡假设

$$K = [NO_2][NO_3]/[N_2O_5] = k_1/k_2$$

$$r = k_3[NO_2][NO_3] = Kk_3[N_2O_5] \quad ⑤$$

由式④及式⑤,该反应之总反应速率仅决定于前三步反应,可见反应③为决速步.

(2) 反应 $2Cl_2O + 2N_2O_5 \longrightarrow 2NO_3Cl + 2NO_2Cl + O_2$ 之所以与 N_2O_5 分解速率相同,在于 Cl_2O 仅在决速步后参与反应,故与 Cl_2O 之浓度无关.

【例 8.5-2】 丙酮卤代反应为 $CH_3COOCH_3 + X_2 \xrightarrow{HA} CH_3COOCH_2X + HX$,其中间产物 C、D 及 E 依次为 $(CH_3)_2COH^+$、$CH_2C(OH)CH_3$ 及 $CH_2XC(OH)CH_3^+$,催化剂 HA 是一种酸,且其反应历程可写为

$$R(丙酮) + HA \xrightarrow{k_1} C + A^- \quad ①$$

$$C + A^- \xrightarrow{k_2} R + HA \quad ②$$

$$C + A^- \xrightarrow{k_3} D + HA \quad ③$$

$$D + X_2 \xrightarrow{k_4} E + X^- \quad ④$$

$$E + A^- \xrightarrow{k_5} P + HA \quad ⑤$$

(1) 请用稳态近似求以丙酮消耗速率表示的反应速率方程.
(2) 若 $k_3 \gg k_2$,决速步为哪一个元反应? 为什么?
(3) 若 $k_3 \ll k_2$,决速步为哪一个元反应? 为什么?

解析 (1) 本题反应历程较为复杂,在写中间物反应速率方程时,应细心,不能有疏漏.
(2) 根据稳态近似,可写出丙酮之消耗速率及中间物之反应速率.

$$-d[R]/dt = k_1[R][HA] - k_2[C][A^-]$$

$$d[C]/dt = k_1[R][HA] - (k_2 + k_3)[C][A^-] = 0$$

$$[C][A^-] = \frac{k_1}{k_2 + k_3}[R][HA]$$

$$-d[R]/dt = \left(k_1 - \frac{k_1k_2}{k_2 + k_3}\right)[R][HA] = \frac{k_1k_3}{k_2 + k_3}[R][HA]$$

(3) 当 $k_3 \gg k_2$,则 $r = k_1[R][HA]$.据连续反应的总反应之特征为决速步所表现,故此时决速步为①.

(4) 当 $k_3 \ll k_2$ 时,$r = k_1k_3/k_2[R][HA] = Kk_3[R][HA]$.

由上可见,反应①、②为快速达到平衡,且总反应速率与决速步后之元反应无关,故反应③

为决速步.

【例 8.5-3】 对于连续反应:$A+B \underset{k_{-1}}{\overset{k_1}{\rightleftharpoons}} C, C+B \xrightarrow{k_2} D$. 令 C 为活性中间物,当 $k_2[B] \gg k_{-1}$ 及 $k_2[B] \ll k_{-1}$ 两种情况时,分别讨论该反应之反应级数及表观速率常数 $k_{表}$ 之表示式.

解析 应用稳态近似

$$d[C]/dt = k_1[A][B] - k_{-1}[C] - k_2[C][B] = 0$$
$$[C] = k_1[A][B]/(k_{-1} + k_2[B]) \qquad ①$$
$$r = d[D]/dt = k_2[C][B] = k_1 k_2[A][B]^2/(k_{-1} + k_2[B]) \qquad ②$$

当 $k_2[B] \gg k_{-1}$,则

$$r = k_1[A][B] \qquad ③$$

由式③可知,该反应为二级反应,$k_{表} = k_1$,即反应 $A+B \longrightarrow C$ 是决速步.

当 $k_2[B] \ll k_{-1}$,则

$$r = (k_2 k_1/k_{-1})[A][B]^2 \qquad ④$$

由式④可知,该反应为三级反应,$k_{表} = k_2 k_1/k_{-1} = k_2 K_1$,即反应 $C+B \longrightarrow D$ 为决速步,而 $A+B \rightleftharpoons C$ 可认为能保持平衡.应用平衡假设:

$$[C] = K_1[A][B]$$
$$r = k_2[C][B] = k_2 K_1[A][B]^2 \qquad ⑤$$

式⑤与式④完全一样,惟推导过程更简单,而平衡假设应满足的条件,除 $k_1 \gg k_{-1}, k_1 \gg k_2[B]$ 外,还应有 $k_{-1} \gg k_2[B]$. 故可认为平衡假设包容于稳态近似中,两者不是互为独立的近似方法.

由上的讨论也可得到启示,通过对总反应级数及表观速率常数的研究,将有助于对反应历程之判断,具体可参阅例 8.5-4.

【例 8.5-4】 设某一有机卤化物,在水-叠氮化物溶液中进行水解,其产物为 ROH 及 RN_3 之混合物,有人提出两种反应历程:

历程 I $RX \underset{k_{-1}}{\overset{k_1}{\rightleftharpoons}} [R^+ X^-] \overset{k_S}{\underset{k_N}{\overset{N_3^-}{\rightrightarrows}}} \begin{array}{l} ROH \\ RN_3 \end{array}$

历程 II $RX \overset{k_S'}{\underset{k_N'}{\overset{N_3^-}{\rightrightarrows}}} \begin{array}{l} ROH \\ RN_3 \end{array}$

(1) 根据以上可能的反应历程,分别推导准一级速率常数表示式,推导产率比 $[ROH]/[RN_3]$,以上表示式中除 k 值外,可含有 $[N_3^-]$.

(2) 用下述实验数据去区别两种反应历程之可能性,并求其速率常数及速率常数比.

$[N_3^-]/(mol \cdot dm^{-3})$	0.00	0.076	0.150	0.237
$10^4 k_{表}/s^{-1}$	0.21	3.02	3.64	4.11
$[RN_3]/[ROH]$		0.625	1.28	1.95

解析 (1) 先分析历程 II,简写为

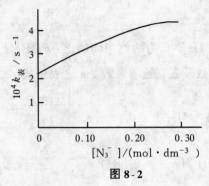

图 8-2

$$A \xrightarrow{k'_S} P_1, \quad A + N_3^- \xrightarrow{k'_N} P_2 + \cdots$$

则 $-d[A]/dt = k'_S[A] + k'_N[N_3^-][A] = k_{表}[A]$

$$k_{表} = k'_S + k'_N[N_3^-]$$

作 $k_{表}$-$[N_3^-]$图(图 8-2),不具线性关系,故历程Ⅱ与实验不符.

再分析历程Ⅰ,简写为

$$A \underset{k_{-1}}{\overset{k_1}{\rightleftharpoons}} A^*, \quad A \underset{k_8}{\overset{k_2}{\rightleftharpoons}} P_1, \quad A^* + N_3^- \xrightarrow{k_N} P_2$$

据稳态近似

$$\frac{d[A^*]}{dt} = k_1[A] - (k_{-1} + k_S + k_N[N_3^-])[A^*] = 0$$

$$[A^*] = \frac{k_1[A]}{k_{-1} + k_S + k_N[N_3^-]}$$

$$\frac{d[P_1] + d[P_2]}{dt} = \frac{k_1 k_S}{k_{-1} + k_S + k_N[N_3^-]}[A] + \frac{k_1 k_N[N_3^-]}{k_{-1} + k_S + k_N[N_3^-]}[A] = k_{表}[A]$$

$$k_{表} = \frac{k_1 k_S + k_1 k_N[N_3^-]}{k_{-1} + k_S + k_N[N_3^-]} = k_1 \left[\frac{1 + k_N[N_3^-]/k_S}{\dfrac{k_{-1}}{k_S} + 1 + \dfrac{k_N}{k_S}[N_3^-]} \right]$$

$$\frac{1}{k_{表}} = \frac{1}{k_1} + \frac{k_{-1}}{k_1 k_S}\left[\frac{1}{1 + \dfrac{k_N}{k_S}[N_3^-]}\right]$$

作 $\dfrac{1}{k_{表}}$ - $\dfrac{1}{1 + \dfrac{k_N}{k_S}[N_3^-]}$ 图(图 8-3). 若为直线,则说明反应历程Ⅰ可能性大.

又对平行反应

$$\frac{[P_1]}{[P_2]} = \frac{k_N}{k_S}[N_3^-]$$

由题给数据可得

$$\langle k_N/k_S \rangle = 8.22 \text{ mol}^{-1} \cdot \text{dm}^3$$

由图 8-3 可知确为一直线,并由斜率和截距可得

$$k_1 = 8.85 \times 10^{-4} \text{ s}^{-1}$$

$$k_{-1}/k_S = 2.31$$

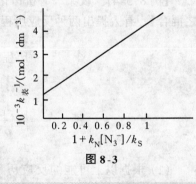

图 8-3

(三) 习题

8.5-1 某一反应有两种可能的反应历程:

(1) 反应物直接生成产物 $A \xrightarrow{k_0} P$,$E_a = 200 \text{ kJ} \cdot \text{mol}^{-1}$.

(2) 分两步进行 $A \xrightarrow{k_1} C \xrightarrow{k_2} P$,且已知 $E_1 = 160 \text{ kJ} \cdot \text{mol}^{-1}$,$E_2 = 120 \text{ kJ} \cdot \text{mol}^{-1}$.

若忽略指前因子的差别,试问:(1) 上述两种反应历程中哪一种可能性更大? (2) 若直接反应也有可能,试计算在同一体系中两种反应历程的速率比,由上可否说明分步反应之普遍性和稳态近似的合理性.

答案　$r_1/r_2 = 9.7 \times 10^{-8}$

8.5-2　有一氧化还原反应,其反应历程为

$$Fe^{3+} + V^{4+} \underset{k_{-1}}{\overset{k_1}{\rightleftharpoons}} Fe^{2+} + V^{5+} \quad ①$$

$$V^{5+} + V^{3+} \xrightarrow{k_2} 2V^{4+} \quad ②$$

(1) 请写出该反应之总反应方程式.
(2) 推导总反应速率方程.
(3) 已知 $\Delta_r H_m^\ominus(1) = -21 \text{ kJ}\cdot\text{mol}^{-1}$, $E_a = 50 \text{ kJ}\cdot\text{mol}^{-1}$, 求 E_2.
(4) 若 V^{5+} 为微量活性中间物,应用稳态近似,求 $[V^{5+}]$ 之表达式.

答案　(1) $Fe^{3+} + V^{3+} = Fe^{2+} + V^{4+}$, (2) $r = 2k_2 k_1 [Fe^{3+}][V^{4+}][V^{3+}]/[Fe^{2+}]$
(3) $E_2 = 71 \text{ kJ}\cdot\text{mol}^{-1}$, (4) $[V^{5+}] = k_1[Fe^{3+}][V^{4+}]/(k_{-1}[Fe^{2+}] + k_2[V^{3+}])$

8.5-3　总反应 $A_2 + B_2 \rightleftharpoons 2AB$ 可考虑有下列四种反应历程.推导各反应历程的速率方程,并指出哪一步为决速步?提出你对唯象动力学规律判断反应历程的看法.

历程Ⅰ	历程Ⅱ	历程Ⅲ	历程Ⅳ
$A_2 \xrightarrow{k_1} 2A$	$A_2 \overset{K}{\rightleftharpoons} 2A$	$A_2 + B_2 \xrightarrow{k_1} (AB)_2$	$A_2 \overset{k_1}{\rightleftharpoons} 2A$
$A + B_2 \xrightarrow{k_2} AB + B$	$B_2 \xrightarrow{k_1} 2B$	$(AB)_2 \xrightarrow{k_2} 2AB$	$B_2 \overset{k_2}{\rightleftharpoons} 2B$
$A + B \xrightarrow{k_3} AB$	$A + B \xrightarrow{k_2} AB$	$k_1 \ll k_2$	$A + B \xrightarrow{k} AB$
$k_1 \ll k_2 \ll k_3$	$k_1 \ll k_2$		

答案　$r(Ⅰ) = k_1[A_2]$, $r(Ⅱ) = k_1[B_2]$, $r(Ⅲ) = k_1[A_2][B_2]$, $r(Ⅳ) = kK_1^{1/2}K_2^{1/2}[A_2]^{1/2}[B]^{1/2}$

8.5-4　对反应: $2O_3(g) \longrightarrow 3O_2(g)$, 提出过下述三种反应历程.请依据给出的反应历程,推导各自的反应速率方程.

历程Ⅰ	历程Ⅱ	历程Ⅲ
$O_3 \xrightarrow{k_1} O_2 + O$	$O_3 \xrightarrow{k_1} O + O_2$	$O_3 + M \underset{k_{-2}}{\overset{k_2}{\rightleftharpoons}} O_2 + O + M$
$O + O_3 \xrightarrow{k_2} 2O_2$	$O + O_2 \xrightarrow{k_2} O_3$	$O + O_3 \xrightarrow{k_3} 2O_2$
	$O + O_3 \xrightarrow{k_3} 2O_2$	

答案　$r(Ⅰ) = k_1[O_3]$, $r(Ⅱ) = \dfrac{k_1 k_3 [O_3]^2}{k_2[O_2] + k_3[O_3]}$, $r_3 = \dfrac{k_2 k_3 [O_3]^2}{k_3[O_3][M]^{-1} + k_{-2}[O_2]}$

8.5-5　若反应 $2A \longrightarrow A_2$, 对 A 为二级反应,今提出如下反应历程.

历程Ⅰ	历程Ⅱ	历程Ⅲ
$2A \overset{k_2}{\underset{k_2'}{\rightleftharpoons}} A_2^*$	$A + M \overset{K}{\rightleftharpoons} AM$	$2A \xrightarrow{k} A_2$
$A_2^* + M \xrightarrow{k_2'} A_2 + M$	$AM + A \xrightarrow{k} A_2 + M$	

请设计确定该反应为上述何种反应历程的实验方案.

答案　历程Ⅰ对 A 为二级, $k_表$ 与 $[M]$ 有复杂的关系;历程Ⅱ对 A 也为二级,但 $k_表$ 与 $[M]$ 有线性关系;历程Ⅲ $k_表$ 与 $[M]$ 无关系.

8.5-6 RCl 与 L⁻ 在 S 溶剂中进行取代反应,可能的反应方程为

$$RCl + S \underset{k_{-1}}{\overset{k_1}{\rightleftharpoons}} RS^+ + Cl^-$$

$$RS^+ + L^- \xrightarrow{k_2} RL + S$$

$$RCl + L^- \xrightarrow{k_3} RL + Cl^-$$

RS^+ 为活性中间物. 请推导速率方程,说明在什么条件下,可按准一级反应处理,如何求得此准一级反应的表观速率常数及半寿期?

答案 $r = \left(\dfrac{k_1 k_2 [S] + k_3 k_{-1} [Cl^-][L^-] + k_2 k_3 (L^-)^2}{k_{-1}[Cl^-] + k_2[L^-]} \right) [RCl][L^-]$;当 $[L^-] \gg [RCl]$ 时,$r = k'[RCl]$,$t_{1/2} = (\ln 2)/k'$.

8.6 反应历程的推测

(一) 内容纲要

应用实验结果推测反应历程是理论和实验研究之必须,对非链反应历程之推测主要依据反应速率方程,其主要规则为

规则 I 如果由实验确定的总反应速率方程为

$$r = k \prod_{i=1,2,\cdots} [B_i]^{a_i}$$

式中 B_i 为总反应计量方程中出现的稳态组分,a_i 为 B_i 的反应级数,则反应方程中速控步的过渡态元素总组成为 $\sum a_i B_i$. 根据平衡假设,$a_i < 0$(负级数)的各组分出现在速控步前平衡过程的产物一方,而又不直接进入速控步反应中.

规则 II 就总反应计量数与反应级数之关系而言,可以有以下三种情况:

II-1 若反应级数大于 3,由于四分子反应不大可能,在气相中三分子反应极少,因而决速步前必有若干快速平衡反应存在.

II-2 若总反应方程中某反应物的计量数大于该反应的反应级数,则速控步后必有该反应物参加的反应存在.

II-3 某组分在速率方程中存在,而计量方程中不存在(即计量数的零),则该组分一定是催化剂,级数为正即正催化剂,它或为速控步前平衡反应的反应物,或参加速控步反应,而在随后的快速反应中再生;如级数为负,即为阻催化剂,它出现在速控步前平衡反应的产物一方,而在速控步后作为反应物被消耗.

规则 III 反应 A + B ⟶ 产物,如速率方程中反应物 A 出现分数级次如 1/2, 1/3… 则在反应历程中的速控步前必有反应物分子的离解平衡. 一般有两种情况,A 本身离解产生反应中间物直接参加速控步反应,或反应物 B 离解的中间物与 A 反应,产生另一个反应中间物,再参加速控步之反应.

规则 IV 若研究的反应无简单级数,如速率方程分母是几项之加和,这种反应在不同极限情况下,有不同的反应级数. 其速控步的过渡态组成也在变化,这时可从极限情况入手,运用前述几条经验规则推测反应历程,再由极限推广到一般.

规则 V 根据化学变化的微观可逆性原理和精细平衡原理,任一元反应的逆反应具有相同的(但反向进行的)反应途径,因此,总反应无论在正向和逆向进行,构成反应历程的元反应

序列完全相同,只是进行的方向相反,正向与逆向历程中的速控步也不一定相同.

有关各条规则的解释及举例可参考"化学通报"1983(12),p.38,或韩德刚、高盘良编著的《化学动力学基础》(北京大学出版社,1987).

(二) 例题解析

【例 8.6-1】 液相反应:$Cr^{3+} + 3Ce^{4+} \longrightarrow Cr^{6+} + 3Ce^{3+}$. 实验求得其速率方程为
$$r = k[Ce^{4+}]^2[Cr^{3+}][Ce^{3+}]^{-1}$$
请推测其反应方程.

解析 根据规则 I 可对该反应的历程作如下分析:

(1) 速控步的反应物其元素总组成应为 $2Ce + Cr - Ce \rightleftharpoons Ce + Cr$,活性中间物之价态可能介于 Cr^{3+} 与 Cr^{6+} 之间,即或 Cr^{4+} 或 Cr^{5+}.

(2) Ce^{3+} 为负级数,故在反应历程中应在速控步前快速平衡过程的产物一方,而又不参加速控步的反应.

(3) 反应对 Ce^{4+} 为二级,而计量数为 3,因此 Ce^{4+} 在速控步及速控步前出现在二个元反应中,且在速控步后还必须有其参加的元反应.

根据以上分析,可推测反应历程如下:

$$Ce^{4+} + Cr^{3+} \underset{}{\overset{K}{\rightleftharpoons}} Ce^{3+} + Cr^{4+} \quad \text{(快速平衡)}$$

$$Ce^{4+} + Cr^{4+} \overset{k_2}{\longrightarrow} Ce^{3+} + Cr^{5+} \quad \text{(速控步)}$$

$$Ce^{4+} + Cr^{5+} \overset{k_3}{\longrightarrow} Ce^{3+} + Cr^{6+} \quad \text{(快速反应)}$$

由上反应历程,可得总反应方程为
$$3Ce^{4+} + Cr^{3+} \longrightarrow 3Ce^{3+} + Cr^{6+}$$
应用平衡假设,可得
$$r = k_2 K[Ce^{4+}][Cr^{3+}][Ce^{3+}]^{-1}$$
与实验所得相一致,且知 $k = k_2 K$.

【例 8.6-2】 在 300 K 研究反应 $A_2 + 2B \rightleftharpoons C + 2D$,假设其速率方程为 $r = k[A_2]^x[B]^y$.

(1) 当 A_2、B 之初始浓度分别为 0.010 和 0.020 $mol \cdot dm^{-3}$ 时,测得反应物 B 在不同时刻的浓度数据如下表所示,求该反应的总级数.

t/s	0	90	217
[B]/(mol·dm^{-3})	0.020	0.010	0.0050

(2) 当 A_2、B 初始浓度均为 0.020 $mol \cdot dm^{-3}$ 时,测得初始反应速率仅为(1)中实验时之 1.4 倍,求对 A_2、B 之反应级数 x、y.

(3) 求算(1)中实验的 k 值.

(4) 据以上实验事实,设计一可能的反应历程,并用稳态近似验证之.

解析 (1) 由于是按化学计量比进料,故将反应速率方程改写为
$$r = k'[B]^{x+y} = k'[B]^m \quad m = x + y$$
若 $m \neq 1$,则其半寿期之表达式为
$$t_{1/2} = 1/(k'[B]_0^{m-1})$$

据实验数据知
- 当$[B]_0 = 0.020 \text{ mol} \cdot \text{dm}^{-3}$时,$t_{1/2} = 90$ s
- 当$[B]'_0 = 0.010 \text{ mol} \cdot \text{dm}^{-3}$时,$t_{1/2} = (217-90)$ s $= 127$ s

则可通过$t_{1/2}$之比来求反应级数

$$\frac{t_{1/2}}{t'_{1/2}} = \frac{k'[B]_0'^{m-1}}{k'[B]_0^{m-1}} = \left(\frac{[B]'_0}{[B]_0}\right)^{m-1}$$

取对数,可得

$$m = x + y = 1.5$$

(2) 二次实验$[B]_0$相等,于是

$$r_{0,1}/r_{0,2} = 1/1.4 = \{[A_2]_{0,1}/[A_2]_{0,2}\}^x = (0.010/0.020)^x$$

解之,可得

$$x = 0.5, \quad y = 1$$

(3) $r = -\text{d}[B]/2\text{d}t = k[A_2]^{1/2}[B]$,$[A_2]_0 = [B]_0/2$

$$\therefore r = (k/\sqrt{2})[B]_0^{3/2} = k'[B]_0^{3/2}$$

$$t_{1/2} = \frac{\theta^{1-n}-1}{2(n-1)k'[B]_0^{n-1}} = \frac{\sqrt{2}-1}{2 \times 0.5(k/\sqrt{2})(0.02)^{1/2}} = 90 \text{ s}$$

可得

$$k = 0.0461 \text{ mol}^{-1/2} \cdot \text{dm}^{3/2} \cdot \text{s}^{-1}$$

(4) 根据规则Ⅲ,当出现分数级次反应,速控步前必出现离解平衡,且速控步的过渡态(或反应物)的元素总组成为 $\frac{1}{2}A_2 + B \Longrightarrow A + B$,因而设计反应历程如下

$$A_2 \xrightleftharpoons{K} 2A \quad (快速平衡)$$

$$A + B \xrightarrow{k_2} AB \quad (决速步)$$

据上述历程,其总反应方程与所研究的一致,又应用平衡假设,可得

$$r = K^{1/2}k_2[A_2]^{1/2}[B]$$

与实验所得速率方程相一致,所设计的反应历程是可能的,但尚需设计进一步实验来验证,如检测反应中间物 A 是否存在.

讨论 (1) 本题中由反应历程来写总反应方程时,不考虑$2A \to A_2$方向之反应,这是因为反应正向进行,第一个反应是$A_2 \to 2A$及$2A \to A_2$之净反应,必定是由$A_2 \to 2A$多于$2A \to A_2$.由此也可说明:所谓快速平衡并非达到真平衡,而只是平衡假设或平衡近似.

(2) 本题是一个综合题,可见要取得一个完整的认识,必须掌握如何从实验数据这个第一性材料去求得反应速率方程,还要能根据经验规则、从速率方程去设计反应历程,并用稳态近似或平衡假设由反应历程去求速率方程,以便与实验结果相对照.

【例 8.6-3】 O_3分解反应动力学研究得到如下一些规律:反应初始阶段,对$[O_3]$为一级;而在反应后期,对$[O_3]$为二级,对$[O_2]$为负一级;且在反应体系中检测到的惟一中间物为自由原子 O.请根据以上实验事实推测O_3分解反应历程.

解析 本题可从反应后期的规律入手,由于对$[O_2]$为负一级,可设想存在一快速平衡,O_2在平衡反应的产物一方,即

$$O_3 \underset{k_2}{\overset{k_1}{\rightleftharpoons}} O_2 + O \quad (快速平衡)$$

$$O + O_3 \xrightarrow{k_3} 2O_2 \quad (\text{决速步})$$

可得

$$r = (k_1 k_3 / k_2)[O_3]^2[O_2]^{-1} \qquad ①$$

但对反应初期，$[O_2]$ 很低，上述平衡尚不能满足，因此可将上述反应历程修正为

$$O_3 \xrightarrow{k_1} O_2 + O$$

$$O + O_2 \xrightarrow{k_2} O_3$$

$$O + O_3 \xrightarrow{k_3} 2O_2 \quad (\text{决速步})$$

对 $[O]$ 应用稳态近似，可得

$$[O] = k_1[O_3]/(k_3[O_3] + k_2[O_2]) \qquad ②$$

$$r = k_3[O][O_3] = k_1 k_3[O_3]^2/(k_3[O_3] + k_2[O_2]) \qquad ③$$

由式③，反应初期可认为 $k_1[O_3] \gg k_2[O_2]$，则

$$r = k_1[O_3] \qquad ④$$

反应后期，$[O_2]$ 增加，$[O_3]$ 减少，$k_3[O_3] \ll k_2[O_2]$，则

$$r = (k_1 k_3/k_2)[O_3]^2/[O_2]$$

式④、式⑤结果与实验结果相一致，可认为所设反应历程是合理的.

【例 8.6-4】 硝酰胺 NO_2NH_2 在缓冲介质（水溶液）中缓慢分解

$$NO_2NH_2 \longrightarrow N_2O(g)\uparrow + H_2O$$

实验求得下列规律：

(1) 恒温下，在硝酰胺溶液上部固定体积中，用测定 N_2O 气体分压 p 来研究分解反应，据 p-t 曲线可得

$$\lg \frac{p_\infty}{p_\infty - p} = k' t$$

(2) 改变缓冲介质，使在不同的 pH 下进行实验，作 $\lg \frac{t_{1/2}}{s}$-pH 图得一直线，其斜率为 -1，截距为 $\lg(0.693/k)$.

请回答下列问题：

(1) 从上述实验结果出发，求反应速率公式.

(2) 有人提出如下两种反应历程

① $NO_2NH_2 \xrightarrow{k_1} N_2O(g) + H_2O$

② $NO_2NH_2 + H_3O^+ \underset{k_{-2}}{\overset{k_1}{\rightleftharpoons}} NO_2NH_3^+ + H_2O$ （瞬间即达平衡）

$$NO_2NH_3^+ \xrightarrow{k_2} N_2O + H_3O^+ \quad (\text{决速步})$$

你认为上述反应历程与实验事实是否相符，为什么？

(3) 请提出你认为比较合理的反应历程，并求与该历程相一致的速率方程.

解析 (1) 设反应速率方程为 $r = k[NO_2NH_2]^m[H^+]^n$. 由于在缓冲溶液中反应，故 $[H^+]$ 为常数，该反应速率方程可简化为准级数反应，即

$$r = k'[NO_2NH_2]^m, \quad k' = k[H^+]^n$$

令 $m=1$，则
$$\ln(c_0/c) = k't$$
∵ $p_\infty \propto c_0$，$(p_\infty - p) \propto c$，且温度一定，比例系数一定，可得
$$\ln[p_\infty/(p_\infty - p)] = k't$$
与所求结果相一致，证明 $m=1$ 是对的．

又据准一级反应，可得
$$t_{1/2} = 0.693/k' = 0.693/(k[\text{H}^+])$$
取对数
$$\lg\frac{t_{1/2}}{\text{s}} = \lg(0.693/k) - n\lg[\text{H}^+] = \lg(0.693/k) + n\text{pH}$$
已知 $\lg t_{1/2}$-pH 直线斜率 $n = -1$，故
$$\lg\frac{t_{1/2}}{\text{s}} = \lg(0.693/k) - \text{pH}$$
与实验结果相一致，由此可得反应速率方程为
$$r = k[\text{NO}_2\text{NH}_2][\text{H}^+]^{-1}$$

(2) 一反应方程是否符合实际，可以反应历程中各元反应所得之总速率方程来判别．反应历程①对$[\text{NH}_2\text{NO}_2]$为一级，对$[\text{H}^+]$为零级，显然与(1)中所得速率方程不一致．反应历程②，对$[\text{NH}_2\text{NO}_2]$为一级，对$[\text{H}^+]$也为一级，也与(1)中速率方程不符．

(3) 据 $r = k[\text{NH}_2\text{NO}_2]/[\text{H}^+]$，可能的反应历程中，决速步反应物元素总组成应为 $1\times \text{NH}_2\text{NO}_2 - 1\times \text{H}$，故有以下几种历程(③～⑤)：

③ $\text{NO}_2\text{NH}_2 + \text{OH}^- \rightleftharpoons \text{NO}_2\text{NH}^- + \text{H}_2\text{O} \quad K_1$

$\text{NO}_2\text{NH}^- \xrightarrow{k_4} \text{N}_2\text{O} + \text{OH}^-$ （决速步）

可得反应速率方程为
$$r = k_4[\text{NO}_2\text{NH}^-] = k_4 K_1[\text{NH}_2\text{NO}_2][\text{OH}^-]/[\text{H}_2\text{O}]$$
$$\because K_\text{w} = [\text{H}^+][\text{OH}^-]/[\text{H}_2\text{O}]$$
$$\therefore r = k_4 K_1 K_\text{w}[\text{NH}_2\text{NO}_2]/[\text{H}^+] = k[\text{NH}_2\text{NO}_2]/[\text{H}^+]$$
$$k = k_4 K_1 K_\text{w}$$

④ $\text{NO}_2\text{NH}_2 + \text{H}_2\text{O} \rightleftharpoons \text{NO}_2\text{NH}_2\text{OH}^- + \text{H}^+ \quad K_2$

$\text{NO}_2\text{NH}_2\text{OH}^- \xrightarrow{k_5} \text{NO}_2 + \text{H}_2\text{O} + \text{OH}^-$ （决速步）

$\text{H}^+ + \text{OH}^+ \longrightarrow \text{H}_2\text{O}$

本反应历程中，决速步之正向为双分子反应，而逆反应为三分子反应，只能说有这种可能性，但概率较小．

⑤ $\text{NO}_2\text{NH}_2 \rightleftharpoons \text{NO}_2\text{NH}^- + \text{H}^+ \quad K_3$

$\text{NO}_2\text{NH}^- \longrightarrow \text{N}_2\text{O} + \text{OH}^-$ （决速步）

$\text{H}^+ + \text{OH}^- \longrightarrow \text{H}_2\text{O}$

由上可见，与同一反应速率方程相符合的反应历程可以有多个，到底哪一个更符合实际，尚需作一系列实验才能鉴别．

(三) 习题

8.6-1 光气 $COCl_2$ 分解反应的速率方程为 $r = k[COCl_2][Cl_2]^{1/2}$，请推测其反应历程.

8.6-2 反应 $2Cr^{2+} + Tl^{3+} \rightleftharpoons 2Cr^{3+} + Tl^+$，实验求得其反应速率方程为
$$r = -d[Tl^{3+}]/dt = k[Cr^{2+}][Tl^{3+}]$$
请推测其反应历程.

8.6-3 已知反应 $2NO + O_2 \longrightarrow 2NO_2$ 的反应速率方程为 $r = k[NO]^2[O_2]$. 请根据推测反应历程的经验规律，设想几种可能的反应历程，并比较何者的可能性更大？

8.6-4 反应 $I^- + OCl^- \longrightarrow IO^- + Cl^-$，其速率方程为
$$d[IO^-]/dt = k[I^-][OCl^-]/[OH^-]$$
请推测其反应历程.

8.6-5 已知反应 $[Cr(H_2O)_6]^{3+} + NCS^- \longrightarrow [Cr(H_2O)_5NCS]^{2+} + H_2O$，其速率方程为
$$r = \{k/(B + k'[NCS^-])\}[NCS^-][Cr(H_2O)_6]^{3+}$$
请推测其反应历程.

提示 可先假设 $k'[NCS^-] \gg B$，简化速率方程后再设计反应历程.

8.6-6 反应 $2Fe^{2+} + 2Hg^{2+} \rightleftharpoons Hg_2^{2+} + 2Fe^{3+}$. 今采用两个对反应物和产物为特征波长分别测定其在不同反应时间的光密度 D，在 353 K 时测得 I、II 两组数据（见下表）：I 组时，$[Fe^{2+}]_0 = [Hg^{2+}]_0 = 0.10 \text{ mol·dm}^{-3}$；II 组时，$[Fe^{2+}]_0 = 0.10 \text{ mol·dm}^{-3}$.

I	$10^{-5} t/s$	0	1	2	3	∞
	D	0.10	0.40	0.50	0.055	0.70
II	$10^{-5} t/s$	0	0.50	1	1.5	2	∞
	D	1.00	0.585	0.345	0.205	0.122	

若反应速率方程为 $r = k[Fe^{2+}]^x[Hg^{2+}]^y$，请据以上实验数据求 x、y，并推测可能的反应历程.

提示 光密度 D 与浓度有线性关系，从第 I 组数据求 $x + y$，从第 II 组数据求 y

答案 $x = 1, y = 1$

8.6-7 反应 $N_2O_5(1) + NO(2) \rightleftharpoons 3NO_2(3)$. 今在 298 K 下进行实验，第一次实验 $p_1^0 = 133 \text{ kPa}$，$p_2^0 = 13.3 \text{ kPa}$，作 $\lg[k/(kPa \cdot s^{-1})]$-$t$ 图为一直线，由斜率得 $t_{1/2} = 2 \text{ h}$；第二次实验 $p_1^0 = p_2^0 = 6.67 \text{ kPa}$，测得下列数据（见下表）. 设速率方程为 $r = kp_1^x p_2^y$，试求 x、y 值，并推测其反应历程.

$p_总/kPa$	13.3	15.3	16.7
t/h	0	1	2

答案 $x = 1, y = 0$

第9章 化学反应速率理论

基元反应速率理论是根据化学反应模型的建立,应用物理的(如气体分子运动论)、化学热力学及统计力学的原理得出基元反应速率常数的计算式,并对化学动力学的一些基本问题进行理论上的解释,使化学动力学从总包反应的宏观唯象规律进入到基元反应层次.

9.1 简单碰撞理论

(一) 内容纲要

1. 气体分子运动论的有关计算公式

B、C 分子的平均相对速率 C_R

$$\langle C_R \rangle = (8k_BT/\pi\mu)^{1/2} \tag{9-1}$$

式中折合质量 $\mu = m_B m_C/(m_B + m_C)$.

2. 碰撞频率 Z

不同分子间 $\quad Z_{BC} = \pi d_{BC}^2 (8k_BT/\pi\mu)^{1/2} N_B N_C \tag{9-2}$

同种分子间 $\quad Z_{BB} = (\sqrt{2}/2)\pi d_B^2 (8k_BT/\pi m_B)^{1/2} N_B^2 \tag{9-3}$

式中 $d_{BC} = (d_C + d_B)/2$ 称为碰撞半径;N_B、N_C 为数密度,即单位体积(m^{-3} 或 cm^{-3})中的分子数.

3. 双分子气体反应速率

理论要点

(1) 反应物分子是无相互作用的硬球.

(2) 分子 A、B 反应必须碰撞.

(3) 只有在碰撞分子对沿连心线方向上的相对平动能超过临界能 ε_c 限度的碰撞才能发生反应.

(4) 反应体系的分子速度分布及能量分布始终保持 Maxwell-Boltzmann 平衡分布,其反应速率方程为

$$r_{BC} = Z_{BC}q = \pi d_{BC}^2 (8k_BT/\pi\mu)^{1/2} N_B N_C \exp(-E_c/RT) \tag{9-4}$$

式中 E_c 为化学反应临界能,表示碰撞分子对相对的平动能在连心线方向上的分量;$q = \exp(-E_c/RT)$,为有效碰撞分率.

据 $r = kc_Ac_B = A\exp(-E_a/RT)c_Bc_C$,且 $E_a \gg RT/2$,c_B、c_C 以 $mol \cdot dm^{-3}$ 计,可得

$$k_{BC} = (10^3 N_A)\pi d_{BC}^2 (8k_BT/\pi\mu)^{1/2} \exp(-E_a/RT) \; mol^{-1} \cdot dm^3 \cdot s^{-1} \tag{9-5}$$

$$A_{BC} = (10^3 N_A)\pi d_{BC}^2 (8k_BT/\pi\mu)^{1/2} \; mol^{-1} \cdot dm^3 \cdot s^{-1} \tag{9-6}$$

对于同种分子间的反应可得相似的公式,请读者练习.

k_{BC}、A_{BC} 式中各物理量均以基本单位时之值代入,而 k、A 的量纲已转化为常用量纲,即 $mol^{-1} \cdot dm^3 \cdot s^{-1}$,因为 $E_a = E_c + RT/2$,E_a 一般为 $100 \; kJ \cdot mol^{-1}$ 以上,即 $E_c \gg RT/2$,$\therefore E_a \approx E_c$,然两者之物理意义是不同的,基元反应活化能据 Tolman 定义为 $E_a = \langle E^* \rangle - \langle E \rangle$,$\langle E^* \rangle$

为有资格发生化学反应的分子平均能量，$\langle E \rangle$ 为全部反应物分子的平均能量．

4. 方位因子(概率因子) P

确切地说，反应速率应表示为

$$r = P\pi d_{BC}^2 (8k_B T/\pi\mu)^{1/2} \exp(-E_c/RT) c_B c_C \tag{9-7}$$
$$= P\sigma_c (8k_B T/\pi\mu)^{1/2} \exp(-E_c/RT) c_B c_C$$

式中碰撞截面为 $\sigma_c = \pi d_{BC}^2$，令 σ_R 为反应截面，则

$$P = \sigma_R/\sigma_c \lesseqgtr 1 \tag{9-8}$$

(二) 例题解析

【例 9.1-1】 今研究甲基自由基复合反应：$CH_3 + CH_3 \longrightarrow C_2H_6$，根据粘度法测得 CH_4 的分子直径 $d = 0.414$ nm，且 $d(CH_4) \approx d(CH_3)$，求在 273 K 及压力为 0.13 Pa 时之碰撞频率 Z，及半寿期 $t_{1/2}$．

解析 这是同种分子间的反应，且 $E_a = 0$，设每次碰撞均有效，即 $q = 1$．据(9-3)式，将已知数据代入，可得

$$Z_{BB} = 2.78 \times 10^{23} \text{ m}^{-3} \cdot \text{s}^{-1}$$

对理想气体状态方程可分别求得 N_B(数密度)及 c_B 代入 k 式，即

$$k = Z_{BB}/N_B^2 = 1.41 \times 10^{11} \text{ mol}^{-1} \cdot \text{dm}^3 \cdot \text{s}^{-1}$$
$$t_{1/2} = 1/kc_B = 1.24 \times 10^{-4} \text{ s}$$

【例 9.1-2】 700 K 时，$H_2 + I_2 \longrightarrow 2HI$ 反应，实验测得 $k = 6.42 \times 10^{-2}$ mol$^{-1} \cdot$ dm$^3 \cdot$ s^{-1}，$E_a = 167$ kJ $\cdot$ mol^{-1}．

(1) 由粘度法测得 $d(H_2) = 225$ pm，$d(I_2) = 559$ pm，今将其当做基元反应（早期是这样认为），请根据简单碰撞理论计算其反应速率常数．

(2) 假设碰撞理论适用于该反应，请根据实验所得 k 值计算 $d(H_2 + I_2)$ 之值，并与粘度法所求对照．

(3) 若 $H_2 + I_2 \longrightarrow 2HI$ 之 $\Delta_r H_m = -8.2$ kJ $\cdot$ mol^{-1}，则 HI 分解反应之活化能值应为多少？

(4) 从粘度法测得 $d(HI) = 435$ pm，请求 HI 分解反应在 700 K 之 k 值．

解析 本题是综合应用简单碰撞理论的练习．

(1) 碰撞直径 $\quad d = [d(H_2) + d(I_2)]/2 = 3.92 \times 10^{-10}$ m

折合质量 $\quad \mu = \dfrac{m(H_2) m(I_2)}{m(H_2) + m(I_2)} = 2.00 \times 10^{-3}$ kg $\cdot$ mol^{-1}

令 $E_c \approx E_a$，则

$$k = \pi d^2 (8RT/\pi\mu)^{1/2} \exp(-E_a/RT)$$
$$= 2.73 \times 10^{-4} \text{ m}^3 \cdot \text{mol}^{-1} \cdot \text{s}^{-1}$$
$$= 0.273 \text{ dm}^3 \cdot \text{mol}^{-1} \cdot \text{s}^{-1}$$

(2) 按题意是从实验 k 值反求 $d(H_2 + I_2)$，对照 k 式，可得

$$k_{实验}/k_{理论} = d(H_2 + I_2)/3.92 \times 10^{-10} \text{ m}$$
$$d(H_2 + I_2) = 1.90 \times 10^{-10} \text{ m}$$
$$d(H_2) + d(I_2) = 2d(H_2 + I_2) = 3.80 \times 10^{-10} \text{ m}$$

粘度法测定的 $d(H_2) + d(I_2) = 7.84 \times 10^{-10}$ m，比动力学方法几乎大一倍，这是因为化学

动力学方法测定的误差较大,如本题未考虑概率因子,而且后来从分子轨道对称性守恒原理知,$H_2 + I_2$ 并不是基元反应.

(3) 根据微观可逆性原理,正逆反应活化能的差值即反应焓变,即
$$E_{a,f} - E_{a,b} = \Delta_r H_m$$
$$\therefore \quad E_{a,b} = E_{a,f} - \Delta_r H_m = 175 \text{ kJ} \cdot \text{mol}^{-1}$$

严格来说,只有反应前后分子数不变的反应上述计算是适用的. 具体讨论可参阅《大学化学》1987, 2(4), p.53.

(4) 对同种分子间的 k 值,计算式应为
$$k = (\sqrt{2}/2)\pi[d(HI)]^2[8kT/\pi m(HI)]^{1/2}\exp(-E_a p/RT)$$
$$= 1.251 \times 10^{-29} \text{ m}^3 \cdot \text{s}^{-1} = 7.53 \times 10^{-2} \text{ mol}^{-1} \cdot \text{dm}^3 \cdot \text{s}^{-1}$$

(三) 习题

9.1-1 请计算等容下,温度每增加 10 K,碰撞频率增加的百分数;碰撞分子对在连心线上相对平动能超过 E_c 的活化分子对增加的百分数;由上计算可对温度影响反应速率有怎样的结论?

答案 2%, 108%

9.1-2 基元反应 $BrH_2 \longrightarrow HBr + H$,实验测得指前因子 $A = 3.00 \times 10^{13}$ cm$^3 \cdot$mol$^{-1} \cdot$s^{-1},请计算 400 K 时反应截面及碰撞直径.

答案 2.40×10^{-2} m^2, 87.4 pm

9.1-3 (1) 双分子反应: $NO(g) + Cl_2(g) \longrightarrow 2NOCl(g)$,已知碰撞直径为 $d = 3.5 \times 10^{-10}$ m,概率因子 $P = 0.014$,推导该反应作为温度 T 函数的指前因子的计算式.

(2) 对于其逆反应,$2NOCl(g) \longrightarrow NO(g) + Cl_2(g)$,实验测知 $\lg(A/T^{1/2}) = 9.51$,你认为其碰撞直径应为何值? 为什么? 试求出其 A 作为温度 T 之计算式,概率因子 P 为多大?

答案 (1) $A = 1.03 \times 10^8 T^{1/2}$ dm$^3 \cdot$mol$^{-1} \cdot$s^{-1}; (2) $d = 3.5 \times 10^{-10}$ m, $A = 3.2 \times 10^9 T^{1/2}$ dm$^3 \cdot$mol$^{-1} \cdot$s^{-1}, $P = 0.54$

9.1-4 实验测得 320 K 时,气相基元反应: $N + OH \xrightarrow{k_1} NO + H$ ①

$O + OH \xrightarrow{k_2} O_2 + H$ ②

的 $k_1 = 4.1 \times 10^{10}$ mol$^{-1} \cdot$dm$^3 \cdot$s^{-1}, $k_2 = 3.0 \times 10^{10}$ mol$^{-1} \cdot$dm$^3 \cdot$s^{-1}. 已知范德华半径分别为 $r(N) = 0.15$ nm, $r(O) = 0.14$ nm, $r(OH) = 0.15$ nm,试从简单碰撞理论计算上述反应之速率常数,并与实验结果进行比较.

答案 $k_1 = 2.63 \times 10^{10}$ mol$^{-1} \cdot$dm$^3 \cdot$s^{-1}, $k_2 = 2.38 \times 10^{10}$ mol$^{-1} \cdot$dm$^3 \cdot$s^{-1}

9.2 过渡态理论

(一) 内容纲要

1. 活化络合物生成反应的各种平衡常数

基元反应: $0 = \sum \nu_R R + M^{\neq}$ (设为理想体系)

为书写方便,令 $|\sum \nu_R| = n$, n 是正整数,也即反应分子数,一般 $n = 2$ 或 $n = 1$.

$$K_c^{\neq} = c_{M^{\neq}} \Big/ \prod_R c_R^{|\nu_R|}, \quad K_{c/c^{\ominus}}^{\neq} = (c_{M^{\neq}}/c^{\ominus}) \Big/ \prod_R (c_R/c^{\ominus})^{|\nu_R|}$$

$$K_{p/p^{\ominus}}^{\neq} = (p_{M^{\neq}}/p^{\ominus}) \Big/ \prod_R (p_R/p^{\ominus})^{|\nu_R|}$$

$$K_{N/V}^{\neq} = (N_{M^{\neq}}/V) \Big/ \prod_R (N_R/V)^{|\nu_R|}$$

由上不难得到

$$K_c^{\neq} = N_A^{n-1} K_{N/V}^{\neq} = (c^{\ominus})^{1-n} K_{c/c^{\ominus}}^{\neq} = (RT/p^{\ominus})^{n-1} K_{p/p^{\ominus}}^{\neq} \tag{9-9}$$

以上公式在过渡态理论讨论反应速率的有关问题时经常使用.

2. 理论要点

(1) 势能面中沿反应路径上势能最高点的分子构型为过渡态. 反应物变为过渡态后一定会单方向地变为产物.

(2) 在化学反应的非平衡体系中反应物与过渡态间存在着热力学平衡关系.

(3) 无论反应物还是过渡态均存在着与该体系温度相对应的 Boltzmann 平衡分布.

3. 过渡态理论的反应速率常数

$$\begin{aligned} k &= (k_B T/h) K_c^{\neq} = (k_B T/h) N_A^{n-1} K_{N/V}^{\neq} \\ &= (k_B T/h)(c^{\ominus})^{1-n} K_{c/c^{\ominus}}^{\neq} \\ &= (k_B T/h)(RT/p^{\ominus})^{n-1} K_{p/p^{\ominus}}^{\neq} \end{aligned} \tag{9-10}$$

(9-10)式中 N_A 指 Avegadro 常数, k_B 为 Boltzmann 常数.

4. k 之统计力学表示式

即以分子配分函数来表示上式中平衡常数,如

$$k = \left(\frac{k_B T}{h}\right) N_A^{n-1} \frac{q_M^{\neq}}{\prod q_R^{|\nu_R|}} \exp\left[-\frac{\Delta_r^{\neq} E(0K)}{RT}\right] \tag{9-11}$$

式中 q_R、$q_M^{\neq}$ 是以各自分子基态为能量零点的单位体积的分子配分函数,但 $q_M^{\neq}$ 比正常分子配分函数少一个简正振动自由度; $\Delta_r^{\neq} E(0K)$ 为基态的摩尔活化能(亦称零度活化能).

5. 概率因子和过渡态构型的推测

若以 f 表示每一个自由度上单位体积分子配分函数,则

配分函数	非线性分子	线性分子
平动 q_t	f_t^3	f_t^3
转动 q_r	f_r^3	f_r^2
振动 q_v	f_v^{3N-6}	f_v^{3N-5}

当反应物 B、C 为原子时,即相当于简单碰撞理论的硬球碰撞而复合.

$$A_{SCT} \propto (k_B T/h) f_t^3 f_r^2 / f_t^3 f_t^3 = (k_B T/h) f_r^2 / f_t^3 \tag{9-12}$$

当反应物 B、C 成为有内部结构的分子时,按过渡态理论计算反应的 A_{TST},则概率因子

$$P = A_{TST}/A_{SCT} \tag{9-13}$$

根据单位体积(1 m³)时配分函数的计算,大致是 $f_t \approx 10^{10}$、$f_r \approx 10^2$, $f_v \approx 1$. 于是可得表 9-1 中的数据(298 K).

表 9-1 A 及 P 的近似估计

C	+	B	=	(CB)$^{\neq}$	A 中 T 的指数	$\dfrac{A}{\mathrm{dm^3 \cdot mol^{-1} \cdot s^{-1}}}$	P 的近似值
原子		原子		线性分子	1/2	10^{12}	1
原子		线性分子		线性分子	$-1/2 \sim 1/2$	10^{10}	10^{-2}
原子		线性分子		非线性分子	$0 \sim 1/2$	10^{11}	10^{-1}
原子		非线性分子		非线性分子	$-1/2 \sim 1/2$	10^{10}	10^{-2}
线性分子		线性分子		线性分子	$-3/2 \sim 1/2$	10^{7}	10^{-4}
线性分子		线性分子		非线性分子	$-1 \sim 1/2$	10^{8}	10^{-3}
线性分子		非线性分子		非线性分子	$-3/2 \sim 1/2$	10^{7}	10^{-4}
非线性分子		非线性分子		非线性分子	$-2 \sim 1/2$	10^{7}	10^{-5}

根据表 9-1,可以对过渡态构型作初步推测.

6. k 的热力学处理方法

依据 $\Delta_r^{\neq} G_m = -RT\ln K_{c/c^{\ominus}}^{\neq} = \Delta_r^{\neq} H_m - T\Delta_r^{\neq} S_m$

$\Delta_r^{\neq} G_m^{\ominus} = -RT\ln K_{p/p^{\ominus}}^{\neq} = \Delta_r^{\neq} H_m^{\ominus} - T\Delta_r^{\neq} S_m^{\ominus}$

对理想体系,可得 k 的热力学表示式为

$$k = (k_B T/h)(c^{\ominus})^{1-n} \exp(\Delta_r^{\neq} S_m/R) \exp(-\Delta_r^{\neq} H_m/RT) \quad (9\text{-}14)$$

对理想气体反应

$$k = (k_B T/h)(RT/p^{\ominus})^{n-1} \exp(\Delta_r^{\neq} S_m/R) \exp(-\Delta_r^{\neq} H_m/RT) \quad (9\text{-}15)$$

由于 $k_c = k_p (RT)^{n-1}$,于是

$$k_p = (k_B T/h)(p^{\ominus})^{1-n} \exp(\Delta_r^{\neq} S_m^{\ominus}/R) \exp(-\Delta_r^{\neq} H_m^{\ominus}/RT) \quad (9\text{-}16)$$

由上二式可得

$$\Delta_r^{\neq} S_m = \Delta_r^{\neq} S_m^{\ominus} + (n-1)R\ln(c^{\ominus} RT/p^{\ominus}) \quad (9\text{-}17)$$

7. E_a、k 与 $\Delta_r^{\neq} H_m$、$\Delta_r^{\neq} S_m$ 关系

据 $k = A\exp(-E_a/RT)$ 及 $\mathrm{d}\ln K_{p/p^{\ominus}}^{\neq}/\mathrm{d}T = \Delta_r^{\neq} H_m/RT^2$,可得

$$E_a = \Delta_r^{\neq} H_m + nRT \quad (9\text{-}18)$$

于是 $k = (k_B T/h)(c^{\ominus})^{1-n} e^n \exp(\Delta_r^{\neq} S_m/R) \exp(-E_a/RT) \quad (9\text{-}19)$

$$k = (k_B T/h)(RT/p^{\ominus})^{n-1} e^n \exp(\Delta_r^{\neq} S_m^{\ominus}/R) \exp(-E_a/RT) \quad (9\text{-}20)$$

对凝聚相反应,依据上述原理可得

$$E_a = \Delta_r^{\neq} H_m + RT \quad (9\text{-}21)$$

$$k = (k_B T/h)(c^{\ominus})^{1-n} e^1 \exp(\Delta_r^{\neq} S_m/R) \exp(-E_a/RT) \quad (9\text{-}22)$$

(二) 例题解析

【例 9.2-1】 对于反应 $\mathrm{H + H_2 \longrightarrow H_3^{\neq} \longrightarrow H_2 + H}$,实验测得 $A = 10^{8.94} T^{1/2}\ \mathrm{dm^3 \cdot mol^{-1} \cdot s^{-1}}$. 请根据表 9-1 推测过渡态的构型.

解析 $T = 298\ \mathrm{K}$ 时,

$$A = 10^{8.94}(298T/\mathrm{K})^{1/2} = 1.5 \times 10^{10}\ \mathrm{dm^3 \cdot mol^{-1} \cdot s^{-1}}$$

由于 $A \approx 10^{10}\ \mathrm{dm^3 \cdot mol^{-1} \cdot s^{-1}}$,且 $A \propto T^{1/2}$,据表 9-1,原子 H 与线性分子 H_2 应生成线性

过渡态.

【例9.2-2】 请计算下述反应在298 K时之指前因子A.

$$Br(g) + Cl_2(g) \longrightarrow (Br—Cl—Cl)^{\neq}(g) \longrightarrow BrCl(g) + Cl(g)$$

假设过渡态是线性的,其转动惯量$I = 1.14 \times 10^{-44}$ kg·m^{-2},$\omega_1 = 190$ cm^{-1},$\omega_2 = 110$ cm^{-1}(二度简并),电子处于基态且简并度$g_e^0 = 4$.

对于Cl$_2$,$I(\text{Cl}_2) = 1.15 \times 10^{-45}$ kg·m^2,$\omega = 550$ cm^{-1},Br(g)电子基态,$g_e^0(\text{Br}) = 4$.

解析 本题是应用(9-11)式计算指前因子,为此必须算出反应物及过渡态的各种运动形式的配分函数.

(1) 平动配分函数 q_t

$$q_t(\text{Br}) = [2\pi m k_B T/h^2]^{3/2} V$$
$$= \left[2\pi \left(\frac{79.90 \times 10^{-3} \text{ kg·mol}^{-1}}{6.022 \times 10^{23} \text{mol}^{-1}}\right)(1.381 \times 10^{-23} \text{ J·K}^{-1})(298 \text{ K})\right.$$
$$\left.\frac{1 \text{ kg·m}^2 \cdot \text{s}^{-2}}{1 \text{ J}}\right]^{3/2} (1 \text{ m}^3) \Big/ [(6.626 \times 10^{-34} \text{ J·s})(1 \text{ kg·m}^2 \cdot \text{s}^{-2}/1 \text{ J})]^3$$
$$= 6.91 \times 10^{32}$$

同理

$$q_t(\text{Cl}_2) = 5.78 \times 10^{32}$$
$$q_t(\text{BrClCl}) = 1.79 \times 10^{33}$$

(2) 转动配分函数 q_r

$$q_r(\text{Cl}_2) = 8\pi^2 IkT/h^2\sigma = 426$$
$$q_r(\text{BrClCl}) = 8440$$

(3) 振动配分函数 q_v

$$q_v = 1/[1-\exp(-h\nu/kT)] = 1/[1-\exp(-hc\omega/RT)]$$
$$= 1/[1-\exp(-1.4388\omega/T)]$$

$q_v(\text{Cl}_2) = 1.08$

$q_v(\text{BrClCl}) = [1-\exp(-1.4388\omega_1/T)]^{-1}[1-\exp(-1.4388\omega_1/T)]^{-2} = 9.82$

于是可得

$$q(\text{Br}) = q_t q_e = 6.91 \times 10^{32} \times 4 = 2.76 \times 10^{33}$$
$$q(\text{Cl}_2) = q_t q_r q_v = 2.66 \times 10^{35}$$
$$q^{\neq}(\text{BrClCl}) = q_t q_r q_v q_e = 5.93 \times 10^{38}$$
$$A = (10^3 N_A)(kT/h) q^{\neq} / [q(\text{Br}) q(\text{Cl}_2)] = 3.02 \times 10^9 \text{ dm}^3 \cdot \text{mol}^{-1} \cdot \text{s}^{-1}$$

【例9.2-3】 下表为气体反应NO + NO$_2$Cl $\longrightarrow$ NO$_2$ + NOCl在不同温度下的反应速率常数:

T/K	300	311	323	334	344
$10^{-7}k/(\text{mol}^{-1}\cdot\text{cm}^3\cdot\text{s}^{-1})$	0.79	1.25	1.64	2.56	3.40

(1) 请根据$k = AT\exp(-E_a/RT)$处理上述数据,求E_a及A.
(2) 对$c_1^{\ominus} = 1$ mol·cm^{-3}及$c_2^{\ominus} = 1$ dm^{-3}·mol 时分别求算相应的活化熵$\Delta_r^{\neq} S_m(1)$、$\Delta_r^{\neq} S_m(2)$.

(3) 求理想气体 B 发生下列变化时之熵变 ΔS_m，并与(2)中结果相对照，能得到何结论？
$$B(g,\ T,\ c_1^\ominus) \longrightarrow B(g,\ T,\ c_2^\ominus)$$

(4) 请求算 $T = 300$ K 及 $p^\ominus = 101.3$ kPa 时的活化熵变 $\Delta_r^{\neq} S_m^\ominus$.

解析 (1) 根据实验数据处理如下表所示：

10^3 K$/T$	3.33	3.22	3.10	2.99	2.91
$\ln[k(K)/T(\mathrm{mol}^{-1} \cdot \mathrm{cm}^3 \cdot \mathrm{s}^{-1})]$	10.1	10.6	10.8	11.3	11.5

作 Arrhenius 图得一直线，可找到 k-T 关系式为
$$k = 9.1 \times 10^8 (T/\mathrm{K}) \exp(-26.1 \times 10^3\ \mathrm{J \cdot mol^{-1}}/RT)\ \mathrm{mol^{-1} \cdot cm^3 \cdot s^{-1}}$$
即 $E_a = 26.1\ \mathrm{kJ \cdot mol^{-1}},\ A' = 9.1 \times 10^8\ \mathrm{mol^{-1} \cdot cm^3 \cdot s^{-1}}$

(2) 据 $E_a = \Delta_r^{\neq} H_m + nRT$，可得
$$9.1 \times 10^8\ \mathrm{mol^{-1} \cdot cm^3 \cdot s^{-1}} = (k_B/h)(c^\ominus)^{-1} e^2 \exp(\Delta_r^{\neq} S_m/R)$$
$$c_1^\ominus = 1\ \mathrm{mol \cdot cm^{-3}},\ \Delta_r^{\neq} S_m(1) = -43.4\ \mathrm{J \cdot K^{-1} \cdot mol^{-1}}$$
$$c_2^\ominus = 1\ \mathrm{mol \cdot cm^{-3}},\ \Delta_r^{\neq} S_m(2) = -101\ \mathrm{J \cdot K^{-1} \cdot mol^{-1}}$$
$$\Delta_r^{\neq} S_m(1) - \Delta_r^{\neq} S_m(2) = 57.6\ \mathrm{J \cdot K^{-1} \cdot mol^{-1}}$$

(3) $B(g, T, c_1^\ominus) \xrightarrow{\Delta S_m} B(g, T, c_2^\ominus)$
$$\Delta S_m = R \ln(p_1/p_2) = R \ln(c_1^\ominus/c_2^\ominus) = 57.4\ \mathrm{J \cdot mol^{-1} \cdot K^{-1}}$$

ΔS_m 与 $\Delta_r^{\neq} S_m(1) - \Delta_r^{\neq} S_m(2)$ 一致，说明由于标准态浓度变化所引起的活化熵变化，相当于由状态 $T, c_1^\ominus$ 到 $T, c_2^\ominus$ 的等温过程的熵变.

(4) 根据(9-16)式，可得
$$\Delta_r^{\neq} S_m^\ominus = \Delta_r^{\neq} S_m(1) - R \ln(c^\ominus RT/p^\ominus)$$
$$= \Delta_r^{\neq} S_m(1) - 8.314 \ln(10^6\ \mathrm{mol \cdot m^{-3}} \times 8.314\ \mathrm{J \cdot K^{-1} \cdot mol^{-1}} \times 300\ \mathrm{K}/101325\ \mathrm{Pa})$$
$$= (-43.4 - 84.06)\ \mathrm{J \cdot K^{-1} \cdot mol^{-1}}$$
$$= 127\ \mathrm{J \cdot K^{-1} \cdot mol^{-1}}$$

讨论 (1) $\Delta_r^{\neq} S_m$ 与标准浓度(或压力)的选择有关，这一点务必注意. (2) 理想气体的 ΔH 仅是温度的函数，因此反应温度一定，$\Delta_r^{\neq} H_m$ 就确定，不因标准态浓度的选择而变化.

(三) 习题

9.2-1 对于理想气体单分子反应：
(1) 证明活化熵与标准态的选择无关，即 $\Delta_r^{\neq} S_m = \Delta_r^{\neq} S_m^\ominus$.
(2) 根据 k 的统计表式(9.11)，估算 300 K 指前因子 A 的数量级.
答案 $6 \times 10^{12}\ \mathrm{s^{-1}}$

9.2-2 写出下列气体反应的概率因子 P 的配分函数，并估算其数量级.

(1) $A + B \longrightarrow (A\text{—}B)^{\neq}$

(2) $A + BC \longrightarrow (A\text{—}B\text{—}C)^{\neq}$

(3) $A + BC \longrightarrow \left(\begin{smallmatrix} & B & \\ A & & C \end{smallmatrix}\right)^{\neq}$

(4) $AB + CD \longrightarrow (A\text{—}B\text{—}C\text{—}D)^{\neq}$

(5) $AB + C\begin{matrix}D\\E\end{matrix} \longrightarrow \left(A\!-\!B\!-\!C\begin{matrix}D\\E\end{matrix}\right)^{\neq}$

根据估算结果,讨论概率因子 P 与分子结构的关系.

答案 (1) 1; (2) f_v^2/f_r^2, 10^{-2}; (3) f_v^2/f_r, 10^{-1}; (4) f_v^4/f_r^4, 10^{-4}; (5) f_v^4/f_r^4, 10^{-4}

9.2-3 在低压下,O_3 分解的指前因子 $A_c = 4.6 \times 10^{12}$ $mol^{-1} \cdot dm^3 \cdot s^{-1}$,活化能 $E_a = 10.0$ $kJ \cdot mol^{-1}$,请求算 298 K 时该反应的 $\Delta_r^{\neq} S_m^{\ominus}, \Delta_r^{\neq} H_m^{\ominus}, \Delta_r^{\neq} G_m^{\ominus}$.

答案 $\Delta_r^{\neq} S_m^{\ominus} = -7.44$ $J \cdot K^{-1} \cdot mol^{-1}$, $\Delta_r^{\neq} H_m^{\ominus} = 5.04$ $kJ \cdot mol^{-1}$, $\Delta_r^{\neq} G_m^{\ominus} = 7.25$ $kJ \cdot mol^{-1}$.

9.2-4 实验测得,在恒压下,由 NO 催化顺式乙烯-d_2 的气相双分子异构化反应的速率常数符合下列关系

$$k = [2.28 \times 10^8 \exp(-116.65 \times 10^3 \text{ J} \cdot mol^{-1}/RT)] mol^{-1} \cdot dm^3 \cdot s^{-1}$$

求算标准态为 $p^{\ominus} = 101.325$ kPa 时该反应的标准活化熵 $\Delta_r^{\neq} S_m^{\ominus}(600 \text{ K})$.

提示 有两种方法:(i) 先求 $\Delta_r^{\neq} S_m$,再换算为 $\Delta_r^{\neq} S_m^{\ominus}$;(ii) 将 k 转化为 k_p,求 $\Delta_r^{\neq} S_m^{\ominus}$.

答案 $\Delta_r^{\neq} S_m^{\ominus} = -83.1$ $J \cdot K^{-1} \cdot mol^{-1}$

9.2-5 对于反应 $H(g) + H_2(g) \longrightarrow (H\!-\!H\!-\!H)^{\neq} \longrightarrow H_2(g) + H(g)$,实验求得 $E_a = 23.0$ $kJ \cdot mol^{-1}$, $A = 1.50 \times 10^{10}$ $mol^{-1} \cdot dm^3 \cdot s^{-1}$ ($T = 298$ K).

(1) 求算该反应的 $\Delta_r^{\neq} H_m^{\ominus}$ 及 $\Delta_r^{\neq} S_m^{\ominus}$.

(2) 如果各种运动形式的 $S^{\ominus}$ 值为: $S_t^{\ominus} \approx 150$ $K^{-1} \cdot J \cdot mol^{-1}$,$S_r^{\ominus}$ 在每个自由度上的值为 30 $J \cdot K^{-1} \cdot mol^{-1}$,每振动自由度上 $S_v^{\ominus}$ 值为 1 $J \cdot K^{-1} \cdot mol^{-1}$,估算上述反应的 $\Delta_r^{\neq} S_m^{\ominus}$,比较(1)及(2)中之 $\Delta_r^{\neq} S_m^{\ominus}$ 异同,为什么?

答案 (1) $\Delta_r^{\neq} H_m^{\ominus} = 18$ $kJ \cdot mol^{-1}$, $\Delta_r^{\neq} S_m^{\ominus} = -67$ $J \cdot mol^{-1} \cdot K^{-1}$

(2) $\Delta_r^{\neq} S_m^{\ominus} = -148$ $J \cdot K^{-1} \cdot mol^{-1}$

9.2-6 根据下列已知条件,计算 500 K 时反应 $Cl + H_2 \longrightarrow (Cl\!-\!H\!-\!H)^{\neq} \longrightarrow HCl + H$ 之 $\Delta_r^{\neq} S_m$ 及 A 值. 已知 H_2 的转动特征温度 $\theta_r = 85.3$ K,振动特征温度 $\theta_v = 598.7$ K,Cl 的基态电子 $2p_{3/2}$ 简并度为 $g_e^0 = 2J+1 = 4$,过渡态 $Cl\overset{2}{\cdots}H\overset{1}{\cdots}H$ 的 $r_1 = 0.092$ nm,$\omega_1 = 560$ cm^{-1}(二度简并),$r_2 = 0.145$ nm,$\omega_2 = 1460$ cm^{-1}. 假定基态电子的配分函数为 2. 实验测定 $A = 8.0 \times 10^{10}$ $mol^{-1} \cdot dm^3 \cdot s^{-1}$.

答案 $A = 2.6 \times 10^{11}$ $mol^{-1} \cdot dm^3 \cdot s^{-1}$,$\Delta_r^{\neq} S_m = -30.7$ $J \cdot K^{-1} \cdot mol^{-1}$

9.3 单分子反应速率理论

(一) 内容纲要

1. 定义

只有一种反应物且惟一的基元反应是单分子反应,这类反应才称为单分子反应.

2. Lindemann 时滞论

其反应机理为

$$A + M \xrightarrow{k_1} A^* + M \text{(活化过程)}$$

$$A^* + M \xrightarrow{k_2} A + M \text{(去活化过程)}$$

$$A^* \xrightarrow{k_3} P \text{ (单分子过程)}$$

Lindemann 认为，A 获能成为 A^* 到 A^* 发生反应其间有一时间的滞后．

对 A^* 进行稳态近似处理，且把 $A^* \longrightarrow P$ 当做决速步，可得

$$-d[A]/dt = \{k_1k_3[M]/(k_2[M]+k_3)\}[A] \tag{9-23}$$

当为高压或高浓度时，$k_2[M] \gg k_3$，上式简化为

$$-d[A]/dt = (k_1k_3/k_2)[A] = k_u[A] = k_\infty[A] \tag{9-24}$$

该反应对[A]为一级，$k_u = k_\infty = (k_1k_3/k_2)$ 为高压极限时的表观速率常数．

当低压或低浓度时，$k_2[M] \ll k_3$，则可简化为

$$-d[A]/dt = k_1[A][M] \tag{9-25}$$

表现为二级反应，$k_u = k_1$．在两个极限之间 k_u 与压力或浓度是有关的，令

$$k_u = k_1k_3[M]/(k_2[M]+k_3) \tag{9-26}$$

且线性化处理(取倒数)，可得

$$k_u^{-1} = k_\infty^{-1} + (k_1[M])^{-1} \tag{9-27}$$

实验证明：低压下线性较好，高压下不符合．

当 $k_u/k_\infty = 1/2$ 时，可得

$$k_3 = k_2[M]_{1/2} \tag{9-28}$$

如果 k_2 用简单碰撞理论计算，即可得到 k_1，k_3．

3. RRKM 理论

反应历程为

$$A + M \xrightleftharpoons[k_2]{k_1} A^* (\text{富能分子}, E^*) + M$$

$$A^* \xrightarrow{k_3} A^{\neq} (\text{过渡态}, E^{\neq}) \xrightarrow{k^{\neq}} P$$

即 A^* 要转变为过渡态 $A^{\neq}$ 后才能反应．Lindemann 的时滞即相当于 A^* 转变为 $A^{\neq}$ 的过程．应用统计及量子力学理论与实验所得结果符合得较好．

(二) 例题解析

【例 9.3-1】 环丙烷异构化反应是一级反应

$$CH_2\text{—}CH_2\text{—}CH_2 \text{(环)} \longrightarrow CH_3\text{—}CH=CH_2$$

实验测得在 743～792 K 间，k 与 T 之间关系为

$$\lg(k_\infty/s^{-1}) = 15.17 - 1.420 \times 10^4/T$$

不同压力下之 k 为

p/kPa	11.2	4.53	1.47	0.81	0.39	0.18	0.076	0.023	0.016	0.009
$10^4 k_u/s^{-1}$	2.98	2.82	2.23	2.00	1.54	1.30	0.857	0.485	0.392	0.303

(1) 按 Lindemann 历程计算 $T = 750$ K 时各基元过程的速率常数 k_1、k_2 及 k_3，其中 k_2 可以按碰撞理论计算，已知环丙烷的碰撞半径 $d = 0.5$ nm．

(2) 写出 k 与 p 理论上之关系式．

解析 (1) $T = 750\,\text{K}$ 时，$\lg(k_\infty/\text{s}^{-1}) = -3.76$, $k_\infty = 1.720 \times 10^{-4}\,\text{s}^{-1}$, $\because E_{a,2} = 0$, 故
$$k_2 = 10^{-3}\Delta N_A \pi d^2 (8kT/\pi\mu)^{1/2} = 4.07 \times 10^9\,\text{mol}^{-1}\cdot\text{dm}^3\cdot\text{s}^{-1}$$

作 (k_u/k_∞)-p 图(略)，由图求 $k_u/k_\infty = 1/2$ 时之 p, $p(1/2) = 0.076\,\text{kPa}$.

$$k_3 = k_2 p_{1/2} = \frac{4.07 \times 10^9\,\text{mol}^{-1}\cdot\text{dm}^3\cdot\text{s}^{-1} \times 76\,\text{Pa}}{8.314\,\text{J}\cdot\text{K}^{-1}\cdot\text{mol}^{-1} \times 750\,\text{K} \times 10^3\,\text{dm}^3/\text{m}^3} = 1.22 \times 10^4\,\text{s}^{-1}$$

$k_u^{-1} = k_\infty^{-1} + \{k_1 p_{1/2}\}^{-1}$, 可得

$$k_1 = 2.25 \times 10^{-7}\,\text{Pa}\cdot\text{s}^{-1} = 1.4\,\text{mol}^{-1}\cdot\text{dm}^3\cdot\text{s}^{-1}$$

(2) $k_u^{-1} = (1.72 \times 10^{-4})^{-1} + (2.25 \times 10^{-7} p/\text{Pa})^{-1} = 5.81 \times 10^3 + 4.44 \times 10^6 (p/\text{Pa})^{-1}$

由 Lindemann 理论处理之结果作 k_u^{-1}-p^{-1} 图，与实验数据对照，可判断理论与实验符合的情况．

(三) 习题

9.3-1 对于 $CH_3NC \longrightarrow CH_3CN$ 的异构化反应，单分子速率常数 k_u 下降至 $k_u/k_\infty = 0.5$ 时的压力 $p_{1/2} = 9.33\,\text{kPa}(T = 503\,\text{K})$，试计算此压力时的 k_3 (已知 $d = 0.45\,\text{nm}$).

答案 由碰撞理论计算 $k_2 = 2.76 \times 10^{10}\,\text{mol}^{-1}\cdot\text{dm}^3\cdot\text{s}^{-1}$, $c_{1/2} = 2.26 \times 10^{-3}\,\text{mol}\cdot\text{dm}^3$, $k_3 = 6.15 \times 10^7\,\text{s}^{-1}$.

9.3-2 将不可逆气相单分子分解反应写成类似于 RRKM 理论一样的反应历程：

$A + A \xrightarrow{k_1} A^* + A$ （碰撞活化）

$A^* + A \xrightarrow{k_2} A + A$ （碰撞去活化）

$A^* \xrightarrow{k_3} X^*$ （将活化能量转移至 A 分子内某一拟反应的键上）

$X^* \xrightarrow{k_4} A^*$ （将活化能量反转入 A 分子内所有的键上）

$X^* \xrightarrow{k_5} P$ （分解反应，决速步）

(1) 推导分解反应速率的一般方程式．
(2) 分别导出 [A] 很高及 [A] 很低的极限表达式．

答案 (1) $-d[A]/dt = k_5[k_3/(k_4 + k_5)][k_1/(k_2[A] + k_3)][A]^2$

(2) [A] 很高时，$-d[A]/dt = [k_5 k_3 k_1 / k_2(k_4 + k_5)][A]$; [A] 很低时，$-d[A]/dt = [k_5 k_1 /(k_4 + k_5)][A]^2$

9.4 有关活化能的若干问题

(一) 内容纲要

活化能这个物理量是化学动力学中一个十分重要的参数，也是化学动力学从理论到实验的研究任务，本节主要讨论除 Arrhenius 方程外的一些问题．

1. 实验活化能，临界能，势垒

(1) 活化能

总包反应的 Arrhenius 活化能只是一个动力学参数，它反映了温度对总包反应速率影响的程度．

基元反应活化能 E_a,据 Tolman 定义为 $E_a = \langle E^* \rangle - \langle E \rangle$ 是活化分子和一般分子两个统计平均能量的差值,它表征了基元反应中完成一次化学行为中的能量要求,E_a 仍是宏观量、实验值.

(2) 临界能

临界能 ε_c,是发生反应性碰撞所需能量的最低的规定值,故也称阈能,即连心线方向的相对平动能 $\varepsilon_R > \varepsilon_c$ 的碰撞是有效碰撞,因此是分子水平的理论量,简单碰撞理论不能解决 ε_c. 分子反应动态学实验可测定 ε_c.

(3) 势垒

势垒 ε_b 是势能面上沿反应坐标(最小能量途径)鞍点所处的能量相对高度,反应势垒的存在是活化能这个物理量的实质,ε_b 是通过量子力学计算所得,是分子水平的理论量.

2. 微观可逆性原理

"一个基元反应的逆反应也必然是基元反应,正反应与逆反应通过相同的过渡态".

根据微观可逆性原理可得正反应活化能 E_a 和逆反应活化能 E_a' 之关系[①]

$$E_a - E_a' = \Delta_r H_m \tag{9-29}$$

3. 基元反应活化能的估算

键能是组成该键的元素变成气态原子时所需能量的平均值. 估算规则如下:

(1) 分子 A—B 分解为自由基的基元反应

$$E_a = \Delta_r H_m = D_{AB} \tag{9-30}$$

(2) 自由基复合反应

$$E_a \approx 0$$

(3) 自由基 A 和分子 BC 间的反应

$$A + BC \longrightarrow AB + C$$

$$E_a \approx 0.05 E_{BC} \quad (\text{放热方向}) \tag{9-31}$$

(4) 分子间反应

$$A\text{—}B + C\text{—}D \longrightarrow A\text{—}C + B\text{—}D$$

$$E_a = 0.30 (E_{A-B} + E_{C-D}) \quad (\text{放热方向}) \tag{9-32}$$

4. 负活化能

反应速率有负的温度系数,当用 Arrhenius 公式去处理这些反应的动力学数据时,得出 $E_a < 0$,即称为负活化能. 一些三分子反应具有这种特性,研究证明其反应历程仍是几个双分子过程组成,如

$$I + I \underset{}{\overset{k_1}{\rightleftharpoons}} I_2^*$$

$$I_2^* + M \xrightarrow{k_2} I_2 + M$$

可得 $k = k_2 k_1$ 及 $E_a = E_2 + \Delta_r H_m$. 当 $E_2 < |\Delta_r H_m|$ 时 $E_a < 0$,此处 E_a 仍是表观活化能.

另一类是真正的负活化能,如按 Tolmann 定义,$\varepsilon_{exp} = \langle \varepsilon^* \rangle - \langle \varepsilon \rangle < 0$,这类负活化能的基元反应在反应历程中起着超催化作用.

[①] 有关讨论可参阅:罗渝然,叶礼萍. 大学化学,1987,2(4),53

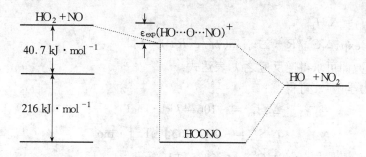

(二) 例题解析

【例 9.4-1】 对于基元反应 $I + H_2 \longrightarrow HI + H$，已知 $E(HI) = 297 \text{ kJ} \cdot \text{mol}^{-1}$，$E(H_2) = 435 \text{ kJ} \cdot \text{mol}^{-1}$，求该反应正、逆方向的活化能．

解析 为求活化能，首先要判断反应的放热方向，才能应用估算活化能的规则

正向反应热效应

$$\Delta_r H_m = -[E(H-I) - E(H-H)] = 138 \text{ kJ} \cdot \text{mol}^{-1} > 0 \quad \text{吸热}$$

逆向反应为放热方向

$$E_a' = 0.05 E(HI) = (0.05 \times 297) \text{kJ} \cdot \text{mol}^{-1} = 14.9 \text{ kJ} \cdot \text{mol}^{-1}$$

据微观可逆性原理

$$E_a = E_a' + \Delta_r H_m = (14.9 + 138) \text{kJ} \cdot \text{mol}^{-1} = 153 \text{ kJ} \cdot \text{mol}^{-1}$$

【例 9.4-2】 气相反应 $O + O_2 + M \underset{k_b}{\overset{k_f}{\rightleftharpoons}} O_3 + M$，已知在 298 K、$p^\ominus$ 时各热力学函数如下表所示．实验测得 $k_f = 6.00 \times 10^7 \exp(2.5 \text{ J} \cdot \text{mol}^{-1}/RT) \text{ mol}^{-2} \cdot \text{dm}^6 \cdot \text{s}^{-1}$，设 $\Delta_r H_m^\ominus$、$\Delta_r S_m^\ominus$ 与温度 T 无关，计算逆反应的速率常数 k_b．

组分	O	O_2	O_3
$\Delta_f H_m^\ominus/(\text{kJ} \cdot \text{mol}^{-1})$	249.170	0	142.93
$S_m^\ominus/(\text{J} \cdot \text{K}^{-1} \cdot \text{mol}^{-1})$	161.055	205.138	238.93
$\Delta_f G_m^\ominus/(\text{kJ} \cdot \text{mol}^{-1})$	231.731	0	163.2

解析 要得到逆反应的 k_b，必须求得 A_b 及 E_b，为此需利用热力学及动力学两个方面的有关原理——精细平衡原理及 $k = A\exp(-E_a/RT)$

$$k_f/k_b = K_c = K_p(p^\ominus/c^\ominus RT)^{\sum \nu_i}$$
$$= \exp(\Delta_r S^\ominus/R)\exp(-\Delta_r H_m^\ominus/RT)(p^\ominus/c^\ominus RT)^{\sum \nu_i} \quad \text{①}$$

此处 $\sum \nu_i$ 不是反应分子数，而是反应的计量系数之代数和．若将活化能作为内能较焓更确切，则

$$\Delta_r H_m^\ominus = \Delta_r U_m^\ominus + RT \sum \nu_i \quad \text{②}$$

于是 $k_f/k_b = K_c = \exp(\Delta_r S_m^\ominus/R)(p^\ominus/c^\ominus RT)^{\sum \nu_i} \exp\left(-\sum \nu_i\right) \exp(-\Delta_r U_m^\ominus/RT)$

$$= \exp(\Delta_r S_m^\ominus/R)\exp\left[\sum \nu_i \ln(p^\ominus/c^\ominus RT) - 1\right]\exp(-\Delta_r U_m^\ominus/RT) \quad \text{③}$$

又 $k_f/k_b = A_f \exp(-E_{a,f}/RT)/[A_b \exp(-E_{a,b}/RT)]$

$$= (A_f/A_b)\exp[-(E_{a,f} - E_{a,b})/RT] \quad \text{④}$$

$$E_{a,f} - E_{a,b} = \Delta_r H_m^\ominus \qquad ⑤$$

$$A_f/A_b = \exp\{\Delta_r S_m^\ominus/R + \sum \nu_i [\ln(p^\ominus/c^\ominus RT) - 1]\} \qquad ⑥$$

根据式⑤及式⑥,即可求得逆反应之 k 表达式.

由已知热力学函数,可得

$$\Delta_r H_m^\ominus = -106.47 \text{ kJ}\cdot\text{mol}^{-1}$$

$$\Delta_r S_m^\ominus = -127.263 \text{ J}\cdot\text{K}^{-1}\cdot\text{mol}^{-1}$$

$$\Delta_r G_m^\ominus = -68.53 \text{ kJ}\cdot\text{mol}^{-1}$$

∴ $E_{a,f} = -2.5 \text{ J}\cdot\text{mol}^{-1}$, ∴ $\Delta_r U_m^\ominus = \Delta_r H_m^\ominus - (-1)RT = -104 \text{ kJ}\cdot\text{mol}^{-1}$

据式⑤ $E_{a,b} = E_{a,f} - \Delta_r U_m^\ominus = 104 \text{ kJ}\cdot\text{mol}^{-1}$；又据 $\Delta_r G_m^\ominus = -RT\ln K_p^\ominus$, $K_p^\ominus = 1.03\times 10^{12}$

据 $K_p^\ominus = (c^\ominus RT/p^\ominus)^{-1} K_c$, $K_c = K_p^\ominus c^\ominus RT/p^\ominus = 2.52\times 10^{13}$

利用式⑥或 $k_f/k_b = K_c$,得出

$$A_b = A_f \exp(-E_{a,f}/RT)\exp(E_{a,b}/RT)/K_c$$

$$= 6.00\times 10^{-7} \exp(2.5/8.314\times 298)\exp(104\times 10^3/8.314\times 298)\times 2.52\times 10^{13}$$

$$= 4.05\times 10^{13} \text{ mol}^{-1}\cdot\text{dm}^3\cdot\text{s}^{-1}$$

∴ $k_b = 4.05\times 10^{13} \exp(-104\times 10^3/RT) \text{ mol}^{-1}\cdot\text{dm}^3\cdot\text{s}^{-1}$

讨论 利用本题的方法在实验研究中可以先作易测量的方向的反应,再去求算难于测量的逆反应的动力学参数.

(三) 习题

9.4-1 估算下列反应之 $\Delta_r H_m$, 并求算正逆反应之活化能 $E_{a,f}$、$E_{a,b}$. 已知键能 E 数据如下表所示:

键 型	I—I	H—I	H—H	C—H	C—C
$E/(\text{kJ}\cdot\text{mol}^{-1})$	151	297	435	414	347

(1) $H + I_2 \longrightarrow HI + I$

(2) $H_2 + M \longrightarrow 2H + M$

(3) $H + C_6H_5CH_3 \longrightarrow CH_4 + C_6H_5$

(4) $C_6H_5 + H_2 \longrightarrow C_6H_6 + H$

(5) $2H + M \longrightarrow H_2 + M$

答案

基元反应	$\Delta_r H_m/(\text{kJ}\cdot\text{mol}^{-1})$	$E_{a,f}/(\text{kJ}\cdot\text{mol}^{-1})$	$E_{a,b}/(\text{kJ}\cdot\text{mol}^{-1})$
(1) 放热	−146	7.55	154
(2) 吸热	435	435	0
(3) 放热	67	17.6	84.5
(4) 吸热	21	41.8	20.9
(5) 放热	−435	0	435

9.4-2 500 K 时实验测得气相反应 $I + H_2 \longrightarrow HI + H$ 之 $\lg[A/(\text{mol}^{-1}\cdot\text{dm}^3\cdot\text{s}^{-1})] = 11.4$, $E_{a,f} = 143 \text{ kJ}\cdot\text{mol}^{-1}$, 试求逆反应之 k 式(查热力学函数表,500 K 时之各值见下表).

物　质	I	H_2	HI	H
$\Delta_f H_m^\ominus/(kJ\cdot mol^{-1})$	75.992		-5.622	219.254
$S_m^\ominus/(J\cdot K^{-1}\cdot mol^{-1})$	191.533	145.737	221.760	125.463
$\Delta_f G_m^\ominus/(kJ\cdot mol^{-1})$	50.203		-10.088	192.957

答案　$k_b = 7.58\times 10^{10}\exp(-5.36\times 10^3/RT)$

9.4-3　气相反应 N + NO ⟶ N_2 + O,实验测得 $\lg[A/(mol^{-1}\cdot dm^3\cdot s^{-1})] = 10.2$, $E_f = 0$. 已知 1000 K 时的下列热力学数据,求 1000 K 时之 k_b.

物　质	N	NO	N_2	O
$\Delta_f H_m^\ominus/(kJ\cdot mol^{-1})$	476.540	90.437		252.682
$S_m^\ominus/(J\cdot K^{-1}\cdot mol^{-1})$	178.454	248.536	228.70	186.790
$\Delta_f G_m^\ominus/(kJ\cdot mol^{-1})$	412.171	77.775		187.681

答案　$k_b = 6.74\times 10^{10}\exp(-314\times 10^3/RT)$, 1000 K 时 $k_b = 2.57\times 10^{-6}\ mol^{-1}\cdot dm^3\cdot s^{-1}$

9.4-4　气相反应 H_2 + Cl ⟶ H + HCl, 已知其 $k = 7.94\times 10^{10}\exp(230\ kJ\cdot mol^{-1}/RT)$, $\Delta_r G_m^\ominus = 203.576\ kJ\cdot mol^{-1}$, $\Delta_r H_m^\ominus = 4.10\ kJ\cdot mol^{-1}$, 求逆反应的 k_b 计算式.

答案　$k_b = 4.60\times 10^8\exp(-18.9\times 10^3/RT)$

第10章 化学动力学理论应用与研究方法

本章是前两章内容的扩展,着重讨论前两章介绍的化学动力学理论和方法应用于溶液反应、链反应、光化学反应及均相催化反应,求得上述各类反应的具体的动力学规律,并对快速反应的研究方法(主要指弛豫方法)及动力学研究中的线性化方法等进行了讨论.

10.1 溶液反应动力学

(一) 内容纲要

溶液化学反应的速率除了受反应物本身的性质所决定外,溶剂具有很重要的影响,可简要归纳如下:

$$
\text{溶剂效应}\begin{cases}\text{物理的}\begin{cases}\text{离解作用}\\\text{传能、传质}\\\text{介电效应}\end{cases}\\\text{化学的}\begin{cases}\text{催化作用}\\\text{直接作为反应物}\end{cases}\end{cases}
$$

1. 溶液反应的基本模式

第一步是反应物扩散到同一溶剂笼中形成偶遇对

$$A + B \underset{k_{-d}}{\overset{k_d}{\rightleftharpoons}} A:B \quad (\text{偶遇对})$$

第二步偶遇对在笼中发生化学反应

$$A:B \xrightarrow{k_r} P$$

对 A:B 应用稳态近似,则

$$r = d[P]/dt = [k_d k_r/(k_{-d} + k_r)][A][B] \tag{10-1}$$

$$k = k_d k_r/(k_{-d} + k_r) \tag{10-2}$$

2. 中性反应物的扩散控制反应

当 $k_r \gg k_{-d}$ 时,据(10-2)式,$k = k_d$,即为扩散控制反应.应用简单碰撞理论后,可得

$$k_d = 4\pi(D_A + D_B)(r_A + r_B) \tag{10-3}$$

式中 D_A、D_B 及 r_A、r_B 分别为反应物 A、B 在某溶剂中的扩散系数及分子半径,$D_i(\text{m}^2 \cdot \text{s}^{-1})$可由 Stockers-Einstain 公式计算

$$D_i = k_B T/6\pi\eta r_i \tag{10-4}$$

式中 η 为粘度系数($\text{kg} \cdot \text{m}^{-1} \cdot \text{s}^{-1}$).

由上二式,则

$$k_d = (2k_B T/3\eta)[(r_A + r_B)^2/(r_A r_B)] \tag{10-5}$$

当 $r_A \approx r_B$,且 $\eta = A\exp(E_a/RT)$

$$k_d = (8RT/3000 A)\exp(-E_a/RT)\text{mol}^{-1} \cdot \text{dm}^3 \cdot \text{s}^{-1} \tag{10-6}$$

3. 离子间扩散控制反应

根据 Fick 扩散第二定律及碰撞理论,可得

$$k_d = 4\pi N_A(D_A + D_B)(r_A + r_B)P \tag{10-7}$$

$$P = \frac{\delta}{e^{\delta} - 1} \tag{10-8}$$

$$\delta = \frac{z_A z_B c^2}{4\pi\varepsilon_0 \varepsilon k_B T(r_A + r_B)} \tag{10-9}$$

式中 $(4\pi\varepsilon_0)^{-1} = 8.988 \times 10^9 \text{ N·m}^2 \cdot \text{C}^{-2}$, z_A、z_B 为离子价。离子扩散系数 D_i 可由 Einstein 公式求算

$$D_i = U_i k_B T / |z_i| e \tag{10-10}$$

式中 U_i 为离子淌度(mobility),电子电荷 $e = 1.602 \times 10^{-19}$ C。

式(10-7)中各量如均以基本单位代入,则乘以 $N_A/1000$ 后,k_d 之量纲即为 $\text{mol}^{-1} \cdot \text{dm}^3 \cdot \text{s}^{-1}$。如果 $z_A = 1$, $z_B = -1$, $T = 298$ K, 在水溶液中反应, 则(10-7)式可简化为

$$k_d = 8.80 \times 10^{14}[(D_A + D_B)/(\text{cm}^2 \cdot \text{s}^{-1})] \tag{10-11}$$

4. 离子强度(I)对溶液反应速率的影响

应用过渡态理论于溶液反应时,可得

$$k = (k_B T/h) K_c^{\neq} \tag{10-12}$$

再应用电解质溶液理论有关活度系数等的公式就可得到离子强度、介电常数(ε)等的影响。

$$K_a^{\neq} = K_c^{\neq} r^{\neq} / \gamma_A \gamma_B$$

$$k = (k_B T/h) K_a^{\neq} \gamma_A \gamma_B / \gamma^{\neq} = k_0 \gamma_A \gamma_B / \gamma^{\neq} \tag{10-13}$$

又因为 $\lg \gamma_i = -0.509 z_i^2 [I/(\text{mol} \cdot \text{kg}^{-1})]^{\frac{1}{2}}$, 则

$$\lg(k/k_0) = 1.02 z_A z_B [I/(\text{mol} \cdot \text{kg}^{-1})]^{1/2} \tag{10-14}$$

式中 $I(\text{mol} \cdot \text{kg}^{-1})$ 为溶液的离子强度 $I = \frac{1}{2} \sum m_i z_i^2$。

5. 介电常数 ε 对溶液反应速率的影响

$$\lg(k/k_0) = -N_A e^2 z_A z_B / 4\pi\varepsilon_0 \varepsilon RTa \tag{10-15}$$

式中 a 可当做反应形成的活化络合物之大小,k_0 为 ε 为无限大时(此时无静电作用)的反应速率常数。

6. 压力对溶液反应速率的影响

$$[\partial k/(k\partial p)]_T = -\Delta^{\neq} V_m / RT \tag{10-16}$$

式中 $\Delta^{\neq} V_m$ 为摩尔活化体积。通过对 $\Delta^{\neq} V_m$ 之测定,可以推测过渡态的构型。

(二) 例题解析

【例 10.1-1】 用 X 射线照射正己烷,即发生离解作用,并可测定电导率;当 X 射线撤除后,由于离子复合反应 $R^+ + X^- \longrightarrow P$,电导率逐渐衰减,实验测定其电导率 κ 的衰减符合二级反应动力学规律

$$\kappa^{-1} - \kappa_0^{-1} = kt/(U_+ + U_-)$$

式中 U_+、U_- 为离子 R^+ 及 X^- 的淌度。今测定 297 K 时,$\kappa/(U_+ + U_-) = 0.98 \times 10^{-8}$ V·m,其中 κ 的量纲为 mL·C^{-1}·m^3·S^{-1}。请按照扩散控制计算离子复合反应的速率常数,并与上述

实验结果相对照. 已知正己烷的介电常数 $\varepsilon = 1.87$, 且 $U_+ = 6.8 \times 10^{-8}$ m$^2 \cdot$V$^{-1} \cdot$s^{-1}, $U_- = 13 \times 10^{-8}$ m$^2 \cdot$V$^{-1} \cdot$s^{-1}.

解析 对于扩散控制反应, 有公式(10-7)

$$k_D = 4\pi N_A(D_A + D_B)(r_A + r_B)P/(1000 \text{ mol}^{-1} \cdot \text{dm}^3 \cdot \text{s}^{-1}) \qquad ①$$

$$P = \frac{\delta}{e^\delta - 1}$$

$$\delta = z_A z_B e^2/4\pi\varepsilon_0 \varepsilon k_B T(r_A + r_B)$$

为此, 首先需解决 r_A、r_B 之求算. 一般说来, $(r_A + r_B)$ 在很宽的范围内对 k 值影响极微, 令 $(r_A + r_B) = 10^{-9}$ m.

据 Einstain 公式可求算 D_+、D_-. 计算时要注意各物理量之量纲, 最方便的方法是采用国际单位(SI制).

$$D_+ = \frac{6.8 \times 10^{-8} \text{ m}^2 \cdot \text{V}^{-1} \cdot \text{s}^{-1} \times 1.38 \times 10^{23} \text{ J} \cdot \text{K}^{-1} \times 297 \text{ K}}{1 \times 1.6 \times 10^{-19} \text{ C}}$$

$$= 1.7 \times 10^{-9} \text{ m}^2 \cdot \text{s}^{-1}$$

$$D_- = 3.3 \times 10^{-9} \text{ m}^2 \cdot \text{s}^{-1}$$

代入①式中, 并注意单位换算 1 C^2 = 8.99×10^9 N$\cdot$m^2.

$$\delta = \frac{1 \times (-1) \times (1.6 \times 10^{-19} \text{ C})^2}{1.87 \times 1.38 \times 10^{-23} \text{ J} \cdot \text{K}^{-1} \times 297 \text{ K} \times 10^{-9} \text{ m}}$$

$$= -3.34 \times 10^{-9} \frac{\text{C}^2}{\text{J} \cdot \text{m}} \times 8.99 \times 10^9 \frac{\text{N} \cdot \text{m}^2}{\text{C}^2}$$

$$= -30$$

$$P = \frac{\delta}{e^\delta - 1} = 30$$

$$k_{\text{计}} = 4 \times 3.14 \times 6.023 \times 10^{23}(1.7 + 3.3) \times 10^{-9} \times 10^{-9} \times 30 \times 10^{-3} \text{ mol}^{-1} \cdot \text{dm}^3 \cdot \text{s}^{-1}$$

$$= 1.13 \times 10^6 \text{ mol}^{-1} \cdot \text{dm}^3 \cdot \text{s}^{-1}$$

已知

$$k_{\text{实}}/(U_+ + U_-) = 0.98 \times 10^{-8} \text{ V}$$

$$\therefore \quad k_{\text{实}} = 0.98 \times 10^{-8} \times (6.8 + 13) \times 10^{-8} \text{ m}^3 \cdot \text{s}^{-1}$$

$$= 1.94 \times 10^{-15} \times 6.023 \times 10^{23} \times 10^{-3} \text{ mol}^{-1} \cdot \text{dm}^3 \cdot \text{s}^{-1}$$

$$= 1.17 \times 10^6 \text{ mol}^{-1} \cdot \text{dm}^3 \cdot \text{s}^{-1}$$

$$k_{\text{计}} \approx k_{\text{实}}$$

【例 10.1-2】 298 K, $\eta(\text{H}_2\text{O}) = 0.900 \times 10^{-3}$ Pa·s, 中性分子间扩散控制反应速率常数已知为 $k_d = 7.34 \times 10^9$ mol$^{-1} \cdot$dm$^3 \cdot$s^{-1}.

(1) 当为离子间双分子碰撞反应, 求算其 k_d 值之低限及高限. 设 $(r_A + r_B) = 0.5$ nm.

(2) H_3O^+ 与 OH^- 双分子碰撞反应的速率常数 $k_d = 1.3 \times 10^{11}$ dm$^3 \cdot$mol$^{-1} \cdot$s^{-1}, 且已知扩散系数 $D(\text{H}_3\text{O}^+) = 9.31 \times 10^{-9}$ m$^2 \cdot$s^{-1}, $D(\text{OH}^-) = 5.30 \times 10^{-9}$ m$^2 \cdot$s^{-1}(298 K). 请计算 $r(\text{H}_3\text{O}^+) + r(\text{OH}^-)$, 并对结果进行解释.

解析 (1) 为求离子间扩散控制反应速率常 k_d 值, 根据(10-7式), 首先要计算不同离子对 z_A、z_B 之 P 值. 现据(10-8)及(10-9)式计算, 并将结果列于表10-1.

表 10-1 离子对电荷对 k_d 影响之 P 值

A,B 离子对的 (z_A, z_B)	(+2, +2)或(−2, −2)	(+2, +1)或(−2, −1)	(+1, +1)或(−1, −1)	(0,0)	(+1, −1)	(+2, −1)(−2, +1)	(+3, −1)(−3, +1)	(+2, −2)
P	0.019	0.17	0.45	1	1.9	3.0	4.3	5.7

将 P 值代入 k_d 式,则

$$k_{d(\min)} = 0.019 \times 7.34 \times 10^9 \text{ mol}^{-1} \cdot \text{dm}^3 \cdot \text{s}^{-1} = 1.4 \times 10^8 \text{ mol}^{-1} \cdot \text{dm}^3 \cdot \text{s}^{-1}$$

$$k_{d(\max)} = 5.7 \times 7.34 \times 10^9 \text{ mol}^{-1} \cdot \text{dm}^3 \cdot \text{s}^{-1} = 4.2 \times 10^{10} \text{ mol}^{-1} \cdot \text{dm}^3 \cdot \text{s}^{-1}$$

(2) $H_3O^+ + OH^- \longrightarrow H_2O(l)$

据 $k_d = 4\pi(D_A + D_B)(r_A + r_B)PN_A$

$$r(H_3O^+) + r(OH^-) = k_d / 4\pi(D_A + D_B)PN_A$$

$$= \frac{1.3 \times 10^{11} \text{ mol}^{-1} \cdot \text{dm}^3 \cdot \text{s}^{-1} \times 10^{-3} \text{ m}^{-3}}{4\pi \times 14.81 \times 10^{-9} \text{ m}^2 \cdot \text{s}^{-1} \times 1.9 \times 6.023 \times 10^{23} \text{ mol}^{-1}}$$

$$= 6.2 \times 10^{-10} \text{ m}$$

据文献报道,该值比简单的 H_3O^+ 及 OH^- 半径总和要大得多,可能的解释是以 $[H(H_2O)_4]^+$ 及 $[OH(H_2O)_3]^-$ 形式存在于溶液中.

【例 10.1-3】 推导 $\lg \dfrac{k}{k_0} = 1.02 z_A z_B \sqrt{\dfrac{I}{\text{mol} \cdot \text{kg}^{-1}}}$ 式,并讨论 z_A、z_B 及离子强度 I 对下述反应速率的影响.

(1) $2\text{Co(NH}_3)_5\text{Br}_2^{2+} + \text{Hg}^{2+} + \text{H}_2\text{O} \longrightarrow 2\text{Co(NH}_3)_5\text{H}_2\text{O}^{3+} + \text{HgBr}_2$

(2) $\text{Co(NH}_3)_5\text{Br}_2^{2+} + \text{NO}_3^- \longrightarrow \text{Co(NH}_3)_5\text{NO}_3^{2+} + \text{Br}^-$

(3) $\text{OH}^- + \text{CH}_3\text{Br} \longrightarrow \text{CH}_3\text{OH} + \text{Br}^-$

(4) $\text{OH}^- + \text{Br(CH}_2)_5\text{CO}_2^- \longrightarrow \text{HO(CH}_2)_5\text{CO}_2^- + \text{Br}^-$

(5) $\text{CH}_3\text{Br} + \text{H}_2\text{O} \longrightarrow \text{CH}_3\text{OH} + \text{H}^+ + \text{Br}^-$

解析 据(10-13)式 $k = k_0 \gamma_A \gamma_B / \gamma^{\neq}$. Debye-Hükel 离子活度系数,公式为

$$\lg \gamma_i = -0.510 z_i^2 \sqrt{I}$$

$$\therefore \lg \gamma_A = -0.510 z_A^2 \sqrt{I}$$

$$\lg \gamma_B = -0.510 z_B^2 \sqrt{I}$$

$$\lg \gamma^{\neq} = -0.510 (z_A + z_B)^2 \sqrt{I}$$

代入 k 式,则

$$\lg(k/k_0) = +\lg \gamma_A + \lg \gamma_B - \lg \gamma^{\neq}$$

$$= -0.510 \sqrt{I} \{z_A^2 + z_B^2 - (z_A + z_B)^2\}$$

$$= -0.510 \sqrt{I} (-2 z_A z_B)$$

$$= +1.02 z_A z_B \sqrt{I}$$

又据(10-15)式 $\lg(k/k_0) = -N_A e^2 z_A z_B / 4\pi \varepsilon_0 \varepsilon RTa$

不难得到下列结论:

(1) $z_A z_B > 0$, k 将随 I 及 ε 之增加而增加.
(2) $z_A z_B < 0$, k 将随 I 及 ε 之增加而减少.
(3) $z_A z_B = 0$, I 及 ε 对 k 无影响.
(4) $z_A z_B > 0$, I 及 ε 之增大使 k 增加.
(5) $z_A z_B = 0$, 由于是极性分子, ε 对 k 有影响, 而 I 对 k 无影响.

【例 10.1-4】 Swaddle 在研究 $Co(en)_n(H_2^{18}O)_2^{3+}$ 与溶剂的交换反应速率时,测得 308 K 之数据列于下表.计算 $\Delta^{\neq} V_m$, 该值能对反应历程提供什么信息?

p/MPa	0.10	6.4	102.5	152.4	201.3	250.0	301.9
$10^5 k/\mathrm{s}^{-1}$	6.29	6.27	5.05	4.23	4.17	3.52	3.16

解析 利用实验数据作 $\ln(k/\mathrm{s}^{-1})$-p 图. 为此, 先将数据变为 $\ln(k/\mathrm{s}^{-1})$:

p/MPa	0.1	6.4	102.5	152.4	201.3	250.0	301.9
$\ln(k/\mathrm{s}^{-1})$	−9.67	−9.68	−9.89	−10.07	−10.09	−10.25	−10.36

据

$$\left[\frac{\partial \ln(k/\mathrm{s}^{-1})}{\partial p}\right]_T = \frac{-\Delta^{\neq} V_m}{RT}$$

从 $\ln(k/\mathrm{s}^{-1})$-p 直线斜率求算 $\Delta^{\neq} V_m$, 结果为

$$\Delta^{\neq} V_m = 5.9 \text{ cm}^3/\text{mol}$$

在考虑一个键断裂时, 若假设为筒状, 其体积为 $\pi R^2 l$, 一般 $R \approx 0.2$ nm, l 为键伸长 ≈ 0.12 nm, 则 $\Delta^{\neq} V_m \approx 7$ cm^3 mol^{-1}. 实验结果约为 6 cm$^3 \cdot$mol^{-1}, 两者十分接近. $\Delta^{\neq} V_m > 0$, 说明生成了较反应物分子结构更松散的过渡态.

(三) 习题

10.1-1 已知下列离子在298 K 溶剂水中的淌度 U_i 之数据, 计算各正负离子对中和反应的扩散控制速率常数; 水溶液中的反应有没有比 $H^+ + OH^- \longrightarrow H_2O$ 更快的反应?

离子	H_3O^+	NH_4^+	OH^-	Ac^-
$10^8 U_i/(\mathrm{m}^2 \cdot \mathrm{V}^{-1} \cdot \mathrm{s}^{-1})$	36.2	7.6	19.8	4.2

答案

离子对	$H_3O^+ + OH^-$		$H_3O^+ + Ac^-$
$k/(\mathrm{mol}^{-1} \cdot \mathrm{dm}^3 \cdot \mathrm{s}^{-1})$	1.27×10^{11}		9.31×10^{10}
离子对	$NH_4^+ + OH^-$		$NH_4^+ + Ac^-$
$k/(\mathrm{mol}^{-1} \cdot \mathrm{dm}^3 \cdot \mathrm{s}^{-1})$	6.20×10^{10}		2.67×10^{10}

因为水中 H^+ 及 OH^- 的离子淌度是所有正(负)离子中为最大, 故 $H^+ + OH^-$ 中和反应为最快.

10.1-2 下述反应若增加溶液中离子强度是否会影响其反应速率常数? 并指出速率常数是增大, 减少, 还是不变?

(1) $CH_3COOC_2H_5 + OH^- \longrightarrow CH_3COO^- + C_2H_5OH$
(2) $NH_4^+ + CNO^- \longrightarrow CO(NH_2)_2$
(3) $S_2O_8^{2-} + 2I^- \longrightarrow I_2 + 2SO_4^{2-}$
(4) $2[Co(NH_3)_5Br]^{2+} + Hg^{2+} + 2H_2O \longrightarrow 2[Co(NH_3)_5H_2O]^{3+} + HgBr_2$

答案 (1) 不变, (2) 减少, (3) 增加, (4) 增加

10.1-3 当 $(r_A+r_B)=0.20\,\mathrm{nm}$ 时,请按表(10.1)的各项计算扩散控制反应速率公式中之 δ 及 P 值,此时 k_d 之上下限又各为多少?

提示 以 $z_A=1, z_B=-1$ 为例可计算如下

$$\delta = \frac{z_A z_B e^2}{4\pi\varepsilon_0\varepsilon k_B T(r_A+r_B)}$$

$$=\frac{(-1)(1)(1.602\times10^{-19}\,\mathrm{C})(8.988\times10^9\,\mathrm{N\cdot C^{-2}\cdot m^2})}{78.3(1.381\times10^{-23}\,\mathrm{J\cdot K^{-1}})(298.15\,\mathrm{K})(0.20\times10^{-9}\,\mathrm{m})}$$

$$=-3.58$$

$$P=\delta(e^\delta-1)^{-1}=-3.58(e^{-3.58}-1)^{-1}=3.68$$

答案 依表10.1之次序可得:P 为 8.65×10^{-6},5.57×10^{-3};0.103;1;3.68;7.17;10.74;14.34;$k_{d(\min)}=6.35\times10^4\,\mathrm{mol^{-1}\cdot dm^3\cdot s^{-1}}$;$k_{d(\max)}=1.05\times10^{11}\,\mathrm{mol^{-1}\cdot dm^3\cdot s^{-1}}$.

10.1-4 已知溶液反应 $S_2O_8^{2-}(aq)+2I^-(aq^-)=\!\!=\!\!=2SO_4^{2-}(aq)+I_2(aq)$,实验测得其 $k_0=1.38\times10^{-3}\,\mathrm{mol^{-1}\cdot dm^3\cdot s^{-1}}$.今将 $c(KI)=0.0100\,\mathrm{mol\cdot kg^{-1}}$ 和 $c(Na_2S_2O_8)=1.5\times10^{-1}\,\mathrm{mol\cdot kg^{-1}}$ 相混合,计算该反应在298 K 时之反应速率常数 k_d.

答案 $k_d=2.23\times10^{-3}\,\mathrm{mol^{-1}\cdot dm^3\cdot s^{-1}}$

10.1-5 氯苯水解反应速率常数随压力而变化的结果如下表所示,用作图法求活化体积 $\Delta^{\neq}V_m$.

$10^{-2}p/\mathrm{kPa}$	1.00	3.45	689	1033
$10^6\,k/\mathrm{s^{-1}}$	7.18	9.58	12.2	15.8

答案 $-18.7\,\mathrm{cm^3\cdot mol^{-1}}$

10.1-6 溴酚蓝褪色的动力学在碱性溶液中是二级反应,其反应式可写为

$$\text{醌式(蓝色)} + OH^- \longrightarrow \text{醇式(无色)}$$

298 K 时,反应速率常数 k 随压力之增加而改变,数据列于下表.求算活化体积 $\Delta^{\neq}V_m$;当比常压增加1000倍,求 k 值增加的倍数.

p/kPa	101.3	2.76×10^4	5.51×10^4
$10^4\,k/(\mathrm{mol^{-1}\cdot dm^3\cdot s^{-1}})$	9.30	11.13	13.1
p/kPa	8.27×10^4	11.2×10^4	
$10^4\,k/(\mathrm{mol^{-1}\cdot dm^3\cdot s^{-1}})$	15.3	17.9	

答案 $\Delta^{\neq}V_m=-14.3\,\mathrm{cm^3\cdot mol^{-1}}$;$k_2/k_1=1.006$

10.2 链反应动力学

(一) 内容纲要

链反应有二类,直链反应和支链反应.

1. 直链反应历程

以 $H_2+Cl_2\longrightarrow 2HCl$ 为例,其反应历程可分为三阶段:(i) 链的引发:产生自由基;(ii) 链的传递:自由基再生;(iii) 链的终止:自由基消亡.

链反应速率方程主要通过应用稳态近似方法求得,在稳态条件下,链的引发反应速率等于

链的终止反应速率,对链反应速率的贡献主要是链传递过程速率.

如果链反应表观速率常数与反应历程各元反应速率常数存在以下关系

$$k_{表} = \prod_i k_i^{\alpha_i} \tag{10-17}$$

则链反应实验活化能 E_a 与各元反应活化能 E_i 间必存在以下关系

$$E_a = \sum \alpha_i E_i \tag{10-18}$$

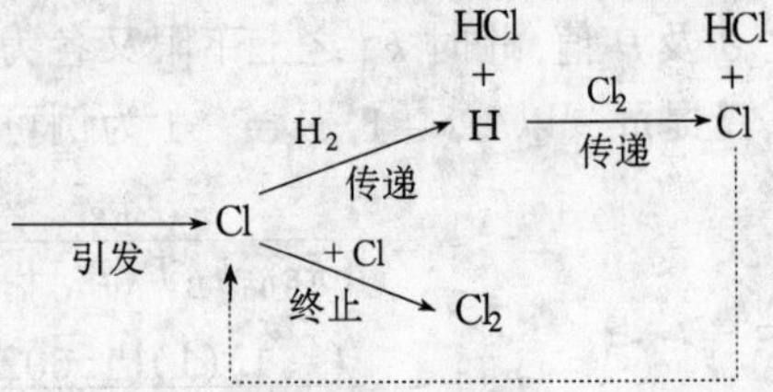

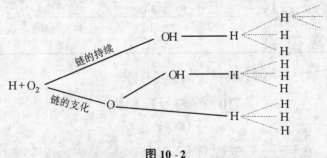

图 10-1

链反应 E_a 总是小于链引发反应活化能,但以引发反应活化能为主要组成部分.

为表征链反应的速率,按下式定义平均链长 l

$$\langle l \rangle = 链反应速率/链引发反应速率 \tag{10-19}$$

2. 直链反应历程推测

根据链反应的传递步骤有两类:

(1) 双分子链传递反应(自由基 R·):R· + B $\longrightarrow$ S + P$_1$

(2) 单分子链传递反应(自由基 S·):S· $\longrightarrow$ R· + P$_2$

从链反应的普遍反应历程可证明直链反应之总级数与引发及断链方式之关系(见下表)①.

表 10-2

反应总级数	引发与断链方式			
	一级引发		二级引发	
	简单断链	三体断链	简单断链	三体断链
2			RR	
3/2	RR		RS	RRM
1	RS	RRM	SS	RSM
1/2	SS	RSM		SSM
0		SSM		

3. 支链反应历程

以 $H_2 + \frac{1}{2}O_2 \longrightarrow H_2O$ 为例,其反应历程可图解于图 10-2 中:

图 10-2

支链反应速率 r

$$r = m v_i v_b / [(v_g + v_s) - v_b(\alpha - 1)] \tag{10-20}$$

---

① 参阅:韩德刚,高盘良编著.化学动力学基础,北京大学出版社(1987);或《化学通报》1983(1).p.47

式中 α 为支化系数，v_i、v_b、v_g、v_s 分别表示引发反应速率、支化反应速率、气相断链速率、器壁断速率中除自由基以外的部分．

(二) 例题解析

【例 10.2-1】 乙烷分解按 Rice-Herzfeld 历程进行．

(1) $C_2H_6 \xrightarrow{k_1} 2CH_3$ (2) $CH_3 + C_2H_6 \xrightarrow{k_2} CH_4 + C_2H_5$

(3) $C_2H_5 \xrightarrow{k_3} C_2H_4 + H$ (4) $H + C_2H_6 \xrightarrow{k_4} H_2 + C_2H_5$

(5) $H + C_2H_5 \xrightarrow{k_5} C_2H_6$

请写出乙烷分解的总反应方程式，并求乙烷分解的总速率方程．

解析 由链反应速率主要是链传递反应的速率，引发及终止仅占极少部分，因此总反应速率方程应为反应(3)、(4)之总和，即

$$C_2H_6 \longrightarrow C_2H_4 + H_2$$

根据稳态近似，有

$$\frac{d[CH_3]}{dt} = 2k_1[C_2H_6] - k_2[CH_3][C_2H_6] = 0 \qquad ①$$

$$[CH_3] = 2k_1/k_2 \qquad ②$$

$$\frac{d[C_2H_5]}{dt} = k_2[CH_3][C_2H_6] - k_3[C_2H_5] + k_4[H][C_2H_6] - k_5[H][C_2H_5] = 0 \qquad ③$$

$$\frac{d[H]}{dt} = k_3[C_2H_5] - k_4[H][C_2H_6] - k_5[H][C_2H_5] = 0 \qquad ④$$

将①，②，③三式相加，可得

$$2k_1[C_2H_6] - 2k_5(H)[C_2H_5] = 0 \qquad ⑤$$

$$[H] = \frac{k_1[C_2H_6]}{k_5[C_2H_5]} \qquad ⑥$$

式⑤进一步说明，直链反应之引发速率和终止速率相等．

将式⑥代入式④，可得

$$[C_2H_5]^2 - \left(\frac{k_1}{k_3}\right)[C_2H_5][C_2H_6] - \frac{k_1 k_4}{k_3 k_5}[C_2H_6]^2 = 0$$

$$[C_2H_5] = [C_2H_6]\left[\frac{k_1}{2k_3} + \sqrt{\left(\frac{k_1}{2k_3}\right)^2 + \left(\frac{k_1 k_4}{k_3 k_5}\right)}\right] \qquad ⑦$$

由于引发速率常数相对于其他元反应速率常数来说极小，其所有高次方项可略而不计，则式⑦可化简为

$$[C_2H_5] = \left(\frac{k_1 k_4}{k_3 k_5}\right)^{1/2}[C_2H_6] \qquad ⑧$$

$$[H] = \left(\frac{k_1 k_3}{k_4 k_5}\right)^{1/2} \qquad ⑨$$

乙烷分解反应速率为

$$-\frac{d[C_2H_6]}{dt} = k_1[C_2H_6] + k_2[CH_3][C_2H_6] + k_4[H][C_2H_6] - k_5[H][C_2H_6]$$
$$= k_2[CH_3][C_2H_6] + k_4[H][C_2H_6]$$
$$= [2k_1 + (k_1k_3k_4/k_5)^{1/2}][C_2H_6]$$

忽略 k_1 之高次项,则为一级反应:

$$-d[C_2H_6]/dt = (k_1k_3k_4/k_5)^{1/2}[C_2H_6]$$

讨论 通过本题之解析,应掌握如何通过合理的近似简化速率方程,以取得明显、简洁的规律性.

【**例 10.2-2**】 在下列反应历程中:

(1) $M_1 \xrightarrow{k_1} R_1 + M_2$ (2) $R_1 + M_1 \xrightarrow{k_2} R_1H + R_2$

(3) $R_2 \xrightarrow{k_3} R_1 + M_3$ (4) $R_1 + R_2 \xrightarrow{k_4} M_4$

(5) $2R_1 \xrightarrow{k_5} M_5$ (6) $2R_2 \xrightarrow{k_6} M_6$

式中 R_1、R_2 为中间物(自由基),M_1 为反应物,M_2、M_3、M_4、M_5 及 M_6 为产物,反应(1)、(3)为单分子的反应.

(1) 如果活化能 $E_1 = 334.7 \text{ kJ} \cdot \text{mol}^{-1}$,$E_2 = 41.8 \text{ kJ} \cdot \text{mol}^{-1}$,$E_3 > E_1$,试对此反应链长的长短进行评论;并请选择上述条件下一个主要的断链反应,说明理由,并证明此反应服从一级反应之规律(以 $-d[M_1]/dt$ 为反应速率).

(2) 如果要以反应(4)成为主要断链反应之一,请说明 $E_3 \leqslant 195.5 \text{ kJ} \cdot \text{mol}^{-1}$($T = 891 \text{ K}$, $p_{M_1} = 13.3 \text{ kPa}$, $E_2 = 41.8 \text{ kJ} \cdot \text{mol}^{-1}$, $A_2 = 10^7 \text{ mol}^{-1} \cdot \text{dm}^3 \cdot \text{s}^{-1}$, $A_3 = 10^{13} \text{ s}^{-1}$).

解析 (1) 因为 $E_3 > E_1$,故 $r_3 \ll r_1$,所以此反应的链长不可能长.

由于反应(3)速率很慢,即 $[R_2] > [R_1]$,所以反应(6)为主要断链反应.

若反应(6)为断链反应,则

$$d[R_1]/dt = r_1 - r_2 + r_3 = 0 \qquad ①$$

$$d[R_2]/dt = r_2 - r_3 - r_6 = 0 \qquad ②$$

$\therefore r_1 = r_6$ (即直链反应引发速率 = 断链速率)

$$k_1[M_1] = 2k_6[R_2]^2$$

$$[R_2]_{ss} = (k_1/2k_6)^{1/2}[M_1]^{1/2} \qquad ③$$

由式①

$$k_1[M_1] = k_2[R_1][M_1] - k_3[R_2]$$

$$[R_1] = \{k_1[M_1] + k_3(k_1/2k_6)^{1/2}[M_1]^{1/2}\}/k_2[M_1]$$

$$= k_1/k_2 + (k_3/k_2)(k_1/2k_6)^{1/2}[M_1]^{-1/2} \approx k_1/k_2 \qquad ④$$

$$-d[M_1]/dt = k_1[M_1] + k_2[M_1][R_1] = 2k_1[M_1]$$

即该反应对 M_1 为一级反应.

(2) 若反应(4)为主要断链反应,则

$$d[R_1]/dt = r_1 - r_2 + r_3 - r_4 = 0 \qquad ⑤$$

$$d[R_2]/dt = r_2 - r_3 - r_4 = 0 \qquad ⑥$$

$\therefore r_1 = 2r_4$, $k_1[M_1] = 2k_4[R_1][R_2]$, $[R_2] = (k_1/2k_4)([M_1]/[R_1])$

代入式⑥,得
$$2k_2k_4[R_1]^2 - k_1k_4[R_1] = k_1k_3$$
$\because r_2 \gg r_1, \therefore 2k_2[R_1][M_1] \gg k_1[M_1], 2k_2k_4[R_1]^2 \approx k_1k_3$
$$[R_1] = (k_1k_4/2k_2k_4)^{1/2} \qquad ⑦$$
$$[R_2] = k_1[M](k_2/2k_1k_3k_4)^{1/2} \qquad ⑧$$

要使反应(4)为主要断链,应使$[R_1] \geq [R_2]$,于是
$$k_3 \geq k_2[M_1]$$
$$A_3\exp(-E_3/RT) \geq A_2\exp(-E_2/RT)[M_1] \qquad ⑨$$

令 $A_3 = 10^{13}\text{ s}^{-1}, A_2 = 10^7 \text{ mol}^{-1}\cdot\text{dm}^3\cdot\text{s}^{-1}$,则
$$[M_1] = p_{M_1}/RT = 1.80 \times 10^{-3} \text{ mol}\cdot\text{dm}^{-3}$$

据式⑨,则
$$E_3 \leq -RT\{\ln(A_2[M_1]/A_3)\} + E_2$$
$$= +149\text{ kJ}\cdot\text{mol}^{-1} + 41.8\text{ kJ}\cdot\text{mol}^{-1}$$
$$= 191\text{ kJ}\cdot\text{mol}^{-1}$$

【例 10.2-3】 实验测定 $H_2 + Br_2 \longrightarrow 2HBr$ 气相反应的速率方程为
$$r = \frac{k[H_2][Br_2]^{1/2}}{1 + k'[HBr]/[Br_2]}$$

请推测其反应历程.

解析 本反应速率方程复杂,为此可借用非链反应历程推测之规则 IV 之方法简化速率方程,由特殊到一般.

当反应开始时, $[HBr] \ll [Br_2]$,即 $k'[HBr]/[Br_2] \ll 1$,则
$$r = k[H_2][Br_2]^{1/2}$$

该反应为3/2,据直链反应历程推测表可知有三种可能,但 H_2、Br_2、HBr 均为简单分子,故最可能的是二级引发,RRM 断链,由此可推测反应历程如下:

引发 $\quad Br_2 + M \longrightarrow 2Br + M$
传递 $\quad Br + H_2 \longrightarrow HBr + H$
$\qquad\quad H + Br_2 \longrightarrow HBr + Br$
断链 $\quad Br + Br + M \longrightarrow Br_2 + M$

即上述反应历程与 HCl 之合成反应历程是相同的,但仅适用于反应初始时刻,注意上述反应历程中未写 $H + Br + M$, $H + H + M$ 之链反应,是因为 $[H] \ll [Br]$.

当体系中 $[HBr]$ 不是微不足道时,HBr 参与反应历程就必须考虑;如当 $k'[HBr]/[Br_2] \gg 1$ 时,反应速率方程可写为
$$r = k\frac{[H_2][Br_2]^{\frac{3}{2}}}{[HBr]}$$

即 $[HBr]$ 为负级数,对反应速率起阻化作用,于是在原有反应历程基础上进行修订.其方法是可将体系中的所有物种间可能发生的元反应列出,逐步进行筛选,再根据速率方程大致可集中写出以下两种反应历程:

	历程 I		历程 II
引发	$Br_2 + M \longrightarrow 2Br + M$	k_1	$Br_2 + M \longrightarrow 2Br + M$
传递	$Br + H_2 \longrightarrow HBr + H$	k_2	$Br + H_2 \longrightarrow HBr + H$
	$H + Br_2 \longrightarrow HBr + Br$	k_3	$H + Br_2 \longrightarrow HBr + Br$
	$Br + HBr \longrightarrow H + Br_2$	k_4	$H + Br_2 \longrightarrow H_2 + Br$
终止	$H + H + M \longrightarrow H_2 + M$	k_5	$Br + Br + M \longrightarrow Br_2 + M$

为了判别哪种历程更为可能,可应用稳态近似求反应速率方程,与实验速率方程相对照
据历程 I,所得速率方程相当复杂,其分母化简为
$$1 + k'[HBr]/[H_2]$$
分式中分子为多项之代数和、显然与实验速率方程不一致

据历程 II

$$\frac{d[H]}{dt} = k_2[Br][H_2] - k_3[H][Br_2] - k_4[H][HBr] = 0$$

$$\frac{d[Br]}{dt} = 2k_1[Br_2][M] + k_4[H][HBr] + k_3[H][Br_2] - k_2[Br][H_2] - 2k_5[Br]^2[M]$$
$$= 0$$

可得

$$[Br] = \left(\frac{k_1}{k_5}\right)^{1/2}[Br_2]^{1/2}, [H] = \frac{k_2[H_2]\left\{\frac{k_1}{k_5}[Br_2]\right\}^{1/2}}{k_2[Br_2] + k_4[HBr]}$$

$$\therefore \frac{d[HBr]}{dt} = k_2[Br][H_2] + k_3[H][Br_2] - k_4[H][HBr]$$

$$= \frac{2k_2k_3[H_2][Br_2](k_1/k_5)^{1/2}[Br_2]^{1/2}}{k_3[Br_2] + k_4[HBr]}$$

$$= \frac{2k_2(k_1/k_5)^{1/2}[Br_2]^{1/2}[H_2]}{1 + (k_4/k_3)[HBr]/[Br_2]}$$

$$= \frac{k[H_2][Br_2]^{1/2}}{1 + k'[HBr]/[Br_2]}$$

显然,历程 II 之反应速率方程与实验结果形式上是一致的,即历程 II 之可能性是存在的.

讨论 如果反应历程 II 成立,由于存在以下关系:

实验结果 $k = 2k_2(k_1/k_5)^{1/2}, k' = k_4/k_3$

两个可逆的基元反应关系,即

$$k_1/k_5 = K_1, k_2/k_4 = K_2$$

K_1、K_2 可通过热力学函数计算. 5 个动力学参数 k,4 个方程,如果再通过光引发反应,则又可得一方程,于是 5 个基元反应之 k 值即可求得. 具体求解过程可参考《化学动力学基础》(北京大学出版社) 有关章节.

(三) 习题

10.2-1 有机化合物热分解的链反应历程如下:

$$A_1 \xrightarrow{k_1} R_1 + A_2 \qquad E_{a,1} = 320 \, kJ \cdot mol^{-1}$$

$$R_1 + A_1 \xrightarrow{k_2} R_1H + R_2 \qquad E_{a,2} = 40 \text{ kJ·mol}^{-1}$$

$$R_2 \xrightarrow{k_3} R_1 + A_3 \qquad E_{a,3} = 140 \text{ kJ·mol}^{-1}$$

$$R_1 + R_2 \xrightarrow{k_4} A_4 \qquad E_{a,4} = 0 \text{ kJ·mol}^{-1}$$

此处 R 表示高活性的自由基,A 表示稳定分子. 对于某一长链有机化合物的分解反应,请推导其反应速率方程,并求表观活化能.

答案 $r = (k_1k_2k_3/2k_4)^{1/2}[A_1]$, $E_a = 250 \text{ kJ·mol}^{-1}$

10.2-2 HBr 合成反应之链式反应历程如下:

$$Br_2 + M \xrightarrow{k_1} 2Br + M \qquad E_{a,1} = 192.9 \text{ kJ·mol}^{-1}$$

$$Br + H_2 \xrightarrow{k_2} HBr + H \qquad E_{a,2} = 73.6 \text{ kJ·mol}^{-1}$$

$$H + Br_2 \xrightarrow{k_3} HBr + Br \qquad E_{a,3} = 3.8 \text{ kJ·mol}^{-1}$$

$$H + HBr \xrightarrow{k_4} H_2 + Br \qquad E_{a,4} = 3.8 \text{ kJ·mol}^{-1}$$

$$Br + Br + M \xrightarrow{k_5} \qquad E_{a,5} = 0 \text{ kJ·mol}^{-1}$$

请推导 HBr 生成反应速率方程,并求总反应表观活化能.

答案 $r = \dfrac{2k_2k_3(k_1/k_5)^{1/2}[Br_2]^{1/2}[H_2]}{k_4[HBr] + k_3[Br_2]}$, $E_a = 166 \text{ kJ·mol}^{-1}$

10.2-3 丙酮在 1000 K 时之热分解反应曾提出如下表所示的反应历程. 请证明总反应速率对丙酮为一级,并计算反应的表观活化能及链长.

基元反应	$E_i/(\text{kJ·mol}^{-1})$
$CH_3COCH_3 \xrightarrow{k_1} CH_3 + CH_3CO$	351
$CH_3CO \xrightarrow{k_2} CH_3 + CO$	41.3
$CH_3 + CH_3COCH_3 \xrightarrow{k_3} CH_4 + CH_3COCH_2$	62.8
$CH_3COCH_2 \xrightarrow{k_4} CH_3 + CH_2CO$	201
$CH_3 + CH_2COCH_3 \xrightarrow{k_5} C_2H_5COCH_3$	0

答案 $r = (k_1k_3k_4/k_5)^{1/2}[CH_3COCH_3]$, $E_a = 297 \text{ kJ·mol}^{-1}$, $\langle l \rangle = 694$

10.2-4 在 500~600 K 间,I_2 与 C_2H_6 相作用,根据反应方程 $I_2 + C_2H_6 \longrightarrow C_2H_5I + HI$ (当然 C_2H_5I 还能很慢分解,此处不予考虑),其速率方程为

$$\frac{dp(C_2H_6)}{dt} = k_{表} p(I_2)^{\frac{1}{2}} p(C_2H_6)$$

且 $\lg[k_{表}/(\text{kPa}^{-\frac{1}{2}}\cdot s^{-1})] = 11.08 - (180.3 \times 10^3 \text{ J·mol}^{-1}/2.303RT)$,平衡反应之 $\Delta_r H_m^{\ominus} = 138.9 \text{ J·mol}^{-1}$,$\Delta_r S_m^{\ominus} = 103.8 \text{ J·mol}^{-1}$,标准态为 101.3 kPa

(1) 根据以上结果,提出一个反应历程.
(2) 对 $I + C_2H_6 \longrightarrow C_2H_6 + HI$ 之 k_2 值提出一个 Arrhenius 表示式.

答案 反应历程:$I_2 + M \longrightarrow 2I + M$, $I + C_2H_6 \longrightarrow C_2H_5 + HI$, $C_2H_5 + I_2 \longrightarrow C_2H_5I + I$,

$I+I+M \longrightarrow I_2+M; \ln[k_2/(kPa^{-1}\cdot s^{-1})] = 19.28 - (110.8\times 10^3 J\cdot mol^{-1}/RT)$

10.2-5 乙烷热解动力学实验指出,体系中自由基主要为 C_2H_5、H. 据研究,当反应为一级时由于引发反应的不同,反应历程也不同.

(1) 试从普遍的反应图式,写出一级引发与二级引发的两种可能的反应历程.

(2) 已知元反应 $C_2H_5 \longrightarrow C_2H_4 + H$ 的势垒为 $165 kJ\cdot mol^{-1}$. 试求一级引发时乙烷热解的表观活化能,并与实验值 $306 kJ\cdot mol^{-1}$ 相对照.

(3) 乙烷热分解有时表现为 3/2 级,试分析该种反应历程在什么条件下进行?

答案 (1) 一级引发,RS 终止,二级引发 SS 终止

(2) $E = 267.5 kJ\cdot mol^{-1}$,与实验差别较大

(3) 低压下,二级引发,RS 或 RRM 终止

10.3 光化学反应

(一) 内容纲要

通过光产生电子激发态参与的化学反应即光化学反应.

1. 光子能量单位间关系

$$\varepsilon = h\nu \tag{10-21}$$

$$\lambda = c/\nu = 1/\tilde{\omega} \tag{10-22}$$

式中 $\tilde{\omega}$ 为波数,ν 为频率,λ 为波长. 一般还以电子伏特 eV 来表示光能,即 $1 eV = 96.49 kJ\cdot mol^{-1}$.

2. 光化学基本定律

Grotthus-Dreper 光化学第一定律:"只有被吸收的光才对光化学过程是有效的".

Stark-Einstein 光化学第二定律:"一个分子吸收一个光子而被活化". 这一定律对强光源(如激光)及长寿命的电子激发态不适用.

3. 量子产率 ϕ_i

$$\phi_i = \frac{\text{指定过程 } i \text{ 发生变化的分子数}}{\text{被吸收的光子数}} = \frac{\text{指定过程的反应速率}}{\text{单位时间吸收的光子数}} = \frac{r_i}{I_a} \tag{10-23}$$

4. 光的吸收和辐射过程(电子激发态的产生和消亡)

光的吸收　　$S_0 + h\nu \longrightarrow S_1^0, S_1^*, S_2^0, S_2^*, \cdots$

振动弛豫　　$S_1^* \xrightarrow{k_\nu} S_1^0 + \Delta$　(释放的能量)

内转变　　　$S_2^* \xrightarrow{k_{ic}} S_1^* \longrightarrow S_1^0$

荧光　　　　$S_1 \xrightarrow{k_f} S_0 + h\nu_f$

系间窜跃　　$S_1^* \xrightarrow{k_{isc}} T_1^*$

　　　　　　$T_1^* \xrightarrow{k_{isc}} S_0^* \longrightarrow S_0 + \Delta$

磷光　　　　$T_1 \xrightarrow{k_P} S_0 + h\nu_P$

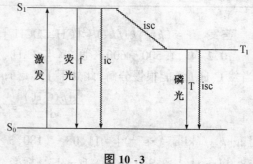

图 10-3

上述表示式中 S_i 为单线态;T_i 为三线态;$i=0$ 为基态,$i=1,2,\cdots$ 分别为第 $1,2,\cdots$ 激发态.

上述过程也可表示于 Jablonski 图中(图 10-3),此图可参考物理化学教材.

5. 电子激发态的单分子能量衰减过程

荧光平均寿命 $\tau_f = 1/(k_f + k_{ic} + k_{isc})$ (10-24)

荧光自然辐射寿命 $\tau_f^0 = 1/k_f = \tau_f/\phi_f$ (10-25)

荧光量子效率 $\phi_f = k_f[S_1]/I_a$ (10-26)

同样也可得到内转变和磷光过程的平均寿命及量子效率的表示式.

6. 电子激发态的双分子过程

包括光敏、淬灭等能量衰减过程及化学反应.

应用稳态近似可得线性化方程——Stern-Volmer 公式：

$$\phi_P^0/\phi_P = 1 + \{k_E/(k_P + k'_{isc})\}[A] \quad (10\text{-}27)$$

$$\phi_r^0/\phi_r = 1 + k_E\tau_P[A] \quad (10\text{-}28)$$

$$\phi_f^0/\phi_f = 1 + k_q\tau_f[A] \quad (10\text{-}29)$$

式中[A]为能量受体浓度，k_q 为淬灭过程速率常数.

由这些方程可以求得各种过程的速率常数.

(二) 例题解析

【例 10.3-1】 设有如下之光化学动力学过程：

(1) $^0D + h\nu \longrightarrow {}^1D \quad I_a$

(2) $^1D + A \longrightarrow A^* + {}^0D \quad k_q[^1D][A]$

(3) $^1D \longrightarrow {}^0D + h\nu_f \quad k_f[^1D] = I_f$

请应用稳态近似方法，推导 Stern-Volmer 方程.

解析

方法 1 对 ^1D 应用稳态近似，可得

$$[^1D] = I_a/(k_f + k_q[A]) \quad \text{①}$$

$$I_f = k_f[^1D] = k_fI_a/(k_f + k_q[A]) \quad \text{②}$$

$$I_f^{-1} = I_a^{-1}(1 + k_q[A]/k_f) = I_a^{-1}(1 + k_q\tau_f[A]) \quad \text{③}$$

式③即是 Stern-Volmer 方程.

作 I_f^{-1}-[A]图为一直线，由实验可测量 I_a、τ_f，就可由斜率求 k_q.

方法 2 ∵ $\phi_f = k_f[^1D]/I_a$，当[A] = 0 时 $\phi_f([A]=0) = \phi_f^0$

结合式①，可得

$$\frac{\phi_f^0}{\phi_f} = \frac{\dfrac{k_f}{I_a} \cdot \dfrac{I_a}{k_f}}{\dfrac{k_f}{I_a} \cdot \dfrac{I_a}{k_f + k_q[A]}} = \frac{k_f + k_q[A]}{k_f} = 1 + (k_q/k_f)[A] = 1 + \tau_f k_q[A] \quad \text{④}$$

动力学方程的线性化是处理实验数据常用的研究方法.

【例 10.3-2】 77 K，光照射测得仅有 S_1、T_1 态，且求得下列数据，$\phi_f = 0.10$、$\phi_P = 0.20$、$\phi_{isc} = 0.90$，$\tau(S_1) = 10^{-9}$ s，$\tau(T_1) = 1$ s，请求荧光及磷光过程之速率常数 k_f 及 k_P.

解析 解本题，首先要把题中所列之过程示意于 Jablonski 图中(图10-4)：

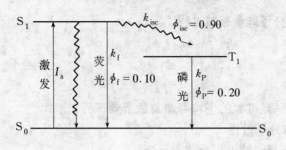

图 10-4

然后对 S_1 态应用稳态近似,即

$$\frac{d[S_1]}{dt} = I_a - (k_f + k_{isc} + \cdots)[S_1] = I_a - k_s[S_1] = 0$$

$$k_s = k_f + k_{isc} + \cdots$$

$$\therefore [S_1] = \frac{I_a}{k_s}$$

又 $\because \phi_f + \phi_{isc} = 0.10 + 0.90 = 1.0$

此结果预示对 S_1 态除荧光及系间窜跃外,再无其他去活化过程.

$$\phi_f = k_f \tau_f, k_f = \phi_f / \tau_f = 10^8 \, s^{-1}$$

再对 T_1 态进行稳态近似,有

$$\frac{d[T_1]}{dt} = k_{isc}[S_1] - k_P[T_1] + \cdots = k_{isc}[S_1] - k_T[T_1] = 0, k_T = k_P + \cdots$$

$$\therefore [T_1] = \frac{k_{isc}[S_1]}{k_T}$$

$$\phi_{isc} = k_{isc}[S_1]/k_s[S_1] = k_T[T_1]/k_s[S_1]$$

$$\phi_P = k_P[T_1]/k_s[S_1] = k_P[T_1]/(k_T[T_1]/\phi_{isc}) = (k_P/k_T) \times \phi_{isc} = k_P \tau_T \phi_{isc}$$

$$k_P = \phi_P/\tau_T \phi_{isc} = 0.20 \times (0.9 \times 1)^{-1} \, s^{-1} = 0.22 \, s^{-1}$$

讨论 $k_f = 10^8 \, s^{-1}, \tau_f = 10^{-8} \, s$,荧光寿命很短

$k_P = 0.22 \, s^{-1}, \tau_P = 4.6 \, s$,磷光寿命较长

【例 10.3-3】 乙醛光解反应历程如下:

$$CH_3CHO \xrightarrow{h\nu} CH_3 + CHO \quad I_a$$

$$CH_3 + CH_3CHO \xrightarrow{k_2} CH_4 + CH_3CO$$

$$CH_3CO \xrightarrow{k_3} CH_3 + CO$$

$$CH_3 + CH_3 \xrightarrow{k_4} C_2H_6$$

请推导 CO 生成反应速率和量子产率,并证明直链反应的链长 $\langle l \rangle$ 即量子产率.

解析 $\frac{d[CO]}{dt} = k_3[CH_3CO]$

为此必须求出 $[CH_3CO]$,应用稳态近似于各自由基,可得

$$\frac{d[CH_3]}{dt} = 0 = I_a - k_2[CH_3][CH_3CHO] + k_3[CH_3CO] - 2k_4[CH_3]^2 \quad ①$$

$$\frac{d[CH_3CO]}{dt} = 0 = k_2[CH_3][CH_3CHO] - k_3[CH_3CO] \quad ②$$

解式①及式②,得

$$0 = I_a - 2k_4[CH_3]^2$$

$$[CH_3] = \left(\frac{I_a}{2k_4}\right)^{\frac{1}{2}} \quad ③$$

将式③代入 $d[CO]/dt$,可得

$$\frac{d[CO]}{dt} = k_2[CH_3][CH_3CHO] = k_2\left(\frac{I_a}{2k_4}\right)^{\frac{1}{2}}[CH_3CHO]$$

根据量子产率的定义

$$\phi = (d[CO]/dt)/I_a = k_2[CH_3CHO]/(2k_4 I_a)^{1/2}$$

根据链长的定义

$$\langle l \rangle = \frac{链反应速率}{引发反应速率} = \frac{链反应速率}{吸收光子的速率} = \phi$$

讨论 解本题时引发反应有两种表示法:以吸收光强 I_a 表示;或以照射光强度 I_m 表示,即 $k_1 I_m$.

【例 10.3-4】 O_3 之光化分解历程如下

(1) $O_3 + h\nu \xrightarrow{I} O_2 + O^*$

(2) $O^* + O_3 \xrightarrow{k_2} 2O_2$

(3) $O^* \xrightarrow{k_3} O + h\nu$

(4) $O + O_2 + M \xrightarrow{k_4} O_3 + M$

设入射光强为 I_0,且 ϕ 及 Φ 分别为过程(1)及以 O_3 消耗表示的总反应之量子效率,试证明

$$\Phi^{-1} = \frac{1}{2\phi}\left(1 + \frac{k_3}{k_2[O_3]}\right)$$

若以 250.7 nm 光照射时,$\Phi^{-1} = 0.558 + 0.81[[O_3]/(\text{mol}\cdot\text{dm}^{-2})]^{-1}$,试求 ϕ 及 k_2/k_3.

解析

$$I_0\Phi = -\frac{d[O_3]}{dt} = I_0\phi + k_2[O^*][O_3] - k_4[O][O_2][M]$$

对 $[O^*]$ 及 $[O]$ 应用稳态近似,有

$$\phi I_0 - k_2[O^*][O_3] - k_3[O^*] = 0, \quad [O^*] = \frac{\phi I_0}{k_2[O_3] + k_3}$$

$$k_3[O^*] - k_4[O][O_2][M] = 0, \quad [O] = \frac{k_3[O^*]}{k_4[O_2][M]}$$

$$\therefore I_0\Phi = I_0\phi + k_2\frac{\phi I_0[O_3]}{k_2[O_3]+k_3} - k_3\frac{\phi I_0}{k_2[O_3]+k_2} = I_0\phi\left(1 + \frac{k_2[O_3]-k_3}{k_2[O_3]+k_3}\right)$$

$$= I_0\phi\left(\frac{2k_2[O_2]}{k_2[O_3]+k_3}\right)$$

$$\therefore \Phi^{-1} = \frac{1}{2\phi}\left(1 + \frac{k_3}{k_2[O_3]}\right)$$

对照实验方程,可得
$$1/(2\phi) = 0.558, \phi = 0.896, k_3/(2\phi k_2) = 0.81, k_2/k_3 = 0.689$$

(三) 习题

10.3-1 氯仿的光化学氯化反应为
$$CHCl_3 + Cl_2 \Longrightarrow CCl_4 + HCl$$

其反应历程为
$$Cl_2 + h\nu \xrightarrow{I_a} 2Cl$$
$$Cl + CHCl_3 \xrightarrow{k_1} CCl_3 + HCl$$
$$CCl_3 + Cl_2 \xrightarrow{k_2} CCl_4 + Cl$$
$$CCl_3 + Cl \xrightarrow{k_3} CCl_4$$

推导 CCl_4 生成反应速率.

答案 $d[CCl_4]/dt = \dfrac{k_1 k_2 I_a}{k_3}([Cl_2][CHCl_3])^{1/2}$

10.3-2 蒽二聚反应 $2A \Longrightarrow A_2$,其反应历程如下:

$$A + h\nu \longrightarrow A^*$$
$$A^* + A \longrightarrow A_2 \quad k_2[A^*][A]$$
$$A^* \longrightarrow A + h\nu_f \quad k_3[A^*] \quad (荧光过程)$$
$$A_2 \longrightarrow 2A \quad k_4[A_2]$$

(1) 请写出当反应开始时($t=0$),$[A_2]=0$,该反应量子效率之表示式.
(2) 当 $\phi \approx 1$ 时,可得什么结论?

答案 (1) $\phi \dfrac{(d[A_2]/dt)_{t=0}}{I_a} = \dfrac{k_2[A]}{k_2[A] + k_3}$

(2) $\phi \approx 1$,请说明 A^* 主要通过碰撞失活而荧光极微

10.3-3 某物质 $k_f = 2 \times 10^6 \text{ s}^{-1}, k_{ic} = 4.0 \times 10^6 \text{ s}^{-1}$,若 $k_{isc}=0$,且无淬灭,计算 ϕ_f, τ_f.

答案 $\phi_f = 0.33, \tau_f = 1.7 \times 10^{-7} \text{ s}$

10.3-4 设有如下之光化学过程:
$$S_0 + h\nu \longrightarrow S_1, S_1 \xrightarrow{k_f} S_0 + h\nu_f, S_1 \xrightarrow{k_d} S_0, S_1 + Q \xrightarrow{k_Q} S_0 + Q$$
(Q 为淬灭剂)

(1) 请推导
$$\frac{1}{\phi_f} = \frac{k_f + k_d}{k_f} + \frac{k_d}{k_f}[Q]$$

式中 ϕ_f 为荧光量子效率. 若令上式右述第一项为 $1/\phi_f^0$,显然 ϕ_f^0 为淬灭剂 $[Q]=0$ 时之荧光量子产率.

(2) 今有一体系,当用 1×10^{-3} mol·dm^{-3} 之 $Cr(NH_3)_5(NCS)^{2+}$ 溶液时,可使吖啶鎓离子之量子效率减低.实验求得 $\phi_f^0/\phi_f = 1.25$.当淬灭剂不存在时之荧光量子效率为 0.77,$\tau_f = 4 \times 10^{-8}$ s. 试求淬灭过程的比速 k_Q;其数量级相当于溶液反应中之扩散控制反应,还是活化控制反应?

答案 (1) 略;(2) $k_Q = 8.1 \times 10^9 \text{ mol}^{-1} \cdot \text{dm}^3 \cdot \text{s}^{-1}$,相当于扩散控制反应速率常数

10.3-5 在 H_2 存在下 Hg 对光的吸收和辐射遵从下述历程:

激发　　$Hg + h\nu \longrightarrow Hg^*$

荧光　　$Hg^* \xrightarrow{k_e} Hg + h\nu_f$

淬灭　　$Hg^* \xrightarrow{k_q} Hg + $ 热能,　$Hg^* + H_2 \xrightarrow{k_2} Hg + 2H + $ 热能

(1) 请用下表中寿命 τ 的数据求算 $k_e + k_q, k_2$.

$\tau/10^{-7}$ s	1.10	0.82	0.69	0.41	0.25
$[H_2]/(10^{-5} \text{ mol} \cdot \text{dm}^{-3})$	0	1.0	2.0	5.0	10.0

(2) 推导 Stern-Volmer 方程,并求 $K_{S\cdot V} = k_2/(k_e + k_q)$ 值.

提示与答案 (1) $\tau = \{k_e + k_q + k_2[H_2]\}^{-1}$,由此可得

$$\tau^{-1} = \tau_0^{-1} + k_2[H_2], \tau_0 = (k_e + k_q)^{-1}$$

作 τ^{-1}-$[H_2]$ 直线,$k_2 = $ 斜率 $= 3.11 \times 10^{11} \text{ mol}^{-1} \cdot \text{dm}^3 \cdot \text{s}^{-1}$,截距 $= k_e + k_q = 0.89 \times 10^7 \text{ s}^{-1}$;

(2) $(\phi_0/\phi) - 1 = k_2[Q]/(k_e + k_q) = K_{S\cdot V}[Q]$,$[Q]$ 为淬灭剂浓度,$K_{S\cdot V} = 3.49 \times 10^{18}$ $\text{mol}^{-1} \cdot \text{dm}^3$.

10.3-6 HI 气相分解反应 $2HI \xrightarrow{h\nu} H_2 + I_2$. 根据以下实验结果,推测可能的反应历程.

(1) 实验测得:$T > 448 \text{ K}$, p 在 $13.3 \sim 33.3 \text{ kPa}$ 范围内,求得量子产率为 $\phi = 2$.

(2) 外加惰性气体(如氮气),即使 $p(N_2)$ 达 304 kPa 时,$\phi = 2$ 不变.

(3) 极低压力下光照射结果,体系压力降低.

(4) 紫外光区($<$300 nm)得到连续光谱.

(5) 在体系压力减至极低时,观察不到荧光.

提示 $\phi = 2$ 即吸收一个光子,使 2 HI 分解,压力降低即预示有自由基被器壁吸附,连续光谱意味着发生分子之离解.

答案 $HI \xrightarrow{h\nu} H + I$,$H + HI \longrightarrow H_2 + I$,$I + I + M \longrightarrow I_2 + M$

10.4 催化反应动力学

(一) 内容纲要

1. 催化作用的基本特征

催化是反应物种以外的少量其他组分能引起反应速率的显著变化,而又在反应终了时不改变其数量和化学性质,这少量的组分即催化剂,其基本特征有二:(i) 催化作用使反应历程发生了改变,根本原因是改变了反应活化能;(ii) 催化剂虽能改变反应速率,但不能改变体系的热力学平衡,因此催化剂对正逆两个方向均能发生催化作用.

2. 酸碱催化

根据酸碱的定义是以质子给体或受体定义为广义的酸碱,而 H^+、OH^- 是特殊酸碱,因此酸碱催化反应的速率可写为

$$-d[S]/dt = k_0[S] + k_1[H^+][S] + k_2[HA][S] + k_3[OH^-][S] + k_4[A^-][S]$$
$$= \{k_0 + k(H^+) + k(OH^-) + k(HA) + k(A^-)\}[S]$$

式中 $k(\text{H}^+) = k_1[\text{H}^+]$, $k(\text{OH}^-) = k_3[\text{OH}^-]$ 分别称为特殊酸碱催化常数；$k(\text{HA}) = k_2[\text{HA}]$, $k(\text{A}^-) = k_4[\text{A}^-]$ 分别称为普遍酸碱催化常数.

求算酸碱催化速率常数时，要充分运用酸碱平衡关系.

3. 酶催化

酶是一种高度专一性的高效催化剂，最简单的酶催化历程为 Michaelis-Menton 历程.

$$\text{E} + \text{S} \underset{k_{-1}}{\overset{k_1}{\rightleftharpoons}} \text{ES} \xrightarrow{k_2} \text{P} + \text{E}$$

$$r = k_2[\text{E}]_0(1 + k_\text{M}[\text{S}]^{-1})^{-1}$$

$$k_\text{M} = (k_{-1} + k_2)/k_1 = b, \quad a = k_2[\text{E}]_0 = r_{\max}$$

$$r^{-1} = a^{-1} + (b/a)[\text{S}]^{-1}$$

上式为直线方程，由 r^{-1}-$[\text{S}]^{-1}$ 图可求 a 及 b. 这种方法又称为 Lineweaver-Bruke 方法，其中 b 为最大应速率 a 的一半时的底物浓度，称为 Michaelis 常数.

(二) 例题解析

【例 10.4-1】 请根据下列均相催化反应历程，推导反应速率方程表示式，并对方程进行讨论.

$$(1) \quad n\text{A} + \text{C} \underset{k_2}{\overset{k_1}{\rightleftharpoons}} \text{Z} \xrightarrow{k_3} n\text{B} + \text{C}$$

$$(2) \quad \text{A} + \text{C}_1 + \text{C}_2 \underset{k_2}{\overset{k_1}{\rightleftharpoons}} \text{Z} \xrightarrow{k_3} \text{B} + \text{C}_1 + \text{C}_2$$

式中 C 为催化剂.

解析 (1) 反应历程为

$$n\text{A} + \text{C} \underset{k_2}{\overset{k_1}{\rightleftharpoons}} \text{Z} \xrightarrow{k_3} m\text{B} + \text{C}$$

根据平衡假设

$$K = \frac{[\text{Z}]}{[\text{A}]^n[\text{C}]} = \frac{[\text{Z}]}{[\text{A}]^n\{[\text{C}]_0 - [\text{Z}]\}}$$

于是

$$[\text{Z}] = \frac{K[\text{A}]^n[\text{C}]_0}{1 + K[\text{A}]^n}$$

若 $\text{Z} \longrightarrow m\text{B} + \text{C}$ 为速控步，则

$$r = k_3[\text{Z}] = \frac{k_3 K[\text{A}]^n[\text{C}]_0}{1 + K[\text{A}]^n}$$

● 当 [A] 很大时，即 $1 \ll K[\text{A}]^n$，则

$$r = k_3[\text{C}]_0$$

即在一定温度下，催化反应速率为一恒定值.

● 当 [A] 很少时，即 $1 \gg K[\text{A}]^n$，则

$$r = k_3 K[\text{C}]_0[\text{A}]^n = k[\text{A}]^n$$

反应对 [A] 为 n 级.

(2) 当反应历程为

$$\text{A} + \text{C}_1 + \text{C}_2 \underset{k_2}{\overset{k_1}{\rightleftharpoons}} \text{Z} \xrightarrow{k_3} \text{B} + \text{C}_1 + \text{C}_2$$

则
$$K = \frac{[Z]}{[A]([C_1]_0 - [Z])([C_2]_0 - [Z])}$$

若 $[Z] < [C_1]_0$, $[Z] < [C_2]_0$, 则 $[Z]^2 \ll [Z][C_1]_0$, $[Z]^2 \ll [C_2]_0[Z]$, 则

$$K = \frac{[Z]}{[A]\{[C_1]_0[C_2]_0 - [Z]([C_1]_0 + [C_2]_0 + [Z])\}}$$

$$[Z] = \frac{K[A][C_1]_0[C_2]_0}{1 + K\{[C_1]_0 + [C_2]_0\}[A]}$$

当 $Z \longrightarrow B + C_1 + C_2$ 为速控步时,则

$$r = k_3[Z] = k_3 \frac{K[A][C_1]_0[C_2]_0}{1 + K\{[C_1]_0 + [C_2]_0\}[A]}$$

- 若 $K \ll 1$, 则 $K\{[C_1]_0 + [C_2]_0\}[A] \ll 1$

  $r = k_3 K[C_1]_0 [C_2]_0 [A] = k[A]$, 即对 [A] 为一级反应

- 若 $K \gg 1$, 则 $K\{[C_1]_0 + [C_2]_0\}[A] \gg 1$

$$r = \frac{k_3[C_1]_0[C_2]_0}{[C_1]_0 + [C_2]_0}$$

在温度一定、催化剂浓度为定值时,反应速率也为一常值.

讨论 对均相催化反应,催化剂浓度并不能当做常数讨论,即不为 $[C]_0$, 催化剂在体系中有两种形式,起反应的和未起反应的游离态,而这两种形式之总和为催化剂初始浓度.即 $[C]_0 = [C] + [AC]$. 这是讨论均相催化反应动力学时需注意的一个方法.

另外,为了找到反应历程与宏观动力学规律之联系,必须作种种合理的近似,这又是需注意的一个方法.

本题对这两种方法都作了具体的应用.

【例 10.4-2】 今考虑一酸碱催化反应:

$$\begin{array}{c} HE^+ + S \xrightarrow{k_1} HES^{\neq} \longrightarrow P \\ K_E \updownarrow + H^+ \qquad \updownarrow K_{ES^{\neq}} \\ E + S \xrightarrow{k_2} ES^{\neq} \longrightarrow P \end{array}$$

已知 $k_1 = 10^7 \text{ mol}^{-1} \cdot \text{dm}^3 \cdot \text{s}^{-1}$, $k_2 = 10^2 \text{ mol}^{-1} \cdot \text{dm}^3 \cdot \text{s}^{-1}$, $pK_E = 5$, $pK_{ES}^{\neq} = 9$, 请推导求算表观反应速率常数的表达式,其中只含有 k_1、k_2、k_E, 并作 $\lg k_{测}$- pH 图.

解析 设反应速率之决速步为中间物 $HES^{\neq}$ 用 $ES^{\neq}$ 之生成,则总反应速率为

$$r = k_1[HE^+][S] + k_2[E][S] \qquad \text{①}$$

又

$$K_E = \frac{[H^+][E]}{[HE^+]}$$

代入式①,并消去 [HE], 可得

$$r = \left(\frac{k_1}{k_E}[H^+] + k_2\right)[E][S] = k_{测}[E][S]$$

$$k_{测} = k_2 + \frac{k_1}{k_E}[H^+] \qquad \text{②}$$

将已知数据代入式②,可得

$$k_{测}/(\text{mol}^{-1} \cdot \text{dm}^3 \cdot \text{s}^{-1}) = 10^2 + 10^{12}[H^+]/(\text{mol} \cdot \text{dm}^{-3})$$

pH	2	4	5	8	9	12	14
$\lg[k_{测}/(\text{mol}^{-1}\cdot\text{dm}^3\cdot\text{s}^{-1})]$	10	8	7	4.04	3.3	3	3

由上表中数据作 $\lg k_{测}$-pH 图如下. 从图 10-5 中不难看出, 当 pH 大于一定值后, 反应速率不随 pH 为而变.

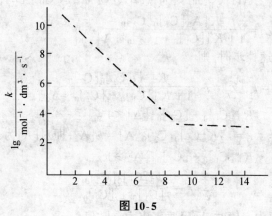

图 10-5

【例 10.4-3】 请根据 Michaelis-Menton 酶反应历程推导酶催化线性速率方程. 今有一酶催化剂胰凝蛋白酶(CT, $[\text{CT}] = 4.0\times10^{-16}\,\text{mol}\cdot\text{dm}^{-3}$)催化 GPNA 的水解反应, 实验数据如下表所示, 求算 r_{max} 及 k_2、k_M.

$[\text{GPNA}]/10^{-4}(\text{mol}\cdot\text{dm}^{-3})$	2.50	5.00	10.00	15.00
$10^8\, r/(\text{mol}\cdot\text{dm}^{-3}\cdot\text{s}^{-1})$	3.70	6.30	9.80	11.80

解析 根据稳态近似

$$d[\text{ES}]/dt = k_1[\text{E}][\text{S}] - (k_{-1} + k_2)[\text{ES}] = 0 \quad ①$$

又 $[\text{E}]_0 = [\text{E}] + [\text{ES}]$ ②

代入式①, 整理

$$[\text{ES}] = k_1[\text{E}]_0[\text{S}]/(k_1[\text{S}] + k_{-1} + k_2)$$

$$r = k_2[\text{ES}] = k_2[\text{E}]_0[\text{S}]/(k_1[\text{S}] + k_{-1} + k_2)$$

$$r = k_2[\text{E}]_0/(1 + K_M[\text{S}]^{-1}) \quad ③$$

令 $a = k_2[\text{E}]_0 = r_{max}$, $b = K_M$, 则式③为

$$r = a/(1 + b[\text{S}]^{-1}) \quad ④$$

式③及式④即为 Michaelis-Menten 方程, 取其倒数

$$r^{-1} = a^{-1} + (b/a)[\text{S}]^{-1} \quad ⑤$$

式⑤又称 Lineweaver-Bruke 方程. 作 r^{-1}-$[\text{S}]^{-1}$ 图, 由截距可得

$$a = r_{max} = (截距)^{-1} = (0.469\times10^7\,\text{dm}^3\cdot\text{s}\cdot\text{mol}^{-1})^{-1} = 2.13\times10^{-7}\,\text{mol}\cdot\text{dm}^{-3}\cdot\text{s}^{-1}$$

$$k_2 = a/[\text{E}]_0 = 2.13\times10^{-7}/4.0\times10^{-6} = 0.053\,\text{s}^{-1}$$

$$K_M = b = a\times\text{斜率}$$

$$= (2.13\times10^{-7}\,\text{mol}\cdot\text{dm}^{-3}\cdot\text{s}^{-1})\times(5.58\times10^3\,\text{s})$$

$$= 1.19\times10^{-3}\,\text{mol}\cdot\text{dm}^{-3}$$

(三) 习题

10.4-1 酸性溶液中,丙酮和水之间的氧同位素交换反应的催化反应速率常数可写为

$$k_{cat} = k_{H^+}[H^+] + k_{HA}[HA] + k_{A^-}[A^-]$$

请从下列数据计算 $k(HA)$ 及 $k(A^-)$,若要求出 $k(H^+)$,还需要什么条件?

[HA]/[A$^-$]	0.200	0.200	1.00	1.00
[HA]/(mol·dm^{-3})	0.0225	0.100	0.0135	0.050
$10^{-4} k_{cat}$/s^{-1}	1.5	2.7	4.3	4.8

答案 $k_{HA} = 1.32 \times 10^{-5}$ s^{-1}, $k_A = 4.45 \times 10^4$ s^{-1},需知 K_a,即酸离解平衡常数

10.4-2 反应 $CH_3COCH_3(aq) + H_2O(l) \longrightarrow CH_3COOH(aq) + CH_3OH(aq)$ 被 $H^+(aq)$催化,其速率常数可表示为 $k_表 = k_0[C]^n$. 式中 k_0 为未催化反应速率常数,[C]为催化剂浓度. 请从下列 $k_表$ 数据,求 k_0 及 n.

$k_表/(10^{-4}$ s$^{-1})$	0.108	0.585	1.000	2.682	3.469
[HCl]/(mol·dm^{-3})	0.1005	0.5024	0.8275	1.800	2.429

答案 $k_0 = 1.32 \times 10^{-4}$ mol^{-1}·dm^3·s^{-1}, $n = 1.10 \approx 1$

10.4-3 反应 $[CrCl_2(H_2O)_4]^+(aq) + H_2O(l) \longrightarrow [CrCl(H_2O)_5]^{2+}(aq) + Cl^-(aq)$ 被 H^+(aq)阻化,其表观速率常数可表示为 $k_表 = k_0 + k(H^+)/[H^+]$. 请根据以下数据求算 k_0 及 $k(H^+)$.

$c[HCl]/(10^{-3}$ mol·dm$^{-3})$	0.200	0.861	1.005	4.196	8.000	9.953
$k_表/(10^{-3}$ s$^{-1})$	1.10	0.341	0.307	0.170	0.078	0.070

答案 $k_0 = 6.9 \times 10^{-5}$ s^{-1}, $k(H^+) = 2.09 \times 10^{-7}$ mol·dm^{-3}·s^{-1}

10.4-4 (1) 自催化反应 $A \xrightarrow{B} B + \cdots$, $[B]_0 \neq 0$. 当 $r = -d[A]/dt = k[A][B]$,请推导 $[B]_t$ 之表示式.

(2) 对自催化反应 $CH_3COCH_3(aq) + I_2(aq) \xrightarrow{H^+} CH_3COCH_2I(aq) + H^+(aq) + I^-(aq)$, 在 293 K, $[CH_3COCH_3]_0 = 0.683$ mol·dm^{-3}时收集到下表中的数据:

t/h	24	46	65
x/(mol·dm^{-3})	0.000196	0.000602	0.00492

表中 x 为反应生成的 H^+ 浓度,请推导自催化反应速率方程,并求其 k 值.

$$-d[CH_3COCH_3]/dt = k[CH_3COCH_3][H^+]$$

提示与答案 $\ln([A]_0[B]/[B]_0[A]) = ([A]_0 + [B]_0)kt$; 设新生成的 $[H^+]$ 为 x,则 $[CH_3COCH_3]_0 \gg x$, $x \gg [H^+]_0$, 作 $\ln[H^+]/(mol·dm^{-3})$-t 图,由斜率求得 $k = 7.3 \times 10^{-2}$ mol^{-1}·dm^3·s^{-1}

10.4-5 H_2O_2 分解被过氧化氢酶(E)催化,实验数据列于下表. 若 $[E]_0 = 4.0 \times 10^{-9}$ mol·dm^{-3},请用作图法求 r_{max}, k_M 及 k_2.

$[H_2O_2]/(\text{mol}\cdot\text{dm}^{-3})$	0.01	0.002	0.005
$10^3 r_0/(\text{mol}\cdot\text{dm}^{-3}\cdot\text{s}^{-1})$	1.38	2.67	6.00

答案 $0.0377\,\text{mol}\cdot\text{dm}^{-3}\cdot\text{s}^{-1}$, $0.0263\,\text{mol}\cdot\text{dm}^{-3}$, $9.41\times10^6\,\text{s}^{-1}$

10.4-6 阻化剂对酶反应的阻化作用有竞争阻化(competitive inhibition)、未竞争阻化(uncompetitive in hibitive)及非竞争阻化(noncompetitive inhibitive),其作用机制见下表.请分别推导其 Lineweaver-Bruke 方程.

竞争阻化	未竞争阻化	非竞争阻化
$E+S \underset{}{\overset{K_M}{\rightleftharpoons}} X \rightarrow E+P$ $\Vert K_E$ EI	$E+S \underset{}{\overset{K_M}{\rightleftharpoons}} X \overset{k_2}{\rightarrow} E+P$ $\quad\quad\quad + $ $\quad\quad\quad I$ $\quad\quad\quad \Vert K_S$ $\quad\quad\quad XI$	$E+S \underset{}{\overset{K_M}{\rightleftharpoons}} X \overset{k_3}{\rightarrow} E+P$ $+\quad\quad\quad +$ $I\quad\quad\quad I$ $\Vert K_I\quad\quad \Vert K_S$ $EI+S \underset{}{\overset{K'_M}{\rightleftharpoons}} XI \overset{k'_2}{\rightarrow}$ $K_M=K'_M, K_I=K_S, k'_2=0$

(1) 各种金属羧基肽酶能催化氨基酸水解,今有 Benzoylglycyl-L-phonylalanine(S)水解,用 $1.0\times10^{-5}\,\text{mol}\cdot\text{dm}^{-3}$ 锌羧基肽酶催化,用 $2.0\times10^{-4}\,\text{mol}\cdot\text{dm}^{-3}$ 的 β-苯丙酸阻化,实验获得下列数据,且其阻化剂浓度 $[I]_0=2.0\times10^{-4}\,\text{mol}\cdot\text{dm}^{-4}$.

$[S]/(10^{-4}\,\text{mol}\cdot\text{dm}^{-3})$	2.0	5.0	10.0
$r_0(未阻化)/(10^{-5}\,\text{mol}^{-1}\cdot\text{dm}\cdot\text{s}^{-1})$	4.0	7.7	11.1
$r_3/(10^{-5}\,\text{mol}^{-1}\cdot\text{dm}^3\cdot\text{s}^{-1})$	1.4	2.7	3.9

(2) 如以 Glycyl-L-tryosine 为阻化剂,且 $[I']_0=2.0\times10^{-4}\,\text{mol}\cdot\text{dm}^{-3}$,又得到下列数据.请判断是何种阻化类型?

$[S]/(10^{-4}\,\text{mol}\cdot\text{dm}^{-3})$	2.0	5.0	10.0
$r'(阻化)/(10^{-5}\,\text{mol}\cdot\text{dm}^{-3}\cdot\text{s}^{-1})$	1.6	3.6	6.1

答案与提示 $r^{-1}=a^{-1}+(b/a)[S]^{-1}$

各种类型之 a、b 值列于下表:

阻化类型	a	b
无阻化	$r_{max}=k_2[E]_0$	K_M
竞争阻化	$r_{max}=k_2[E]_0$	$K_M(1+[I]/K_S)^{-1}$
未竞争阻化	$r_{max}(1+[I]/K_S)^{-1}$	$K_M(1+[I]/K_S)^{-1}$
非竞争阻化	$r_{max}(1+[I]/K_S)^{-1}$	K_M

竞争阻化与无阻化两种历程,截距相等,斜率不等;竞争阻化与未竞争阻化,截距不等,斜率相等.

分别将实验数据作 r^{-1}-$[S]^{-1}$ 图,并与无阻化反应的截距及斜率比较,以 Glycyl-L-tryosine 为阻化剂时,截距相等,斜率不等,故是竞争阻化.

10.5 放射性衰变动力学

(一) 内容纲要

放射性衰变动力学是一级反应与连续反应动力学的具体应用,但又有不同的具体方法.

1. 衰变常数与半衰期

据一级反应规律可得

$$-dN/dt = \lambda N \quad \text{或} \quad \ln(N_0/N) = \lambda t \tag{10-33}$$

式中 N 为时间 t 时放射性物质核数,λ 为衰变常数.

今定义活性 A 为 $A = C\lambda N$,C 为探测系数,理想情况下为 1,于是可得

$$\ln(A_0/A) = \lambda t \tag{10-34}$$

$A = A_0/2$ 时,可得 $\lambda t_{1/2} = 0.693$,这与一级反应规律完全相同,λ 相当于速率常数 k.

活性 A 在 SI 制中用贝克勒尔(Bq)表示,即 $1\ \text{Bq} = 1\ \text{s}^{-1}$,而 $1\ \text{Ci}(居里) = 3.7 \times 10^{10}\ \text{Bq}$,$1\ \text{Rd}(卢瑟福) = 1 \times 10^6\ \text{Bq}$.

2. 连续衰变动力学

$$B \longrightarrow C \longrightarrow D$$

根据第 8 章连续反应动力学规律,可得:

$$N_C = \frac{\lambda_B N_{B,0}[\exp(-\lambda_B t) - \exp(-\lambda_C t)]}{\lambda_B - \lambda_C} + N_{C,0}\exp(-\lambda_C t) \tag{10-35}$$

- 当 $\lambda_C > \lambda_B$ 时

$$N_B/N_C \approx (\lambda_C - \lambda_B)/\lambda_B \tag{10-36}$$

- 当 $\lambda_B \ll \lambda_C$ 时

$$N_B/N_C \approx \lambda_B/\lambda_C \tag{10-37}$$

3. 年代学

可根据 $^{14}_{6}\text{C}$ 的 $t_{1/2} = 5730\ \text{a}$ 确定含碳物质的年龄.

$^{40}_{19}\text{K}$ 有两种衰变:(i) 对电子捕获,$\lambda_{EC} = 5.85 \times 10^{-11}\ \text{a}^{-1}$;(ii) 对 β^- 衰变,生成 $^{40}_{18}\text{Ar}$(其 $\lambda_{\beta^-} = 4.72 \times 10^{-10}\ \text{a}^{-1}$),于是可得

$$t = (\lambda_{EC} + \lambda_{\beta^-})^{-1}\ln\{1 + [(\lambda_{EC} + \lambda_{\beta^-})/\lambda_{EC}][N(^{40}\text{Ar})/N(^{40}\text{K})]\} \tag{10-38}$$

含有 U 的岩石可用 Pb-Pb 技术测定其年代

$$N(^{207}\text{Pb})/N(^{206}\text{Pb}) = 7.25 \times 10^{-3}[\exp(\lambda_{235}t) - 1]/[\exp(\lambda_{238}t) - 1] \tag{10-39}$$

$t_{1/2}(^{235}\text{U}) = 7.1 \times 10^8\ \text{a}$,$t_{1/2}(^{238}\text{U}) = 4.51 \times 10^9\ \text{a}$

(二) 例题解析

【例 10.5-1】 自然界中存在的 K 含有 0.01% ^{40}K,其 $t_{1/2} = 1.28 \times 10^9\ \text{a}$,求算 1.00 g 样品 KCl 的活性;如分别用 Bq、Ci、Rd 表示,纯金属 K 放射出 1 Ci 射线需多少金属钾样品?

解析

$$\lambda = 0.693/1.28 \times 10^9\ \text{a} = 5.42 \times 10^{-10}\ \text{a}^{-1}$$

1.00 g KCl 样品中含有 ^{40}K 为

$$N(^{40}\text{K}) = 1.00 \times 6.023 \times 10^{23} \times 0.01\%/74.56 = 8.08 \times 10^{17}$$

$$A = \lambda N = 4.38 \times 10^8 \text{ a}^{-1}$$
$$A = 4.38 \times 10^8/(3.1536 \times 10^7) = 13.9 \text{ s}^{-1} = 13.9 \text{ Bq}$$
$$A = 13.9/3.7 \times 10^{10} = 3.8 \times 10^{-10} \text{ Ci}$$
$$A = 10/1 \times 10^6 = 1.39 \times 10^{-5} \text{ Rd}$$
$$N(^{40}\text{K}) = 1.0 \times 3.7 \times 10^{10}/5.42 \times (3.1536 \times 10^7)^{-1} = 2.2 \times 10^{27}$$
$$m(\text{KCl}) = 2.2 \times 10^{27} \frac{10^4(\text{K})}{1(^{40}\text{K})} \left(\frac{74.56}{6.023 \times 10^{23}} \right) = 2.7 \times 10^9 \text{ g}$$

【例 10.5-2】 Apollo 12 探测器从月球上取回一块岩石样品,每公斤含钾之量 $m(\text{K}) = 0.0166 \text{ kg}$,其 ^{40}K 之分数为 1.18×10^{-4},从岩石样品收集到 ^{40}Ar 之体积为 $81.9 \times 10^{-7} \text{ m}^3$ (相当于标准状况 STP 时).请计算岩石的年龄.

解析 先计算 ^{40}Ar 之量 $N(^{40}\text{Ar})$ 及 $N(^{40}\text{K})$

$$N(^{40}\text{Ar}) = 81.9 \times 10^{-7} \times 10^3/22.4 \text{ dm}^3 = 3.66 \times 10^{-4} \text{ mol} \cdot \text{kg}^{-1}$$
$$N(^{40}\text{K}) = (1.66 \times 10^{-2} \times 10^3/39.1) \times 1.18 \times 10^{-4} = 5.01 \times 10^{-5} \text{ mol} \cdot \text{kg}^{-1}$$

已知数据代入(10-38)式,且 $N = nN_A$,可得

$$t = (5.31 \times 10^{-10})^{-1} \ln\left[1 + \frac{5.31 \times 10^{-10}}{5.85 \times 10^{-11}} \times \frac{3.66 \times 10^{-4}}{5.01 \times 10^{-5}} \right] = 7.93 \times 10^9 \text{ a}$$

(三) 习题

10.5-1 来自埃及古墓中的木料,测得 ^{14}C 单位质量的活度是 $7.3 \text{ min}^{-1} \cdot \text{g}^{-1}$.已知 ^{14}C 的初始活度是 $12.6 \text{ min}^{-1} \cdot \text{g}^{-1}$,$t_{1/2} = 5730 \text{ a}$,请计算该古墓的年龄.

答案 4510 a

10.5-2 现代核理论提出元素 U 生成之初 ^{235}U/^{238}U ≈ 1,而现代测出其比率仅为 7.25×10^{-3}.已知 $t_{1/2}(^{235}\text{U}) = 7.1 \times 10^8 \text{ a}$,$t_{1/2}(^{238}\text{U}) = 4.51 \times 10^9 \text{ a}$,求算该元素生成至今的时间.

答案 $6.0 \times 10^9 \text{ a}$

10.5-3 由 Apollo 12 探测器从月球上取回的岩石含有 Ar 为 $10^{-7} \text{ m}^3 \cdot \text{kg}^{-1}$(STP),其他数据见例 10.5-2,请计算该岩石的年龄.

答案 $N = 3.20 \times 10^{-5} \text{ mol} \cdot \text{kg}^{-1}$, $N(^{40}\text{Ar}) = 2.97 \times 10^5 N_A$, $t = 3.49 \times 10^9 \text{ a}$

10.5-4 钍衰减系列含有下式给出的过程(反应式中"——"下的量表示半衰期):

$$^{228}\text{Ac} \xrightarrow[6.13 \text{ h}]{-\beta^-} {}^{228}\text{Th} \xrightarrow[1.913 \text{ a}]{-\alpha} {}^{224}\text{Ra} \xrightarrow[3.64 \text{ d}]{-\alpha} {}^{220}\text{Rn} \xrightarrow[55 \text{ s}]{-\alpha} {}^{216}\text{Po}$$

请计算 $t = 2.0 \times 10^5 \text{ s}$ 时的比值 $N(^{228}\text{Ac})/N(^{228}\text{Th})$.

答案 ∵ $\lambda(\text{Ac}) > \lambda(\text{Th})$,将公式(10-35)简化,可得

$$N(^{238}\text{Ac})/N(^{228}\text{Th}) = 1.88 \times 10^{-3}$$

10.6 弛豫动力学方法

当混合时间相当于或大于反应完成的时间的快速反应,必须采用平衡经扰动趋向新的平衡方法,即弛豫方法,一般有温度跃升、压力跃升等.

(一) 内容纲要

本方法主要应用对峙反应的处理方法.以下列反应为例:

$$A + B \xrightleftharpoons[k_r]{k_f} C + D$$

如其在温度 T 时处于平衡态. 突然使温度升高 ΔT, 相应于 $T + \Delta T$, 该反应各组分与平衡浓度偏差为 Δ, 即

$$[A]_t = [A]_e - \Delta \qquad [B]_t = [B]_e - \Delta$$
$$[C]_t = [C]_e + \Delta \qquad [D]_t = [D]_e + \Delta$$

利用对峙 2-2 级反应速率方程及平衡关系 $k_f([A]_e[B]_e) - k_r([C]_e[D]_e) = 0$, 可得

$$d\Delta/\Delta = -dt/\tau_R$$
$$\tau_R^{-1} = k_f([A]_e + [B]_e) + k_r([C]_e + [D]_e) \tag{10-39}$$

积分, 得

$$\Delta = \Delta_0 \exp(-t/\tau_R) \tag{10-40}$$

当 $t = \tau_R$, $\Delta = \Delta_0/e$, 即达到最大微扰的 Δ_0/e 所需的时间; τ_R 是与反应速率常数相类似的物理量, 是趋向平衡快慢的度量, 对一定条件下的反应是特征常数, 通过 τ 可求 k_f 及 k_r.

弛豫动力学方法将复杂动力学方程简化为一级反应规律, 这也是速率方程的线性化方法. 对于复杂反应:

$$aA + bB \xrightleftharpoons[k_r]{k_f} cC + dD$$

$$\tau^{-1} = k_{obs} = k_f [A]_e^a [B]_e^b (a^2/[A]_e + b^2/[B]_e) + k_r [C]_e^c [D]_e^d (c^2/[C]_e + d^2/[D]_e)$$

(二) 例题解析

【例 10.6-1】 请推导下式:
$$\tau^{-1} = k_f [A]_e^a [B]_e^b (a^2/[A]_e + b^2/[B]_e) + k_r [C]_e^c [D]_e^d (c^2/[C]_e + d^2/[D]_e)$$

解析 要找出对峙反应 $aA + bB \xrightleftharpoons[k_r]{k_f} cC + dD$ 弛豫时间 τ 的表达式, 需将各物质的浓度与浓度微扰相联系. 设各物质的平衡浓度为 $[A]_e, [B]_e, [C]_e, [D]_e$, 在时刻 t 的浓度微扰为 Δ, 则有

$$[A] = [A]_e + a\Delta = [A]_e(1 + a\Delta/[A]_e) \qquad ①$$
$$[B] = [B]_e + b\Delta = [B]_e(1 + b\Delta/[B]_e) \qquad ②$$
$$[C] = [C]_e - c\Delta = [C]_e(1 - c\Delta/[C]_e) \qquad ③$$
$$[D] = [D]_e - d\Delta = [D]_e(1 - d\Delta/[D]_e) \qquad ④$$

设反应速率方程为

$$-\frac{d[A]}{a\,dt} = -\frac{d\Delta}{dt} = k_f [A]^a [B]^b - k_r [C]^c [D]^d \qquad ⑤$$

将式①~④代入式⑤, 即得

$$-\frac{d\Delta}{dt} = k_f \{[A]_e(1 + a\Delta/[A]_e)\}^a \{[B]_e(1 + b\Delta/[B]_e)\}^b$$
$$- k_r \{[C]_e(1 - c\Delta/[C]_e)\}^c \{[D]_e(1 - d\Delta/[D]_e)\}^d \qquad ⑥$$

由于 Δ 是微小量, 利用二项式定理展开 $(1 + a\Delta/[A]_e)^a$, 略去 Δ^2 及更高次项 (即只保留 Δ 的线性项), 并利用平衡关系

$$k_f [A]_e^a [B]_e^b = k_r [C]_e^c [D]_e^d$$

则式⑥便可化为

$$-\frac{d\Delta}{dt} = \left\{ k_f[A]_e^a[B]_e^b\left(\frac{a^2}{[A]_e} + \frac{b^2}{[B]_e}\right) + k_r[C]_e^c[D]_e^d\left(\frac{c^2}{[C]_e} + \frac{d^2}{[D]_e}\right) \right\}\Delta$$

根据弛豫时间的定义,即得

$$\tau^{-1} = k_f[A]_e^a[B]_e^b\left(\frac{a^2}{[A]_e} + \frac{b^2}{[B]_e}\right) + k_r[C]_e^c[D]_e^d\left(\frac{c^2}{[C]_e} + \frac{d^2}{[D]_e}\right)$$

在上述近平衡弛豫过程的讨论中,我们假设了对峙反应是基元过程,因而按质量作用定律直接写出速率方程.但需指出,本例所得 τ 的表达式对复杂的对峙反应仍适用.有关该问题的严格论证,可参阅赵学庄编著的《化学反应动力学基本原理》的 10.3 节.

【例 10.6-2】 写出下面水溶液中反应的弛豫时间表达式:

$$HF(aq) \underset{k_r}{\overset{k_f}{\rightleftharpoons}} H^+(aq) + F^-(aq)$$

实验测定,当 $c(HF) = 0.100 \text{ mol}\cdot\text{dm}^{-3}$ 时,$[H^+] = [F^-] = 7.7 \times 10^{-3} \text{ mol}\cdot\text{dm}^{-3}$,$\tau_1 = 0.63$ ns;当 $c(HF) = 0.010 \text{ mol}\cdot\text{dm}^{-3}$ 时,$[H^+] = [F^-] = 2.2 \times 10^{-3} \text{ mol}\cdot\text{dm}^{-3}$,$\tau_2 = 2.04$ ns.请计算 k_f、k_r.

解析 τ 表达式可仿照例 10.6-1 进行证明,也根据例[10.6-1]所得普遍公式直接写出,∵ $a = 1, b = 0, c = 1, d = 1$,可得

$$\tau^{-1} = k_f + k_r([H^+] + [F^-]) \qquad ①$$

将实验数据代入式①,得

$$(0.63 \times 10^{-9} \text{ s})^{-1} = k_f + 2 \times 7.7 \times 10^{-3} k_r \qquad ②$$

$$(2.04 \times 10^{-9} \text{ s})^{-1} = k_f + 2 \times 2.2 \times 10^{-3} k_r \qquad ③$$

解式②~③,求得

$$k_f = 5.00 \times 10^7 \text{ s}^{-1}, \quad k_r = 1.00 \times 10^{11} \text{ mol}^{-1}\cdot\text{dm}^3\cdot\text{s}^{-1}$$

(三) 习题

10.6-1 请推导下列反应弛豫时间表达式,并与例[10.6-1]所得普遍公式直接写出的结果相对照是否一致?

(1) $A \rightleftharpoons B$ (2) $A + B \rightleftharpoons C$ (3) $A + C(催化剂) \rightleftharpoons B + C$

答案 (1) $1/\tau = k_f + k_r$,(2) $1/\tau = k_f([A]+[B]) + k_r$,(3) $1/\tau = (k_f + k_r)[C]$

10.6-2 反应 $A + B \underset{k_r}{\overset{k_f}{\rightleftharpoons}} C$,请推导弛豫时间之表达式;如实验求得当 pH = 6.00 时,反应 $H^+ + OH^- \rightleftharpoons H_2O$ 的 $\tau = 7.6$ μs,求 k_f 及 k_r.

答案 $k_f = 1.3 \times 10^{11} \text{ mol}^{-1}\cdot\text{dm}^3\cdot\text{s}^{-1}$,$k_r = 2.3 \times 10^{-5} \text{ s}^{-1}$

10.6-3 溴甲酚绿(HIn^-)的离解平衡如下:

$$HIn^- \underset{k_r}{\overset{k_f}{\rightleftharpoons}} H^+ + In^{2-}$$

实验测得下表所列数据:

$([H^+] + [In^{2+}])/(\mu\text{mol}\cdot\text{dm}^{-3})$	4.30	6.91	50.94	85.70	100.5	129.1	176.0
$\tau^{-1}/(10^6 \text{ s}^{-1})$	1.01	1.16	3.13	5.56	6.62	7.87	11.24

浓度已用离子强度校正过,请据上述结果计算 k_f, k_r 及 K.

答案 $k_f = 6.75 \times 10^5 \text{ s}^{-1}$, $k_r = 5.76 \times 10^{10} \text{ mol}^{-1} \cdot \text{dm}^3 \cdot \text{s}^{-1}$, $K = 1.17 \times 10^{-5}$

10.7 线性化方法总结

化学动力学的研究任务之一就是从实验数据去求取各种动力学参数(如反应级数、活化能、总反应或基元反应的速率常数),从而打开深入了解化学反应的大门,而线性化方法是解决这个任务应用得相当普遍的方法,即把各类动力学的方程经某种转换,成为直线方程,从而用作图法或线性拟合方法求得动力学参数,为加深认识,现简要归纳如下:

一级反应	$\ln([A]_0/[A]) = akt$
二级反应	$[A]^{-1} - [A]_0^{-1} = akt$ (详见表 8.1)
平行(1,2)级反应	$r/[RX] = k_1 + k_2[OH^-]$
对峙(2,2)级反应	$\ln\left[\dfrac{([A] - [A]_t)}{([A] - [A]_e)}\right] = (k_f + k_r)t$
活化能 Arrhenius 公式	$\ln(k/[A]) = -E_a/RT$
单分子反应 Lindmann 历程	$k_u^{-1} = k_\infty^{-1} + (k_1 p)^{-1}$
($n \geqslant 1$)级弛豫动力学方程	$d\Delta/dt = -\tau^{-1}\Delta$ (对微扰为一级)
光化学 Stern-Volmer 公式	$\phi_P^0/\phi_P = 1 + \{k_E/(k_P + k'_{isc})\}[A]$
	$I_f^{-1} = I_a^{-1}\{1 + (k_Q/k_f)[Q]\}$
Michalies-Menton 酶催化历程	$r^{-1} = r_{max}^{-1} + (k_M/r_{max})[S]^{-1}$
	(Lineweaver-Bruke 方法)

由以上归纳不难看出,反应虽然各异,方程形式也不尽相同,但其共同点是:要么把高一级动力学方程降为一级反应动力学过程,要么高级的方程式转化为线性方程.认识这一点,便于实验方案的设计和实验数据的处理中更自觉地应用线性化方法,推而广之,这种方法在自然科学研究中可能是具有普遍意义的方法.

第 11 章 电解质溶液

本章讨论强电解质溶液理论及电解质溶液的导电性质,内容包括离子的活度和离子平均活度系数的意义及其计算、迁移数的概念及测定方法、电导率和摩尔电导率的意义及它们与浓度的关系、离子独立运动定律及电导测定的应用等.

11.1 离子的活度及活度系数

(一) 内容纲要

1. 离子的活度及活度系数

电解质溶液中,离子物质 B 的活度定义为

$$a_B = \gamma_B m_B / m^\ominus \tag{11-1}$$

式中比例系数 γ_B 为离子物质 B 的活度系数,m_B 为离子物质 B 的质量摩尔浓度,$m^\ominus$ 为离子物质 B 的标准态质量摩尔浓度.

由于电解质溶液中单种离子不能独立存在,且单种离子的活度系数无法进行实验测量,为此定义了离子的平均活度 $a_\pm$、平均质量摩尔浓度 $m_\pm$ 和平均活度系数 $\gamma_\pm$. 对任意型电解质 $M_{\nu_+}^{z_+} A_{\nu_-}^{z_-}$,其在溶液中发生完全电离时

$$M_{\nu_+}^{z_+} A_{\nu_-}^{z_-} \Longrightarrow \nu_+ M^{z_+} + \nu_- A^{z_-}$$

定义

$$a_\pm^\nu = a_+^{\nu_+} a_-^{\nu_-} \tag{11-2}$$

$$m_\pm^\nu = m_+^{\nu_+} m_-^{\nu_-} \tag{11-3}$$

$$\gamma_\pm^\nu = \gamma_+^{\nu_+} \gamma_-^{\nu_-} \tag{11-4}$$

式中 z_+ 和 z_- 为电解质电离后产生正负离子的正负电荷数;ν 为总离子数,即 $\nu = \nu_+ + \nu_-$. 根据(11-1)式,可得

$$a_\pm = \gamma_\pm m_\pm / m^\ominus \tag{11-5}$$

某种电解质的活度实际上指的是该电解质总的活度 $a_{总}$,其表达式为

$$a_{总} = a_\pm^\nu = (\nu_+^{\nu_+} \nu_-^{\nu_-}) \gamma_\pm^\nu (m/m^\ominus)^\nu \tag{11-6}$$

测定电解质平均活度系数的方法有蒸气压法、凝固点降低法、难溶盐溶度积法和电动势法等,详见各有关章节例题与习题.

2. Debye-Hückel 极限公式

1923 年,Debye 和 Hückel 提出了强电解质溶液理论. 他们假定强电解质在稀溶液中完全电离、离子间的作用力为库仑力,根据离子氛的模型并运用静电学和统计力学的定律推导出了计算离子活度系数的 Debye-Hückel 极限公式.

$$\lg \gamma_\pm = -1.825 \times 10^8 |z_+ z_-| \{[\rho_0/(\text{kg} \cdot \text{m}^{-3})]/[(D^8(T/K)^8](I/m^\ominus)\}^{1/2} \tag{11-7}$$

式中 D 为溶剂的介电常数,ρ_0 为溶剂的密度,z_+ 和 z_- 为正负离子的电荷数,I 称为离子强度.

$$I = \frac{1}{2}\sum m_B z_B^2 \tag{11-8}$$

当为稀水溶液时,可近似用 B 物质的量浓度 c_B 代替 m_B:

$$I = \frac{1}{2}\sum c_B z_B^2 \tag{11-9}$$

298 K、水溶液中 $D = 78.54$,$\rho_0 = 0.997\ \text{kg}\cdot\text{dm}^{-3}$,因而(11-7)式变为

$$\lg\gamma_\pm = -0.509\,|z_+ z_-|(I/m^\ominus)^{1/2} \tag{11-10}$$

Debye-Hückel 极限公式的适用范围是 $I < 0.01\ \text{mol}\cdot\text{kg}^{-1}$.

(二) 例题解析

【例 11.1-1】 298 K 时,将 NaCl 为 $5.00\times 10^{-3}\ \text{mol}\cdot\text{kg}^{-1}$ 的水溶液用水冲稀至原来浓度的 1/2,则其终态与始态离子平均活度系数之比 $\gamma_{\pm,2}/\gamma_{\pm,1}$ 为 ( )
(A) 1.04 (B) 0.983 (C) 1.02 (D) 0.967

解析 由强电解质溶液理论可知,强电解质溶液的离子平均活度系数随其浓度变稀而增大,终态与始态离子平均活度系数之比应大于一.分析 4 个答案可知,B 和 D 肯定不正确,A 和 C 都大于一,但数值很接近,哪一个正确只能由计算得出结论.

从(11-10)式看出,对 1-1 价强电解质溶液,当其浓度从 m_1 变到 m_2 时,其终态与始态离子平均活度系数的比值可简单表示为

$$\lg(\gamma_{\pm,2}/\gamma_{\pm,1}) = 0.509\,[(m_1/m^\ominus)^{1/2} - (m_2/m^\ominus)^{1/2}]$$

将 $2m_2 = m_1 = 5.00\times 10^{-3}\ \text{mol}\cdot\text{kg}^{-1}$ 代入上式,得

$$\lg(\gamma_{\pm,2}/\gamma_{\pm,1}) = 1.054\times 10^{-2},\quad \gamma_{\pm,2}/\gamma_{\pm,1} = 1.02$$

由计算可知,(C)为正确答案.

计算结果表明,在极稀的浓度范围内,当溶液被稀释一倍时,电解质溶液的离子平均活度系数仅增加了约 2%.

【例 11.1-2】 298 K 时,1 kg 水中含有 5.0×10^{-4} mol 的 $LaCl_3$ 和 5.0×10^{-3} mol 的 NaCl,请根据 Debye-Hückel 极限公式分别计算 $LaCl_3$ 和 NaCl 的平均活度系数.

解析 混合电解质溶液中,每种电解质的平均活度系数都由溶液总的离子强度所决定,所以本题必须首先由溶液中所有的离子浓度计算出溶液总的离子强度,再进而计算每种电解质的平均活度系数.

$$I = \frac{1}{2}\sum m_B z_B^2$$
$$= \frac{1}{2}[m(\text{La}^{3+})z^2(\text{La}^{3+}) + m(\text{Na}^+)z^2(\text{Na}^+) + m(\text{Cl}^-)z^2(\text{Cl}^-)]$$
$$= \frac{1}{2}[5.0\times 10^{-4}\times 3^2 + 5.0\times 10^{-3}\times 1^2 + 5.0\times 10^{-4}\times 3\times(-1)^2$$
$$\quad + 5.0\times 10^{-3}\times(-1)^2]\text{mol}\cdot\text{kg}^{-1}$$
$$= 7.5\times 10^{-3}\ \text{mol}\cdot\text{kg}^{-1}$$

$$\lg[\gamma_\pm(\text{LaCl}_3)] = -0.509\,|z_+ z_-|(I/m^\ominus)^{1/2}$$
$$= -0.509\,|3\times(-1)|\times\left(\frac{7.5\times 10^{-3}\ \text{mol}\cdot\text{kg}^{-1}}{\text{mol}\cdot\text{kg}^{-1}}\right)^{1/2}$$
$$= -0.132$$

$$\gamma_\pm(\text{LaCl}_3) = 0.74$$

同理，可得

$$\gamma_\pm(\text{NaCl}) = 0.90$$

【例 11.1-3】 298 K 时，Ag_2CrO_4 在水中的溶解度是 8.00×10^{-5} mol·kg^{-1}，在 0.04 mol·kg^{-1} 的 $NaNO_3$ 水溶液中的溶解度是 8.84×10^{-5} mol·kg^{-1}．试计算在 0.04 mol·kg^{-1} 的 $NaNO_3$ 水溶液中 Ag_2CrO_4 离子的平均活度系数．

解析 本题是利用溶度积法测定难溶盐在与其他强电解质形成混合溶液中平均活度系数的例子．其依据是：在一定温度下，分别测定难溶盐在纯水中和其他强电解质溶液中的溶解度，可同时得到两个难溶盐溶度积的表达式．由于纯水中难溶盐的溶解度很小，因而溶液的离子强度也很小，根据 Debye-Hückel 极限公式计算难溶盐的活度系数近似为 1．而在易溶盐溶液中，溶液的离子强度变得较大，难溶盐的平均活度系数与 1 有较大偏离．根据定温下难溶盐溶度积为定值的原理，只要将两溶度积表达式进行比较，便可求出难溶盐在其他强电解质溶液中的活度系数．

设溶液中 $m(Ag^+) = m(CrO_4^{2-}) = m$ (mol·kg^{-1})，则在水中

$$\begin{aligned} K_{sp}(Ag_2CrO_4) &= a^2(Ag^+)a(CrO_4^{2-}) = [2\gamma_\pm(m/m^\ominus)]^2 \gamma_\pm(m/m^\ominus) \\ &= 4\gamma_\pm^3(m/m^\ominus)^3 \approx 4\times(8.00\times 10^{-5})^3 \\ &= 2.05\times 10^{-12} \end{aligned}$$

在 0.04 mol·kg^{-1} 的 $NaNO_3$ 水溶液中

$$\begin{aligned} K_{sp}(Ag_2CrO_4) &= a^2(Ag^+)a(CrO_4^{2-}) \\ &= [2\gamma_\pm(m/m^\ominus)]^2 \gamma_\pm(m/m^\ominus) = 4\gamma_\pm^3(m/m^\ominus)^3 \\ &= 4\gamma_\pm^3(8.84\times 10^{-5})^3 \\ &= 2.76\times 10^{-12}\gamma_\pm^3 \end{aligned}$$

由于定温下 $K_{sp}(Ag_2CrO_4)$ 为定值，因此

$$2.76\times 10^{-12}\gamma_\pm^3 = 2.05\times 10^{-12}$$

$$\gamma_\pm^3 = (2.05\times 10^{-12})/(2.76\times 10^{-12}),\quad \gamma_\pm = 0.91$$

即 Ag_2CrO_4 在 0.04 mol·kg^{-1} 的 $NaNO_3$ 水溶液中的活度系数为 0.91．

【例 11.1-4】 298 K 时，向 1 dm^3 的 5.00×10^{-3} mol·dm^{-3} 的 HCl 中加入 2.34×10^{-4} kg 的 NaCl．如不考虑溶液体积的变化，试计算溶液 pH 的改变量．

解析 NaCl 的加入使得溶液的离子强度发生了改变，从而引起了 HCl 离子平均活度系数的变化．由于溶液的 pH $= -\lg[a(H^+)]$，HCl 溶液的 pH 也必然会改变．

未加入 NaCl 之前

$$\begin{aligned} I &= \frac{1}{2}\sum c_B z_B^2 \approx \frac{1}{2}\sum m_B z_B^2 \\ &= \frac{1}{2}[m(H^+)z^2(H^+) + m(Cl^-)z^2(Cl^-)] \\ &= \frac{1}{2}[5.00\times 10^{-3}\times 1^2 + 5.00\times 10^{-3}\times(-1)^2]\ \text{mol·kg}^{-1} \\ &= 5.00\times 10^{-3}\ \text{mol·kg}^{-1} \end{aligned}$$

$$\lg[\gamma_\pm(\text{HCl})] = -0.509\,|z_+ z_-|(I/m^\ominus)^{1/2}$$

$$= -0.509 \times |1 \times (-1)| \times \left(\frac{5.00 \times 10^{-3} \text{ mol} \cdot \text{kg}^{-1}}{\text{mol} \cdot \text{kg}^{-1}} \right)^{1/2}$$

$$= -3.599 \times 10^{-2}$$

$$\gamma_\pm(\text{HCl}) = 0.9205$$

$$(\text{pH})_1 = -\lg[a(\text{H}^+)] = -\lg[\gamma_\pm \, m(\text{H}^+)/m^\ominus]$$

$$= -\lg[0.9025 \times 5.00 \times 10^{-3} \text{ mol} \cdot \text{kg}^{-1}/(\text{mol} \cdot \text{kg}^{-1})]$$

$$= 2.34$$

利用同样的方法可计算出加入 NaCl 以后,溶液的 $(\text{pH})_2 = 2.35$. 故加入 NaCl 后,溶液 pH 的改变量为

$$(\text{pH})_2 - (\text{pH})_1 = 2.35 - 2.34 = 0.01$$

【例 11.1-5】 298 K 时,将 0.5 dm^3 浓度为 $0.200 \text{ mol} \cdot \text{dm}^{-3}$ 的 NH_4Cl 水溶液和 0.5 dm^3 浓度为 $0.100 \text{ mol} \cdot \text{dm}^{-3}$ 的 NaOH 水溶液混合(忽略微小的体积变化,NH_4OH 的离解常数为 $K_b = 1.8 \times 10^{-5}$).

(1) 设溶液中所有物质的活度系数都为 1,计算 OH^- 的浓度;

(2) 用 Debye-Hückel 极限公式,估算 OH^- 的活度系数及活度;

(3) 若溶液中再有 0.100 mol 的 CaCl_2,问 OH^- 的活度应增大,还是减少?(不必计算,估算即可)

解析 对于强弱电解质混合溶液体系的计算,应注意下面几个问题:

● 计算弱电解质的活度时,应首先求出其电离度 a. 对电离部分按强电解质处理. 对未电离部分按非电解质对待,其活度指弱电解质分子的活度. 溶液较稀时,$a = \gamma m / m^\ominus \approx \gamma c / c^\ominus$.

● 计算溶液的离子强度时,由于弱电解质离子浓度较小,一般可略去不计.

● 对未电离的弱电解质,如 $c < 0.05 \text{ mol} \cdot \text{dm}^{-3}$,一般可认为 $\gamma \approx 1$.

(1) 本题为一比较复杂的强弱电解质混合溶液体系,体系中 OH^- 的浓度由弱电解质 NH_4OH 的电离平衡所决定,其热力学平衡常数表达为

$$K_{\text{th}} = [a(\text{NH}_4^+)a(\text{OH}^-)]/a(\text{NH}_4\text{OH})$$

$$= \{[m(\text{NH}_4^+)/m^\ominus][m(\text{OH}^-)/m^\ominus]/[m(\text{NH}_4\text{OH})/m^\ominus]\}\{[\gamma(\text{NH}_4^+)\gamma(\text{OH}^-)]/\gamma(\text{NH}_4\text{OH})\}$$

$$\approx \{[c(\text{NH}_4^+)/c^\ominus][c(\text{OH}^-)/c^\ominus]/[c(\text{NH}_4\text{OH})/c^\ominus]\}\{[\gamma(\text{NH}_4^+)]\gamma(\text{OH}^-)]/\gamma(\text{NH}_4\text{OH})\}$$

$$= K_b[\gamma(\text{NH}_4^+)\gamma(\text{OH}^-)]/\gamma(\text{NH}_4\text{OH})$$

若溶液中所有物质的活度系数都为 1,则

$$K_{\text{th}} = K_b = [c(\text{NH}_4^+)c(\text{OH}^-)]/c(\text{NH}_4\text{OH})$$

$$= \frac{\{[0.050 \text{ mol} \cdot \text{dm}^{-3} + c(\text{OH}^-)]/c^\ominus\}[c(\text{OH}^-)/c^\ominus]}{[0.050 \text{ mol} \cdot \text{dm}^{-3} - c(\text{OH}^-)]/c^\ominus}$$

$$= 1.8 \times 10^{-5}$$

由于 OH^- 的浓度很小,可认为 $0.050 \text{ mol} \cdot \text{dm}^{-3} \pm c(\text{OH}^-) \approx 0.050 \text{ mol} \cdot \text{dm}^{-3}$,由此可计算出

$$c(\text{OH}^-) = 1.8 \times 10^{-5} c^\ominus = 1.8 \times 10^{-5} \text{ mol} \cdot \text{dm}^{-3}$$

(2) 根据 Debye-Hückel 极限公式

$$\lg \gamma_\pm = -0.509 |z_+ z_-| (I/m^\ominus)^{1/2}$$

由于溶液中同时存在四种离子,故

$$I = \frac{1}{2}\sum m_B z_B^2 \approx \frac{1}{2}\sum c_B z_B^2$$

$$= \frac{1}{2}[c(NH_4^+)c(OH^-)c(Na^+)c(Cl^-)]$$

$$= \frac{1}{2}[0.050 + 1.8\times 10^{-5} + 1.8\times 10^{-5} + 0.050 - 1.8\times 10^{-5} + 0.100]\,mol\cdot dm^{-3}$$

$$= 0.100\,mol\cdot dm^{-3}$$

因此

$$\lg \gamma_\pm = -0.509\times [0.100\,mol\cdot dm^{-3}/(mol\cdot dm^{-3})]^{1/2} = -0.161$$

$$\gamma_\pm = 0.690$$

因为 $c(NH_4OH) < 0.050\,mol\cdot dm^{-3}$，可认为 $\gamma(NH_4OH)\approx 1$，这时 K_{th} 变为

$$K_{th} = K_b \gamma_\pm^2 = 1.8\times 10^{-5}\times 0.690^2 = 8.57\times 10^{-6}$$

同时又有

$$K_{th} = [\gamma_\pm c(NH_4^+)a(OH^-)]/c(NH_4OH)$$

$$= \frac{\{0.690\times [(0.050 + 1.8\times 10^{-5})\,mol\cdot dm^{-3}]c^\ominus\}a(OH^-)}{[0.050 - 1.8\times 10^{-5})\,mol\cdot dm^{-3}]/c^\ominus}$$

$$= 0.690\,a(OH^-)$$

比较两 K_{th}，得

$$a(OH^-) = K_{th}/0.690 = 8.57\times 10^{-6}/0.690 = 1.24\times 10^{-5}$$

(3) $CaCl_2$ 为强电解质，会使溶液的离子强度进一步增大．由(2)中的计算可知，$\gamma_\pm$ 进一步减少，OH^- 的活度则进一步增大．

(三) 习题

11.1-1 Debye-Hückel 极限公式的适用条件为 ( )
(1) 水溶液，298 K，$I < 0.1\,mol\cdot kg^{-1}$
(2) 水溶液，298 K，$I < 0.01\,mol\cdot kg^{-2}$
(3) 强电解质，水溶液，$I < 0.1\,mol\cdot kg^{-1}$
(4) 强电解质，水溶液，$I < 0.01\,mol\cdot kg^{-1}$
答案　(4)

11.1-1 下列电解质溶液中离子平均活度系数最大者为 ( )
(1) $0.005\,mol\cdot kg^{-1}$ LiCl　　　　　　　(2) $0.005\,mol\cdot kg^{-1}$ $Na_2C_2O_4$
(3) $0.005\,mol\cdot kg^{-1}$ $CuSO_4$　　　　　(4) $0.005\,mol\cdot kg^{-1}$ $MgCl_2$
答案　(3)

11.1-3 计算下列电解质溶液的 $a_\pm$，并将结果填在题后的括弧内．
(1) HBr $(0.200\,mol\cdot dm^{-3},\gamma_\pm = 0.782)$　　　　　　　　　　　( )
(2) $Na_2SO_4(0.200\,mol\cdot dm^{-3},\gamma_\pm = 0.641)$　　　　　　　　( )
(3) $ZnSO_4(0.500\,mol\cdot dm^{-3},\gamma_\pm = 0.063)$　　　　　　　　( )
(4) $LaCl_3(0.100\,mol\cdot dm^{-3},\gamma_\pm = 0.314)$　　　　　　　　( )
答案　(1) 0.156，(2) 0.0204，(3) 0.0315，(4) 0.0716

11.1-4 298 K时，苯甲酸的离解常数为 6.6×10^{-5}，求 $0.01\,mol\cdot kg^{-1}$ 苯甲酸水溶液的离

子强度.

答案 $I = 7.71 \times 10^{-4}$ mol·kg^{-1}

11.1-5 请用 Debye-Hückel 极限公式计算 298 K 时浓度为 1.00×10^{-3} mol·dm^{-3} 的 $K_3[Fe(CN)_6]$ 溶液的平均活度系数,并与实验值($\gamma_\pm = 0.808$)相比较.

答案 $\gamma_\pm = 0.776$

11.1-6 298 K 时,已知 TlCl 在纯水及 0.1000 mol·dm^{-3} NaCl 溶液中的饱和浓度分别是 1.00×10^{-3} mol·dm^{-3} 及 3.95×10^{-3} mol·dm^{-3},TlCl 的溶度积为 2.044×10^{-4}. 试求在不含 NaCl 和含 0.1000 mol·dm^{-3} NaCl 的 TlCl 饱和溶液中 TlCl 的平均活度系数.

答案 $\gamma_\pm$ 分别为 0.885 和 0.702

11.1-7 298 K 时,已知在浓度为 0.01 mol·dm^{-3} 的 KNO_3 溶液(1)中,离子的平均活度系数 $\gamma_{\pm(1)}$ 为 0.916;在浓度为 0.01 mol·dm^{-3} 的 KCl 溶液(2)中,$\gamma_\pm(2)$ 为 0.922. 假定 $\gamma(K^+) = \gamma(Cl^-)$,试求在 0.01 mol·dm^{-3} KNO_3 溶液中的 $\gamma(NO_3^-)$.

答案 $\gamma(NO_3^-) = 0.910$

提示 $\gamma(NO_3^-) = (\gamma_{\pm,(1)})^2 / \gamma_{(2)}(K^+)$

11.1-8 298 K 时,AgCl 在水中的饱和浓度为 1.336×10^{-5} mol·dm^{-3},计算 AgCl 在 0.1 mol·dm^{-3} KNO_3 中的浓度.

答案 $c = 1.94 \times 10^{-5}$ mol·dm^{-3}

11.1-9 298 K 时,$PbSO_4$ 活度积为 1.327×10^{-8},求 $PbSO_4$ 在含有 0.01 mol·dm^{-3} 的 $MgSO_4$ 水溶液中的浓度.

答案 $c = 2.11 \times 10^{-6}$ mol·dm^{-3}, $\gamma_\pm = 0.791$, $m = K_{sp}/(\gamma_\pm^2 \times 0.01)$

11.1-10 某溶液含有 1.00×10^{-3} mol·dm^{-3} 的 HCl 和 9.00×10^{-2} mol·dm^{-3} 的 KCl,请计算该溶液的 pH.

答案 pH = 3.15, $\gamma_\pm = 0.702$

11.2 电 迁 移

(一) 内容纲要

1. 电迁移率(亦称淌度)

离子物质 B 的电迁移率 U_B 为

$$U_B = v_B / E \tag{11-11}$$

式中 v_B 为离子物质 B 的迁移速率,SI 单位是 m·s^{-1};E 为电场强度,SI 单位是 V·m^{-1};U_B 的 SI 单位是 m^2·V^{-1}·s^{-1}.

设每个离子都呈半径为 r 的球型,根据流体力学原理,可推导出离子物质 B 的电迁移率表达式

$$U_B = z_B / (6\pi \eta_0 r_B E) \tag{11-12}$$

式中 z_B 为离子物质 B 的电荷数;η_0 为溶剂的粘度,其 SI 单位是 m^{-1}·kg·s^{-1};r_B 为 B 的离子半径. 此式提供了由离子电迁移率计算有效离子半径的方法.

2. 迁移数

电解质溶液中离子物质 B 的迁移数 t_B 为其迁移的电量 Q_B 与通过电解质溶液的总电量

Q 之比,即

$$t_B = \frac{Q_B}{Q} = \frac{I_B}{I} = \frac{|z_B|U_B c_B F}{\sum(|z_B|U_B c_B F)} = \frac{U_B}{\sum U_B} \tag{11-13}$$

式中 I 为电流强度,SI 单位是 A;c_B 为离子物质 B 的物质的量浓度,SI 单位是 $mol \cdot m^{-3}$;z_B 为 B 的电荷数;t_B 为一无量纲的量.

根据上式,显然有

$$\sum t_B = 1 \tag{11-14}$$

测定离子物质 B 的迁移数的方法有 Hittorf 法(见[例 11.2-4])、界面移动法(见例[11.2-2]和[11.2-3])、电动势法(见例[12.5-6])等.

(二) 例题解析

【例 11.2-1】 有人认为:298.15 K 时,$0.001\ mol \cdot dm^{-3} Na_2SO_4$ 溶液中 Na^+ 的迁移数(t_1)应为 $0.001\ mol \cdot dm^{-3} NaCl$ 溶液中 Na^+ 的迁移数(t_2)的 2 倍,理由是前者 Na^+ 的浓度为后者的 2 倍,则 Na^+ 迁移的电量也应为后者的 2 倍.你认为其判断正确与否?请阐明理由.

解析 上述判断不正确.

从(11-12)式不难导出 t_1 和 t_2 的计算公式

$$t_1 = U(Na^+)/[U(Na^+) + U(SO_4^{2-})]$$
$$t_2 = U(Na^+)/[U(Na^+) + U(Cl^-)]$$

比较上面两式,可看出:定温下,Na^+ 迁移数的大小只与正负离子的电迁移率有关,也即只与单位电场强度下正负离子的迁移速率有关.查 298.15 K 和无限稀释时的离子电迁移率表可知 SO_4^{2-} 的迁移速率与 Cl^- 比较相接近,因而照上面两式计算出的 t_1 和 t_2 相差也不会太大,绝无 2 倍的关系.

上述判断错误的根源在于对迁移数概念的片面理解.迁移数为电解质溶液中离子物质 B 迁移的电量与通过电解质溶液总电量的比值,尽管 Na_2SO_4 溶液中 Na^+ 的浓度为 NaCl 溶液中的 2 倍,但每个 SO_4^{2-} 迁移的电量却比 Cl^- 大得多.因此,对两种不同强电解质溶液中的同一种离子,仅从浓度关系来比较它们迁移数的大小就会得出错误的结论.

【例 11.2-2】 某温度下,用界面移动法测定 H^+ 的电迁移率时,在 12.52 min 内界面移动了 0.04 m.迁移管两极间的距离为 0.096 m,电位差为 16.0 V,试求 H^+ 的电迁移率 $U(H^+)$.

解析 根据离子电迁移率的定义式,很容易计算出 H^+ 电迁移率 $U(H^+)$ 的数值.

两极间的电场强度为

$$E = 16.0\ V/0.096\ m = 166.7\ V \cdot m^{-1}$$

在上述电场强度下,H^+ 的迁移速率为

$$v(H^+) = 0.04\ m/(12.52 \times 60\ s) = 5.32 \times 10^{-5}\ m \cdot s^{-1}$$

H^+ 的电迁移率则为

$$\begin{aligned}U(H^+) &= v(H^+)/E \\ &= (5.32 \times 10^{-5}\ m \cdot s^{-1})/(166.7\ V \cdot m^{-1}) \\ &= 3.19 \times 10^{-7}\ m^2 \cdot V^{-1} \cdot s^{-1}\end{aligned}$$

【例 11.2-3】 298 K 时,在半径 $r = 5.5 \times 10^{-3}\ m$ 的迁移管内先注入浓度为 $3.327 \times 10^{-2}\ mol \cdot dm^{-3}$ 的 $GdCl_3$ 水溶液,再在其上面小心地注入浓度为 $7.300 \times 10^{-2}\ mol \cdot dm^{-3}$ 的 LiCl 水

溶液,使两溶液间有明显的分界面. 以电流强度 $I = 5.549 \times 10^{-3}$ A 通电 3976 s 后,发现界面向下移动了 $h = 1.054 \times 10^{-2}$ m, 试求离子 Gd^{3+} 和 Cl^- 的迁移数 $t(Gd^{3+})$ 和 $t(Cl^-)$.

解析 此题为界面移动法测定离子迁移数的例子. 依照定义,某离子的迁移数应等于其迁移的电量与通过溶液的总电量的比值.

通过 $GdCl_3$ 的总电量为

$$Q = It = (5.549 \times 10^{-3} \text{ A}) \times 3976 \text{ s} = 22.24 \text{ C}$$

Gd^{3+} 迁移的量为

$$n(Gd^{3+}) = c(Gd^{3+})(\pi r^2 h)$$
$$= (3.327 \times 10^{-2} \times 10^3 \text{ mol} \cdot \text{m}^{-3}) \times [3.1416 \times (5.5 \times 10^{-3} \text{ m})^2 \times 1.054 \times 10^{-2} \text{ m}]$$
$$= 3.333 \times 10^{-5} \text{ mol}$$

Gd^{3+} 迁移的电量为

$$Q(Gd^{3+}) = 3n(Gd^{3+})F$$
$$= 3 \times 3.333 \times 10^{-5} \text{ mol} \times 96480 \text{ C} \cdot \text{mol}^{-1}$$
$$= 9.648 \text{ C}$$

Gd^{3+} 的迁移数为

$$t(Gd^{3+}) = Q(Gd^{3+})/Q$$
$$= 9.648 \text{ C}/22.24 \text{ C}$$
$$= 0.434$$

Cl^- 的迁移数为

$$t(Cl^-) = 1 - 0.434 = 0.566$$

【例 11.2-4】 以 $0.01 \text{ mol} \cdot \text{kg}^{-1}$ 的 $AgNO_3$ 水溶液作为电解液,以 Ag 作为电极,利用 Hittorf 法测定 Ag^+ 和 NO_3^- 的迁移数. 在 298 K 时,实验测得电路中串联的 Ag 库仑计中沉淀的 Ag 为 3.210×10^{-5} kg; 同时测得 2.009×10^{-2} kg 阳极液中含 Ag 为 3.966×10^{-5} kg, 2.712×10^{-2} kg 阴极液中含 Ag 为 1.114×10^{-5} kg.

解析 本题为 Hittorf 法测定离子迁移数的例子. 只要求出 Ag^+ 和 NO_3^- 迁移的电量及通过溶液的总电量,则可依照定义分别得出它们的迁移数.

通过 AgCl 溶液的总电量可从 Ag 库仑计中沉淀 Ag 的量求出

$$Q = n(Ag)F$$
$$= [m(Ag)/M(Ag)]F$$
$$= (3.210 \times 10^{-5} \text{ kg}/0.1079 \text{ kg} \cdot \text{mol}^{-1}) \times 96480 \text{ C} \cdot \text{mol}^{-1}$$
$$= 28.70 \text{ C}$$

通电时库仑计中 NO_3^- 向阳极区移动,因而由通电后阳极区内 $AgNO_3$ 增加的量便可求出 NO_3^- 迁移的电量. 电解后,2.009×10^{-2} kg 阳极液中含 $AgNO_3$ 的质量为

$$3.966 \times 10^{-5} \text{ kg} \times M(AgNO_3)/M(Ag)$$
$$= 3.966 \times 10^{-5} \text{ kg} \times 0.1699 \text{ kg} \cdot \text{mol}^{-1}/(0.107 \text{ kg} \cdot \text{mol}^{-1})$$
$$= 6.245 \times 10^{-5} \text{ kg}$$

因而 2.009×10^{-2} kg 阳极液中含 H_2O 为

$$2.009 \times 10^{-2} \text{ kg} - 6.245 \times 10^{-5} \text{ kg} = 2.003 \times 10^{-2} \text{ kg}$$

假定通电时阳极区中 H_2O 的量不变,通电前 2.003×10^{-2} kg 阳极区的 H_2O 中溶有的

$AgNO_3$ 的质量应为

$$2.003 \times 10^{-2} \text{ kg} \times 0.01 \text{ mol} \cdot \text{kg}^{-1} \times 0.1699 \text{ kg} \cdot \text{mol}^{-1} = 3.403 \times 10^{-5} \text{ kg}$$

于是,经过电解,阳极液中净增的 $AgNO_3$ 的质量为

$$6.245 \times 10^{-5} \text{ kg} - 3.403 \times 10^{-5} \text{ kg} = 2.842 \times 10^{-5} \text{ kg}$$

阳极区 $AgNO_3$ 迁移的量(即 NO_3^- 迁移的量)为

$$n(NO_3^-) = 2.842 \times 10^{-5} \text{ kg}/(0.1699 \text{ kg} \cdot \text{mol}^{-1}) = 1.637 \times 10^{-4} \text{ mol}$$

因此,NO_3^- 迁移的电量为

$$Q(NO_3^-) = n(NO_3^-)F = 16.14 \text{ C}$$

故 NO_3^- 的迁移数为

$$t(NO_3^-) = Q(NO_3^-)/Q = 0.5624$$

Ag^+ 的迁移数为

$$t(Ag^+) = 1 - t(NO_3^-) = 0.4376$$

由阴极液 $AgNO_3$ 减少的量同样可以计算 Ag^+ 和 NO_3^- 迁移数. 理论上由两极液计算得到的结果应完全一致,但有时却存在微小的差别. 请读者讨论产生差别的原因.

(三) 习题

11.2-1 电极间距离为5 cm的一池内装入NaCl的稀水溶液,两极加 4 V 的电压时,Na^+ 及 Cl^- 在 10 min 内移动的距离各为多少? 已知 Na^+ 及 Cl^- 的离子淌度分别为 5.19×10^{-8} 和 7.19×10^{-8} $m^2 \cdot V^{-1} \cdot s^{-1}$.

答案 Na^+ 的移动的距离为 2.49×10^{-3} m,Cl^- 为 3.80×10^{-3} m

11.2-2 298 K时,H^+ 的离子淌度为 3.61×10^{-8} $m^2 \cdot V^{-1} \cdot s^{-1}$. 若同温下水的粘度为 8.94×10^{-3} P,请计算 H^+ 的有效半径 r.

答案 $r = 2.63 \times 10^{-9}$ cm

11.2-3 通电于AgCN和KCN的混合溶液,银在阴极上沉积,每通过 1 F 的电量,阴极区失掉 1.40 mol 的 Ag^+ 及 0.8 mol 的 CN^-,同时增加 0.60 mol 的 K^+. 求络离子的组成和离子的迁移数.

答案 络离子组成为 $Ag(CN)_2^-$;$t(Ag^+) = 0.6$,$t[Ag(CN)_2^-] = 0.4$

11.2-4 用银电极电解 0.0538 $mol \cdot dm^{-3}$ 的 $AgNO_3$ 溶液时,经过一定时间后,阴极液的浓度变为 0.0574 $mol \cdot dm^{-3}$. 若电解后阳极液的总重量为 37.8 g,电路中串联的铜库仑计中铜的增量为 0.0083 g,求 NO_3^- 的迁移数.

答案 $t(NO_3^-) = 0.521$

11.2-5 291 K时,将 0.1 $mol \cdot dm^{-3}$ 的 NaCl 水溶液充入直径为 2×10^{-2} m 的迁移管中,管中两个电极(涂有AgCl的Ag片)的距离为 0.2 m,电极间的电压为 50 V. 假定电位梯度很稳定,并已知 291 K 时 Na^+ 及 Cl^- 的离子淌度分别为 3.73×10^{-3} 和 5.78×10^{-3} $m^2 \cdot V^{-1} \cdot s^{-1}$. 求通电 30 min 后:

(1) 各离子迁移的距离 l_B;
(2) 各离子通过迁移管某一截面的物质的量 n_B;
(3) 各离子的迁移数 t_B.

答案 见下表

第11章 电解质溶液

	l_B	n_B	t_B
Na^+	1.68×10^{-2} m	5.48×10^{-4} mol	0.393
Cl^-	2.60×10^{-2} m	8.17×10^{-4} mol	0.607

11.3 电 导

(一) 内容纲要

1. 电导和电导率

物体的电阻 R 与其长度 l 和截面积 A 的关系为

$$R = \rho(l/A) \tag{11-15}$$

式中比例系数 ρ 是长 1 m、截面积 $1\,m^2$ 物体的电阻,称之为电阻率.电阻率的 SI 单位是 $\Omega\cdot m$.

对电解质溶液,衡量其导电能力常用电导表示.电导 L 是电阻 R 的倒数,而电导率 κ 则是电阻率 ρ 的倒数.由(11-15)式不难得出

$$L = 1/R = \kappa(A/l) \tag{11-16}$$

$$\kappa = l/\rho \tag{11-17}$$

式中 L 的 SI 单位是 Ω^{-1},称为西门子,用符号 S 表示;κ 的 SI 单位是 $\Omega^{-1}\cdot m^{-1}$ 或 $S\cdot m^{-1}$.

电解质溶液的电导和电导率是通过电导池测量其电阻得到的.电导池常数 K_{cell} 为

$$K_{cell} = l/A = \kappa R \tag{11-18}$$

测量已知电导率的电解质(一般用 KCl)溶液的电阻,便可得到电导池常数.然后测量某电解质溶液的电阻,便可由(11-18)式求得其电导率.

电解质溶液的电导和电导率均具有加和性,即

$$L(溶液) = L_A(溶剂 A) + \sum L_B(溶质 B)$$

$$\kappa(溶液) = \kappa_A(溶剂 A) + \sum \kappa_B(溶质 B)$$

2. 电解质的摩尔电导率

电解质的摩尔电导率 Λ_m 指的是将 1 mol 电解质的溶液置于距离为 1 m 的电导池两平行电极间时所具有的电导,定义为

$$\Lambda_m = \kappa/c \tag{11-19}$$

式中 c 是电解质的物质的量浓度,其 SI 单位是 $mol\cdot m^{-3}$;Λ_m 的 SI 单位是 $\Omega^{-1}\cdot m^2\cdot mol^{-1}$ 或 $S\cdot m^2\cdot mol^{-1}$.

电解质的摩尔电导率表达式中应在 Λ_m 后面用括号表明物质的基本单元,对任意型电解质 $M_{\nu_+}^{z_+}A_{\nu_-}^{z_-}$,以 $[1/(z_+\nu_+)]M_{\nu_+}^{z_+}A_{\nu_-}^{z_-}$ 作为基本单元的摩尔电导率表示为

$$\Lambda_m\left(\frac{1}{z_+\nu_+}M_{\nu_+}^{z_+}A_{\nu_-}^{z_-}\right) = \frac{\kappa}{z_+\nu_+ c} \tag{11-20}$$

式中 ν_+ 为电解质离解时所产生离子物质 M 的数目,z_+ 为正离子 M 的电荷数.

稀溶液(小于 $0.001\,mol\cdot dm^{-3}$)时,强电解质的摩尔电导率与浓度的关系可用下式表示:

$$\Lambda_m = \Lambda_m^\infty + Ac^{1/2} \tag{11-21}$$

式中 A 是与浓度无关的比例系数,在电解质和溶剂的种类及温度一定时为常数;Λ_m^∞ 为无限稀释时 Λ_m 的极限值,称为极限摩尔电导率

$$\Lambda_m^\infty = \lim_{c \to 0} \Lambda_m$$

很显然,强电解质的极限摩尔电导率可通过作 Λ_m-$c^{1/2}$ 图外推求得.

与强电解质不同,即使在极稀的浓度范围内,弱电解质的 Λ_m 与 $c^{1/2}$ 也不存在线性关系,因而其 Λ_m^∞ 无法由实验数据通过作图法外推求得.

3. 离子的摩尔电导率

离子物质 B 的摩尔电导率 λ_B 为

$$\lambda_B = |z_B| F U_B \tag{11-22}$$

式中 z_B 为离子物质 B 的电荷数,U_B 为 B 的电迁移率,F 为 Faraday 常数.与电解质的摩尔电导率 Λ_m 一样,λ_B 的 SI 单位也是 $\Omega^{-1} \cdot m^2 \cdot mol^{-1}$ 或 $S \cdot m^2 \cdot mol^{-1}$.

离子的摩尔电导率表达式中同样须在 λ 右下角或后面用括号表明所讨论的离子物质.对任意电解质 $M_{\nu_+}^{z_+} A_{\nu_-}^{z_-}$,由于有 $z_+ \nu_+ = |z_- \nu_-|$,因而电解质的摩尔电导率和离子的摩尔电导率间存在如下关系:

$$\Lambda_m(M_{\nu_+} A_{\nu_-}) = \nu_+ \lambda_M + \nu_- \lambda_A \tag{11-23}$$

$$\Lambda_m\left(\frac{1}{z_M \nu_+} M_{\nu_+} A_{\nu_-}\right) = \frac{1}{z_M \nu_+} \Lambda_m(M_{\nu_+} A_{\nu_-}) = \frac{\lambda_M}{z_M} + \frac{\lambda_A}{|z_A|} \tag{11-24}$$

4. Kohlrausch 离子独立运动定律

无限稀释的电解质溶液中,每种离子的运动不受其他离子的影响,即运动是独立的.这样,"任一离子物质 B 的 λ_B^∞ 在同温同压下的任一无限稀释电解质溶液中为同一数值".用公式表示为

$$\Lambda_m^\infty = \nu_+ \lambda_{m,+}^\infty + \nu_- \lambda_{m,-}^\infty \tag{11-25}$$

式中 $\lambda_{m,+}^\infty$ 和 $\lambda_{m,-}^\infty$ 分别表示正、负离子物质的极限摩尔电导率.

Kohlrausch 离子独立运动定律提供了由强电解质无限稀释摩尔电导率间接求算弱电解质无限稀释摩尔电导率的途径.

任意浓度下,某电解质摩尔电导率与其极限摩尔电导率之比 $\Lambda_m/\Lambda_m^\infty$ 称之为电导比.对弱电解质来说,电导比等于其电离度 α,即

$$\alpha = \Lambda_m/\Lambda_m^\infty \tag{11-26}$$

5. 电解质电迁移与电解质溶液电导间的关系

单一强电解质 $M_{\nu_+}^{z_+} A_{\nu_-}^{z_-}$ 的摩尔电导率与其离子的电迁移率和迁移数之间存在如下关系

$$\Lambda_m(M_{\nu_+}^{z_+} A_{\nu_-}^{z_-}) = z_M \nu_+ F U_M + |z_A| \nu_- F U_A \tag{11-27}$$

$$t_M = \frac{\nu_+ \lambda_M}{\nu_+ \lambda_M + \nu_- \lambda_A} = \frac{z_M \nu_+ F U_M}{\Lambda_m(M_{\nu_+} A_{\nu_-})} = \frac{U_M}{U_M + U_A} \tag{11-28}$$

$$t_A = \frac{\nu_- \lambda_M}{\nu_+ \lambda_M + \nu_- \lambda_A} = \frac{|z_A| \nu_- F U_A}{\Lambda_m(M_{\nu_+} A_{\nu_-})} = \frac{U_A}{U_M + U_A} \tag{11-29}$$

(二) 例题解析

【例 11.3-1】 请判断下例结论是否正确(在题后的括弧内填"√"或"×"):

(1) 298.15 K 和 101325 Pa 时,将 0.05 mol·dm^{-3} 的 NaCl 溶液用水冲稀至原来的 1/2,其电导率将保持不变. ( )

(2) NaCl 和 CH$_3$COONa 的极限摩尔电导率 Λ_m^∞ 均可通过 Λ_m 对 $c^{1/2}$ 作图,外推至 $c \to 0$

时求得. ( )
(3) 无限稀释的 HCl、HNO$_3$ 和 CH$_3$COOH 溶液中 H$^+$ 有着相同的 $\lambda_m^\infty(H^+)$. ( )
(4) $\Lambda_m\{KAl(SO_4)_2\} = \lambda_m(K^+) + \lambda_m(Al^{3+}) + \lambda_m(SO_4^{2-})$. ( )

解析 (1) "×". 定温下,同一种电解质溶液的电阻由溶液中带电离子的数目及离子的电荷数所决定,即带电离子数目越多,离子电荷数越高,电解质溶液的电阻就越小. 根据电导池常数表达式可得 $\kappa_1 R_1 = \kappa_2 R_2$. 由于 R_2 大于 R_1,因此,κ_2 应小于 κ_1,即 NaCl 溶液的电导率将减少.

(2) "√". NaCl 和 CH$_3$COONa 都属易溶盐类,为强电解质. 而强电解质的极限摩尔电导率 Λ_m^∞ 可通过 Λ_m 对 $c^{1/2}$ 作图,外推至 $c \to 0$ 时求得.

(3) "×". 按照 Kohlrausch 离子独立运动定律,只有在同温同压下无限稀释的电解质溶液中同一离子物质 B 的 U_B^∞,λ_B^∞ 在任一无限稀释电解质溶液中才能为同一数值. 没有同温同压这一前提,即使是无限稀释的不同电解质溶液中同一种离子,也无法比较其 λ_m^∞ 的大小.

(4) "×". 理由是当 KAl(SO$_4$)$_2$ 离解时,1 mol·dm^{-3} 的 KAl(SO$_4$)$_2$ 应产生 2 mol·dm^{-3} 的 SO$_4^{2-}$,因此,据(11-23)式,KAl(SO$_4$)$_2$ 摩尔电导率和其离子的摩尔电导率间的关系应该是

$$\Lambda_m\{KAl(SO_4)_2\} = \lambda_m(K^+) + \lambda_m(Al^{3+}) + 2\lambda_m(SO_4^{2-})$$

【例 11.3-2】 298 K 时,将 $c = 0.0200$ mol·dm^{-3},$\kappa = 0.277 \ \Omega^{-1} \cdot m^{-1}$ 的 KCl 水溶液注入一电导池内,测得其电阻为 82.4 Ω;如换以 0.00250 mol·dm^{-3} 的 K$_2$SO$_4$ 水溶液,测得电阻为 326.0 Ω. 求:(1) $\kappa(K_2SO_4)$,(2) $\Lambda_m(K_2SO_4)$ 及 $\Lambda_m\left(\frac{1}{2}K_2SO_4\right)$.

解析 (1) 根据(11-18)式,可以得到

$$\kappa(K_2SO_4)R(K_2SO_4) = \kappa(KCl)R(KCl)$$

因此

$$\kappa(K_2SO_4) = \frac{\kappa(KCl)R(KCl)}{R(K_2SO_4)} = 0.0700 \ \Omega^{-1} \cdot m^{-1}$$

此值为 K$_2$SO$_4$ 水溶液的电导率,它应包含水的电导率在内. 但由于水的电导率很小,故所得结果可认为就是 K$_2$SO$_4$ 的电导率.

(2) 根据(11-9)式,可以得到

$$\Lambda_m(K_2SO_4) = \kappa(K_2SO_4)/c(K_2SO_4) = 2.8 \times 10^{-2} \ \Omega^{-1} \cdot m^2 \cdot mol^{-1}$$

再由(11-24),可得

$$\Lambda_m\left(\frac{1}{2}K_2SO_4\right) = \frac{1}{2}\Lambda_m(K_2SO_4) = 1.4 \times 10^{-2} \ \Omega^{-1} \cdot m^2 \cdot mol^{-1}$$

【例 11.3-3】 298 K 时,有一 $c(NaBr) = 0.1$ mol·dm^{-3} 和 $c(MBr) = 0.2$ mol·dm^{-3} 的混合强电解质水溶液,测其电导率 $\kappa = 4.31 \ \Omega^{-1} \cdot m^{-1}$. 已知 $\lambda_m^\infty(Na^+) = 5.01 \times 10^{-3} \ \Omega^{-1} \cdot m^2 \cdot mol^{-1}$,$\lambda_m^\infty(Br^-) = 7.81 \times 10^{-3} \ \Omega^{-1} \cdot m^2 \cdot mol^{-1}$,求算 $\lambda_m(M^+)$.

解析 依据电解质溶液电导和电导率的加和性,可得出下式

$$\kappa(溶液) = \kappa(NaBr) + \kappa(MBr) + \kappa(H_2O)$$

由于 $\kappa(H_2O)$ 很小,将其忽略,则得

$$\kappa(溶液) = \kappa(NaBr) + \kappa(MBr)$$

根据(11-19)和(11-23)式,得

$$\kappa(溶液) = c(NaBr)\Lambda_m(NaBr) + c(MBr)\Lambda_m(MBr)$$

$$= c(\mathrm{NaBr})[\lambda_m(\mathrm{Na^+}) + \lambda_m(\mathrm{Br^-})] + c(\mathrm{MBr})[\lambda_m(\mathrm{M^+}) + \lambda_m(\mathrm{Br^-})]$$
$$= c(\mathrm{NaBr})\lambda_m(\mathrm{Na^+}) + c(\mathrm{MBr})\lambda_m(\mathrm{M^+}) + [c(\mathrm{NaBr}) + c(\mathrm{MBr})]\lambda_m(\mathrm{Br^-})$$

又由于溶液较稀,可认为 $\lambda_m(\mathrm{Na^+}) \approx \lambda_m^\infty(\mathrm{Na^+})$,$\lambda_m(\mathrm{Br^-}) \approx \lambda_m^\infty(\mathrm{Br^-})$,由此得到

$$\lambda_m(\mathrm{M^+}) = \{\kappa(溶液) - c(\mathrm{NaBr})\lambda_m(\mathrm{Na^+}) - [c(\mathrm{NaBr}) + c(\mathrm{MBr})]\lambda_m(\mathrm{Br^-})\}/c(\mathrm{MBr})$$
$$\approx \{\kappa(溶液) - c(\mathrm{NaBr})\lambda_m^\infty(\mathrm{Na^+}) - [c(\mathrm{NaBr}) + c(\mathrm{MBr})]\lambda_m^\infty(\mathrm{Br^-})\}/c(\mathrm{MBr})$$
$$= 7.33 \times 10^{-3}\ \Omega^{-1} \cdot \mathrm{m}^2 \cdot \mathrm{mol}^{-1}$$

由于计算中的各种近似处理,使得计算结果产生一定的误差.请读者推算计算值比实际值大还是小.

【例 11.3-4】 298 K 时,已知 $\Lambda_m^\infty(\mathrm{CH_3COOK}) = 1.144 \times 10^{-2}\ \Omega^{-1} \cdot \mathrm{m}^2 \cdot \mathrm{mol}^{-1}$,$\Lambda_m^\infty(\mathrm{K_2SO_4}) = 3.070 \times 10^{-2}\ \Omega^{-1} \cdot \mathrm{m}^2 \cdot \mathrm{mol}^{-1}$,$\Lambda_m^\infty(\mathrm{H_2SO_4}) = 8.596 \times 10^{-2}\ \Omega^{-1} \cdot \mathrm{m}^2 \cdot \mathrm{mol}^{-1}$.求算 $\Lambda_m^\infty(\mathrm{CH_3COOH})$.

解析 本题是根据 Kohlrausch 离子独立运动定律由强电解质的 Λ_m^∞ 求算弱电解质 Λ_m^∞ 的例子.依据(11-25)式并进行简单的运算,就可得到 $\Lambda_m^\infty(\mathrm{CH_3COOH})$ 的数值.

$$\Lambda_m^\infty(\mathrm{CH_3COOH}) = \lambda_m^\infty(\mathrm{H^+}) + \lambda_m^\infty(\mathrm{CH_3COO^-})$$
$$= \left[\lambda_m^\infty(\mathrm{H^+}) + \frac{1}{2}\lambda_m^\infty(\mathrm{SO_4^{2-}})\right] + \left[\lambda_m^\infty(\mathrm{K^+}) + \lambda_m^\infty(\mathrm{CH_3COO^-})\right]$$
$$\quad - \left[\lambda_m^\infty(\mathrm{K^+}) + \frac{1}{2}\lambda_m^\infty(\mathrm{SO_4^{2-}})\right]$$
$$= \frac{1}{2}\Lambda_m^\infty(\mathrm{H_2SO_4}) + \Lambda_m^\infty(\mathrm{CH_3COOK}) - \frac{1}{2}\Lambda_m^\infty(\mathrm{K_2SO_4})$$
$$= 3.907 \times 10^{-2}\ \Omega^{-1} \cdot \mathrm{m}^2 \cdot \mathrm{mol}^{-1}$$

【例 11.3-5】 298 K 时,无限稀释的 $\mathrm{CaCl_2}$ 水溶液中,$\lambda_m^\infty\left(\frac{1}{2}\mathrm{Ca^{2+}}\right) = 5.95 \times 10^{-3}\ \Omega^{-1} \cdot \mathrm{m}^2 \cdot \mathrm{mol}^{-1}$,$\lambda_m^\infty(\mathrm{Cl^-}) = 7.63 \times 10^{-3}\ \Omega^{-1} \cdot \mathrm{m}^2 \cdot \mathrm{mol}^{-1}$.请计算该溶液中 $\mathrm{Ca^{2+}}$ 和 $\mathrm{Cl^-}$ 的迁移数 $t(\mathrm{Ca^{2+}})$ 和 $t(\mathrm{Cl^-})$.

解析 单一强电解质 $M_{\nu_+}A_{\nu_-}$,其摩尔电导率与其离子迁移数间的关系由(11-28)和(11-29)式所决定

$$t(\mathrm{Ca^{2+}}) = \lambda_m(\mathrm{Ca^{2+}})[\lambda_m(\mathrm{Ca^{2+}}) + 2\lambda_m(\mathrm{Cl^-})]^{-1}$$
$$= 2\lambda_m\left[\frac{1}{2}\mathrm{Ca^{2+}}\right]\left(2\lambda_m\left[\frac{1}{2}\mathrm{Ca^{2+}}\right] + 2\lambda_m(\mathrm{Cl^-})\right)^{-1}$$
$$= 2\lambda_m^\infty\left[\frac{1}{2}\mathrm{Ca^{2+}}\right]\left(2\lambda_m^\infty\left[\frac{1}{2}\mathrm{Ca^{2+}}\right] + 2\lambda_m^\infty(\mathrm{Cl^-})\right)^{-1}$$
$$= 0.438$$
$$t(\mathrm{Cl^-}) = 1 - 0.438$$

【例 11.3-6】 1-1 价强电解质稀溶液的 Λ_m 与 c 间服从 Onsager 电导方程

$$\Lambda_m = \Lambda_m^\infty - (a\Lambda_m^\infty + b)c^{1/2}$$

式中 c 的单位为 $\mathrm{mol} \cdot \mathrm{m}^{-3}$,$a$ 和 b 在温度及溶剂一定时为常数.对于 298 K 时的水溶液,$a = 7.273 \times 10^{-3}\ \mathrm{m}^{3/2} \cdot \mathrm{mol}^{-1/2}$,$b = 1.918 \times 10^{-4}\ \mathrm{m}^{7/2} \cdot \mathrm{mol}^{-3/2}$.今知 $U^\infty(\mathrm{Na^+}) = 5.2 \times 10^{-3}\ \mathrm{m}^2 \cdot \mathrm{V}^{-1} \cdot \mathrm{s}^{-1}$,$U^\infty(\mathrm{Cl^-}) = 7.9 \times 10^{-3}\ \mathrm{m}^2 \cdot \mathrm{V}^{-1} \cdot \mathrm{s}^{-1}$;0.003 19 $\mathrm{mol} \cdot \mathrm{dm}^{-3}$ 的 NaCl 水溶液中 $t(\mathrm{Na^+}) = 0.394$,求算 $\Lambda_m(\mathrm{NaCl})$,$\kappa(\mathrm{NaCl})$ 及 $U(\mathrm{Na^+})$ 和 $U(\mathrm{Cl^-})$.

解析 此题为电解质电迁移与电解质溶液电导的综合题目.根据(11-27)式,可求出

$\Lambda_m^\infty(\text{NaCl})$

$$\Lambda_m^\infty(\text{NaCl}) = z(\text{Na}^+)\nu(\text{Na}^+)U^\infty(\text{Na}^+)F + |z(\text{Cl}^-)|\nu(\text{Cl}^-)U^\infty(\text{Cl}^-)F$$
$$= 1.264 \times 10^{-2}\ \Omega^{-1} \cdot m^2 \cdot mol^{-1}$$

将此值及 $c(\text{NaCl}) = 0.00319\ mol \cdot dm^{-3}$ 代入 Onsager 电导方程,可得到 $\Lambda_m(\text{NaCl})$

$$\Lambda_m(\text{NaCl}) = \Lambda_m^\infty(\text{NaCl}) - [a\Lambda_m^\infty(\text{NaCl}) + b][c(\text{NaCl})]^{1/2}$$
$$= 1.213 \times 10^{-2}\ \Omega^{-1} \cdot m^2 \cdot mol^{-1}$$

根据(11-19)式,可得到 $\kappa(\text{NaCl})$

$$\kappa(\text{NaCl}) = \Lambda_m(\text{NaCl})c(\text{NaCl}) = 3.87 \times 10^{-2}\ \Omega^{-1} \cdot m^{-1}$$

再根据(11-28)和(11-29)式,便可求出 $U(\text{Na}^+)$ 和 $U(\text{Cl}^-)$

$$U(\text{Na}^+) = \frac{t(\text{Na}^+)\Lambda_m(\text{NaCl})}{F} = 4.95 \times 10^{-3}\ m^2 \cdot V^{-1} \cdot s^{-1}$$

$$U(\text{Cl}^-) = \frac{[1 - t(\text{Na}^+)]\Lambda_m(\text{NaCl})}{F} = 7.62 \times 10^{-3}\ m^2 \cdot V^{-1} \cdot s^{-1}$$

(三) 习题

11.3-1 298 K,将某电导池充以 $0.02\ mol \cdot dm^{-3}$ KCl 时,测其电阻为 250 Ω;而充以 $0.001\ mol \cdot dm^{-3}$ HCl 时,测其电阻为 468 Ω. 由此可得出 $\Lambda_m(\text{HCl})/\Lambda_m(\text{KCl})$ 的数值为 ( )

(A) 10.7　　(B) 20.0　　(C) 0.534　　(D) 0.0936

答案 (A)

11.3-2 298 K 时,$\Lambda_m^\infty(\text{LiCl}) = 115.03\ \Omega^{-1} \cdot m^2 \cdot mol^{-1}$,无限稀释时 $t(\text{Li}^+) = 0.3364$,则下列答案中正确者为 ( )

	$\dfrac{\lambda_m^\infty(\text{Cl}^-)}{\Omega^{-1} \cdot m^2 \cdot mol^{-1}}$	$\dfrac{U^\infty(\text{Cl}^-)}{m^2 \cdot V^{-1} \cdot s^{-1}}$
(A)	38.70×10^{-4}	4.01×10^{-3}
(B)	76.33×10^{-4}	7.91×10^{-3}
(C)	38.70×10^{-4}	7.91×10^{-3}
(D)	76.33×10^{-4}	4.01×10^{-3}

答案 (B)

11.3-3 291 K 时,水离子的活度积为 0.61×10^{-14}. 已知 $\lambda_m^\infty(\text{H}^+) = 0.0315\ \Omega^{-1} \cdot m^2 \cdot mol^{-1}$,$\lambda_m^\infty(\text{OH}^-) = 0.0174\ \Omega^{-1} \cdot m^2 \cdot mol^{-1}$,求纯水的电导率.

答案 $\kappa = 3.8 \times 10^{-6}\ \Omega^{-1} \cdot m^{-1}$

11.3-4 用外推法求得下表所列电解质水溶液的极限摩尔电导率,求算 CH_3COOH 的极限摩尔电导率.

电解质	HCl	NaCl	CH_3COONa
$\Lambda_m^\infty/(\Omega^{-1} \cdot m^2 \cdot mol^{-1})$	0.04262	0.01263	0.00910

答案 $\Lambda_m^\infty(CH_3COOH) = 0.03909\ \Omega^{-1} \cdot m^2 \cdot mol^{-1}$

11.3-5 298 K 时,实验测得各浓度 KCl 溶液的摩尔电导率数据如下表所示,试用作图法外推求 KCl 的极限摩尔电导率.

$c/(\text{mol·dm}^{-3})$	0.05	0.02	0.01	0.005	0.001
$\Lambda_m^\infty/(\Omega^{-1}\cdot\text{m}^2\cdot\text{mol}^{-1})$	0.013337	0.013827	0.014127	0.014355	0.014695

答案 $\Lambda_m^\infty(\text{KCl}) = 0.014986\ \Omega^{-1}\cdot\text{m}^2\cdot\text{mol}^{-1}$

11.3-6 298 K 时,无限稀释的 $(1/2)\text{Mg}^{2+}$ 和 Cl^- 的摩尔电导率分别为 5.306×10^{-3} 和 $7.634\times10^{-3}\ \Omega^{-1}\cdot\text{m}^2\cdot\text{mol}^{-1}$. 计算无限稀释时 MgCl_2 水溶液中 Mg^{2+} 和 Cl^- 的迁移数.

答案 $t(\text{Mg}^{2+}) = 0.410,\ t(\text{Cl}^-) = 0.590$

提示 $t(\text{Mg}^{2+}) = \lambda_m^\infty(\text{Mg}^{2+})/\Lambda_m^\infty\left[\frac{1}{2}(\text{MgCl}_2)\right]$

11.3-7 298 K 时,$0.100\ \text{mol}\cdot\text{dm}^{-3}$ 的 NaCl 水溶液中的离子淌度 $U(\text{Na}^+) = 4.26\times10^{-3}\ \text{m}^2\cdot\text{V}^{-1}\cdot\text{s}^{-1}$,$U(\text{Cl}^-) = 6.80\times10^{-3}\ \text{m}^2\cdot\text{V}^{-1}\cdot\text{s}^{-1}$,求溶液的摩尔电导及电导率.

答案 $\Lambda_m = 0.0107\ \Omega^{-1}\cdot\text{m}^2\cdot\text{mol}^{-1},\ \kappa = 1.07\ \Omega^{-1}\cdot\text{m}^{-1}$

11.3-8 298 K 时,$\Lambda_m^\infty(\text{NH}_4\text{Cl}) = 1.499\times10^{-2}\ \Omega^{-1}\cdot\text{m}^2\cdot\text{mol}^{-1}$,$t^\infty(\text{NH}_4^+) = 0.491$. 求 298 K 时的 $U^\infty(\text{NH}_4^+)$ 和 $U^\infty(\text{OH}^-)$.

答案 $U^\infty(\text{NH}_4^+) = 7.63\times10^{-3}\ \text{m}^2\cdot\text{V}^{-1}\cdot\text{s}^{-1},\ U^\infty(\text{Cl}^-) = 7.91\times10^{-3}\ \text{m}^2\cdot\text{V}^{-1}\cdot\text{s}^{-1}$

11.3-9 291 K 时,$\Lambda_m^\infty(\text{KCl}) = 1.32\times10^{-2}\ \Omega^{-1}\cdot\text{m}^2\cdot\text{mol}^{-1}$,$t^\infty(\text{Cl}^-) = 0.504$. 求该温度下的 $\lambda_m^\infty(\text{K}^+)$ 和 $\lambda_m^\infty(\text{Cl}^-)$.

答案 $\lambda_m^\infty(\text{K}^+) = 6.45\times10^{-3}\ \Omega^{-1}\cdot\text{m}^2\cdot\text{mol}^{-1},\ \lambda_m^\infty(\text{Cl}^-) = 6.55\times10^{-3}\ \Omega^{-1}\cdot\text{m}^2\cdot\text{mol}^{-1}$

11.3-10 291 K 时,某稀溶液中 H^+、K^+ 和 Cl^- 的摩尔电导率分别为 2.78×10^{-2}、4.8×10^{-3} 和 $4.9\times10^{-3}\ \Omega^{-1}\cdot\text{m}^2\cdot\text{mol}^{-1}$. 如果电位梯度为 $100\ \text{V}\cdot\text{m}^{-1}$,求每种离子的平均移动速率.

答案 $v(\text{H}^+) = 2.9\times10^{-4}\ \text{m}\cdot\text{s}^{-1},\ v(\text{K}^+) = 5.0\times10^{-5}\ \text{m}\cdot\text{s}^{-1};\ v(\text{Cl}^-) = 5.1\times10^{-5}\ \text{m}\cdot\text{s}^{-1}$;

提示 $U_B = \lambda_B/F,\ v_B = U_B(\text{d}E/\text{d}l)$

11.4 电导测定的应用

(一) 内容纲要

1. 检测水的纯度

水是使用最多的溶剂,其本身存在微弱的离解:

$$2\text{H}_2\text{O} \rightleftharpoons \text{H}_3\text{O}^+ + \text{OH}^-$$

由于很多工业和研究部门需要高纯度的水,因而必须对水的纯度进行检测. 从理论上可计算出,298 K 和 101325 Pa 下纯水的电导率 κ 为 $5.5\times10^{-5}\ \Omega^{-1}\cdot\text{m}^{-1}$,所以只要测量使用水的 κ,即可知道其实际纯度(见[例 11.4-2]).

2. 测定弱电解质的电离度及离解常数

弱电解质在溶剂中只有少部分离解,其离解部分能参与电量的传递,因而由测定的电导数据可计算出弱电解质的电离度及离解常数. 对于 1-1 价弱电解质 HA,当发生下面离解时:

$$\text{HA} \rightleftharpoons \text{H}^+ + \text{A}^-$$

以溶液电阻 R 作为基本实验数据求算其电离度及离解常数的具体步骤为:

(1) 由所测溶液电阻 R 经(11-16)和(11-18)式计算其电导率 κ；

(2) 由电导率 κ 经(11-19)式计算电解质的摩尔电导率 Λ_m；

(3) 由摩尔电导率 Λ_m 经(11-25)和(11-26)式计算电解质的电离度 α；

(4) 将电离度 α 代入下式，计算电解质的离解常数 K_a(见[例 11.4-3]).

$$K_a = (c/c^\ominus)\alpha^2/(1-\alpha)$$

3. 测定难溶盐的溶解度和溶度积

难溶盐在水中有着极小的溶解度，但其溶解部分基本上能全部离解，因而精确测量其溶液的电导可准确计算出难溶盐的溶解度和溶度积．对于 1-1 价难溶盐 MA，当发生下面离解时：

$$MA \rightleftharpoons M^+ + A^-$$

由测量难溶盐溶液的电阻 R 求算其溶解度和溶度积按如下步骤进行：

(1) 由所测溶液电阻 R 经(11-16)和(11-18)式准确计算其电导率 κ(注意，应扣除水的电导率)；

(2) 由于溶液浓度极稀，近似认为

$$\Lambda_m(MA) \approx \Lambda_m^\infty(MA) = \lambda_m^\infty(M^+) + \lambda_m^\infty(A^-)$$

并经查表求算出 $\Lambda_m^\infty(MA)$．

(3) 由 $\Lambda_m^\infty(MA)$ 经(11-19)式计算出 MA 的浓度 $c(MA)$，并结合其摩尔质量求出在水中的溶解度 S(由于溶液很稀，可视其与同温下水的密度相同)；

(4) 将 MA 的浓度 $c(MA)$ 代入下式算出 MA 的溶度积 K_{sp}(见[例 11.4-4]).

$$K_{sp}(MA) = [c(M^+)/c^\ominus][c(A^-)/c^\ominus] = [c(MA)/c^\ominus]^2$$

4. 电导滴定分析

电导滴定是利用滴定过程中电解质溶液电导的突变来决定反应终点的分析手段．将其用于酸碱及沉淀等反应均能取得较理想的分析结果(见[例 11.4-5]).

(二) 例题解析

【例 11.4-1】 请将 298.15 K 时 AgCl 在下面 5 种不同溶液中的溶解度按由大到小的顺序依次排列：

(1) $0.1\ mol\cdot dm^{-3}\ NaNO_3$ (2) $0.1\ mol\cdot dm^{-3}\ NaCl$ (3) 纯水

(4) $0.1\ mol\cdot dm^{-3}\ Ca(NO_3)_2$ (5) $0.1\ mol\cdot dm^{-3}\ NaBr$

答案 (5)>(4)>(1)>(3)>(2)

解析 NaBr 对 AgCl 溶解度的影响是由于生成溶解度更小的 AgBr 所致，查表可知 298 K 时 $K_{sp}(AgBr) = 5\times 10^{-13}$，如 AgCl 的量足够，则其在 $0.1\ mol\cdot dm^{-3}$ NaBr 溶液中的溶解度可接近 $0.1\ mol\cdot dm^{-3}$.

$Ca(NO_3)_2$ 和 $NaNO_3$ 对 AgCl 溶解度的影响属盐效应，Ca^{2+}、NO_3^- 和 Na^+ 的存在会束缚 Ag^+ 和 Cl^- 的活动，使 Ag^+ 和 Cl^- 的数量增加，溶解度加大．由于 $Ca(NO_3)_2$ 离解产生的 NO_3^- 浓度大于 $NaNO_3$，且 Ca^{2+} 的电荷数大于 Na^+，因此，AgCl 在 $Ca(NO_3)_2$ 中的溶解度要大于 $NaNO_3$.

由 298 K 时 AgCl 的溶度积 $K_{sp}(AgCl) = 1.6\times 10^{-10}$，由此可知，AgCl 在纯水中的溶解度为约 $1.3\times 10^{-5}\ mol\cdot dm^{-3}$.

NaCl 对 AgCl 溶解度的影响属同离子效应，由于 NaCl 离解产生的 Cl^- 浓度为 $0.1\ mol\cdot$

dm^{-3},根据 298 K 时 AgCl 的溶度积,可算出 AgCl 的溶解度降低到约 1.6×10^{-9} $mol \cdot dm^{-3}$.

【例 11.4-2】 在 298.15 K 和 101325 Pa 下,经两次蒸馏的水样品,其电导率为 5.5×10^{-6} $\Omega^{-1} \cdot m^{-1}$,请判断其是否为纯水.

解析 查表可知,298.15 K 时水的离子积为 1.0×10^{-14} $mol^2 \cdot dm^{-6}$.纯水中应无其他离子存在,H^+ 和 OH^- 的浓度都应为 1.0×10^{-7} $mol \cdot dm^{-3}$,因此只要求出所测水中 H^+ 或 OH^- 的浓度,便可判断其纯净程度.

水按下式进行离解

$$2H_2O \Longrightarrow H_3O^+ + OH^-$$

水的浓度为

$$1.0 \times 10^6 \, g \cdot m^{-3} / (18 \, g \cdot mol^{-1}) = 5.55 \times 10^4 \, mol \cdot m^{-3}$$

水的摩尔电导率为

$$\Lambda_m(H_2O) = \kappa/c = 1.0 \times 10^{10} \, \Omega^{-1} \cdot m^2 \cdot mol^{-1}$$

查表可知,298.15 K 时水完全离解时的摩尔电导率为

$$\Lambda_m^\infty(H_2O) = \lambda_m^\infty(H_3O^+) + \lambda_m^\infty(OH^-) = 5.48 \times 10^{-2} \, \Omega^{-1} \cdot m^2 \cdot mol^{-1}$$

所测水的离解度应为

$$\alpha = \Lambda_m(H_2O)/\Lambda_m^\infty(H_2O) = \frac{1.0 \times 10^{-10} \, \Omega^{-1} \cdot m^2 \cdot mol^{-1}}{5.48 \times 10^{-2} \, \Omega^{-1} \cdot m^2 \cdot mol^{-1}} = 1.8 \times 10^{-9}$$

因此所测水中 H^+ 或 OH^- 的浓度为

$$c(H_3O^+) = c(OH^-) = c\alpha$$
$$= 5.55 \times 10^4 \, mol \cdot m^{-3} \times 1.8 \times 10^{-9}$$
$$= 1.0 \times 10^{-7} \, mol \cdot m^{-3}$$

将上述结果与查表得到纯水中 H^+ 和 OH^- 的浓度 1.0×10^{-7} $mol \cdot dm^{-3}$ 相比,可断定两次蒸馏的水基本为纯水.

【例 11.4-3】 298 K 时,将某电导池充以 $c(KCl) = 0.100 \, mol \cdot dm^{-3}$,$\kappa(KCl) = 1.289 \, \Omega^{-1} \cdot m^{-1}$ 的 KCl 水溶液,测得其电阻 $R(KCl) = 23.78 \, \Omega$;换以 $c(CH_3COOH) = 0.002414 \, mol \cdot dm^{-3}$ 的 CH_3COOH 水溶液,测得其电阻为 $3942 \, \Omega$.已知 $\Lambda_m^\infty(HCl) = 0.04261 \, \Omega^{-1} \cdot m^2 \cdot mol^{-1}$,$\Lambda_m^\infty(NaCl) = 0.01265 \, \Omega^{-1} \cdot m^2 \cdot mol^{-1}$,$\Lambda_m^\infty(CH_3COONa) = 0.00910 \, \Omega^{-1} \cdot m^2 \cdot mol^{-1}$.试求 CH_3COOH 的电离度 α 及离解常数 K_a.

解析 本题是利用电导测量求算弱电解质电离度及电离常数的实例.按照本节"**2**"中的步骤对 CH_3COOH 的电离度 α 及离解常数 K_a 计算如下:

由(11-18)式,可计算出 $\kappa(CH_3COOH)$

$$\kappa(CH_3COOH) = \frac{\kappa(KCl) R(KCl)}{R(CH_3COOH)} = 7.776 \times 10^{-3} \, \Omega^{-1} \cdot m^{-1}$$

从(11-19)式,可计算出 $\Lambda_m(CH_3COOH)$

$$\Lambda_m(CH_3COOH) = \frac{\kappa(CH_3COOH)}{c(CH_3COOH)} = 3.221 \times 10^{-3} \, \Omega^{-1} \cdot m^2 \cdot mol^{-1}$$

据(11-25)式,可计算出 $\Lambda_m^\infty(CH_3COOH)$

$$\Lambda_m^\infty(CH_3COOH) = \Lambda_m^\infty(HCl) + \Lambda_m^\infty(CH_3COONa) - \Lambda_m^\infty(NaCl)$$
$$= 0.03906 \, \Omega^{-1} \cdot m^2 \cdot mol^{-1}$$

照(11-26)式,可计算出 CH_3COOH 的电离度 α

$$\alpha = \frac{\Lambda_m(CH_3COOH)}{\Lambda_m^\infty(CH_3COOH)} = 0.08246$$

将 α 代入本章 11.4 节导出的 1-1 价弱电解质离解常数的计算式,可求出醋酸的 K_a.

$$K_a = (c/c^\ominus)\alpha^2/(1-\alpha) = 1.79 \times 10^{-5}$$

【例 11.4-4】 298 K 时,由同一电导池测得 0.0200 mol·dm^{-3} 的 KCl 水溶液的电阻为 100 Ω,饱和 AgCl 水溶液的电阻为 1.00×10^5 Ω,蒸馏水的电阻为 2.00×10^5 Ω. 又知 298 K 时,0.0200 mol·dm^{-3} KCl 水溶液的 $\Lambda_m(KCl) = 0.01383\ \Omega^{-1}\cdot m^2\cdot mol^{-1}$,饱和 AgCl 水溶液的 $\Lambda_m(AgCl) = 0.01268\ \Omega^{-1}\cdot m^2\cdot mol^{-1}$. 求 298 K 时 AgCl 在水中的溶解度和溶度积.

解析 本题是利用电导测量求算难溶盐溶解度及溶度积的实例. 按照本节"**3**"中的有关步骤(p.295)可对 AgCl 在水中的溶解度 $c(AgCl)$ 及溶度积 $K_{sp}(AgCl)$ 作如下计算:

由(11-18)式可计算出 $\kappa(KCl)$、$\kappa(H_2O)$ 和 $\kappa(AgCl, aq)$.

$$\kappa(KCl) = c(KCl)\Lambda_m(KCl) = 0.2766\ \Omega^{-1}\cdot m^{-1}$$

$$\kappa(H_2O) = [\kappa(KCl)R(KCl)]/R(H_2O) = 1.383 \times 10^{-4}\ \Omega^{-1}\cdot m^{-1}$$

$$\kappa(AgCl, aq) = [\kappa(KCl)R(KCl)]/R(AgCl, aq) = 2.766 \times 10^{-4}\ \Omega^{-1}\cdot m^{-1}$$

根据电解质溶液电导和电导率的加和性求出 $\kappa(AgCl)$

$$\kappa(AgCl) = \kappa(AgCl, aq) - \kappa(H_2O) = 1.383 \times 10^{-4}\ \Omega^{-1}\cdot m^{-1}$$

据(11-19)式,计算 AgCl 在水中的溶解度

$$c(AgCl) = \kappa(AgCl)/\Lambda_m(AgCl)$$
$$= 1.091 \times 10^{-2}\ mol\cdot m^{-3}$$
$$= 1.091 \times 10^{-5}\ mol\cdot dm^{-3}$$

将 $c(AgCl)$ 代入本节 3 导出的 1-1 价难溶盐溶度积的计算式,则可求出 $K_{sp}(AgCl)$ 值.

$$K_{sp}(AgCl) = \{(c(AgCl)/c^\ominus)\}^2$$
$$= \{(1.091 \times 10^{-5}\ mol\cdot dm^{-3})/(mol\cdot dm^{-3})\}^2$$
$$= 1.19 \times 10^{-10}$$

【例 11.4-5】 298 K 时,以 1-1 价的强酸与强碱为例,论证浓强碱溶液滴定稀强酸溶液时,酸液的电导率 κ 与加入的碱液体积 V 成线性关系. 设酸液的初始浓度 c_1,碱液的初始浓度 c_2,酸液的初始体积为 V_0.

解析 要论证题中命题成立,只要能推导出如下的线性方程即可

$$\kappa = A + BV$$

式中 A 和 B 为常数.

加入碱液后,忽略水的电导率,则酸液电导率 κ 的表达式应为

$$\kappa = \kappa(酸) + \kappa(盐) = \Lambda_m(酸)c(酸) + \Lambda_m(盐)c(盐)$$

将 $c(酸) = \dfrac{c_1 V_0 - c_2 V}{V_0 + V}$ 及 $c(盐) = \dfrac{c_2 V}{V_0 + V}$ 代入上式,得

$$\kappa = \frac{\Lambda_m(酸)(c_1 V_0 - c_2 V) + \Lambda_m(盐)c_2 V}{V_0 + V} = \frac{\Lambda_m(酸)c_1 V_0 - [\Lambda_m(酸) - \Lambda_m(盐)]c_2 V}{V_0 + V}$$

因为 $c_2 > c_1$,则 $V_0 > V$,故 $V_0 + V \approx V_0$. 又题中强酸和盐均为稀溶液,因此 $\Lambda_m(酸) \approx \Lambda_m^\infty(酸)$,$\Lambda_m(盐) \approx \Lambda_m^\infty(盐)$.

所以,κ 的表达式可简化为

$$\kappa = \Lambda_m^\infty(\text{酸})c_1 - [\{\Lambda_m^\infty(\text{酸}) - \Lambda_m^\infty(\text{盐})\}c_2/V_0]V = A + BV$$

由于式中 $A = \Lambda_m^\infty(\text{酸})c_1$, $B = [\Lambda_m^\infty(\text{酸}) - \Lambda_m^\infty(\text{盐})]c_2/V_0$ 均为常数,故上命题得证.

(三) 习题

11.4-1 有一由 HCl 和 NaCl 组成的混合溶液,HCl 的浓度为 $0.1\ \text{mol·dm}^{-3}$,若要使混合液中 $t(\text{H}^+) = 0.5$,NaCl 的浓度应为多少?已知 $\lambda_m^\infty(\text{H}^+) = 3.498 \times 10^{-2}\ \Omega^{-1}\cdot\text{m}^2\cdot\text{mol}^{-1}$, $\lambda_m^\infty(\text{Cl}^-) = 7.64 \times 10^{-3}\ \Omega^{-1}\cdot\text{m}^2\cdot\text{mol}^{-1}$, $\lambda_m^\infty(\text{Na}^+) = 5.01 \times 10^{-3}\ \Omega^{-1}\cdot\text{m}^2\cdot\text{mol}^{-1}$.

答案 $c(\text{NaCl}) = 0.216\ \text{mol·dm}^{-3}$

提示 $t_B^\infty = (\lambda_B^\infty c_B)/\sum_B(\lambda_B^\infty c_B)$

11.4-2 298 K 时,纯水的电导率为 $5.54 \times 10^{-6}\ \Omega^{-1}\cdot\text{m}^{-1}$,计算水的电离度 α. 已知 $\lambda_m^\infty(\text{H}^+) = 0.03498\ \Omega^{-1}\cdot\text{m}^2\cdot\text{mol}^{-1}$, $\lambda_m^\infty(\text{OH}^-) = 0.0198\ \Omega^{-1}\cdot\text{m}^2\cdot\text{mol}^{-1}$.

答案 $\alpha = 1.82 \times 10^{-9}$

11.4-3 298 K 时,测得 $0.001208\ \text{mol·dm}^{-3}\ \text{CH}_3\text{COOH}$ 溶液的摩尔电导率为 $0.004815\ \Omega^{-1}\cdot\text{m}^2\cdot\text{mol}^{-1}$. 若 $\lambda_m^\infty(\text{H}^+) = 0.03498\ \Omega^{-1}\cdot\text{m}^2\cdot\text{mol}^{-1}$, $\lambda_m^\infty(\text{CH}_3\text{COO}^-) = 0.0174\ \Omega^{-1}\cdot\text{m}^2\cdot\text{mol}^{-1}$,求:(1) CH_3COOH 的电离度 α,(2) CH_3COOH 的离解常数 K,(3) CH_3COOH 溶液的 pH.

答案 (1) $\alpha = 0.1232$, (2) $K = 1.779 \times 10^{-9}$, (3) $\text{pH} = 3.989$

11.4-5 298 K 时,向 $0.01\ \text{mol·dm}^{-3}$ 的 ZnSO_4 溶液中逐步加入固体 Ag_2SO_4 至溶液对 Ag_2SO_4 达到饱和,测得溶液的电导率比未加入 Ag_2SO_4 时增大了 $0.38\ \Omega^{-1}\cdot\text{m}^{-1}$,求 Ag_2SO_4 的溶度积. 设溶液足够稀,可以应用 Kohlrausch 离子独立运动定律.

答案 $K_{sp} = 9.58 \times 10^{-6}$

11.4-6 298 K 时,某电导池充以 $0.02\ \text{mol·dm}^{-3}$ 的 KCl 溶液时,测其电阻为 $250\ \Omega$;充以 $6 \times 10^{-5}\ \text{mol·dm}^{-3}$ 的 NH_4OH 溶液时,测其电阻为 $1.0 \times 10^8\ \Omega$. 已知 $0.02\ \text{mol·dm}^{-3}$ KCl 溶液的电导率为 $0.277\ \Omega^{-1}\cdot\text{m}^{-1}$, $\lambda_m^\infty(\text{NH}_4^+)$ 和 $\lambda_m^\infty(\text{OH}^-)$ 分别为 7.43×10^{-3} 和 $1.98 \times 10^{-2}\ \Omega^{-1}\cdot\text{m}^2\cdot\text{mol}^{-1}$,计算 NH_4OH 的电离度.

答案 $\alpha = 0.426$

11.4-7 298 K 时,HCl、NaCl 和 CH_3COONa 的 Λ_m^∞ 分别为 0.0420、0.0126 和 0.00910 $\Omega^{-1}\cdot\text{m}^2\cdot\text{mol}^{-1}$. 现将某电导池充以 $0.1\ \text{mol·dm}^{-3}$ 的 CH_3COOH 时,测其电阻为 $520\ \Omega$;当加入足量的固体 NaCl 并使其浓度为 $0.01\ \text{mol·dm}^{-3}$ 时,电阻降为 $122\ \Omega$. 计算溶液中 H^+ 的浓度.

答案 $c(\text{H}^+) = 0.0010\ \text{mol·dm}^{-3}$

11.4-8 $0.01\ \text{mol·dm}^{-3}$ 的 Na_2CO_3 溶液的电导率为 $\kappa_1 = 0.122\ \Omega^{-1}\cdot\text{m}^{-1}$,若将溶液以 Li_2CO_3 饱和,电导率增大至 $\kappa_2 = 0.562\ \Omega^{-1}\cdot\text{m}^{-1}$. 试计算溶液中 Li_2CO_3 的溶解度和溶度积. 已知 $\Lambda_m^\infty(\text{Li}_2\text{CO}_3) = 0.01110\ \Omega^{-1}\cdot\text{m}^2\cdot\text{mol}^{-1}$,并可忽略离子强度的影响.

答案 $c(\text{Li}_2\text{CO}_3) = 0.0305\ \text{mol·dm}^{-3}$, $K_{sp}(\text{Li}_2\text{CO}_3) = 5.1 \times 10^{-5}$

提示 $\kappa(\text{Li}_2\text{CO}_3) = \kappa_2 - \kappa_1$

第12章 电池的电动势

本章讨论可逆电池的电动势,内容包括电极电势的概念及其有关计算、电池的表达及可逆电池电动势的测定和计算、浓差电势和液接电势的计算、温度对电动势的影响及电池反应热力学函数 $\Delta_r G_m$, $\Delta_r H_m$ 和 $\Delta_r S_m$ 的计算、电动势测定的一系列应用等.

12.1 电极电势

(一) 内容纲要

1. 电极类型

电化学装置中,金属和溶液部分的组合体称为电极.一个电极实际上是半(个)电池.依据电极的组成和电极反应,可将电极分为下面四种类型.

(1) 金属电极

金属离子为迁越相界粒子的电极.如锌电极 $Zn^{2+}(a)|Zn$;铜电极 $Cu^{2+}(a)|Cu$ 等.

(2) 气体电极

利用气体在溶液中离子化的倾向安排成的电极.如氢电极 $H^+(a)|H_2(p^\ominus),Pt$;氯电极 $Cl^-(a)|Cl_2(p^\ominus),Pt$ 等.

(3) 氧化还原电极

电子为迁越相界粒子的电极.如 $Fe^{3+}(a),Fe^{2+}(a)|Pt$; $Cu^{2+}(a),Cu^+(a)|Pt$ 等.

(4) 金属-难溶盐电极

存在多个相界面的电极.如银-氯化银电极 $Cl^-(a)|AgCl|Ag$;汞-氯化亚汞电极(通常称甘汞电极)$Cl^-(a)|Hg_2Cl_2|Hg$ 等.

2. 电极电势

电极电势 ϕ 是以标准氢电极 $Pt|a(H^+)=1, p(H_2)=101325\,Pa|$ 作为零伏特的相对值.实际上是将所测电极为右电极,标准氢电极为左电极所组成电池的电动势.

$$Pt|H_2(p^\ominus),H^+(a=1)\|\text{待测电极}$$

对任意电极反应,可表示为

$$\text{Ox(氧化态)} + ne^- \longrightarrow \text{Re(还原态)}$$

按此反应定义的电极电势表示了电极上有发生还原反应的倾向,称为还原电势.

参加电极反应的物质活度都等于1时的电极电势,称其为标准电极电势,用符号 $\phi^\ominus$ 表示.当参加电极反应的物质活度不等于1时,电极电势由电极反应 Nernst 方程所决定

$$\phi = \phi^\ominus - (RT/nF)\ln[a(\text{Re})/a(\text{Ox})] \tag{12-1}$$

一个电极的电极电势可以由电极反应的 Gibbs 自由能变化 $\Delta_r G_m$ 计算得到

$$\phi = -(1/nF)\Delta_r G_m = -(1/nF)\sum_B \nu_B \mu_B \tag{12-2}$$

$$\phi^\ominus = -(1/nF)\Delta_r G_m^\ominus = -(1/nF)\sum_B \nu_B \mu_B^\ominus \tag{12-3}$$

式中 n 为电极反应的电荷数，μ_B 和 $\mu_B^\ominus$ 分别为参加电极反应的物质 B 的化学势和标准态化学势．

(二) 例题解析

【例 12.1-1】 正确表达一个电极反应，其关键是电极反应的   （ ）
(A) 温度   (B) 压力   (C) 电荷数   (D) 氧化还原对

解析 答案为(D)．

由电极反应的 Nernst 方程可知，温度、压力、电荷数和氧化还原对都是决定一个电极电势的因素，但主要的因素应是作为氧化态的反应物和还原态的生成物，亦即氧化还原对，这是决定电极反应的决定性因素所在．氧化还原对确定后，电极反应的电荷数随之也就确定，而温度和压力则是宏观约束条件．相同的介质条件下，同一反应物可能存在着几种不同价态的还原态产物；而不同的介质条件下，同种价态还原态产物的存在形式也会不同．因此，只有首先正确确定一个电极反应的氧化还原对，才能对一个实际存在的电极反应作出正确地表达．

【例 12.1-2】 298 K 时，已知 $Hg_2Cl_2(s)$ 的标准态化学势为 $-210.66 \text{ kJ}\cdot\text{mol}^{-1}$．若水溶液中 Cl^- 的浓度为 $0.1 \text{ mol}\cdot\text{kg}^{-1}(\gamma_\pm = 0.778)$ 时，其化学势为 $-137.50 \text{ kJ}\cdot\text{mol}^{-1}$．求电极 $Cl^-(a) | Hg_2Cl_2(s) | Hg(l)$ 的标准电极电势．

解析 根据(12-3)式，由参加电极反应物质的标准态化学势可计算出一个电极的标准电极电势．电极反应为

$$\frac{1}{2}Hg_2Cl_2(s) + e^- \longrightarrow Hg(l) + Cl^-(aq)$$

$$\mu^\ominus[Hg(l)] = 0$$

$$\mu^\ominus[Hg_2Cl_2(s)] = -210.66 \text{ kJ}\cdot\text{mol}^{-1}$$

$$\mu[Cl^-(aq)] = \mu^\ominus[Cl^-(aq)] + RT\ln\{a[Cl^-(aq)]\}$$

$$\mu^\ominus[Cl^-(aq)] = \mu[Cl^-(aq)] - RT\ln\{a[Cl^-(aq)]\} = -131.17 \text{ kJ}\cdot\text{mol}^{-1}$$

$$\phi^\ominus[Cl^-(a) | Hg_2Cl_2(s) | Hg(l)]$$

$$= -(1/nF)\sum \nu_B \mu_B^\ominus$$

$$= -(1/96500 \text{ C}\cdot\text{mol}^{-1})\left\{-131.17 \text{ kJ}\cdot\text{mol}^{-1} - \frac{1}{2}(-210.66 \text{ kJ}\cdot\text{mol}^{-1})\right\}$$

$$= 0.2678 \text{ V}$$

【例 12.1-3】 298 K 时，铜电极（Cu^{2+} 的浓度为 $1 \text{ mol}\cdot\text{kg}^{-1}$，$\gamma_\pm = 0.419$）相对于饱和甘汞电极的电势为 0.081 V．已知 298 K 时饱和甘汞电极的电极电势为 0.245 V，求铜电极的标准电极电势．

解析 根据电极电势的定义，一个电极的电极电势是以标准氢电极作为零伏特的相对值．铜电极的电极电势比以饱和甘汞电极的电极电势高 0.081 V，而饱和甘汞电极的电极电势又比标准氢电极的电极电势高 0.245 V，则铜电极的电极电势应为

$$0.081 \text{ V} + 0.245 \text{ V} = 0.326 \text{ V}$$

进而根据铜电极反应的 Nernst 方程求出其标准电极电势．电极反应为

$$Cu^{2+} + 2e^- \longrightarrow Cu$$

$$\phi(Cu^{2+} | Cu) = \phi^\ominus(Cu^{2+} | Cu) + (RT/2F)\ln[a(Cu^{2+})]$$

$$\phi^\ominus(Cu^{2+} | Cu) = \phi(Cu^{2+} | Cu) - (RT/2F)\ln[a(Cu^{2+})]$$

$$= \phi(\text{Cu}^{2+}|\text{Cu}) - 0.0296\lg(\gamma_\pm \, m/m^\ominus)$$
$$= [0.326 - 0.0296\lg(0.419\times 1)]\text{V}$$
$$= 0.337\text{ V}$$

【例 12.1-4】 298 K 时,已知 $\phi^\ominus(\text{Fe}^{2+}|\text{Fe}) = -0.440$ V, $\phi^\ominus(\text{Fe}^{3+},\text{Fe}^{2+}|\text{Pt}) = 0.771$ V. 求 $\phi^\ominus(\text{Fe}^{3+}|\text{Fe})$ 为何值.

解析 此为一由已知电极电势求未知电极电势的例子. 分析题给条件可看出电极 $\text{Fe}^{3+}|\text{Fe}$ 的电极反应正好是 $\text{Fe}^{2+}|\text{Fe}$ 和 $\text{Fe}^{3+},\text{Fe}^{2+}|\text{Pt}$ 两电极反应的总反应. 由(12-3)式可得出标准态下每个电极反应 Gibbs 自由能的改变值 $\Delta_r G_m^\ominus$ 与其标准电极电势 $\phi^\ominus$ 的关系式,而总反应的 $\Delta_r G_m^\ominus$ 等于各分步反应 $\Delta_r G_m^\ominus$ 的加和,由此可求出总反应的标准电极电势.

$$\text{Fe}^{2+} + 2\text{e}^- \longrightarrow \text{Fe} \qquad \Delta_r G_{m,1}^\ominus = -n_1 F \phi_1^\ominus \qquad \text{①}$$
$$\text{Fe}^{3+} + \text{e}^- \longrightarrow \text{Fe}^{2+} \qquad \Delta_r G_{m,2}^\ominus = -n_2 F \phi_2^\ominus \qquad \text{②}$$

式①+式②,得
$$\text{Fe}^{3+} + 3\text{e}^- \longrightarrow \text{Fe}$$
$$\Delta_r G_m^\ominus = -(n_1 F \phi_1^\ominus + n_2 F \phi_2^\ominus) = -nF\phi^\ominus(\text{Fe}^{3+}|\text{Fe})$$
$$\phi^\ominus(\text{Fe}^{3+}|\text{Fe}) = (n_1 \phi_1^\ominus + n_2 \phi_2^\ominus)/n = \{[2\times(-0.440) + 0.771]/3\}\text{V} = -0.0363\text{ V}$$

解此类问题有些人常犯的错误是将已知的电极电势直接相加得到未知的电极电势. 实际上电极电势为强度量,不具有加和性.

【例 12.1-5】 298 K 时, $\phi^\ominus(\text{Ag}^+|\text{Ag}) = 0.7991$ V, $K_{sp}(\text{AgCl}) = 1.79\times 10^{-10}$. 试推导 $\phi^\ominus(\text{Cl}^-|\text{AgCl}|\text{Ag})$ 的计算公式,并求 $\phi^\ominus(\text{Cl}^-|\text{AgCl}|\text{Ag})$.

解析 本题的目的旨在建立金属电极与其难溶盐电极电极电势间的关系.

首先可对 Ag-AgCl 电极作如下的分析:
$$\underset{\text{Ⅲ}}{\text{Cl}^-(\text{aq})} | \underset{\text{Ⅱ}}{\text{AgCl}(\text{s})} | \underset{\text{Ⅰ}}{\text{Ag}(\text{s})} \qquad (\text{电极液为 AgCl 所饱和})$$

对电极上各个相界面上的电化学平衡,一方面可认为 Ag^+ 在 Ⅰ/Ⅱ 相界上达成平衡, Cl^- 在 Ⅱ/Ⅲ 相界上达成平衡.

- 电极反应: $\text{AgCl} + \text{e}^- \longrightarrow \text{Ag} + \text{Cl}^-$,其 Nernst 方程为
$$\phi(\text{Cl}^-|\text{AgCl}|\text{Ag}) = \phi^\ominus(\text{Cl}^-|\text{AgCl}|\text{Ag}) - (RT/F)\ln[a(\text{Cl}^-)]$$

另一方面,也可认为由于 AgCl 本身具有微粒性, Ag^+ 可透过 Ⅱ 相的 AgCl 直接与 Ⅲ 相中的 Ag^+ 达平衡,但此时 Ag^+ 会受到 AgCl 活度积的限制. 故 Cl^- 的活度一定时,该电极的电极电势应为定值.

- 电极反应: $\text{Ag}^+ + \text{e}^- \longrightarrow \text{Ag}$,其 Nernst 方程为
$$\phi(\text{Ag}^+|\text{Ag}) = \phi^\ominus(\text{Ag}^+|\text{Ag}) + (RT/F)\ln[a(\text{Ag}^+)]$$

上述两种分析问题的角度不同,但当 Cl^- 浓度确定后,同一个电极的电极电势值只能有一个,故

$$\phi^\ominus(\text{Cl}^-|\text{AgCl}|\text{Ag}) - (RT/F)\ln[a(\text{Cl}^-)] = \phi^\ominus(\text{Ag}^+|\text{Ag}) + (RT/F)\ln[a(\text{Ag}^+)]$$
$$\phi^\ominus(\text{Cl}^-|\text{AgCl}|\text{Ag}) = \phi^\ominus(\text{Ag}^+|\text{Ag}) + (RT/F)\ln[a(\text{Ag}^+)a(\text{Cl}^-)]$$
$$= \phi^\ominus(\text{Ag}^+|\text{Ag}) + (RT/F)\ln[K_{sp}(\text{AgCl})]$$
$$= 0.7991\text{ V} + 0.0592\lg(1.79\times 10^{-10})\text{ V}$$
$$= 0.2224\text{ V}$$

(三) 习题

12.1-1 若 $\phi^{\ominus}(Cu^{2+}|Cu) = 0.337$ V, $\phi^{\ominus}(Cu^{+}|Cu) = 0.521$ V, 则 $\phi^{\ominus}(Cu^{2+}, Cu^{+}|Pt)$ 为 (　　)
(A) 0.184 V　　(B) 0.153 V　　(C) 0.352 V　　(D) -0.184 V

答案 (B)

12.1-2 对下列电极, 请按 ϕ 值的大小排列顺序.
(1) $AgNO_3(0.001\ mol\cdot kg^{-1})|Ag$
(2) $NaCl(0.01\ mol\cdot kg^{-1}), AgNO_3(0.001\ mol\cdot kg^{-1})|Ag; K_{sp} = 1.79\times 10^{-10}$
(3) $KCN(0.1\ mol\cdot kg^{-1}), AgNO_3(0.001\ mol\cdot kg^{-1})|Ag; K_{sp} = 3.8\times 10^{-19}$
(4) $NH_3(aq)(0.1\ mol\cdot kg^{-1}), AgNO_3(0.001\ mol\cdot kg^{-1})|Ag; K_{sp} = 6\times 10^{-8}$

答案 $\phi(1) > \phi(2) > \phi(4) > \phi(3)$

12.1-3 已知 298 K 时, $\phi^{\ominus}(SO_4^{2-}|PbSO_4|Pb) = -0.356$ V, $K_{sp}(PbSO_4) = 1.7\times 10^{-8}$. 求 $\phi^{\ominus}(Pb^{2+}|Pb)$.

答案 $\phi^{\ominus}(Pb^{2+}|Pb) = -0.126$ V

12.1-4 298 K 时, 将 $Zn^{2+}(0.1\ mol\cdot kg^{-1})|Zn$ 电极与标准氢电极组成电池时, 测得其电动势为 -0.801 V. 若 $\gamma_{\pm}\{Zn^{2+}(0.1\ mol\cdot kg^{-1})\} = 0.515$, 求 $\phi^{\ominus}(Zn^{2+}|Zn)$.

答案 $\phi^{\ominus}(Zn^{2+}|Zn) = -0.763$ V

12.1-5 298 K 时, $\phi^{\ominus}(Hg_2^{2+}|Hg) = 0.788$ V, $\phi^{\ominus}(Hg^{2+}|Hg) = 0.854$ V. 求下列半电池的标准电极电势.

$$Hg^{2+} + e^{-} \longrightarrow \frac{1}{2}Hg_2^{2+}$$

答案 $\phi^{\ominus}(Hg^{2+}, Hg_2^{2+}) = 0.920$ V

12.1-6 298 K 时, 镀铬电解液 (镀液) 的主要成分是 $H_2Cr_2O_7$ 和 H_2SO_4.
(1) 请写出电极反应和电极电势的 Nernst 方程.
(2) 如果 $\phi^{\ominus}(Cr^{3+}|Cr) = 0.7444$ V, $\phi^{\ominus}(Cr_2O_7^{2-}, Cr^{3+}, H^{+}|Cr) = 1.333$ V, 求镀铬电极的标准电极电势.
(3) 若溶液的 pH = 0, $Cr_2O_7^{2-}$ 的浓度为 $0.5\ mol\cdot kg^{-1}$, 并将电极与饱和甘汞电极 (298 K 时, 其标准电极电势为 0.2451 V) 相连, 电极的电极电势又是多少?

答案 (1) 从略, (2) $\phi^{\ominus}(Cr_2O_7^{2-}, H^{+}|Cr) = 0.294$ V, (3) $\phi = 0.048$ V

12.1-7 已知电极反应 $O_2 + 2H^{+} + 2e^{-} \longrightarrow H_2O_2$ 的标准电极电势为 0.68 V. 若水的离子积 $K_w = a(H^{+})a(OH^{-}) = 10^{-14}$, $\phi^{\ominus}(O_2|OH^{-}) = 0.401$ V, 求算 298 K 时下列电极反应的标准电极电势

$$H_2O_2 + 2H^{+} + 2e^{-} \longrightarrow 2H_2O$$

答案 $\phi^{\ominus}(H_2O_2, H_2O, H^{+}|Pt) = 1.778$ V

12.1-8 298 K 时, 对于下列电池

$$Pt, H_2(p^{\ominus}) | HCl(0.1000\ mol\cdot kg^{-1}) | KCl(饱和) | Hg_2Cl_2 | Hg$$

已知电池的电动势为 0.3092 V; $0.1\ mol\cdot kg^{-1}$ KCl 和 $0.1\ mol\cdot kg^{-1}$ HCl 溶液中离子的平均活度系数分别为 0.7760 和 0.8000; 假定在这两个溶液中 $\gamma(Cl^{-})$ 相同, $0.1\ mol\cdot kg^{-1}$ KCl 的溶液中 $\gamma(K^{+}) = \gamma(Cl^{-})$, 电池液接电势可略去不计. 求 298 K 时饱和甘汞电极 (SCE) 的电极电势.

答案 $\phi(SCE) = 0.245$ V

12.1-9 298 K 时,对于电池 Pt, $H_2(p^\ominus)$ | HCl(m) | AgCl | Ag, 测得不同的 HCl 浓度时电池的电动势数据如下表所示. 请通过作图法求出 $\phi^\ominus$(Cl$^-$ | AgCl | Ag) 的数值.

$m/(\text{mol} \cdot \text{kg}^{-1})$	0.005	0.006	0.008	0.010	0.020	0.030
E/V	0.4986	0.4896	0.4753	0.4643	0.4304	0.4106

答案 $\phi^\ominus$(Cl$^-$ | AgCl | Ag) = 0.2225 V

12.2 电池的电动势

(一) 内容纲要

1. 电池的表达式

将化学反应的化学能转变成电能的装置在电化学中统称为电池. 正确书写电池表达式时应注意下面几条规定.

(1) 以化学式表示电池中各物质的组成, 并在物质后面的括弧内注明物质的状态、溶液的浓度或活度、气体的压力或逸度等.

(2) 以 "|" 表示相界, "⫶" 表示可(溶)混液体的液接界, "‖" 表示液接电势已经消除(如盐桥)的液体接界, "⫽" 表示隔膜或半透膜.

(3) 注明电池反应的温度和压力. 如不注明, 则指温度为 298.15 K, 压力 $p^\ominus$ = 100 kPa.

2. 电池的电动势

对一个化学电池,规定左电极发生氧化反应,称为阳极;右电极发生还原反应,称为阴极. 电池两极间的电势差称为电池的电动势,用符号 E 表示, SI 单位是 V. 同时规定电池的电动势为右电极的电极电势减去左电极的电极电势,即

$$E = \phi_{\text{右}} - \phi_{\text{左}}$$

当电池反应中所有物质的活度都等于 1 时, 电池的电动势 $E^\ominus$ 称为标准电动势. 当电池反应中物质的活度不等于 1 时, 电池的电动势由电池反应的 Nernst 方程计算

$$E = E^\ominus - (RT/nF) \ln \prod (a_B)^{\nu_B} \tag{12-4}$$

式中 n 为电池反应的电荷数; $\prod (a_B)^{\nu_B}$ 为参加电池反应物质的活度积; ν_B 为各物质的计量系数, 反应物的 ν_B 为负值, 生成物的 ν_B 为正值.

可逆电池的电动势可以通过实验测量得到, 其方法为对消法; 也可由电池反应的 Gibbs 自由能变化计算求出

$$E = -(1/nF)\Delta_r G_m = -(1/nF) \sum \nu_B \mu_B \tag{12-5}$$

$$E^\ominus = -(1/nF)\Delta_r G_m^\ominus = -(1/nF) \sum \nu_B \mu_B^\ominus \tag{12-6}$$

式中 μ_B 和 $\mu_B^\ominus$ 分别为参加电池反应物质的化学势和标准态化学势.

不可逆电池的电动势通过电池反应的 Gibbs 自由能变化计算求出. 所求出的电动势值为理论开路电压, 它是化学电源的最高电势, 或是电解电池的最低分解电势.

(二) 例题解析

【例 12.2-1】 请判断下列结论是否正确(在题后的括弧内填 "√" 或 "×"):

(1) 若将反应 $2Ag + Cl_2(p^\ominus) \longrightarrow 2AgCl$ 设计成电池反应, 其电池表达应为

$$\text{Ag, AgCl} \mid \text{Cl}^- (a) \mid \text{Cl}_2, \text{Pt} \qquad (\quad)$$

(2) 对应于电池表达式 $\text{Ag} \mid \text{Ag}^+ (a=0.78) \parallel \text{Cl}^- (a=0.84) \mid \text{AgCl} \mid \text{Ag}$ 的电池反应为
$$\text{AgCl} \longrightarrow \text{Ag}^+ (a=0.78) + \text{Cl}^- (a=0.84) \qquad (\quad)$$

(3) 用对消法测量可逆电池的电动势是为了使电池反应能够向单一方向进行. ( )

(4) 现测得一个干电池的开路电压为 1.58 V, 亦即其电动势为 1.58 V. ( )

解析 (1) "×". 按照书写电池表达式的规定, Ag 和 AgCl 间存在的相界应用竖线表示, Cl_2 后面应用括号注明其压力. 正确的电池表达式应为
$$\text{Ag} \mid \text{AgCl} \mid \text{Cl}^- (a) \mid \text{Cl}_2(p^\ominus), \text{Pt}$$

(2) "√". 电池的左电极反应为
$$\text{Ag} \longrightarrow \text{Ag}^+ (a=0.78) + \text{e}^-$$

电池的右电极反应为
$$\text{AgCl} + \text{e}^- \longrightarrow \text{Ag} + \text{Cl}^- (a=0.84)$$

因此, 电池反应为
$$\text{AgCl} \longrightarrow \text{Ag}^+ (a=0.78) + \text{Cl}^- (a=0.84)$$

(3) "×". 一个可逆电池必须同时具备电池反应可逆及充放电工作时可逆两个条件, 为此要求电动势测量中电池内不能有引起电池反应的电流通过, 只有在这种情况下测得的电池端电压才等于其电动势. 用对消法测量可逆电池的电动势时, 能够做到使外界对电池所加的电压与电池的端电压(势)相等, 电池中没有电流通过, 电池中所有相界面都处于平衡态. 因此, 用对消法测量可逆电池电动势的目的是为了使电池反应可逆地进行, 而不是为了使电池反应能够向单一方向进行.

(4) "×". 电池的开路电压与其电动势是两个不同的概念. 电池的电动势有明确的物理意义, 一个可逆电池的电动势既可由热力学数据计算求出, 又可通过实验测量得到, 而电池的开路电压则指的是有电流通过时电池的端电压. 等温等压下, 一个电池的电动势有惟一的数值, 而其开路电压则会随测量条件的改变而变化. 一个新电池的开路电压一定小于其电动势, 但与其接近. 因此, 不能说干电池的开路电压为 1.58 V, 其电动势也一定为 1.58 V.

【例 12.2-2】 请计算电池 $\text{Pt}, \text{H}_2(p_1) \mid \text{H}_2\text{SO}_4(a) \mid \text{H}_2(p_2), \text{Pt}$ 的电动势. 假定气体遵从状态方程 $pV_m = RT + ap$, 式中 $a = 1.48 \times 10^{-5}\ \text{m}^3 \cdot \text{mol}^{-1}$, 且与温度、压力无关, 氢气的压力 $p_1 = 2026500\ \text{Pa}$, $p_2 = 101325\ \text{Pa}$.

解析 计算一个电池的电动势时, 应首先写出左、右电极反应和电池反应, 再根据电池反应求算电池的电动势. 本题中电池为无液接界的浓差电池, 氢气自左电极向右电极扩散, 根据气体遵从的状态方程可求出电池反应的 $\Delta_r G_m$ 值, 根据电池反应 $\Delta_r G_m$ 与电动势 E 的关系可求出电池的电动势.

左电极反应: $\text{H}_2(p_1) \longrightarrow 2\text{H}^+ + 2\text{e}^-$

右电极反应: $2\text{H}^+ + 2\text{e}^- \longrightarrow \text{H}_2(p_2)$

电池反应: $\text{H}_2(p_1) \longrightarrow \text{H}_2(p_2)$

$$\Delta_r G_m = \int_{p_1}^{p_2} V_m \mathrm{d}p = \int_{p_1}^{p_2} \left(\frac{RT}{p} + a \right) = RT \ln \frac{p_2}{p_1} + a(p_2 - p_1)$$

$$E = -\frac{\Delta_r G_m}{nF} = -\frac{1}{nF} \left[RT \ln \frac{p_2}{p_1} + a(p_2 - p_1) \right]$$

$$= \frac{1}{2 \times 96500} \left[8.314 \times 293 \ln \frac{2026500}{101325} + 1.48 \times 10^{-5} (202650 - 101325) \right]$$
$$= 0.0378 \text{ V}$$

【例 12.2-3】 298 K 时，测得某难溶盐饱和水溶液之电导率 $\kappa = 2.68 \times 10^{-4}\ \Omega^{-1} \cdot \text{m}^{-1}$，所用水的电导率为 $0.84 \times 10^{-4}\ \Omega^{-1} \cdot \text{m}^{-1}$，求下列电池的电动势.

$$\text{Pt, } H_2(101325\ \text{Pa}) | \text{NaX}(0.01\ \text{mol} \cdot \text{kg}^{-1}) | \text{AgX} | \text{Ag}$$

已知 298 K 时，无限稀释水溶液中 Ag^+ 的淌度为 $6.42 \times 10^{-8}\ \text{m}^2 \cdot \text{V}^{-1} \cdot \text{S}^{-1}$，$X^-$ 之淌度为 $7.92 \times 10^{-8}\ \text{m}^2 \cdot \text{V}^{-1} \cdot \text{S}^{-1}$，$\phi^{\ominus}(Ag^+ | Ag) = 0.7991\ \text{V}$.

解析 难溶盐饱和溶液电极与氢电极组成的电池，其电池的 Nernst 方程中会出现难溶盐的活度积项，活度积的数值可由电导法测定，进而将活度积数值代入电池反应的 Nernst 方程求出电池的电动势. 这是此类电池电动势测量的一种方法. 本题中 NaX 的浓度为 $0.01\ \text{mol} \cdot \text{kg}^{-1}$，题目中未指明离子的活度系数为 1，计算中应考虑离子的活度系数.

左电极反应：$\frac{1}{2} H_2 \longrightarrow H^+ + e^-$

$$\phi(H^+, H_2 | Pt) = \phi^{\ominus}(H^+, H_2 | Pt) - \frac{RT}{F} \ln \frac{p(H_2)/p^{\ominus}}{a(H^+)} = \frac{RT}{F} \ln a(H^+)$$

右电极反应：$(Ag^+ X^-) + e^- \longrightarrow Ag + X^-$

$$\phi(X^- | AgX | Ag) = \phi^{\ominus}(X^- | AgX | Ag) - \frac{RT}{F} \ln a(X^-)$$
$$= \phi^{\ominus}(Ag^+ | Ag) - \frac{RT}{F} \ln \frac{a(X^-)}{K_{sp}(AgX)}$$

总电池反应：$\frac{1}{2} H_2 + (Ag^+ X^-)\ I \Longrightarrow H^+ + Ag + X^-$

$$E = \phi_{\text{右}} - \phi_{\text{左}} = \phi(X^- | AgX | Ag) - \phi(H^+, H_2 | Pt)$$
$$= \phi^{\ominus}(Ag^+ | Ag) - \frac{RT}{F} \ln \frac{a(H^+) a(X^-)}{K_{sp}(AgX)}$$

$$K_{sp}(AgX) = a_{\pm}^2(Ag^+) = c_{\pm}^2 \gamma_{\pm}^2 \xrightarrow{\gamma_{\pm} \approx 1} c_{\pm}^2(Ag^+) = \left[\kappa(AgX) \frac{10^{-3}}{\Lambda_m(AgX)} \right]^2$$
$$= \left\{ \kappa(AgX) \frac{10^{-3}}{[U(Ag^+) U(X^-)]} \right\}^2$$
$$= \left[\frac{(2.68 \times 10^{-4} - 0.86 \times 10^{-4}) \times 10^{-3}}{(6.42 \times 10^{-8} + 7.92 \times 10^{-8}) \times 96500} \right]^2$$
$$= 1.74 \times 10^{-10}$$

$$\lg \gamma_{\pm} = -(0.509\ \text{kg}^{\frac{1}{2}} \cdot \text{mol}^{-\frac{1}{2}}) |z_+ z_-| \left(\frac{I}{\text{mol} \cdot \text{kg}^{-1}} \right)^{1/2} = -0.509 \sqrt{0.01} = -0.0509$$

$$\gamma_{\pm} = 0.889$$

$$a(X^-) = \gamma_{\pm}\ m(X^-)/m^{\ominus} = 0.889 \times 0.01 = 8.99 \times 10^{-3}$$

$$a(H^+) = 10^{-7}$$

$$E = \phi^{\ominus}(Ag^+ | Ag) - \frac{RT}{F} \ln \frac{a(X^-) a(H^+)}{K_{sp}(AgX)}$$
$$= 0.7991\ \text{V} - 0.0592 \lg \frac{8.99 \times 10^{-3} \times 10^{-7}}{1.74 \times 10^{-10}}\ \text{V} = 0.7571\ \text{V}$$

【例 12.2-4】 291 K 时,已知电池 A 和 B 的表达式分别为:

电池 A:Cu|CuBr(s)|KBr(0.05 mol·kg^{-1}) ⫶ KCl(1 mol·kg^{-1})|Hg$_2$Cl$_2$(s)|Hg

电池 B:Hg|Hg$_2$Cl$_2$(s)|KCl(1 mol·kg^{-1}) ⫶ KBr(0.05 mol·kg^{-1})|CuSO$_4$(0.05 mol·kg^{-1})|CuBr(s)|Pt

电池 A 的电动势 $E_A=0.1545$ V,电池 B 的电动势 $E_B=0.1605$ V.如果不考虑生成络合物,并设所有离子的活度系数都为 1,试计算下列电池 C 的电动势是多少伏特?

电池 C:Hg|Hg$_2$Cl$_2$(s)|KCl(1 mol·kg^{-1}) ⫶ CuSO$_4$(0.05 mol·kg^{-1})|Cu

解析 与电极电势的计算类似,未知电池的电动势也可由已知的有关电池的电动势数据计算得到.首先写出电池反应,计算出已知电池反应的 $\Delta_r G_m$,根据 Γecc 定律求未知电池反应的 $\Delta_r G_m$ 进而求出未知电池反应的电动势.

● 对电池 A

左电极反应:Cu + Br$^-$(0.05 mol·kg^{-1}) ⟶ CuBr(s) + e$^-$

右电极反应:$\frac{1}{2}$Hg$_2$Cl$_2$(s) + e$^-$ ⟶ Hg(l) + Cl$^-$(1 mol·kg^{-1})

电池反应:

$$Cu + Br^-(0.05\ mol·kg^{-1}) + \frac{1}{2}Hg_2Cl_2(s) \longrightarrow CuBr(s) + Hg(l) + Cl^-(1\ mol·kg^{-1}) \quad ①$$

$$\Delta_r G_m(A) = -n_A F E_A = -1 \times 96500 \times 0.1545\ J = -14909.3\ J$$

● 对电池 B

左电极反应:Hg(l) + Cl$^-$(1 mol·kg^{-1}) ⟶ $\frac{1}{2}$Hg$_2$Cl$_2$(s) + e$^-$

右电极反应:Cu^{2+}(0.05 mol·kg^{-1}) + Br$^-$(0.05 mol·kg^{-1}) + e$^-$ ⟶ CuBr(s)

电池反应:

$$Hg(l) + Cl^-(1\ mol·kg^{-1}) + Cu^{2+}(0.05\ mol·kg^{-1}) + Br^-(0.05\ mol·kg^{-1}) \longrightarrow \frac{1}{2}Hg_2Cl_2(s) + CuBr(s) \quad ②$$

$$\Delta_r G_m(B) = -n_B F E_B = -1 \times 96500 \times 0.1605\ J = -15488.3\ J$$

电池反应②-①,得

$$2Hg(l) + 2Cl^-(1\ mol·kg^{-1}) + Cu^{2+}(0.05\ mol·kg^{-1}) \longrightarrow Hg_2Cl_2(s) + Cu \quad ③$$

③即为所求电池 C 的电池反应,电池的电动势为

$$E_C = -\frac{\Delta_r G_m(C)}{2F} = -\frac{\Delta_r G_m(B) - \Delta_r G_m(A)}{2F} = -\frac{-15488.3 - (-14909.3)}{2 \times 96500} = 0.0030\ V$$

【例 12.2-5】 请利用甲烷燃烧过程安排成燃料电池.设气体的分压均为 101325 Pa,电解质溶液是酸性的,求该电池的标准电动势.如电解质溶液改为碱性的,写出两极反应及电池反应.问此时标准电动势有无改变?并根据结果讨论何种电池更具有实用价值(设温度为 298 K,已知有关数据由下表给出).

物 质	CO$_2$(g)	H$_2$O(l)	CH$_4$(g)	OH$^-$(aq)	CO$_3^{2-}$(aq)
$\dfrac{\Delta_f G_m^\ominus}{kJ·mol^{-1}}$	-394.38	-237.19	-50.79	-157.27	-528.10

解析 将一个化学反应设计成电池(化学电源),首先应将化学反应分解成两个电极反应,使左电极上发生氧化反应,右电极上发生还原反应,再据电极反应写出电池表达式.电池的电动势可由参与电池反应物质的 $\mu_B^\ominus$ 数据求出.介质酸碱性对电池电动势的影响主要是看介质

改变后电池反应有无改变. 如反应改变了, 反应的 $\Delta_r G_m$ 以致电动势 E 也必然相应改变.

● 电解质溶液为酸性时

左电极反应: $CH_4 + 2H_2O \longrightarrow CO_2 + 8H^+ + 8e^-$

右电极反应: $2O_2 + 8H^+ + 8e^- \longrightarrow 4H_2O$

电池反应: $CH_4 + 2O_2 \longrightarrow CO_2 + 2H_2O$

电池表达式: $Pt, CH_4(p^\ominus) | H^+(a=1) | O_2(p^\ominus), Pt$

电池电动势:
$$E^\ominus(H^+) = -\frac{1}{nF}\sum_B \nu_B \Delta_f G_m^\ominus(B)$$
$$= -\frac{[(-394.38) + 2\times(-237.19) - (-50.79)]\times 10^3}{8\times 96500}V$$
$$= 1.06\ V$$

● 电解质溶液为碱性时

左电极反应: $CH_4 + 10OH^- \longrightarrow CO_3^{2-} + 7H_2O + 8e^-$

左电极反应: $2O_2 + 4H_2O + 8e^- \longrightarrow 8OH^-$

电池反应: $CH_4 + 2O_2 + 2OH^- \longrightarrow 3H_2O + CO_3^{2-}$

电池表达式: $Pt, CH_4(p^\ominus) | CO_3^{2-}(a=1) \vdots OH^-(a=1) | O_2(p^\ominus), Pt$

电池电动势:

$$E^\ominus(OH^-) = -\frac{1}{nF}\sum_B \nu_B \Delta_f G_m^\ominus(B)$$
$$= \frac{[(-528.10) + 3\times(-237.19) - (-50.79) - 2\times(-157.27)]\times 10^3}{8\times 96500}V$$
$$= 1.13\ V$$

显然, 由于电解质溶液不同, 使得电池反应发生了改变, 反应的 $\Delta_r G_m^\ominus$ 的改变引起了电池标准电动势的改变.

只看最高电压的数据, 似乎电解质溶液为碱性时更可取. 但是, 电解质溶液为碱性时, 碱液作为原料不断被消耗掉, 变成副产物碳酸盐. 从收益及效益两方面综合分析, 电解质溶液为酸性时更具有实用价值.

(三) 习题

12.2-1 下列两个电池反应标准电动势和标准 Gibbs 自由能变化间的关系为 (　　)

(1) $\frac{1}{2}H_2(p^\ominus) + AgCl \longrightarrow H^+(a=1) + Cl^-(a=1) + Ag$

(2) $H_2(p^\ominus) + 2AgCl \longrightarrow 2H^+(a=1) + 2Cl^-(a=1) + 2Ag$

(A) $E^\ominus(1) = E^\ominus(2), \Delta_r G_m^\ominus(1) = \Delta_r G_m^\ominus(2)$

(B) $2E^\ominus(1) = E^\ominus(2), 2\Delta_r G_m^\ominus(1) = \Delta_r G_m^\ominus(2)$

(C) $E^\ominus(1) = E^\ominus(2), 2\Delta_r G_m^\ominus(1) = \Delta_r G_m^\ominus(2)$

(D) $2E^\ominus(1) = E^\ominus(2), \Delta_r G_m^\ominus(1) = \Delta_r G_m^\ominus(2)$

答案　(C)

12.2-2 写出下列电池所对应的化学反应.

(1) $Pt, H_2(g) | H_2SO_4(a) | Hg_2SO_4(s) | Hg(l)$

(2) Pt, $H_2(g)|NaOH(a)|O_2(g)$, Pt

(3) Pt, $H_2(g)|NaOH(a)|HgO(s)|Hg(l)$

(4) $Pt|Fe^{3+}(a), Fe^{2+}(a) \| Hg_2^{2+}(a)|Hg(l)$

(5) $Ag(s)|AgCl(s)|KCl(a)|Hg_2Cl_2(s)|Hg(l)$

答案 从略

12.2-3 298 K 时,$K_{sp}(TlBr) = 3.9 \times 10^{-8}$,$\phi^{\ominus}(Tl^+|Tl) = -0.34$ V,求下列电池在 298 K 时的电动势.

$$Pt, H_2(p^{\ominus})|HBr(a=1)|TlBr|Tl$$

答案 $E = E^{\ominus} = -0.660$ V

12.2-4 写出电池:$Pt, H_2(p^{\ominus})|HCl(aq)|H_2(386.6\ p^{\ominus})$, Pt 的电极反应与电池反应,并求算 298 K 时电池的电动势.设氢气在 386.6 $p^{\ominus}$ 时的逸度系数为 1.27.

答案 $E = -0.0797$ V

12.2-5 291 K 和 101325 Pa 下白锡与灰锡的转变达到平衡.已知从白锡转变为灰锡的标准摩尔焓变的 $\Delta_r H_m^{\ominus} = -2.01$ kJ·mol^{-1},试计算下列电池在 273 K 及 298 K 时的标准电动势.

$$Sn(s,白)|SnCl_2(aq)|Sn(s,灰)$$

答案 $E_{273}^{\ominus} = 6.4 \times 10^{-4}$ V,$E_{298}^{\ominus} = -2.5 \times 10^{-4}$ V

提示 先求出电池反应的 $\Delta_r S_m^{\ominus}$,再由 $\Delta_r S_m^{\ominus}$ 与 $E^{\ominus}$ 的关系式计算 $E^{\ominus}$

12.2-6 对于氧化还原反应 $Ag + Fe^{3+} \longrightarrow Fe^{2+} + Ag^+$. 已知 298 K 时,$\phi^{\ominus}(Ag^+|Ag) = 0.7991$ V,$\phi^{\ominus}(Fe^{2+}|Fe) = -0.440$ V,$\phi^{\ominus}(Fe^{3+}|Fe) = -0.036$ V.

(1) 设计一电池,使与上述反应相一致;

(2) 当 $a(Fe^{3+}) = 1$ mol·kg^{-1},$a(Fe^{2+}) = 0.1$ mol·kg^{-1},$a(Ag^+) = 0.1$ mol·kg^{-1} 时,求该电池的电动势.

答案 (1) 电池表达式为:$Ag|Ag^+(a), Fe^{3+}(a), Fe^{2+}(a)|Pt$;(2) $E = 0.09$ V

12.2-7 298 K 时,对于下列电池

$$Ag|Ag_2SO_4|H_2SO_4(0.1\ mol·kg^{-1})|H_2(p^{\ominus}), Pt$$

若电池的电动势 E 和标准电动势 $E^{\ominus}$ 分别为 -0.70 V 和 -0.63 V,求算 308 K 时 $E - E^{\ominus}$.

答案 $E - E^{\ominus} = -0.072$ V

提示 $E - E^{\ominus} = -(RT/nF)\ln Q$,视 Q 为常数,将两温度下的 $E - E^{\ominus}$ 值进行比较即可

12.2-8 298 K 时,对于下列电池

$$Sb|Sb_2O_3|KOH(10^{-3}\ mol·kg^{-1}) \vdots KCl(m)|H_2(p^{\ominus}), Pt$$

(1) 写出上述电池的电极反应和电池反应;

(2) 忽略活度系数的影响,计算 298 K 时电池的电动势;

(3) 若 KCl 的浓度由 0.01 mol·kg^{-1} 增至 0.1 mol·kg^{-1},电池的电动势如何变化?

答案 (1) 从略,(2) $E_{298} = -0.17$ V,(3) E 将不变

12.3 浓差电池与液接电势

(一) 内容纲要

物质从高浓度状态向低浓度状态迁移产生电势而构成的电池称为浓差电池.在浓差电池

中电池总反应不存在氧化还原反应. 根据电池中是否存在液体接界, 可将浓差电池分为无液接电势的和有液接电势的浓差电池.

1. 无液接电势的浓差电池

气体浓差电池、相互串接的复合浓差电池等都属于无液接电势的浓差电池. 盐桥能降低液接电势, 但不能将其完全消除, 只能近似地认为有盐桥连接电池的液接电势为零.

(1) 对于气体浓差电池, 例如

$$\text{Pt}, \text{H}_2(p_1) | \text{H}^+(a) | \text{H}_2(p_2), \text{Pt}$$

电池反应为 $\quad\quad\quad\quad\quad\quad \text{H}_2(p_1) \longrightarrow \text{H}_2(p_2)$

电池的电动势为

$$E = -(RT/2F)\ln(p_2/p_1) \tag{12-7}$$

(2) 对于相互串接的复合浓差电池, 例如

$$\text{Pt}, \text{H}_2(p^\ominus) | \text{HCl}(a_1) | \text{AgCl} | \text{Ag-Ag} | \text{AgCl} | \text{HCl}(a_2) | \text{H}_2(p^\ominus), \text{Pt}$$

电池反应为 $\quad\quad\quad\quad\quad\quad \text{Cl}^-(a_2) \longrightarrow \text{Cl}^-(a_1)$

电池的电动势为

$$E = -(RT/F)\ln(a_1/a_2) = -(2RT/F)\ln[(a_\pm)_1/(a_\pm)_2] \tag{12-8}$$

2. 有液接电势的浓差电池

有液接电势的浓差电池中, 存在着不同的液体或不同浓度的液体接触时由于离子扩散速度不同而产生的液接电势 $E_{液接}$. 对下列电池

$$\text{Pt}, \text{H}_2(p^\ominus) | \text{HCl}(a_1) \vdots \text{HCl}(a_2) | \text{H}_2(p^\ominus), \text{Pt}$$

电池反应为 $\quad\quad\quad\quad\quad\quad t_-\text{HCl}(a_2) \longrightarrow t_-\text{HCl}(a_1)$

电池的电动势为

$$E_{无液接} = -(RT/F)\ln[(a_\pm)_1/(a_\pm)_2]$$

$$E_{液接} = (1-2t_-)(RT/F)\ln[(a_\pm)_1/(a_\pm)_2] \tag{12-9}$$

$$E_{实测} = E_{无液接} + E_{液接} = -2t_-(RT/F)\ln[(a_\pm)_1/(a_\pm)_2] \tag{12-10}$$

(二) 例题解析

【例 12.3-1】 下列两个无液接电势的气体浓差电池, 有着相同形式的电池表达式, 因而有人得出两个电池的左右极极性均相同的结论. 你认为对吗? 请阐述理由.

电池 A: $\text{Pt}, \text{H}_2(p_1) | \text{HCl}(a) | \text{H}_2(p_2), \text{Pt}$ $\quad\quad p_2 > p_1$

电池 B: $\text{Pt}, \text{Cl}_2(p_1) | \text{HCl}(a) | \text{Cl}_2(p_2), \text{Pt}$ $\quad\quad p_2 > p_1$

解析 结论是错误的.

电池反应	电动势	说明
电池 A: $\text{H}_2(p_1) \to \text{H}_2(p_2)$	$E = \dfrac{RT}{2F}\ln\dfrac{p_2}{p_1}$	当 $p_2 > p_1$, $E < 0$, 电池左电极为正极, 右电极为负极
电池 B: $\text{Cl}_2(p_2) \to \text{Cl}_2(p_1)$	$E = \dfrac{RT}{2F}\ln\dfrac{p_2}{p_1}$	当 $p_2 > p_1$, $E > 0$, 电池左电极为负极, 右电极为正极

从上表中的分析看出, 电池 A 和 B 的两极有着不同的极性, 其原因完全是由于两极气体不同的运动方向所引起的.

【例 12.3-2】 请推导下列无液接浓差电池的电动势计算公式

$$Pt, H_2(p^{\ominus})|HCl(a_1)|AgCl|Ag-Ag|AgCl|HCl(a_2)|H_2(p^{\ominus}), Pt$$

解析 左电池反应：$\frac{1}{2}H_2 + AgCl \longrightarrow Ag + HCl(a_1)$

右电池反应：$Ag + HCl(a_2) \longrightarrow \frac{1}{2}H_2 + AgCl$

总电池反应：$HCl(a_2) \longrightarrow HCl(a_1)$

电池的电动势

$$\begin{aligned}
E &= \phi_{左} + \phi_{右} \\
&= [\phi^{\ominus} - (RT/F)\ln a_1] + [-\phi^{\ominus} + (RT/F)\ln a_2] \\
&= -(RT/F)\ln a_1 + (RT/F)\ln a_2 \\
&= -(RT/F)\ln(a_1/a_2) \\
&= -(2RT/F)\ln[(a_{\pm})_1/(a_{\pm})_2]
\end{aligned}$$

【例 12.3-3】 对于下列有液接界的浓差电池

$$Pt, H_2(p^{\ominus})|HCl(0.01\,mol\cdot kg^{-1})\vdots HCl(0.2\,mol\cdot kg^{-1})|H_2(p^{\ominus}), Pt$$

已知 298 K 时, $0.01\,mol\cdot kg^{-1}$ 的 HCl 中 $t(H^+)=0.825$, $0.2\,mol\cdot kg^{-1}$ 的 HCl 中 $t(H^+)=0.834$. $0.01\,mol\cdot kg^{-1}$ HCl 的平均活度系数 $\gamma_{\pm}=0.904$, $0.2\,mol\cdot kg^{-1}$ HCl 的平均活度系数 $\gamma_{\pm}=0.767$.

(1) 推导并计算上述电池的电动势；
(2) 如果改用只允许负离子透过的半透膜代替液-液界面"$\vdots$",求其电动势；
(3) 如果改用正离子半透膜,其电动势又是多少？
(4) 如果改用盐桥,再求其电动势.

解析 对有液接界的浓差电池,当 1F 的电量自左至右通过电池内部时,液体接界上发生离子的迁越.如果两溶液浓度相差不大,我们可以取某离子在两溶液中迁移数的算术平均值作为其迁移数的数值.对 1-1 价型电解质的浓差电池,结合本题条件,可作如下的推导与计算.

(1) 左电极反应：$\frac{1}{2}H_2 \longrightarrow H^+(a_1) + e^-$

右电极反应：$H^+(a_2) + e^- \longrightarrow \frac{1}{2}H_2$

液接界电迁越：$t(H^+)\cdot H^+(a_1) \longrightarrow t(H^+)\cdot H^+(a_2)$

$t(Cl^-)\cdot Cl^-(a_2) \longrightarrow t(Cl^-)\cdot Cl^-(a_1)$

电池反应：$t(Cl^-)[Cl^-(a_2) + H^+(a_1)] \longrightarrow t(Cl^-)[Cl^-(a_1) + H^+(a_2)]$

电池反应的摩尔 Gibbs 自由能改变值 $\Delta_r G_m$:

$$\begin{aligned}
\Delta_r G_m &= t(Cl^-)\{\mu[Cl^-(a_2)] + \mu[H^+(a_2)]\} - t(Cl^-)\{\mu[Cl^-(a_1)] + \mu[H^+(a_1)]\} \\
&= t(Cl^-)\{\mu^{\ominus}(Cl^-) + RT\ln[a(Cl^-)]_2 + \mu^{\ominus}(H^+) + RT\ln[a(H^+)]_2\} \\
&\quad - t(Cl^-)\{\mu^{\ominus}(Cl^-) + RT\ln[a(Cl^-)]_1 + \mu^{\ominus}(H^+) + RT\ln[a(H^+)]_1\} \\
&= 2t(Cl^-)RT\ln[(a_{\pm})_1/(a_{\pm})_2]
\end{aligned}$$

电池的电动势：$E = -\Delta_r G_m/F = 2t(Cl^-)(RT/F)\ln[(a_{\pm})_2/(a_{\pm})_1]$

将题给数据代入上式,得

$$\begin{aligned}
E &= [2\times\{1-(0.834+0.825)/2\}\times\{(8.314\times 298)/96500\} \\
&\quad \times \ln\{(0.2\times 0.767)/(0.01\times 0.904)\}]V = 0.0247\,V
\end{aligned}$$

(2) 改用只允许负离子透过的半透膜时, 则 $t(\text{Cl}^-)=1, t(\text{H}^+)=0$.
$$E = 2\,t(\text{Cl}^-)(RT/F)\ln[(a_\pm)_2/a_\pm)_1]$$
$$= \{2\times 1\times[(8.314\times 298)/96500]\times\ln[(0.2\times 0.767)/(0.01\times 0.904)]\}\,\text{V}$$
$$= 0.145\text{ V}$$

(3) 使用正离子半透膜时, 则 $t(\text{Cl}^-)=0, t(\text{H}^+)=1$.
$$E = 2\,t(\text{Cl}^-)(RT/F)\ln[(a_\pm)_2/a_\pm)_1] = 0\text{ V}$$

(4) 改用盐桥时, 由于液接电势基本消除, 则
$$E = E_{液接} + E_{无液接} = E_{无液接} \quad (E_{液接}=0)$$
$$= E^\ominus - (RT/F)\ln[(a_\pm)_1/a_\pm)_2]$$
$$= (RT/F)\ln[(a_\pm)_2/a_\pm)_1] \quad (E^\ominus=0)$$
$$= 0.0727\text{ V}$$

(三) 习题

12.3-1 298 K 时, 对于下列两个气体浓差电池

(1) $\text{Pt},\text{H}_2(p_1)|\text{HCl}(a_1)|\text{H}_2(p_2),\text{Pt}$; (2) $\text{Pt},\text{Cl}_2(p_1)|\text{HCl}(a_2)|\text{Cl}_2(p_2),\text{Pt}$.

若 $p_1=(1/2)p^\ominus, p_2=p^\ominus, a_1=2a_2$, 则 ( )

(A) $E(1)>E(2)$ (B) $E(1)<E(2)$

(C) $E(1)=E(2)$ (D) $E(1)$ 和 $E(2)$ 间大小不能确定

答案 (B)

12.3-2 写出下列电池所对应的电池反应及电池反应的 Nernst 方程("┆"表示仅允许 H^+ 透过的半透膜).

(1) $\text{Pt},\text{H}_2(p)|\text{HCl}(a)|\text{Cl}_2(p),\text{Pt}$

(2) $\text{Pt},\text{H}_2(p_1)|\text{HCl}(a)|\text{H}_2(p_2),\text{Pt}$

(3) $\text{Ag}|\text{AgCl}|\text{HCl}(a_1)\|\text{HCl}(a_2)|\text{AgCl}|\text{Ag}$

(4) $\text{Pt},\text{H}_2(p)|\text{HCl}(a_1)|\text{AgCl}|\text{Ag-Ag}|\text{AgCl}|\text{HCl}(a_2)|\text{H}_2(p),\text{Pt}$

(5) $\text{Pt},\text{H}_2(p^\ominus)|\text{HCl}(a_1)┆\text{HCl}(a_2)|\text{H}_2(p^\ominus),\text{Pt}$

答案 略

12.3-3 请计算下列浓差电池在 298 K 时的电动势.
$$\text{Cu}|\text{CuSO}_4(m_1)\|\text{CuSO}_4(m_2)|\text{Cu}$$
已知 $m_1=0.01\text{ mol·kg}^{-1}, m_2=0.1\text{ mol·kg}^{-1}, \gamma_{\pm,1}(\text{CuSO}_4)=0.410, \gamma_{\pm,2}(\text{CuSO}_4)=0.160$.

答案 $E=0.0175\text{ V}$

12.3-4 请计算下列浓差电池在 298 K 时的电动势.
$$\text{Pt},\text{H}_2(p^\ominus)|\text{H}_2\text{SO}_4(m_1)|\text{H}_2\text{SO}_4(m_2)|\text{H}_2(p^\ominus),\text{Pt}$$
且 $m_1=0.1\text{ mol·kg}^{-1}, m_2=0.2\text{ mol·kg}^{-1}, t(\text{SO}_4^{2-})=0.186$. 计算中可略去活度系数的影响.

答案 $E=5.00\times 10^{-3}\text{ V}$

12.3-5 今有 A、B 两个电池, 若 $a_1=10^{-4}\text{ mol·kg}^{-1}, a_2=10^{-5}\text{ mol·kg}^{-1}$. 假定 B 电池的液接电势已被盐桥消除, 请分别计算下述电池的电动势.

电池 A: $\text{Zn}|\text{ZnSO}_4(a_1)┆\text{ZnSO}_4(a_2)|\text{Zn}$ ("┆"表示仅允许 Zn^{2+} 通过)

电池 B: $\text{Zn}|\text{ZnSO}_4(a_1)\|\text{ZnSO}_4(a_2)|\text{Zn}$

答案 $E_A = 0\,\text{V}$, $E_B = 0.0296\,\text{V}$

提示 对 A 电池，$E_{液接} = (RT/2F)\ln 10$，$E_{无液接} = -(RT/2F)\ln 10$；对 B 电池，$E_{液接} = 0\,\text{V}$，$E_{无液接} = (RT/2F)\ln 10$

12.4 可逆电池的热力学

(一) 内容纲要

一个化学反应若能被安排成电池反应，且能在等温等压下可逆地进行，则反应的 Gibbs 自由变化应等于反应体系所做的电功.

$$\Delta_r G_m = -nFE \tag{12-11}$$

$$\Delta_r G_m^{\ominus} = -nFE^{\ominus} \tag{12-12}$$

式中 n 为电池反应的电荷数. 根据热力学第一、二定律，电池反应的其他热力学函数变化为

$$\Delta_r S_m = -(\partial \Delta_r G_m / \partial T) = nF(\partial E/\partial T)_p \tag{12-13}$$

$$\Delta_r H_m = \Delta_r G_m + T\Delta_r S_m = -nFE + nFT(\partial E/\partial T)_p \tag{12-14}$$

由 (12-11)~(12-14) 式可看出，只要由实验测量出一个可逆电池的电动势 E 及其随温度的变化率 $(\partial E/\partial T)_p$，就可以计算出电池反应的热力学函数变化 $\Delta_r G_m$、$\Delta_r H_m$ 和 $\Delta_r S_m$.

等温等压下，一个化学反应在电池外不可逆地进行时，其热效应为 $Q_p = \Delta_r H_m$. 同样的反应若等温等压下在电池内可逆地进行，则反应的热效应 $Q_R = T\Delta_r S_m$，根据热力学第一、二定律，Q_p、Q_R 与电功 $(-nFE)$ 间有如下关系：

$$Q_p - Q_R = -nFE \tag{12-15}$$

一个可逆的电池反应，当其处于平衡态时，由于 $\Delta_r G_m = 0$，可得

$$\Delta_r G_m^{\ominus} = -RT\ln K_a$$

与 (12-12) 式比较，很容易建立起由测量可逆电池电动势的方法求算电池反应平衡常数 K_a 的方程式.

$$\ln K_a = nFE^{\ominus}/RT \tag{12-16}$$

(二) 例题解析

【例 12.4-1】 273~323 K 温度范围内，某电池电动势与温度的关系为

$$E/\text{V} = 1.51 + 0.801 \times 10^{-5}(T/\text{K})$$

若电池在等温等压下可逆地进行，则电池反应的焓变 $\Delta_r H_m$ 与电池所做功 $\Delta_r G_m(-nFE)$ 的大小为 ( )

(A) $\Delta_r H_m > \Delta_r G_m$ (B) $\Delta_r H_m < \Delta_r G_m$

(C) $\Delta_r H_m = \Delta_r G_m$ (D) 二者的大小无法确定

解析 答案为 (A)

根据热力学第一、二定律，有

由于 $\Delta_r G_m = \Delta_r H_m - T\Delta_r S_m$

$(\partial E/\partial T)_p = 4.01 \times 10^{-4}\,\text{V}\cdot\text{K}^{-1} > 0$

所以 $\Delta_r S_m = nF(\partial E/\partial T)_p > 0$

$\Delta_r H_m - \Delta_r G_m = T\Delta_r S_m > 0$，$\Delta_r H_m > \Delta_r G_m$

从上述结果可知,由可逆电池温度系数的符号可判断电池反应 $\Delta_r H_m$ 和 $\Delta_r G_m$ 的大小.

【例 12.4-2】 298 K 及 101325 Pa 下,将一可逆电池短路,使有 96500 C 的电量通过电池,此时放出的热量恰好为电池可逆操作时所吸入热量的 43 倍. 在 298 K 及 101325 Pa 下,测得该电池电动势的温度系数为 1.4×10^{-4} V·K^{-1},试求电池反应的 $\Delta_r S_m$、$\Delta_r H_m$ 和 $\Delta_r G_m$ 之值.

解析 将电池短路,意味着电池两极间电压为零,相当于化学反应直接进行,其热效应 $Q_p = \Delta_r H_m$. 电池中的可逆热效应为 $Q_R = T\Delta_r S_m$. 由 $\Delta_r H_m$ 和 $\Delta_r S_m$ 进而可求出 $\Delta_r G_m$.

$$\Delta_r S_m = nF\left(\frac{\partial E}{\partial T}\right)_p = 1 \times 96500 \times 1.4 \times 10^{-4} \text{ J·K}^{-1}\text{·mol}^{-1}$$
$$= 13.51 \text{ J·K}^{-1}\text{·mol}^{-1}$$
$$Q_R = T\Delta_r S_m = 298 \times 13.51 \text{ J·mol}^{-1} = 4025.98 \text{ J·mol}^{-1}$$
$$\Delta_r H_m = Q_p = -43 Q_R$$
$$= -43 \times 4025.98 \text{ J·mol}^{-1} = -1.731 \times 10^5 \text{ J·mol}^{-1}$$
$$\Delta_r G_m = \Delta_r H_m - T\Delta_r S_m$$
$$= (-1.731 \times 10^5 - 4025.98) \text{ J·mol}^{-1}$$
$$= -1.771 \times 10^5 \text{ J·mol}^{-1}$$

【例 12.4-3】 铅蓄电池如下式所示:

$$\text{Pb}|\text{PbSO}_4(s)|\text{H}_2\text{SO}_4(aq)|\text{PbSO}_4(s)|\text{PbO}_2$$

当 H_2SO_4 的浓度为 1 mol·kg^{-1} 时,电池的电动势在 273~333 K 间可由下式求出

$$E/\text{V} = 1.91737 + 56.1 \times 10^{-6} \times (T/\text{K} - 273) + 108 \times 10^{-8} (T/\text{K} - 273)^2$$

请写出电池反应,并计算 298 K 时电池反应的 $\Delta_r G_m$,$\Delta_r H_m$ 和 $\Delta_r S_m$.

解析 恒压下,将电池电动势对温度进行偏微商,即可求出电池电动势的温度系数 $(\partial E/\partial T)_p$. 由题给温度求出电池的电动势,进而可根据公式(12-11)、(12-13)和(12-14)求出 298 K 时电池反应的 $\Delta_r G_m$、$\Delta_r S_m$ 和 $\Delta_r H_m$.

左电极反应:$\text{Pb} + \text{SO}_4^{2-} \longrightarrow \text{PbSO}_4 + 2\text{e}^-$

右电极反应:$\text{PbO}_2 + 4\text{H}^+ + \text{SO}_4^{2-} + 2\text{e}^- \longrightarrow \text{PbSO}_4(s) + 2\text{H}_2\text{O}$

电池反应: $\text{Pb} + \text{PbO}_2 + 4\text{H}^+ + 2\text{SO}_4^{2-} \longrightarrow 2\text{PbSO}_4(s) + 2\text{H}_2\text{O}$

$$E_{298} = [1.91737 + 56.1 \times 10^{-6} \times (T/\text{K} - 273) + 108 \times 10^{-8} \times (T/\text{K} - 273)^2]\text{V}$$
$$= [1.91737 + 56.1 \times 10^{-6} \times 25 + 108 \times 10^{-8} \times 25^2]\text{V}$$
$$= 1.9863 \text{ V}$$

$$\left(\frac{\partial E}{\partial T}\right)_p = \left\{\frac{\partial}{\partial T}[1.91737 + 56.1 \times 10^{-6} \times (T/\text{K} - 273) + 108 \times 10^{-8} \times (T/\text{K} - 273)^2]\right\}_p$$
$$= [56.1 \times 10^{-6} + 216 \times 10^{-8} \times (T/\text{K} - 273)]\text{V·K}^{-1}$$
$$= 1.101 \times 10^{-4} \text{ V·K}^{-1}$$

$$\Delta_r G_m = -nFE = -2 \times 96500 \times 1.9863 \text{ kJ·mol}^{-1} = -383.36 \text{ kJ·mol}^{-1}$$

$$\Delta_r S_m = nF\left(\frac{\partial E}{\partial T}\right)_p = 2 \times 96500 \times 1.101 \times 10^{-4} \text{ J·K}^{-1}\text{·mol}^{-1} = 21.45 \text{ J·K}^{-1}\text{·mol}^{-1}$$

$$\Delta_r H_m = \Delta_r G_m + T\Delta_r S_m$$
$$= (-383.36 + 298 \times 21.45 \times 10^{-3})\text{kJ·mol}^{-1}$$
$$= -376.97 \text{ kJ·mol}^{-1}$$

【例 12.4-4】 298 K 时,下列电池的标准电动势为 0.926 V.
$$\text{Pt},\text{H}_2(p^\ominus)|\text{NaOH}(\text{aq})|\text{HgO}(\text{s})|\text{Hg}(\text{l})$$

$H_2O(l)$ 的标准生成 Gibbs 自由能为 $-237.2 \text{ kJ}\cdot\text{mol}^{-1}$,试计算下列反应的平衡常数.
$$\text{HgO}(\text{s}) \Longrightarrow \text{Hg}(\text{l}) + \frac{1}{2}\text{O}_2(\text{g})$$

解析 由电池电动势计算化学反应的平衡常数,首先应写出电池反应.若电池反应与所求化学反应为同一反应,则根据公式(12-16)很容易由电池电动势计算出可逆电池反应的平衡常数.若电池反应与所求反应不同,则应根据题给条件,找出所给反应与所求反应间的关系.间接地由已知电池反应的标准电动势 $E^\ominus$ 求出所求化学反应的 $\Delta_r G_m^\ominus$,而后求出反应的平衡常数.

左电极反应: $\text{H}_2(\text{g}) \longrightarrow 2\text{H}^+ + 2\text{e}^-$
右电极反应: $\text{HgO}(\text{s}) + \text{H}_2\text{O} + 2\text{e}^- \longrightarrow \text{Hg}(\text{l}) + 2\text{OH}^-$
电池反应: $\text{HgO}(\text{s}) + \text{H}_2(\text{g}) \longrightarrow \text{Hg}(\text{l}) + \text{H}_2\text{O}(\text{l})$ ①

$$\Delta_r G_m^\ominus(1) = -nFE^\ominus = -2 \times 96500 \times 0.926 \text{ kJ}\cdot\text{mol}^{-1} = -178.72 \text{ kJ}\cdot\text{mol}^{-1}$$

根据题给条件
$$\text{H}_2(\text{g}) + \frac{1}{2}\text{O}_2(\text{g}) \longrightarrow \text{H}_2\text{O}(\text{l}) \qquad ②$$
$$\Delta_r G_m^\ominus(2) = -237.2 \text{ kJ}\cdot\text{mol}^{-1}$$

式①-式②,得
$$\text{HgO}(\text{s}) \longrightarrow \text{Hg}(\text{l}) + \frac{1}{2}\text{O}_2(\text{g})$$

$$\Delta_r G_m^\ominus = \Delta_r G_m^\ominus(1) - \Delta_r G_m^\ominus(2) = [-178.72 - (-237.2)] \text{ kJ}\cdot\text{mol}^{-1} = 58.48 \text{ kJ}\cdot\text{mol}^{-1}$$

$$\ln[K_p^\ominus(p^\ominus)^{1/2}] = -\frac{\Delta_r G_m^\ominus}{RT} = -\frac{58.48 \times 10^3}{8.314 \times 298} = -23.60$$

$$K_p^\ominus = 5.61 \times 10^{-11}$$

【例 12.4-5】 对于下列电池
$$\text{Pt},\text{Cl}_2(p^\ominus)|\text{HCl}(0.1 \text{ mol}\cdot\text{kg}^{-1})|\text{AgCl}(\text{s})|\text{Ag}$$

已知 298 K 时,AgCl 的标准摩尔生成焓为 $-127035 \text{ J}\cdot\text{mol}^{-1}$,Ag、AgCl 和 $\text{Cl}_2(\text{g})$ 在 298 K 时的标准摩尔熵分别为 42.702、96.11 和 $243.87 \text{ J}\cdot\text{K}^{-1}\cdot\text{mol}^{-1}$.求算 298 K 时:(1) 电池的电动势;(2) 电池可逆操作时的热效应;(3) 电池电动势的温度系数;(4) AgCl 的分解压.

解析 (1) 由题目给出的条件很容易计算出电池反应的 $\Delta_r H_m^\ominus$ 与 $\Delta_r S_m^\ominus$,求出电池反应的 $\Delta_r G_m^\ominus$ 后,相应地可求出电池的标准电动势 $E^\ominus$;(2) 电池可逆操作时的热效应 $Q_R = T\Delta_r S^\ominus$;(3) 由 $\Delta_r S_m^\ominus$ 可计算出电池电动势的温度系数 $(\partial E^\ominus/\partial T)_p$;(4) AgCl 的分解压即 AgCl 的分解达平衡时 Cl_2 的压力,对 AgCl 的分解反应:

$$\text{AgCl}(\text{s}) \longrightarrow \text{Ag}(\text{s}) + \frac{1}{2}\text{Cl}_2(\text{g}), \quad \ln[p(\text{Cl}_2)/p^\ominus]^{1/2} = -\Delta_r G_m^\ominus/RT$$

(1) 左电极反应: $\text{Cl}^-(\text{g}) \longrightarrow \frac{1}{2}\text{Cl}_2(\text{g}) + \text{e}^-$

右电极反应: $\text{AgCl}(\text{aq}) + \text{e}^- \longrightarrow \text{Ag}(\text{s}) + \text{Cl}^-(\text{aq})$

电池反应: $\text{AgCl}(\text{s}) \longrightarrow \text{Ag}(\text{s}) + \frac{1}{2}\text{Cl}_2(\text{aq})$

$$\Delta_r H_m^\ominus = \Delta_f H_m^\ominus(\text{Ag}) + \frac{1}{2}\Delta_f H_m^\ominus(\text{Cl}_2) - \Delta_f H_m^\ominus(\text{AgCl}) = 127035 \text{ J}\cdot\text{mol}^{-1}$$

$$\Delta_r S_m^\ominus = S_m^\ominus(\text{Ag}) + \frac{1}{2} S_m^\ominus(\text{Cl}_2) - S_m^\ominus(\text{AgCl}) = 68.527 \text{ J} \cdot \text{K}^{-1} \cdot \text{mol}^{-1}$$

$$\Delta_r G_m^\ominus = \Delta_r H_m^\ominus - T \Delta_r S_m^\ominus = (127035 - 298 \times 68.527) \text{ J} \cdot \text{K} \cdot \text{mol}^{-1} = 106614 \text{ J} \cdot \text{mol}^{-1}$$

$$E^\ominus = -\frac{\Delta_r G_m^\ominus}{nF} = -\frac{106614}{96500} \text{ V} = -1.1048 \text{ V}$$

(2) $Q_R = T \Delta_r S_m^\ominus = 298 \times 68.527 \text{ J} = 20421 \text{ J}$

(3) $\left(\frac{\partial E^\ominus}{\partial T}\right) = \frac{\Delta_r S_m^\ominus}{nF} = \frac{68.527}{96500} \text{ V} \cdot \text{K}^{-1} = 7.1 \times 10^{-4} \text{ V} \cdot \text{K}^{-1}$

(4) $\ln K_p^\ominus = \ln \left[\frac{p(\text{Cl}_2)}{p^\ominus}\right]^{1/2} = -\frac{\Delta_r G_m^\ominus}{RT} = -\frac{106614}{8.314 \times 298} = -43.03$

$[p(\text{Cl}_2)/p^\ominus]^{1/2} = 2.053 \times 10^{-19}$

$p(\text{Cl}_2) = (2.053 \times 10^{-19})^2 \times 101325 \text{ Pa} = 4.27 \times 10^{-33} \text{ Pa}$

(三) 习题

12.4-1 298 K 时,由 $\phi^\ominus(\text{Zn}^{2+}|\text{Zn}) = -0.763 \text{ V}$, $\phi^\ominus(\text{Cd}^{2+}|\text{Cd}) = -0.403 \text{ V}$ 可知,下述反应

$$\text{Zn} + \text{Cd}^{2+}(a=1) \longrightarrow \text{Zn}^{2+}(a=1) + \text{Cd}$$

的平衡常数 K_a 为: ( )

(A) 1.51×10^{10} (B) 1.51×10^{-12} (C) 1.51×10^{12} (D) 1.51×10^{-10}

答案 (C)

12.4-2 一个电池的电动势为 1.07 V,所在恒温槽的温度为 293 K.当此电池短路时,有 1000 C 的电量通过.假定此电池中发生的化学反应与可逆放电时相同,试求此电池和恒温槽为体系的总熵变.如果要分别求算恒温槽和电池的熵变,尚需何种数据?

答案 $\Delta_r S_m(\text{体}) = 3.65 \text{ J} \cdot \text{K}^{-1}$;尚需电池电动势的温度系数 $(\partial E/\partial T)_p$ 或电池反应的 $\Delta_r H_m$.

12.4-3 298 K 时,测得某电池的电动势为 -0.3500 V;303 K 时,测得其电动势为 -0.3680 V.现将电池在 298 K 时可逆地输入 1 F 的电量进行电解,求电池的热效应.如果相当于上述数量的化学反应在电池外自发地进行,$T = 298$ K 时热效应又是多少?

答案 $Q_R = -103 \text{ kJ} \cdot \text{mol}^{-1}$; $\Delta_r H_m = Q_p = -69.2 \text{ kJ} \cdot \text{mol}^{-1}$

12.4-4 设计一电池,使其中发生的总反应为

$$\text{Zn} + \text{Hg}_2\text{SO}_4 + 7\text{H}_2\text{O} = \text{ZnSO}_4 \cdot 7\text{H}_2\text{O} + 2\text{Hg}$$

若该电池电动势的表达式为

$$E/\text{V} = 1.4151 - 1.2 \times 10^{-3}(T/\text{K} - 298) - 7.0 \times 10^{-8}(T/\text{K} - 298)^2$$

请计算 313 K 时,上述电池反应的 $\Delta_r G_m$、$\Delta_r H_m$ 和 $\Delta_r S_m$ 值.

答案 电池表达式为:$\text{Zn}|\text{ZnSO}_4(\text{aq})|\text{Hg}_2\text{SO}_4(\text{aq})|\text{Hg}$; $\Delta_r G_m = -269.3 \text{ kJ} \cdot \text{mol}^{-1}$, $\Delta_r H_m = -354.5 \text{ kJ} \cdot \text{mol}^{-1}$, $\Delta_r S_m = -271.1 \text{ J} \cdot \text{K}^{-1} \cdot \text{mol}^{-1}$.

12.4-5 请计算 298 K 和 308 K 时下列电池的电动势:

$$\text{Ag}|\text{AgCl}|\text{HCl}(0.25 \text{ mol} \cdot \text{kg}^{-1})|\text{Hg}_2\text{Cl}_2|\text{Hg}$$

同时求上述电池在 298 K 时可逆充电中环境所获得的热量(298 K 时,有关物质的 $\Delta_f H_m^\ominus$ 和 $\Delta_f G_m^\ominus$ 数据如下表所示).

物　质	$\Delta_f H_m^\ominus/(kJ \cdot mol^{-1})$	$\Delta_f G_m^\ominus/(kJ \cdot mol^{-1})$
AgCl	-127.03	-109.72
Hg_2Cl_2	-264.93	-210.68

答案　$E^\ominus(298) = -0.0454\ V$，$E^\ominus(308) = -0.0488\ V$，$Q_r = 9.80\ kJ$

12.4-6　298 K 时，$\phi^\ominus(Fe^{3+}, Fe^{2+}|Pt) = 0.771\ V$，$\phi^\ominus(Hg^{2+}, Hg_2^{2+}|Pt) = 0.920\ V$，试计算下列反应在 298 K 时的平衡常数.

$$Fe^{2+} + Hg^{2+} \longrightarrow Fe^{3+} + \frac{1}{2}Hg_2^{2+}$$

答案　$K_a = 3.3 \times 10^2$

12.4-7　已知 298 K 时，$\phi^\ominus(Ag^+|Ag) = 0.7991\ V$，$\phi^\ominus(Fe^{3+}, Fe^{2+}|Pt) = 0.771\ V$. 对于下列反应

$$Ag + Fe^{3+} \longrightarrow Ag^+ + Fe^{2+}$$

若实验开始用过量的 Ag 和 $0.100\ mol \cdot kg^{-1}$ 的 $Fe(NO_3)_3$ 溶液反应，求平衡时 Ag^+ 的浓度(设为理想溶液).

答案　$m(Ag^+) = 0.081\ mol \cdot kg^{-1}$

12.4-8　298 K 时，下列电池的电动势为 1.362 V.

$$Pt, H_2(p^\ominus)|H_2SO_4(稀)|Au_2O_3|Au$$

(1) 求 298 K 时 Au_2O_3 的标准生成 Gibbs 自由能 $\Delta_f G_m^\ominus$.

(2) 若 $\Delta_f G_m^\ominus\{H_2O(l)\} = -237.19\ kJ \cdot mol^{-1}$，问要使 Au_2O_3 与 Au 达平衡，该温度下 O_2 的逸度 $f(O_2)$ 应为多少?

答案　(1) $\Delta_f G_m^\ominus(Au_2O_3) = 77.03\ kJ \cdot mol^{-1}$，(2) $f(O_2) = 1.01 \times 10^{14}\ Pa$

12.4-9　当 H_2O_2 作还原剂时，电极反应为

$$H_2O_2 \longrightarrow O_2 + 2H^+ + 2e^-$$

电极的标准电极电势 $\phi^\ominus(H_2O_2, H_2O, H^+|Pt) = 0.682\ V$，若已知 $H_2O(l)$ 的标准生成 Gibbs 自由能为 $-237.19\ kJ \cdot mol^{-1}$.

(1) 当 H_2O_2 作氧化剂时，反应产物是什么? 求算其标准电极电势.

(2) H_2O_2 在水溶液中稳定吗? 将分解成什么产物? 求反应的平衡常数.

答案　(1) 产物为 $H_2O(l)$，$\phi^\ominus(H_2O_2, H_2O, H^+|Pt) = 1.776\ V$；(2) H_2O_2 在水溶液中不稳定，分解成 $H_2O(l) + O_2(g)$，$K_a = 1.03 \times 10^{37}$

12.5　电动势测定的应用

(一) 内容纲要

1. 电动势测定的应用

从本章 12.4 节的内容可知，由可逆电池电动势的测量能够计算出电池反应的平衡常数 K_a 以及电池反应的热力学函数变化 $\Delta_r G_m$、$\Delta_r H_m$ 和 $\Delta_r S_m$. 实际上，由于电动势法测量精度高、准确可靠，故其应用十分广泛.

(1) 测定难溶盐的溶度积和弱电解质的电离常数

依据(12-16)式，只要可逆电池电动势表达式中包括有难溶盐的溶度积 K_{sp} 和弱电解质的电离常数 K_a，便可以通过电池电动势的测量将其求出. 与电导法比较，电动势法更精确.

(2) 判断氧化还原反应的方向

依据(12-11)式,对于一个氧化还原反应方向的判断可参考下表:

E	ΔG	判　断
>0	<0	电池中左电极发生氧化反应,右电极发生还原反应,正向电池反应自发进行
<0	>0	电池中左电极发生还原反应,右电极发生氧化反应,逆向电池反应自发进行
=0	=0	电池反应处于平衡态

(3) 确定溶液中离子的价态

利用无液接电池电动势的测量方法测得电池电动势后,根据电池反应的 Nernst 方程求出电池反应的电荷数 n,即可确定电池反应溶液中离子的价态.

(4) 测定离子的迁移数

依据(12-9)式,测量有液接电势浓差电池的电动势,即可求出 1-1 价型电解质的离子迁移数.测定时往往用对称电解质溶液.

(5) 测定电解质的平均活度系数

测量无液接电势电池的电动势,可以精确地测定电解质溶液中离子的活度系数 $\gamma_\pm$.例如用下列电池,可测定 HBr 的平均活度系数.

$$\text{Pt},\text{H}_2(p^\ominus)\,|\,\text{HBr}(m)\,|\,\text{AgBr}\,|\,\text{Ag}$$

电池反应的 Nernst 方程为

$$\begin{aligned} E &= E^\ominus - (RT/F)\ln[a(\text{H}^+)a(\text{Br}^-)] \\ &= E^\ominus - (2RT/F)\ln[\gamma_\pm(m_\pm/m^\ominus)] \\ &= E^\ominus - (2RT/F)\ln(m_\pm/m^\ominus) - (2RT/F)\ln\gamma_\pm \end{aligned} \quad (12\text{-}17)$$

经整理,可得

$$E + (2RT/F)\ln(m_\pm/m^\ominus) = E^\ominus - (2RT/F)\ln\gamma_\pm$$

测得一系列的 $E(m)$ 值,作 $E + (2RT/F)\ln(m_\pm/m^\ominus)$-$(m)^{1/2}$ 图,外推至 $(m)^{1/2}=0$ 处,$\gamma_\pm=1$,可由截矩求得 $E^\ominus$.进一步可由下式计算出 298 K 时各浓度下 HBr 的平均活度系数.

$$\ln\gamma_\pm = \{E^\ominus - [E + 0.05138\ln(m_\pm/m^\ominus)]\}/0.05138 \quad (12\text{-}18)$$

(6) 测定溶液的 pH

测定由含有待测液 x 的氢电极和参比电极(通常为饱和甘汞电极 SCE)组成电池的电动势 E_x,可以求出待测液的 pH_x.

$$\text{Pt},\text{H}_2(p^\ominus)\,|\,\text{H}^+(\text{待测液 x})\,\|\,\text{参考电极}$$

pH_x 的计算式为

$$\text{pH}_x = \text{pH}_s + [(E_x - E_s)/(2.303\,RT/F)] \quad (12\text{-}19)$$

式中 pH_s 为标准缓冲溶液的 pH,E_s 和 E_x 分别表示氢电极溶液为已知 pH 的缓冲溶液和待测液 x 时电池的电动势.实际测量中,由于使用和制备的不便,氢电极常被玻璃电极所取代.为了消除液接电势的影响,每测一个待测液的 pH,都要用标准缓冲溶液对仪器进行标定.

(7) 电势滴定

以玻璃电极和饱和甘汞电极组成电池(电池表达式中"∥"表示玻璃膜):

$$\text{玻璃电极}\,\|\,\text{待测液}(x)\,\|\,\text{饱和甘汞电极}(\text{SCE})$$

将电池与 pH 计相连,由电池电动势的突变点,可进行各种反应滴定终点的测定.此种方法尤其适用于一些不易选取合适指示剂的氧化还原反应.

2. ϕ-($-\lg a$)图及其应用

电化学中,ϕ-($-\lg a$)图有其重要的实际应用价值.它能将一个电极的电极电势 ϕ 随电解质活度 a 的变化显示得一目了然.不同的电极组成电池时,电池电动势的符号(正负号)、大小及电池中的反应都能从 ϕ-($-\lg a$)图上作出直观且恰当的分析与判断.

(二) 例题解析

【例 12.5-1】 下列电池中何者可被用来测定 Cl^- 的迁移数 $t(Cl^-)$ ( )
(A) Pt, $H_2(p^\ominus)|HCl(a_1) \parallel HCl(a_2)|H_2(p^\ominus)$, Pt
(B) Pt, $H_2(p^\ominus)|HCl(a_1) \vdots HCl(a_2)|H_2(p^\ominus)$, Pt
(C) Pt, $H_2(p_1)|HBr(a)|H_2(p_1)$, Pt
(D) Pt, $Cl_2(p_1)|HCl(a)|Cl_2(p_1)$, Pt

解析 答案为(B).被用来测量 Cl^- 迁移数的电池必须是有液接电势的浓差电池,同时电池中必须有 Cl^- 通过液体界面的迁移.分析上述四个电池可知,电池(C)中没有 Cl^- 的迁移;电池(D)中不存在液体接界,因而没有液接电势;电池(A)虽有 Cl^- 的迁移,但液接电势已被盐桥消除到几乎为零,无法进行实验测量.只有电池(B)同时具备有液接界电势的浓差电池与电池中有 Cl^- 通过液接界迁移的条件.

【例 12.5-2】 298 K 时,测得下列电池的电动势为 -0.3899 V.

$$Ag|AgNO_3(0.01\,mol\cdot kg^{-1}) \parallel NaCl(0.1\,mol\cdot kg^{-1})|AgCl|Ag$$

若 $0.01000\,mol\cdot kg^{-1}$ 的 $AgNO_3$ 之 $\gamma_\pm = 0.9000$,$0.1000\,mol\cdot kg^{-1}$ NaCl 之 $\gamma_\pm$ 为 0.778,求 AgCl 的溶度积及饱和浓度.

解析 欲求 AgCl 的溶度积 K_{sp},需求出电池反应的 $\Delta_r G_m^\ominus$,而 $\Delta_r G_m^\ominus$ 可通过电池反应的 Nernst 方程求出电池的标准电动势计算得到.

左电极反应:$Ag \longrightarrow Ag^+ + e^-$
右电极反应:$AgCl + e^- \longrightarrow Ag + Cl^-$
电池反应: $AgCl \longrightarrow Ag^+ + Cl^-$

$$E = E^\ominus - (RT/F)\ln[a(Ag^+)a(Cl^-)]$$
$$= E^\ominus - (RT/F)\ln\{[\gamma_\pm m(Ag^+)/m^\ominus][\gamma_\pm m(Cl^-)/m^\ominus]\}$$
$$E^\ominus = \{-0.3899 + 0.0592\lg[(0.778\times 0.1)\times(0.90\times 0.01)]\}V$$
$$= (-0.3899 - 0.1868)V = -0.5767\,V$$

$$\lg K_{sp} = -\frac{\Delta_r G_m^\ominus}{2.303\,RT} = \frac{nFE^\ominus}{2.303\,RT} = \frac{(-0.5767)\times 96500}{2.303\times 8.314\times 298} = -9.753$$

$$K_{sp} = 1.766\times 10^{-10}$$

又 $K_{sp} = a(Ag^+)a(Cl^-) = (m_\pm/m^\ominus)^2$

故 $m_\pm = \sqrt{K_{sp}}\,m^\ominus = \sqrt{1.766\times 10^{-10}}\times 1\,mol\cdot kg^{-1} = 1.329\times 10^{-5}\,mol\cdot kg^{-1}$

以上计算中,由于 AgCl 的溶液很稀,认为其平均活度系数为 1.

【例 12.5-3】 298 K 时,测得下列电池的电动势为 0.926 V.

$$Pt, H_2(p^\ominus)|KOH(0.1\,mol\cdot kg^{-1})|HgO(s)|Hg(l)$$

试从热力学角度分析,在 298 K 及 101325 Pa 下,汞能否被空气中的水气转化为氧化汞和氢气?

设在空气中的水气和氢气的摩尔分数分别为 1.1% 和 0.01%. 同时又知 298 K、101325 Pa 下, $H_2O(l) \longrightarrow H_2O(g)$ 的 $\Delta_f^g G_m^\ominus = 8589 \text{ J} \cdot \text{mol}^{-1}$.

解析 判断一个化学反应能否发生,可根据 Gibbs 自由能减少原理判断. 如将该反应安排在电池内进行,也可由电池电动势的符号及数值作出判断,但本题电池反应不是所要判断能否发生的化学反应,这就需要找出电池反应与所求反应的关系,再进一步作出判断.

左电极反应:$H_2(g) + 2OH^-(aq) \longrightarrow 2H_2O(l) + 2e^-$

右电极反应:$HgO(s) + H_2O(l) + 2e^- \longrightarrow 2OH^-(aq) + Hg(l)$

电池反应: $H_2(g) + HgO(s) \longrightarrow H_2O(l) + Hg(l)$ ①

$\Delta_r G_m^\ominus(1) = -nFE^\ominus(1) = (-2 \times 96500 \times 0.926) \text{ J} \cdot \text{mol}^{-1} = -1.787 \times 10^5 \text{ J} \cdot \text{mol}^{-1}$

又知 $H_2O(l) \longrightarrow H_2O(g)$ ②

$\Delta_r G_m^\ominus(2) = 8598 \text{ J} \cdot \text{mol}^{-1}$

式① + 式②,得

$H_2(g) + HgO(s) \longrightarrow H_2O(g) + Hg(l)$ ③

因而

$\Delta_r G_m^\ominus(3) = \Delta_r G_m^\ominus(1) + \Delta_r G_m^\ominus(2) = -1.7 \times 10^5 \text{ J} \cdot \text{mol}^{-1}$

故对反应

$H_2O(g) + Hg(l) \longrightarrow H_2(g) + HgO(s)$

$\Delta_r G_m^\ominus = -\Delta_r G_m^\ominus(3) = 1.7 \times 10^5 \text{ J} \cdot \text{mol}^{-1}$

今知空气中 H_2 和 H_2O 的分压分别为

$p(H_2) = 0.0001 p^\ominus, \quad p(H_2O) = 0.011 p^\ominus$

故上述反应的摩尔 Gibbs 自由能变为

$\Delta_r G_m = \Delta_r G_m^\ominus + RT \ln[p(H_2)/p(H_2O)]$

$= \left(1.7 \times 10^5 + 8.314 \times 298 \ln \dfrac{0.0001}{0.011}\right) \text{ J} \cdot \text{mol}^{-1}$

$= 1.6 \times 10^5 \text{ J} \cdot \text{mol}^{-1} > 0$

根据 Gibbs 自由能减少原理,在 298 K 及 101325 Pa 下,空气中的水气不能使 Hg(l) 转化为 HgO(s) 和 $H_2(g)$.

【例 12.5-4】 298 K 时,测得下列电池的电动势为 0.0295 V.

$Hg|$硝酸亚汞$(m_1) \vdots HNO_3(m) \vdots HNO_3(m) \vdots$ 硝酸亚汞$(m_2)|Hg$

若 $m_1 = 0.001 \text{ mol} \cdot \text{kg}^{-1}$, $m_2 = 0.01 \text{ mol} \cdot \text{kg}^{-1}$, $m = 0.1 \text{ mol} \cdot \text{kg}^{-1}$,试确定溶液中亚汞离子是 Hg^+,还是 Hg_2^{2+}?

解析 上面电池为一浓差电池,其液接电势已由盐桥基本消除. 写出电池反应的 Nernst 方程并求出 n 值,即可确定溶液中亚汞离子的价态及结构.

设亚汞离子的结构为 Hg_n^{n+},则

左电极反应:$n\text{Hg} \longrightarrow Hg_n^{n+}(m_1) + ne^-$

右电极反应:$Hg_n^{n+}(m_2) + ne^- \longrightarrow n\text{Hg}$

电池反应: $Hg_n^{n+}(m_2) \longrightarrow Hg_n^{n+}(m_1)$

由于硝酸亚汞浓度较稀,假定其平均活度系数均为 1,则该电池的 Nernst 方程为

$$E \approx \frac{RT}{nF}\ln\frac{m_2}{m_1} = \frac{0.0592}{n}\lg\frac{0.01}{0.001}$$

$$n = \frac{0.0592}{E} = \frac{0.0592}{0.0295} \approx 2$$

计算结果证明,亚汞离子的结构应为 Hg_2^{2+}.

【例 12.5-5】 298 K 时,测得下列电池的电动势为 0.200 V.

$$Pt, H_2(p^\ominus) | HBr(0.100\ mol \cdot kg^{-1}) | AgBr(s) | Ag$$

$\phi^\ominus(Br^-|AgBr|Ag) = 0.071\ V$. 写出电极反应与电池反应,求指定浓度下 HBr 的平均活度系数.

解析 对上述无液接电池,由于电解质为 1-1 价型,故可根据公式(12-18)计算 HBr 的平均活度系数.

左电极反应: $\frac{1}{2}H_2(p^\ominus) \longrightarrow H^+(0.100\ mol \cdot kg^{-1}) + e^-$

右电极反应: $AgBr(s) + e^- \longrightarrow Ag(s) + Br^-(0.100\ mol \cdot kg^{-1})$

电池反应: $\frac{1}{2}H_2(p^\ominus) + AgBr(s) \longrightarrow Ag + HBr(0.100\ mol \cdot kg^{-1})$

$$E = E^\ominus - \frac{2RT}{F}\ln(m_\pm/m^\ominus) - \frac{2RT}{F}\ln\gamma_\pm$$

$$\ln\gamma_\pm = \frac{1}{0.05138} \times [E^\ominus - E - 0.05138\ln(m_\pm/m^\ominus)]$$

$$= \frac{1}{0.05138} \times (0.071 - 0.200 - 0.05138\ln 0.1)$$

$$= -0.208$$

$$\gamma_\pm = 0.812$$

【例 12.5-6】 298 K 时,测得下列电池的电动势为 0.09253 V.

$$Ag|AgCl(s)|HCl(m_1) \vdots HCl(m_2)|AgCl(s)|Ag$$

若 $m_1 = 0.1\ mol \cdot kg^{-1}$, $m_2 = 0.01\ mol \cdot kg^{-1}$, $(\gamma_\pm)_1 = 0.796$, $(\gamma_\pm)_2 = 0.904$,与其对应的无液接电池电动势为 0.1118 V,求 HCl 在此浓度范围内的 $t(H^+)$ 与 $t(Cl^-)$?

解析 与公式(12-10)所计算的电池电动势不同,本题中的电池为 Cl^- 迁移的有液接浓差电池.首先应对其电动势的计算式作出推导,而后再与无液接相对应电池的电动势计算式比较,才能求出 $t(H^+)$ 与 $t(Cl^-)$ 值.

● 对上述有液接浓差电池

左电极反应: $Cl^-(a_1) \longrightarrow \frac{1}{2}Cl_2 + e^-$

右电极反应: $\frac{1}{2}Cl_2 + e^- \longrightarrow Cl^-(a_2)$

液接电迁越: $t(Cl^-)Cl^-(a_1) \longrightarrow t(Cl^-)Cl^-(a_2)$

$\qquad\qquad t(H^+)H^+(a_2) \longrightarrow t(H^+)H^+(a_1)$

电池反应: $t(H^+)[H^+(a_1) + Cl^-(a_1)] \longrightarrow t(H^+)[H^+(a_2) + Cl^-(a_2)]$

$$E(1) = -2t(H^+)\frac{RT}{F}\ln\frac{(a_\pm)_2}{(a_\pm)_1} \quad \text{(具体推导见例[12.3-3])}$$

● 对与其对应的无液接浓差电池

$$Ag|AgCl(s)|HCl(m_1)|H_2(p^\ominus),Pt\text{-}Pt,H_2(p^\ominus)|HCl(m_2)|AgCl(s)|Ag$$

左电极反应: $Ag + HCl(m_1) \longrightarrow \frac{1}{2}H_2 + AgCl$

右电极反应：$\frac{1}{2}H_2 + AgCl \longrightarrow Ag + HCl(m_2)$

总电池反应：$HCl(a_1) \longrightarrow HCl(a_2)$

$$E(2) = -\frac{2RT}{F}\ln\frac{(a_\pm)_2}{(a_\pm)_1}$$

比较两个电池的电动势，得到

$$E(1)/E(2) = t(H^+)$$

$t(H^+) = 0.09253/0.1118 = 0.828,\ t(Cl^-) = 1 - t(H^+) = 0.172$

【例 12.5-7】 298 K 时，用下列电池测得标准缓冲溶液 0.05 mol·dm^{-3} 的四草酸钾盐(pH = 1.679)和 0.05 mol·dm^{-3} 的饱和酒石酸氢钾(pH = 3.555)的电池电动势分别为 0.097 V 和 0.204 V.

$$Ag|AgCl(s)|HCl(0.1\ mol\cdot kg^{-1})\ \vdots\ 待测液(x)|饱和甘汞电极$$
$$(玻璃膜) \qquad\qquad (SCE)$$

用未知液测得电池电动势为 0.125 V，求该溶液的 pH.

解析 用一种已知 pH 的标准缓冲溶液由上述电池测其电动势，而后再用未知液测电池电动势，即可用公式(12-19)求出未知液的 pH. 本题之所以选用两种标准缓冲溶液，是为了使测量更加准确可靠. 解本题的方法有两种.

方法 1
$$pH_x = pH_s + \frac{E_x - E_s}{2.303RT/F}$$

$$\frac{E_x - E_s}{pH_x - pH_s} = \frac{2.303RT}{F}$$

由于 $2.303RT/F$ 在一定温度下为常数，则有

$$\frac{E_x - (E_s)_1}{pH_x - (pH_s)_1} = \frac{E_x - (E_s)_2}{pH_x - (pH_s)_2}$$

$$\frac{0.125 - 0.091}{pH_x - 1.679} = \frac{0.125 - 0.204}{pH_x - 3.555}$$

解上方程，得

$$pH_x = 2.17$$

方法 2 $\dfrac{2.303RT}{F} = \dfrac{(E_s)_1 - (E_s)_1}{(pH_s)_1 - (pH_2)_2} = \dfrac{0.204 - 0.097}{3.555 - 1.679}V = 0.0570\ V$

$$pH_x = (pH_s)_1 + \frac{E_x - (E_s)_1}{0.0570\ V} = 1.679 + \frac{0.125 - 0.097}{0.0570} = 2.17$$

由上计算可知，用玻璃电极和饱和甘汞电极组成电池测溶液的 pH 时，不同的玻璃电极可有不同的 $2.303RT/F$ 值. 这种与理论值(0.0592 V)的偏离是由于玻璃电极不同、材料不同、孔隙度不同引起的. 所以，实际测量中一般先选用两种标准缓冲液测出 $2.303RT/F$ 值，而后再用此常数与未知液一起求算未知液的 pH.

【例 12.5-8】 作 $\phi(Ox/Re)$-$(-\lg a)$ 图，并对下列问题作出确切的判断和结论(设温度为 298 K).

(1) $CuCl_2$ 溶液的理论分解电压；

(2) AgCl 的溶度积；

(3) 过量 Cu 加入到 1 mol·kg^{-1}($\gamma_\pm = 0.428$) 的 AgNO$_3$ 溶液中，估计溶液和铜片颜色的变化；

(4) 要用电池 Cu|CuCl$_2$|AgCl|Ag 测量 CuCl$_2$ 的 $\gamma_\pm$，CuCl$_2$ 在什么浓度范围内合适？

解析 从 $\phi(\mathrm{Ox|Re})$-$(-\lg a)$ 图(图 12-1)可以看出，当两极构成电池时，在指定浓度(实际上应为活度)范围内，电极电势高者为正极，低者为负极，此时电动势 $E > 0$，左电极发生氧化反应，右电极发生还原反应，电池反应自发进行. 若两电极电势的 $-\lg a$ 线相交于某一点，则在此点两电极电势相等，电池电动势为 0，电池反应处于平衡态. 由交点作 $-\lg a$ 轴的垂线，可求出离子的活度，进而可算出电池反应的平衡常数 K_a，这是很有实用价值的.

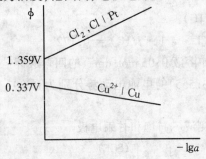

图 12-1

利用 $\phi(\mathrm{Ox|Re})$-$(-\lg a)$ 图分析与解决实际问题时，首先是建立起所要解决的问题与 $\phi(\mathrm{Ox|Re})$-$(-\lg a)$图的联系，而后进行一些简单而必要的估算，将问题半定量地解释清楚.

(1) CuCl$_2$ 的分解反应

$$\mathrm{CuCl_2 \longrightarrow Cu + Cl_2 \uparrow}$$

其对应的电池表达式

$$\mathrm{Pt, Cl_2 | CuCl_2}(a)\mathrm{| Cu}$$

左电极反应：$\mathrm{2Cl^- \longrightarrow Cl_2 \uparrow + 2e^-}$

右电极反应：$\mathrm{Cu^{2+} + 2e^- \longrightarrow Cu}$

电池反应：$\mathrm{Cu^{2+} + 2Cl^- \longrightarrow Cu + Cl_2 \uparrow}$

由 $\phi(\mathrm{Ox|Re})$-$(-\lg a)$ 图(图 12-2)看出，标准状态下 [$p(\mathrm{Cl_2}) = 101325\ \mathrm{Pa}, a_x(\mathrm{CuCl_2}) = 1$]，CuCl$_2$ 的理论分解电压为

$$E = E^\ominus = \phi^\ominus(\mathrm{Cu^{2+}|Cu}) - \phi^\ominus(\mathrm{Cl_2, Cl^-|Pt})$$
$$= (0.337 - 1.359)\ \mathrm{V} = -1.02\ \mathrm{V}$$

非标准状态下，CuCl$_2$ 的理论分解电压随 CuCl$_2$ 浓度(实为活度)的减小而减小.

(2) AgCl 的溶度积为 $K_{sp} = a(\mathrm{Ag^+})a(\mathrm{Cl^-})$，相应的反应方程式为

$$\mathrm{AgCl \rightleftharpoons Ag^+ + Cl^-}$$

反应对应的电池表达式为

$$\mathrm{Ag | Ag^+}(a) \vdots \mathrm{Cl^-}(a) | \mathrm{AgCl(s) | Ag}$$

左电极反应：$\mathrm{Ag \longrightarrow Ag^+ + e^-}$

右电极反应：$\mathrm{AgCl + e^- \longrightarrow Ag + Cl^-}$

电池反应：$\mathrm{AgCl \longrightarrow Ag^+ + Cl^-}$

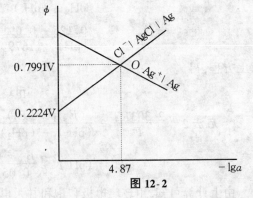

图 12-2

由 $\phi(\mathrm{Ox|Re})$-$(-\lg a)$ 图上看到，两电极的 $\phi(\mathrm{Ox|Re})$-$(-\lg a)$ 线相交于 O 点，在 O 点两电极电势相等，电池电动势为 0，反应处于平衡态. 由 O 点作垂线交 $-\lg a$ 轴上于 4.87 处，由此得出

$$-\lg[a(\mathrm{Ag^+})] = -\lg[a(\mathrm{Cl^-})] = 4.9$$

$$a(Ag^+) = a(Cl^-) = 1.3 \times 10^{-5}$$

AgCl 的溶度积为

$$\begin{aligned}K_{sp} &= a(Ag^+) \cdot a(Cl^-) \\ &= (1.3 \times 10^{-5})^2 \\ &= 1.7 \times 10^{-10}\end{aligned}$$

(3) 过量的铜加入到 1 mol·kg^{-1} 的 AgNO$_3$ 中,若发生反应,则为

$$Cu + 2Ag^+ \longrightarrow Cu^{2+} + 2\,Ag$$

其对应的电池为

$$Cu \mid Cu^{2+}(a) \parallel Ag^+(a) \mid Ag$$

左电极反应:$Cu \longrightarrow Cu^{2+} + 2e^-$

右电极反应:$2Ag^+ + 2e^- \longrightarrow 2Ag$

电池反应: $Cu + 2Ag^+ \longrightarrow Cu^{2+} + 2Ag$

由 $\phi(Ox|Re)$-$(-\lg a)$ 图(图 12-3)看到,两电极的 $\phi(Ox|Re)$-$(-\lg a)$ 线交于 O 点,O 点作垂线交 $-\lg a$ 轴于 16,进而可求出反应的平衡常数 K_a.

$$-\lg[a(Cu^{2+})] = -\lg[a(Ag^+)] = 16$$
$$a(Cu^{2+}) = a(Ag^+) = 10^{-16}$$
$$K_a = \frac{a(Cu^{2+})}{a^2(Ag^{2+})} = \frac{10^{-16}}{(10^{-16})^2} = 10^{16}$$

当 AgNO$_3$ 浓度为 1 mol·kg^{-1} 时,有

$$a(Ag^+) = \gamma_\pm (m_\pm/m^\ominus) = 1 \times 0.428 = 0.428$$
$$-\lg[a(Ag^+)] = -\lg 0.428 = 0.37$$

由图 12-3 的 $-\lg a = 0.37$ 处作垂线,交 $\phi(Ag^+|Ag)$-$(-\lg a)$ 线于 B 点,交 $\phi(Cu^{2+}|Cu)$-$(-\lg a)$ 线于 A 点. 由于 $\phi_B > \phi_A$,电池电动势 $E = \phi_B - \phi_A > 0$,故上述电池中左电极发生氧化反应,右电极发生还原反应,电池反应正向进行. 由于 K_a 数值较大,理论上反应能进行得很彻底,反应终了 $Cu(NO_3)_2$ 的浓度近乎 0.5 mol·kg^{-1}. 溶液本身逐渐由无色变成浅蓝色,铜片由紫红色变成黑色(一层银的小颗粒).

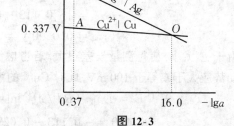

图 12-3

(4) 对电池

$$Cu \mid CuCl_2 \mid AgCl \mid Ag$$

左电极反应:$Cu \longrightarrow Cu^{2+} + 2e^-$

右电极反应:$2AgCl + 2e^- \longrightarrow 2Ag + 2Cl^-$

电池反应:$Cu + 2AgCl \longrightarrow 2Ag + Cu^{2+} + 2Cl^-$

电池反应的 Nernst 方程为

$$\begin{aligned}E &= E^\ominus - (RT/2F)\ln[a(Cu^{2+})a^2(Cl^-)] \\ &= E^\ominus - (RT/2F)\ln[4\gamma_\pm^3(m_\pm/m^\ominus)^3] \\ &= E^\ominus - (RT/2F)\ln[4(m_\pm/m^\ominus)^3] - (3RT/2F)\ln\gamma_\pm\end{aligned}$$

在 $\phi(Ox|Re)$-$(-\lg a)$ 图(图 12-4)上,两电极的 $\phi(Ox|Re)$-$(-\lg a)$ 线交于 O 点,此时电池电动

势为0,求出此时 Cu^{2+} 和 Cl^- 的浓度为

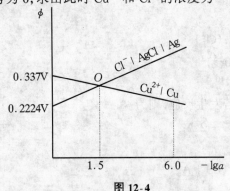

图 12-4

$$-\lg[a(Cu^{2+})] = -\lg[a(Cl^-)] = 1.5$$

$$a(Cu^{2+}) = a(Cl^-) = 0.032$$

假设 Cu^{2+} 的平均活度系数为 1,则 Cu^{2+} 的浓度为

$$a(Cu^{2+}) = m(Cu^{2+})/m^\ominus$$

$$m(Cu^{2+}) = 0.032\, m^\ominus$$

$$= 0.032\, \text{mol} \cdot \text{kg}^{-1}$$

下面分两种情况讨论 $CuCl_2$ 合适浓度范围:

(1) O 点以左: $\phi(Cu^{2+}|Cu) > \phi(Cl^-|AgCl|Ag)$,$Cu^{2+}|Cu$ 电极为电池正极,$Cl^-|AgCl|Ag$ 电极为电池负极,其电池反应为

$$2\,Ag + CuCl_2 \longrightarrow Cu + 2\,AgCl \downarrow$$

由于有 AgCl 沉淀生成,使得平衡时 $CuCl_2$ 的浓度较开始加入时变化很大(变到 0.032 mol·kg^{-1}),反应不能可逆地进行.对不可逆的电池反应,其电动势不能进行直接测量.

(2) O 点以右: $Cu^{2+}|Cu$ 为电池的负极,$Cl^-|AgCl|Ag$ 为电池的正极,电池反应为

$$Cu + 2\,AgCl \longrightarrow 2\,Ag + Cu^{2+} + 2\,Cl^-$$

由于 Ag 与 $CuCl_2$ 溶液不直接接触(Ag 的周围有 AgCl 固体),因而不会产生大量沉淀,电池反应能做到缓慢地进行,平衡时 $CuCl_2$ 的浓度稳定,属于可逆电池反应,可逆电池的电动势可直接进行测量.在这种情况下,对 $CuCl_2$ 的浓度范围可进行具体定量地分析.

● $CuCl_2$ 浓度的高限,原则上可到交点 O 处所代表的 $CuCl_2$ 的浓度.由前面计算知此时 $CuCl_2$ 的浓度为约为 0.032 mol·kg^{-1},进而计算电池电动势:

$$E = E^\ominus - (RT/nF)\ln[a(Cu^{2+})a^2(Cl^-)]$$

$$= \{-0.113 - 0.0296\lg[4a^3(Cu^{2+})]\}\text{V}$$

$$= \{-0.113 - 0.0296\lg[4 \times (0.032)^3]\}\text{V}$$

$$= 0.0200\,\text{V} = 20.0\,\text{mV}$$

由于 E 太小,使得测量误差很大,若考虑测量精度为 1 mV,相对误差≤1%的话,则电池的电动势应大于或等于 100 mV,此时 Cu^{2+} 的浓度为

$$E = E^\ominus - (RT/nF)\ln[4a^3(Cu^{2+})]$$

$$0.100 = -0.113 - 0.0296\lg[4a^3(Cu^{2+})]$$

$$a(Cu^{2+}) = 0.002$$

$$m(Cu^{2+}) \approx a(Cu^{2+}) \cdot m^\ominus = 0.002\,\text{mol} \cdot \text{kg}^{-1} \quad (设\, \gamma_\pm \approx 1)$$

● 对 $CuCl_2$ 浓度的低限,应考虑建立平衡电势时离子浓度不能太低,一般不能低于 10^{-6} mol·kg^{-1},此时电池电动势为

$$E = E^\ominus - (RT/nF)\ln[4a^3(Cu^{2+})]$$

$$= -0.113 - 0.0296\lg[4 \times (10^{-6})^3] \quad (设\, \gamma_\pm \approx 1)$$

$$= 0.402\,\text{V} = 420\,\text{mV}$$

通过以上计算可作出结论,要利用 $Cu|CuCl_2|AgCl|Ag$ 测量 $CuCl_2$ 的 $\gamma_\pm$,$CuCl_2$ 的浓度适用范围是 $10^{-6} \sim 0.002$ mol·kg^{-1}.

(三) 习题

12.5-1 用电动势法测量溶液的 pH 时,每测一个未知溶液的 pH,都要用与其 pH 接近的标准缓冲溶液进行对比,目的是: ( )

(A) 提高电动势测量的精度　　(B) 消除液接电势的影响
(C) 降低电池的液接电势为零　　(D) 保证仪器的良好工作状态

答案 (B)

12.5-2 298 K 时,测得下列电池的电动势为 1.136 V.

$$Ag | AgCl(s) | HCl(aq) | Cl_2(p^\ominus) Pt$$

已知在此温度下 $\phi^\ominus(Cl^-, Cl_2|Pt) = 1.358$ V, $\phi^\ominus(Ag^+|Ag) = 0.7991$ V. 求 AgCl 的溶度积.

答案 $K_{sp}(AgCl) = 1.78 \times 10^{-10}$

12.5-3 298 K 时,测得下列电池的电动势为 0.72 V.

$$Ag | AgI(s) | KI(m_1) \| AgNO_3(m_2) | Ag$$

若 $m_1 = 1$ mol·kg^{-1}, $\gamma_\pm(1) = 0.65$; $m_2 = 0.001$ mol·kg^{-1}, $\gamma_\pm(2) = 0.98$, 求 AgI 的溶度积 $K_{sp}(AgI)$.

答案 $K_{sp}(AgI) = 4.3 \times 10^{-16}$

12.5-4 298 K 时,测得下列电池的电动势为 -0.5767 V.

$$Ag | Ag^+(a) \| Cl^-(a), KNO_3(aq) | AgCl | Ag$$

请计算 AgCl 在 0.01 mol·kg^{-1} 浓度的 KNO$_3$ 溶液中的浓度.

答案 1.3000×10^{-5} mol·kg^{-1}

12.5-5 298 K 时,测得下列电池的电动势为 -0.587 V.

$$Pt, H_2(p^\ominus) | HCl(0.01 \text{ mol·kg}^{-1}) \| NaOH(0.01 \text{ mol·kg}^{-1}) | H_2(p^\ominus), Pt$$

已知 0.01 mol·kg^{-1} 水溶液中 HCl 和 NaOH 的平均活度系数在 298 K 时都为 0.904. 求水的离子积.

答案 $K_w = 0.98 \times 10^{-14}$

12.5-6 用电动势法测定丁酸的离解常数时,将电池安排如下

$$Pt, H_2(p^\ominus) | HA(m_1), NaA(m_2), NaCl(m_3) | AgCl | Ag$$

其中 HA、NaA 分别代表丁酸、丁酸钠, 当 $m_1 = 7.17 \times 10^{-3}$ mol·kg^{-1}, $m_2 = 6.87 \times 10^{-3}$ mol·kg^{-1}, $m_3 = 7.06 \times 10^{-3}$ mol·kg^{-1} 时, 在 298 K 时测得电池的电动势为 0.6399 V. 已知 298 K 时, $\phi^\ominus(Cl^-|AgCl|Ag) = 0.2224$ V, 求算丁酸在 298 K 时的离解常数.

答案 $K_a = 1.500 \times 10^{-5}$

12.5-7 298 K 时,测得下列电池的电动势为 0.3524 V.

$$Pt, H_2(p^\ominus) | HCl(0.1 \text{ mol·kg}^{-1}) | AgCl(s) | Ag(s)$$

已知 $\phi^\ominus(Cl^-|AgCl|Ag) = 0.2224$ V, 求浓度为 0.1 mol·kg^{-1} HCl 的平均活度系数.

答案 $\gamma_\pm = 0.796$

12.5-8 298 K 时,测得下列电池的电动势

$$Zn | ZnCl_2(m) | Hg_2Cl_2(s) | Hg$$

当 $m_1 = 2.5148 \times 10^{-4}$ mol·kg^{-1} 时,电池电动势 $E_1 = 1.10085$ V; $m_2 = 5.00 \times 10^{-6}$ mol·kg^{-1} 时, $E_2 = 1.2244$ V. 试计算两个 ZnCl$_2$ 溶液离子平均活度系数的比值.

答案 $\gamma_\pm(1)/\gamma_\pm(2) = 0.490$

12.5-9 298 K 时,测得下列电池的电动势为 0.0159 V.
$$Zn(Hg)|Zn(ClO_4)_2(m_1) \vdots Zn(ClO_4)_2(m_2)|Zn(Hg)$$
若 $m_1 = 0.1\ mol\cdot kg^{-1}$, $\gamma_\pm(1) = 0.573$; $m_2 = 0.2\ mol\cdot kg^{-1}$, $\gamma_\pm(2) = 0.556$. 求 Zn^{2+} 的迁移数.

答案 $t(Zn^{2+}) = 0.378$

提示 不对称电解质的液接电势公式为 $E_J = \left(\dfrac{t_+}{z_+} - \dfrac{t_-}{|z_-|}\right)\dfrac{RT}{F}\ln\dfrac{a_1}{a_2}$

12.5-10 试设计一电池用来测定 KCl 溶液中 K^+ 和 Cl^- 的迁移数. 简述测定过程,并列出计算公式.

答案 电池表达式:$Ag|AgCl|KCl(m_1) \vdots KCl(m_2)|AgCl|Ag$,测定过程和计算公式略

12.5-11 298 K 时,测得下列电池的电动势为 0.517 V.
$$Pt,H_2(p^\ominus)|HCl(a)|AgCl|Ag$$
已知 $\varphi^\ominus(Cl^-|AgCl|Ag) = 0.2224\ V$,求 HCl 溶液的 pH.

答案 pH = 2.49

12.5-12 298 K 时,测得下列电池的电动势为 0.473 V,求溶液 x 的 pH.
$$Pt,\ H_2(p^\ominus)|溶液(x) \| 饱和甘汞电极(SCE)$$

答案 pH = 3.85

12.5-13 298 K 时,通过测定下列电池的电动势来确定溶液 s 的 pH.
$$Pt,\ H_2(p^\ominus)|溶液(s) \| 饱和甘汞电极(SCE)$$
当 s 为 pH = 6.86 的磷酸缓冲溶液时,电池的电动势 $E_1 = 0.7409\ V$;当 s 为某未知溶液时,$E_2 = 0.6097\ V$,求溶液 s 的 pH.

答案 pH = 4.64

12.5-14 利用 $Cu^{2+}|Cu$ 和 $Cu^+|Cu$ 的 φ-($-\lg a$) 图,估算有金属铜存在时 Cu^+ 和 Cu^{2+} 的稳定性.

答案 当 $a(Cu^{2+})$ 和 $a(Cu^+)$ 均大于 10^{-6} 时,Cu^{2+} 稳定;而小于 10^{-6} 时,Cu^+ 稳定.

12.5-15 作 φ-($-\lg a$) 图,并对下列问题给予明确的判断.

(1) 阐明电池 $Cu|Cu^{2+}(a_1) \| Ag^+(a_2)|Ag$ 电动势与电液浓度间的关系.

(2) 解释电解 HCl 水溶液时,阴极和阳极各析出什么气体?

(3) 过量的银加入到 $1\ mol\cdot kg^{-1}$ 的 $CuCl_2$ 溶液中,估计溶液会发生什么变化.

(4) 利用 $Cu|CuCl_2(a)|AgCl|Ag$ 测定的 $CuCl_2$ 的 $\gamma_\pm$ 时,若 $CuCl_2$ 的浓度为 $10^{-4}\ mol\cdot kg^{-1}$ 时,$E_1 = |0.191|\ V$;若 $CuCl_2$ 的浓度为 $0.2\ mol\cdot kg^{-1}$ 时,$E_2 = |0.074|\ V$. 请标明上述电池电动势的正负号.

答案 (1) 电池的电动势在 Ag^+ 浓度不变时,随 Cu^{2+} 的浓度增大而减小;在 Cu^{2+} 浓度不变时,随 Ag^+ 的浓度增大而增大

(2) 在维持 $p(O_2) = (1/2)p(Cl_2)$,则 $m(HCl) > 5\ mol\cdot kg^{-1}$ 时,阳极上析出氯;$m(HCl) < 5\ mol\cdot kg^{-1}$,阳极上析出氧气,阴极上总是析出氢气

(3) 金属银与 $CuCl_2$ 溶液作用生成 Cu 和 AgCl,溶液蓝色变浅

(4) $E_1 = 0.191\ V$, $E_2 = -0.074\ V$

第 13 章 极化和超电势

本章讨论有电流通过时电极的极化作用,内容包括产生极化作用的原因及超电势的有关计算、分解电压的意义及有关计算、金属腐蚀的原因及防止金属腐蚀的措施等.

13.1 极化作用

(一) 内容纲要

1. 极化作用

在电化学中,凡是有电流通过时电极电势与没有电流通过时平衡电极电势发生偏离的现象统称为极化.

极化的产生起因于电极上一系列的反应动力学过程.当有电流通过时,电极反应动力学过程分成扩散、迁越和反应等若干步骤,每一个步骤都需要一定的能量来完成,反应速率最慢的决速步需要的能量(活化能)最高,使得电极电势与平衡电势发生一定程度的偏离.

根据极化产生的原因,一般将极化分为电化学极化和浓差极化两大类.电化学极化产生于电极上的电化学反应动力学因素;而浓差极化则是由于反应粒子在电极附近的浓度与溶液本体的浓度发生变化所致,它与反应粒子的扩散速率及其在电极表面上的反应速率等因素有关.

电极电势若随外加电压而变化,则称其为理想可极化电极,它是电极极化的一种极限情况.作为电极极化的另一种极限情况是理想的不极化电极.在一定浓度范围内,$KCl^-(a)|Pt$ 可视为理想可极化电极,而 $Cl^-(a)|Hg_2Cl_2|Hg$ 则属于理想的不极化电极.

2. 超电势

有电流通过时,电极电势 ϕ 与平衡电极电势 $\phi_{平衡}$ 的差值称为超电势,用符号 η 表示,其 SI 单位是 V.

$$\eta = \phi - \phi_{平衡} \tag{13-1}$$

一般情况下,阳极极化的结果总是使一个电极的电极电势增高,而阴极极化的结果总是使一个电极的电极电势降低.为了保持超电势为正值,也有的书中规定

$$\eta_{阳} = \phi_{阳} - \phi_{平衡} \tag{13-2}$$

$$\eta_{阴} = \phi_{平衡} - \phi_{阴} \tag{13-3}$$

电化学极化中,当电极上的化学反应成为电极反应历程的决速步时,其超电势 η 可由 Tafel 公式计算.

$$\eta = a + b\lg[i/(A \cdot cm^{-2})] \tag{13-4}$$

式中 i 为电流密度,惯用单位是 $A \cdot cm^{-2}$,SI 单位是 $A \cdot m^{-2}$;当电极的金属材料、溶液组成及温度等外界条件确定后,a 和 b 都为常数,单位均为 V,可由手册中查得.

浓差极化中,电极上的超电势可用下式表示

$$\eta_{浓差} = (RT/nF)\ln(a/a_s) \tag{13-5}$$

式中 a 为平衡态时反应粒子在电极表面上的活度,a_s 为发生浓差极化时反应粒子在电极表面

上的活度.

(二) 例题解析

【例 13.1-1】 请判断下列结论是否正确(在题后的括弧内填"√"或"×"):

(1) 超电势是极化的一种特例,它们都是有电流通过时一个电极的电极电势与没有电流通过时电极电势的一种偏离.

(2) 用式(13-2)及(13-3)定义超电势时,当其为正值时,电极上一定发生氧化反应.（　　）

(3) 反应粒子的扩散步骤控制电极反应的电流密度 i,电极超电势可由 Tafel 公式求算.
（　　）

(4) 电极反应处于平衡态时,电极上的交换电流密度为零.（　　）

解析 (1) "√". 极化和超电势都是有电流通过时一个电极的电极电势与没有电流通过时电极电势的一种偏离,因而它们有共同点. 但极化是对任意电极而言,而超电势则是指单一的具体电极或电极上某一确定的反应,因而可将超电势视为极化的一种特例.

(2) "×". 按照(13-2)和(13-3)关于超电势的规定,不论是发生氧化反应的阳极还是发生还原反应的阴极,电极上的超电势都为正值. 因而不能说超电势为正值时,电极上一定发生氧化反应.

(3) "×". 电流密度 i 的定义为单位面积的电流. 只有当电极上荷电粒子迁越金属和溶液相界面的步骤,即迁越步骤成为电极过程的控制步骤时,电极的超电势 η 和电流密度 i 才符合 Tafel 公式,即 Tafel 公式只适用于电化学极化的情况. 反应粒子的扩散步骤则是决定电极浓差极化的因素之一.

(4) "×". 交换电流密度为电极上(+)向和(-)向的电流密度. 电极反应处于平衡态时,电极上(+)向和(-)向的电流密度称为交换电流密度,两向电流密度符号相反,绝对值相等,电极净的电流密度,也即(+)向和(-)向的电流密度之和为零. 因而只能说电极反应处于平衡态时,电极上的净电流密度为零,而不能说交换电流密度为零.

【例 13.1-2】 用 Pb 作电极电解 $0.1\,\mathrm{mol\cdot kg^{-1}}$ 的 H_2SO_4 溶液($\gamma_\pm=0.265$). 若在电解过程中把 Pb 阴极与另一甘汞电极相连时,测得电池的端电压为 $1.0685\,\mathrm{V}$,试求 H_2 在 Pb 电极上的超电势. 已知 $\phi^\ominus(Cl^-|Hg_2Cl_2|Hg)=0.280\,\mathrm{V}$.

解析 由所测电解电池的端电压与甘汞电极的电极电势可求出 Pb 上出氢时的电极电势. 将 Pb 上出氢时的电极电势与 Pb 上出氢时的平衡电势进行比较,便可求出 H_2 在 Pb 上的超电势.

电池表达式: $(-)\,Pb,\,H_2(p^\ominus)|H_2SO_4(0.1\,\mathrm{mol\cdot kg^{-1}})\parallel Cl^-(1\,\mathrm{mol\cdot kg^{-1}})|Hg_2Cl_2|Hg\,(+)$

左电极反应为: $H^+ + e^- \longrightarrow \frac{1}{2}H_2$

右电极反应为: $Hg + Cl^- \longrightarrow \frac{1}{2}Hg_2Cl_2 + e^-$

电池反应为: $Hg + H^+ + Cl^- \longrightarrow \frac{1}{2}Hg_2Cl_2 + \frac{1}{2}H_2$

$$E = \phi_{右} - \phi_{左} = \phi(Cl^-|Hg_2Cl_2|Hg) - \phi(H^+|H_2,Pt) = 1.0685\,\mathrm{V}$$

$$\phi(H^+|H_2,Pt) = \phi^\ominus(Cl^-|Hg_2Cl_2|Hg) - E = 0.280\,\mathrm{V} - 1.0685\,\mathrm{V} = -0.789\,\mathrm{V}$$

$$\phi(H^+|H_2,Pt)_{平衡} = \frac{RT}{F}\ln[a(H^+)] = [0.0592\lg(2\times0.1\times0.265)]\,\mathrm{V} = -0.0755\,\mathrm{V}$$

$$\eta(H^+|H_2,Pt) = \phi(H^+|H_2,Pt)_{平衡} - \phi(H^+|H_2,Pt) = [-0.0755-(-0.789)]\,\mathrm{V} = 0.714\,\mathrm{V}$$

【例 13.1-3】 在 $0.5\,\mathrm{mol\cdot kg^{-1}}$ 的 $CuSO_4$ 和 $0.01\,\mathrm{mol\cdot kg^{-1}}$ 的 H_2SO_4 混合溶液中,使 Cu 镀到 Pt 上.若 H_2 在 Cu 上的超电势为 0.23 V,问当外加电压增加到有 H_2 在电极上析出时,溶液中 Cu^{2+} 的浓度为多少? 已知 $\phi^{\ominus}(Cu^{2+}|Cu)=0.337\,\mathrm{V}$($H_2SO_4$ 作为一级电离处理).

解析 Cu 在 Pt 上析出的超电势可视为零.析出 Cu 时,$Cu^{2+}|Cu$ 电极的电极电势近似等于其平衡电势,电极电势与 Cu^{2+} 浓度的关系由电极反应的 Nernst 方程决定.当外加电压增大到有 H_2 在电极上析出时,在 Cu 上出 H_2 的电极电势应与当时在 Pt 上析出 Cu 时的电极电势相等,由此列出等式即可求出 Cu^{2+} 的浓度.

$$\phi(Cu^{2+}|Cu) \approx \phi(Cu^{2+}|Cu)_{\text{平衡}}$$
$$= \phi^{\ominus}(Cu^{2+}|Cu) + (RT/2F)\ln[a(Cu^{2+})]$$
$$\approx \{0.337 + 0.0296\lg[m(Cu^{2+})/m^{\ominus}]\}\,\mathrm{V}$$
$$\phi(H^+|H_2,Pt) = \phi(H^+|H_2,Pt)_{\text{平衡}} - \eta(H^+|H_2,Cu)$$
$$= (RT/F)\ln[a(H^+)] - \eta(H^+|H_2,Cu)$$
$$\approx [0.0592\lg(0.51) - 0.23]\,\mathrm{V}$$
$$= -0.2473\,\mathrm{V}$$

由于外加电压增加到有 H_2 在电极上析出时,$\phi(Cu^{2+}|Cu) = \phi(H^+|H_2,Pt)$,因此,

$$\{0.337 + 0.0296\lg[m(Cu^{2+})/m^{\ominus}]\}\,\mathrm{V} = -0.2473\,\mathrm{V}$$
$$\lg[m(Cu^{2+})/m^{\ominus}] = -19.74,\quad m(Cu^{2+}) = 1.82\times 10^{-20}\,\mathrm{mol\cdot kg^{-1}}$$

本题需注意 H^+ 浓度的计算.由于溶液中较多的 SO_4^{2-} 存在,使得 H_2SO_4 基本上只发生一级电离,很明显,由 H_2SO_4 本身电离出的 H^+ 约为 $0.01\,\mathrm{mol\cdot kg^{-1}}$.当外加电压增加到有 H_2 在电极上析出时,绝大部分 Cu^{2+} 已经变成 Cu 镀到了 Pt 上.而为了维持溶液的电中性,则必须有来自水电离出相当于 2 倍 $0.5\,\mathrm{mol\cdot kg^{-1}}$ 浓度的 SO_4^{2-} 的 H^+ 生成.由于 H_2SO_4 一级电离的结果,生成的 H^+ 又同时有近 1/2 变成了 HSO_4^-.由此可计算出当外加电压增加到有 H_2 在电极上析出时,溶液中 H^+ 的浓度约为 $0.51\,\mathrm{mol\cdot kg^{-1}}$.

【例 13.1-4】 要自溶液中析出 Zn,直至溶液中 Zn^{2+} 的浓度不超过 $10^{-4}\,\mathrm{mol\cdot kg^{-1}}$.同时在析出 Zn^{2+} 的过程中不会有 H_2 的逸出,问溶液的 pH 为多少?已知 $\phi^{\ominus}(Zn^{2+}|Zn) = -0.763\,\mathrm{V}$,在 Zn 阴极上 H_2 开始逸出时的超电势为 0.72 V,并可认为 $\eta(H^+|H_2,Pt)$ 与溶液中电解质的浓度无关.

解析 由溶液的 pH 可求出溶液中 H^+ 的浓度,H^+ 浓度的大小决定了阴极上出氢的超电势.只有在此电极电势小于或等于 Zn 电极上析出 Zn 的平衡电势时,才不会有 H_2 的逸出.

$$\phi(Zn^{2+}|Zn) = \phi^{\ominus}(Zn^{2+}|Zn) + (RT/2F)\ln[a(Zn^{2+})]$$
$$= \phi^{\ominus}(Zn^{2+}|Zn) + (RT/2F)\ln[m(Zn^{2+})/m^{\ominus}]$$
$$= -0.881\,\mathrm{V}$$
$$\phi(H^+,H_2|Zn) = \phi(H^+,H_2|Pt)_{\text{平衡}} - \eta(H^+,H_2|Pt)$$
$$= 0.05915\lg[a(H^+)] - \eta(H^+,H_2|Pt)$$
$$= (-0.5915\lg\mathrm{pH} - 0.72)\,\mathrm{V}$$

若不让 $H_2(g)$ 逸出,则应使 $\phi(H^+,H_2|Pt)_{\text{平衡}} \geqslant \eta(H^+,H_2|Pt)$,即

$$-0.05915\lg\mathrm{pH} - 0.72 \leqslant -0.881$$
$$\mathrm{pH} \geqslant (0.881 - 0.72)/0.0592 = 2.7$$

(三) 习题

13.1-1 请判断下列结论是否正确(在题后的括弧内填"√"或"×"):

(1) Fe 能溶于 $CuSO_4$ 溶液,Cu 也能溶于 $FeSO_4$ 溶液. (　　)

(2) 电解 $CuCl_2$ 溶液时,其浓度越稀,分解电压越小. (　　)

(3) 电解盐酸溶液时,阳极总是出氯气,阴极总是出氢气. (　　)

(4) 电解 NaCl 水溶液时,用 Hg 作阴极并不产生氢气,而是在进入解汞室后才产生氢气. (　　)

答案 (1) 正确, (2) 不正确, (3) 不正确, (4) 正确.

13.1-2 298 K 时,若 Hg 和 Fe 在 KOH($1\ mol \cdot kg^{-1}$)水溶液中每小时的出氢量均为 100 $mg \cdot cm^{-2}$,请分别求算电极电势(已知 Hg 的 Tafel 常数 $a = 1.54\ V$,$b = 0.11\ V$;Fe 的 Tafel 常数 $a = 0.76\ V$,$b = 0.11\ V$).

答案 $E(H_2|Hg) = -2.42\ V$,$E(H_2|Fe) = -1.64\ V$

13.1-3 某溶液中含 Ag^+($a = 0.05\ mol \cdot kg^{-1}$)、$Fe^{2+}$($a = 0.01\ mol \cdot kg^{-1}$)、$Cd^{2+}$($a = 0.001\ mol \cdot kg^{-1}$)、$Ni^{2+}$($a = 0.1\ mol \cdot kg^{-1}$)和 H^+($a = 0.001\ mol \cdot kg^{-1}$);又知 H_2 在 Ag、Ni、Fe 和 Cd 上的超电势分别为 0.20 V、0.24 V、0.18 V 和 0.30 V。请说明当外加电压从 0 逐渐增加时,在阴极上发生什么变化?

答案 阴极上的变化为:Ag 析出→Ni 析出→Ag 上逸出 $H_2(g)$→Ni 上逸出 $H_2(g)$→Cd 析出同时逸出 $H_2(g)$→Fe 析出同时逸出 $H_2(g)$

13.1-4 镀镍溶液中 $NiSO_4 \cdot 5H_2O$ 的含量为 $270\ g \cdot dm^{-3}$(溶液中还有 Na_2SO_4、$MgSO_4$ 和 NaCl 等物质),已知氢在镍上的超电势为 0.42 V,氧在镍上的超电势为 0.1 V,问在阴极和阳极上首先析出(或溶解)的可能是哪种物质?

答案 阴极上首先析出 Ni,而阳极上首先溶解的是 Ni

13.1-5 在 $1\ mol \cdot kg^{-1}$ 的 HCl 中,有三种不同的金属 Pt、Fe 和 Hg. 求维持三者的电势相同($-0.40\ V$)时,1 h 内不同金属上的出 $H_2(g)$ 量.

答案 Pt 上为 $3.8 \times 10^8\ g \cdot cm^{-2} \cdot h^{-1}$,Fe 上为 $1.2 \times 10^{-4}\ g \cdot cm^{-2} \cdot h^{-1}$,Hg 上为 $5.3 \times 10^{-11}\ g \cdot cm^{-2} \cdot h^{-1}$

13.2 分解电压

(一) 内容纲要

电解电池中使电解质产生电解反应时所施加的最低外加电压称为分解电压 $E_{分解}$.

可逆电池的电动势与其可逆的分解电压相等. 但当电池中有电流通过时,由于极化的结果,使得电极过程成为不可逆过程. 因此,当电池起着化学电源的作用时,其输出电压必然会小于电池可逆进行时的电动势;而当电池起着电解电池的作用时,外加电压则必须大于电池可逆进行时的电动势电解反应才能进行.

根据电解电池两极的极化和内阻所引起的电压降,电解电池的分解电压可表示为

$$E_{分解} = E_{平衡} + \eta_{阳} + \eta_{阴} + IR \tag{13-6}$$

式中 $E_{平衡}$ 为电池可逆进行时的电动势,I 为通过电池的电流强度,R 为电池中电解液的电阻.

(二) 例题解析

【例 13.2-1】 现拟对一组新购进的"AA"型 Ni-Cd 可充电电池进行充电. 电池上标有输出电压 1.25 V,电池容量 500 mA·h 的字样.

(1) 如有下列 4 个不同输出电压的直流充电器供选择,适用者为　　　　(　　)
(A) 50 V　　　　(B) 1.25 V　　　　(C) 2 V　　　　(D) 1 V

(2) 如以 100 mA 的电流对电池进行快速充电,合适的充电时间为　　　　(　　)
(A) 30～50 h　　　(B) 10～20 h　　　(C) 2～5 h　　　(D) 5～7 h

解析　(1) 答案为(C). 给一个电池充电,即是将一个外加的直流电压施于电池的两极使电池化学反应逆转的电解过程. 根据(13-6)式,外加的直流电压必须高于电池平衡电动势时,充电过程才能进行. 但外加电压也不能太高,否则会因电池内部放热产生高温而将电池烧毁,甚至引起爆炸. 外加的直流电压应略高于电池平衡电动势,依本题所给条件,应选择输出电压为 2 V 的充电器.

(2) 答案为(D). 为使电池工作时能有 500 mA·h 的电能输出,必须向电池输入相当于电池容量 1～1.5 倍的电能. 由于决定输入电池电能的因素除电压外,还有充电时的电流和时间,为此必须选择合适的充电电流和时间. 大的充电电流会减少充电时间,但电流过大会缩短电池的使用寿命,或将电池损坏. "AA"型 Ni-Cd 电池的标准充电电流和时间是 50 mA 和 15 h,快速充电时为 100 mA 和 5～7 h.

注　Ni-Cd 电池是一种可反复充电和放电超过 1000 次的高性能蓄电池,其电池反应为
$$Cd + 2NiOOH + 2H_2O \rightleftharpoons Cd(OH)_2 + 2Ni(OH)_2$$
电池的平衡电动势请读者查有关热力学数据表计算.

【例 13.2-2】 298 K 时,测得下列电池的电动势为 0.187 V.
$$Pb \mid PbSO_4 \mid H_2SO_4(0.01\ mol \cdot kg^{-1}) \mid H_2(p^{\ominus}), Pt$$
若 0.01 mol·kg^{-1} 的 H$_2$SO$_4$ 溶液电导率为 $8.6 \times 10^{-3}\ \Omega^{-1} \cdot cm^{-1}$,电池的电极面积为 1 cm^2,极间距离为 2 cm,求有 200 mA 电流通过时电池的端电压. 设右电极为理想的不极化电极,左电极的超电势为 250 mV.

解析　所测电池的电动势即为上述电池的平衡电动势. 由溶液的电导率及电极面积、电极间距可求出溶液的电阻,将电阻乘以通过电池的电流可求出由于电池本身内阻而引起电池的电压降 IR. 有电流通过时电池的端电压即为电池的最低分解电压.

$$E_{平衡} = 0.187\ V$$
$$IR = (l/\kappa A)I = 46.52\ V$$
$$E_{分解} = E_{平衡} + \eta_{左} + IR = 46.96\ V$$

【例 13.2-3】 298 K 时,以 Pt 为阳极,Fe 为阴极,电解浓度为 1 mol·kg^{-1} 的 NaCl 水溶液(设其活度为 1). 若电极表面有氢气不断逸出时的电流密度为 0.10 A·cm^{-2},Pt 上出 Cl$_2$ 的超电势近似看做零. Tafel 常数 $a = 0.73$ V,$b = 0.11$ V,$\phi^{\ominus}(Cl^-\mid Cl_2, Pt) = 1.36$ V. 请写出电池的表达式,电极反应与电池反应,并计算实际的分解电压.

解析　电解电池中的电极反应与化学电源相反,其负极发生还原反应,正极发生氧化反应. 本题中电解时阴极产物为氢气,阳极产物为氯气. 电解电池中阴极上的超电势可由 Tafel 公式求出. 电池的实际分解电压可由公式(13-6)计算.

电池表达式：　　(−) Fe, $H_2(p^\ominus)|H^+(10^{-7}\,mol\cdot kg^{-1})\,\vdots\,NaCl(1\,mol\cdot kg^{-1})|Cl_2(p^\ominus),Pt(+)$

左电极反应为：$H^+ + e^- \longrightarrow \frac{1}{2}H_2$

右电极反应为：$Cl^- \longrightarrow \frac{1}{2}Cl_2 + e^-$

电池反应为：$H^+ + Cl^- \longrightarrow \frac{1}{2}H_2 + \frac{1}{2}Cl_2$

$$E_{平衡} = \phi_右 - \phi_左 = \phi^\ominus(Cl_2, Cl^- | Pt) - (RT/F)\ln[a(H^+)] = 1.79\,V$$

$$\eta_左 = a + b\lg[i/(A\cdot cm^{-2})] = (0.73 + 0.11\lg 0.1)V = 0.62\,V$$

$$E_{分解} = E_{平衡} + \eta_左 = (1.79 + 0.62)V = 2.411\,V$$

【例 13.2-4】 298 K 时，$\phi^\ominus(Hg^{2+}|Hg) = 0.854\,V$，$\phi^\ominus(Hg_2^{2+}|Hg) = 0.798\,V$，$\phi^\ominus(Cl^-|Hg_2Cl_2|Hg) = 0.268\,V$，请估算电池 $(-)\,Pt|KCl(0.1\,mol\cdot kg^{-1})|Hg(+)$ 的理论分解电压.

解析 对电池的分析可看出，两极可能存在的反应不是单一的.因而必须对电池两极实际存在的反应作出肯定的回答，而后才能计算出电池的理论分解电压.

● (+)极可能存在的反应及电极电势

(1) $Hg \longrightarrow Hg^{2+} + 2e^-$

$$\phi = \phi^\ominus + (RT/2F)\ln[a(Hg^{2+})] \approx 0.706\,V$$
$$a(Hg^{2+}) \approx 10^{-5}$$

(2) $2Hg \longrightarrow Hg_2^{2+} + 2e^-$

$$\phi = \phi^\ominus + (RT/2F)\ln[a(Hg_2^{2+})] \approx 0.65\,V$$
$$a(Hg_2^{2+}) \approx 10^{-5}$$

(3) $Hg + Cl^- \longrightarrow \frac{1}{2}Hg_2Cl_2 + e^-$

$$\phi = \phi^\ominus - (RT/F)\ln[a(Cl^-)] = 0.327\,V$$

(4) $Cl^- \longrightarrow \frac{1}{2}Cl_2 + e^-$

$$\phi = \phi^\ominus - (RT/F)\ln[a(Cl^-)] = 1.299\,V$$

(5) $H_2O \longrightarrow \frac{1}{2}O_2 + 2H^+ + 2e^-$

$$\phi = \phi^\ominus + (RT/F)\ln[a(H^+)] = 0.85\,V$$
$$a(H^+) = 10^{-7}$$

● (−)极可能存在的反应及电极电势

(6) $H^+ + e^- \longrightarrow \frac{1}{2}H_2$

$$\phi = (RT/F)\ln[a(H^+)] = -0.414\,V$$

(7) $K^+ + e^- \longrightarrow K$

$$\phi = \phi^\ominus + (RT/F)\ln[a(K^+)] = -2.984\,V$$

当外加电压增大时，电极电势越低的反应在(+)极上越容易发生，故在(+)极上首先发生反应(3).而在(−)极上电势越负的反应越不容易发生，故在(−)极上首先发生反应(6).

据以上分析可知，题中所给电池电解时的理论分解电压相当于下列化学电源的电动势.

$$(-)Pt|H_2(p^\ominus), H^+(10^{-7}\,mol\cdot dm^{-3}) \| Cl^-(0.1\,mol\cdot dm^{-3}), HgCl_2|Hg(+)$$

$$E = \phi_右 - \phi_左 = [0.327 - (-0.414)]V = 0.741\,V$$

(三) 习题

13.2-1 一化学电池,从电池反应物质的化学势计算得到其电动势为1.62 V,如将其与一电器连通,而后用精密万用电表测量电池的端电压,其数值应 ( )
(A) >1.62 V　　(B) <1.62 V　　(C) =1.62 V　　(D) ≈0 V
答案 (B)

13.2-2 当电流密度为0.1 A·cm^{-2}时,H_2和O_2在Ag上的超电势分别为0.87和0.98 V,今将两个Ag电极插入0.01 mol·kg^{-1}的NaOH溶液中通电使发生电解反应.若电流密度为0.1 A·cm^{-2},问电极上首先发生什么反应?此时外加电压是多少?
答案 阴极上出氢,阳极上出氧;外加电压为3.08 V

13.2-3 298 K和101325 Pa下,以Pt为阴极,电解$FeCl_2$(0.01 mol·kg^{-1})和$CuCl_2$(0.02 mol·kg^{-1})的水溶液.若电解过程中不断搅拌溶液,并设超电势可略去不计,试问:
(1) 何种金属先析出?
(2) 第二种金属析出时,至少应施加多大的电压?
(3) 当第二种金属析出时,第一种金属离子的浓度为多少?
答案 (1) 铜先析出,(2) 1.929 V,(3) $6\times10^{-29} \text{ mol·kg}^{-1}$

13.2-4 用电解沉积Cd^{2+}的方法可分离Cd^{2+}与Zn^{2+},已知$\phi^{\ominus}(Cd^{2+}|Cd)=-0.403 \text{ V}$,$\phi^{\ominus}(Zn^{2+}|Zn)=0.763 \text{ V}$,Cd的超电势为0.48 V,Zn的超电势为0.70 V.如原来溶液中含Cd^{2+}与Zn^{2+}均为0.1 mol·kg^{-1},试讨论分离效果.
答案 溶液中最后Cd^{2+}的浓度为$2.39\times10^{-21} \text{ mol·kg}^{-1}$,分离的很彻底

13.2-5 用Pt作为(+)极,以恒定的0.1 A电流电解0.02 mol·kg^{-1}的$CuSO_4$溶液(总量为0.2 kg),电极面积为10 cm^2.问:
(1) 电解多长时间,(-)极上开始出$H_2(g)$?
(2) 开始出$H_2(g)$时,溶液中$CuSO_4$的浓度为多少?
(3) 开始出$H_2(g)$时,溶液的pH为多少?
答案 (1) 2.14 h,(2) $3.0\times10^{-47} \text{ mol·kg}^{-1}$,(3) pH≈1.4

13.2-6 估算$HCl(a)|Hg$电极作为理想可极化电极的电极电势范围(所需数据请自查).
答案 $-1.1 \text{ V}<\phi[HCl(a)|Hg]<0.268 \text{ V}$

13.2-7 对铅酸蓄电池(PbA),请讨论下列问题.
(1) 写出电池表达式,指明电极类型,写出两极反应,查出两极的标准电极电势并写出充放电时的电池反应及Nernst方程.
(2) 已知298 K时,H_2SO_4浓度为0.50 mol·kg^{-1}时,溶液的蒸气压为3093.1 Pa;H_2SO_4浓度为5.00 mol·kg^{-1}时,溶液的蒸气压为2226.5 Pa;水的蒸气压为3173.1 Pa.求H_2SO_4的平均活度系数及两种浓度电池的电动势.
(3) 设有PbA电池,电极面积为的0.1 m^2,请根据Pb上出氢的超电势估计电池自放电时,每小时(-)极释放出H_2的体积(cm^3,STP);若电极面积的0.1%为杂质铁所覆盖,析出氢的量如何?(H_2SO_4浓度为5.00 mol·kg^{-1}时要考虑活度系数的影响)?
(4) 设上述PbA电池的极间距为2 mm,当电池以10 A电流放电时,电压为1.95 V,试估算两极的极化总量(即$\eta_{总}$).

答案 （1）电池表达式为：$Pb|PbSO_4|H_2SO_4(a)|PbSO_4|PbO_2|Pb$

左电极为金属-难溶盐电极，电极反应为：$Pb + SO_4^{2-} \longrightarrow PbSO_4 + 2e^-$

右电极为氧化还原电极，电极反应为：$PbO_2 + SO_4^{2-} + 4H^+ + 2e^- \longrightarrow PbSO_4 + 2H_2O$

充电时的电池反应为：$2PbSO_4 + 2H_2O \longrightarrow Pb + PbO_2 + 2H_2SO_4$

放电时的电池反应为充电时电池反应的逆反应，电池反应的 Nernst 方程为：

$$E = \{2.041 - 0.0592 \lg [a(H_2O)/a(H_2SO_4)]\} \text{V}$$

（2）H_2SO_4 浓度为 $0.50\ \text{mol}\cdot\text{kg}^{-1}$ 时，$\gamma_\pm = 0.154$，$E_{平衡} = 1.88\ \text{V}$；H_2SO_4 浓度为 $5.00\ \text{mol}\cdot\text{kg}^{-1}$ 时，$\gamma_\pm = 0.212$，$E_{平衡} = 2.09\ \text{V}$

（3）总的出氢量为 $0.79\ \text{cm}^3\cdot\text{h}^{-1}$

（4）$\eta_{总} = 0.14\ \text{V}$

13.3 金属的腐蚀与防腐

(一) 内容纲要

金属的电化学腐蚀指的是金属表面的分子被氧化后以离子状态进入溶液而使金属受到破坏的现象．

电化学腐蚀起因于金属表面所形成的局部微电池反应．除铂、金等少数"贵金属"外，许多暴露在空气中的金属，由于水中溶有氧气，都会处于热力学的不稳定状态，在一定的条件下它们都有生成较稳定的离子进入到溶液中（或是生成稳态化合物）的倾向．因此，热力学理论是判断在一定条件下金属能否受腐蚀的理论基础，而对金属腐蚀速率的描述则涉及到反应动力学的理论．

为了防止金属的电化学腐蚀，延长其使用寿命，所采取的主要措施有：

(1) 将金属变成腐蚀速率较慢或根本不受腐蚀的合金；

(2) 改变金属的电势，使其处于 ϕ-pH 图的免腐区（阴极保护）或钝化区（阳极保护）；

(3) 改变介质的性质（如 pH）或使用添加剂（防腐剂），使金属腐蚀受到抑制；

(4) 选择合适的涂料层，使金属与外界腐蚀介质隔离．

如第 12 章 12.5 节中叙述的 ϕ-$(-\lg a)$ 图一样，ϕ-pH 图是电化学又一类图表．在金属的腐蚀和防腐科学研究中，金属和水体系的 ϕ-pH 图有着重要的实际应用价值．通过分析一种金属和水的 ϕ-pH 图，可清楚而直观地划分出金属的腐蚀区、免蚀区和钝化区，从而为改变金属的电势和调节介质的 pH 以防止金属腐蚀提供依据．

(二) 例题解析

【例 13.3-1】 有人在一瓶 $FeCl_2$ 溶液中加入一根铁丝，用以防止 $FeCl_2$ 被氧化成 $FeCl_3$．你认为此方法可行吗？请说明道理．

解析 当加入铁丝后，溶液中可能存在的电极反应及标准电极电势：

$$2Fe^{2+} \longrightarrow 2Fe^{3+} + 2e^- \quad \phi^\ominus(Fe^{3+}, Fe^{2+}|Pt) = 0.771\ \text{V}$$

$$Fe \longrightarrow Fe^{2+} + 2e^- \quad \phi^\ominus(Fe^{2+}|Fe) = -0.440\ \text{V}$$

若将相应于上述两个电极反应的电极组成电池，则有相当于如下的电池表达式

$$Fe\ |\ Fe^{2+}(a),\ Fe^{3+}(a)\ |\ Pt$$

左电极反应：　　　　　Fe ⟶ Fe^{2+} + 2e$^-$
右电极反应：　　　　　2Fe^{3+} + 2e$^-$ ⟶ 2Fe^{2+}
电池反应为：　　　　　Fe + 2Fe^{3+} ⟶ 3Fe^{2+}
电池的标准电动势：$E^⊖$ = [0.771 - (-0.440)]V = 1.211 V

根据(12-16)式,可计算出 298 K 时上述电池反应的平衡常数约为 $3×10^{20}$,因而正向电池反应能够进行得很彻底;或者说既使 FeCl$_2$ 溶液中有微量的 Fe^{3+} 生成,也会立刻变为 Fe^{2+} 和 Fe.其结果是保持了 FeCl$_2$ 溶液的稳定存在.

讨论结果表明,在 FeCl$_2$ 溶液中加入铁丝以防止其被氧化成 FeCl$_3$ 的方法切实可行.

【例 13.3-2】 图 13-1 为 Fe-H$_2$O 体系的 ϕ-pH 图,请根据图中数据填空.

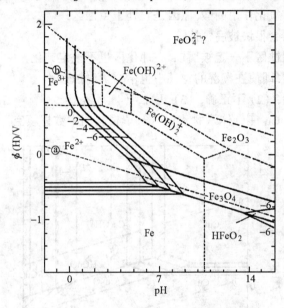

图 13-1　Fe-H$_2$O 体系的 ϕ-pH 图(298 K)

(1) 用斜线在 ϕ-pH 图上画出 Fe 在不同的 pH 介质中的钝化区.
(2) 在钝化区 Fe ＿＿＿＿＿＿＿＿＿＿ 被腐蚀.
(3) 对 Fe 在中性介质中进行阴极保护,Fe 的电势应保持在＿＿＿＿＿＿ V 的范围内.
(4) 将 Fe 浸在含有 10^{-4} mol·dm^{-3}Fe^{2+} 的 0.01 mol·dm^{-3} 的 HCl 溶液中,则其电势范围是＿＿＿＿ V.

解析　(1) Fe 在不同的 pH 介质中的钝化区如图 13-1 所示,它应包括较稳定的 Fe 氧化物 Fe$_2$O$_3$ 和 Fe$_3$O$_4$ 所在的区域.

(2) 答案为"不能确定是否".Fe 在钝化区有变成 Fe$_2$O$_3$ 和 Fe$_3$O$_4$ 而被腐蚀的可能性.但实际能否被腐蚀还有动力学的因素,动力学上可阻止腐蚀的发生,即钝化保护.因此,Fe 在钝化区是否被腐蚀,还要视其是否真正处在"钝化状态".

(3) 答案为"< -0.6".在 pH = 7 处作 pH 轴的垂线,由 Fe^{2+} = 10^{-6} mol·dm^{-3}时的电势 -0.6 V 可知,对 Fe 在中性介质中进行阴极保护,Fe 的电势应保持在 -0.6 V 以下.

(4) 答案为 -0.55～-0.12 V.将 Fe 浸在含有 10^{-4} mol·dm^{-3}Fe^{2+} 的 0.01 mol·dm^{-3} 的 HCl 中而能稳定存在,电势的下限可由图中查得约为 -0.55 V(Fe^{2+}的浓度为10^{-4} mol·dm^{-3});上限为 pH = 2[a(H$^+$)≈0.01]时,作 pH 轴垂线与 a 线交点的横坐标,约为 -0.1 V.

(三) 习题

13.3-1 请将正确的答案填入下列题中的横线上.

(1) 为防止金属氧化,可将其极化至_____区,称为阴极保护;或将其极化至_____区,称为阳极保护.

(2) 金属上涂一层漆,是为了使_____与_____隔离. 改变介质 pH 是为了使金属腐蚀受到_____.

答案 (1) 免蚀区、钝化区, (2) 金属、腐蚀介质、抑制

13.3-2 请判断下列结论是否正确(在题后的括弧内填"√"或"×"):

(1) 不锈钢能抗有氧化作用的酸,原因是它处于免蚀区. ( )
(2) 金属在腐蚀区会很快被腐蚀掉. ( )
(3) 有些金属在腐蚀区不一定被腐蚀,在钝化区也不一定钝化. ( )
(4) 金属铜较稳定,即使在潮湿的空气中也不会被腐蚀. ( )

答案 (1) 不正确, (2) 不正确, (3) 正确, (4) 不正确

13.3-3 图13-2为 $Cu-H_2O$ 体系的 ϕ-pH 图,请根据图中数据填空.

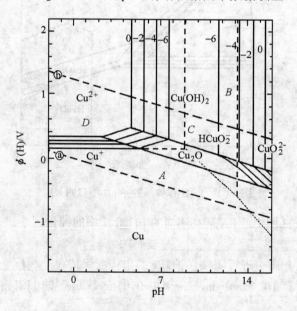

图 13-2 Cu-H_2O 体系的 ϕ-pH 图(298 K)

(1) $Cu^{2+}(10^{-4}\ mol\cdot dm^{-3},$酸性$)|Cu$ 的 $\phi_{平衡} = $ _____ V.

(2) $Cu(OH)_2$ 在 pH=5.5 介质中的溶解度为_____ $mol\cdot dm^{-3}$.

(3) 在图中画出 H^+, $H_2(p^\ominus)$ 和 $O_2(p^\ominus)$, H_2O 线. 已知 $\phi^\ominus(H_2O, O_2|Pt) = 1.23$ V.

(4) 图中 A、B、C、D 各处于下列哪个区:免蚀区_____,腐蚀区_____,钝化区_____,水的稳定区_____.

(5) 金属铜在中性水溶液中的电势大约为_____ V.

(6) Cu 与 $Cu^{2+}(10^{-6}\ mol\cdot dm^{-3})$ 平衡时,Cu^+ 的浓度近似为_____ $mol\cdot dm^{-3}$.

答案 (1) 0.2. (2) 10^{-2}. (3) 请读者自己在图上画出两线. (4) 依次为 A; D, B; C; A, C, D. (5) 0. (6) 10^{-6}

第14章 表面现象

以前各章均未考虑表面效应. 实际上, 由于表面积的变化将使体系的热力学性质产生一系列变化, 而气-固界面的吸附现象又为复相催化动力学提供讨论的基础, 因此本章将从表面热力学和表面动力学两个方面阐述表面现象.

14.1 表面能和表面热力学基本方程

(一) 内容纲要

1. 表面热力学基本方程

对高分散体系, 表面积(A)的改变将对体系热力学性质产生影响, 其基本方程可写为

$$dG = Vdp - SdT + \gamma dA + \sum_i \mu_i dn_i \tag{14-1}$$

同样也有 dU, dH, dF 的基本方程(从略, 请读者写出). 式中 γ 的定义为

$$\gamma = \left(\frac{\partial G}{\partial A}\right)_{T,p,n} = \left(\frac{\partial F}{\partial A}\right)_{T,V,n} = \left(\frac{\partial H}{\partial A}\right)_{S,p,n} = \left(\frac{\partial U}{\partial A}\right)_{S,V,n} \tag{14-2}$$

统称为表面能.

2. 表面能与表面张力

作为表面能的 γ 是在一定条件下, 改变单位表面积引起的热力学状态函数(G, F, H, U)的改变量, 量纲为 $J \cdot m^{-2}$. γ 又称表面张力, 是垂直作用于表面单位长度上的收缩力, 指向表面内部, 量纲为 $N \cdot m^{-1}$.

γdA 既可当做环境对体系做的功 W, 也可当做环境给体系的能($\Delta G, \Delta U, \Delta H, \cdots$).

3. γ 与温度、压力的关系

γ 随温度的升高而降低

$$\gamma = \gamma_0 (1 - T/T_c)^n \tag{14-3}$$

$$(\partial \gamma / \partial T)_p = -(\gamma_0 / T_c)(1 - T/T_c)^{n-1} \tag{14-4}$$

式中 T_c 为临界温度.

对球形液滴, 可以证明: $(\partial \gamma / \partial p)_{T,A} = r/2$

4. γ 与热力学函数

据(14-1)

$$(\partial S/\partial A)_{T,p,n} = -(\partial \gamma / \partial T)_{p,A,n} \tag{14-5}$$

据 $\Delta G = \Delta H - T\Delta S$

$$(\partial H/\partial A)_{T,p} = \gamma - T(\partial \gamma / \partial T)_{p,A,n} \tag{14-6}$$

5. 等张比容$\{p\}$

等张比容(parachar)定义为

$$\{p\} = \frac{[M/(g \cdot mol^{-1})][\gamma/(10^{-3} N \cdot m^{-1})]^{1/4}}{\rho/(g \cdot cm^{-3})} \tag{14-7}$$

$\{p\}$ 与物质的组成及结构有关,具有加和性,其经验值列于表 14.1 中.

表 14.1 组成与结构对 $\{p\}$ 贡献的参考数据

组成与结构	C	H	O	Cl	N	双键	叁键	六元环
$\{p\}$	4.8	17.1	20.0	53.8	12.5	23.2	46.6	6.1

可见,据 $\{p\}$ 的定义值与表值可为分子结构的推测提供参考.

(二) 例题解析

【例 14.1-1】 293 K 及 101.3 kPa 时把半径为 1 cm 的水滴分散成半径为 1×10^{-7} m 的小水滴,试求经此过程后体系 Gibbs 表面自由能的增量,等温等压可逆完成该过程,环境至少需做的功. 已知 293 K 时水的表面张力为 7.28×10^{-2} N·m^{-1}. 若为绝热过程,计算温度变化. 已知 $\rho(H_2O, l, 293\,K) = 0.998\,g \cdot cm^{-3}$, $C_V(H_2O, l) = 4\,J \cdot K^{-1} \cdot g^{-1}$.

解析 在温度、压力及组成一定时,据(5-1)式 $dG = \gamma dA$, 积分,可得表面 Gibbs 自由能增量为

$$\Delta G = \gamma \Delta A = \gamma (A_2 - A_1)$$
$$A_1 = 4\pi r_1^2 = 4\pi \times 10^{-4}\,m^2$$

令分散为 N 个半径为 1×10^{-7} m 的水滴

$$N = (r_1/r_2)^3 = 10^{15}$$

故

$$A_2 = N \times 4\pi r_2^2 = 10^{15} \times 4\pi \times (10^{-7})^2\,m^2 = 4\pi \times 10\,m^2$$
$$\Delta G = \gamma \times (A_2 - A_1) = 7.28 \times 10^{-2} \times 4 \times \pi(10 - 10^{-4})\,J = 9.14\,J$$

经等温等压可逆过程后,体系 Gibbs 表面自由能的增量等于环境对体系所做的表面功 W

$$W = \Delta G = 9.14\,J$$

若为绝热过程,则

$$\Delta U = 0 + W = \gamma \Delta A = mC_V \Delta T$$
$$m = V\rho = (4/3)\pi r_1^3 \rho$$
$$\therefore \Delta T = \gamma \Delta A / mC_V = \gamma \Delta A / (4/3)\pi r_1 \rho C_V$$
$$= 9.14 \times 3/4 \times 3.14 \times 1 \times 0.998 \times 4$$
$$= 0.55\,K$$

【例 14.1-2】 已知苯的 $T_c(C_6H_6) = 561.9\,K$,且其在不同温度下的 γ 如下表所示:

T/K	273	283	293	303	313	323	333	343
$r/(10^{-3}\,N \cdot m^{-1})$	31.58	30.22	28.88	27.56	26.26	24.98	23.72	22.48

(1) 求 $\gamma = \gamma_0 (1 - T/T_c)^n$ 式中之 n, γ.
(2) 求 298 K 时之 γ.
(3) 求 298 K 每增加 0.10 m^2 表面积的 $\Delta G, \Delta H, \Delta S$.

解析 (1) 据(14-3)式,两边同时取对数,可得

$$\lg\gamma = \lg\gamma_0 + n\lg(1 - T/T_c)$$

作 $\lg\gamma$-$\lg(1 - T/T_c)$ 图,得一直线

斜率 = n = 1.221, 截距 = $\lg\gamma_0$ = −1.1484

$$\gamma_0 = 71.06 \times 10^{-3} \text{ N·m}^{-1}$$

(2) 将 γ_0、n 及 T 代入(14.3)式,得

$$\gamma = 71.06 \times 10^{-3}(1 - 298/561.9)^{1.221} = 28.23 \times 10^{-3} \text{ N·m}^{-1}$$

(3) $(\partial\gamma/\partial T)_p = -(\gamma_0/T_c)(1 - T/T_c)^{n-1} = -1.070 \times 10^{-4} \text{ N·m}^{-1}\cdot\text{K}^{-1}$

$\Delta S = -(\partial\gamma/\partial T)_{p,A,n}\Delta A = 1.070 \times 10^{-4} \text{ N·m}^{-1}\cdot\text{K}^{-1} \times 0.10 \text{ m}^2$
$= 1.070 \times 10^{-5} \text{ J·K}^{-1}$

$\Delta H = \Delta G + T\Delta S = \gamma\Delta A + T\Delta S$
$= 28.23 \times 10^{-3} \text{ N·m}^{-1} \times 0.10 \text{ m}^2 + 298 \text{ K} \times 1.070 \times 10^{-5} \text{ J·K}^{-1}$
$= 6.01 \times 10^{-3} \text{ J}$

【例 14.1-3】 三聚乙醛的密度 $\rho = 0.9943 \times 10^{-3}$ kg·m^{-3}, $m = 132.16$ g·mol^{-1}, $\gamma = 25.9 \times 10^{-3}$ N·m^{-1}. 计算 $\{p\}$; 并应用 $\{p\}$ 的加和性质, 请根据表 14.1 的数据及所设想的结构计算 $\{p\}$ 值, 进而判断何种结构更合理.

解析 忽略 ρ_g, 根据(14-7)式, 可得

$$\{p\} = \{10^3 \times 132.16 \times (25.9)^{1/4}\}/(0.9943 \times 10^3) = 300$$

乙醛 CH$_3$CHO 含有 2 个碳, 4 个氢, 1 个氧及双键

$$\{p\}_1 = 2 \times 4.8 + 4 \times 17.1 + 1 \times 20.0 + 1 \times 23.2 = 121.2$$

显然与 300 比太低. 假设为三聚体环状, 则存在一六元环, 据表 14.1

$$\{p\}_2 = 121.2 \times 3 + 6.1 = 369.7$$

与 300 比又太大. 假设为没有双键的六元环, 则可得

$$\{p\}_3 = 121.2 \times 3 + 6.1 - 3 \times 23.2 = 300.1$$

与实验值接近.

(三) 习题

14.1-1 293 K 有几个醇的表面能值, $\gamma(\text{CH}_3\text{OH}) = 22.61$ dyn·cm^{-1}, $\gamma(\text{C}_2\text{H}_5\text{OH}) = 2.275 \times 10^{-2}$ N·m^{-1}, $\gamma(n\text{-C}_3\text{H}_7\text{OH}) = 23.78$ mJ·m^{-2}, 试比较其表面能的大小次序.

答案 $\gamma(n\text{-C}_3\text{H}_7\text{OH}) > \gamma(\text{C}_2\text{H}_5\text{OH}) > \gamma(\text{CH}_3\text{OH})$

14.1-2 293 K 时汞的表面张力 $\gamma = 4.85 \times 10^{-1}$ J·m^{-2}, 求在此温度及 101.3 kPa 压力下, 将半径 $R_1 = 1$ mm 的汞滴分散成半径 $R_2 = 10^{-5}$ mm 的微小汞滴至少需消耗多少功?

答案 $W = 0.609$ J

14.1-3 298 K 时水的表面张力 $\gamma = 71.97 \times 10^{-3}$ N·m^{-1}, $(\partial\gamma/\partial T)_{p,A} = 0.157 \times 10^{-3}$ N·m^{-1}·K^{-1}, 求算 298 K、$p^\ominus$ 表面积可逆地增大 2 cm^2 时, 体系吸收的热、做的功及体系的焓变.

答案 $Q_R = 9.36 \times 10^{-6}$ J, $W' = -1.44 \times 10^{-5}$ J, $\Delta H = 2.38 \times 10^{-5}$ J

14.1-4 已知苯的临界温度为 562.1 K, 方程 $\gamma = \gamma_0(1 - T/T_c)^n$ 中 $n = 1.2$, $\gamma(293\text{ K}) = 28.85 \times 10^{-3}$ N·m^{-1}, 请计算 γ_0 及 $\gamma(303\text{ K})$.

答案 $\gamma_0 = 69.84 \times 10^{-3}$ N·m^{-1}, $\gamma = 27.57 \times 10^{-3}$ N·m^{-1}

14.1-5 (1) 1,1 二氯乙烷 $\gamma = 24.7 \times 10^{-3}$ N·m^{-1}, $\rho = 1.1757$ g·cm^{-3}, $M = 98.96$ g·mol^{-1}, 计算 $\{p\}$ 值; 并利用表 14.1 中的数据估算 $\{p\}$ 值, 比较二者是否一致?

(2) 乙醇 $\gamma = 22.61 \times 10^{-3} \text{ N} \cdot \text{m}^{-1}$, $\rho = 0.7914 \text{ g} \cdot \text{cm}^{-3}$, 请计算 $\{p\}$ 值,并利用表 14.1 估算 $\{p\}$ 值,比较结果是否一致? 如不一致,请分析造成差异的原因.

答案 (1) CH_2Cl_2: $\{p\}_\text{实} = 188$, $\{p\}_\text{表} = 185.6$;(2) C_2H_5OH: $\{p\}_\text{实} = 88.3$, $\{p\}_\text{表} = 93.2$,存在氢键

14.2 弯曲液面

(一) 内容纲要

1. Laplace 公式

由于表面张力的存在,弯曲液面下产生了附加压力 Δp,对于半径为 r 的球形液滴:

$$\Delta p = 2\gamma/r \quad (球形曲面) \tag{14-8}$$

若液面不是球形曲面,Δp 可由下述 Laplace 公式求算:

$$\Delta p = \gamma \left(\frac{1}{r_1} + \frac{1}{r_2} \right) \quad (非球形曲面) \tag{14-9}$$

式中 r_1、r_2 为主曲率半径.附加压力的方向总是指向曲面的球心,对凹液面 $r < 0$,$\Delta p < 0$,即凹液面下液体所受的压力比平面小.

对肥皂泡那样的球形液膜,由于液膜有内、外两个表面,均产生指向球心的附加压力,这时,泡内外的压力差是

$$\Delta p = 4\gamma/r \quad (球形表面膜) \tag{14-10}$$

2. 毛细现象

毛细现象是弯曲液面产生附加压力的必然结果,液体在毛细管中上升高度或下降深度 h 均可用下述公式计算

$$h = 2\gamma\cos\theta/r\rho g \tag{14-11}$$

式中 r 为毛细管半径,θ 为液体与毛细管壁的接触角(见后),ρ 为液体的密度,$g = 9.8 \text{ N} \cdot \text{kg}^{-1}$,$h$ 以平液面为高度零点.

3. Kelvin 公式

蒸气压与液滴半径的关系(Kelvin 公式)为

$$\ln(p_r/p_0) = 2\gamma M/RT\rho r \tag{14-12}$$

式中 p_r、p_0 分别是微小液滴和平面液体的饱和蒸气压,R 为气体常数,M 为物质的摩尔质量.

4. 微粒溶解度

固体物质的溶解度与颗粒半径 r 的关系式与 Kelvin 公式相似

$$\ln(c_r/c_0) = 2M\gamma/RT\rho r \tag{14-13}$$

式中 c、c_0 分别是微小晶体和大粒晶体的溶解度,γ 为固体与溶液的界面张力,ρ 为固体的密度.显然,r 愈小,则固体的溶解度愈大,相对于大颗粒固体来说就是过饱和溶液,此时体系处于介稳状态.

对于立方晶体,则

$$\ln(x_r/x_0) = (V_{m,s}^*/RT)(6\gamma_s/a) \tag{14-14}$$

式中 $V_{m,s}^*$ 为纯溶质的摩尔体积,γ_s 为固体溶质与溶剂的界面张力,a 为边长.

(二) 例题解析

【例 14.2-1】 两根毛细管半径分别为 0.20 mm 及 0.10 mm 插入 $H_2O_2(l)$ 中,在毛细管中上升的高度差为 $\Delta h = 5.50$ cm. 298 K 时 $\rho(H_2O_2) = 1.41$ g·cm^{-3},求 γ.

解析 据公式(14-11)

$$\gamma = \rho g \Delta h / 2(r_1^{-1} - r_2^{-1})$$

$$= \frac{1.41 \times 10^{-3} \times 10^6 \times 9.81 \times 5.50 \times 10^{-2}}{2 \times [(0.10 \times 10^{-3})^{-1} - (0.20 \times 10^{-3})^{-1}]} \text{N·m}^{-1}$$

$$= 7.61 \times 10^{-2} \text{ N·m}^{-1}$$

此处令 $\theta = 90°$,即 $\cos\theta = 1$,本方法也可用来测定毛细管的半径.

【例 14.2-2】 请推导(14-13)式.

解析 半径为 r 的小颗粒 B_r 与大块 B 在溶剂 A 中的溶解度分别为 $c_{B,r}$ 和 c_0.

当 B_r 与溶液中 B 平衡时

$$\mu_{B,s}^*(T, p_r) = \mu_{B,l}(T, p, c_{B,r}) = \mu_{B,l}^\ominus(T, p) + RT\ln(a_{B,r}/c_B^\ominus) \quad ①$$

当 B 与溶液中 B 平衡时

$$\mu_{B,s}^*(T, p) = \mu_{B,l}(T, p, c_B) = \mu_{B,l}^\ominus(T, p) + RT\ln(a_B/c_B^\ominus) \quad ②$$

式①-式②,可得

$$\mu_{B,s}^*(T, p_r) - \mu_{B,s}^*(T, p) = RT\ln(a_{B,r}/a_B) \quad ③$$

设 $V_{m,s}^*$ 为固体颗粒的摩尔体积,并假定为常数,即 $V_{m,s}^* = M/\rho$,据式③可得

$$\int_p^{p_r} V_{m,s}^* dp = RT\ln(a_{B,r}/a_B) \quad ④$$

$$V_{m,s}^*(p_r - p) = RT\ln(a_{B,r}/a_B) \quad ⑤$$

由(14-8)式 $p_r - p = \Delta p = 2\gamma/r$,则式⑤为

$$\frac{M}{\rho} \cdot \frac{2\gamma}{r} = RT\ln(a_{B,r}/a_B) \quad ⑥$$

当溶解度很小时,$a_{B,r} = c_r$,$a_B = c_0$,则

$$\ln \frac{c_r}{c_0} = \frac{2M\gamma}{RT\rho r} \quad ⑦$$

讨论 由于⑦式等号右方的各量均为正值,故 $\ln(c_{B,r}/c_0) > 0$ 或 $c_{B,r} > c_0$,即小颗粒晶体的溶解度在其他条件相同时,总大于大块晶体.

(三) 习题

14.2-1 平板玻璃之间放些水,再叠在一起. 要想将其分开,需要费很大的力才行,何故?

提示 水在玻璃板间呈凹液面,$\Delta p = 2\gamma/\delta$. δ 为平板间距离,δ 很小,则 Δp 很大,即板内液体压力远小于外压,这个压力差将两块板紧压在一起.

14.2-2 在装有部分液体的水平毛细管中,当在一端加热时,问润湿性液体向毛细管哪一端移动?不润湿液体向哪一端移动?并说明理由.

提示 若加热毛细管一端,则这一端液体的表面张力 γ 下降,润湿性液体在毛细管内呈凹液面. 加热右端,则液柱向左端移动.

14.2-3 一毛细管插入20℃的水中,水上升8.37 cm,插入汞中,汞在管中下降3.67 cm,

已知 $\rho(H_2O) = 0.9982 \times 10^3 \text{ kg·m}^{-3}$,$\rho(Hg) = 13.5939 \times 10^{-3} \text{ kg·m}^{-3}$,$\gamma(H_2O) = 72.75 \times 10^{-3}$ N·m^{-1},请计算 $\gamma(Hg)$ 及毛细管半径 r.

答案　$\gamma(Hg) = 0.434 \text{ N·m}^{-1}$,$r = 1.78 \times 10^{-4}$ m

提示　$h_1/h_0 = \gamma_1 \rho_0 / \gamma_0 \rho_1$

14.2-4　293 K 时水的饱和蒸气压为 2.34 kPa,表面张力为 7.28×10^{-2} N·m^{-1},密度为 1×10^3 kg·m^{-3}.试求半径为 10^{-8} m 的水滴蒸气压为多少?

答案　2.61 kPa

14.2-5　在正常沸点时,如果水中仅含有直径为 10^{-3} mm 的空气泡,问使这样的水开始沸腾需过热多少度?已知水在 373 K 的表面张力 $\gamma = 5.89 \times 10^{-2}$ N·m^{-1},摩尔气化焓 $\Delta_g^l H_m = 40.7$ kJ·mol^{-1}.

提示　先计算凹液面对小气泡产生的附加压力 $\Delta p = 2\gamma/r$,则小气泡存在时,泡内压力 $p' = \Delta p + p_{大气}$,这也就是小气泡存在时需要克服的压力,根据 Clapeyron-Clausius 公式,可算出使气泡内水蒸气的压力等于 p' 时的温度 T'. $T' = 411$ K.

答案　过热 38 K

14.2-6　已知大颗粒 CaSO$_4$ 在水中的溶解度为 1.533×10^{-2} mol·dm^{-3};$r = 3 \times 10^{-7}$ m 的 CaSO$_4$ 微粒其溶解度为 1.82×10^{-2} mol·dm^{-3},固体 CaSO$_4$ 的密度为 2.96×10^3 kg·m^{-3},试求固体 CaSO$_4$ 与水的界面张力约为多少?设温度为 300 K.

提示　应用微小颗粒的溶解度公式(14-3),求出的 γ 为固体与溶液的界面张力,由于石膏溶解度极小,故可近似看做石膏与水的界面张力.

答案　1.397 N·m^{-1}

14.2-7　对于 BaSO$_4$ 晶体 $a = 1.00 \times 10^{-7}$ m,$\rho = 4.5 \times 10^{-3}$ kg·m^{-3},$\gamma = 0.50$ N·m^{-1} (298 K),请求相对于大颗粒时溶解度增加了多少?若 $c/c_0 \approx 1.5$,溶质能否析出?

答案　$c/c_0 = 1.9$,生成过饱和溶液

14.3 二元体系的表面张力

(一) 内容纲要

1. 润湿现象及铺展

液体对固体的润湿程度通常可用液固间接触角 θ 的大小来表示,当达到平衡时,则

$$\gamma_{sg} = \gamma_{sl} + \gamma_{lg}\cos\theta \tag{14-15}$$

当 $\theta = 0°$ 完全润湿,$\theta < 90°$ 润湿,$\theta > 90°$ 不润湿,$\theta = 180°$ 完全不润湿.

凡是一液滴能在另一种不相溶的固体或液体表面自动形成一层薄膜的现象称为铺展,判断能否铺展的依据是体系的 Gibbs 表面自由能是否减少,若 $-S_{BA} = (\partial G/\partial A)_{T,p,n} < 0$,则该过程能自动进行

$$S_{BA} = \gamma_{Ag} - (\gamma_{Bg} - \gamma_{AB}) \tag{14-16}$$

S_{BA} 又称辅展系数,即 $S_{BA} > 0$,B 能在 A 上辅展;γ_{AB} 是二元体系的界面张力.

2. 表面压 Π

$$\Pi = \gamma_0 - \gamma \tag{14-17}$$

Π 是膜对单位长度浮物所施的力,其数值等于纯液体的表面张力(γ_0)被膜所降低的数值.

气态膜方程为

$$\Pi a = k_B T \tag{14-18}$$

式中 a 为成膜分子所占的面积.

3. Gibbs 溶液表面吸附公式

当研究溶液表面张力时,可用 Gibbs 溶液表面吸附公式

$$\Gamma_i = -\frac{a_i}{RT}\left(\frac{\partial \gamma}{\partial a_i}\right)_T \tag{14-19}$$

a_i 为溶液中组分 i 的活度. 当溶液浓度很小时,常以浓度 c_i 来代替活度 a_i, (14-19)式变为

$$\Gamma_i = -\frac{c_i}{RT}\left(\frac{\partial \gamma}{\partial c_i}\right)_T \tag{14-20}$$

Γ_i 称为 i 组分的表面超量,如对溶质 i 组分可定义为:单位面积表面层所含溶质 i 的量与在溶液本体中同量溶剂中所含溶质 i 的量的差值,单位为 $mol \cdot m^{-2}$. 因此,Γ_i 可正可负.

吸附层的有效厚度 χ 可通过下式计算:

$$\chi = |\Gamma_2/c_2| \tag{14-21}$$

(二) 例题解析

【例 14.3-1】 293 K 时测得 γ(界面张力)结果为 $\gamma(CHBr_3\text{-}H_2O) = 40.85 \times 10^{-3}\,N \cdot m^{-1}$,$\gamma(CHCl_3\text{-}H_2O) = 32.80 \times 10^{-3}\,N \cdot m^{-1}$,而纯液体时之表面张力 γ 如下表所示:

物 质	$CHBr_3$	$CHCl_3$	H_2O
$\gamma/(10^{-3}\,N \cdot m^{-1})$	41.53	27.13	72.75

当将 $CHBr_3$、$CHCl_3$ 分别放于水面上将发生什么现象?

解析 据公式(14-16),将所列数据代入

$$S(CHBr_3\text{-}H_2O) = -9.63 \times 10^{-3}\,N \cdot m^{-1} < 0$$

$$S(CHCl_3\text{-}H_2O) = 12.82 \times 10^{-3}\,N \cdot m^{-1} > 0$$

据此,$CHBr_3$ 不能在水面上铺展;而 $CHCl_3$ 则能.

讨论 上述计算实际上隐含着一个原则,即 $CHBr_3$、$CHCl_3$ 等在铺展前的面积与水面比可忽略不计,因此就有

$$dA(H_2O) = dA(H_2O\text{-}CHBr_3) = -dA(CHBr_3)$$

其次铺展问题无接触角可言,接触角是一个平衡性质,而铺展谈不上平衡问题.

【例 14.3-2】 正丁醇水溶液不同浓度在 293 K 时测得其表面张力 γ 数据如下(表中 f 为水溶液中正丁醇的活度系数):

$c/(mol \cdot dm^{-3})$	0.105	0.211	0.433	0.854
$f(C_4H_9OH)$	0.930	0.916	0.887	0.832
$\gamma/(10^{-3}\,N \cdot m^{-1})$	56.03	48.08	40.38	28.57

(1) 计算 $c(C_4H_9OH) = 0.250\,mol \cdot dm^{-3}$ 时之表面吸附 Γ_2 及有效厚度.

(2) 计算正丁醇分子的平均截面积 A.

(3) $\rho(C_4H_9OH) = 0.8098\,g \cdot cm^{-3}$,求正丁醇分子的近似长度.

(4) 已知平均键长 l 分别为 $l(C—O) = 0.14$ nm, $l(C—H) = 0.10$ nm, $l(C—C) = 0.15$ nm, $l(O—H) = 0.10$ nm, 所有键角≈109°, 计算正丁醇分子的长度, 并与(3)中的实验结果相对照.

解析 (1) 据(14-19)式 $\Gamma_2 = -(RT)^{-1}(\partial\gamma/\partial\ln a)_{T,p}$, 作 γ-$\ln(cf)$ 图为一直线. 由其斜率求得 $(\partial\gamma/\partial\ln a) = -0.014$ N·m^{-1}, 与浓度 c 无关, 代入(14-19)式

$$\Gamma_2 = -(-0.014\text{ N}\cdot\text{m}^{-1}/[(8.314\text{ J}\cdot\text{K}^{-1}\cdot\text{mol}^{-1}) \times (298\text{ K})] = 5.7 \times 10^{-6}\text{ mol}\cdot\text{m}^{-2}$$

$\Gamma_2 > 0$, 表明溶质分子有向表面聚集的趋向, 在大多数情况下, 将生成单分子吸附层.

$$\chi = |\Gamma_2/c_2| = (5.7 \times 10^{-6}/0.250 \times 10^3)\text{m} = 2.3 \times 10^{-8}\text{ m}$$

(2) $A = 1/(\Gamma_2 \times N_A) = (5.7 \times 10^{-6} \times 6.023 \times 10^{23})\text{m}^2 = 2.9 \times 10^{-19}\text{ m}^2$

(3) 由于 $M(C_4H_9OH) = 74.12$ g·mol^{-1}, 故

$$V_m = \frac{74.12\text{ g}\cdot\text{mol}^{-1}}{0.8098\text{ g}\cdot\text{cm}^{-3}} \times (10^2\text{ cm/m})^3 \times 6.023 \times 10^{23}\text{ mol}^{-1} = 1.520 \times 10^{-28}\text{ m}^3$$

$$l = 1.520 \times 10^{-28}\text{ m}^3/2.9 \times 10^{-19}\text{ m}^2 = 5.2 \times 10^{-10}\text{ m} = 0.52\text{ nm}$$

(4) $l = [l(H—O) + l(O—C) + 3l(C—C) + l(C—H)]\sin(109°/2)$
   $= [0.10\text{ nm} + 0.14\text{ nm} + 3 \times (0.15\text{ nm}) + 0.10\text{ nm}]\sin(109°/2)$
   $= 0.64\text{ nm}$

与(3)中的实验结果较接近.

【例 14.3-3】 实验发现 RSO_3H 水溶液表面张力符合方程 $\gamma = \gamma_0 - bc^2$, R 代表一个长链烃基, c 是可测量的离子浓度, 温度为 298 K.

(1) 导出对应的吸附层状态方程, 即 Π-σ 的函数关系.

(2) 简释为什么是 $\gamma - c^2$, 而不是 $\gamma - c$ 是线性关系.

解析 (1) 根据表面压的定义 $\Pi = \gamma_0 - \gamma$, 可得

$$\Pi = bc^2$$
$$d\Pi/dc = 2bc = -d\gamma/dc$$
$$\Gamma = -(c/RT)(d\gamma/dc) = 2bc^2/RT$$

令 σ 为每摩尔溶质的表面积, 即 $\sigma = 1/\Gamma$, $\therefore$ $\Pi\sigma = RT/2$.

(2) 根据酸离解常数 $K = [H^+][RSO_3^-]/[RSO_3H]$, 即 $[RSO_3H] = [H^+][RSO_3^-]/K$, c^2 正比于未离解的 RSO_3H 的浓度. 因此可以推断, 未离解的酸实际上主要集中于表面吸附组分, 离解的酸集中于溶液本体, 表现为表面层的 pH 大于溶液本体.

(三) 习题

14.3-1 乙醚与水的界面张力是 10.70×10^{-3} N·m^{-1}(293 K), 而同温下 $\gamma(H_2O) = 72.75 \times 10^{-3}$ N·m^{-1}, γ(乙醚) $= 17.10 \times 10^{-3}$ N·m^{-1}.

(1) 根据铺展的定义, 讨论乙醚滴在水面和水滴在乙醚表面将发生什么现象?

(2) 粘附功(work adhesion, W_{AB})代表不同液体表面间吸引的强度, 可用 Dupre 方程 $W_{AB} = \gamma_A + \gamma_B - \gamma_{AB}$ 表述. 计算乙醚和水之间的粘附功 W(乙醚、水).

(3) 内聚功(work ot cohesion, W_{AA})是同种液体表面之间的吸引强度, $W_{AA} = 2\gamma_A$. 请分别计算乙醚及水的内聚功; 比较 W_{AA} 及 W_{AB}, 并据此讨论润湿能否发生?

答案 (1) S(乙醚/水) $= 44.95 \times 10^{-3}$ N·m$^{-1} > 0$, S(水/乙醚) $= -66.35 \times 10^{-3}$ N·m$^{-1} < 0$, 水滴不能在乙醚表面润湿, 乙醚能在水面上润湿

(2) $W(乙醚/水) = 79.15 \times 10^{-3}$ J·m^{-2}

(3) $W(乙醚) = 34.20 \times 10^{-3}$ J·m$^{-2} < W(乙醚/水)$,而 $W(水) = 145.50 \times 10^{-3}$ J·m$^{-2} > W(乙醚/水)$,同样可得(1)之结论

14.3-2 氧化铝瓷件上需覆盖银,1273 K 时,Ag(l)能否润湿氧化铝瓷件表面?1273 K 时的界(表)面张力数据如下:$\gamma(Al_2O_3) = 1$ mN·m^{-1},$\gamma(Ag,l) = 0.92$ mN·m^{-1},$\gamma[Ag(l),Al_2O_3] = 1.77 \times 10^{-3}$ N·m^{-1}。

答案 $S[Ag(l),Al_2O_3] < 0$,不能润湿

14.3-3 NH_4NO_3 水溶液,20.0 ℃时测得下表所列数据。求 $c = 1.00$ mol·dm^{-3}时之表面超量及有效厚度。

$c/(\text{mol·dm}^{-3})$	0.50	1.00	2.00	3.00	4.00
$\gamma/(10^{-3}\text{ N·m}^{-1})$	73.25	73.75	74.65	75.52	76.33

答案 $\Gamma(NH_4NO_3) = -3.6 \times 10^{-7}$ mol·dm^{-3},$\chi = 3.6 \times 10^{-10}$ m

14.3-4 乙醇-水混合溶液的表面张力符合方程 $10^3\gamma = 72 - 0.5c + 0.2c^2$,式中 γ 的单位是 N·m^{-1},c 的单位为乙醇的浓度 mol·dm^{-3},$T = 298$ K。求 0.50 mol·dm^{-3}时的表面超量。

答案 $\Gamma = 6.06 \times 10^{-8}$ mol·m^{-2}

14.3-5 某质量分数为1%的表面活性剂溶液的表面张力为 70×10^{-3} N·m^{-1},2%的溶液则为 68×10^{-3} N·m^{-1}。请证明吸附膜服从二维理想气体定律,并计算表面活性剂的分子量。已知2%溶液的表面活性剂表面超量为 2.0×10^{-4} g·m^{-2},$T = 298$ K。

提示与答案 γ-c 为线性关系,$(\partial\gamma/\partial c) = -\Pi$;又2%溶液,由 $\Gamma = \Pi/RT = 1.62 \times 10^{-6}$ mol·m^{-2},$M = 123$ g·mol^{-1}

14.4 固体表面吸附

(一) 内容纲要

1. 物理吸附和化学吸附

固体表面吸附气体可分为物理吸附和化学吸附,产生物理吸附的作用力是分子间范德华力,其吸附热的数值与气体的液化热相近,约为 20~40 kJ·mol^{-1}。产生化学吸附的作用力是化学键力,故只能是单分子层吸附,吸附热约为 40~400 kJ·mol^{-1},有许多吸附体系往往同时存在物理吸附与化学吸附。

2. Langmuir 吸附等温式

$$V = V_m bp/(1 + bp) \tag{14-22}$$

式中 V 为压力 p 时吸附气体的体积,V_m 是饱和吸附量,(14-22)式经常用以下线性方程形式

$$p/V = (V_m b)^{-1} + p/V_m \tag{14-23}$$

若为多组分气体吸附时,Langmiur 吸附等温式则变为

$$V_i = V_{m,i} b_i p_i/(1 + \sum b_i p_i) \tag{14-24}$$

Langmuir 吸附等温式对均匀吸附的单分子层吸附结果较为满意,若多分子层吸附则不适用。

3. Freundlich 吸附等温式

$$V = Kp^n \tag{14-25}$$

K 和 n 均为经验常数,一般 $n<1$,在中等压力下对物理吸附及化学吸附均适用.其特点是公式中没有饱和吸附量.

4．BET(Branauer-Emmett-Teller)吸附等温式

$$p/[V(p_m - p)] = (CV_m)^{-1} + [(C-1)/CV_m][p/p_m] \quad (14\text{-}26)$$

p、p_m 分别是实验温度下吸附气体的分压及饱和蒸气压,V_m 是第一层完全吸附时的吸附量,C 是和吸附热及被吸附物种气体的液化热有关的常数,p/p_m 在 $0.05\sim0.35$ 间,BET 公式对单分子及多分子层的适用.该公式主要用于比表面测定.

5．吸附热

吸附总是放热过程.在吸附量 V 相等的条件下,测定吸附温度和平衡分压,利用 Clapeyron-Clausius 公式,可求等压摩尔吸附热 $\Delta_{ad}H_m$:

$$\mathrm{d}\ln(p/p^\ominus)/\mathrm{d}T = -\Delta_{ad}H_m/RT^2 \quad (14\text{-}27)$$

该量可近似当成与压力无关的常数,当做吸附强度的一种度量.(14-27)式也可表述成另一种形式:

$$\ln(V_2/V_1) = -(\Delta_{ad}H_m/R)(T_2^{-1} - T_1^{-1}) \quad (14\text{-}28)$$

式中 V 为 T 时吸附气体在标准状况下的体积.

(二) 例题解析

【例 14.4-1】 240 K,在不同的 CH_4 压力下,测得每克活性炭吸附的 CH_4 的体积[已换算为标准状况(STP)时]:

p/kPa	4.8	7.1	10.1	13.6	17.6	22.8	28.7	36.0
$V/(\mathrm{cm}^3\cdot\mathrm{g}^{-1})$	12.64	16.02	19.87	23.21	26.48	29.87	33.07	36.22

(1) 请用 Freundlish 等温式处理上述实验数据.
(2) 请用 Langmiur 等温式求 V_m 及 b.
(3) 求 $p=20\,\mathrm{kPa}$ 时活性炭表面被 CH_4 覆盖的分数 θ.
(4) 已知 $CH_4(l)$ 的密度为 $0.466\times10^3\,\mathrm{kg\cdot m^{-3}}$,求 CH_4 分子的近似横截面积 σ,$\sigma\approx(M/\rho N_A)^{2/3}$.
(5) 求活性炭的比表面 A_0.

解析 (1) 据(14-25)式作 $\ln V$-$\ln p$ 图得一直线,由斜率求得 $n=0.52$,由截距可得 K.

$$K = \exp(截距) = \exp(-1.85) = 0.158\,\mathrm{cm^3\cdot g^{-1}(Pa)^{-0.52}}$$

Freundlish 等温式为

$$V = 0.158\,p^{0.52}\,\mathrm{cm^3\cdot g^{-1}} \quad ①$$

(2) 据(14-23)式,作 p/V-p 图为一直线,斜率即 $1/V_m$,截距为 $1/bV_m$:

$$V_m = (斜率)^{-1} = (0.0195\,\mathrm{cm^{-3}\cdot g})^{-1} = 51.3\,\mathrm{cm^3\cdot g^{-1}}$$

$$b = 1/(V_m \times 截距) = (51.3 \times 306.6) = 6.4\times10^{-5}\,\mathrm{Pa^{-1}}$$

即 Langmuir 等温式为

$$p/V = p/(51.3\,\mathrm{cm^3\cdot g^{-1}}) + (6.4\times10^{-5}\,\mathrm{Pa^{-1}}\cdot V_m)^{-1} \quad ②$$

(3) $p=20\,\mathrm{kPa}$,代入式②,或

$$\theta = bp/(1+bp) = 0.56 \quad (吸附分数)$$

(4) 代入 $\sigma \approx (M/pN_A)^{2/3}$, 得

$$\sigma = \left[\frac{16.0 \times 10^{-3} \text{ kg} \cdot \text{mol}^{-1}}{(0.466 \times 10^3 \text{ kg} \cdot \text{m}^{-3})(6.022 \times 10^{23} \text{ mol}^{-1})}\right]^{2/3} = 14.8 \times 10^{-20} \text{ m}^2$$

(5) 根据饱和吸附体积 V_m, 求出活性炭上吸附 CH_4 的最大的物质的量 n

$$n = \frac{101325 \text{ Pa} \times 51.3 \text{ cm}^3 \cdot \text{g}^{-1} \times (10^{-2} \text{m} \cdot \text{cm}^{-1})^3}{8.314 \text{ J} \cdot \text{K}^{-1} \cdot \text{mol}^{-1} \times 293 \text{ K}} = 2.13 \times 10^{-3} \text{ mol} \cdot \text{g}^{-1}$$

$$\therefore A_0 = nN_A\sigma = (14.8 \times 10^{-20} \text{ m}^2) \times (2.13 \times 10^{-3} \text{ mol} \cdot \text{g}^{-1})(6.023 \times 10^{23} \text{ mol}^{-1})$$
$$= 189 \text{ m}^2 \cdot \text{g}^{-1}$$

【例 14.4-2】 77.2 K, 用微球形硅酸铝催化剂吸附 N_2, 在不同的平衡压力下, 测得每千克催化剂吸附的 N_2 体积(已折合为 STP 下的体积):

p/kPa	8.70	13.64	22.11	29.92	38.91
V/dm³	115.58	126.30	150.69	166.38	184.42

已知 77.2 K 时 N_2(l)之饱和蒸气压为 99.13 kPa, 每个 N_2 分子的截面积为 $\sigma = 16.2 \times 10^{-20}$ m², 试用 BET 公式处理上述数据, 并求该催化剂的比表面 A_0.

解析 根据 BET 公式, 应作 $[p/V(p_m-p)]$-(p/p_m) 图, 为此可将实验数据换算如下:

$[p/V(p_m-p)] \times 10^3$/dm⁻³	0.832	1.26	1.91	2.60	3.50
p/p_m	0.0878	0.1376	0.2231	0.3019	0.3925

作图为一直线(图略):斜率 $= (C-1)/V_mC = 8.65 \times 10^{-3}$ dm⁻³ $= m$

截距 $= 1/V_mC = 1.30 \times 10^{-4}$ dm⁻³ $= n$

解上述二个方程, 可得

$$V_m = (m+n)^{-1} = 114 \text{ dm}^3$$

故

$$A_0 = (V_m/22.4 \text{ dm}^3)N_A\sigma = 4.96 \times 10^5 \text{ m}^2 \cdot \text{kg}^{-1}$$

【例 14.4-3】 CH_4 在活性炭上吸附 12.5 cm³, 在不同温度下所需压力的实验数据如下:

p/kPa	4.4	8.8	19.3	39.2	77.6
T/K	240	255	273	293	319

(1) 求 $\Delta_{ad}H$.

(2) 如果 CH_4 在活性炭表面的平均寿命可用 $\tau = \tau_0\exp(\Delta_{ad}H_m/RT)$ 计算, 当 $\tau_0 = 10^{-12}$ s 时, 求 298 K 时之 τ.

解析 (1) 作 $\ln(p/[p])$-$(1/T)$ 图为一直线

$$\Delta_{ad}H_m = -R(\text{斜率})$$
$$= -8.314 \text{ J} \cdot \text{K}^{-1} \cdot \text{mol}^{-1} \times (-2.81 \times 10^3 \text{ K})$$
$$= 23.4 \times 10^3 \text{ J} \cdot \text{mol}^{-1}$$

(2) $\tau = \tau_0\exp(-\Delta_{ad}H_m/RT)$
$$= 10^{-12} \text{ s} \cdot \exp[-23.4 \times 10^3 \text{ J} \cdot \text{mol}^{-1}/(8.314 \text{ J} \cdot \text{K}^{-1} \cdot \text{mol}^{-1} \times 298 \text{ K})]$$
$$= 1 \times 10^{-8} \text{ s}$$

(三) 习题

14.4-1 请证明当 $p \ll p_m$ 时,BET 公式可简化为 Langmuir 吸附等温式.

提示 令 $C/p_m = b$,且 $C \gg 1$

14.4-2 H_2 在 Ni 上的吸附服从 Freundlish 公式 $x/m = kp^{1/2}$,x 为吸附氢的量,m 为 Ni 的质量.请导出被吸附的氢在二维表面上的状态方程,即 Π(表面压)与 σ 或 Γ 的关系式. $\Pi = \gamma_0 - \gamma$,σ 为每个 H_2 分子在表面上所占的面积,Γ 为吸附量.根据上述所求的状态方程,对 H_2 在 Ni 表面上的状态能提供怎样的信息?

提示 $x/m = \Gamma S = kp^{1/2}$,$\Gamma = (\sigma N_A)^{-1}$

答案 $\Pi \sigma = 2k_B T$,H_2 在 Ni 表面上以原子状态存在

14.4-3 CO 在 90 K 被云母吸附的数据如下:

p/Pa	0.755	1.40	6.04	7.27	10.55	14.12
$V \times 10^2/\text{cm}^3$	10.5	13.0	16.3	16.8	17.8	18.3

(1) 试由 Langmuir 吸附等温式以图解法求 V_m 和 b.

(2) 计算被饱和吸附的总分子数.

(3) 假定云母的总表面积为 $6.24 \times 10^3 \text{ cm}^2$,试计算饱和吸附时,吸附剂表面上被吸附分子的密度为多少? 此时每个被吸附分子占有多少表面积?

答案 (1) 作 (p/V)-p 图,求得 $V_m = 0.192 \text{ cm}^{-3}$,$b = 2.133 \text{ Pa}^{-1}$

(2) 被饱和吸附的总分子数 5.16×10^{18}

(3) 每个吸附分子占有的表面积 $\sigma = 1.21 \times 10^{-19} \text{ m}^2$

14.4-4 若 $N_2(l)$ 在 77.3 K 之蒸气压为 101.2 kPa,在 77.3 K 测得 N_2 在 Al_2O_3 上的吸附数据如下:

p/kPa	4.23	5.35	7.54	8.56	11.02	12.89	14.98	19.81
$n/(10^{-4} \text{ mol} \cdot \text{g}^{-1})$	8.31	8.53	8.90	9.03	9.53	9.85	10.45	10.81

(1) 请按 BET 公式处理上述实验数据.

(2) 请用 Langmuir 公式讨论上述数据.

(3) 若 BET 公式中之 $C = \exp[(\Delta_{ad}H_m(\text{单}) - \Delta_{vap}H_m)/RT]$,试求 $\Delta_{ad}H_m$,并判断属于物理吸附还是化学吸附?

14.4-5 已知在某活性炭样品上吸附 0.895 cm^3 N_2 时(已换算成 273 K,$1.01 \times 10^5 \text{ Pa}$ 下的体积),平衡压力 p 和温度 T 之数据如下表所示.计算在上述条件下,N_2 在活性炭上的摩尔吸附焓 $\Delta_{ad}H_m$.

T/K	194	225	273
$p \times 10^5/\text{Pa}$	4.66	11.65	35.87

提示 将 N_2 作为理想气体处理,根据(5-18)公式,作 $\lg(p/p^\ominus)$-T^{-1} 图,由直线斜率求得 $\Delta_{ad}H_m = -115 \text{ kJ} \cdot \text{mol}^{-1}$,则吸附 0.895 cm^3 N_2 的吸附焓为 -4.59 J

14.5 复相催化反应动力学

(一) 内容纲要

1. 两种复相催化反应历程

(1) Langmuir-Hinshelwood (L-H)历程

反应物 A、B 均被吸附在催化剂活性中心上,在催化剂表面进行反应.

$$A(g) + B(g) + \underset{-S-S-}{\,} \longrightarrow \underset{-S-S-}{\overset{A\cdots B}{|\ |}} \longrightarrow A-B + \underset{-S-S-}{\,}$$

描述其反应速率的方法是,当为表面反应控制,且产物是弱的吸附时:

$$r = \kappa \theta_A \theta_B$$

根据 Langmuir 吸附公式,可得

$$\theta_A = \frac{K_A p_A}{(1 + K_A p_A + K_B p_B)}, \theta_B = \frac{K_B p_B}{(1 + K_A p_A + K_B p_B)}$$

故

$$r = \frac{kK_A K_B p_A p_B}{(1 + K_A p_A + K_B p_B)^2} \tag{14-29}$$

θ_A、θ_B 分别为 A、B 在催化剂表面的覆盖分率,K_A、K_B 为 A、B 被催化剂表面吸附平衡常数.

(2) Eley-Rideal(E-R)历程

作用物之一被吸附后与气相中另一作用物分子反应,即

$$A(g) + \underset{-S-}{\,} \longrightarrow \underset{-S-}{\overset{A}{|}}$$

$$\underset{-S-}{\overset{A}{|}} + B(g) \longrightarrow \underset{-S-}{\overset{A\cdots B}{|}} \longrightarrow A-B + \underset{-S-}{\,}$$

同 L-H 历程相同方法,可得

$$r = \frac{kK_A p_A p_B}{1 + K_A p_A + K_B p_B} \tag{14-30}$$

一般可作$(1 + K_A p_A) \gg K_B p_B$ 处理.

2. 表面质量作用定律

当催化反应为表面反应控制步骤时,描述表面元反应速率质量作用定律与均相时有所不同.

在 L-H 历程时,若表面元反应为

$$aA(s) + bB(s) \longrightarrow cC(s) + dD(s)$$

且 A,B,C,D 均为吸附状态,则

$$r = \kappa \theta_A^a \theta_B^b \theta_0^{\Delta \nu} \tag{14-31}$$

其中 θ_A, θ_B 为 A,B 之吸附分数;θ_0 为表面之空吸附中心分数;$\Delta \nu$ 不是产物与反应物之化学计量数之代数和,而是催化剂表面产物分子与反应物分子占据吸附中心数之差值,为此必须对吸附机理有所了解,如

$$C_2H_5OH(s) \Longrightarrow C_2H_4(g) + H_2O(s)$$

即 C_2H_5OH, H_2O 是吸附态,而 C_2H_4 一经反应生成很易脱附成为气相分子,于是 $\Delta \nu = 0$,而 $\Delta \nu$

≠1. 若 C_2H_5OH 占有两个吸附中心,而 H_2O 仅占有一个吸附中心,则此时 $\Delta\nu = 1$.

当 E-R 历程时,如

$$aA(s) + bB(g) \longrightarrow cC + dD$$

则

$$r = \kappa p_B^b \theta_A^a \theta_0^{\Delta\nu} \tag{14-32}$$

式中 $\Delta\nu$ 同 L-H 历程中所述一样. 由于研究工作中,难于对分子的吸附状态了解得非常清楚,一般在讨论催化动力学方程时,可把 $\theta_0^{\Delta\nu} \approx 1$ 处理.

3. 复相催化动力学方程的建立

仿照唯象动力学规律,由实验数据确定反应级数、速率常数等,可得复相动力学方程. 也可以从式(14-29)、(14-30),根据吸附状态(强、中、弱吸附)进行简化求得动力学方程,并与实验规律相对照,简化的方法是分析和解决研究中问题常用的手段,可参考例题.

(二) 例题解析

【例 14.5-1】 在某些催化反应中,生成物是较反应物为更强的吸附于催化剂表面. NH_3 在 1273 K 的铂表面分解就是这种情况,当在 H_2 为非常强吸附的极限情况下,其分解动力学方程可写为

$$\frac{-dp(NH_3)}{dt} = k_p \frac{p(NH_3)}{p(H_2)}$$

请证明上式. 且经实验测定得到下表所列数据,请据其求 k_p.

t/s	0	30	60	100	160	200	250
$p(NH_3)/kPa$	13.3	11.7	11.2	10.7	10.3	9.9	9.6

解析 解本题之思路为:(i) 把应用 Langmiur 吸附所得之结果于本题,并根据基本事实(产物 H_2 为强吸附)简化方程;(ii) 应用质量作用定律写出速率方程,并对极限情况进行讨论;(iii) 将速率方程积分,代入实验数据,求速率常数.

根据 Langmlur 吸附等温式,可知

$$\theta = Kp/(1+Kp)$$

重排后,可得

$$Kp(1-\theta) = \theta$$

由于 H_2 是强吸附,$\theta \approx 1$,于是未被吸附的分数为 $1 - \theta \approx 1/Kp$.

根据质量作用定律

$$-dp(NH_3)/dt = k_p p(NH_3)(1-\theta)$$

即反应正比于 NH_3 之分压及未被吸附的空位部分. 将 $1-\theta = 1/Kp$ 代入,即得

$$-dp(NH_3)/dt = k_p \frac{p(NH_3)}{Kp(H_2)}$$

NH_3 在铂上的分解反应式为

$$NH_3 \longrightarrow \tfrac{1}{2}N_2 + \tfrac{3}{2}H_2$$

令 $p = p(NH_3), p_0 = p_0(NH_3)$,则

$$p(H_2) = \tfrac{3}{2}[p_0(NH_3) - p(NH_3)]$$

$$p = 3(p_0 - p)/2$$
$$-\mathrm{d}p/\mathrm{d}t = k'_p p/(p_0 - p)$$

此处
$$k'_p = \frac{3}{2}(k_p/K)$$

积分上式,得
$$\int_{p_0}^{p}\left(\frac{1-p_0}{p}\right)\mathrm{d}p = k'_p\int_{0}^{t}\mathrm{d}t$$
$$(p - p_0)/t = k'_p + (p_0/t)\ln(p/p_0)$$

令 $F(t) = (p_0/t)\ln(p/p_0)$, $G(t) = (p - p_0)/t$,则
$$G(t) = k'_p + F(t)$$

作 $G(t)$-$F(t)$ 图,若得一直线,截距即 k'_p。或直接将数据代入求 k'_p 之平均值,结果如下:

t/s	0	30	59	100	160	200	250
p/kPa	100	11.7	11.2	10.7	10.3	9.9	9.6
$G(t)/(\mathrm{kPa\cdot s^{-1}})$		−0.053	−0.035	−0.026	−0.019	−0.017	−0.015
$F(t)/(\mathrm{kPa\cdot s^{-1}})$		−0.057	−0.038	−0.029	−0.021	−0.020	−0.017
$G(t) - F(t) = k'_p/(\mathrm{kPa\cdot s^{-1}})$		0.04	0.03	0.03	0.02	0.03	0.02

取平均值可得 $\langle k'_p \rangle = 0.03\ \mathrm{kPa\cdot s^{-1}}$;如已知吸附平衡常数 K,即可得 k_p 值。

【例 14.5-2】 某分子 A 在表面分解,其反应历程如下表所示:

吸 附	脱 附	分 解
$A + S \xrightarrow{k_1} AS$	$AS \xrightarrow{k_{-1}} A + S$	$AS \xrightarrow{k_2} P + S$

(1) 试求单位催化剂表面分解速率方程。
(2) 分别讨论当分解速率远远大于(或远远小于)吸附、脱附速率时之速率方程。

解析 (1)令[S]为催化剂每单位表面之活性中心数,θ 为被 A 分子吸附之分数,于是反应速率可写为

$$r = k_2[S]\theta \qquad ①$$

据稳态近似
$$\mathrm{d}[\theta_{AS}]/\mathrm{d}t = k_1[A][S](1-\theta) - k_{-1}[S]\theta - k_2[S]\theta = 0 \qquad ②$$

$$\theta = \frac{k_1[A]}{k_1[A] + k_{-1} + k_2} \qquad ③$$

代入式①,得
$$r = \frac{k_2 k_1[A][S]}{k_1[A] + k_{-1} + k_2} \quad 或 \quad \frac{1}{r} = \frac{1}{k_2[S]} + \frac{k_{-1} + k_2}{k_2 k_1[A][S]} \qquad ④$$

(2) 当 $k_2 \gg k_1[A] + k_{-1}$,即分解速率远远大于吸、脱附速率时,据③式,可得
$$r = k_1[S][A] \qquad ⑤$$

上式表明:吸附为速控步,对[A]为一级反应。

当 k_2 很小,可达吸附平衡:
$$K = \frac{k_1}{k_{-1}} = \frac{\theta}{[A](1-\theta)} \qquad ⑥$$

$$\theta = \frac{K[A]}{K[A]+1}.\qquad ⑦$$

代入式①,可得

$$r = \frac{k_2 K[S][A]}{K[A]+1} \qquad ⑧$$

当[A]为低浓度时,$K[A] \ll 1$,则式⑧简化为

$$r = k_2 K[A][S] \qquad ⑨$$

表现为二级反应,或对 A 为一级反应.

当 A 为高浓度时,即

$$K[A] \gg 1, \quad r = k_2[S] \qquad ⑩$$

该反应表现为对 A 为零级,此时 $\theta \approx 1$,即表面几乎为 A 所覆盖.

【例 14.5-3】 今研究 N_2O 在 Pt 催化剂上的分解反应

$$N_2O(g) \xrightarrow{Pt} N_2(g) + \frac{1}{2}O_2(g)$$

1014 K 时预期 $O_2(g)$ 在催化剂表面是中等吸附,假设 $N_2O(g)$ 是弱吸附,求分解速率方程,并根据下表的实验数据验证所设反应历程.

t/s	0	315	750	1400	2250	3450
$p(N_2O)/kPa$	12.7	11.3	10.0	8.7	7.3	6.0

解析 根据所设反应历程,$b(N_2O)p(N_2O) \approx 0$,则

$$\theta(O_2) = b(O_2)p(O_2)/[1+b(O_2)p(O_2)] \qquad ①$$

$$\begin{aligned} r &= -dp(N_2O)/dt \\ &= k[1-\theta(O_2)]p(N_2O) \\ &= k\{1-b(O_2)p(O_2)/[1+b(O_2)p(O_2)]\}p(N_2O) \\ &= kp(N_2O)/[1+b(O_2)p(O_2)] \end{aligned} \qquad ②$$

令 x 表示 t 时刻 N_2O 压力的降低,即

$$p(N_2O) = p_0(N_2O) - x, \quad p(O_2) = x/2$$

式②可改写为

$$\frac{dx}{dt} = \frac{k[p_0(N_2O)-x]}{1+b(O_2)x/2} = \frac{k[p_0(N_2O)-x]}{1+b'x} \qquad ③$$

积分式③,得

$$[1+b'p(N_2O)]\ln[p_0(N_2O)/p(N_2O)] = kt + b'[p_0(N_2O)-p(N_2O)] \qquad ④$$

改写为线性方程

$$\frac{p_0(N_2O)-p(N_2O)}{t} = \frac{1+b'p_0(N_2O)}{b'}\left\{\frac{\ln[p_0(N_2O)/p(N_2O)]}{t}\right\} - \frac{k}{b'}$$

根据实验数据,以 $[p_0(N_2O)-p(N_2O)]/t$ 对 $(1/t)\ln[p_0(N_2O)/p(N_2O)]$ 作图(图略),结果确实为一线性,说明所设反应历程是可接受的,由图求 b 及 k 值

$$b' = [斜率 - p_0(N_2O)]^{-1} = 2.5 \times 10^{-4} \text{ Pa}^{-1}$$

$$b = 2b' = 5.0 \times 10^{-4} \text{ Pa}^{-1}$$

$$k = -b'(截距) = -(2.5 \times 10^{-4} \text{ Pa}^{-1})(-1.69 \text{ Pa} \cdot \text{s}^{-1}) = 4.2 \times 10^{-4} \text{ s}^{-1}$$

(三) 习题

14.5-1 从下列实验事实可得到关于催化剂表面反应的哪些信息?
(1) HI 在铂表面上的分解速率与 HI 的浓度成正比.
(2) HI 在金表面分解速率与 HI 的压力无关.
(3) 在铂上 $SO_2 + \frac{1}{2}O_2 \longrightarrow SO_3$ 之反应速率反比于 SO_3 之压力.
(4) 在铂上, $CO_2 + H_2 \longrightarrow H_2O + CO$ 之反应速率, 在低 CO_2 压力下, 正比于 CO_2 之压力, 当为高 CO_2 压力时, 反比于 CO_2 之分压.
(5) 乙烯与氢在铜催化剂表面上反应, 低温时反应对 $[H_2]$ 为一级, 对 $[C_2H_4]$ 为负一级, 在高温时, 反应速率对 $[H_2]$ 及 $[C_2H_4]$ 均为一级.

14.5-2 表面双分子反应的历程设想如下:

$$A + S \underset{k_{-1}}{\overset{k_1}{\rightleftharpoons}} AS \quad K_1 = k_1/k_{-1}$$

$$B + S \underset{k_{-2}}{\overset{k_2}{\rightleftharpoons}} BS \quad K_2 = k_2/k_{-2}$$

$$AS + BS \overset{K}{\longrightarrow} P + 2S$$

(1) 写出 θ_A、θ_B 之计算式.
(2) 写出反应速率方程式.
(3) 当 $K_1[A] \ll 1$, $K_2[B] \ll 1$, (即 A, B 为弱吸附时)该反应对 A, B 各为几级反应?
(4) 当 A 为强吸附时, 而其他为弱吸附时, 写出反应速率方程之具体形式, 并分别讨论随 A 由低压向高压增加时, 反应速率与 [A] 之关系.
(5) 当 A 为非常强吸附在催化剂表面, 试讨论反应速率与 [A] 之关系.

答案 (1) $\theta_A = \dfrac{K_1[A]}{1 + K_1[A] + K_2[B]}$, $\theta_B = \dfrac{K_2[B]}{1 + K_1[A] + K_2[B]}$;

(2) $r = \dfrac{kK_1K_2[S]^2[A][B]}{(1 + K_1[A] + K_2[B])^2}$;

(3) $r = kK_1K_2[S]^2[A][B]$;

(4) $r = \dfrac{kK_1K_1[S]^2[A][B]}{(1 + K_1[A])^2}$ 随 A 之压力由低到高, 当 $[A] = 1/K$ 时, 反应速率有一极大值 (极大值前 $r \propto [A]$, 极大值后, $r \propto [A]^{-1}$);

(5) $r = kK_2[S]^2[B]/K_1[A]$.

14.5-3 Stock 和 Bodenstein 曾研究 SbH_3 和 Sb 表面的分解反应, 并提出了 298 K 时的实验数据(见下表):

t/s	0	300	600	900	1200	1500
$p(SbH_3)/bar$	1.013	0.741	0.516	0.331	0.192	0.094

(1) 若 SbH_3 在 Sb 上为中等吸附, H_2 为弱吸附, 请用 Langmuir 吸附模型推导分解反应速率方程, 并求算速率方程中的动力学参数.
(2) 若用 Freundlich 吸附模型处理上述数据, 并求 n 及 k.
(3) 就 SbH_3 分解反应而言. 何种吸附模型更方便, 请加以评论.

提示与答案 (1) $\theta(SbH_3) = \dfrac{bp(SbH_3)}{1+bp(SbH_3)}$, $r = -d[p(SbH_3)]/dt = \dfrac{kp(SbH_3)}{1+bp(SbH_3)}$ 积分可得 $kt = \ln[p_0(SbH_3)/p(SbH_3)] + b[p_0(SbH_3) - p(SbH_3)]$; 解联立方程,可得 $b = 1.824\,\text{bar}^{-1}$, $k = 2.67 \times 10^{-3}\,\text{s}^{-1}$;

(2) $r = k[p(SbH_3)]^n$, 作 $p(SbH_3)$-t 图, 可求出 $n = 0.523$, $k = 0.233\,\text{Pa}^{0.477}\cdot\text{s}^{-1}$;

(3) 本题(1)中为未线性化方程,需解若干联立方程,再取 b 及 k 的平均值,而(2)较简便,由此可认为有时用 Freundlich 模型更方便.

14.5-4 在 Ni 催化剂上进行丙烯加氢反应. 395 K 时,测出反应之初速如下表所示. 请提出与此实验事实相符的反应历程.

$p_0(C_3H_6) = 26.6$ kPa				$p_0(H_2) = 26.6$ kPa			
$p_0(H_2)$/kPa	13.3	26.6	53.3	$p_0(C_3H_6)$/kPa	13.3	26.6	53.3
$-[dp(C_3H_6)/dt]_0$/kPa·s^{-1}	1.1	1.1	1.25	$-[dp(C_3H_6)/dt]_t$/kPa·s^{-1}	1	1.95	3.80

提示与答案 由初速数据可得,该反应对 $p(C_3H_6)$ 为一级,在 $p(H_2)$ 较低时为零级. 若设反应物均为中等吸附, 则

$$r = \dfrac{kb(C_3H_6)b(H_2)p(C_3H_6)p(H_2)}{[1+b(C_3H_6)p(C_3H_6)+b(H_2)p(H_2)]^2}$$

若设 H_2 为强吸附, 则

$$r = kp(C_3H_6)/[1+b(H_2)p(H_2)]$$

此式可解释上述实验事实.

14.5-5 中国科学 B 辑[1982(8),683]上曾发表了北京大学韩德刚等研究较高压力下在银催化剂上的乙烯(E)氧化反应动力学的一篇论文:

$$C_2H_4 + 3O_2 \longrightarrow 2CO_2 + 2H_2O$$
$$C_2H_4 + \tfrac{1}{2}O_2 \longrightarrow C_2H_4O\ (\text{EO})$$

该研究得到如下的一些事实:

(1) 对环氧乙烷(EO)的生成速率 $r(EO)$ 随氧压 $[p(O_2)]$ 或乙烯压力 $[p(E)]$ 的增加而增加,最后达到某一极限值,作 $[p(E)p(O_2)/r(EO)]$-$p(O_2)$ 图为一直线.

(2) 对于 CO_2 之生成速率 $[r(CO_2)]$ 随 $p(O_2)$ 或 $p(E)$ 之增加,出现一极大值 $r_{max}(CO_2)$,以 $[p(E)p(O_2)/r(CO_2)]$-$p(O_2)$ 作图也为一直线.

请根据以上实验事实及复相催化动力学的两种反应历程, 判断各组分吸附的强弱及 CO_2、环氧乙烷生成的复相反应历程.

提示与答案 (1) 先证明 L-H 历程,且产物为弱吸附时, $\theta_A = 1/2$, $\theta_B = 1/2$ 时, 有 r_{max}, 即均匀吸附时反应速率最大,由此可以判断是 L-H 历程,还是 E-R 历程.

(2) 根据 Langmiur 吸附等温式, $\theta_i = b_i p_i/(1+\sum b_i p_i)$, 对 EO 应用 E-R 历程, 对 CO_2 生成应用 L-H 历程,并且氧为较其他组分为强吸附时,即可解释上述实验事实.

第15章 胶体体系及大分子溶液

胶体是物质在一定条件下被分散到一定范围(1~100 nm)时的一种分散体系,胶体具有多相性、高度分散性和聚集不稳定性三个基本特性,胶体的许多性质,如动力性质、光学性质、电学性质、流变性质等,都是由这三个基本特性引起的.高分子溶液本质上是真溶液,但分子大小恰在胶体分散体系范围之内,故与胶体相比有相同的性质(与分子大小有关),也有不同的性质(与分子溶液有关的).本章将就以上内容分别予以讨论.

15.1 胶体的动力性质

(一) 内容纲要

1. 扩散

胶体的扩散遵守 Fick 扩散定律

$$dm/Adt = -D(dc/dx) \tag{15-1}$$

式中 dm/dt 表示单位时间内通过截面积 A 扩散的物质的量,dc/dx 表示浓度梯度,D 为扩散系数,负号是因为扩散方向和扩散物质浓度增加的方向相反.

根据 Einstein 公式:

$$D = RT/N_A f = RT/6\pi\eta r N_A \tag{15-2}$$

式中 r 为胶粒半径;η 为介质粘度;N_A 为 Avogadro 常数;f 为摩擦阻力因子,对于球形粒子 $f = 6\pi\eta r$.由上二式可知,就体系而言,浓度梯度越大,扩散越快;就胶体质点而言,半径越小,扩散能力越强.

根据式(15-2),可求球形粒子的大小(r),并可求其相对分子质量.

$$M = (4/3)\pi r^3 N_A / \overline{V} \tag{15-3}$$

式中 $\overline{V}$ 为偏微比容(m^3/kg).

2. Brown 运动

胶体粒子在分散介质中作无规则运动,半径为 r 的球形粒子在时间 t 内沿某一方向的平均位移$\langle x \rangle$遵守 Einstein-Brown 运动方程

$$\langle x \rangle^2 = 2Dt \tag{15-4}$$

3. 沉降平衡

在重力场下达到沉降平衡时,其浓度分布为

$$\ln(c_2/c_1) = M_2 g(x_2 - x_1)(1 - \rho_0 \overline{V})/RT \tag{15-5}$$

气溶胶的高度分布公式为

$$\ln(N_2/N_1) = -[(4/3)\pi r^3 (\rho_{粒子} - \rho_{介质})(x_2 - x_1)gN_A]/RT \tag{15-6}$$

同样也可用式(15-5)、(15-6)求粒子的大小及粒子的摩尔质量 M.

4. 沉降速度

在重力场下,粒子半径 r 的沉降速度($v = dx/dt$)为

$$v = (2/9)r^2(\rho_{\text{粒子}} - \rho_{\text{介质}})g/\eta \quad (15\text{-}7)$$

若已知密度 ρ 和粘度 η,则可以从测定粒子沉降速度来计算粒子的半径,沉降分析法就是基于这一原理.反之,若已知粒子的大小,则可以从测定一定时间内下降的距离而计算 η,落球式粘度计就是根据这一原理而设计的.

5. 离心力场下的沉降

将重力场 g 用离心力场 $\omega^2 x$ 时,可得

$$\ln(c_2/c_1) = M\omega^2(x_2^2 - x_1^2)(1 - \rho_0\overline{V})/2RT \quad \text{(沉降平衡法)} \quad (15\text{-}8)$$

$$M = RTS/[D(1 - \overline{V}\rho_0)] \quad \text{(沉降速度法)} \quad (15\text{-}9)$$

式中 S 为 Svedberg 系数(沉降系数),表示质点在单位离心力场中的沉降速度,即

$$S = (\mathrm{d}x/\mathrm{d}t)/(\omega^2 x)$$

或

$$S = \ln(x_2/x_1)/\omega^2(t_2 - t_1) \quad (15\text{-}10)$$

$$1\ \text{Svedberg} = 10^{-13}\ \text{s}$$

(二) 例题解析

【例 15.1-1】 血红蛋白(设为球形分子)的水溶液,已知 $D = 6.9 \times 10^{-11}\ \text{m}^2\cdot\text{s}^{-1}$, $\overline{V} = 0.75\ \text{cm}^3\cdot\text{g}^{-1}$ (298 K), $\eta(\text{H}_2\text{O}) = 0.8904\ \text{cP}$.

(1) 求摩尔质量 M_r.

(2) 求分子的平均半径 r (已知 $M_r = 64.5\ \text{kg}\cdot\text{mol}^{-1}$).

(3) 在水溶液中血红蛋白扩散 1 h,求方均根距离 $\langle x^2 \rangle^{1/2}$.

(4) 求血红蛋白分子在水溶液中扩散时的有效摩擦力 f_{eff} 及非水合球形分子的摩擦力 f_0,请从 f_{eff}/f_0 之比值获得关于分子形状的信息.

解析 (1) 根据公式(15-2)及(15-3),可得

$$M_r = (RT/6\pi\eta D N_A)^3 (4\pi N_A/3\overline{V})$$

$$= \left[\frac{(8.314\ \text{J}\cdot\text{K}^{-1}\cdot\text{mol}^{-1})(298\ \text{K})(1\ \text{Pa}\cdot\text{m}^3)/1\ \text{J}}{6\pi(0.8904\ \text{cP})(10^{-2}\ \text{P/cP})(0.1\ \text{Pa}\cdot\text{s/P})(6.002\times10^{23}\ \text{mol}^{-1})(6.9\times10^{-11}\ \text{m}^2\cdot\text{s}^{-1})}\right]^3$$

$$\times \frac{4\pi(6.022\times10^{23}\ \text{mol}^{-1})}{3(0.75\ \text{cm}^3\cdot\text{g}^{-1})[10^{-2}\ \text{m}/1\ \text{cm}^3]}$$

$$= 1.5\times10^2\ \text{kg}\cdot\text{mol}^{-1}$$

该值是肌红蛋白相对分子质量 $64.5\ \text{kg}\cdot\text{m}^{-1}$ 的 2 倍多.

(2) 据(15-3)式,将数据代入

$$r = (3M\overline{V}/4\pi N_A)^{1/3} = 2.7\times10^{-9}\ \text{m} = 2.7\ \text{nm}$$

(3) 据(15-4)式,有

$$\langle x^2 \rangle^{1/2} = (2Dt)^{1/2} = 7.0\times10^{-4}\ \text{m}$$

(4) 据(15-2)式,有

$$f_{\text{eff}} = k_B T/D = 6.0\times10^{-11}\ \text{kg}\cdot\text{s}^{-1}$$

对于非水合球形分子

$$f_0 = 6\pi r\eta = 4.5\times10^{-11}\ \text{kg}\cdot\text{s}^{-1}$$

$$f_{\text{eff}}/f_0 = 1.3$$

这个比值相当于椭球长轴与短轴之比,由此可以认为血红蛋白不是球形分子.

【例15.1-2】 延胡索酸酶($M = 218 \text{ kg·mol}^{-1}$)水溶液,298 K 时,$D = 4.05 \times 10^{-11} \text{ m}^2 \cdot \text{s}^{-1}$,$\overline{V} = 0.75 \text{ cm}^3 \cdot \text{g}^{-1}$,$\rho = 0.998 \text{ g·cm}^{-3}$.

(1) 求算重力场下的沉降速度 v_{sed}.

(2) 1.00 cm 的样品管,请求管顶与管底的浓度比:ⓐ 在重力场下,ⓑ 在 $1.0 \times 10^4 \text{ min}^{-1}$ 的离心力场下.

(3) 求延胡索酸酶在 $1.4 \times 10^4 \text{ min}^{-1}$ 离心力场下的沉降速率,假设样品边界距转动中心为 5 cm,且已知其在水溶液中的沉降系数 $S = 9.06 \times 10^{-13}$ s.

(4) 根据293 K 不同浓度下的沉降速率求延胡索酸的摩尔质量.

$c/(\text{g·dm}^{-3})$	0.70	1.60	3.40
$S/(10^{-13} \text{ s})$	9.03	8.96	8.87

解析 (1) 在重力场下的沉降速度可按下式来计算,其中沉降系数应为 $S = v_{\text{sed}}/g$,
$$v_{\text{sed}} = MDg(1 - \overline{V}\rho)/RT = 8.78 \times 10^{-12} \text{ m·s}^{-1}$$

(2) 据式(15-5),在重力场中的浓度比应为
$$\ln(c_2/c_1)_a = Mg(x_2 - x_1)(1 - \overline{V}\rho)/RT = 2.2 \times 10^{-3}, \quad (c_2/c_1)_a = 1.002$$
在离心力场下的浓度比为
$$\ln(c_2/c_1)_b = \{M\omega^2(x_2^2 - x_1^2)(1 - \rho\overline{V})\}/2RT$$
$$\omega = 2\pi \times 1.0 \times 10^4/60 = 1.046 \times 10^3 \text{ s}^{-1}$$
$$\therefore \ln(c_2/c_1)_b = 1.21, \quad (c_2/c_1)_b = 3.4$$

比较ⓐ、ⓑ两种力场的 (c_2/c_1),在重力场下几乎无差别,而在离心力场下 (c_2/c_1) 较明显.

(3) 据 $S = v'_{\text{sed}}/\omega^2 r$,则
$$v'_{\text{sed}} = S\omega^2 r = (9.06 \times 10^{-13} \text{ s})(1.046 \times 10^3 \text{ s}^{-1})^2(5.0 \times 10^{-2} \text{ m})$$
$$= 5.0 \times 10^{-8} \text{ m·s}^{-1}$$
将离心力场及重力场中之 v_{sed} 相比,得
$$v'_{\text{sed}}/v_{\text{sed}} = 5.7 \times 10^3$$
沉降速率在离心力场中约大 5000 倍.

(4) 根据式(15-9),应求出 S 值,为此作 S-c 图(图略)可得一直线,外推至 $c = 0$ 之截距,其值 $S_0 = 9.06 \times 10^{-13}$ s,代入(15-9)式
$$M = RT S_0/D(1 - \overline{V}\rho) = 217 \text{ kg·mol}^{-1}$$

由于 S 值受分子形状、大小及分子间相互作用的影响,且与浓度有关,一般均将 S 值外推至浓度为零时,即 $\lim_{c \to 0} S = S_0$.

(三) 习题

15.1-1 某溶胶粒子的平均直径为 42×10^{-10} m,设其粘度与水相同,$\eta = 0.001$ Pa·s,试计算:(1) 298 K 胶粒的扩散系数.(2) 在 1 s 内,由于 Brown 运动,粒子沿 x 轴方向平均位移.

答案 (1) $D = 1.04 \times 10^{-10} \text{ m}^2 \cdot \text{s}^{-1}$,(2) $\langle x \rangle = 1.44 \times 10^{-5} \text{ m·s}^{-1}$

15.1-2 相对分子量为 6.0×10^4,$\rho = 1.3 \text{ g·cm}^{-3}$ 的一种蛋白质分子的沉降系数 $S = 4.0$

$\times 10^{-13}$ s, 介质(水)$\rho_0 = 1$ g·cm^3, $T = 298$ K. 试求:(1) 试计算表观的及 Stocks 阻力系数,(2) 简论两个值之间的差异的可能原因.

答案 (1) $f_{表} = 5.72 \times 10^{-11}$ kg·s^{-1}, $f_0 = 4.92 \times 10^{-11}$ kg·s^{-1};(2) 蛋白质分子并非球体

15.1-3 推导大分子溶液超速离心沉降测相对分子质量的公式:

$$M_r = \frac{2RT\ln\frac{c_2}{c_1}}{(1-v\rho)\omega^2(x_2^2 - x_1^2)}$$

式中 ω 为角速度;平衡时离转轴 x_1, x_2 处的浓度分别为 c_1, c_2;ρ 为溶剂密度;v 是大分子溶质粒子比容.

提示 对于超离心力场,当沉降达平衡时,扩散力与超离心力相等,只是方向相反,即

$$RT\frac{\mathrm{d}N}{N_A} = N\mathrm{d}x\,\frac{4}{3}\pi r^3(\rho_{粒子} - \rho_{介质})\omega^2 x$$

积分该式,得

$$2RT\ln\frac{c_2}{c_1} = M_r\left(1 - \frac{\rho_{介质}}{\rho_{粒子}}\right)\omega^2(x_2^2 - x_1^2)$$

式中 $M_r = \frac{4}{3}\pi r^3 N_A \rho_{粒子}$, $v = \frac{1}{\rho_{粒子}}$

则

$$M_r = \frac{2RT\ln c_2/c_1}{(1-v\rho_{介质})\omega^2(x_2^2 - x_1^2)}$$

15.1-4 293 K 时,血红朊的超速离心机沉降平衡实验中,离转轴距离 $x_1 = 5.5$ cm 处的浓度为 c_1,$x_2 = 6.5$ cm 处的浓度为 c_2;且 $c_2/c_1 = 9.40$,超速离心机转速为 120 周·s^{-1},血红朊的比容 $\overline{V} = 0.749 \times 10^3$ m^{3}kg^{-1},分散介质的密度 $\rho = 0.9982 \times 10^3$ kg·m^{-3},计算血红朊的相对分子质量.

提示 代入上题公式, $\omega = 2\pi \times$ 转速

答案 $M_r = 6.34 \times 10^4$

15.2 胶体的光学性质

(一) 内容纲要

Tyndall 现象是胶体体系具有光散射性质的具体表现,瑞利(Rayleigh)光散射具有以下的一些规律.

1. 瑞利比 R_θ 与浊度 τ

$$R_\theta = (ir^2/I_0)_\theta \tag{15-11}$$

式中 I_0 为入射光强;i 为单位散射体积在距离 r 处的散射光强;θ 为散射角,即观察方向与入射光传播方向间夹角,一般取 90°,即测 R_{90},量纲为 m^{-1}.

当散射光通过 Δx 厚度介质后衰减为 I_s 时遵守类似于 Beer-Lambert 定律的规律:

$$(I - I_s) = I\exp(-\tau\Delta x) \tag{15-12}$$

式中 τ 为浊度(turbidity,相当于消光系数 ε).

τ 与 R_{90} 间关系为:

$$\tau = (16/3)\pi R_{90} \tag{15-13}$$

2. 瑞利散射公式

R_θ 又正比于散射光强 I,即

$$R_\theta = \frac{9\pi^2}{2\lambda^4} vV^2 \left(\frac{n_1^2 - n_2^2}{n_1^2 + 2n_2^2}\right)^2 (1 + \cos^2\theta) \tag{15-14}$$

式中 λ 为入射光的波长,v 为单位体积中的粒子数,V 为每个粒子的体积,n_1、n_2 分别为分散相、分散介质的折射率,该式适用于粒子不导电并且半径 $\leqslant 47\times 10^{-9}$ m 的体系.

由于 $I \propto (1/\lambda^4)$,所以入射光波长愈短,散射作用愈强.设粒子为球形,在其他条件均相同时,瑞利公式可变为:

$$I = \kappa' cr^3 \tag{15-15}$$

- 若两个溶胶的浓度 c 相同,则

$$\frac{I_1}{I_2} = \left(\frac{r_1}{r_2}\right)^3$$

- 若两个溶胶粒子大小相同,则

$$\frac{I_1}{I_2} = \frac{c_1}{c_2}$$

因此分别在上述条件下,比较两份相同物质所形成溶胶的散射光强度,就可以得知其粒子大小或浓度的相对比值,用于这类测量的仪器称为乳光计.

3. 光散射测量与分子量

Debye 扩展了光散射理论,找到了 τ 与 n、c 与 M_r 之关系:

$$\tau = HM_r c \quad (\text{稀大分子溶液}) \tag{15-16}$$

$$H = [32\pi^3 n_0^2 (dn/dc)^2]/3N_A\lambda^4 \tag{15-17}$$

令

$$K = 2\pi^2 n_0^2 (dn/dc)^2/3N_A\lambda^4 \tag{15-18}$$

则

$$H = (16/3)\pi K \tag{15-19}$$

以上几式中 (dn/dc) 为折光指数梯度;n_0 溶剂的折光指数;K 称为光学常数,推导中要求溶质分子应小于 0.05λ. 应用(15-16)式即可求大分子的相对摩尔质量.为了修正非理想性,又有

$$Hc/\tau = (M)^{-1} + Bc \tag{15-20}$$

(二) 例题解析

【例 15.2-1】 为测定牛血浆的蛋白分子量,Dandliker 应用光散射法,$T = 298$ K 测得在 $c = 0$ 处之极限值 $c/R_{90} = 219$ kg·m^{-2}($\lambda = 435.8$ nm). 已知 $dn/dc = 1.97\times 10^{-4}$ m^{3}kg^{-1},n_0(溶剂) $= 1.333$,试计算相对分子质量.

解析 根据(15-16)及(15-17)式:

$$M_r = \tau/Hc = [(16\pi/3)R_{90}]/Hc \quad \text{①}$$

又据(15-19) $\quad M_r = (Kc''/R_{90})^{-1} \quad \text{②}$

据(15-18)

$$K = \frac{2\pi^2(1.333)^2(1.97\times 10^{-4}\ \text{m}^3\cdot\text{kg}^{-1})^2}{(6.022\times 10^{23}\ \text{mol}^{-1})(435.8\times 10^{-9}\ \text{m})} = 6.27\times 10^{-5}\ \text{m}^2\cdot\text{mol}\cdot\text{kg}^{-2}$$

代入式②,得

$$M_r = (6.27\times 10^{-5}\ \text{m}^2\cdot\text{kg}^{-2}\cdot\text{mol}\times 219\ \text{kg}\cdot\text{m}^{-2})^{-1} = 72.8\ \text{kg}\cdot\text{mol}^{-1}$$

【例 15.2-2】 聚苯乙烯在甲乙酮中之溶液,浓度 $c = 12.3 \text{ g} \cdot \text{dm}^{-3}$,通过 1.00 cm 样品池后,光强减少了 3%,请计算溶液的浊度 τ(该溶液的光学常数 $K = 3.38 \times 10^{-5} \text{ m}^2 \cdot \text{mol} \cdot \text{kg}^{-2}$);计算聚苯乙烯的相对分子质量.

解析 本题主要学会应用(15-12)及(15-16)等式.

据浊度的定义,可得

$$\tau = (10^{-2} \text{ m})^{-1}\ln(0.997/1.000) = 2.33 \text{ m}^{-1}$$

$\because H = 16\pi K/3 = 5.66 \times 10^{-4} \text{ m}^2 \cdot \text{mol} \cdot \text{kg}^{-1}, \therefore M_r = \tau/Hc = 335 \text{ kg} \cdot \text{mol}^{-1}$

(三) 习题

15.2-1 聚苯乙烯在甲基乙基丁烷中之溶液,收集到关于 c-τ 之数据:

$c/(\text{g} \cdot \text{dm}^{-3})$	1.00	0.75	0.50	0.25
τ/m^{-1}	0.125	0.096	0.063	0.032

已知 $H = 5.67 \times 10^{-4} \text{ m}^2 \cdot \text{mol} \cdot \text{kg}^{-2}$,计算聚苯乙烯之相对分子质量.

答案 220 kg·mol^{-1}

15.2-2 聚苯乙烯在甲乙酮中,通过 1.00 cm 的样品池入射光强度减少了 0.5%,现已知其浓度 $c = 10.6 \text{ kg} \cdot \text{m}^{-3}$, $\lambda = 546.1 \text{ nm}$, $n_0 = 1.377$, $\text{d}n/\text{d}c = 2.20 \times 10^{-4} \text{ m}^3 \text{kg}^{-1}$,计算体系的 H, τ 及 M_r.

答案 $\tau = 0.904 \text{ m}^{-1}$, $H = 5.67 \times 10^{-4} \text{ m}^2 \cdot \text{mol} \cdot \text{kg}^{-2}$, $M_r = 150 \text{ kg} \cdot \text{mol}^{-1}$

15.3 胶体的流变性质

(一) 内容纲要

胶体的流动与变形的性质即流变性质

1. 粘度 η

(1) 常用的粘度(viscosity)有相对粘度(η_r)——溶液粘度与溶剂粘度的比值

$$\eta_r = \eta/\eta_0 \tag{15-21}$$

(2) 增比粘度(η_{sp})——溶液粘度比溶剂粘度增加的百分数

$$\eta_{sp} = (\eta - \eta_0)/\eta_0 = \eta_r - 1 \tag{15-22}$$

(3) 比浓粘度(η_{sp}/c)——单位浓度的溶质对粘度的贡献

(4) 特性粘度$[\eta]$——单个溶质分子对粘度的贡献

$$[\eta] = \lim_{c \to 0}(\eta_{sp}/c) \tag{15-23}$$

2. 粘度与分子质量

Mark-Houwink 公式

$$[\eta]/(\text{dm}^3 \cdot \text{g}^{-1}) = [K/(\text{dm}^3 \cdot \text{g}^{-1})][M_r/(\text{kg} \cdot \text{mol}^{-1})]^\alpha \tag{15-24}$$

对于球形分子,$\alpha = 0$,粘度与相对分子量无关;刚性棒状分子,$\alpha = 2$;无规线团分子 $\alpha \approx 0.5 \sim 1.0$ 之间,一般 $\alpha \approx 0.8$.

粘度法测相对分子质量既简单又精确,是实验室广泛应用的方法.

(二) 例题解析

【例 15.3-1】 聚乙烯醇的水溶液,实验测得 η_r 与 c 的数据:

η_r	1.409	1.198	1.098
$c/(\text{g}\cdot\text{dm}^{-3})$	10.00	5.00	2.50

(1) 试求 $[\eta]$.
(2) 已知 $K = 3.8\times 10^{-3}\,\text{dm}^3\cdot\text{g}^{-1}$,$\alpha = 0.76$,求聚乙烯醇相对分子质量 M_r.
(3) 实验测得不同的聚乙烯醇水溶液浓度时的 $[\eta]$,求 K 和 α 值,并对高聚物属何种形状作出判断.

$M_r/(\text{kg}\cdot\text{mol}^{-1})$	10	20	35	50	65	80
$[\eta]/(\text{g}^{-1}\cdot\text{dm}^3)$	0.0213	0.0394	0.0575	0.0740	0.0901	0.1059

解析 (1) 根据 $[\eta]$ 的定义式 (15-23),作 (η_{sp}/c)-c 图 (图略) 为一直线,外推至 $c\to 0$ 的截距,即 $[\eta] = 0.0386\,\text{dm}^3\cdot\text{g}^{-1}$.

(2) 将 $[\eta]$,K,a 值代入 (15-24) 式
$$M_r = ([\eta]/K)^{1/0.76} = (0.0386/3.8\times 10^{-3})^{1/0.76} = 21\,000\,\text{g}\cdot\text{mol}^{-1}$$

(3) 公式 (15-24),取对数
据 $\lg\{[\eta]/(\text{g}^{-1}\cdot\text{dm}^3)\} = \lg[K/(\text{dm}^3\cdot\text{g}^{-1})] + a\lg[M/(\text{kg}\cdot\text{mol}^{-1})]$

作 $\lg\{[\eta]/(\text{g}^{-1}\cdot\text{dm}^3)\}$-$\lg[M/(\text{kg}\cdot\text{mol}^{-1})]$ 图,得到一直线:
$$\alpha = 斜率 = 0.76$$
$$K/(\text{dm}^3\cdot\text{g}^{-1}) = 10^{截距} = 10^{-2.41} = 3.9\times 10^{-3}$$

由此可判断聚乙烯醇在水中呈柔性的无规线团.

(三) 习题

15.3-1 链淀粉在 0.33 mol·dm^{-3} 的 KCl 溶液中, Everett 和 Foster 测得了一组摩尔质量和 $[\eta]$ 之间的数据. 求算公式 $[\eta] = KM^\alpha$ 中之 K、α 值.

$M_r/(\text{kg}\cdot\text{mol}^{-1})$	270	552	847	1050	1350	2220
$[\eta]/(10^{-3}\text{m}^3\cdot\text{kg}^{-1})$	60.0	90.0	115	126	152	173

答案 0.0358; 0.605

15.3-2 聚苯乙烯的苯溶液,其相对粘度 η_r 与浓度之关系有下列数据:

$c/(\text{g}\cdot\text{dm}^{-3})$	0.78	1.12	1.50	2.00
η_r	1.206	1.307	1.423	1.592

已知特性常数 $K = 1.03\times 10^{-5}\,\text{dm}^3\cdot\text{g}^{-1}$,$\alpha = 0.74$,试计算聚苯乙烯的相对分子质量.

答案 $M_r = 8.20\times 10^5$

15.4 胶体的电动性质

(一) 内容纲要

1. 电动现象

电泳、电渗、沉降电势和流动电势都是由于带电的固相与液相间相对运动产生的电现象,统称为电动现象. 紧密层与扩散层的分界面与溶液本体的电位差称为电动电势(ξ 电势)

$$\xi = K\pi\eta v/\varepsilon E \tag{15-25}$$

式中 v 是电渗或电泳速度($m \cdot s^{-1}$);η 和 ε 为分散介质粘度($Pa \cdot s$)和介电常数($C \cdot V^{-1} \cdot m^{-1}$);$E$ 为电场强度,$\varepsilon E = D$(电通量密度,$C \cdot m^{-2}$);K 为与粒子形状有关的常数. 令 K^{-1} 为离子氛半径,r 为粒子的半径,当 $\kappa r \gg 1$ 时,$K = 4$;当 $\kappa r \ll 1$ 时,$K = 6$.

ξ 电势的正负由胶粒所带电性决定,一般在 $20 \sim 100$ mV 之间.

2. 胶粒的电性

虽然胶团是电中性的,但胶粒是带电的,其电性可由以下原则确定:

(1) Fajans 规则: 能与晶体的组成离子形成不溶物的离子将优先被吸附.

(2) Coehn 经验规则: 两个非水导体组成的分散体系中介电常数大的一相带正电,另一相带负电. 玻璃($\varepsilon = 5 \sim 6$)在水中($\varepsilon = 81$)中带负电,在苯($\varepsilon = 2$)中带正电.

(3) 无机胶粒或大分子在一定的介质条件下发生电离,因而使胶粒带电或正或负. 如

$$SiO_2 + H_2O \rightleftharpoons H_2SiO_3 \begin{cases} \xrightarrow{\text{高 pH}} + HSiO_3^- \\ \phantom{\xrightarrow{\text{高 pH}}} + SiO_3^{2-} \\ \xrightarrow{\text{低 pH}} + HSiO_2^+ \end{cases} \begin{matrix} \text{带负电} \\ \\ \text{带正电} \end{matrix}$$

3. 胶体的聚沉和稳定性

电解质对胶体的聚沉能力主要是影响 ξ 电势,改变双电层结构,使扩散层变薄所致,定量的描述为聚沉值,即在一定时间内使胶体发生明显聚沉所需电解质的最小浓度,聚沉值越少,聚沉能力越大,一般聚沉值与反离子价数的六次方成反比.

聚沉规律

(1) Schulze-Hardy 规则: 起聚沉作用的主要是电解质的反离子,反离子价越高,其聚沉能力越强.

(2) 同价离子的聚沉能力: 同价的反离子(尤其是一价的)其聚沉能力为(又称感胶离子序).

正离子: $H^+ > Cs^+ > Rb^+ > NH_4^+ > K^+ > Na^+ > Li^+$

负离子: $F^- > IO_3^- > H_2PO_4^- > BrO_3^- > Cl^- > ClO_3^- > Br^- > I^- > CNS^-$

(3) 同号离子对聚沉能力的影响: 大的或高价的负离子对负电胶体有一定的稳定作用(即降低正离子的聚沉效率);大的或高价的正离子对正电胶体也有同样的作用.

(4) 将电性相反的胶体混合,则发生聚沉.

(二) 例题解析

【例 15.4-1】 已知水和玻璃界面的 ξ 电位为 -0.050 V,试问在 298 K 时,在直径为 1.0 mm、长为 1 m 的毛细管两端加 40 V 的电压,求介质水通过该毛细管的电渗速度? 已知水

的粘度 $\eta(H_2O) = 0.001 \text{ kg}\cdot\text{m}^{-1}\cdot\text{s}^{-1}$,介电常数 $\varepsilon = 8.89\times 10^{-9} \text{C}\cdot\text{V}^{-1}\cdot\text{m}^{-1}$.

解析 据公式 $v = \zeta\varepsilon E/4\pi\eta$,则

$$v = \frac{0.05 \text{ V}\times 8.89\times 10^{-9}\text{C}\cdot\text{V}^{-1}\cdot\text{m}^{-1}\times 40 \text{ V}\cdot\text{m}^{-1}}{4\pi\times 0.001 \text{ kg}\cdot\text{m}^{-1}\cdot\text{s}^{-1}} = 1.415\times 10^{-6} \text{ m}\cdot\text{s}^{-1}$$

本题中,应注意量纲换算

$$V\cdot C\cdot m^{-1}/(kg\cdot s^{-1}) = J\cdot C^{-1}\cdot C\cdot m^{-1}/(kg\cdot s^{-1})$$
$$= kg\cdot m^2\cdot s^{-2}\cdot m^{-1}/(kg\cdot s^{-1})$$
$$= m\cdot s^{-1}$$

【例 15.4-2】 在 3 个烧瓶中各装入 0.02 dm^3 的 $Fe(OH)_3$ 溶胶,分别加入 $NaCl$、Na_2SO_4、Na_3PO_4 溶液使其聚沉,至少需加电解质的量为:(1) $1 \text{ mol}\cdot\text{dm}^{-3}$ 的 $NaCl$ 0.021 dm^3,(2) $0.005 \text{ mol}\cdot\text{dm}^{-3}$ 的 Na_2SO_4 0.125 dm^3,(3) $0.0033 \text{ mol}\cdot\text{dm}^{-3}$ 的 Na_3PO_4 $7.4\times 10^{-3} \text{ dm}^3$. 试计算各电解质的聚沉值和它们的聚沉能力之比,并判断胶粒的电性.

解析 聚沉值是使一定量的溶胶在一定时间内完全聚沉所需电解质的最小浓度 c,现据实验结果分别计算如下:

$c(NaCl) = 1\times 0.021 \text{ mol}/(0.02 + 0.021)\text{dm}^3 = 0.512 \text{ mol}\cdot\text{dm}^{-3}$
$c(Na_2SO_4) = 0.005\times 0.125/(0.02 + 0.125) = 4.31\times 10^{-3} \text{ mol}\cdot\text{dm}^{-3}$
$c(Na_3PO_4) = 8.91\times 10^{-4} \text{ mol}\cdot\text{dm}^{-3}$

聚沉能力之比为

$$\frac{1}{0.512}:\frac{1}{4.31\times 10^{-3}}:\frac{1}{8.91\times 10^{-4}} = 1:119:575$$

负离子 PO_4^{3-} 价最高,聚沉能力最强,由此可判断胶粒带正电.

(三) 习题

15.4-1 玻璃粉末 298 K 时在水中的电迁移率为 $3.0\times 10^{-8} \text{ m}^2\cdot\text{s}^{-1}\cdot\text{V}^{-1}$,水的相对介电常数 $\varepsilon_r = 79$,粘度系数为 $8.9\times 10^{-4} \text{ kg}\cdot\text{m}^{-1}\cdot\text{s}^{-1}$,$\varepsilon_0 = 8.854\times 10^{-12}$ F/m. 试问玻璃与水面间的电动电势为多少?

答案 $\zeta = \eta u_b/\varepsilon_0\varepsilon_r = 0.0382$ V

15.4-2 Sb_2O_3 溶胶(设为棒形粒子)的电动电势 $\zeta = 0.0405$ V,两极间距离为 0.385 m,为使在通电 40 min 后能使溶胶界面向正极移动 0.032 m,求在两极间应加多大电压? 已知溶胶的粘度为 1.03×10^{-3} Pa·s,介电常数为 $9.02\times 10^{-9} \text{C}\cdot\text{V}^{-1}\cdot\text{m}^{-1}$.

答案 $E = 4\pi u\eta/\zeta\varepsilon = 182$ V

15.4-3 对带负电的 AgI 溶胶,KCl 的聚沉值为 $0.14 \text{ mol}\cdot\text{dm}^{-3}$,请估算 K_2SO_4、$MgCl_2$、$LaCl_3$ 的聚沉值分别为多少?

答案 $0.07, 0.0022, 0.0002 \text{ mol}\cdot\text{dm}^{-3}$

15.4-4 将 12 cm^3,$0.02 \text{ mol}\cdot\text{dm}^{-3}$ 的 KCl 溶液和 100 cm^3 的 $0.05 \text{ mol}\cdot\text{dm}^{-3}$ $AgNO_3$ 溶液混合以制备 AgCl 溶胶,试写出胶团结构式.

答案 胶粒带正电 $\{(AgCl)_m\cdot n\text{ Ag}^+\cdot (n-x)NO_3^-\}^{x+}\cdot x\text{ NO}_3^-$

15.4-5 在 H_3AsO_3 稀溶液中,通入过量的 H_2S 气体生成 As_2S_3 溶胶,试判断该胶粒所带电性. 若用 $Al(NO_3)_3$,$MgSO_4$,$K_3Fe(CN)_6$ 去聚沉,请按聚沉值大小排一顺序.

答案 胶粒带负电,聚沉值 $K_3Fe(CN)_6 > MgSO_4 > Al(NO_3)_3$

15.5 大分子溶液及大分子溶液的性质

(一) 内容纲要

前已介绍了有关动力性质、流变性质及光学性质等,本节将就其热力学及动力学方面内容补充介绍如下.

1. 弹性体热力学

弹性体的伸缩功 W

$$W = \int f \mathrm{d}l$$

式中 f 是回收力,l 是位移.典型的弹性体除了位移非常少时是不遵守 Hooke's 定律的.

弹性体的状态方程可写做

$$f = (\partial H/\partial l)_{T,p} + (\partial F/\partial T)_{p,l} \tag{15-26}$$

对于理想弹性体,$(\partial H/\partial l)_{T,p} = 0$.

对于有膨胀功和伸缩功的可逆过程,其热力学的基本方程可写为

$$\mathrm{d}U = T\mathrm{d}S - p\mathrm{d}V + f\mathrm{d}l \approx T\mathrm{d}S + f\mathrm{d}l \tag{15-27}$$

$$\mathrm{d}G = V\mathrm{d}p - S\mathrm{d}T + f\mathrm{d}l \tag{15-28}$$

一般体积功 $p\mathrm{d}V$ 可忽略,由基本方程可导出一系列热力学关系和热力学改变量的计算,详见例题.

2. 大分子溶液热力学和依数性

大分子溶液即使浓度低至 1%,对理想溶液的偏差已相当明显,尤是线性柔性高聚物,如 $\Delta_{\mathrm{mix}} H_{\mathrm{m}} \neq 0$,对于两种分子大小相差悬殊的分子混合,应用格子理论,可得

$$\Delta_{\mathrm{soln}} S_{\mathrm{m}} = -R \sum_i n_i \ln \phi_i \tag{15-29}$$

式中 ϕ_i 是体积分数,$\phi_i = n_i V_{\mathrm{m},i}^* / \sum n_i V_{\mathrm{m},i}^*$.

可以证明,二组分体系

$$\Delta_{\mathrm{soln}} S_{\mathrm{m}} = -R \left[\frac{\rho(1-\phi_2)}{\rho + \phi_2(1-\rho)} \ln(1-\phi_2) + \frac{\phi_2}{\rho + \phi_2(1-\rho)} \ln \phi_2 \right] \tag{15-30}$$

式中 $\rho = V_{\mathrm{m},2}^* / V_{\mathrm{m},1}^*$,是纯溶质对纯溶剂摩尔体积之比.

大分子溶液由于其非理想性,因此除渗透压外,其他依数性(如凝固点降低,沸点升高,蒸气压降低,…)表现很微,其渗透压可用维利方程表达.

$$\Pi = RT(c/M + B_2 c^2 + B_3 c^3 + \cdots) \tag{15-31}$$

式中 c 为质量浓度($\mathrm{kg \cdot dm^{-3}}$).一般采用作 (Π/c)-c 图外推(大分子溶液的一般研究方法),求 $(\Pi/c)_{c \to 0} = RT/M$.由(15-31)可知,在不同溶剂中求得的分子量是一致的(实验证实也是如此).

3. 大分子的分子量

由于大分子的分散性,其平均分子量常用的有三种

(1) 数均分子量 $\quad \overline{M}_n = \sum n_i M_i / \sum n_i = \sum x_i M_i \tag{15-32}$

(2) 质均分子量 $\quad \overline{M}_{\mathrm{m}} = \sum n_i M_i^2 / \sum n_i M_i \tag{15-33}$

(3) Z 均分子量 $\quad \overline{M}_z = \sum n_i M_i^3 / \sum n_i M_i^2 \tag{15-34}$

(4) 分散性指数
$$P = \overline{M_m}/\overline{M_n} \tag{15-35}$$

4. 唐南(Donnan)平衡

当半透膜两边存在有大分子电解质与小分子电解质时,达平衡后,组成小分子电解质的离子在膜内活度的乘积等于膜外部活度的乘积. 以小分子电解质 $M_{\nu_+}^{z+} A_{\nu_-}^{z-}$ 表示,即

$$(a_{+,\alpha}/a_{+,\beta})^{\nu_+} = (a_{-,\beta}/a_{-,\alpha})^{\nu_-} \tag{15-36}$$

若大分子电解质为 $Na^{\nu_+} P^{z-}$ ($\nu_+ = |z_-|$) 对渗透压的影响为

$$\Pi = (\nu_+ + 1)cRT \tag{15-37}$$

对膜电势的影响为

$$\phi^{\alpha/\beta} = \phi^\alpha - \phi^\beta = -(RT/F)\ln[(\nu_+ a_\alpha/a_\beta) + 1] \tag{15-38}$$

5. 聚合反应动力学

以自由基加成聚合反应为例,可用链反应历程来代表(见下表).

链的引发	链的持续		链的终止
I(引发剂) $\xrightarrow{k_i}$ R (自由基)	$RM + M \xrightarrow{k_2} RM_2$	⋯	$RM_n + M \xrightarrow{k_n} RM_{n+1}$
R + M(单体) ⟶ RM	$RM_2 + M \xrightarrow{k_3} RM_3$	⋯	$RM_p + RM_q \xrightarrow{k_s} R_2M_{p+q}$

假定所有的链持续反应有相同的速率常数,所有的链终止反应有相同的速率常数,则同样可得到结论:链引发反应速率等于链的终止反应速率,即

$$k_i[I] = k_s\left\{\sum_{n=1}^{\infty}[RM_n]\right\}^2$$

由此可得单体 M 之消耗速率为

$$-d[M]/dt = k_n(k_i/k_s)^{1/2}[M][I]^{1/2} \tag{15-39}$$

(二) 例题解析

【例 15.5-1】 请推导(15-30)式二组分大分子溶液摩尔混合熵公式.

解析 根据式(15-29)

$$\Delta_{\text{soln}}S_m = -R[n_1\ln\phi_1 + n_2\ln\phi_2] = -R[x_1\ln\phi_1 + x_2\ln\phi_2] \quad ①$$

式中 ϕ_i 为 i 组分之体积分数.

$$\phi_2 = \frac{n_2 V_{m,2}^*}{n_1 V_{m,1}^* + n_2 V_{m,2}^*} = \frac{n_2\rho}{n_1 + n_2\rho} = \frac{x_2\rho}{1 + (\rho-1)x_2} \quad ②$$

$$x_2 = \frac{\phi_2}{\rho + \phi_2(1-\rho)}, \quad x_1 = 1 - x_2 = \frac{\rho(1-\phi_2)}{\rho + \phi_2(1-\rho)}$$

$$\phi_1 = \frac{n_1 V_{m,1}^*}{n_1 V_{m,1}^* + n_2 V_{m,2}^*} = \frac{n_1}{n_1 + n_2\rho} = \frac{x_1}{x_1 + x_2\rho} = 1 - \phi_2 \quad ③$$

代入式①,得

$$\Delta_{\text{soln}}S_m = -R\left[\frac{\rho(1-\phi_2)}{\rho + \phi_2(1-\rho)}\ln(1-\phi_2) + \frac{\phi_2}{\rho + \phi_2(1-\rho)}\ln\phi_2\right]$$

【例 15.5-2】 (1) 在制备 1% 的菊粉素[inulin, $(C_6H_{10}O_5)_x$]水溶液时,计算 $\Delta_{\text{soln}}S_m$. 已知 $M(\text{inulin}) = 5200 \text{ g·mol}^{-1}$, $\rho_2(\text{inulin}) = 1.35 \text{ g·cm}^{-3}$, $\rho_1(H_2O) = 0.9982 \text{ g·cm}^{-3}$.

(2) 若 $\Delta_{\text{soln}}H_m = 0$, 计算 298 K 时之 $\Delta_{\text{soln}}G_m$.

(3) 求 298 K 时该溶液的蒸气压(已知 $p_1^* = 3167$ Pa).
(4) 求凝固点降低值. 对 H_2O, K_f(凝固点降低常数) = 186 K, $T_{fp} = 273.15$ K.
(5) 求渗透压 $V_m^*(H_2O) = 18.047$ cm$^3 \cdot$ mol^{-1}.

解析 (1) 先求 $\rho = V_{m,2}^*/V_{m,1}^*$, 及 ϕ_2 代入公式(15-30)

$$V_{m,2}^* = M_2/\rho_2 = 3900 \text{ cm}^3 \cdot \text{mol}^{-1}, V_{m,1}^* = M_1/\rho_1 = 18.047 \text{ cm}^3 \cdot \text{mol}^{-1}$$

$$\rho = V_{m,2}^*/V_{m,1}^* = 220$$

$$n_1 = 99.00 \text{ g}(H_2O)/(18.015 \text{ g} \cdot \text{mol}^{-1}) = 5.495 \text{ mol}$$

$$n_2 = 1.00 \text{ g}(\text{inulin})/(5200 \text{ g} \cdot \text{mol}^{-1}) = 1.923 \times 10^{-4} \text{ mol}$$

$$x_2 = \frac{n_2}{n_1+n_2} = 3.5 \times 10^{-5}, \phi_2 = \frac{n_2 V_{m,2}^*}{n_1 V_{m,1}^* + n_2 V_{m,2}^*} = 7.5 \times 10^{-3}$$

代入(15-30)式, 得

$$\Delta_{soln} S_m = 0.064 \text{ J} \cdot \text{K}^{-1} \cdot \text{mol}^{-1}$$

(2) $\Delta_{soln} G_m = 0 - 298 \text{ K} \times 0.064 \text{ J} \cdot \text{K}^{-1} \cdot \text{mol}^{-1} = -19 \text{ J} \cdot \text{mol}^{-1}$

(3) $\Delta p = -p_1^* x_2 = -3167 \times 3.5 \times 10^{-5} \text{ Pa} = -0.1108 \text{ Pa}$

$\therefore p = p_1^* + \Delta p = 3167 \text{ Pa}$ (几乎不变)

(4) $T_{fp}(\text{soln}) = T_{fp}(H_2O) - Kx_2 = (273.15 - 186 \times 3.5 \times 10^{-5}) \text{K} = 273.143$ K

其变化极微.

(5) 可据 $\Pi = -(RT/V_{m,1})\ln x_1$

$= -[(8.314 \times 298)/(18.047 \times 10^{-3})]\ln(1 - 3.5 \times 10^{-5})$

$= 4.805$ Pa

只有渗透压才有可能测量, 但其变化很小.

【例 15.5-3】 有一橡胶样品, 当施以平均力 $f = 6.0 \times 10^5$ N·m^{-2}, 从 1.5 cm 拉伸至 2.5 cm 需做功多少? 当全部转化为热, 能使样品升高温度为多少? 已知 $C_p = 1.8 \times 10^4$ J·K^{-1}·m^{-2}, 求算该可逆拉伸过程的 ΔS 及 ΔU [已知: $(\partial f/\partial T)_l = 3.7 \times 10^3$ N·K^{-1}·m^{-2}].

解析 (1) $W = \int f dl = f \Delta l = 6.0 \times 10^5 \text{ N} \cdot \text{m}^{-2} \times (2.50 - 1.50) \times 10^{-2}$ m

$= 6.0 \times 10^3$ J·m^{-2}

(2) $\Delta T = W/C_p = 6.0 \times 10^3 \text{ J} \cdot \text{m}^{-2}/(1.8 \times 10^4 \text{ J} \cdot \text{K}^{-1} \cdot \text{m}^{-2}) = 0.33$ K

(3) 为计算 ΔS, 应用基本方程

$$dU = TdS + fdl \qquad ①$$

$$dF = fdl - SdT \qquad ②$$

$$(\partial F/\partial l)_T = f, (\partial F/\partial T)_l = -S$$

$$[\partial(\partial F/\partial l)_T/\partial T]_l = (\partial f/\partial T)_l$$

$$[\partial(\partial F/\partial T)_l/\partial l]_T = -(\partial S/\partial l)_T$$

由于 F 是状态函数, 故

$$(\partial f/\partial T)_l = -(\partial S/\partial l)_T \qquad ③$$

$$\Delta S = -(\partial f/\partial T)\Delta l$$

$$= -(3.7 \times 10^3 \text{ N} \cdot \text{K}^{-1} \cdot \text{m}^{-2})(1.00 \times 10^{-2} \text{m})$$

$$= -37 \text{ J} \cdot \text{K}^{-1} \cdot \text{m}^{-2}$$

(4) 据②式,可得

$$f = (\partial F/\partial l)_T = \{\partial(U-TS)/\partial l\}_T = (\partial U/\partial l)_T - T(\partial S/\partial l)_T \quad ④$$
$$(\partial U/\partial l)_T = f - T(\partial f/\partial T)_l$$
$$\Delta U = \{f - T(\partial f/\partial T)_l\}\Delta l = -5200 \text{ J} \cdot \text{m}^{-2}$$

本题实际上就是应用基本方程及状态函数的特性,仅是对象为弹性体,可见掌握热力学的基本方法是十分重要的.

【例 15.5-4】 试证明渗透压法求得的是数均分子量,光散法求得的是质均分子量.

解析 **证法 1** 从所测物理量 p 与浓度的关系,并在稀溶液时各组分在该物理量的贡献具有加和性及统计平均的定义这几方面找到平均分子量的普遍表达式,再应用到具体方法中.

设某一可测的物理量为

$$p_i = KM_i^\alpha c_i \quad ①$$

稀溶液时具有加和性,即

$$p = \sum p_i \quad ②$$
$$p = \sum KM_i^\alpha c_i = K\overline{M}_p^\alpha c \quad ③$$

则

$$\overline{M}_p = (p/Kc)^{1/\alpha} = \left(K\sum M_i^\alpha c_i / K\sum c_i\right)^{1/\alpha} \quad ④$$

将 $c_i = n_i M_i$ 代入式④,得

$$\overline{M}_p = \left(\sum n_i M_i^{\alpha+1} / \sum n_i M_i\right)^{1/\alpha} \quad ⑤$$

与平均值的定义 $\overline{p} = \sum n_i p_i / \sum n_i$ 对照,式⑤即是分子量的平均值.

- 对渗透压法 $\Pi \propto \dfrac{1}{M}$, $\alpha = -1$,代入式⑤即得到数均分子量:

$$\overline{M} = \left\{\sum \frac{M_i^{(-1+1)} n_i}{\sum n_i M_i}\right\}^{-1} = \frac{\sum n_i M_i}{\sum n_i} = \overline{M}_n$$

- 对光散射法 $\tau = HMC$, $\alpha = 1$,代入式⑤即得到质均分子量:

$$\overline{M} = \left\{\frac{\sum n_i M_i^{(1+1)}}{\sum n_i M_i}\right\}^1 = \frac{\sum n_i M_i^2}{\sum n_i M_i} = \overline{M}_m$$

证法 2 从具体的物理性质出发

$$\Pi = \sum_i \Pi_i, \quad \Pi_i = RTc_i/M_i$$
$$\therefore \Pi = RT\sum(c_i/M_i) = cRT/\overline{M}$$
$$\therefore \overline{M} = \frac{\sum c_i}{\sum(c_i/M_i)} = \frac{\sum n_i M_i}{\sum n_i} = \overline{M}_n$$

光散法请读者练习.

【例 15.5-5】 如图 15-1 所示,膜内某高分子水溶液 RCl 的浓度为 $0.1 \text{ mol} \cdot \text{dm}^{-3}$, R^+ 代表不能透过半透膜的高分子正离子,膜外 NaCl 浓度为 $0.5 \text{ mol} \cdot \text{dm}^{-3}$,温度 300 K,求平衡后溶液的渗透压.

	膜 内			膜 外	
	R^+	Cl^-	Na^+	Na^+	Cl^-
初始	0.1	0.1	0	0.5	0.5
平衡	0.1	$0.1+x$	x	$0.5-x$	$0.5-x$

图 15-1

解析 本题是求电解质溶液的渗透压,所以不能直接用公式 $\Pi = cRT$,解题关键是求出半透膜内外离子总浓度之差,并且应该是达到 Donnan 平衡时的离子浓度之差.

达 Donnan 平衡时 $[Na^+]_内[Cl^-]_内 = [Na^+]_外[Cl^-]_外$

$$x(0.1+x) = (0.5-x)^2, \quad x = 0.227 \text{ mol·dm}^{-3}$$

则实际测得的渗透压

$$\begin{aligned}\Pi &= (膜内离子总浓度 - 膜外离子总浓度)RT \\ &= [(0.2+2x) - (1-2x)]RT \\ &= (4x - 0.8)RT \\ &= (4 \times 0.227 - 0.8) \times 10^3 \times 8.314 \times 300 \\ &= 2.69 \times 10^5 \text{ Pa}\end{aligned}$$

讨论 通过解题可看出:

(1) 若膜外为纯水,则渗透压 $\Pi = 2c_1 RT$,c_1 为高分子溶液 RCl 的浓度.

(2) 若膜外 NaCl 浓度为 c_2,则可推出:

$$\Pi = 2c_1 RT \left[\frac{c_1 + c_2}{c_1 + 2c_2}\right]$$

当 $c_1 \gg c_2$ 时,$\Pi = 2c_1 RT$;当 $c_2 \gg c_1$ 时,$\Pi = c_1 RT$. 可见,加入足够的小分子电解质使 $c_2 \gg c_1$,可消除 Donnan 平衡效应对高分子电解质分子量测定的影响.

【例 15.5-6】 将分子量很大的一元酸 HR 溶于 100 cm³ 很稀的盐酸中,假定 $[HR] = 0.002$ mol·dm⁻³,HR 完全电离,然后将其放在一个半透膜口袋里,在 298 K 时与膜外 100 cm³ 蒸馏水达到平衡后,测得袋外溶液的 pH = 4. 试计算:(1) 袋内溶液的 pH,(2) 膜电位.

解析 (1) 达到 Donnan 平衡时各离子浓度为:

$$\begin{array}{c|c} 膜内 & 膜外 \\ [R^-] = 0.002 & \\ [Cl^-] = y - z & [Cl^-] = z \\ [H^+] = 0.002 + y - z & [H^+] = z \end{array}$$

稀盐酸的浓度设为 y,所有离子总浓度 $(0.004 + 2y)$ mol·dm⁻³,由 Donnan 平衡:

$$[H^+]_内[Cl^-]_内 = [H^+]_外[Cl^-]_外, \quad 即 (0.002 + y - z)(y - z) = z^2$$

设 $y - z = x$,则

$$x(0.002 + x) = 10^{-8}, \quad x = 5 \times 10^{-6} \text{ mol·dm}^{-3}$$

则膜内 pH

$$(pH)_内 = -\lg(0.002 + x) = -\lg(0.002 + 5 \times 10^{-6}) = 2.70$$

(2) 由膜电位公式

$$E_m = 0.0592 \lg \frac{[H^+]_内}{[H^+]_外} = 77 \text{ mV}$$

【例 15.5-7】 对于单体 A 的自由基聚合反应，其一般的速率方程可写做

$$-d[A]/dt = k_p(v_i/k_t)^{1/2}[A]$$

式中 k_p 为链传递反应速率常数，k_t 是链终止反应速率常数，v_i 是引发步骤的速率。请分别讨论下述三种情况下，反应的速率方程及对反应物 A 的级数：(1) 热引发，(2) A 和催化剂 C 间双分子引发，(3) 光引发。

解析 (1) 热引发反应：$v_i = k_i[A]^2$，代入

$$-d[A]/dt = k_p\{k_i[A]^2/k_t\}^{1/2}[A] = k_p(k_i/k_t)^{1/2}[A]^2$$

（二级反应）

(2) 双分子催化引发：$v_i = k_i[A][C]$

$$-d[A]/dt = k_p\{k_i[A][C]/k_t\}^{1/2}[A] = k_p(k_i/k_t)^{1/2}[A]^{3/2}[C]^{1/2}$$

（3/2 级反应）

(3) 光引发：$v_i = I$（吸收光强度）

$$-d[A]/dt = k_p(I/k_t)^{1/2}[A] \quad \text{（一级反应）}$$

讨论 对上述速率方程积分，实验数据按不同线性关系处理，可以初步判断聚合反应的机理。实际聚合反应动力学要远比此复杂。

(三) 习题

15.5-1 请证明当加热时橡胶将缩短，而其熵将减少。

提示 对于 $(\partial f/\partial T)_{l,p} = -(\partial f/\partial l)_{T,p}(\partial l/\partial T)_{f,p}$，由此可证明 $(\partial l/\partial T)_{f,p} < 0$ 及 $(\partial S/\partial l)_{T,p} < 0$

15.5-2 (1) 聚苯乙烯溶于甲苯，当 $\phi_2 = 0.500$ 时，求其 $\Delta_{\text{soln}}S$。假设聚苯乙烯 $M = 50$ kg·mol^{-1}，$\rho_2 = 0.903 \times 10^3$ kg·m^{-3}；甲苯，$\rho_1 = 0.8669 \times 10^3$ kg·m^{-3}。

(2) 当为 1.00%（质量）聚苯乙烯的甲苯溶液，请计算 298 K 时的蒸气压降低，沸点升高及渗透压。已知纯甲苯在 298 K 时的蒸气压为 3760 Pa，沸点升高常数 $K_b = 3.33$ K·M^{-1}。

答案 (1) $\Delta_{\text{soln}}S = 5.76$ J·K^{-1}·mol^{-1}；(2) $\Delta p = 6.99 \times 10^{-2}$ Pa，$\Delta T_{bp} = 6.73 \times 10^{-4}$ K，$\Pi = 5.00 \times 10^3$ Pa

15.5-3 Masson 和 Melville 研究聚乙烯乙酸纤维素在苯溶液中的渗透压，293 K 时测得数据为：

$c/(\text{kg·m}^{-3})$	3.6	6.0	7.0	9.3	13.8
$(\Pi/c)/(\text{Pa·m}^3\text{·kg}^{-1})$	24.5	27.4	28.8	32.0	40.9

(1) 请作 Π/cRT-c 图，求该聚合物分子量。

(2) 请作 $(\Pi/cRT)^{1/2}$-c 作图，根据下列方程求其分子量。

$$(\Pi/cRT)^{1/2} = (1/\overline{M})^{1/2} + (1/2)B_2\overline{M}^{1/2}c + \cdots$$

(3) 由(1)、(2)可见后者线性更好，请推导(2)中之渗透压公式。

答案 (1) $\overline{M}_n = 136$ kg·mol^{-1}，(2) $\overline{M}_n = 126$ kg·mol^{-1}，(3) 据 $(1+x)^{1/2} = 1 + x/2 + \cdots$，由渗透压的维利方程出发推导

15.5-4 某高聚物 A 实验测得下列数据，请计算 $\overline{M}_n$、$\overline{M}_m$ 及 p（分散性指数）。

$w(A)/(\%)$	25.0	50.0	25.0
$M_c/(\text{kg}\cdot\text{mol}^{-1})$	1.00	1.20	1.40

答案 $\overline{M}_n = 1.20 \text{ kg}\cdot\text{mol}^{-1}$, $\overline{M}_m = 1.22 \text{ kg}\cdot\text{mol}^{-1}$, $p = 1.02$

15.5-5 溶液 A 含有质量分数为 1% 的聚苯乙烯的甲苯溶液,其相对分子质量为 20.0 kg·mol^{-1},溶液 B 含有质量分数为 1% 的相对分子质量为 60.00 kg·mol^{-1} 的高聚物溶液,混合等体积的 A 和 B.

(1) 计算混合液的 $\overline{M}_n$ 及 $\overline{M}_m$.

(2) 计算混合液的粘度.设 $[\eta] = 10^{-4}[\overline{M}/(\text{g}\cdot\text{mol}^{-1})]^{1/2}$,纯甲苯的粘度 $\eta = 0.006 \text{ Pa}\cdot\text{s}$.

答案 (1) $\overline{M}_n = 30.0 \text{ kg}\cdot\text{mol}^{-1}$, $\overline{M}_m = 40.0 \text{ kg}\cdot\text{mol}^{-1}$,(2) 此处用 $\overline{M}_m$, $\eta = 0.00612 \text{ Pa}\cdot\text{s}$

15.5-6 含 2% (质量分数) 的蛋白质水溶液,由电泳实验发现其中有两种蛋白质.其分子量,一种是 100000,另一种是 60000,二者摩尔浓度相等.设蛋白质分子为球形,温度为 298 K,计算:

(1) 两种分子的扩散系数之比.

(2) 沉降系数之比.

(3) 若将 1 cm^3 蛋白质溶液铺展成 10.000 cm^2 的单分子膜,膜压力为若干?

答案 (1) $D_2/D_1 = (M_1/M_2)^{\frac{1}{3}} = 0.843$;(2) $S_2/S_1 = (M_2/M_1)^{\frac{2}{3}} = 1.406$;(3) 膜压力 Π 与膜面积 A 的关系式:$\Pi = nRT/A$, $\Pi = 0.0619 \text{ Pa}$

15.5-7 刚果红溶液 100 cm^3,浓度为 0.1 mol·dm^{-3},按下式全部电离 NaR $\longrightarrow$ Na$^+$ + R$^-$,若将它放在一半透膜做的袋内与 100 cm^3 水呈平衡,试计算两边的 pH 和膜电位各为何值?

答案 (pH)$_内$ = 5,(pH)$_外$ = 9,$E_m \approx 0.237 \text{ V}$

15.5-8 有某一元大分子有机酸 HR 在水中能完全电离,现将 1.3×10^{-3} kg 该酸溶在 0.1 dm^3 很稀的 HCl 水溶液中,并装入火棉胶口袋,将口袋浸入 0.1 dm^3 的纯水中,在 298 K 时达成平衡,测得膜外水的 pH 为 3.26,膜电势为 34.9 mV,假定溶液为理想溶液,试求:

(1) 膜内溶液的 pH,(2) 该有机酸的相对分子质量.

答案 (1) pH$_内$ = 2.67,(2) $M_r = 6.510 \text{ kg}\cdot\text{mol}^{-1}$

15.5-9 如果过氧化物分解为两个自由基引发某个聚合反应,设聚合反应又由链转移到溶剂而终止.假定对自由基作稳态处理,试导出体系内单体消耗速率.

答案 $-\text{d}[M]/\text{d}t = 2(k_p k_i/k_{tr}[X])[A][M]$

提示
$$\text{R}-\overset{\overset{O}{\|}}{\text{C}}-\text{O}-\text{O}-\overset{\overset{O}{\|}}{\text{C}}-\text{R} \xrightarrow{k_i} 2\text{R}\cdot + 2\text{CO}_2$$

$$(\text{RM}\cdot)_n + \text{M} \xrightarrow{k_p} (\text{RM}\cdot)_{n+1}$$

$$(\text{RM}\cdot)_n + \text{X} \xrightarrow{k_{tr}} (\text{RM})_n + \text{X}\cdot$$